福建省"十四五"普通高等教育本科规划教材
"十四五"时期国家重点出版物出版专项规划项目
半导体与集成电路关键技术丛书
微电子与集成电路先进技术丛书

芯片设计——CMOS 模拟集成电路版图设计与验证：基于 Cadence IC 6.1.7

第 3 版

陈铖颖　陈黎明　蒋见花　王兴华　编著

机 械 工 业 出 版 社

本书聚焦 CMOS 模拟集成电路版图设计领域，从版图的基本概念、设计方法和 EDA 工具入手，循序渐进地介绍了 CMOS 模拟集成电路版图规划、布局、设计到流片的全流程；详尽地介绍了目前主流使用的模拟集成电路版图设计和验证工具——Cadence IC 6.1.7 与 Siemens EDA Calibre Design Solutions（Calibre）；也介绍了 Calibre DRC、LVS 规则的基本语法，同时展示了运算放大器、带隙基准源、低压差线性稳压器、模—数转换器等典型模拟集成电路版图的设计实例；并结合实例对 LVS 验证中的典型案例进行了归纳和总结；最后对集成电路设计使用的工艺设计工具包内容及参数化单元建立方法进行了讨论。

本书通过结合基础、工具和设计实践，由浅入深，使读者深刻了解 CMOS 模拟集成电路版图设计和验证的规则、流程和基本方法，对于高校集成电路学院进行 CMOS 模拟集成电路学习的本科生、研究生，以及本领域工程师，都会起到有益的帮助。

图书在版编目（CIP）数据

芯片设计：CMOS 模拟集成电路版图设计与验证：基于 Cadence IC 6.1.7 / 陈铖颖等编著. -- 3 版. -- 北京：机械工业出版社，2025.3. --（福建省"十四五"普通高等教育本科规划教材）（半导体与集成电路关键技术丛书）（微电子与集成电路先进技术丛书）. -- ISBN 978-7-111-77885-1

Ⅰ. TN402

中国国家版本馆 CIP 数据核字第 20256C7K00 号

机械工业出版社（北京市百万庄大街 22 号　邮政编码 100037）
策划编辑：江婧婧　　　　　　责任编辑：江婧婧
责任校对：潘　蕊　张　薇　　封面设计：王　旭
责任印制：单爱军
北京盛通印刷股份有限公司印刷
2025 年 6 月第 3 版第 1 次印刷
184mm×260mm · 28.5 印张 · 705 千字
标准书号：ISBN 978-7-111-77885-1
定价：99.00 元

电话服务　　　　　　　　　网络服务
客服电话：010-88361066　　机　工　官　网：www.cmpbook.com
　　　　　010-88379833　　机　工　官　博：weibo.com/cmp1952
　　　　　010-68326294　　金　书　网：www.golden-book.com
封底无防伪标均为盗版　　　机工教育服务网：www.cmpedu.com

第3版前言

进入 21 世纪以来，CMOS（互补金属氧化物半导体）工艺仍是模拟、逻辑集成电路的主流工艺，并突破摩尔定律，向着纳米级继续发展。作为集成电路最为经典的设计形式，CMOS 模拟电路在当今快速发展的技术革新中依然占据着不可动摇的地位。而其中的模拟集成电路版图设计与验证，又是电路设计到物理实现的关键环节。

与数字集成电路版图主要依据工具实现不同，模拟集成电路版图主要依靠设计者手动实现，设计者的技术水平和产业经验都是一款芯片成败的关键因素。因此本书依托 Cadence IC 6.1.7 版图设计工具和 Siemens EDA Calibre Design Solutions（Calibre）验证工具，从模拟集成电路版图的基本概念、方法、验证规则入手，通过运算放大器、带隙基准源、低压差线性稳压源、模—数转换器等典型模拟集成电路版图的设计实例，向读者介绍模拟集成电路版图设计的理论基础和实用设计方法，以供从事 CMOS 模拟集成电路版图设计的读者参考讨论之用。

本书内容主要分为 6 部分，共 12 章内容：

第 1 章首先介绍了目前快速发展的先进集成电路器件的理论知识，包括纳米级 FinFET（鳍式场效应晶体管）、FD-SOI（全耗尽绝缘衬底上硅）和碳基晶体管的特点和物理特性。分析了先进工艺节点中的版图相关效应及解决方案；同时对模拟集成电路中的 g_m/I_D 设计方法进行了详细分析。

第 2 章重点讨论 CMOS 模拟集成电路设计的基本流程、模拟版图定义，之后分小节讨论 CMOS 模拟集成电路版图的概念、设计、验证流程、布局和布线准则以及通用的设计规则。

第 3~6 章详细介绍了 Cadence IC 6.1.7 版图设计工具、Siemens EDA Calibre 版图验证工具、DRC/LVS 规则语法定义、验证文件，以及完整的 CMOS 模拟集成电路版图设计、验证流程。

第 7~10 章介绍运算放大器、带隙基准源、低压差线性稳压器、模—数转换器、标准输入输出单元库等基本模拟电路版图规划、布局，以及设计的基本方法。

第 11 章对 Siemens EDA Calibre LVS 中验证的常见问题进行了归纳和总结，希望帮助读者快速掌握版图验证的基本分析技巧。

第 12 章对集成电路设计所使用的工艺设计工具包进行了介绍和讨论，分析了所包含的规则文件和器件模型。

本书内容详尽丰富，具有较强的理论性和实践性。本书由厦门理工学院光电与通信工程学院陈铖颖老师主持编写，北京邮电大学陈黎明老师、北京大学蒋见花老师和北京理工大学王兴华老师共同编写完成。其中蒋见花老师完成了第 1 章的编写，王兴华老师完成了第 2 章的编写，陈铖颖老师完成了第 3~11 章的编写，陈黎明老师完成了第 12 章的编写。同时感谢厦门理工学院微电子学院陈智峰、张植潮、高杰同学在查找资料、文档整理、文稿审校方面付出的辛勤劳动，正是有了大家的共同努力，才使本书得以顺利完成。

本书受到厦门市重大科技计划项目（3502Z20221022）和厦门理工学院教材建设基金资助；并被列入福建省"十四五"普通高等教育本科规划教材。

由于本书涉及器件、电路、版图设计等多个方面的内容，受时间和编者水平限制，书中难免存在不足和局限，恳请读者批评指正。

编　者

2025 年 2 月

第2版前言

进入21世纪以来,CMOS(互补金属氧化物半导体)工艺仍是模拟、逻辑集成电路的主流工艺,并在后摩尔时代,向着纳米级继续发展。作为集成电路最为经典的设计形式,CMOS模拟集成电路在当今快速发展的技术革新中依然占据着不可动摇的地位。而其中的模拟集成电路版图设计与验证,又是电路设计到物理实现的关键环节。

与数字集成电路版图主要依据工具实现不同,模拟集成电路版图主要依靠设计者手动实现,设计者的技术水平和产业经验都是一款芯片成败的关键因素。因此本书依托版图设计工具 Cadence IC 6.1.7 和物理验证工具 Siemens EDA Calibre Design Solutions(Calibre),从模拟集成电路版图的基本概念、方法入手,通过运算放大器、带隙基准源、低压差线性稳压器、模—数转换器等典型模拟集成电路版图的设计实例,向读者介绍模拟集成电路版图设计的理论基础和实用设计方法,以供从事 CMOS 模拟集成电路版图设计的读者参考讨论之用。

本书内容主要分为6个部分,共12章内容:

第1章首先介绍了目前快速发展的先进集成电路器件的理论知识,包括纳米级 FinFET(鳍式场效应晶体管)、FD-SOI(全耗尽绝缘衬底上硅)和碳基晶体管的特点和物理特性。分析了先进工艺节点中的版图相关效应及解决方案。同时对模拟集成电路中的 g_m/I_D 设计方法进行详细分析。

第2章重点讨论了 CMOS 模拟集成电路设计的基本流程、模拟集成电路版图定义,之后分小节讨论了 CMOS 模拟集成电路版图的概念、设计、验证流程、布局和布线准则,以及通用的设计规则。

第3~6章详细介绍了版图设计工具 Cadence IC 6.1.7、物理验证工具 Siemens EDA Calibre、DRC/LVS 规则定义、修改法则,以及完整的 CMOS 模拟集成电路版图设计、验证流程。

第7~10章介绍运算放大器、带隙基准源、低压差线性稳压器、模—数转换器、标准输入输出单元库等基本模拟电路版图规划、布局,以及设计的基本方法。

第11章对 Siemens EDA Calibre LVS 中验证的常见问题进行了归纳和总结,希望帮助读者快速掌握版图验证的基本分析技巧。

第12章对集成电路设计所使用的工艺设计工具包进行了介绍和讨论,分析了所包含的规则文件和器件模型。

本书内容详尽丰富,具有较强的理论性和实践性。本书由厦门理工学院光电与通信工程学院陈铖颖老师主持编写,北京邮电大学陈黎明老师、北京大学蒋见花老师和北京理工大学王兴华老师一同编写完成。其中蒋见花老师完成了第 1 章的编写，王兴华老师完成了第 2 章的编写，陈铖颖老师完成了第 3~11 章的编写，陈黎明老师完成了第 12 章的编写。同时感谢中国电子科技集团公司第四十七研究所高级工程师范军，北京中电华大电子设计有限责任公司工程师王鑫，厦门理工学院微电子学院陈智峰、廖文丽、陈继明、陈煌伟同学在查找资料、文档整理、文稿审校方面付出的辛勤劳动，正是有了大家的共同努力，才使本书得以顺利完成。

本书受到厦门市重大科技计划项目（3502Z20221022）和厦门理工学院教材建设基金项目资助。

由于本书涉及器件、电路、版图设计等多个方面内容，受时间和编者水平限制，书中难免存在不足和局限，恳请读者批评指正。

编　者
2023 年 7 月

第1版前言

在现代集成电路中,模拟电路大约占据了75%的比例。据统计,在第一次硅验证过程中,模拟电路的设计通常会耗费40%的设计努力,同时在设计错误中的占比也会超过50%。随着工艺进入纳米级阶段、系统级芯片(System-on-Chip,SoC)功能复杂度的不断提高,模拟设计方法和自动化将成为未来SoC设计的主要瓶颈。而模拟集成电路版图作为模拟设计物理实现的重要环节,在很大程度上决定了一款芯片的成败。

依据CMOS模拟集成电路版图设计与验证的基本流程,依托Cadence IC 6.1.7版图设计工具和Mentor Calibre物理验证工具,编者结合实例介绍了运算放大器等基本模拟电路的版图设计、验证方法,以供学习CMOS模拟集成电路版图设计的读者参考。

本书内容主要分为4个部分,共8章内容:

第1章首先介绍了先进纳米级CMOS器件的理论知识,包括FD-SOI MOSFET和FinFET两种主要结构的特点和物理特性。之后对深亚微米和纳米级工艺中的g_m/I_D设计方法进行了详细分析。

第2章重点讨论CMOS模拟集成电路设计的基本流程、模拟版图定义,之后分小节讨论CMOS模拟集成电路版图的概念、设计、验证流程、布局和布线准则,以及通用的设计规则,使读者对版图知识有一个概括性的了解。

第3~5章分章节详细介绍了Cadence IC 6.1.7版图设计工具、Mentor Calibre版图验证工具,以及完整的CMOS模拟集成电路版图设计、验证流程。

第3章首先对Cadence IC 6.1.7版图设计仿真环境进行了总体说明,包括Cadence IC 6.1.7软件的主要窗口和菜单项。之后详细介绍了Cadence Virtuoso的各种基本操作和方法。

第4章首先介绍了Mentor Calibre版图验证工具的窗口和菜单项,之后以一款密勒补偿的运算放大器为例,介绍模拟版图物理验证,以及寄生参数提取的基本方法,使读者初步了解Mentor Calibre的DRC、LVS,以及PEX工具菜单的基本功能。

第5章详细讨论了CMOS模拟集成电路设计的全流程。本章以一个单级跨导放大器电路为实例,介绍电路建立,电路前仿真,版图设计、验证、反提,以及电路后仿真,输入输出单元环拼接直到GDSII文件导出的全过程,使读者对CMOS模拟集成电路从设计到流片的全过程有一个直观的认识。

第6~8章在初步掌握Cadence IC 6.1.7与Mentor Calibre进行版图设计和验证的基础上,通过实例介绍利用Cadence IC 6.1.7版图设计工具、Mentor Calibre物理验证工具进行运算放大器、带隙基准源、低压差线性稳压器等基本模拟电路版图设计的方法。其中第8章对

Mentor Calibre LVS 中验证的常见问题进行了分析讨论。

  本书内容详尽丰富，具有较强的理论性和实践性。本书由厦门理工学院微电子学院陈铖颖老师主持编写，中国电子科技集团公司第四十七研究所高级工程师范军和辽宁大学物理学院尹飞飞老师一同参与完成。其中陈铖颖老师完成了第 1、2、5、8 章的编写，范军老师完成了第 3、4 章的编写，尹飞飞老师完成了第 6、7 章的编写。同时感谢厦门理工学院微电子学院左石凯、蔡艺军、黄新栋、林峰、梁璐老师，以及研究生陈思婷、冯平、杨可、宋长坤同学在资料查找、文档整理和审校方面付出的辛勤劳动。正是有了大家的共同努力，才使本书得以顺利完成。

  本书受到厦门理工学院教材建设基金资助项目，福建省教育科学"十三五"规划课题（FJJKCG20-011），福建省新工科与改革实践项目，厦门市青年创新基金项目（3502Z20206074）的支持。

  由于本书内容涉及器件、电路、版图设计等多个方面，以及受时间和编者水平限制，书中难免存在不足和局限，恳请读者批评指正。

编　者
2021 年 1 月

目 录

第 3 版前言
第 2 版前言
第 1 版前言

第 1 章 先进集成电路器件 ·············· 1
- 1.1 概述 ·············· 1
- 1.2 平面全耗尽绝缘衬底上硅（FD-SOI）MOSFET ·············· 3
  - 1.2.1 采用薄氧化埋层的原因 ·············· 4
  - 1.2.2 超薄体中的二维效应 ·············· 6
- 1.3 FinFET ·············· 9
  - 1.3.1 三栅以及双栅 FinFET ·············· 10
  - 1.3.2 实际中的结构选择 ·············· 16
- 1.4 碳基晶体管 ·············· 16
  - 1.4.1 碳纳米管 ·············· 17
  - 1.4.2 碳纳米管场效应晶体管 ·············· 18
- 1.5 版图相关效应 ·············· 22
  - 1.5.1 阱邻近效应 ·············· 22
  - 1.5.2 浅槽隔离应力效应 ·············· 23
- 1.6 基于 g_m/I_D 的设计方法 ·············· 28
  - 1.6.1 模拟集成电路的层次化设计 ·············· 29
  - 1.6.2 g_m/I_D 设计方法所处的地位 ·············· 29
  - 1.6.3 g_m/I_D 设计方法的优势 ·············· 30
  - 1.6.4 基于 V_{ov} 的设计方法 ·············· 31
  - 1.6.5 g_m/I_D 设计方法详述 ·············· 34
  - 1.6.6 基于 g_m/I_D 的设计实例 ·············· 36

第 2 章 CMOS 模拟集成电路版图基础 ·············· 38
- 2.1 CMOS 模拟集成电路设计流程 ·············· 38
- 2.2 CMOS 模拟集成电路版图定义 ·············· 40
- 2.3 CMOS 模拟集成电路版图设计流程 ·············· 41
  - 2.3.1 版图规划 ·············· 42
  - 2.3.2 版图设计实现 ·············· 43
  - 2.3.3 版图验证 ·············· 44
  - 2.3.4 版图完成 ·············· 45
- 2.4 版图设计通用规则 ·············· 45
- 2.5 版图布局 ·············· 47
  - 2.5.1 对称约束下的晶体管级布局 ·············· 47
  - 2.5.2 版图约束下的层次化布局 ·············· 49
- 2.6 版图布线 ·············· 52
- 2.7 CMOS 模拟集成电路版图匹配设计 ·············· 55
  - 2.7.1 CMOS 工艺失配机理 ·············· 55
  - 2.7.2 元器件版图匹配设计规则 ·············· 57

第 3 章 Cadence Virtuoso 6.1.7 版图设计工具 ·············· 59
- 3.1 Cadence Virtuoso 6.1.7 界面介绍 ·············· 59
  - 3.1.1 Cadence Virtuoso 6.1.7 CIW 界面介绍 ·············· 60
  - 3.1.2 Cadence Virtuoso 6.1.7 Library Manager 界面介绍 ·············· 64
  - 3.1.3 Cadence Virtuoso 6.1.7 Library Path Editor 操作介绍 ·············· 76
  - 3.1.4 Cadence Virtuoso 6.1.7 Layout Editor 界面介绍 ·············· 82
- 3.2 Virtuoso 基本操作 ·············· 103
  - 3.2.1 创建圆形 ·············· 103
  - 3.2.2 创建矩形 ·············· 104
  - 3.2.3 创建路径 ·············· 105
  - 3.2.4 创建标识名 ·············· 105
  - 3.2.5 调用器件和阵列 ·············· 106
  - 3.2.6 创建接触孔和通孔 ·············· 107
  - 3.2.7 创建环形图形 ·············· 108

3.2.8	移动命令	109	5.5	基于边沿和错误的规则检查 213
3.2.9	复制命令	109	5.6	LVS 基础 218
3.2.10	拉伸命令	110	5.7	建立连接关系 221
3.2.11	删除命令	111	5.8	器件检查 229
3.2.12	合并命令	111		
3.2.13	改变层次关系命令	112		
3.2.14	切割命令	113		

第4章 Siemens EDA Calibre 版图验证工具 118

- 4.1 Siemens EDA Calibre 版图验证工具简介 118
- 4.2 Siemens EDA Calibre 版图验证工具调用 118
  - 4.2.1 采用内嵌在 Cadence Virtuoso Layout Editor 的工具启动 118
  - 4.2.2 采用 Calibre 图形界面启动 120
  - 4.2.3 采用 Calibre 查看器启动 121
- 4.3 Siemens EDA Calibre DRC 验证 122
  - 4.3.1 Calibre DRC 验证简介 122
  - 4.3.2 Calibre Interactive nmDRC 界面介绍 124
  - 4.3.3 Calibre nmDRC 验证流程举例 129
- 4.4 Siemens EDA Calibre nmLVS 验证 137
  - 4.4.1 Calibre nmLVS 验证简介 137
  - 4.4.2 Calibre nmLVS 界面介绍 137
  - 4.4.3 Calibre LVS 验证流程举例 146
- 4.5 Siemens EDA Calibre 寄生参数提取（PEX） 153
  - 4.5.1 Calibre PEX 验证简介 153
  - 4.5.2 Calibre PEX 界面介绍 154
  - 4.5.3 Calibre PEX 流程举例 161

第5章 Calibre 验证文件 168

- 5.1 基本概念 168
- 5.2 DRC 基础 174
- 5.3 尺寸规则检查 184
- 5.4 基于多边形的规则检查 196

3.2.15 旋转命令 114
3.2.16 属性命令 114
3.2.17 分离命令 115
3.2.18 改变形状命令 116
3.2.19 版图层扩缩命令 117

第6章 CMOS 模拟集成电路版图设计与验证流程 232

- 6.1 设计环境准备 232
- 6.2 单级跨导放大器电路的建立和前仿真 235
- 6.3 跨导放大器版图设计 242
- 6.4 跨导放大器版图验证与参数提取 247
- 6.5 跨导放大器电路后仿真 259
- 6.6 输入输出单元环设计 265
- 6.7 主体电路版图与输入输出单元环的连接 270
- 6.8 导出 GDSII 文件 274

第7章 运算放大器的版图设计 278

- 7.1 运算放大器基础 278
- 7.2 运算放大器的基本特性和分类 279
  - 7.2.1 运算放大器的基本特性 279
  - 7.2.2 运算放大器的性能参数 280
  - 7.2.3 运算放大器的分类 283
- 7.3 单级折叠共源共栅运算放大器的版图设计 287
- 7.4 两级全差分密勒补偿运算放大器的版图设计 291
- 7.5 电容—电压转换电路版图设计 295

第8章 带隙基准源与低压差线性稳压器的版图设计 301

- 8.1 带隙基准源的版图设计 301
  - 8.1.1 带隙基准源基本原理 301
  - 8.1.2 带隙基准源版图设计实例 306
- 8.2 低压差线性稳压器的版图设计 310
  - 8.2.1 低压差线性稳压器的基本原理 310
  - 8.2.2 低压差线性稳压器版图设计实例 312

第9章 模—数转换器版图设计 316

- 9.1 性能参数 316
  - 9.1.1 静态参数 316
  - 9.1.2 动态特性 318
  - 9.1.3 功耗指标 320

9.1.4 抖动 ………………………… 320
9.2 模—数转换器的结构及版图设计 …… 321
　9.2.1 快闪型模—数转换器
　　　　（Flash ADC） ……………… 321
　9.2.2 快闪型模—数转换器版图设计 … 324
　9.2.3 流水线模—数转换器
　　　　（Pipelined ADC）基础 ……… 329
　9.2.4 流水线模—数转换器版图设计 … 336
　9.2.5 逐次逼近模—数转换器（Successive
　　　　Approximation ADC） ………… 337
　9.2.6 逐次逼近模—数转换器
　　　　版图设计 …………………… 342
　9.2.7 Sigma-delta 模—数转换器 … 344
　9.2.8 Sigma-delta 调制器版图设计 … 358
　9.2.9 两步式单斜率模—数转换器 … 360
　9.2.10 两步式单斜率模—数转换器版图
　　　　设计 ………………………… 390
9.3 混合信号集成电路版图设计 ……… 396

**第 10 章　标准输入输出单元库
版图设计** ……………………… 399
10.1 标准输入输出单元库概述 ……… 399
　10.1.1 标准输入输出单元库
　　　　基本性能参数 ……………… 399
　10.1.2 标准输入输出单元库分类 …… 400
10.2 输入输出单元库基本电路结构 … 401
　10.2.1 数字双向模块基本电路结构 … 402

　10.2.2 模拟输入输出模块
　　　　基本电路结构 ……………… 406
　10.2.3 电源与地模块基本电路结构 … 406
　10.2.4 切断单元与连接单元 ……… 407
10.3 输入输出单元库版图设计 ……… 408
　10.3.1 数字输入输出单元版图设计 … 408
　10.3.2 模拟输入输出单元的制作 … 416
　10.3.3 焊盘（PAD）的制作 ……… 418

**第 11 章　Calibre LVS 常见错误
解析** …………………………… 421
11.1 LVS 错误对话框（RVE 对话框）… 421
11.2 误连接 ………………………… 427
11.3 短路 …………………………… 428
11.4 断路 …………………………… 429
11.5 违反工艺原理 ………………… 429
11.6 漏标 …………………………… 432
11.7 元件参数错误 ………………… 433

第 12 章　工艺设计工具包（PDK） …… 434
12.1 PDK 概述 ……………………… 434
12.2 输入输出单元库 ……………… 436
12.3 模拟 PDK 文件包 ……………… 439
12.4 逻辑 PDK 文件包 ……………… 441
12.5 工艺设计工具包开发简述 …… 441

参考文献 ………………………… 443

第 1 章

先进集成电路器件

1.1 概 述

在过去的 40 年间，随着 CMOS 工艺特征尺寸的不断缩小，硅基超大规模集成电路（Very Large-Scale Integration，VLSI）也得到了飞速发展。值得注意的是，自从 20 世纪 60 年代集成电路工艺诞生以来，CMOS 工艺尺寸的缩减一直遵循摩尔定律的基本法则（每 18 个月，单位面积上的集成电路器件数量增加一倍）。同时，工艺尺寸的变化也没有涉及体硅平面 MOSFET，以及近年来发展的部分耗尽绝缘衬底上硅（Partially Depleted Silicon-on-Insulator，PD-SOI）MOSFET 结构上的任何重大变化，如图 1.1 所示。尽管会在一定程度上增加器件掺杂分布等 CMOS 制造工艺的复杂性，但这类结构仍然可以较为容易地将栅长缩减到 30nm 左右（$L_g = 30$nm），并有效控制了短沟道效应（Short-Channel Effect SCE）。然而自从 2010 年以来，CMOS 器件特征尺寸的缩减速度已经减缓，摩尔定律正受到严峻的挑战。这主要是因为在 22nm 及以下尺寸工艺中，现有的制造工艺无法可靠地实现纳米级掺杂分布，这也意味着器件成品的良率会受到极大影响。此外，对于纳米级的 CMOS 器件，硅晶格的掺杂物中不可避免的随机性会导致器件特性（如阈值电压 V_{th}）的变化。同时，晶体管特征尺寸的减小使得栅极电压对导电沟道的控制更加困难。泄漏电流成为纳米级晶体管最为严重的发展障碍。因此，在 22nm 工艺节点上，传统的体硅结构 CMOS 工艺发展已经接近极限，为了延续摩尔定律，体硅器件结构必须得到重大改进。

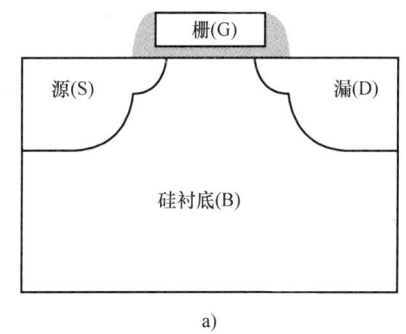

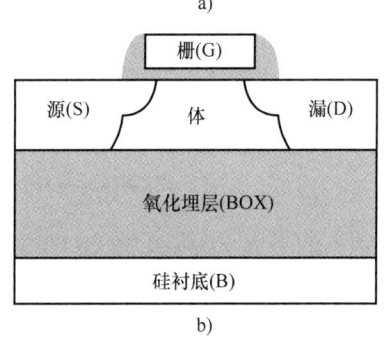

图 1.1 传统的 MOSFET 结构横截面
a）体硅平面 MOSFET b）具有氧化埋层的部分耗尽绝缘衬底上硅 MOSFET

对于体硅和 PD-SOI CMOS 晶体管来说，特征尺寸 L 的极限大约为 30nm。我们熟知的应变硅沟道技术和金属/高 k 栅堆叠技术都无法使经典的 CMOS 工艺技术延伸至 22nm 以下的尺寸。因此我们就需要崭新的结构来延续摩尔定律。在这种情况下，平面全耗尽绝缘衬底上硅（Fully Depleted SOI，FD-SOI）MOSFET 和三维晶体管（也称为三维 FinFET，见图 1.2）应运而生。这两种结构都需要超薄、无掺杂的体，这样体端就可以通过电气耦合到栅极。其中 FD-SOI MOSFET 包含传统结构（见图 1.3a）和具有薄的氧化埋层以及衬底重掺杂地平面的两种结构（见图 1.3b）。

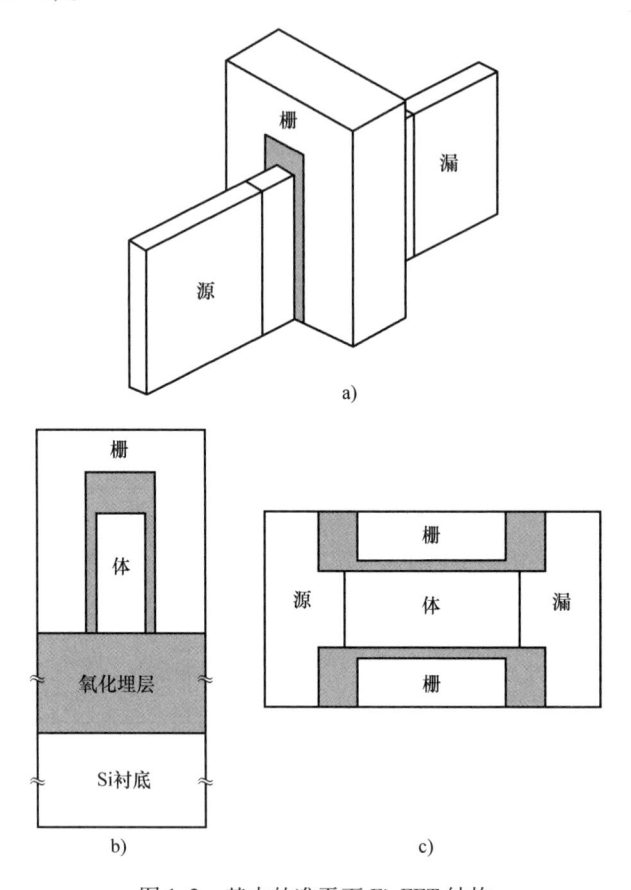

图 1.2 基本的准平面 FinFET 结构
a) 三维视图（没有显示衬底） b) 二维源-漏横截面视图 c) 顶视图

基本的平面 FD-SOI MOSFET 如图 1.3 所示，它是由 PD-SOI 技术发展而来。除了需要将约 10nm 厚的超薄体（Ultra-Thin Body，UTB）与源极/漏极合并，FD-SOI MOSFET 的工艺流程与传统的体硅 MOSFET 基本相同。超薄的全耗尽体可以使得栅极（前栅）与衬底（背栅）进行电气耦合。此外，薄的氧化埋层也促进了电气耦合，使得阈值电压 V_{th} 与衬底掺杂浓度、超薄体厚度（t_{Si}）和氧化埋层厚度（t_{BOX}）密切相关。相应产生的短沟道效应和器件缩放比例也由这些厚度所决定。

早期的 FD-SOI MOSFET 只使用一个栅极工作（虽然衬底可以被认为是第二个栅极），但 FinFET 通常使用两个甚至三个栅极进行工作。这两种新型器件都依赖于超薄的体来帮助控制短沟道效应，而体硅 MOSFET 则使用复杂的掺杂分布来控制短沟道效应。如图 1.2 所示，FinFET 利用第三个垂直的空间来完善结构，因此相比于 FD-SOI MOSFET，FinFET 是一种更全面的革新。本质上，FinFET 是一个垂直折叠的平面 MOSFET，它的栅极层叠，呈鳍形包裹在超薄体上，并且器件的宽度由鳍形的高度来定义。除了在标准拓扑结构中生长垂直

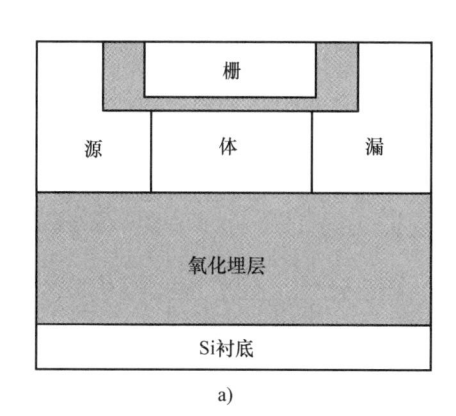

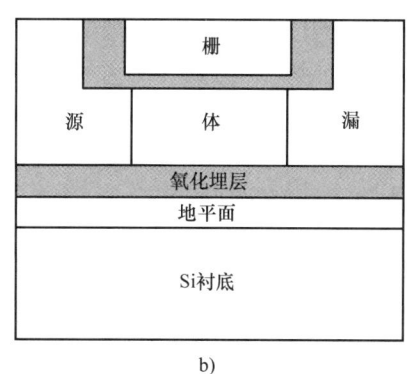

图 1.3 基本的平面 FD-SOI MOSFET 的横截面图

a）传统的具有厚氧化埋层的器件 b）具有薄氧化埋层和衬底重掺杂地平面的纳米级器件（地平面可以作为背栅使用）

的鳍形栅，三维 FinFET 的工艺流程与传统 MOSFET 基本相同。这种结构最早于 1991 年提出，但直到 2000 年前后才得到快速发展。大多数 FinFET 都是双栅结构，两个有源栅极位于两侧。如果是三栅结构，则第三个栅极可以位于鳍形栅的顶部。与 FD-SOI MOSFET 相同，超薄体电气耦合到侧壁的栅极上，并且厚度 t_{Si} 决定了短沟道效应和器件缩放率。

得益于这两种新型晶体管技术的快速发展，More Moore（深度摩尔）、More than Moore（超越摩尔）、Beyond CMOS（新器件）成为了晶体管新的发展方向。国际半导体工艺发展路线图（见图 1.4）预测了 CMOS 器件特征尺寸的发展趋势，最新的 3nm 工艺已在 2022 年开始大规模量产。到 2025 年，新的 2nm 工艺或将进入试产阶段。

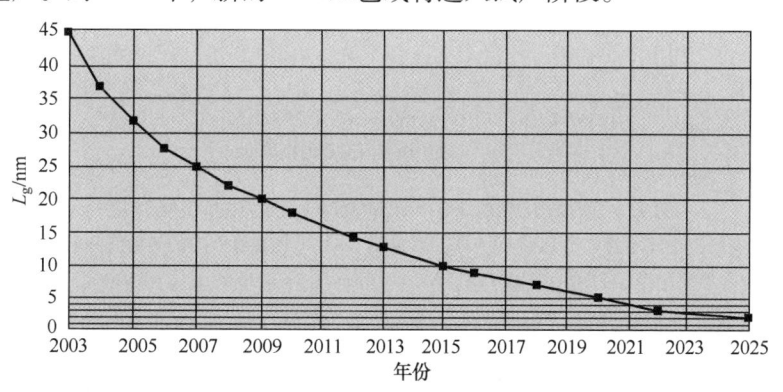

图 1.4 国际半导体工艺发展路线图（CMOS 器件特征尺寸）

1.2 平面全耗尽绝缘衬底上硅（FD-SOI）MOSFET

虽然 PD-SOI 和 FD-SOI 技术早在 20 世纪 80 年代就已经开始发展，但直到 SOI 技术成熟，才使得高品质 SOI 晶圆中氧化埋层厚度缩减到 10nm 成为可能。早期的 FD-SOI 具有厚的氧化埋层，且导通电流 I_{on} 较大（这是由于厚氧化埋层上薄的 FD-SOI 体引起的栅衬底电荷耦合所产生的），如图 1.5a 所示。然而，在工艺特征尺寸 L_g 进入纳米级阶段的早期，由于迁移率饱和、氧化埋层二维效应、电场边缘效应（见图 1.5b），以及 t_{Si} 缩减的技术瓶颈，

SOI 技术并没有快速地发展，所以 CMOS 工艺仍然是工艺的主流技术。随着 SOI 晶圆技术的发展，许多工程师认为，与 FinFET 相比，具有薄氧化埋层的 FD-SOI MOSFET 的工艺相对简单、短沟道效应容易得到控制、电源电压较低，且阈值电压和功耗也可以通过背栅进行调节。在这一小节中，我们首先回顾一下与厚氧化埋层和薄氧化埋层有关的器件特性，之后对厚氧化埋层 FD-SOI MOSFET 缩放规律进行分析，并描述源于薄氧化埋层和背栅（衬底）设计和偏置的独特性能及可扩展性。

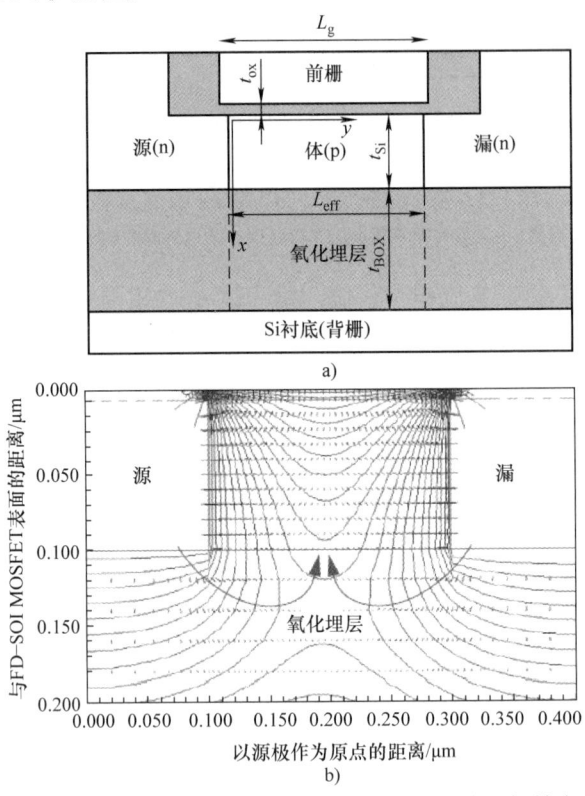

图 1.5 厚氧化埋层 FD-SOI MOSFET 中的边缘电场效应

a) 具有厚氧化埋层的单栅 FD-SOI MOSFET 结构　b) 电场边缘效应的等值线和电场矢量的数值模拟（厚氧化埋层 FD-SOI MOSFET，$L_{eff}=0.2\mu m$；$t_{Si}=100nm$；$t_{BOX}=350nm$，$V_{DS}=50mV$）

1.2.1 采用薄氧化埋层的原因 ★★★

对于 FD-SOI MOSFET，薄的氧化埋层存在一些不利的影响，但之前讨论过的多种优势仍然使其成为纳米级 CMOS 器件的重要组成。比如，具有地平面的薄氧化埋层增强了对短沟道效应的控制，并使得阈值电压可控，但也使得工艺材料和过程复杂化，同时也在一定程度上影响了电荷耦合效应，降低了 CMOS 器件的工作频率。

1. 厚氧化埋层的电场散射

厚氧化层中（对于传统 SOI MOSFET，t_{BOX} 为 100～200nm）的电场散射（见图 1.5b）是阻碍 FD-SOI 向 100nm 以下尺寸发展的主要瓶颈。由于存在厚的氧化埋层（同时存在地衬底），在纳米级 FD-SOI MOSFET 中，一维横向电场完全淹没在漏极/源极产生或散射的二维电场中。从物理角度看，这个电场源自源极/漏极耗尽电荷，并终止于 SOI 的体/沟道中。该电场不但会增强 SOI 体中二维效应引起的短沟道效应,还会增加亚阈值电流。

为了模拟氧化埋层电场散射,并了解其影响,我们结合超薄体中的二维泊松方程[式(1-1)]对 FD-SOI MOSFET 进行亚阈值分析。

$$\frac{\partial^2}{\partial x^2}\phi(x,y) + \frac{\partial^2}{\partial y^2}\phi(x,y) \approx \frac{qN_B}{\varepsilon_{Si}} \tag{1-1}$$

而氧化埋层中的拉普拉斯方程为

$$\frac{\partial^2}{\partial x^2}\phi(x,y) + \frac{\partial^2}{\partial y^2}\phi(x,y) = 0 \tag{1-2}$$

我们求解式 (1-2),假设两个偏微分不是强关联的,并从解中定义一个有效背栅偏置电压 $V_{GbS(eff)}$ 来近似式 (1-1) 中的背栅边界条件,就可以定量分析电场耦合效应,也就可以得到:

$$V_{GbS(eff)} = V_{GbS} + \frac{t_{BOX}^2}{L_{eff}^2}(\kappa V_{DS} + \gamma E_{y0} L_{eff}) \tag{1-3}$$

将式 (1-2) 中的解用于式 (1-4),从而得到式 (1-4) 中 $\phi(x,y)$ 的解:

$$\left.\frac{\partial \phi}{\partial x}\right|_{x=t_{Si}} = -E_{sb}(y) \approx \frac{\varepsilon_{ox}}{\varepsilon_{Si}}\frac{V_{GbS(eff)} - V_{FBb} - \phi_{sb}(y)}{t_{BOX}} \tag{1-4}$$

该解定义了弱反型区中的电流。在式 (1-3) 中,E_{y0} 为超薄体-氧化埋层界面处 ($x = t_{Si}$),靠近源极一侧 ($y = 0$) 的横向电场,它取决于式 (1-1) 的解。此外,对于式 (1-2) 的解,κ 和 γ 用于定义与 x 无关的有效横向边界条件(在 $y = 0$ 和 $y = L_{eff}$ 处)的小于单位 1 的加权因子,它们只和 t_{BOX} 有关。数值模拟表明,当 $t_{BOX} = 100$nm 时,$\kappa \approx 0.9$,$\gamma \approx 0.7$,而且它们随着 t_{BOX} 的增加而降低。

我们注意到 $V_{GbS(eff)} > V_{GbS}$,这意味着在超薄体中存在反型的趋势。且对于长沟道 L_{eff} 和薄的 t_{BOX},$V_{GbS(eff)}$ 趋近于 V_{GbS}。同时,当 t_{Si} 变薄时,E_{y0} 和电场散射开始降低。由于氧化埋层的电场散射,式 (1-3) 中的 E_{y0} 和 V_{DS} 都会增强短沟道效应,除了减薄 t_{BOX} 和 t_{Si}。需要注意的是,通过降低 $V_{GbS(eff)}$ 和阈值电压的耦合和增加沟道的前栅控制,减薄 t_{BOX} 则会直接降低氧化埋层电场散射对短沟道效应的影响。

2. 减薄氧化埋层厚度的益处

基于之前对模型的讨论,我们知道减薄氧化埋层是抑制氧化埋层电场散射最直接的方法。然而,这种方法需要大幅度减薄 t_{BOX}。对于纳米级 L_g,二维数值器件的模拟结果显示,要有效降低短沟道效应的影响,必须使得 t_{BOX} 小于 25nm。

对于具有地衬底和薄氧化埋层的 FD-SOI MOSFET,二维数值器件模拟结果表明我们需要将 L_{eff}/t_{Si} 的比值控制在 3.5~4,才能将短沟道效应控制在有效范围之内。而传统的厚氧化埋层 FD-SOI MOSFET 则需要 $L_{eff}/t_{Si} \cong 5$。所以,由于 $t_{Si} = 5$nm 和突变源/漏结的下限限制,薄氧化埋层 FD-SOI MOSFET 的特征尺寸可以缩小至 $L_g = 18$nm,这个尺寸突破了传统厚氧化埋层设计所认为的 $L_g = 25$nm 的下限。虽然减薄氧化埋层可以抑制氧化埋层的电场散射,但这种抑制作用不是提高薄氧化埋层 FD-SOI MOSFET 应对短沟道效应的主要因素。数值器件模拟结果表明在亚阈值情况下,由薄氧化埋层和地衬底定义的非对称性,使得器件的体中具有较大的空间常数 E_{xc}。而且,当 L_g 按比例缩小时,与厚氧化埋层器件中可忽略的横向场(见图 1.6)相反,该电场通过将主要电流或者最大的泄漏源/漏通路限制在(前)栅表面,有助于抑制超薄体中的二维效应。此外,超薄体中大的 E_{xc} 直接意味着氧化埋层中存在较高的横向电场，这也有助于抑制氧化埋层的散射效应。换句话说，在薄氧化埋层 MOS-FET 中，超薄体中较小的横向电场二维效应，以及减小的氧化埋层散射效应实现了对短沟道效应更优的控制。需要注意的是，较大的 E_{xc} 值可以通过对厚氧化埋层加载大的衬底偏置电压来实现，也就意味着可以实现更优的短沟道效应控制。

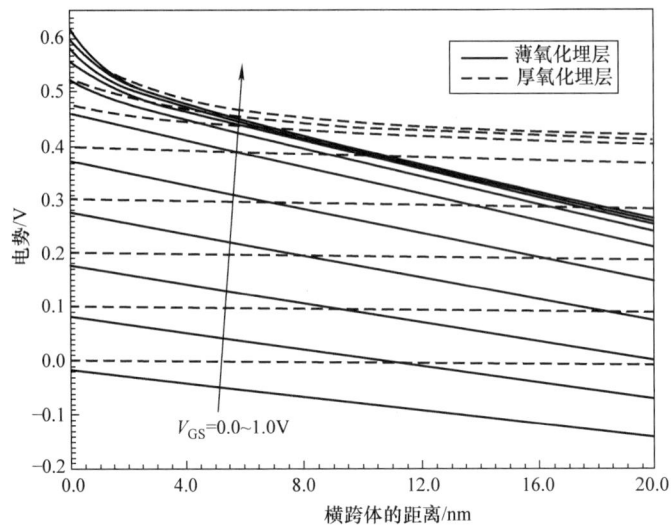

图 1.6 薄氧化埋层和厚氧化埋层 FD-SOI MOSFET 的电势变化（电势斜率为 E_{xc}）

3. 薄氧化埋层的设计挑战

减薄氧化埋层厚度会增加电荷耦合系数，从而增加有效体电容 $C_{b(eff)}$。$C_{b(eff)}$ 定义了低电压 V_{GS} 时的本征栅电容。反过来，降低 t_{BOX} 会增加长沟道系数 $[S = (kT/q)\lg(1 + r)]$，降低 I_{on}。由较大 E_{xc} 引起的载流子迁移率下降，也会进一步降低 I_{on}。同时，相比于厚氧化埋层结构，由于存在更大的 $C_{b(eff)}$ 和更小的 I_{on}，薄氧化埋层会产生更大的传播延时。实际上，在厚氧化埋层结构中，因为 $C_{b(eff)} \cong 0$。同时，薄氧化埋层结构的传播延时也要大于双栅 FinFET 结构。这是因为双栅 FinFET 中，低 V_{GS} 时的栅电容可以忽略，这使其具有较大的速度优势。事实上，随着氧化埋层厚度逐渐减薄到 t_{ox}，所有有益的电荷耦合效应都会受到影响。事实上，薄氧化埋层会产生更大的寄生源/漏-衬底电容 $C_{S/D}$，进一步降低器件的工作速度。有仿真表明，由于较大 $C_{S/D}$ 的影响，薄氧化埋层 FD-SOI 环振的延迟时间比厚氧化埋层大 20% 以上。

此外，具有薄氧化埋层的衬底性能也会影响 FD-SOI 器件的特性。对于典型的低掺杂 SOI 衬底，衬底耗尽倾向于加剧薄氧化埋层的电场散射。虽然采用地平面的重掺杂衬底可以缓解这种影响，但我们需要选择性地掺杂 NMOS 和 PMOS 器件的衬底，这会使得工艺复杂化，从而进一步增大 $C_{S/D}$，降低工作速度。最后，因为传统 SOI 结构的衬底都需要接地电位，所以对于 pMOSFET 的共模衬底-源偏置 $V_{GbS} = -V_{DD}$。在薄氧化埋层结构中，这种连接会增加泄漏电流。

1.2.2 超薄体中的二维效应 ★★★

为了更好地理解纳米级 FD-SOI MOSFET 的缩放和设计理论，我们回顾了准二维器件解析分析、二维数值器件模拟以及纳米级单栅 FD-SOI MOSFET 的器件仿真。厚氧化埋层结构的仿真结果表明了为什么通过沟道掺杂的 V_{th} 控制不是超大规模 FD-SOI CMOS 的可行选择,以及因此为什么必须采用非掺杂沟道和具有调谐功函数的金属栅。如果没有采用薄氧化埋层,对于短沟道效应定量和定性分析表明需要有 $t_{Si} < 100nm$,$L_{eff} < 50nm$。然而,超薄 t_{Si} 的载流子量化效应增加了隐含的制造负担,使得 t_{Si} 的实际极限约为 5nm。在具有超薄体的超大规模FD-SOI器件中,源/漏串联电阻是一个严重的问题,但是诸如无注入、分面凸起的源/漏区域优化已经证明可以在一定程度上缓解这个问题。模拟结果还表明,t_{Si} 的适度变化在一定范围内是可以接受的,但是能量量化会显著地影响工艺缩放技术的性能,因此在最优 FD-SOI MOSFET 设计中必须适当地加以考虑。

我们知道,减薄 t_{Si} 可以有效抑制短沟道效应。但一些文献的仿真结果表明,当 t_{Si} 极薄时,通过减薄 t_{BOX} 来控制氧化埋层散射效应的功能就会减弱。因此,对于具有超薄体的 FD-SOI MOSFET,超薄体中的二维效应是主要矛盾,这种情况在厚氧化埋层器件中也同样存在。

1. 反亚阈值斜率（S）

为了简化说明超薄体中的电势（ϕ）是如何响应所施加的栅极偏压,我们将叠加原理应用于二维泊松方程。当 $V_{DS}=0V$ 时,电势表示为 $\phi_0(x,y) = \phi_1(x) + \Delta\phi_1(x,y)$,如图 1.7 所示。沟道中的位置 $y=y_s$ 表示纵向电场 E_{y1} 远小于 E_{y1}（$y=0$）,且电势接近最小值的坐标。V_{DS} 的增加使得二维电势受到更多的扰动影响 [$\phi_0(x,y) = \phi_1(x) + \Delta\phi_1(x,y)$],这会导致最小电势进一步增加,从而定义了漏致势垒降低效应。其中,$\phi_1(x)$ 为一维解,$\Delta\phi_1(x,y)$ 表示由于二维效应产生的电势增量,在弱反型区满足:

$$\frac{\partial^2}{\partial x^2}\Delta\phi_1 + \frac{\partial^2}{\partial y^2}\Delta\phi_1 = 0 \tag{1-5}$$

通过近似,我们可以得到式（1-5）的解:

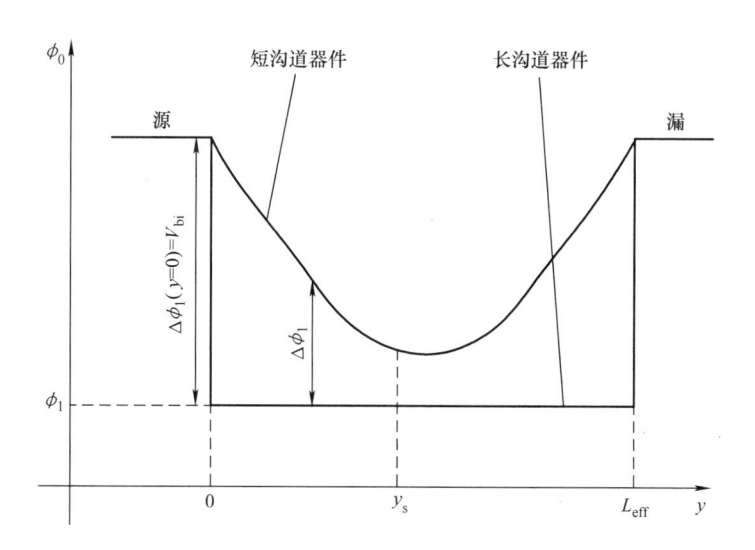

图 1.7 当 $V_{DS}=0V$,电势表示为 $\phi_0(x,y) = \phi_1(x) + \Delta\phi_1(x,y)$ 时,长沟道和短沟道 MOSFET 超薄体中,深度（x）处的静电势

$$\frac{\partial^2}{\partial x^2}\Delta\phi_1 = \frac{\partial^2}{\partial y^2}\Delta\phi_1 \cong -\eta_1 \tag{1-6}$$

式中，η_1 为空间常数。沿着沟道，满足 $\Delta E_{y1}(y_s) \ll \Delta E_{y1}(0)$，从源（$y=0$）开始到 $y=y_s$ 对式（1-6）进行积分（其中 ΔE 为二维效应产生的电场变化），得到

$$\eta_1 = \frac{\Delta E_{y1}(0) - \Delta E_{y1}(y_s)}{y_s} \cong \frac{\Delta E_{y1}(0)}{y_s} \tag{1-7}$$

此时，沿横跨薄膜，即 x 方向对式（1-6）的一次积分，可以得到前向和后向表面横向电场之间的关系。而两次积分则耦合了前表面（sf）和后表面（sb）电势之间扰动的影响。最后，我们对前表面和后表面应用高斯定理，忽略反型电荷，可以得到

$$\Delta\phi_{1(\text{sf})} = \left[\frac{2C_b + C_{\text{oxb}}}{C_b(C_{\text{oxf}} + C_{\text{oxb}}) + C_{\text{oxb}}C_{\text{oxf}}}\right]\frac{\varepsilon_{\text{Si}}t_{\text{Si}}\eta_1}{2} \tag{1-8}$$

$$\Delta\phi_{1(\text{sb})} = \left(\frac{C_b}{C_{\text{oxb}} + C_b}\right)\Delta\phi_{1(\text{sf})} + \left(\frac{C_b}{C_{\text{oxb}} + C_b}\right)\frac{\varepsilon_{\text{Si}}t_{\text{Si}}\eta_1}{2} \tag{1-9}$$

从式（1-9）中可以看出，$\Delta\phi_{1(\text{sb})} > \Delta\phi_{1(\text{sf})}$，但是任一扰动的重要程度取决于各自表面上的总电势。

反亚阈值斜率基本的数学表达式可以表示为

$$S = \frac{\frac{kT}{q}\ln(10)}{\frac{\mathrm{d}\phi_{0(\max)}}{\mathrm{d}V_{\text{GS}}}} = \frac{\frac{kT}{q}\ln(10)}{\frac{\mathrm{d}}{\mathrm{d}V_{\text{GS}}}(\phi_{1(\max)} + \Delta\phi_{1(\max)})} \cong \frac{m\frac{kT}{q}\ln(10)}{1 + m\frac{\delta(\Delta\phi_{1(\max)})}{\delta V_{\text{GS}}}} \tag{1-10}$$

其中，$\phi_{0(\max)}$ 表示源-漏通路的表面电势。在式（1-10）中，$m = \mathrm{d}V_{\text{GS}}/\mathrm{d}\phi_{1(\max)} = 1 + (C_bC_{\text{oxb}})/[C_{\text{oxf}}(C_b + C_{\text{oxb}})]$，对于具有厚氧化埋层的 FD-SOI CMOS 器件，$C_{\text{oxb}} \ll C_{\text{oxf}}$，$m \approx 1$，而由前表面或者后表面定义的 $\phi_{1(\max)}$ 则可以表示为

$$\Delta\phi_{1(\max)} \cong \frac{\varepsilon_{\text{Si}}t_{\text{Si}}\eta_1}{C_{\text{oxf}}}\left[1 + \Theta(\phi_{0(\text{sb})} - \phi_{0(\text{sf})})\frac{C_{\text{oxf}}}{2C_b}\right] \tag{1-11}$$

其中，$\Theta(f)$ 是赫维赛德阶跃函数 [如果 f 为负数，则 $\Theta(f)$ 为 0；如果 f 为 0 或正数，则 $\Theta(f)$ 为 1]，它定义了具有最高电势的表面通路。赫维赛德阶跃函数表明，如果 $\phi_{0(\text{sb})} > \phi_{0(\text{sf})}$，那么反亚阈值斜率由 $\Delta\phi_{1(\text{sb})}$ 决定，反之则由 $\Delta\phi_{1(\text{sf})}$ 决定。显然，这种转变在精确表征中是渐进的。而 $\Theta(\phi_{0(\text{sb})} - \phi_{0(\text{sf})})$ 由超薄体掺杂密度 N_B 决定，包括最优值 $N_B = 0$ 的情况。

采用式（1-11）可以近似得到反亚阈值斜率为

$$\frac{\delta(\Delta\phi_{1(\max)})}{\delta V_{\text{GS}}} = K\frac{\delta(\eta_1)}{\delta V_{\text{GS}}} \cong \frac{K}{(L_{\text{eff}}/2)^2}\frac{\delta(\Delta\phi_{0s})}{\delta V_{\text{GS}}} \approx \frac{K}{(L_{\text{eff}}/2)^2}(-1.4) \tag{1-12}$$

其中，K 表示式（1-11）中除了 η_1 以外的其他项，式（1-12）还假设 $y_s \cong L_{\text{eff}}/2$，$\Delta E_{y1}(0) \cong \Delta\phi_{0s}/y_s$（$\Delta\phi_{0s}$ 为源电势和 y_c 电势的差值），$\delta(\Delta\phi_{0s})/\delta V_{\text{GS}} = -1.4$。式（1-12）中的负号表示随着 V_{GS} 的增加，二维效应减弱。最终，将式（1-12）代入式（1-10），同时 $\varepsilon_{\text{Si}}/\varepsilon_{\text{ox}} \approx 3$，得到

$$S \approx \frac{\frac{kT}{q}\ln(10)}{1 - \left(\frac{17t_{\text{Si}}t_{\text{ox}}}{L_{\text{eff}}^2}\right)\left[1 + \Theta(\phi_{0(\text{sb})} - \phi_{0(\text{sf})})\frac{t_{\text{Si}}}{6t_{\text{ox}}}\right]} \tag{1-13}$$

需要注意的是，式（1-13）成立的前提是假设式（1-11）符合厚氧化埋层的条件。在薄氧化埋层，二维效应对于反亚阈值斜率的影响有所下降，但由于电荷耦合因子 r 的降低，反亚阈值斜率的值也有可能更高。

2. 漏致势垒降低（Drain-Induced Barrier Lowering，DIBL）

为了简单表示漏致势垒降低特性，我们将电势重写为 $\phi(x,y) = \phi_0(x,y) + \Delta\phi_0(x,y)$，其中，$\phi_0(x,y)$ 为 $V_{DS}=0V$ 时的电势值，$\Delta\phi_0(x,y)$ 为漏极偏置产生的电势增量，在弱反型时满足：

$$\frac{\partial^2}{\partial x^2}\Delta\phi_0 + \frac{\partial^2}{\partial y^2}\Delta\phi_0 = 0 \tag{1-14}$$

与式（1-6）类似，将两个偏导数分离，得到

$$\frac{\partial^2}{\partial x^2}\Delta\phi_0 = -\frac{\partial^2}{\partial y^2}\Delta\phi_0 \cong -\eta_0 \tag{1-15}$$

其中，η_0 为另一个空间常数。如果源极扰动的纵向场 ΔE_{y0} 远小于平均横向场 V_{DS}/L_{eff}，沿着沟道进行积分，将边界条件 $\Delta\phi_0(y=0)=0$ 和 $\Delta\phi_0(y=L_{eff})=0$ 代入，可以得到 $\eta_0 = (2/L_{eff}^2)(V_{DS} + \Delta E_{y0}(0)L_{eff}) \cong (2/L_{eff}^2)V_{DS}$。这里 L_{eff} 表示有效电子沟道长度，决定了超薄体沟道中的二维效应。

与式（1-8）和式（1-9）类似，忽略反型电荷，从式（1-15）中得到

$$\Delta\phi_{0(sb)} = \left(\frac{C_b}{C_{oxb}+C_b}\right)\Delta\phi_{0(sf)} + \left(\frac{1}{C_{oxb}+C_b}\right)\frac{\varepsilon_{Si}t_{Si}\eta_1}{2} \tag{1-16}$$

$$\Delta\phi_{0(sf)} = \left[\frac{2C_b + C_{oxb}}{C_b(C_{oxf}+C_{oxb})+C_{oxb}C_{oxf}}\right]\frac{\varepsilon_{Si}t_{Si}\eta_1}{2} \tag{1-17}$$

其中，$\Delta\phi_{0(sf)}$ 和 $\Delta\phi_{0(sb)}$ 为最小表面势的扰动值。对于 FD-SOI 器件，式（1-16）表明 $\Delta\phi_{0(sb)} > \Delta\phi_{0(sf)}$，这意味着后表面远离栅极，受到栅极的控制较小。所以，后表面控制了漏致势垒降低特性。在任何情况下，对于具有厚氧化埋层的 FD-SOI MOSFET，且 $\varepsilon_{Si}/\varepsilon_{ox} \cong 3$，从式（1-16）和式（1-17）得到

$$\Delta\phi_{0(sb)} \cong \frac{t_{Si}(t_{Si}+6t_{oxf})}{L_{eff}^2}V_{DS} = \Delta\phi_{0(sf)}\left(1+\frac{t_{Si}}{6t_{oxf}}\right) \tag{1-18}$$

利用反亚阈值斜率模型（S），由于 V_{DS} 增加或者漏致势垒降低导致的阈值电压降低，可以表示为

$$\Delta V_{th} \cong \frac{S}{(kT/q)\ln(10)}\left(\frac{6t_{Si}t_{ox}}{L_{eff}^2}\right)\left[1+\Theta(\phi_{0(sb)}-\phi_{0(sf)})\frac{t_{Si}}{6t_{ox}}\right]V_{DS} \tag{1-19}$$

其中，$\Theta(f)$ 为赫维赛德阶跃函数，这近似解释了漏致势垒降低效应与 $\phi_{0(sb)}$ 或 $\phi_{0(sf)}$ 的关系。式（1-19）也是基于式（1-18）符合厚氧化埋层的条件，对于薄氧化埋层，ΔV_{th} 要小一些。

1.3 FinFET

除了平面 FD-SOI MOSFET，准平面（以及全耗尽）FinFET 也是未来纳米级 CMOS 器件的主要发展方向。相比于 FD-SOI MOSFET 早在 20 世纪 80 年代就开始发展，FinFET 结构直

到1991年才被提出，并且又经过了十年时间，由于其独特的非平面结构，才逐渐得到了学术界和工业界的关注。随着英特尔公司在2012年宣布从22nm节点开始，FinFET将成为该公司发展的基本CMOS器件，FinFET才得以进入高速发展阶段。FinFET采用两个或者三个有效栅极的结构，而且体的厚度要大于FD-SOI（大约是2倍），因而能够更有效地控制短沟道效应。独特的准平面结构也使其可以在特殊的工艺过程中进行折中设计。

1.3.1 三栅以及双栅 FinFET ★★★

典型的FinFET结构如图1.8所示，对于双栅结构，两个有源栅极位于鳍形超薄体硅的两侧。如果是三栅结构则可以通过减薄体顶部的绝缘体来构建顶部栅极。相反地，双栅结构可以在鳍形硅的顶层栅极上加入厚的绝缘层来实现。在这类结构中，工程师必须考虑器件的静电、寄生电容、源-漏串联电阻，以及相关器件的处理和集成，才能完成最佳的设计折中。

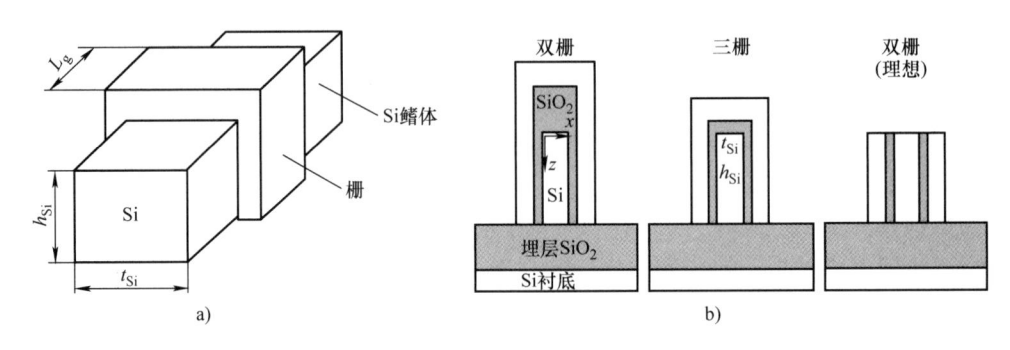

图1.8 典型的FinFET结构图
a）典型的准平面FinFET b）实际的双栅、三栅，以及理想的双栅结构

1.3.1.1 鳍形超薄体掺杂效应

与FD-SOI相同，纳米级FinFET也采用无掺杂的鳍形超薄体。采用该方式的另一个原因涉及双栅和三栅的结构选择。从物理角度看，具有掺杂超薄体的三栅FinFET可以在一定程度上显示出工艺角效应存在的问题。参考图1.8b，三栅FinFET超薄体的尺寸为 $h_{Si} = t_{Si} = L_{eff}$。对于 $L_{eff} = 28nm$ 的器件，栅氧化层厚度（t_{ox}）为1.1nm。而SOI氧化埋层的厚度（t_{BOX}）为200nm。在三维仿真中，FinFET需要进行简化，这时假设突变源-漏结具有10nm的栅交叠，这意味着本征器件以外的散射场效应可以忽略。此外，假定体截面为矩形，并且通过适当定义器件域网格来验证此三维建模。

具有掺杂以及无掺杂超薄体，且 $L_{eff} = 28nm$ 的三栅FinFET的 I_{DS}-V_{GS} 特性如图1.9所示。对于掺杂器件 $N_B = 8.0 \times 10^{18} cm^{-3}$，栅极材料为 n^+ 多晶硅。该器件具有良好的亚阈值特性，短沟道效应也得到了良好控制。漏致势垒降低至35mV/V。然而，掺杂三栅FinFET良好的短沟道效应控制源于在鳍体边缘区域流动的亚阈值电流，该亚阈值电流可以看作是具有非常小半径的纳米管，或有效体厚度 $t_{Si(eff)} \ll t_{Si}$。因为受到高掺杂控制的二维电场效应，这些区域具有比远离鳍体边缘区域更低的阈值电压。

另外对具有不同体尺寸器件的三维数值模拟，可以进一步分析掺杂体的三栅FinFET。如图1.10所示，亚阈值区的 I_{DS}-V_{GS} 特性实际上与体的尺寸无关，这也证明了亚阈值区特性

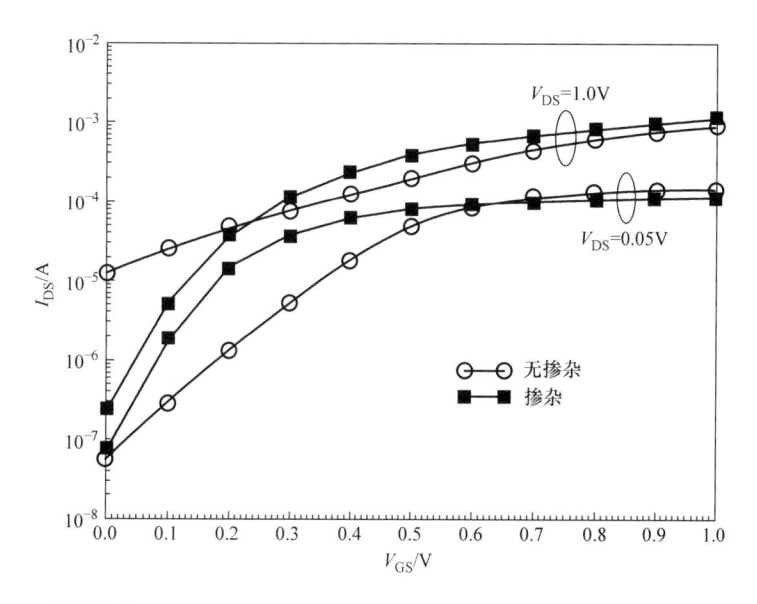

图1.9 具有掺杂以及无掺杂超薄体，且 $L_{eff}=28nm$ 的三栅 FinFET 的 I_{DS}-V_{GS} 特性

主要由具有更低阈值电压的边角区域所决定。然而，强反型区电流随着器件有效栅宽尺寸而变化，说明相比于边角区域，三个表面沟道具有更高的电导。与无掺杂器件不同，掺杂 FinFET 的有效宽度（W_{eff}）近似等于 $2h_{Si}+t_{Si}$。

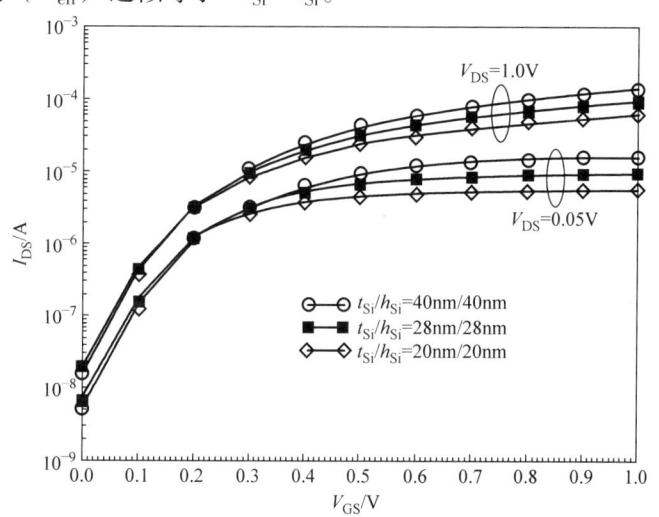

图1.10 不同鳍形体尺寸时，掺杂 n 沟道三栅 FinFET 的电流—电压特性
（$N_B=8.0\times10^{18}cm^{-3}$，$t_{ox}=1.1nm$，$t_{BOX}=200nm$，$L_{eff}=28nm$）

我们对于掺杂体三栅 FinFET 的分析，可以了解它是相对优化的器件结构。在弱反型区中，占主要矛盾的边角电导能够确保对短沟道效应的良好控制，同时还能保证相对低的关断电流 I_{off}，而在强反型区中，三个表面沟道又保证了良好的导通电流 I_{on}。然而，在实际的三栅 FinFET 中，$t_{Si(eff)}$ 和边角电导依赖于角的有限曲率半径，与超薄体掺杂浓度一样难以控制。因此，与掺杂的 FD-SOI MOSFET 和经典（掺杂）MOSFET 一样，掺杂的三栅 FinFET 在纳米级工艺中，从技术上而言是不可行的。

无掺杂三栅 FinFET 具有禁带中央的栅极，边角电导得到抑制，这是因为之前讨论的二维电场并不存在。然而，由于鳍形-超薄体的尺寸较大（$h_{Si} = t_{Si} = L_{eff}$），所以短沟道效应十分严重。如果要控制短沟道效应，就必须减小 t_{Si}，这在无掺杂三栅 FinFET 中是可以实现的。

1.3.1.2　体反型效应

对于无掺杂三栅 FinFET，在弱反型和强反型情况下，体反型都是十分重要的机制，它会对导通电流 I_{on}、有效栅宽产生一定的影响，我们这里进行详细讨论。

1. 对导通电流 I_{on} 的影响

我们首先基于三维仿真结果来比较无掺杂三栅和双栅 n 沟道 FinFET。突变源/漏结或有效沟道长度（$L_{eff} = L_g$）为 25nm，栅氧化层厚度（t_{ox} = EOT）为 1.2nm，而厚氧化埋层厚度为 200nm。对于双栅 FinFET，顶层栅氧化层厚度为 50nm，这可以使得顶层栅电极失效，它同时也是三栅 FinFET 的 t_{ox}。鳍形硅的超薄体没有掺杂，且 t_{Si} = 13nm。禁带中央金属栅用于阈值电压的控制。

当 h_{Si} = 39nm 时（鳍形翅片的长宽比 $a_f = h_{Si}/t_{Si} = 3$），双栅和三栅 FinFET 的电流—电压特性如图 1.11 所示。当 $V_{GS} = V_{DS}$ = 1V 时，相比于双栅 FinFET，三栅 FinFET 的 I_{on} 仅有 5.4% 的增加。这个增加比例远小于表面反型所达到的预期值——$\Delta I_{on(TG)} / \Delta I_{on(DG)} = t_{Si}/2h_{Si} = 1/(2a_f)$ = 16.7%（三栅和双栅 FinFET 的有效宽度分别为 $W_{eff(TG)} = 2h_{Si} + t_{Si}$，$W_{eff(DG)} = 2h_{Si}$）。图 1.11 还比较了两类器件的亚阈值特性。三栅 FinFET 的阈值电压仅比双栅 FinFET 高 10mV。亚阈值特性之间的微小差异并不能解释 $\Delta I_{on(TG)}$ 与 $\Delta I_{on(DG)}$ 的差别。对于不同的 a_f 值，$\Delta I_{on(TG)}$ 与 $\Delta I_{on(DG)}$ 的差异如图 1.12 所示。值得注意的是，当 $a_f \cong 1$，由于顶层栅导致的 I_{on} 增加只有 14%，远小于预期的 54.2%。也就是说，在极端情况下，双栅 FinFET 的 I_{on} 大约是三栅 FinFET 的 I_{on} 的 90%。这些结果表明，基于表面反型定义的有效宽度 W_{eff}，在双栅 FinFET 和三栅 FinFET 中，并不能有效表示 I_{on} 和 C_G 的状态。

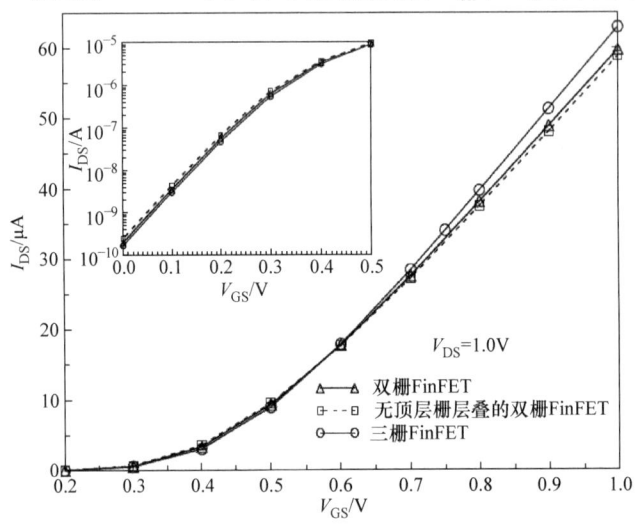

图 1.11　无掺杂双栅和三栅 FinFET 的电流—电压特性

对于这种结果一种合理的解释是，在双栅 FinFET 中两侧栅的电场散射会在顶层鳍形表面产生大量反型电荷。事实上，有文献提出可以利用这种电场散射来实现底部栅极的延展。

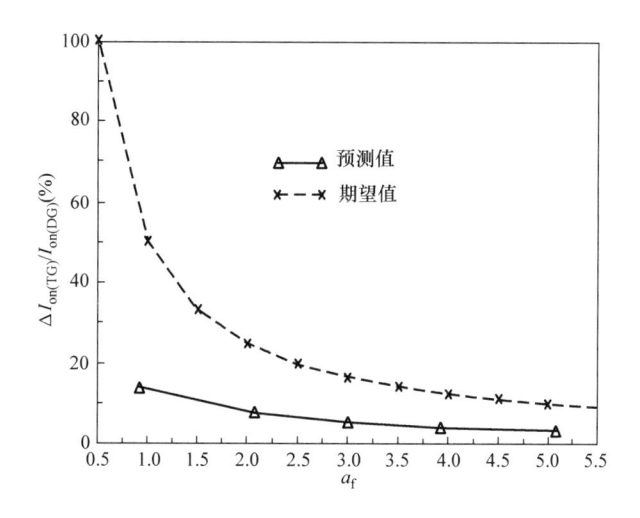

图 1.12 三栅 FinFET 和双栅 FinFET 电流增益比例与鳍形翅片的长宽比 a_f 的关系

然而,图 1.11 中,有顶层栅层叠和无顶层栅层叠双栅 FinFET 中 I_{on} 的对比表明,当 $a_f = 3$ 时,两者只有 1.5% 的差别。这意味着散射电场效应较小,可以忽略,这也就无法解释三栅 FinFET 中 I_{on} 增加较小的原因。

但是基于图 1.8b 中的三种器件结构,我们可以利用电子密度(n)来进行解释。以图 1.8 中的结构建立坐标系,横向分别为 x 轴和 y 轴,纵向为 z 轴。如图 1.13 所示,取沟道中部($y = L_{eff}/2$),$V_{GS} = V_{DS} = 1.0V$,在没有顶层栅层叠的双栅 FinFET 中,体反型产生的反型电荷实际上远离侧壁。电场散射的整体影响如图 1.14 所示,其中展示了鳍形中部下侧的电子密度。两个双栅 FinFET 结构中的整体反型电荷反映了电场散射对 I_{on} 变化 1.5% 的影响。

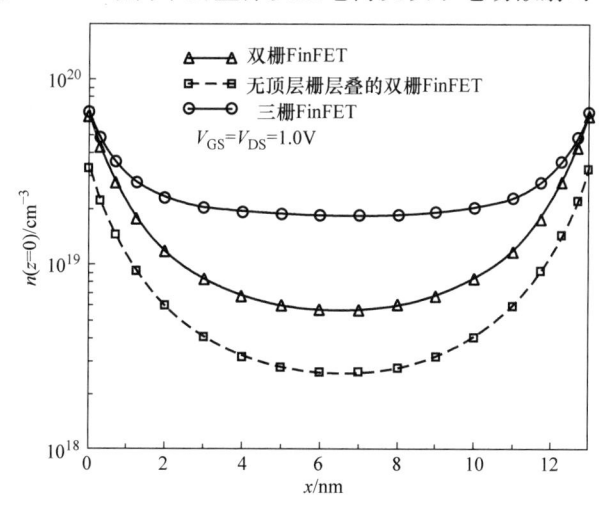

图 1.13 双栅和三栅 FinFET 中,沿着顶层鳍形表面,沟道中部($y = L_{eff}/2$)下的电子密度

图 1.12 中,三栅 FinFET 和双栅 FinFET 相比,实际结果小于预期 I_{on},这主要是由于导通情况下的强反型造成的。在三种结构中,远离表面的衬底都具有高掺杂($n > 2 \times 10^{18} cm^{-3}$)。双栅 FinFET 中的体反型电荷对 I_{on} 有很大贡献,这可能部分归因于鳍形衬底电

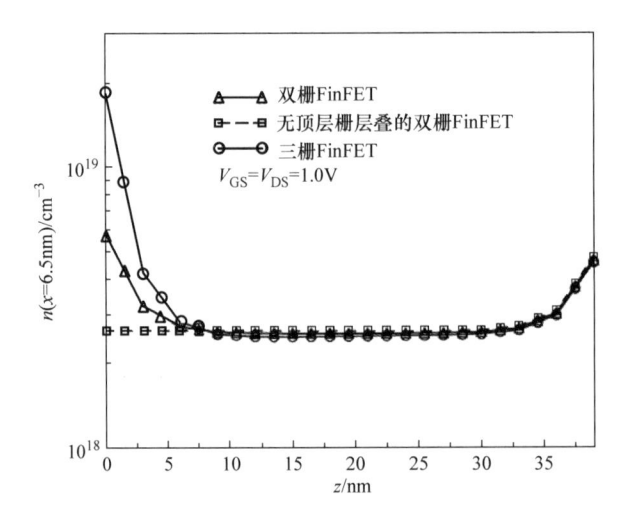

图 1.14 双栅和三栅 FinFET 中，沟道中部（$y = L_{eff}/2$），鳍形中部下侧的电子密度

子迁移率（μ_b）可以高于表面电子迁移率（μ_s），因此增加顶栅并不是十分有益。为了给出更定量的解释，我们可以用反型电荷密度的表面分量（Q_{is}）和衬底分量（Q_{ib}）来表示双栅 FinFET 的导通电流：

$$I_{on(DG)} \cong W_{eff} Q_{is} v_s + h_{Si} Q_{ib} v_b \tag{1-20}$$

这里假设表面电荷项中 $W_{eff} = 2h_{Si}$，衬底电荷项中 $W_{eff} = h_{Si}$，v_s 和 v_b 分别表示鳍形表面和鳍形衬底中的平均载流子迁移率。需要注意的是迁移率不仅和 μ_s、μ_b 有关，还与 V_{DS} 相关。其中，V_{DS} 控制电场 $E_y(x)$，并且决定了沟道中的速度饱和/过冲。事实上，如果 $a_f > 1$，式（1-20）是一个合理的表达式，它使得鳍-体部分的有效宽度近似等于 h_{Si}。对于图 1.13 和图 1.14 中的双栅 FinFET，$a_f = 3$，当 $V_{DS} = V_{GS} = 1V$ 时，$Q_{ib} > Q_{is}$。因此，通过式（1-20），我们定义一个 $I_{on(DG)}$ 的重要增加量，该增加量超过由 $W_{eff} = 2h_{Si}$ 引起的增加量。

$$I_{on(DG)} \cong W_{eff} Q_{is} v_s \left(1 + \frac{Q_{ib} v_b}{2 Q_{is} v_s}\right) \tag{1-21}$$

需要注意，因为大多数短沟道都有速度饱和的趋势，所以 v_b 和 v_s 的大小可比。然而，由于速度过冲，使得 $\mu_b > \mu_s$，所以式（1-21）使得衬底反型对 $I_{on(DG)}$ 产生更大的影响。

双栅 FinFET 中存在的大量衬底反型电荷定义了式（1-21）中的 $I_{on(DG)}$，而在三栅 FinFET 中，即使增加顶层栅极，也只会在顶层表面使得整体反型电荷和 I_{on} 少量增加。相比于双栅 FinFET，三栅 FinFET 中 I_{on} 预期值和实际值的差别反映了电流衬底反型分量的重要性。实际上，在所有双栅 FinFET 仿真中，都表明衬底电流是 $I_{on(DG)}$ 中的主要部分。因为显著的电场散射对 $I_{on(DG)}$ 影响随着 a_f 的减小而增加，衬底电流在 $I_{on(DG)}$ 中的比例也会有所变化。但是顶层栅极始终受到严重限制，所以器件电流主要还是由衬底反型电荷决定的。

衬底反型与无掺杂的薄体相关，因为不存在重要的耗尽层电荷，亚阈值区域的电势和载流子密度在整个薄体中都是一致的，这种情况也出现在无掺杂体和厚氧化埋层的单栅 FD-SOI MOSFET中。这意味着这些器件的关断电流正比于体/沟道的截面积：$I_{off} \propto h_{Si} t_{Si}$，并且不会受到顶层栅极的影响。随着栅极电压（$V_{GS}$）增加，这种一致性得到保持，同时在强反型情况下产生衬底反型。衬底反型的程度由表面电场电子屏蔽决定，可以用无离子化掺杂电荷的泊松方程表示：

$$\frac{dE}{dx} \cong -\frac{qn}{\varepsilon_{Si}} \tag{1-22}$$

式（1-22）的解依赖于德拜长度 $L_D \propto 1/\sqrt{n}$。其中，随着 t_{Si} 增加，n 会随之下降，如图 1.15 所示。对于非常厚的 t_{Si}，短沟道效应会产生更大的 n 值。

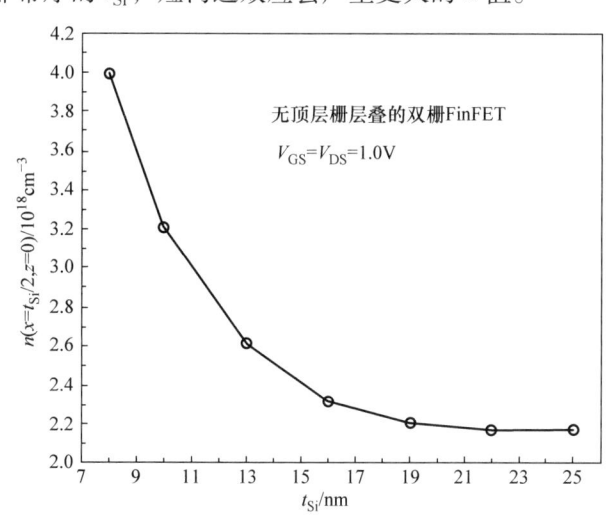

图 1.15　无顶层栅层叠双栅 FinFET 中，顶层鳍形-体表面中部，以及沟道中部 $(y = L_{eff}/2)$ 处导通电子密度与鳍宽的关系

2. 有效栅宽

在无掺杂双栅 FinFET 中，因为衬底反型的影响，无论关断还是导通状态，两个侧壁鳍形表面的有效宽度 $2h_{Si}$ 无法反映所有的反型电荷和电流。有效栅宽可以简单地定义为

$$W_{eff(DG)} = h_{Si} \tag{1-23}$$

栅电容可以通过面积 $L_{eff}h_{Si}$ 计算得到。然而，三栅 FinFET 的有效栅宽却不能直接定义。三栅 FinFET 中体反型对 W_{eff} 的限制效应是三栅 CMOS 相对于双栅和单栅 FD-SOI CMOS 栅极版图面积有效率低的根本原因。对于更优的三栅 CMOS，则需要更高、更薄的鳍片。我们现在来分析多鳍片 FinFET（见图 1.16）的版图面积有效率，来指导器件设计。对于给定的 L_g 和电流，对应于平面单栅 MOSFET 的栅面积 $A_{SG} = L_g W_g$，双栅 FinFET 的面积是 $A_{DG} = L_g \cdot [W_g P/(h_{Si} f_{DG})]$，其中，$P$ 是鳍的间距；f_{DG} 是双栅相对于单栅在 $h_{Si} = W_g$ 时提供的电流增强因子。在某些情况中，f_{DG} 可能大于 2，我们这里假设 f_{DG} 等于 2，也就是相当于假设 $W_{eff(DG)} = 2h_{Si}$。

那么对于三栅 FinFET，栅面积可以表示为 $A_{TG} = L_g(W_g P/W_{eff(TG)})$，其中有

$$W_{eff(TG)} = 2h_{Si} + t_{Si(eff)} \tag{1-24}$$

由于存在衬底反型，$t_{Si(eff)} < t_{Si}$，当 $f_{DG} = 2$，经过仿真可以得到

$$t_{Si(eff)} = 2h_{Si}\frac{\Delta I_{on(TG)}}{I_{on(DG)}} \tag{1-25}$$

当 $a_f = 3$，结合式（1-25）和图 1.12 可以得到 $t_{Si(eff)} = 4.2nm$，远小于实际值 $t_{Si} = 13nm$。从式（1-24）和式（1-25）可以推断出 $t_{Si(eff)}$ 和 $W_{eff(TG)}$ 对鳍尺寸的复杂依赖性，同

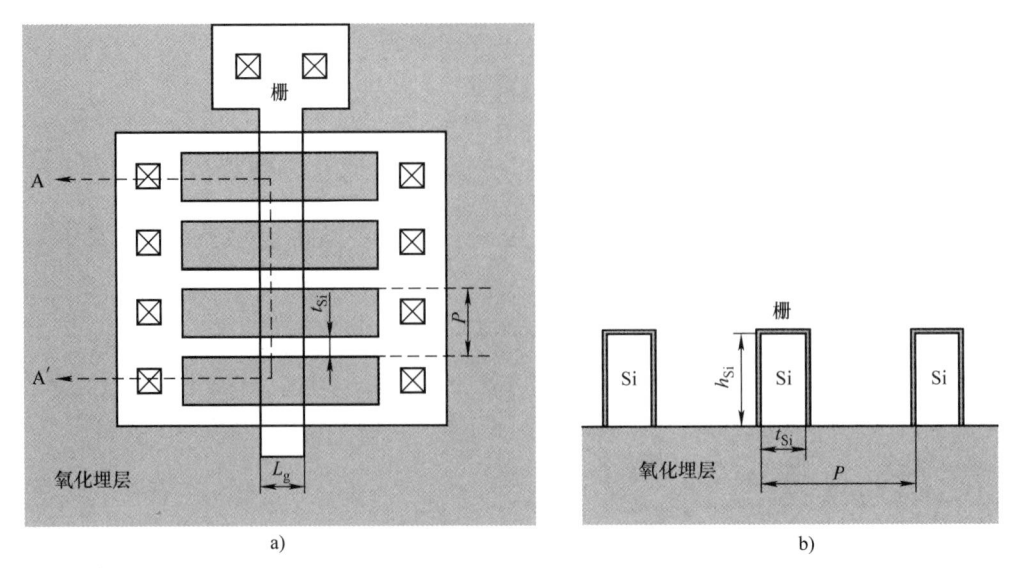

图 1.16 多鳍片 FinFET
a) 多栅/多指 FinFET 的顶视图　b) 横截面图

时，我们还应该注意到由于体反型对 V_{GS} 依赖性而产生的隐性影响。

1.3.2 实际中的结构选择 ★★★

以上讨论揭示了 FinFET 必须保持无掺杂的原因。同时也解释了当鳍形长宽比小于 2 倍时，尤其在更大 a_f 值时，双栅 FinFET 仍然能提供与三栅 FinFET 相同 I_{on} 的原因。具有中等 a_f 时，由于三栅 FinFET 的 I_{on} 增加小于双栅器件的 I_{on} 增加，所以三栅器件在栅极版图面积效率方面的优势不明显。

体反型对于纳米级 FinFET 的特性和设计具有重要意义。首先，在双栅和三栅 FinFET 中，基于表面反型定义的 W_{eff} 并不能合理地反映电流（电容）值。事实上，在三栅 FinFET 中，I_{on} 和 I_{off} 远小于表面 W_{eff} 的值。其次，对于中等大小的 a_f 值，顶层栅极并不是必需的。第三，由于体反型，相比于双栅 FinFET，在三栅 FinFET 中，由 W_{eff} 定义的栅极版图优势实际上要小得多。第四，量子化效应将进一步增强体反型效应。

此外，与三栅 FinFET 上的薄栅介质不同，具有厚顶层鳍片介质使得器件在工艺和架构方面具有更大的灵活性。例如，可以通过使用厚的顶部介质作为掩膜来蚀刻鳍片和分离栅极，并提供一定的保护。同时，在较高 a_f 的栅电极刻蚀器件过程中，厚的顶部介质也可以提供鳍片-漏/源区域的保护。因此，双栅 FinFET 是一种更优的结构。

1.4 碳基晶体管

进入 21 世纪以来，尽管学术界和产业界不断引入先进的解决方案［应变硅（strained Si）］技术、高 k 金属栅（high-k metal gate）技术、鳍式场效应晶体管（FinFET）技术，从细分技术领域到晶体管结构进行优化、创新，但硅基晶体管特征尺寸的微缩速度仍在持续降低，微缩收益也在逐渐收窄。硅基晶体管和集成电路也逐渐接近其物理极限和工程极限，传统硅基晶体管尺寸或将在 1nm 工艺节点上走向终结。因此，业界在艰难发展硅基晶体管技术的同时，也将其目光和精力集中到新材料和新器件的探索中，以求在后摩尔时代延续半导体产业的进步。在众多新型半导体材料中，碳纳米管（Carbon Nanotube，CNT）由于其独特的准一维结构和优异的电学性质而受到了业界的高度重视。基于碳纳米管构建的碳纳米管场效应晶体管（Carbon Nanotube Field Effect Transistor，CNTFET）也在 2009 年被国际半导体路线图委员会推荐为未来集成电路材料的重要选择。

1.4.1 碳纳米管 ★★★

碳纳米管于 1991 年首次被发现。作为一种新兴器件，碳纳米管避免了传统硅器件的大部分基本限制。碳纳米管中所有碳原子通过 sp2 杂化相互结合，并且没有悬挂键，这使得能够与高 k 介电材料集成。碳纳米管可分为单壁碳纳米管和多壁碳纳米管。多壁碳管可视作由单壁碳管嵌套而成，由于单壁碳管与多壁碳管相比缺陷较少、结构简单、可控性好，而且半导体性比例高，因此碳基晶体管技术主要基于单壁碳管进行发展。

碳纳米管可以看作由二维的单层石墨烯沿特定方向卷曲而成的空心圆柱状准一维晶体，其卷曲方向决定碳管的手性，从而决定了其晶格和能带结构。根据手性不同，碳纳米管还可分为半导体性和金属性的，这种电子性质的多样性使碳纳米管除了晶体管应用，在半导体互连和传感器等领域也具有巨大的潜力。

碳原子基态的电子构型为 $1s^2 2s^2 2p^2$。在石墨烯中，sp2 杂化是通过两个最外层壳层的共价键发生的。石墨烯中的一个碳原子嵌套在一个单层六角形晶格中。六方晶格中的碳原子间距（d）约为 1.44Å，碳-碳键（σ-键）之间的夹角为 120°。晶格常数（a）约为 $\sqrt{3}d$ = 2.49Å。晶格上所有原子的 2p 电子在两个相邻的薄片之间形成一个离域 π 轨道。石墨烯中多个薄片之间的层间距约为 3.35Å。薄片之间的弱静电相互作用使人们可以假设石墨烯薄片的电气特性彼此独立。单壁碳纳米管（Single-Walled Carbon Nanotube，SWCNT）可视为一片石墨烯，沿着包裹向量 $C_h = n_1 * \bar{a}_1 + n_2 * \bar{a}_2$ 卷起并连接在一起。其中［$\bar{a}_1$，$\bar{a}_2$］是如图 1.17 所示的晶格单位向量，指数（n_1，n_2）是表示碳纳米管手性的正整数。因此碳纳米管的周长 C_h 可以表示为

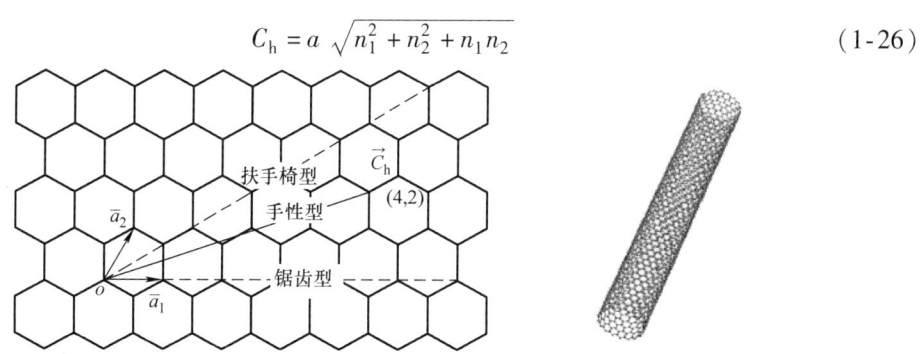

$$C_h = a\sqrt{n_1^2 + n_2^2 + n_1 n_2} \tag{1-26}$$

图 1.17 未卷曲的石墨烯薄片和卷曲的碳纳米管晶格结构

取决于手性数（n_1，n_2），单壁碳纳米管可分为三类：扶手椅型（$n_1 = n_2$）、锯齿型（$n_1 = 0$ 或 $n_2 = 0$）和手性型（所有其他手性数）。CNT 的直径由公式 $D_{CNT} = C_h/\pi$ 给出。碳纳米管的典型直径约为几纳米。由于碳纳米管的直径很小，因此会在圆周方向上发生波矢量

量子化。

就导电性而言，当 $|n_1-n_2|$ 为 3 的倍数时，单壁碳纳米管表现为带隙为零的金属性；其他情况下则表现为带隙有限的半导体。以锯齿型碳纳米管和扶手椅型碳纳米管为例，金属碳纳米管和半导体碳纳米管的能带结构如图 1.18 所示。

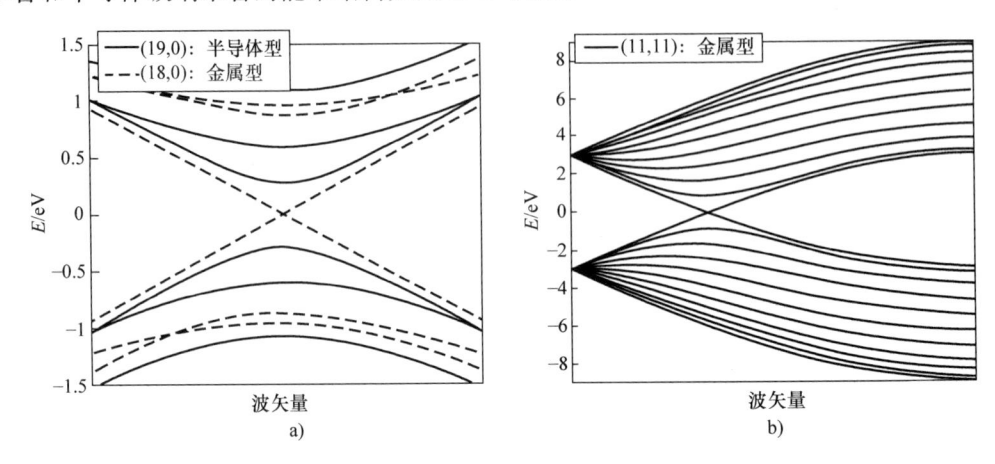

图 1.18 能带结构
a）锯齿型碳纳米管　b）扶手椅型碳纳米管

碳纳米管中的电子被限制在石墨烯的原子平面内。由于碳纳米管的准一维结构，电子在纳米管中的运动受到严格限制。电子只能沿管轴方向自由移动。因此，纳米管中不存在广角散射。对于纳米管中的载流子，只存在电子相互作用产生的前向散射和后向散射。实验观察到的超长弹性散射平均自由程（Mean-Free-Path，MFP）（大约为 $1\mu m$）意味着载流子在沟道中可以以弹道或近弹道形式进行输运。从晶体管的电导实验中，各种研究也已经报道了碳纳米管中的高迁移率，其典型范围为 $10^3 \sim 10^4 cm^2/V \cdot s$。理论研究还预测了半导体碳纳米管的迁移率可达到 $10^4 cm^2/V \cdot s$。同时，实验也证明多壁碳纳米管的载流容量（Current Carrying Capacity）大于 $10^9 A/cm^2$，比铜的最大载流容量高出约 3 个数量级。铜的最大载流容量通常受到电子迁移效应的限制，而多壁碳纳米管的载流容量在远高于室温的操作过程中不会出现性能退化。因此，优越的载流子传输和传导特性使碳纳米管特别适合于纳米电子学中的互连和纳米级器件应用。

1.4.2 碳纳米管场效应晶体管 ★★★

碳纳米管场效应晶体管（Carbon Nanotube Field Effect Transistor，CNTFET）的工作原理与传统硅器件类似。这种三（或四）端器件由一个半导体纳米管组成，充当传导沟道，桥接源极和漏极。碳纳米管场效应晶体管通过栅极静电开启或关闭。准一维器件结构比三维器件（如 FinFET）和二维器件（如 FD-SOI）结构在沟道区域能够提供更好的栅极静电控制。就器件运行机制而言，碳纳米管场效应晶体管可分为肖特基势垒碳纳米管场效应晶体管（Schottky Barrier CNTFET，SB-CNFET）或类 MOSFET 碳纳米管场效应晶体管。SB-CNFET 的导电性由源/漏极通过肖特基势垒的多数载流子隧穿决定。SB-CNFET 的导通电流和器件性能由源/漏极或其中一个终端沟道势垒引起的接触电阻决定，而不是由沟道电导决定，如

图 1.19a 所示。源/漏极处的肖特基势垒是由金属-半导体界面处的费米能级对齐所产生。肖特基势垒的高度、宽度以及导电性，都是由栅极静电调制的。SB-CNFET 显示出双极型传输行为。在源/漏处功函数产生的势垒可以增强电子或空穴传输。因此，一方面，可以通过选择源极漏极的适当功函数来调整器件极性（N 型 FET 或 P 型 FET）和器件偏置点；另一方面，类 MOSFET 的碳纳米管场效应晶体管通过抑制重掺杂源/漏的电子（PFET）或空穴（NFET）传输而表现出单极型传输行为。沟道区域中的非隧穿势垒，以及由此产生的电导率，由栅源偏压进行调制（见图 1.19b）。

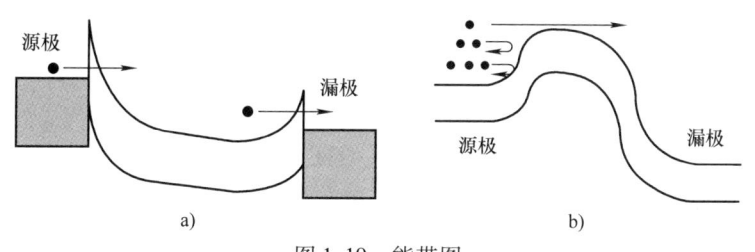

图 1.19 能带图
a) SB-CNFET b) 类 MOSFET CNFET

典型碳纳米管场效应晶体管基本结构如图 1.20 所示。L_g、L_{ext}、L_c 分别表示栅极特征长度、栅-源（漏）间距和源（漏）极长度。导电纳米线圆柱体的直径为 d。两个相邻平行导电纳米线圆柱体中心之间的距离用 s 表示。栅极和纳米线圆柱体中心之间的距离为栅氧化层厚度 t_{ox}。该结构在一定程度上沿袭了全环绕栅硅基晶体管（Gate-All-Around，GAA）的结构。由纳米线构成的导电沟道完

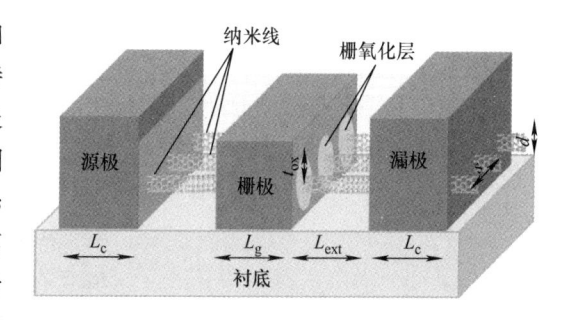

图 1.20 碳纳米管场效应晶体管基本结构

全被包裹在栅极中，因此具有良好的栅极静电控制性能。同时，在同一个晶体管中可以构建多条导电沟道，从而实现了较大的电流密度。碳纳米管场效应晶体管的工作原理和器件结构与传统硅基 CMOS 器件类似，这使得其基础架构和制造工艺与现有成熟工艺节点完全兼容，无须重新开发复杂的生产、制造流程，极大缩减了器件开发难度和研制周期。

作为一种新型的纳米级晶体管，碳纳米管场效应晶体管的本征和寄生特性目前仍在探索之中。诸多器件参数都必须结合实验与拟合公式进行推导。学术界通常使用非平衡格林函数（Non-equilibrium Green's Function，NEGF）推导碳纳米管场效应晶体管的量子输运机理，并评估其性能。但非平衡格林函数的计算效率较低，不利于后期计算机仿真模型的建立。因此基于朗道尔（Landauer）公式的弹道输运建模是评估性能的另一种更为有效的方法。目前碳纳米管场效应晶体管已知的本征特性包括：①载流子与速度的关系；②载流子有效迁移率和速度与碳纳米管直径的关系；③部分短沟道效应，如与器件尺寸相关的反亚阈值斜率退化和漏致势垒降低；④小信号电容，包括量子电容效应（表征高栅偏压下栅电容的降低）。这些本征缩放效应基本适用于 10nm 及更小工艺节点中碳纳米管场效应晶体管的基准性能预测。

1. 反型栅极电容（C_{inv}）

与 MOSFET 类似，强反型的迁移电荷密度可近似表示为

$$Q_{xo} \approx -C_{inv}(V_{gs} - V_{th}) \tag{1-27}$$

式中，$C_{inv} = C_{ox}C_s(C_{ox} + C_s)$。$C_{ox}$ 为单位面积的栅氧化层电容；C_s 是半导体电容（$C_s = \varepsilon_s / W_{inv}$，$\varepsilon_s$ 为介质层的介电常数，W_{inv} 为反型层宽度）。在平面体硅半导体材料中，态密度通常非常大，通常有 $C_s \gg C_{ox}$，所以 $C_{inv} \approx C_{ox}$。然而，对于碳纳米管场效应晶体管，因为量子电容（C_q）由于相对较低的态密度而与 C_{ox} 相当，所以还需要考虑 C_q。严格来说，C_q 与偏置电压密切相关。然而，一些实验的数值仿真表明，在反型区中，在 V_{gs} 和 Q_{xo} 一定的数值范围内，Q_{xo} 和 $V_{gs} - V_{th}$ 之间的线性关系仍然保持不变。这意味着在计算 C_{inv} 时，用一个恒定的有效 C_q（C_{qeff}）来解释量子电容的影响是可行的。因此，C_{inv} 可以表示为

$$C_{inv} = C_{ox}C_{qeff}/(C_{ox} + C_{qeff})$$
$$C_{qeff} = c_{qa}\sqrt{qE_q/(k_BT)} + c_{qb}$$
$$C_{ox} = 2\pi k_{ox}\varepsilon_0 / \{\ln[(2t_{ox} + d)/d]\} \tag{1-28}$$

式中，q 是基本电荷；T 是开尔文温度；k_B 是玻尔兹曼常数；c_{qa} 和 c_{qb} 是经验拟合参数；ε_0 是真空中的介电常数；t_{ox} 和 k_{ox} 分别是栅氧化层的厚度和相对介电常数。

2. 载流子迁移率（μ）

随着特征尺寸 L_g 缩小到纳米级，载流子传输接近弹道极限，导电沟道中的载流子散射效应急剧减小。当碳纳米管器件尺寸小于平均自由程时，载流子几乎不散射地穿过导电沟道，仅在源极和漏极处发生散射。因此在碳纳米管场效应晶体管模型中，载流子迁移率 μ 的经验公式可以表示为

$$\mu = \mu_0 L_g (d/d_{00})^{c_\mu} / (\lambda_\mu + L_g)$$
$$\mu_0 = \mu_{00} - t_\mu T$$
$$\lambda_\mu = \lambda_{00} - t_\lambda T \tag{1-29}$$

式中，d 通过 $d_{00} = 1$nm 进行归一化，而 t_μ、t_λ、μ_{00}、λ_{00} 和 c_μ 是经验拟合参数，以表征迁移率与温度、栅极长度和直径的关系。为了验证式（1-29）并确定拟合参数，需要使用低场强下的一维量子输运理论，此处只考虑最低子带的情况，那么碳纳米管的电导 G 可以表示为

$$G = \frac{4q^2}{h} \int_{E_c}^{\infty} \frac{\lambda_i(E,T,d)}{L_g + \lambda_i(E,T,d)} \left[-\frac{\partial f(E,E_F)}{\partial E}\right] dE \tag{1-30}$$

式中，h 是普朗克常数；E_c 是导带边缘；E 是自由电子的能量；E_F 是费米能级；f 是费米-狄拉克分布函数；λ_i 是碳纳米管中代表光学和声学声子散射聚集效应的平均自由程。

3. 短沟道参数

短沟道效应本质上是随着特征尺寸 L_g 减小，阈值电压降低，亚阈值斜率和漏致势垒降低效应增加所产生的现象。短沟道参数通常包括亚阈值斜率（SS）、漏致势垒降低系数（DIBL）、阈值电压（V_{th}）。在全环绕碳纳米管场效应晶体管中，第一步是沿着沟道对 E_c 剖面进行建模。在亚阈值区，沟道中的移动电荷可以忽略不计，通过求解拉普拉斯方程可以获得导带边缘 E_c 分布，此时得到的 E_c 可以表示为

$$E_c(x) = a_1 e^{-x/\lambda} + a_2 e^{-x/\lambda} - V_{gs} + E_g/2 \tag{1-31}$$

式中，x 是沿沟道方向的坐标值；λ 是静电特征长度；a_1 和 a_2 是由边界条件确定的系数：①$E_c(-L_{of} - L_g/2) = -E_{fsd}$；②$E_c(L_{of} + L_g/2) = -E_{fsd} - V_{ds}$，其中 L_{of} 是一个经验参数，其作

用类似于对 L_g 进行扩展修正，以表示栅到源/漏极处的有限德拜长度；E_{fsd} 是源/漏扩展处费米能级到 E_c 的能量差，如图 1.21 所示。所有能量都参考源的费米能级得到（即 $E_{fs}=0$）。

λ 是在满足碳纳米管/氧化物界面边界条件的柱坐标系中拉普拉斯方程的解：

$$\frac{Y_1(\zeta)}{J_1(\zeta)} = \gamma \frac{Y_0(\zeta)}{J_0(\zeta)} + (1-\gamma) \frac{Y_0(\zeta+t_{ox}/\lambda)}{J_0(\zeta+t_{ox}/\lambda)}$$

(1-32)

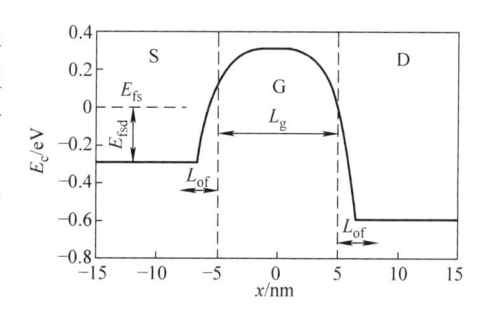

图 1.21 导带分布

式中，J_m 和 Y_m 是一类和二类 m 阶贝塞尔函数。$\gamma \equiv k_{cnt}/k_{ox}$，$k_{cnt}$ 是碳纳米管的相对介电常数，$\zeta \equiv d/(2\lambda)$。式（1-32）是一个超越方程，对于 λ 没有解析解。假设 E_c 剖面在横向上呈抛物线形；对于碳纳米管场效应晶体管，d 通常小于 t_{ox}，当 $t_{ox} > d/2$ 时，证明 λ 可以近似为

$$\lambda = \frac{d+2t_{ox}}{2z_0}[1+b(\gamma-1)]$$

$$b = 0.41(\zeta_0/2 - \zeta_0^3/16)(\pi\zeta_0/2)$$

$$\zeta_0 = z_0 d/(d+2t_{ox})$$

(1-33)

式中，$z_0 \approx 2.405$，是 J_0 的第一个零点。当 $t_{ox} \gg d$ 时，式（1-33）可以简化为 $\lambda \approx (d+2t_{ox})/z_0$；另一方面，当 $t_{ox} \ll d$ 时，$\lambda \approx (d+2\gamma t_{ox})/z_0$。在这两种极端情况下，$\lambda$ 随 d 和 t_{ox} 线性增加。相关实验表明半导体碳纳米管的 k_{cnt} 数值范围是 5~10。在已知 E_c 的条件下，短沟道参数可以导出为

$$n_{SS} = -\partial E_{c,max}/\partial V_{gs}|_{V_{ds}=0} = (1-e^{-\eta})^{-1}$$

$$\delta = -\partial E_{c,max}/\partial V_{ds}|_{V_{ds}=0} = e^{-\eta}$$

$$-\Delta V_{th} = E_g/2 - E_{c,max}|_{V_{ds}=0} = (2E_{fsd}+E_g)e^{-\eta}$$

(1-34)

式中，n_{SS} 为表面态密度系数；δ 表示亚阈值斜率和漏致势垒降低效应的系数；ΔV_{th} 表示由短沟道效应引起的修正量。此外，$\eta \equiv (L_g+2L_{of})/(2\lambda)$，$E_{c,max}$ 通过将 $x = -\lambda/2 \cdot \ln(a_2/a_1)$ 代入式（1-31）得到。根据实验经验，当 $L_{of} \approx t_{ox}/3$ 时，实验与理论推导具有最佳拟合结果。L_{of} 和 t_{ox} 之间关系的物理解释是，当 t_{ox} 变大时，从栅到源/漏的边缘场将扩展，使 L_{of} 变长。然而，总的来说，L_{of} 应该被视为一个拟合参数。注意，式（1-34）是求解泊松方程的直接结果，并没有考虑氧化物-碳纳米管界面态等非理想性。因此，对于长沟道器件可以假设亚阈值摆幅约为 60mV/decade，DIBL = 0。虽然式（1-34）是由全环绕栅结构导出的，但对于顶栅和底栅等其他器件结构，只要使用合适的 λ 模型，就应该遵循相同的趋势。

4. 载流子速度（v_{xo}）

载流子速度（v_{xo}），也称为注入速度，是晶体管技术的关键指标之一。v_{xo} 可以通过沟道中载流子的后向散射理论与 L_g 相关联。

$$v_{xo} = \frac{\lambda_v}{\lambda_v+2l} v_B$$

(1-35)

式中，v_B 是弹道极限下的载流子速度；λ_v 是载流子平均自由程；l 是临界长度，定义为电势

从沟道中能级势垒顶部下降 k_BT/q 的距离。严格来说，l 与 L_g 成正比，并与 V_{ds} 相关。由于 L_g 通常只在小范围内变化（例如 1nm < L_g < 30nm）。在一些实验中可以认为 $l \approx L_g$。而 v_B 和 λ_v 的值需要通过严格的实验测试得到。

1.5 版图相关效应

随着 CMOS 工艺进入纳米级阶段，物理版图成为制约产品良率的重要因素，由此衍生出的版图相关效应（Layout Dependent Effect, LDE）已成为一个不容忽视的严重设计问题。在纳米级晶体管中，阱邻近效应（Well Proximity Effect, WPE）、浅槽隔离应力效应（Shallow Trench Isolation, STI）、氧化层长度扩散效应（Length of Oxide Diffusion, LOD），以及氧化层间隙效应（Oxide Spacing Effect, OSE）是版图相关效应的四个主要来源，它们显著影响 MOSFET 的固有参数（阈值电压 V_{th}、漏极电流 I_d、最大跨导 gm_{max}），降低了电路整体性能。

实验表明，当晶体管距离阱边缘超过 1μm 时，阱邻近度会影响 MOSFET 的阈值电压。如果不考虑这一点，在一些需要精确匹配的电路（电流镜）中，匹配值可能会偏离预期状态，从而导致灾难性的电路故障。在模拟集成电路设计中，工程师经常共享氧化层区域来获得一些硅面积利用的有效性，但这也会导致晶体管部分关键参数因为浅槽隔离应力而发生漂移，影响设计结果。同时，浅槽隔离应力还会导致氧化层长度扩散和氧化层间隙效应，进一步恶化电路性能。因此只有了解这四类效应产生的机理，并在后端版图设计采用优化策略，才能最小化版图相关效应，使最终电路测试性能接近前仿真结果。

1.5.1 阱邻近效应 ★★★

CMOS 缩微工艺通常利用高能注入形成深倒退阱剖面，从而构成晶体管闩锁保护，并抑制横向穿透。在注入过程中，原子可以从抗光腐蚀剂掩膜板边缘开始横向散射，并嵌入阱边缘附近的硅表面，如图 1.22 所示。其结果是在 1μm 或更大的范围内，阱表面浓度随距掩膜边缘的横向距离而变化。阱掺杂中的这种横向不均匀性导致 MOSFET 阈值电压和其他电特性随着过渡层到阱边缘的距离而变化。这种现象被称为阱邻近效应。

在 CMOS 0.13μm 工艺中表征阱邻近效应，将厚栅（3.3V）的 NMOS 和 PMOS 晶体管阵列沿单个阱边缘的侧面放置，阵列中的每个器件位于不同的阱边缘距离上，如图 1.23 所示。每个阵列都包含一个单独晶体管，该晶体管位于距离阱边超过 25μm 的位置，足以保证其不会受到阱邻近效应的影响。该晶体管作为基准器件，与其他器件进行比较。图 1.23 中的器件采用低电阻、对称源极（S）和漏极（D）连接布线，允许源和漏极自由分配。这使得阱邻近效应引入的源/漏极不对称性可以在单个器件上进行评估，而不会引入其他局部和全局参数变化的影响。

实验表明阱邻近度对 NMOS 器件阈值电压 V_{th} 具有显著影响，V_{th} 随着器件向阱边缘靠近而增加，最大变化值高达 50mV。阵列中的晶体管和基准器件之间的相对饱和电流失调如图 1.24 所示，可以将其表示为栅源电压 V_{gs} 函数。每条曲线表示不同阱间距和源/漏极方向。对于 $V_{gs} > V_{th}$，相同尺寸器件的漏极电流失配可能高达 30%，这取决于与阱边缘的邻近程度。图 1.24 显示，在靠近 V_{th} 和大于 V_{th} 以上区域中，源极朝向阱边缘器件的电流实际上可

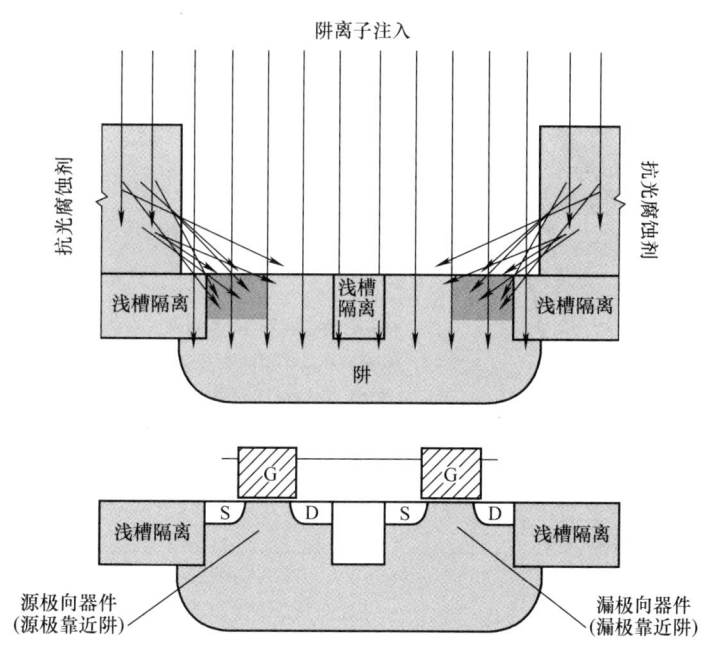

图 1.22 阱邻近效应图示

在一些需要高精度匹配的设计中，工程师需要考虑阱邻近效应，使得阱梯度变化沿栅极长度方向进行定向，如图 1.25 所示。同时将多个输出晶体管布置在一个公共阱中，远离任何阱边缘，这样就可以忽略阱邻近引起的失配，使得两个器件的横向电流方向尽可能相等。

1.5.2 浅槽隔离应力效应 ★★★

在特征尺寸小于 0.25μm 的 CMOS 工艺中，浅槽隔离是普遍采用的隔离方案。浅槽隔离工艺留下的硅岛处于双轴压缩应力的非均匀状态。因此浅槽隔离引起的应力对器件性能会

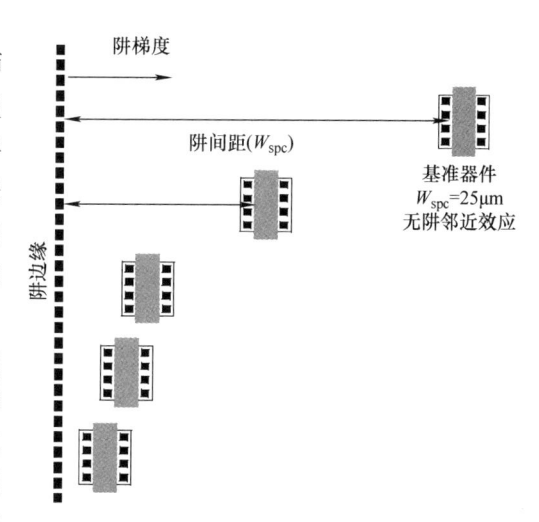

图 1.23 评估阱邻近效应的测试阵列

产生一定的影响，包括引入饱和电流 I_{dsat} 和阈值电压 V_{th} 的偏移。在对晶体管的性能进行建模时必须考虑这些影响。同时，有源开窗内的应力状态也是不均匀的，并且取决于有源开窗的整体尺寸，这意味着 MOSFET 特性再次受到版图布局的影响。浅槽隔离应力效应如图 1.26所示。残余应力和电学性能的变化可以由两个几何参数 S_a 和 S_b 定性进行描述，它们表示从栅极到器件任一侧氧化层区域边缘的距离。

$$Stress = \frac{1}{S_a + L/2} + \frac{1}{S_b + L/2} \tag{1-36}$$

为了表征 0.13μm 工艺中浅槽隔离应力引起的 MOSFET 性能变化，实验首先建立了具有

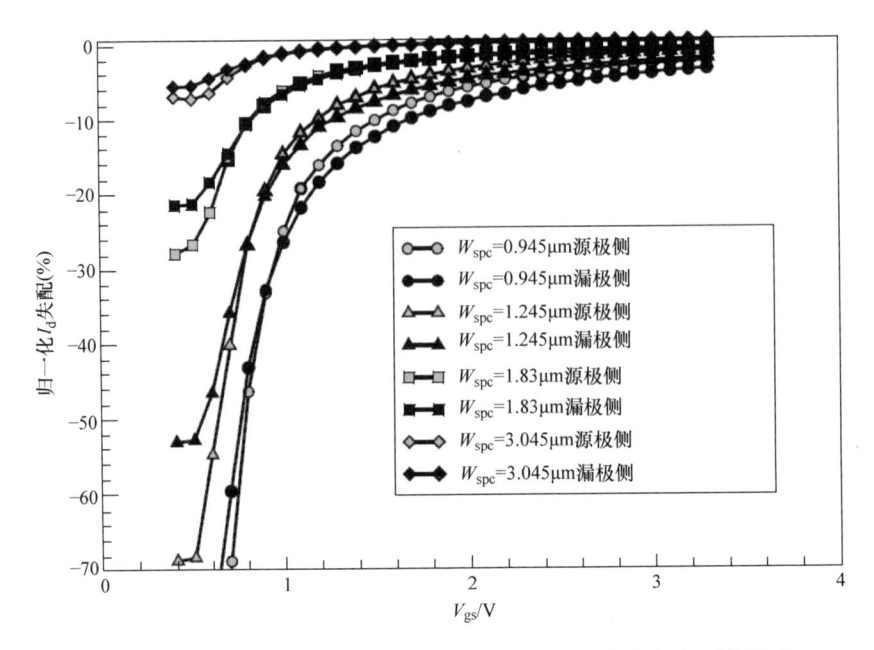

图 1.24 不同阱边缘间距情况下，漏极电流（I_d）与栅极电压的关系

不同 $S_\text{a} = S_\text{b}$ 值的厚栅（3.3V）NMOS 和 PMOS 晶体管阵列。阵列包含一个具有非常大有源窗口（$S_\text{a} = S_\text{b} = 3.1\mu\text{m}$）的器件，作为基准器件。选择具有较大 S_a 值的器件作为基准，主要是因为这类器件可以认为几乎不受到浅槽隔离应力的影响。与基准器件相比，晶体管之间的相对饱和电流失调如图 1.27 所示。每条曲线代表不同的 S_a、S_b 值。

在 V_gs 较大时，PMOS 漏极电流随着 S_a 值的减小而增加，NMOS 漏极电流则随着 S_a 值的减小而减小。这与双轴压缩应力增加空穴迁移率，而降低电子迁移率的情况一致。当 V_gs 降低时，NMOS 器件中的电流失调显著增加，特别是对于具有最小 S_a 值的器件，这种情况最为明显。这表明器件浅槽隔离应力使得阈值电压发生了变化，从而产生了相应的电流失调。

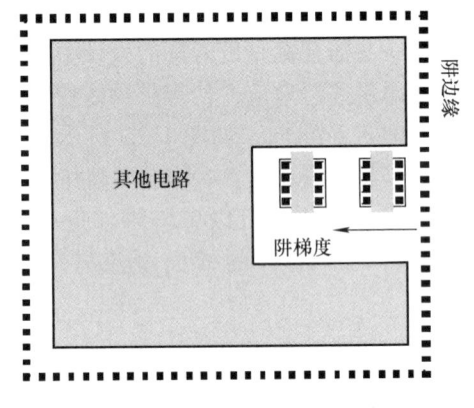

图 1.25 单阱中匹配晶体管布局

为了探索浅槽隔离应力的影响，如图 1.28 所示，实验设计了三种版图布局进行比较。该实验采用 90nm 工艺中的 2.5V 器件，电流镜比例设置为 1:4。浅槽隔离应力对输出电流、失配标准差、饱和电压 V_dsat 和有源区面积的影响分别如图 1.29 ~ 图 1.32 所示。非共源共栅电流镜采用 10μA 的参考电流进行偏置，尺寸为 $W/L = 3.2\mu\text{m}/0.56\mu\text{m}$，以获得大约 145mV 的 V_dsat。晶体管分别被拆分为 2 指、4 指和 8 指进行比较。如图 1.28 所示，实验分别在无虚拟器件（Dummy device）、1 个虚拟器件和 2 个虚拟器件的情况下进行，虚拟器件的作用是缓冲氧化层区域边缘附近最大的浅槽隔离应力。图 1.29 ~ 图 1.32 中的曲线表明，添加虚拟器件具有很大的好处。但虚拟器件通常会消耗一定的硅面积，从而增加芯片成本，特别是对于

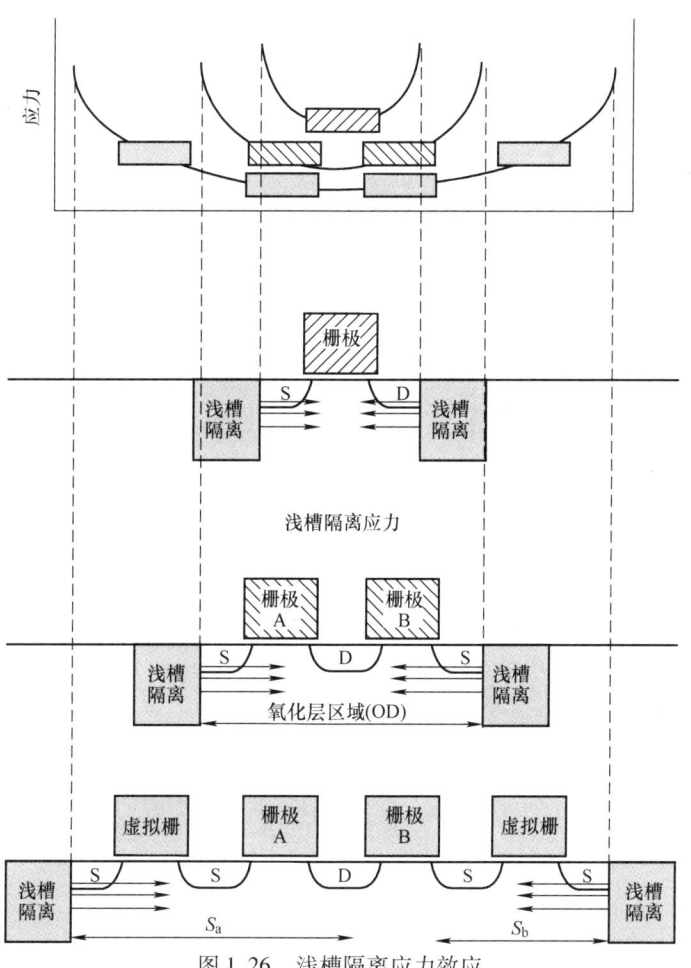

图 1.26　浅槽隔离应力效应

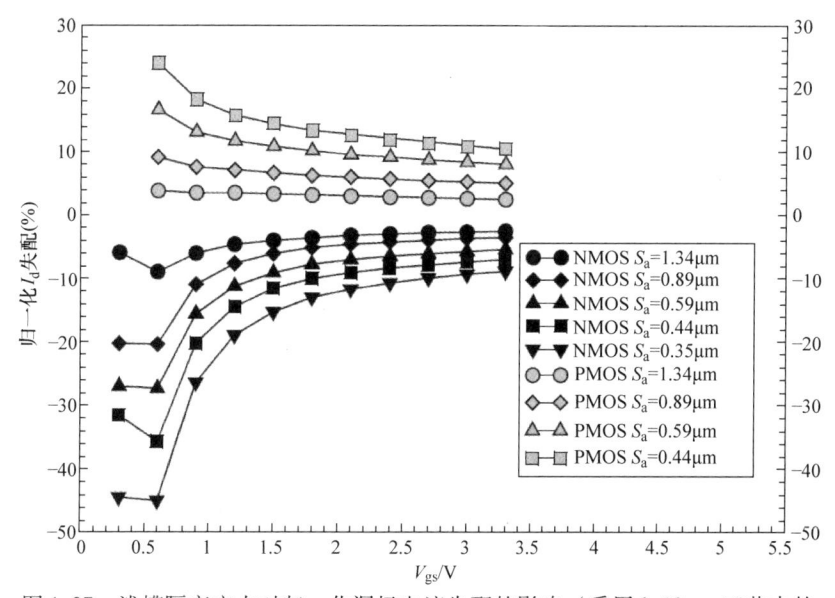

图 1.27　浅槽隔离应力对归一化漏极电流失配的影响（采用 0.13μm 工艺中的 NMOS 和 PMOS 器件，$W/L = 24\mu m/0.6\mu m$，且 $S_a = S_b$）

采用图 1.28c 中的版图布局方式。如果没有虚拟器件产生的缓冲区，图 1.28b 中的非合并版图可能会使得电流镜比例变化至小于 1:3。根据版图的实际情况，V_{dsat} 的变化可能会超过 20mV，使得晶体管工作在线性区。

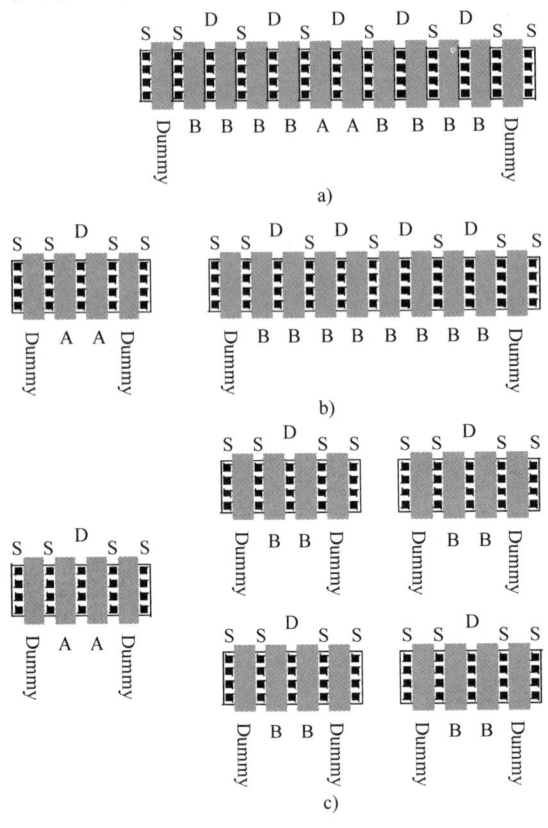

图 1.28　在电流镜比例为 1:4 时，三种不同的匹配设计
a) 合并晶体管　b) 未合并晶体管　c) 分模块

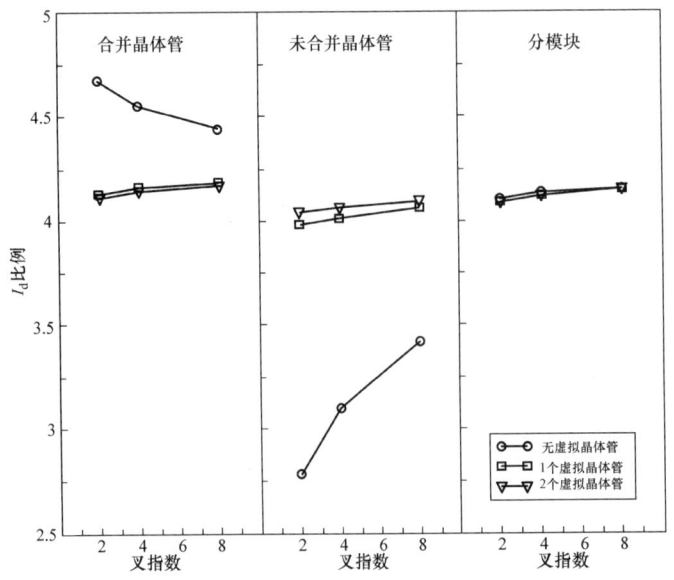

图 1.29　图 1.28 中不同版图布局对电流镜比例的影响

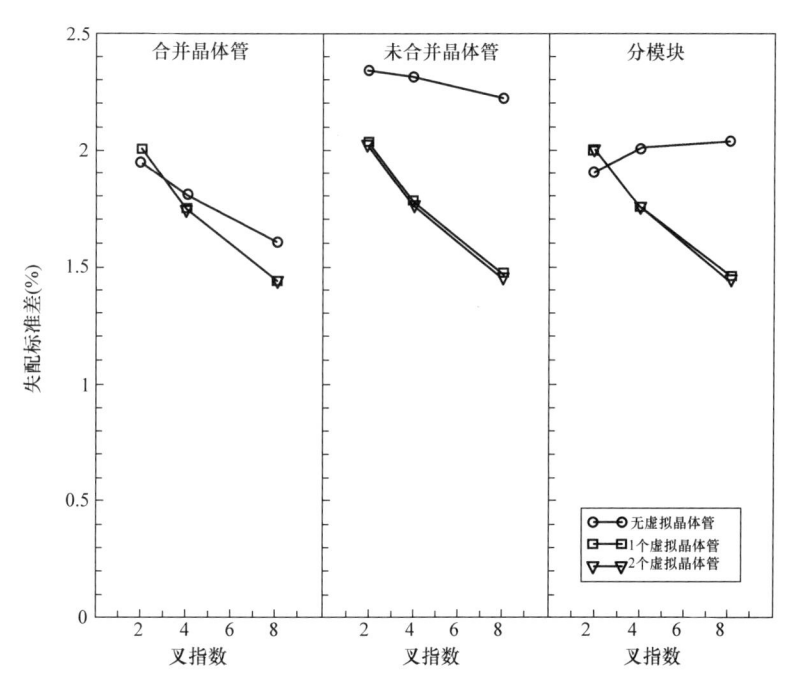

图 1.30　图 1.28 中不同版图布局对电流失配比例的影响

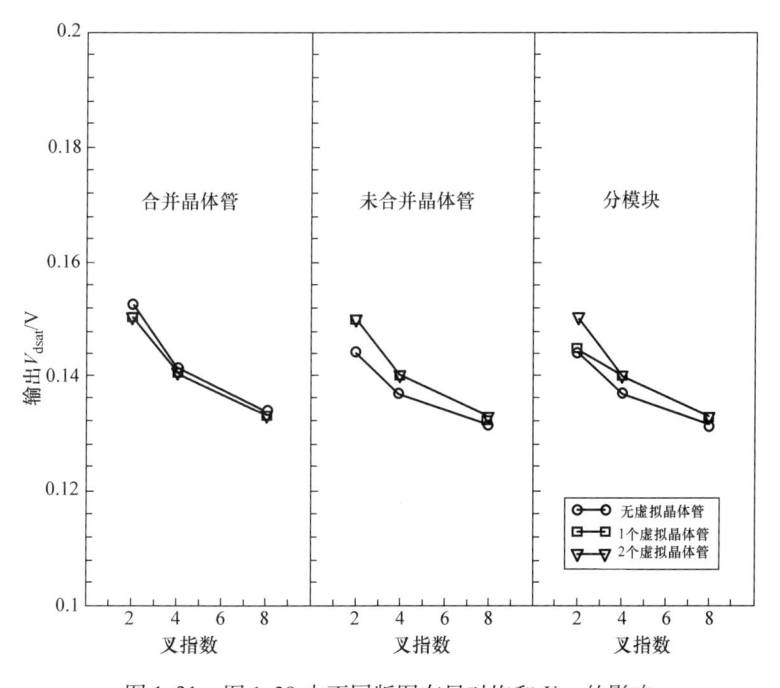

图 1.31　图 1.28 中不同版图布局对饱和 V_{dsat} 的影响

处理浅槽隔离应力的最大困难出现在模拟集成电路设计的 CAD 流程中。图 1.28a 中合并后的多指版图是减少寄生结电容、节省有源区面积和提高交叉耦合（公共质心）方案最有效的版图设计方法。该版图最大的问题在于，合并阵列中的每个叉指都具有不同的应力和不同的偏置点。在进行浅槽隔离应力分析时无法方便地对每一个叉指晶体管进行参数化。如果在 SPICE 网表中分别建立每一个叉指晶体管所受应力模型，则会极大增加网表规模，增加仿真时间。而如果将电流镜晶体管拆分为图 1.28b、c 中的版图，则可以较为容易地将拆分后晶体管作为整体而进行参数化。因此为了应对浅槽隔离应力产生的失调/失配，在版图设计时可以通过为电流镜建立完全相同的匹配模块来减小其影响，相应的代价是会消耗更大的硅片面积。

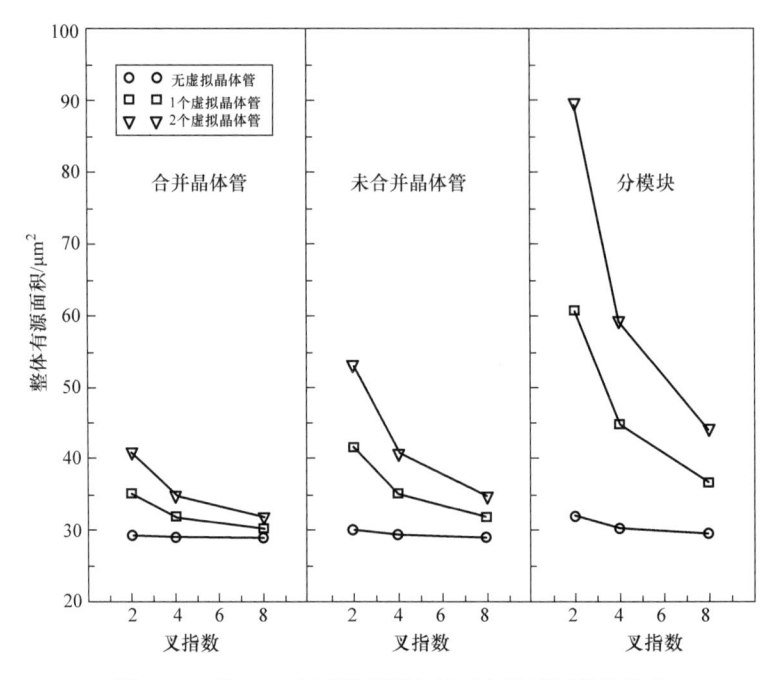

图 1.32 图 1.28 中不同版图布局对有源区面积的影响

氧化物扩散长度表示栅极边缘和有源区末端之间的间距。氧化层间隙表示两个有源区域之间的间距。氧化物扩散长度变化与施加机械应力的有效值，以及浅槽隔离应力应变弛豫产生的有效边缘和沟道中心之间的距离直接相关。氧化物扩散长度效应直接影响 MOSFET 中的沟道迁移率。最大跨导 gm_{max} 也会随着氧化物扩散长度值的增加而增加。氧化物扩散长度和氧化层间隙变化都可以视为浅槽隔离应力所引起的。相比于 PMOS 晶体管，NMOS 晶体管受到二者的影响较小一些。因此也可以通过采用适当的版图策略减小浅槽隔离应力效应，从而减小氧化物扩散长度效应和氧化层间隙效应对电路性能的影响。

1.6 基于 g_m/I_D 的设计方法

经过长达半个世纪的发展，时至今日，CMOS 工艺已经成为模拟集成电路设计的基本平台。相比于双极型晶体管，CMOS 晶体管不仅在开关电容和电荷模拟信号处理方面具有绝对优势，而且得益于数字消费市场的推动，CMOS 工艺已经从深亚微米推进至纳米级。因此集成电路芯片的频率、功耗等性能都得到了极大的提升。但是在许多工程中，设计者却难以利用这些优势。其主要原因在于，CMOS 模拟集成电路需要非常复杂而精确的工艺库模型，工程师很难通过仿真精确地预测所有设计结果。而且在纳米级工艺中，随着晶体管逼近物理尺寸的极限，工艺库模型的复杂度急剧增加，芯片仿真与测试结果之间的鸿沟进一步扩大。为了在流片窗口前完成设计，工程师们被迫手动计算复杂的模型参数，并进行反复的迭代仿真，极大地降低了设计效率。

本节主要介绍基于 g_m/I_D 的模拟集成电路设计方法。该方法的优势在于不需要复杂的公式计算，我们就可以有效地提高对 CMOS 小信号模型行为的预测性。在后续的介绍中，我们会对 g_m/I_D 有一个更为详细的定义，但在讨论初期我们可以将其作为一个 MOS 晶体管直流偏置条件的变量。

1.6.1 模拟集成电路的层次化设计 ★★★

模拟集成电路设计的抽象化层次如图 1.33 所示。在最高的系统层次中，工程师们可以采用线性信号与系统理论进行分析，比如滤波器、增益模块以及运放电路等线性模块都可以采用这种方法。这些线性分析方法都具有坚实的数学理论基础，所以我们可以清晰地理解各个模块的工作原理。但在低层次的电路和晶体管级，情况则完全不同，我们可以很容易地利用运放模块搭建一个增益级，但如何设计晶体管的宽长比，定义偏置电流，进而建立一个合适的运放电路则要困难得多。这里主要有两个原因。首先，晶体管的行为是非线性的，这意味着我们无法应用经典的信号与系统分析来分析这类非线性系统。其次，CMOS 工艺技术的飞速进步也使得设计理论不断更新。因此，我们无法掌握一套完整而又紧凑的晶体管方程，既能方便地进行手动计算，又能精确地匹配电路模型仿真。

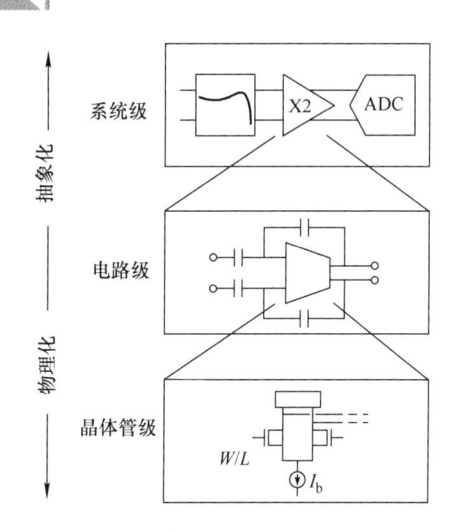

图 1.33 模拟集成电路设计的抽象化层次

1.6.2 g_m/I_D 设计方法所处的地位 ★★★

设想，如果我们能将晶体管也等效为与系统相类似的器件，也就是进行线性化等效，那么我们就可以极大地简化设计过程。因此，我们通常将每一个晶体管近似为一些理想器件，来构成所谓的小信号模型，如图 1.34 所示（本书所有涉及晶体管的图形符号都是基于 Cadence IC 6.1.7 的标准）。

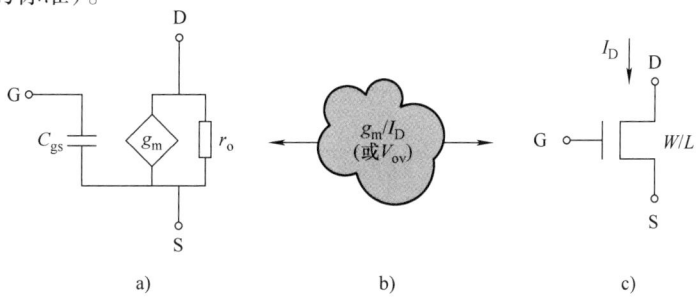

图 1.34 晶体管小信号模型
a）小信号模型 b）抽象晶体管 c）实际晶体管

显而易见，采用小信号模型的缺点在于这种等效会引入一定程度的误差，这在近似过程中是不可避免的。但是这种近似的优势也非常明显，通过线性化近似，我们可以很容易地定义增益、带宽、频率响应、极点和零点的概念。图1.35很好地解释了基于g_m/I_D的设计方法是如何融入我们的设计过程。在最顶层是属于信号与系统的分析领域，最底层是独立的晶体管，我们需要这些晶体管依照预设的参数指标完成电路设计。而位于两者中间，作为抽象系统与物理器件桥梁的就是g_m/I_D的设计方法。在接下来的讨论中，我们会进行详细分析。

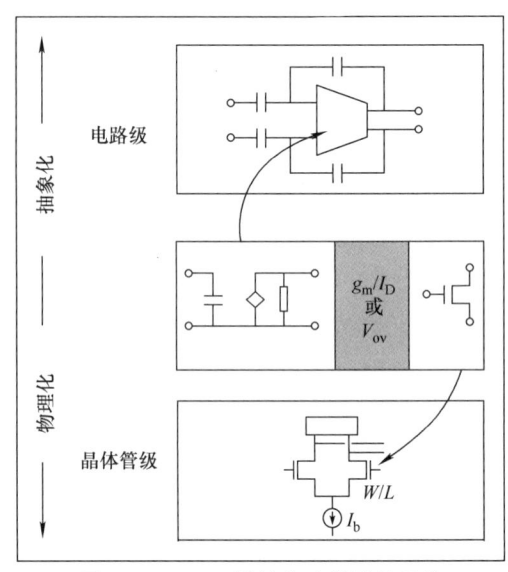

图1.35 g_m/I_D设计方法所处的地位

1.6.3 g_m/I_D设计方法的优势 ★★★

在模拟集成电路设计中，我们通常都会使用传统的基于过驱动电压（V_{ov}）的设计方法。基于V_{ov}和基于g_m/I_D的设计方法都可以量化地确定晶体管的直流偏置点。但两者却有很大的不同。首先，当我们选择基于V_{ov}的设计方法时，我们实际上默认选择接受晶体管长沟道模型的有效性。但在先进纳米级 CMOS 工艺的晶体管中，许多基于长沟道模型的偏微分推导公式不再适用。因此，基于V_{ov}的设计方法也就无法保证电路功能和性能与推导的结果相同。为了弥补长沟道模型的不足，设计者试图用短沟道效应和各种基于不同物理参数的曲线进行拟合来完善。但最终的结果是导致基于V_{ov}设计方法的复杂化，而且与真实物理模型的匹配度也不尽如人意。而与之相反，基于g_m/I_D的设计方法并不依赖于长沟道模型的有效性，而仅依赖于仿真的有效性。该方法实际上是一种基于查找表的分析方法，其基本原理是，由于控制 MOSFET 的方程过于复杂，所以我们在设计时不再使用这些方程，而是利用查找表或者图表的方式进行设计。同时，因为这些查找表和图表都是利用 SPICE 器件仿真得到的，所以它们的准确度要远高于长沟道模型。

图1.36 总结了基于V_{ov}和基于g_m/I_D的设计方法的差异。在两种设计方法中，我们都需要工艺参数的物理信息。毕竟，这些参数决定着晶体管的性能。在长沟道模型中，所需的工艺参数仅限于最基本的几个要素，如迁移率（μ）、栅氧化层厚度（t_{ox}）等。这些参数也是我们进行手动计算所必需的。由于长沟道模型的不精确性，初始设计往往与预期目标相距甚远，工程师们需要在手动计算与仿真过程中反复迭代，直到消除模型参数和仿真参

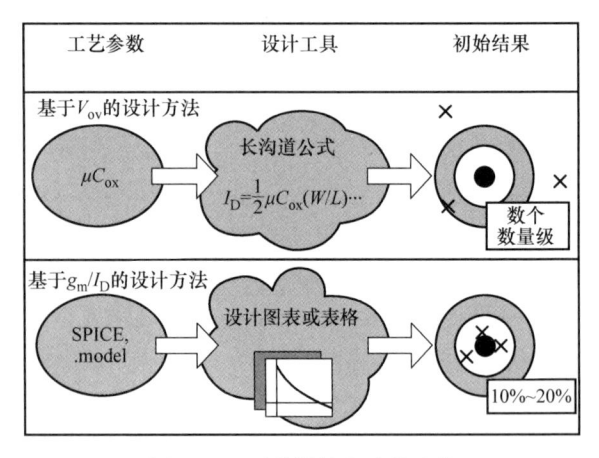

图1.36 两种设计方法的比较

数之间的鸿沟，才能得到相对满意的设计结构。同时，基于 g_m/I_D 的设计方法利用完整的 SPICE 模型，从而保证最初的设计参数只需要微小的调整，就可以达到最终的设计目标。

1.6.4 基于 V_{ov} 的设计方法 ★★★

在模拟集成电路设计中，我们可以将 V_{ov} 作为一个设计变量。首先要牢记的是，我们需要将 V_{ov} 与小信号等效模型联系起来，方能进行合理的设计。在小信号等效模型中，我们首先考虑跨导 g_m，g_m 通常定义为漏源电压对过驱动电压 V_{ov} 的斜率：

$$g_m = \frac{\partial I_D}{\partial V_{ov}} = \mu C_{ox} \frac{W}{L} V_{ov} \tag{1-37}$$

通过对式（1-37）的代数运算，我们可以得出一个包含我们所感兴趣的偏置变量的等式：

$$\frac{g_m}{I_D} = \frac{2}{V_{ov}} \tag{1-38}$$

提出式（1-38）的目的有两个，首先是建立 g_m/I_D 和 V_{ov} 的关系。在后续的讨论中，我们会发现该式并不完整，这是因为实际中这些变量之间的关系要更为复杂。但从目前的角度看，这两个变量在一定程度上可以认为是相等的。第二个目的是为了定义跨导有效性，这也是 g_m/I_D 的另一种表示方法。为了更好地说明其含义，我们通常使用 mS/mA 作为跨导有效性的单位，而不是简单地使用 1/V 作为单位。这种单位的表示方式可以直观地表明当我们消耗电流时（电流用 mA 作为单位）所获得的跨导值（跨导用 mS 作为单位）。

再回到跨导本身的定义中，跨导可以表示为

$$g_m = \mu C_{ox} \frac{W}{L} V_{ov} = \frac{2I_D}{V_{ov}} \tag{1-39}$$

从式（1-39）可以看出 g_m 正比于 I_D。如果要获得更大的跨导，那么我们就要消耗更多的电流。但对于过驱动电压 V_{ov} 则要复杂得多，V_{ov} 分别出现在两个等式的分子和分母中。对于这两种情况，我们进行定量分析。首先对于第一种情况，假设 V_{ov} 恒定，保持为任意一个常数，那么对于一个简单放大器，跨导 g_m 直接决定了增益值。我们很容易看出，只需要增加电流 I_D，就可以相应地增加 g_m，那么增益也自然增大。

在第二种情况中，如果 V_{ov} 恒定，且仍为任意一个非零常数，我们也可以得到第一种情况的结论。但我们进一步考虑，如果在极端情况下，我们将 V_{ov} 设置为接近零的数值，而保持 I_D，那么对于 $g_m = 2I_D/V_{ov}$，在消耗有限电流的情况下，似乎可以得到几乎无限的跨导效率。但在实际中，这个结论存在明显的错误。这是因为在考虑该式的过程中，忽略了 V_{ov} 对电路工作速度的影响。我们知道晶体管的特征频率 f_T 可以表示为

$$f_T = \left(\frac{1}{2\pi}\right) \frac{g_m}{C_{gs}} \tag{1-40}$$

式中，C_{gs} 为晶体管的栅源电容值。在饱和区有 $C_{gs} = \frac{2}{3} C_{ox} WL$，再将式（1-39）的 g_m 代入式（1-40），可以得到

$$f_T = \left(\frac{1}{2\pi}\right) \frac{g_m}{C_{gs}} = \left(\frac{1}{2\pi}\right) \frac{3\mu V_{ov}}{2L^2} \tag{1-41}$$

通过式（1-41）我们就可以理解为什么把 V_{ov} 设置为接近于零值是错误的——因为速度的限制。g_m 和 f_T 的折中关系如图 1.37 所示。

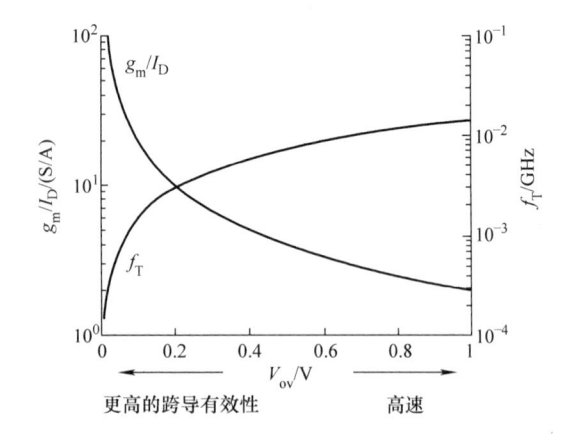

对于一个晶体管而言，图 1.37 表明跨导（增益）和特征频率（带宽）与 V_{ov} 都有着紧密的联系。换句话说，既然两者都与 V_{ov} 有关，那么我们就可以对两者进行优化和折中设计选择。举例来说，如果我们需要一个低频设计，那么可以选择较小的 V_{ov}，

图 1.37 V_{ov} 决定了跨导有效性和工作速度之间的折中关系

这样可以保持一个较高的跨导效率（也意味着低功耗设计）；另一方面，如果是高频设计，那么我们则需要一个较大的 V_{ov}（意味着大功耗），相应的跨导效率值就比较低。这也就是我们讨论问题的核心。V_{ov} 之所以有用，正是因为它能使我们在模拟设计中最重要的两个参量之间进行权衡。也就是说，对于一个确定的电流 I_D，我们可以决定利用 V_{ov} 来确定将电流消耗花费在 g_m（以获得更大的增益）上还是 f_T（以获得更大的带宽）上。

以图 1.38 中的简单放大器电路举例。设所需的带宽为 500MHz，增益为 10。设计流程可以遵循图 1.39 中的方式。

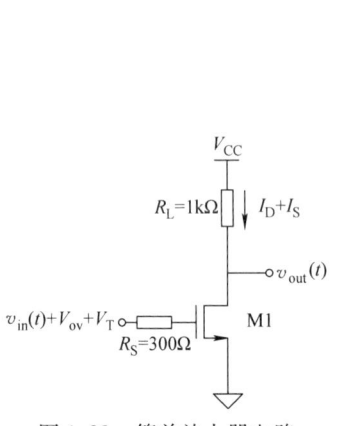

图 1.38 简单放大器电路

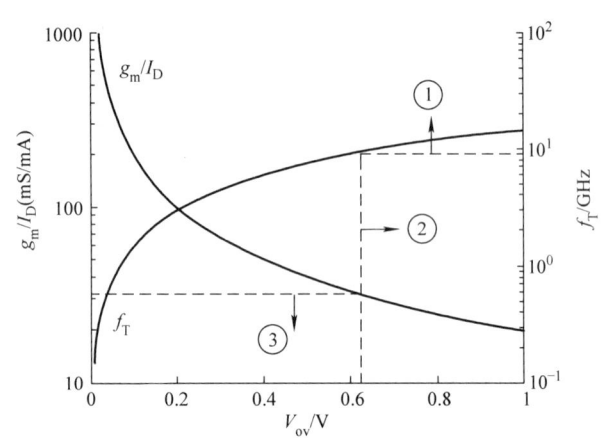

图 1.39 利用 V_{ov} 进行设计的示例

1）为了获得所需增益，可以得到
$$A_v = g_m R_L \Rightarrow g_m = 10\text{mA/V}$$

2）由于输入主极点决定放大器带宽，所以有
$$f = \frac{1}{2\pi R_S C_{gs}} \Rightarrow C_{gs} = \frac{1}{2\pi \times 300\Omega \times 500\text{MHz}} = 1.1\text{pF}$$

3）所以可以得到特征频率为
$$f_T = \frac{g_m}{2\pi C_{gs}} = \frac{10\text{mS}}{2\pi 1.1\text{pF}} = 1.44\text{GHz}$$

从图 1.39 的②可以看出，为了满足特征频率，需要有 $V_{ov} \geq 0.62\text{V}$；根据③又可以得到

$g_\mathrm{m}/I_\mathrm{D} \leqslant 32\mathrm{mS/mA}$。所以最终得到：$I_\mathrm{D} = g_\mathrm{m}/(g_\mathrm{m}/I_\mathrm{D}) = \dfrac{10\mathrm{mS}}{32\mathrm{mS/mA}} = 312.5\mu\mathrm{A}$。于是我们便得到了$V_\mathrm{ov}$的最优值。虽然更大的$V_\mathrm{ov}$可以产生更高的工作频率，但也会浪费多余的功耗。而更小的V_ov则会导致晶体管的工作频率无法满足设计要求。

需要注意的是，在上述讨论中我们并没有涉及沟道电阻r_o，从一定意义上说这时的小信号等效模型是不够完整的。这也使得基于V_ov的设计方法具有一定的局限性。总而言之，采用基于V_ov的设计方法比盲目调整宽长比的方法具有更优的有效性。这时因为V_ov将g_m、C_gs以及漏源电流I_D串联起来进行设计考虑，明确了设计方向。但我们也要意识到，这些设计有效性的前提条件都是基于长沟道模型进行考虑的。而实际上，长沟道模型的不准确性限制了该方法的设计有效性。

我们之前讨论过，即使加入一些修正项，长沟道模型的不准确性也会降低基于V_ov设计方法的精度。这里包含有多方面的原因。首先，我们将实际跨导有效性的SPICE仿真结果与长沟道模型预测结果相比较，如图1.40所示。当V_ov较大时，长沟道模型的预测值已经与仿真结果有了大约25%的偏移。当V_ov较小，以及$V_\mathrm{ov} \leqslant 0$时，情况则要严重得多，长沟道模型仍然预测晶体管具有无限的跨导有效性，这显然是错误的。而在图1.41中，长沟道模型对特征频率f_T的预测结果也存在较大误差。因此，我们便无法建立起跨导有效性和特征频率之间的相互作用关系。

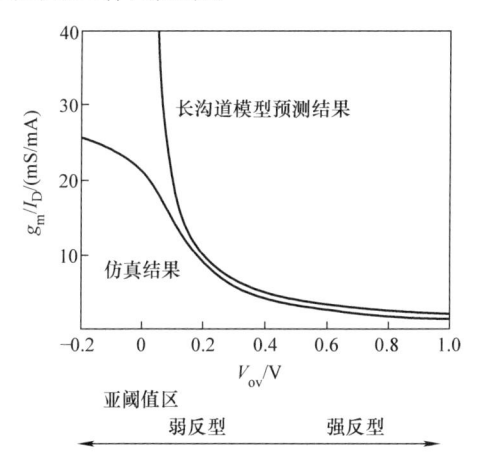

图1.40　长沟道模型无法预测跨导有效性的结果　　图1.41　长沟道模型无法预测特征频率的结果

我们还应该注意到，在图1.40和图1.41中包含了$V_\mathrm{ov} \leqslant 0$的区域，也就是我们所说的亚阈值区。在长沟道模型中，我们认为MOSFET应该偏置在等于或者大于阈值电压的区域，否则MOSFET则处于截止状态。但在图1.40中，仿真数据显示即使进入亚阈值区，$g_\mathrm{m}/I_\mathrm{D}$的值仍继续增加。事实上，在低功耗设计中，将晶体管偏置在亚阈值区和弱反型区是十分有效的设计方法。但我们从图1.41中也可以看出，当晶体管偏置在亚阈值区和弱反型区时，晶体管的工作速度非常慢。这也意味着亚阈值区和弱反型区晶体管只能用于一些低频设计。随着CMOS工艺进入纳米级阶段，对于许多功耗受限的设计，工作在亚阈值区和弱反型区的晶体管是必不可少的。如果模型中没有包括这两类区域的参数信息，我们则认为这类晶体管模型并不完整。

因此，虽然 V_{ov} 在理论上是一个十分有效的设计变量，但在实际应用中却存在不足。其本质原因在于，基于 V_{ov} 的设计方法所依赖的长沟道理论并不是十分精确。于是我们需要一个新的设计变量，该变量既具有 V_{ov} 的内涵，又能保证手动计算与仿真结果的一致性。

1.6.5 g_m/I_D 设计方法详述 ★★★

在之前的讨论中，我们知道 V_{ov} 和 g_m/I_D 类似，都是与偏置有关的变量。那么我们就可以忽略 V_{ov}，直接描述 f_T 和 g_m/I_D 的关系，如图 1.42 所示。这样我们就不必再以 V_{ov} 作为设计变量，而只需要将 g_m/I_D 作为唯一的设计变量进行使用。从图 1.42 中我们可以看出，跨导有效性的增加是以损失 f_T 为代价的。在图 1.42 中，亚阈值区位于图中的右侧。我们并不需要知道亚阈值区从何处开始，因为我们需要的只是选取合适的 f_T 和 g_m/I_D 值进行设计。事实上，在图 1.42 中，当我们使用基于

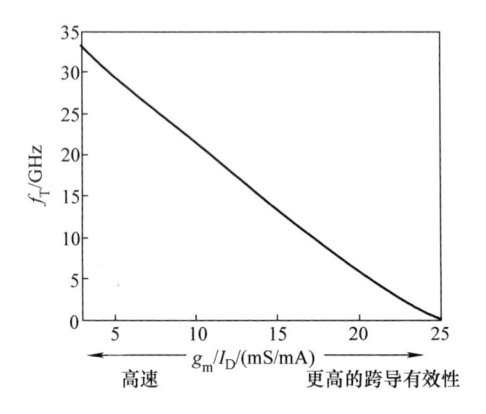

图 1.42 f_T 和 g_m/I_D 的直接关系

g_m/I_D 的设计方法时，除了线性区，晶体管其他的工作区域都可以清晰地被描述出来。

图 1.43 是一个完整 $0.18\mu m$ 工艺的 f_T 和 g_m/I_D 的直接关系图，其中包含了沟道长度调制效应以及栅长 L 的影响，曲线从上至下依次与右侧框中 L 从 $0.18\mu m$ 到 $0.34\mu m$ 相对应后面的图 1.45 和图 1.46 也是这样的依次对应关系。我们可以看出，L 越大，晶体管的速度越慢。这意味着，如果没有其他因素的限制，为了提高晶体管的工作频率，我们必须选择最小的晶体管栅长进行设计。但事实上，沟道电阻 r_o 是我们必须考虑的另一个因素。

沟道电阻 r_o 在晶体管中的位置如图 1.44 所示。我们知道，r_o 是与 R_L 并联的负载。通常情况下，由于 $r_o \gg R_L$，所以 r_o 可以忽略。我们也可以采用大阻值的 R_L（或者使用电流源来代替实际的电阻）以获得较大的增益。我们假设采用电流源负载的情况，这时我们认为 $R_L \rightarrow \infty$。

当 r_o 作为主要负载时，放大器的整体增益就称为晶体管的本征增益。本征增益表示为跨导 g_m 与 r_o 的乘积（$A_{v,\text{intrinsic}} = g_m r_o$），也就是我们可以得到的最大电压增益。

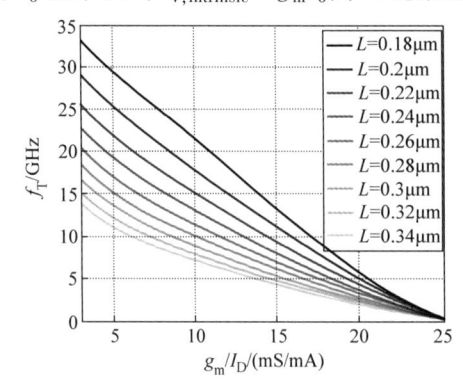

图 1.43 $0.18\mu m$ 工艺的 f_T 和 g_m/I_D 的直接关系图

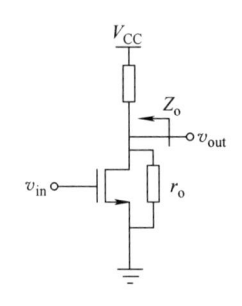

图 1.44 r_o 在共源放大器中作为并联负载

实际上，相比于 r_o，本征增益更容易用于设计分析。从数学角度看，两者是准近似的。因此我们可以用本征增益来构建一个新的图表，如图 1.45 所示。图 1.45 与图 1.43 类似，只是我们将本征增益设置为了一个独立的变量。将图 1.43 和图 1.45 结合起来，就可以成为我们手中一个有效的设计工具，不仅有利于我们进行电路的晶体管实现，还有利于我们理解工艺中晶体管的参数性能。

我们举例来说明利用图 1.43 和图 1.45 进行设计的方法。假设我们需要一个放大电路的增益为 50 倍。从图 1.45 中可以看出，如果选择 $L = 0.18\mu m$，那么我们完全没有可能实现 50 倍的增益。但是如果选择 $L = 0.28\mu m$，那么我们就有了相对大的设计裕度来保证电路实现。再假设，如果要实现 100 倍增益的放大电路时，我们从图 1.45 中会发现采用单一的晶体管是无法实现的，那么我们就应该采用多级级联或者共源共栅的结构来解决增益不足的问题。采用这种方法的内涵在于，我们可以很快地得到设计指导，而不会在单一晶体管的仿真中浪费大量时间来证明其不可行性。

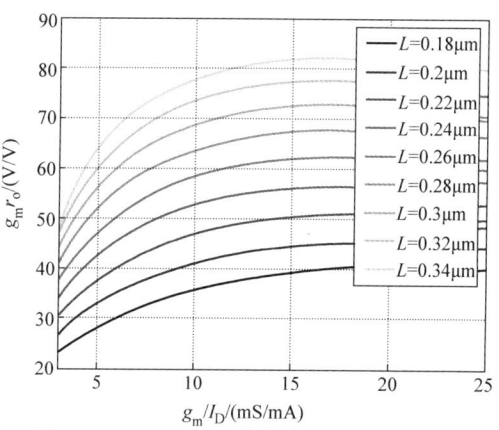

图 1.45 $0.18\mu m$ 工艺的本征增益 $g_m r_o$ 和 g_m/I_D 的关系图

总而言之，图 1.43 和图 1.45 给出了基于 g_m/I_D 作为设计变量的晶体管行为的完整图解。我们知道特征频率 f_T、本征增益 $g_m r_o$ 都会受到 g_m/I_D 和 L 的影响。基于这两幅图，我们就可以在所需的设计中选择最优的 g_m/I_D 和 L 值。同时，因为这两幅图都是基于仿真结果绘制的，所以可以保证设计的精确性。

在实际设计中，W 也是一个非常重要的参数，为了得到最优的 W 值，我们还需要绘制一幅偏置网络与 g_m/I_D 的关系图，如图 1.46 所示。因此，在根据图 1.43 和图 1.45 确定 L 和 g_m/I_D 值的基础上，我们就可以在图 1.46 中根据得到的 g_m/I_D 值来确定 W 值。

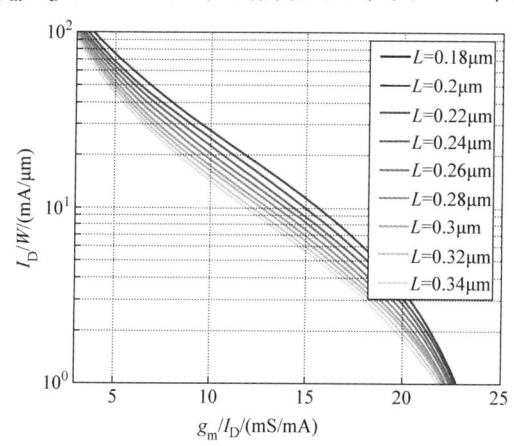

图 1.46 $0.18\mu m$ 工艺的偏置网络和 g_m/I_D 的关系图

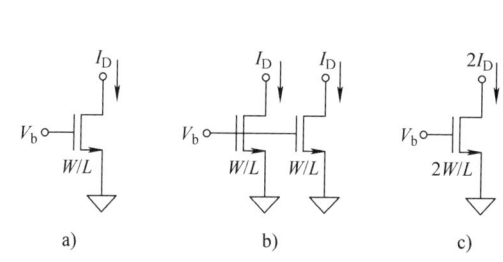

图 1.47 具有相同 g_m/I_D 和 f_T 晶体管电路的演进

a）单元晶体管　b）两个单元晶体管的并联
c）两个并联单元晶体管合并为一个晶体管

在了解了基于 g_m/I_D 设计方法的流程后，我们再进行更深层次的讨论。一个简单晶体管电路的设计步骤如图 1.47 所示。假设电路图 1.47a 中的 g_m 和 C_{gs} 已知，因为终端电压和偏置电流保持不变，因此图 1.47b 中的每一个晶体管也具有相同的 g_m 和 C_{gs} 值。但是因为图 1.47b 中两个晶体管是并联进行工作的，那么整体的 I_D、g_m 和 C_{gs} 值是图 1.47a 中的 2 倍。我们也要注意其中的一个关键点，既然 I_D、g_m 和 C_{gs} 值都呈同比例增加，那么图 1.47b 中整体电路的 g_m/I_D 和 g_m/C_{gs} 值仍然与图 1.47a 中单一晶体管的值相同。实际上，无论我们并联多少个晶体管，我们也会得到与图 1.47a 晶体管相同的 g_m/I_D 和 f_T 值。接下来，我们将电路推进到图 1.47c 中，将两个并联晶体管合并为一个宽度为图 1.47a 2 倍的晶体管，最终完成晶体管电路的等比例放大。从这个过程中，我们可以知道 I_D、g_m 和 C_{gs} 值随着 W 呈线性缩放。如果 W 增加 30%，那么意味着 I_D、g_m 和 C_{gs} 值也增加 30%，始终保持 g_m/I_D 和 g_m/C_{gs} 值不变。

同样地，本征增益的变化趋势也与 g_m/I_D 和 g_m/C_{gs} 相同。图 1.47b 电路的跨导值是图 1.47a 中的 2 倍，但是两个沟道电阻并联 r_o，整体输出电阻下降一半，本征增益仍然维持不变。所以，与 f_T 相同，如果我们将本征增益作为 g_m/I_D 的函数，那么本征增益将独立于 W。正是这种与 W 的独立性，使得在设计上本征增益比 r_o 具有更大的灵活性。

以上分析为我们设计复杂晶体管提供了一个思路。那就是在进行基于 g_m/I_D 的设计时，我们可以特征化单一晶体管的 W。之后我们扫描栅电压，从而得到 I_D、g_m、C_{gs} 和 r_o 的值。之后根据它们之间的线性变化关系，我们就可以进行线性缩放，以得到不同比例的 W 值。也就是说，只要每个参数都与 W 呈线性、等比例变化，那么基于 g_m/I_D 的设计方法就始终是适用的。当然，我们知道这种等比例缩放也并不完美。两个同样宽度 W 的晶体管并联，并不完全等价于一个宽度为 2W 的晶体管。但两者误差一般在 10%~20%。因为我们最终还是要依靠仿真进行细微调整，所以相比于长沟通模型的设计方法，这种方法已经非常接近于最终的设计结果。

1.6.6 基于 g_m/I_D 的设计实例 ★★★

假设基于 0.18μm 工艺的差分放大电路设计指标为：增益 $A_v = 10$；带宽为 200MHz；负载为 1pF；源阻抗为 300Ω；要求功耗尽可能低。电路图如图 1.48 所示。

在明确设计目标后，我们首先需要建立基于 g_m/I_D 设计方法的参数图。在 Hspice 中，我们可以通过对不同长度的晶体管进行扫描，从而得到与图 1.43、图 1.45 和图 1.46 类似的参数图。获得相关参数的 Hspice 控制语句如下所示：

. probe gmid = par('gmo(m1)/i(m1)')

. probe ft = par('gmo(m1)/(2 * 3.14 * cggbo(m1))')

. probe gmro = par('gmo(m1)/gdso(m1)')

. probe idw = par('i(m1)/w(m1)')

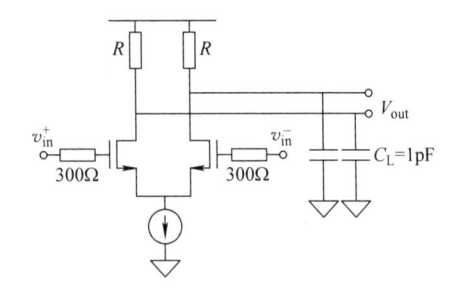

图 1.48 基于 0.18μm 工艺的差分放大电路

首先，根据图 1.45，为了使增益大于 10，我们不能采用最小 L 的晶体管。如果我们选

择 $L=0.22\mu m$，就只能保证本征增益在 50 左右（前提是 g_m/I_D 是一个比较折中的值）。之后我们可以计算负载电阻 R 值。负载电阻会与负载电容构成输出主极点，因为极点频率为 200MHz。所以有

$$R = \frac{1}{2\pi \times C \times 200\text{MHz}} \approx 800\Omega$$

得到 R 后，再根据增益值 10，我们可以计算得到跨导值为

$$g_m = \frac{10}{R} \approx 12.5\text{mS}$$

不过我们需要注意的是，200MHz 的主极点并不是这个电路中的唯一极点。输入电阻也会与 C_{gs} 形成第二个极点。为了使该极点不会影响电路的频率特性，我们需要将其推向高频，比如至少要大于十倍的主极点，这样我们的电路才能近似保持单极点的特性。根据这个推断我们就可以得到 C_{gs} 的值为

$$C_{gs} = \frac{1}{2\pi \times 300\Omega \times 2\text{GHz}} \approx 265\text{fF}$$

得到 g_m 和 C_{gs} 之后，我们就可以计算 f_T：

$$f_T = \frac{1}{2\pi}\frac{g_m}{C_{gs}} = \frac{1}{2\pi}\frac{12.5\text{mS}}{265\text{fF}} = 7.5\text{GHz}$$

既然我们知道了 L 和 f_T，我们就可以确定 g_m/I_D，从 f_T 的图中我们就可以读出

$$g_m/I_D = 16.5\text{mS/mA}$$

再推出漏源电流 I_D：

$$I_D = \frac{g_m}{g_m/I_D} = \frac{12.5}{16.5}\text{mA} \approx 0.76\text{mA}$$

因为需要对两个晶体管进行供电，所以我们的电流源需要传输两倍电流。最后，我们还需要确定 W 的值，以保证跨导效率达到 16.5。根据偏置网络图与 g_m/I_D 的关系，跨导效率 16.5mS/mA 和 $L=0.22\mu m$，得到电流密度为 $6.5\mu A/\mu m$。于是得到 W 为

$$W = \frac{0.76\text{mA}}{6.5\mu A/\mu m} = 117\mu m$$

最终我们可以得到设计的电路如图 1.49 所示。

总结一下，基于 g_m/I_D 的设计方法是连接小信号参数（g_m、f_T）和晶体管物理参数（W、L、V_{gs}）的有效工具，它能够很好地进行 g_m 和 f_T 的折中设计，精确地预测仿真结果。此外，该方法还可以使设计者了解工艺参数目标所带来的设计约束，使工程师可以在设计早期调整电路方案。最后，仿真得到的晶体管图表数据可以作为工程师优化电路的依据，其中既有公式作为理论依据，又可以在设计中得到更为精确的仿真结果。

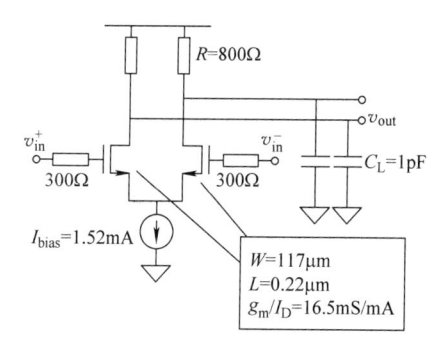

图 1.49 具有完整晶体管参数的差分放大电路

第 2 章

CMOS模拟集成电路版图基础

自从20世纪80年代以来，互补金属氧化物半导体（Complementary Metal Oxide Semiconductor，CMOS）技术已成为集成电路（Integrated Circuit，IC）制造的主流工艺，其发展已进入深亚微米和片上系统（System-on-Chip，SoC）时代。CMOS模拟集成电路不同于传统意义上的模拟电路，它不需要通过规模庞大的印制电路板系统来实现电路功能，而是将数以万计的晶体管、电阻、电容或者电感集成在一颗仅仅几平方毫米的半导体芯片上。正是这种神奇的技术构成了人类信息社会的基础，而将这种奇迹变为现实的重要一环就是CMOS模拟集成电路版图技术。CMOS模拟集成电路版图是CMOS模拟集成电路的物理实现，是设计者需要完成的最后一道设计步骤。它不仅关系到CMOS模拟集成电路的功能，而且也在很大程度上决定了电路的各项性能、功耗和生产成本。任何一颗性能优秀芯片的诞生都离不开集成电路版图的精心设计。

与数字集成电路版图全定制的设计方法不同，CMOS模拟集成电路版图可以看作是一项具有艺术性的技术，它不仅需要设计者具有半导体工艺和电路系统原理方面的基本知识，更需要设计者自身的创造性、想象力，甚至是艺术性。这种技能既需要一定的天赋，也需要长期工作经验和知识结构的积累才能掌握。

2.1 CMOS模拟集成电路设计流程

模拟电路设计技术作为工程技术中最为经典和传统的设计技术，仍然是许多复杂的高性能系统中不可替代的设计方法。CMOS模拟集成电路设计与传统分立元件模拟电路设计最大的不同在于，所有的有源和无源器件都是制作在同一半导体衬底上，尺寸极其微小，无法再用电路板进行设计验证。因此，设计者必须采用计算机仿真和模拟的方法来验证电路性能。模拟集成电路设计包括若干个阶段，图2.1表示的是CMOS模拟集成电路设计的一般流程。

一个设计流程是从系统规格定义开始的，设计者在这个阶段就要明确设计的具体要求和性能参数。下一步就是对电路应用模拟仿真的方法评估电路性能。这时可能要根据仿真结果对电路做进一步改进，并反复进行仿真。一旦电路性能的仿真结果能满足设计要求就需要进行另一个主要设计工作——电路的版图设计。版图设计完成并经过物理验证后需要将布局、布线形成的寄生效应考虑进去再次进行计算机仿真，如果仿真结果也满足设计要求就可以进行制造了。

与用分立器件设计模拟电路不同，集成化的模拟电路设计不能用搭建电路的方式进行。

第 2 章　CMOS模拟集成电路版图基础

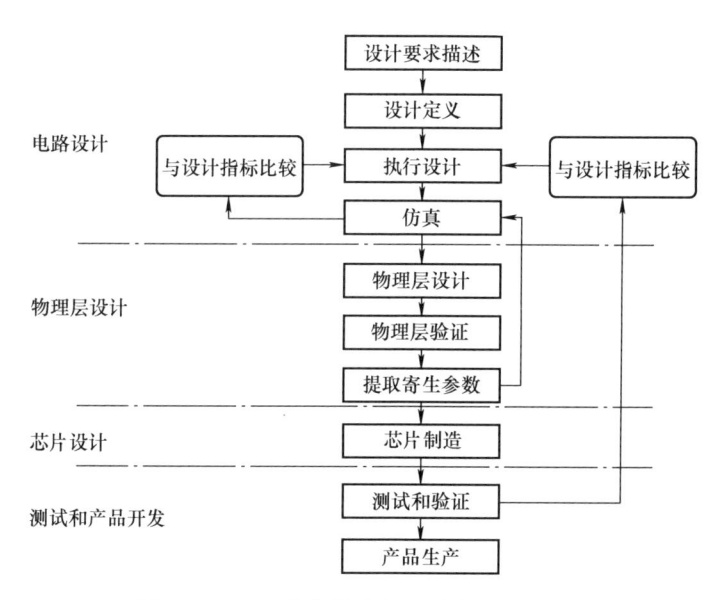

```
                        设计要求描述
                            ↓
                         设计定义
                            ↓
电路设计    与设计指标比较 → 执行设计 ← 与设计指标比较
                            ↓
                           仿真
                            ↓
物理层设计              物理层设计
                            ↓
                        物理层验证
                            ↓
                        提取寄生参数
                            ↓
芯片设计                芯片制造
                            ↓
测试和产品开发          测试和验证
                            ↓
                         产品生产
```

图 2.1　CMOS 模拟集成电路设计的一般流程

随着现在发展起来的电子设计自动化技术，以上的设计步骤都是通过计算机辅助进行的。通过计算机模拟，可在电路中的任何节点监测信号，可将反馈回路打开，可比较容易地修改电路。但是计算机模拟也存在一些限制，例如，模型的不完善，程序求解由于不收敛而得不到结果等。下面将详细讲述设计流程中的各个阶段。

- 系统规格定义

这个阶段系统工程师把整个系统和其子系统看成是一个个只有输入输出关系的"黑盒子"，不仅要对其中每一个子系统进行功能定义，而且还要提出时序、功耗、面积、信噪比等性能参数的范围要求。

- 电路设计

设计者根据设计要求，首先要选择合适的工艺库，然后合理地构架系统，由于 CMOS 模拟集成电路的复杂性和多样性，目前还没有 EDA 厂商能够提供完全实现 CMOS 模拟集成电路设计自动化的工具，因此所有的模拟电路基本上仍然通过手工设计来完成。

- 电路仿真

设计工程师必须确认设计是正确的，为此要基于晶体管模型，借助 EDA 工具进行电路性能的评估和分析。在这个阶段要依据电路仿真结果来修改晶体管参数。依据工艺库中参数的变化来确定电路工作的区间和限制，验证环境因素的变化对电路性能的影响，最后还要通过仿真结果指导下一步的版图实现。

- 版图实现

电路的设计及仿真决定电路的组成及相关参数，但并不能直接送往晶圆代工厂进行制作。设计工程师需提供集成电路的物理几何描述，即通常说的"版图"。这个环节就是要把设计的电路转换为图形描述格式。CMOS 模拟集成电路通常是以全定制方法进行手工的版图设计。在设计过程中需要考虑设计规则、匹配性、噪声、串扰、寄生效应等对电路性能和可制造性的影响。虽然现在出现了许多高级的全定制辅助设计方法，但仍然无法保证手工设计对版图布局和各种效应的考虑的全面性。

- 物理验证

版图的设计是否满足晶圆代工厂的制造可靠性需求，从电路转换到版图是否引入了新的错误，物理验证阶段将通过设计规则检查（Desing Rule Check，DRC）和版图与电路图一致性检查（Layout Versus Schematic，LVS）解决上述的两类验证问题。几何规则检查用于保证版图在工艺上的可实现性。它以给定的设计规则为标准，对最小线宽、最小图形间距、孔尺寸、栅和源漏区的最小交叠面积等工艺限制进行检查。版图网表与电路原理图的比对用来保证版图的设计与其电路设计的匹配。LVS工具从版图中提取包含电气连接属性和尺寸大小的电路网表，然后与原理图得到的电路网表进行比较，检查两者是否一致。

- 参数提取后仿真

在版图完成之前的电路模拟都是比较理想的仿真，不包含来自版图中的寄生参数，被称为"前仿真"；加入版图中的寄生参数进行的仿真被称为"后仿真"。CMOS模拟集成电路相对数字集成电路来说对寄生参数更加敏感，前仿真的结果满足设计要求并不代表后仿真也能满足设计要求。在深亚微米阶段，寄生效应更加明显，后仿真分析将显得尤为重要。与前仿真一样，当结果不满足要求时需要修改晶体管参数，甚至某些地方的结构。对于高性能的设计，这个过程是需要多次反复进行的，直至后仿真满足系统的设计要求。

- 导出流片数据

通过后仿真后，设计的最后一步就是导出版图数据（GDSII）文件，将该文件提交给晶圆代工厂，就可以进行芯片的制造了。

2.2　CMOS模拟集成电路版图定义

CMOS模拟集成电路版图设计是对已创建的电路网表进行精确的物理描述的过程，这一过程满足由设计流程、制造工艺，以及电路性能仿真验证为可行所产生的约束。

这一过程包括了多种信息含义，以下分别进行详细介绍。

- 创建

创建表示从无到有，与电路图的设计一样，版图创建使用图形实例体现出转化实现过程的创造性，且该创造性通常具有特异性。不同的设计者或者使用不同的工艺去实现同一个电路，也往往会得到完全不同的版图设计。

- 电路网表

电路网表是版图实现的先决条件，两者可以比喻为装扮完全不同的同一个体，神似而形不似。

- 精确

虽然版图设计是一个需要创造性的过程，但版图的首要要求是在晶体管、电阻、电容等元件图形以及连接关系上与电路图是完全一致的。

- 物理描述

版图技术是依据晶体管、电阻、电容等元件及其连接关系在半导体硅片上进行绘制的技术，也是对电路的实体化描述或物理描述。

- 过程

版图设计是一个具有复杂步骤的过程，为了最优化设计结果，必须遵守一定的逻辑顺序。基本的顺序包括版图布局、版图绘制、规则检查等。
- 满足

这里的满足指的是满足一定的设计要求,而不是尽可能最小化或最优化设计。为了达到这个目的,设计过程中需要做很多的折中,如可靠性、可制造性、可配置性等。
- 设计流程所产生的约束

这些约束包括建立一系列准则,建立这些准则的目的是为了使在设计流程中用到的设计工具可以有效地应用于整个版图。例如一些数字版图工具以标准最小间距连接、布线,而模拟版图则不一定如此。
- 制造工艺产生的约束

这些约束包括如金属线最小线宽、最小密度等版图设计规则,这些准则能提高版图的总体质量,从而提高制造良率和芯片性能。
- 电路性能仿真验证为可行产生的约束

设计者在电路设计之初并不知道版图设计的细节,比如面积多大、模块间线长等,那么就需要做出一定的假设,然后再将这些假设传递给版图设计者,对版图进行约束。版图设计者也必须将版图实现后的相关信息反馈给电路设计者,再次进行电路仿真验证。这个过程反复迭代,直至满足设计要求。

2.3 CMOS 模拟集成电路版图设计流程

图 2.2 中展示了进行 CMOS 模拟集成电路版图设计的通用流程,主要分为版图规划、设计实现、版图验证和版图完成四个步骤。
- 版图规划

该步骤是进行版图设计的第一步,在该步骤中设计者必须尽可能地储备有关版图设计的基本知识,并考虑到后续三个步骤中需要准备的材料以及记录的文档。准备的材料通常包括工艺厂提供的版图设计规则、验证文件、版图设计工具包,以及软件准备等,需要记录的文档包括模块电路清单、版图布局规划方案、设计规则、验证检查报告等。
- 版图设计

这一步骤是版图设计最为重要的一步,设计者依据电路图对版图进行规划、布局、元件/模块摆放,以及连线设计。这一过程又可以细分为"自顶向下规划"和"自底向上实现"两个步骤。概括地说,设计者首先会对模块位置和布线通道进行规划和考虑;之后,设计者就可以从底层模块开始,将其一一放入规划好的区域内,进行连线设计,从而实现整体版图。相比于顶层规划布局,底层的模块设计任务要容易一些,因为一个合理的规划会使底层连线变得轻而易举。
- 版图验证

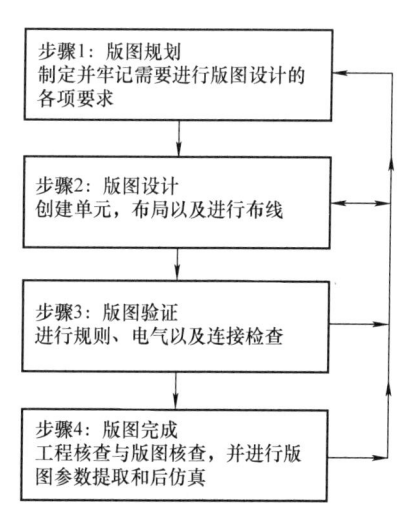

图 2.2 版图设计通用流程图

版图验证主要包括设计规则检查（DRC）、版图与电路一致性检查（LVS）、电学规则检查（Electrical Rule Check，ERC）和天线规则检查（Antenna Rule Check，ANT）四个方面。这些检查主要依靠工艺厂提供的规则文件，在计算机中通过验证工具来完成检查。但一些匹配性设计检查、虚拟管设计检查等方面还需要设计者进行人工检查。

- 版图完成

在该步骤中首先是将版图提取成可供后仿真的电路网表，并进行电路后仿真验证，以保证电路的功能和性能。最后再导出可供工艺厂进行生产的数据文件，同时设计者还需要提供相应的文档记录和验证检查报告，并最终确定所有的设计要求和文档都没有遗漏。

以上四个步骤并不是以固定顺序进行实现的，就像流程图中右侧向上的箭头，任何一个步骤的修改都需要返回上一步骤重新进行。一个完整的设计往往需要以上步骤的多次反复才能完成，以下分小节对这四个步骤进行详细介绍。

2.3.1 版图规划 ★★★

图2.3展示了版图规划中往下细分的五个子步骤：确定电源网格和全局信号、定义输入和输出信号、特殊设计考虑、模块层次划分和尺寸估计，以及版图设计完整性检查。就实际工程考虑，在这五个子步骤之前，还有一个隐含步骤，就是设计者应当熟悉所要设计版图所对应的电路结构，并尽可能参考现有的、成熟的版图设计，这样才可以使设计更加优化。

```
步骤1：制定版图规划               步骤1.1：
制定并牢记需要进行版图设计的  ←   确定电源网格和全局信号
各项要求
                                 ↓
                                步骤1.2：
                                定义输入和输出信号
                                 ↓
                                步骤1.3：
                                特殊设计考虑
                                 ↓
                                步骤1.4：
                                模块层次划分和尺寸估计
                                 ↓
                                步骤1.5：
                                版图设计完整性检查
```

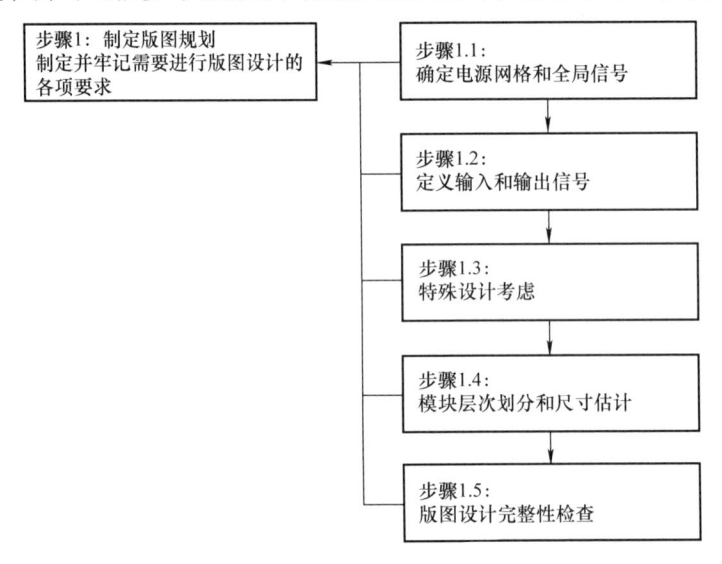

图2.3 版图规划的步骤

- 确定电源网格和全局信号

版图中电源连线往往纵横交错，所以被称为电源网格。规划中必须考虑到从接口到该设计的各子电路模块之间的电源电阻，特别要注意电源线的宽度。同时，也应该注意阱接触孔和衬底接触孔通常都是连接到电源上的，因此与其相关的版图设计策略也必须加以考虑。

- 定义输入和输出信号

设计者必须列出所有的输入和输出信号，并在该设计与相邻设计之间的接口处为每个信号指定版图位置并分配连接线宽。同时设计者还需要对时钟信号、信号总线、关键路径信号以及屏蔽信号进行特殊考虑。
- 特殊设计考虑

在设计中我们往往需要处理一些特殊的设计要求，例如，版图对称性、闩锁保护、防天线效应等，尤其是对关键信号的布线和线宽要着重考虑。
- 模块层次划分和尺寸估计

该子步骤中设计者可以依据工艺条件和设计经验，对整体版图进行子电路模块划分和尺寸估算，这样有助于确定最终版图所占据的芯片面积。在这个过程中还需要预留一些可能添加的信号和布线通道面积。
- 版图设计完整性检查

该子步骤的目的是确定版图设计中所有流程中的要求都得到了很好的满足，这些要求中包括与电路设计、版图设计准则以及工艺条件相关所带来的设计约束。当所有这些要求或者约束被满足时，那么最终对版图进行生产、封装和测试的步骤才可以顺利地进行。

2.3.2 版图设计实现 ★★★

图2.4展示了版图设计实现往下细分的三个子步骤：包括设计子模块单元并对其进行布局、考虑特殊的设计要求，以及完成子模块间的互连。

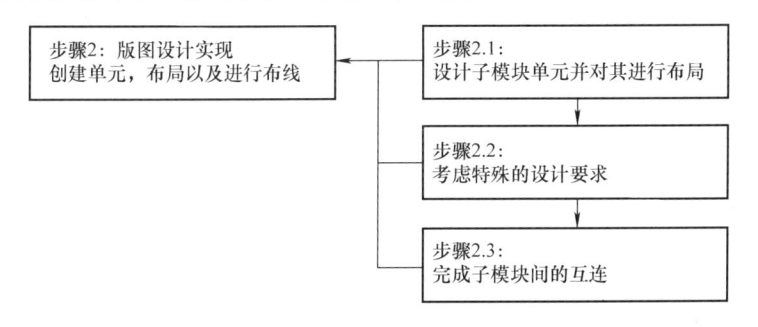

图 2.4 版图设计实现步骤

- 设计子模块单元并对其进行布局

在子步骤2.1中，设计者首先要完成子电路模块内晶体管的布局和互连，这一过程是版图设计最底层的一步。在完成该子步骤的基础上，设计者就可以考虑整体版图的布局设计了。因为整个芯片版图能否顺利完成很大程度上受限于各个子模块单元的布局情况，这些子模块单元不仅包括设计好的子电路模块，还包括接触孔、电源线和一些信号接口的位置。一个良好的布局既有利于整体的布线设计，也有利于串扰、噪声信号的消除。
- 考虑特殊的设计要求

在子步骤2.1的基础上，子步骤2.2可以看作是更精细化的布局设计。设计者在该子步骤中主要考虑诸如关键信号走线、衬底接触、版图对称性、闩锁效应消除，以及减小噪声等特殊的设计要求，对重要信号和复杂信号进行布线操作。最后为了考虑可能新增加的设计要求，也需要留出一些预备的布局空间和布线通道。
- 完成子模块间的互连

在完成子步骤2.1和子步骤2.2的情况下，子步骤2.3将变得较为容易。设计者只需要考虑布线层、布线方向，以及布线间距等问题，就可以简单地完成该步骤，实现芯片全部的版图设计。

2.3.3 版图验证 ★★★

图 2.5 展示了版图验证步骤中的四个子步骤：设计规则检查、版图与电路图一致性检查、电学规则检查和人工检查。版图验证是在版图设计实现完成后最重要的一步。虽然芯片生产完成后的故障仍可以通过聚焦粒子束（Focused-Ion-Beam，FIB）等手段进行人工修复，但代价却非常高。因此，设计者需要在计算机设计阶段对集成电路芯片进行早期的验证检查，保证芯片功能和性能的完好。

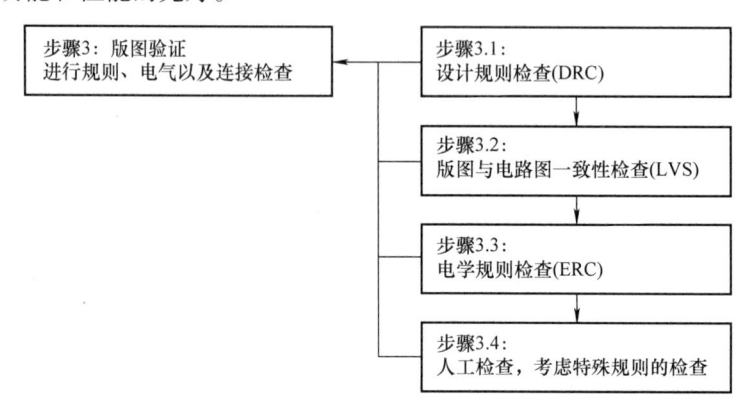

图 2.5　版图验证步骤

- 设计规则检查（Design Rule Check，DRC）

设计规则检查会检查版图设计中的多边形、分层、线宽、线间距等是否符合工艺生产规则。因为 DRC 检查是版图实现后的第一步验证，所以也会对元器件之间的连接关系以及指导性规则进行检查，比如层的非法使用、非法的元器件或连接都属于这个范畴。

- 版图与电路图一致性检查（Layout Vs Schematic，LVS）

版图与电路图一致性检查主要用于检查版图是否进行了正确连接。这时电路图（Schematic）作为参照物，版图必须和电路图完全一致。在进行该检查时主要对以下几方面进行验证：

（1）包括输入、输出、电源/地信号，以及元器件之间的连接关系是否与电路图一致。

（2）所有元器件的尺寸是否与电路图一致：包括晶体管的长度和宽度，电阻、电感、电容，以及二极管的大小。

（3）识别在电路图中没有出现的元器件和信号，如误添加的晶体管或者悬空节点等。

- 电学规则检查（Electrical Rule Check，ERC）

在计算机执行的验证中，电学规则检查一般不作为单独的验证步骤，而是在进行 LVS 检查时同时进行。但天线规则检查需要设计者单独进行一步 DRC 检查才能执行，前提是这里将天线规则检查也归于电学规则检查的范畴内。电学规则检查主要包括以下几方面检查：

（1）未连接或者部分连接的元器件。

（2）误添加的多余的晶体管、电阻、电容等元器件。

（3）悬空的节点。

（4）元器件或者连线的短路情况。

（5）进行单独的天线规则检查。
- 人工检查

该子步骤可以理解为是对版图的优化设计，在这个过程中会检查版图的匹配设计、电源线宽、布局是否合理等这些无法通过计算机验证过程解决的问题，也需要设计者利用长期经验的积累才能做到更优。

2.3.4 版图完成 ★★★

在这个步骤中，版图工程师首先应该检查版图的设计要求是否都被满足，需要提交的文档是否已经准备充分。同时还需要记录出现的问题，与电路工程师一起讨论并提出解决方案。

之后，版图工程师就可以对版图进行寄生参数提取（也称为反提），形成可进行后仿真的网表文件，将其提交给电路设计工程师进行后仿真。这个过程需要版图工程师和电路设计工程师相互配合，因为在后仿真之后，电路功能和性能可能会发生一些变化，这就需要版图工程师对版图设计进行调整。反提出来的电路网表是版图工程师与电路工程师之间的交流工具，这一网表表明版图设计已经完成，还需要等待最终的仿真结果。

当完成后仿真确认之后，版图工程师就可以按照工艺厂的要求，导出 GDSII 文件进行提交，同时还应该提供 LVS、DRC 和天线规则的验证报告，需要进行生产的掩膜层信息文件，以及所有使用到的元器件清单。最后为了"冻结"GDSII 文件，还必须提供 GDSII 数据的详细大小和唯一标识号，从而保证了数据的唯一性。

2.4 版图设计通用规则

在学习了版图的基本定义和设计流程之后，本小节将简要介绍一些在版图设计中需要掌握的基本设计规则。主要包括电源线版图设计规则、信号线版图设计规则、晶体管设计规则、层次化版图设计规则和版图质量衡量规则。

- 电源线版图设计规则

电源网格设计是为了让各个子电路部分都能充分供电，是进行版图设计必需的一步，具体的设计规则如下：

（1）电源网格必须形成网格状或者环状，遍布各个子电路模块的周围。

（2）通常使用工艺允许的最底层金属来作为电源线，因为如果使用高层金属作为电源线，就必须使用通孔来连接晶体管和其他电路的连线，会占用大量的版图空间。

（3）每种工艺都有最大线宽的要求，超过该线宽就需要在线上开槽。但特别要注意的是，在电源线上开槽要适当，因为电源线上会流过较大的电流，过度的开槽会使得电源线在强电流下熔化断裂。版图设计规则中虽然对最大线宽有严格的要求，但为了保证供电充分，版图工程师还是会把电源线和地线设计得非常宽，以便降低电迁移效应和电阻效应。但是宽金属线存在一个重要的隐患，当芯片长时间工作时，温度升高，使得金属开始发生膨胀。这时宽金属线的侧边惯性阻止了侧边膨胀，而金属中部仍然保持膨胀状态，这就使得金属中部向上隆起。对于较窄的金属线来说，这个效应并不明显，因为宽度越窄，侧边惯性越低，金属向上膨胀的应力也越小。

宽金属在受到应力膨胀之后，金属可能破坏芯片顶层的绝缘层和钝化层，使芯片暴露在空气中。如果空气中的杂质和颗粒物进入芯片，就会导致芯片不稳定或者失效。为了解决这个问题，版图工程师在进行宽金属线设计时，需要每隔一定的距离就对金属线进行开槽，这一方法的本质是将一条宽金属线变成由许多窄金属线连接而成。由于开槽设计与金属间距、膨胀温度和材料有关，金属线开槽的具体规则因使用工艺不同而有所差异。图 2.6 展示了一个带有金属开槽的宽金属线示例。

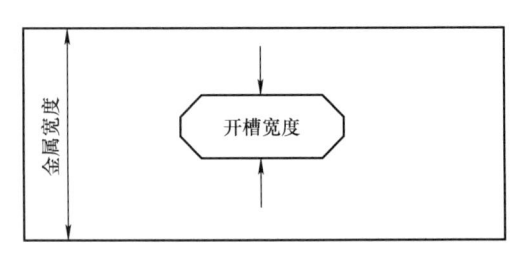

图 2.6 带有金属开槽的宽金属线

（4）尽可能避免在子电路模块上方用不同金属层布电源线。

- 信号线版图设计规则

信号线版图设计规则如下：

（1）对信号线进行布线时，应该首先考虑该布线层材料的电阻率和电容率，一般都采用金属层进行布线，N 阱、有源区和多晶硅等不能用于布线。

（2）在满足电流密度的前提下，应该尽可能使信号线宽度最小化，这样可以减小信号线的输入电容。特别是当信号作为上一级电路的负载时，减小电容可以有效降低电路的功耗。

（3）在同一电路模块中保持一致的布线方向，特别是对同层金属，与相邻金属交错开，容易实现空间的最大利用率。例如一层金属、三层金属横向布线，二层金属、四层金属纵向布线。

（4）确定每个连接处的接触孔数量，如果能放置两个接触孔的位置尽量不使用一个接触孔，因为接触孔的数量决定了电流的能力和连接的可靠性。

- 晶体管设计规则

（1）在调用工艺厂的晶体管模型进行设计时，应该尽可能保证 PMOS 晶体管和 NMOS 晶体管的总体宽度一致，如图 2.7 所示。如果二者实在不能统一到一致的宽度，也可以通过添加虚拟晶体管（Dummy MOS）来保证二者宽度一致。

（2）在大尺寸设计时，使用叉指晶体管，例如，一个 100μm 宽度的晶体管就可以分成 10 个 10μm 的叉指晶体管。使用叉指晶体管也可以优化由晶体管宽度引起的多晶硅栅电阻。因为多晶栅是单端驱动的，而且电阻率比较高，将其设计成多个叉指晶体管并联，也可以减小所要驱动的电阻。

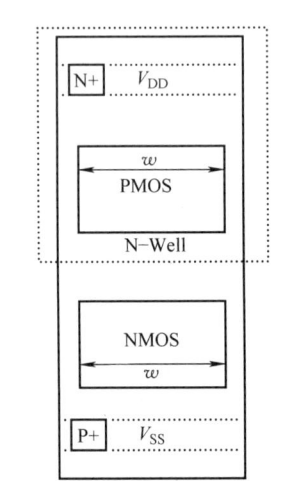

图 2.7 保持 NMOS 晶体管和 PMOS 晶体管宽度一致

（3）多个晶体管共用电源（地）线，这个规则是显而易见的。电源（地）线共享可以有效地节省版图面积。

（4）尽可能多使用 90°的多边形和线形。首先采用直角形状，计算机所需的存储空间最小，版图工程师也最易实现。虽然45°连接对信号传输有较大的益处，但这种设计的修改和维护相对困难（在有的设计中，由于45°连线没有位于设计规定的网格点上，还可能导致设计失败），所以对于一般的电路模块版图设计，没必要花费额外的设计精力和时间来使用45°连线进行设计。但对于一些间距受限和对信号匹配质量要求较高的电路，还是需要使用45°连线。

（5）对阱和衬底的连接位置进行规划并标准化。N阱与电源相连，而P+衬底连接到地。

（6）避免"软连接"节点。"软连接"节点是指通过非布线层进行连接的节点，由于非布线层具有很高的阻抗，如果通过它们进行连接，会导致电路性能变差。例如，有源层和N阱层都不是布线层，但在设计中可能也会由于连接，最终导致电路性能变差。目前在运用计算机进行DRC检查时，可以发现该项错误。

- 层次化版图设计规则

层次化设计最重要的就是在规划阶段确定设计层次的划分，将整体版图分为多个可并行进行设计的子电路模块，尤其是那些需要多次被调用的模块。此外，如果是进行对称的版图设计，那么将半个模块和其镜像组合在一起进行对称设计。

- 版图质量衡量规则

一个优秀的版图设计还需要对其以下几方面的质量进行评估：
（1）版图面积是否最小化；
（2）电路性能是否在版图设计后仍可以得到保证；
（3）版图设计是否符合工艺厂的可制造性；
（4）可重用性，当工艺发生变化时，版图是否容易进行更改转移；
（5）版图的可靠性是否得到满足；
（6）版图接口的兼容性是否适合所有例化的情况；
（7）版图是否在将来工艺尺寸缩小时，也可以相应的缩小；
（8）版图设计流程是否与后续工具和设计方法兼容。

2.5 版图布局

版图布局是进行版图设计的第一步，在这个过程中，设计者需要根据信号流向、匹配以及预留布线通道等原则放置每一个元器件。布局的优化程度决定了版图的优劣，最终也决定了模拟电路的性能，本小节就对版图布局中存在问题、布局规则、方法进行讨论。

2.5.1 对称约束下的晶体管级布局 ★★★

在高性能模拟集成电路中，我们通常需要将多组器件沿着一定的坐标轴进行对称布置。差分电路技术被广泛用于提高模拟集成电路的精度、电源抑制比和动态范围。在差分信号通路两个分支的布局中，设计者必须特别注意匹配两条支路布局产生的寄生效应，否则许多差分电路的性能潜力将无法得到实现。当无法通过对称匹配有效抵消这些寄生效应时，差分电路就会产生更大的失调电压，电源抑制比也会随之下降。对称布局（对称布线）的主要目的就是使一组差分器件的两条差分支路版图能够匹配，尽可能减小非对称寄生效应的影响。

对称布局也可以用来降低电路对热梯度的敏感性。在超大规模集成电路器件中，如双极性器件，对邻近温度的变化十分敏感。如果两个这样的器件相对于隔离热对称线随机放置，可能会导致温度差的失配。同样的，如果在差分电路中不能平衡两条支路的热耦合效应，则有可能引起不必要的电路振荡。为了降低潜在的失配效应，热敏感器件应该相对于热辐射器件对称放置。由于对称放置的热敏感器件与辐射器件等距，因此它们所处的环境温度大致相同，这样就可以大幅度降低温度引起的失配效应。

通常情况下，电路都具有对称和非对称器件。例如，图2.8所示的两级密勒补偿运算放大器具有对称的差分输入级，但是也具有不对称的单端输出级。

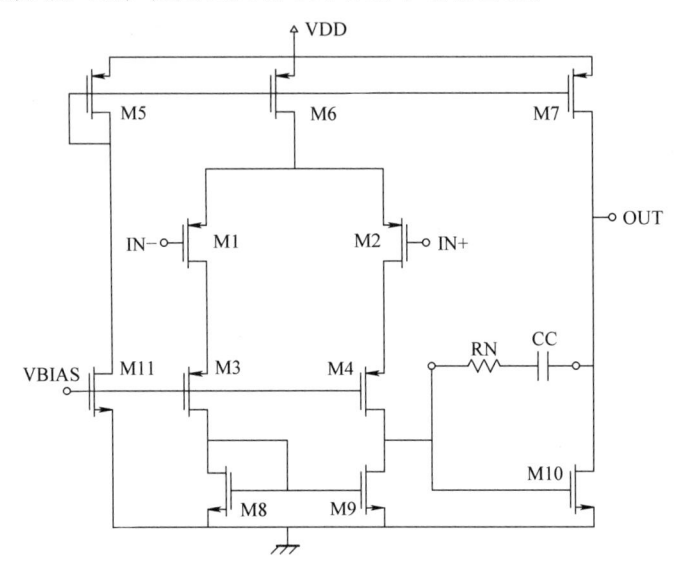

图 2.8 两级密勒补偿运算放大器

典型的对称布局主要包括以下几种类型：

（1）镜像对称：将多个器件分为两个相同的组合，沿着同一个轴线进行布置，使得每对器件有相同的几何形状和对称方向。镜像对称是布局对称的最标准形式。这种布局的优势主要体现在两个方面。首先，由于被迫同样的对器件采用相同的几何结构，所以器件相关寄生得到平衡，器件匹配特性得到改善；其次，镜像对称布局使得器件终端信号走线也可以呈镜像对称，进一步减小了寄生误差。

（2）完全对称：与之前镜像对称中成对器件方向一致的方式不同，这种匹配必须满足更为严格的对称性和匹配性。当存在各向异性制造扰动时（如斜角离子注入），将配对器件放置在相同的方向上时，可以实现最佳匹配。而完全对称布局存在一个问题：因为器件的终端节点不再是镜像对称，所以我们不能用镜像对称路径来连接配对器件，而是采用非几何对称的方式进行布线，以此来匹配相应的寄生效应。当模块中同时存在对称和非对称电路时，布线的困难会急剧增加。

（3）自对称：器件具有几何对称图形，并且与配对器件共用一条对称轴。自对称器件布局的实现主要有两个优点。首先，我们通常需要将非对称器件放置在镜像对称布局的中间。当非对称器件需要连接到两侧对称的信号通路时，这种方式极大地简化了该器件布线的难度。这种布局使得电路的左半部和右半部呈现镜像对称，因此可以较为容易地实现对称布线；其次，自对称在创建热对称布局中是一种非常有效的方式。

2.5.2 版图约束下的层次化布局 ★★★

在模拟集成电路版图设计中，为了减少寄生耦合效应、提高电路性能，需要对器件进行匹配、对称和邻近约束。除了这些基本的版图约束外，由于电路和版图设计层次，还存在层次化对称性和层次化邻近约束。基本的模拟布局约束包括共质心约束、对称约束和邻近约束，如图2.9所示。共质心约束通常用于电流镜中的子电路，或者差分对中，以减小器件之间由工艺引起的失配，在整个差分子电路的布局设计中，我们总是需要对称约束。在差分子电路中，对称约束有助于降低两条对称信号通路之间的寄生失配，而邻近约束广泛应用于器件模型或特定功能电路的子电路中，它有助于形成子电路的连接布局，使得子电路可以共用相互连接的衬底/阱区域或公共保护环，以减少版图面积、互连线长度和衬底耦合效应。此外，具有邻近约束的每个子电路的版图轮廓可以采用不规则的图形，以便更好地利用版图面积。具有邻近约束的两个子电路布局如图2.9c所示，其中($E_1 \setminus E_2 \setminus E_3$)和($F_1 \setminus F_2 \setminus F_3$)为两组子电路。

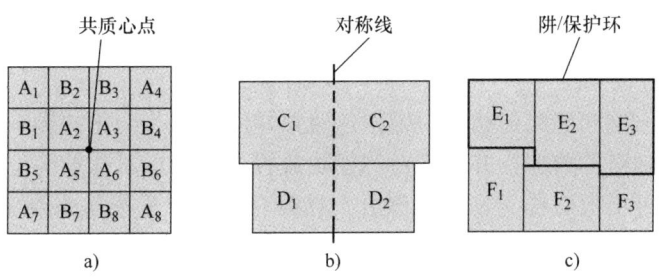

图 2.9 基本的模拟版图约束
a) 共质心约束 b) 对称约束 c) 邻近约束

层次化对称性和层次化邻近约束是模拟集成电路版图设计中的重要准则。版图设计层次通常包括模拟电路设计中精确和虚拟的层次化信息。精确的层次结构与电路层次结构相同，而虚拟层次结构则包含概念上的层次群。每一个群包含一些器件和子电路，这些器件和子电路基于近似的器件模型、子电路功能或其他特定约束组合成群。一个版图设计层次举例如图2.10所示，其中每一个子电路对应一个特定的约束。

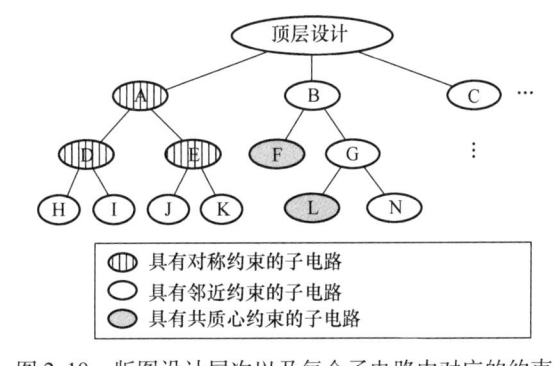

图 2.10 版图设计层次以及每个子电路中对应的约束

在图2.10中，具有层次化对称约束的子电路可能包括一组具有共质心对称约束的器件和子电路。图2.10中多个子电路的层次化对称布局如图2.11所示。同样的，一个具有层次化邻近约束的子电路也可能包括一组具有共质心对称约束和邻近约束的器件和子电路。

基于图2.10中所示的版图设计层次化概念，为了使版图设计具有更高的效率和有效性，我们必须分层次进行版图布局设计。此外，为了压缩版图面积，我们也需要重点考虑版图设

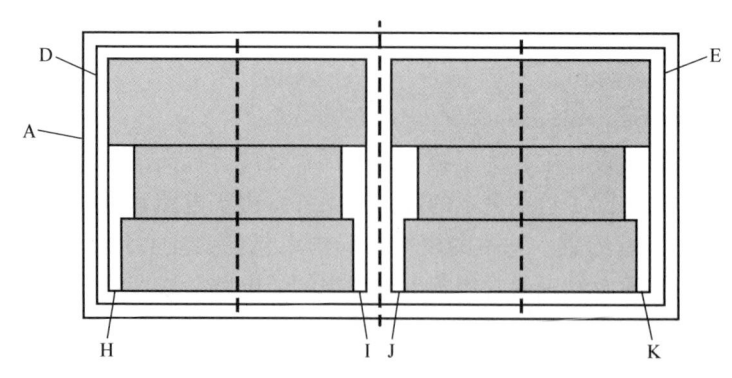

图 2.11 具有层次化对称约束的子电路布局，其中 H/I、J/K、D/E 为各自的对称对

计层次。在先进工艺版图设计中，模拟集成电路版图布局常常需要同时优化不同层次间子电路的布局方式，而不是简单的自底向上将子电路版图堆叠起来，这是因为很多情况下，子电路的最优布局并不会产生最优的全局布局。大多数版图布局都采用基于拓扑平面表示的模拟退火方法，如序列对和B*形树方法。其中，基于层次的B*形树（Hb*形树）方法在考虑版图设计层次的同时，能够合理地处理层次化对称和层次化邻近约束的问题。

- 对称约束

为了减少寄生失配和电路灵敏度对模拟电路热梯度或工艺变化的影响，我们需要将一些模块对相对于公共轴对称放置，并且将对称模块放置在最接近对称轴的位置，以获得更优的电性能。对称约束可根据对称类型、对称组、对称对和自对称模块来制定相应的布局策略。在模拟版图中，根据特定的对称类型，一个对称组中还可能包含一些对称对和子对称模块。对称类型分为具有纵向对称轴和横向对称轴的两种主要类型，如图2.12所示。

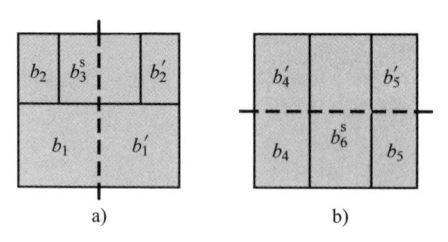

图 2.12 两种对称类型

a) 具有纵向对称轴的对称布局 b) 具有横向对称轴的对称布局

图 2.12 所示中的具有纵向（横向）对称轴的布局，对称对中具有相同面积和方向的两个模块必须沿着对称轴对称布置。由于自对称模块的内部结构是自对称的，所以其中心必须位于对称轴上。

- 对称岛

有学者测量了 MOS 晶体管与各种电参数之间的失配，将其作为一个关于器件面积、距离和方位的函数。两个矩形器件之间的电气参数差 P 可以由式（2-1）中的标准差进行建模，其中 A_p 为器件面积，正比于 P；W、L 分别为晶体管的宽度和长度；S_p 表示当器件间距为 D_x 时，P 的变化值。

$$\sigma^2(\Delta P) = \frac{A_p^2}{WL} + S_p^2 D_x^2 \tag{2-1}$$

这里我们假设对称对中器件的面积都是相同的。根据式（2-1），对称对之间的距离越大，它们之间的电学特性差异越大。所以，必须将对称组中的对称器件布置在尽可能近的距离内。一个包含差分输入子电路的两级 CMOS 运算放大器如图 2.13a 所示。差分输入子电路中的器件 M1、M2、M3、M4 和 M5 形成一个对称组。图 2.13b 和 c 展示了两种布局类型的版图布置。因为同一个对称组中的对称模块布置在更接近的距离上，所以图 2.13c 中的布局要优于图 2.13b。因此，器件对于工艺变化的敏感性得到最小化，电路的性能也得到了提升。

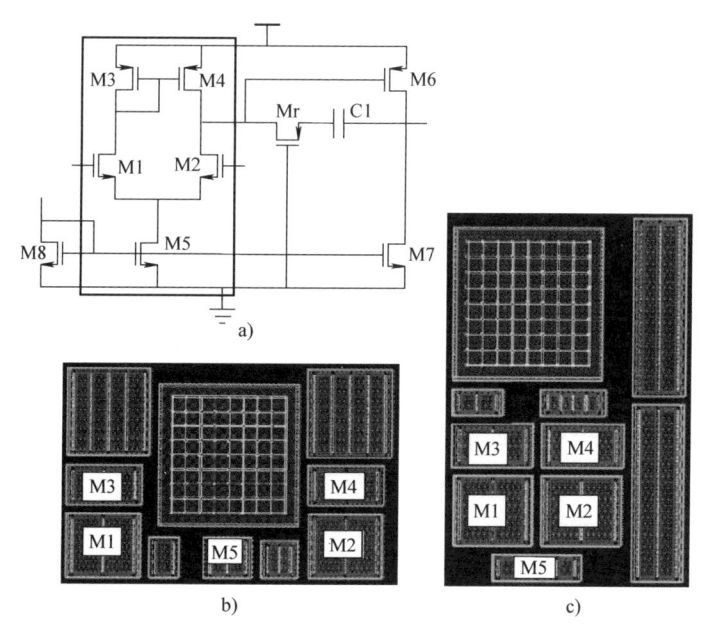

图 2.13 两种布局类型实例

a）两级运算放大电路，差分输入子电路构成一个对称组　b）对称组中的器件没有布置在相邻的位置　c）对称组中的器件布置在尽可能接近的位置

基于对称组中的器件必须布置在尽可能接近的位置这一准则，我们给出对称岛的定义：对称岛是对称组的一种布置方式，组中的每个模块至少与相同组中的一个其他模块相邻，并且对称组中的所有模块可以形成互连。

在图 2.14 的例子中，图 2.14a 中的对称组 S1 构成一个对称岛，但是图 2.14b 由于对称器件不能形成互连，所以无法形成对称岛。所以，图 2.14a 中布局方式可以获得更优的电气特性。

- B*形树

B*形树是一个有序的二叉树，它表示一个紧凑的布局，其中每个模块不能再向左侧和底部移动。如图 2.15 所示，B*形树的每个节点对应于一个紧凑布局的模块。B*形树的根对应于左下角的模块。每一个节点 n 对应一个模块 b，n 的左子节点表示 b 右侧最低的相邻模块，而 n 的右子节点表示 b 之上的具有相同水平坐标的第一模块。给定一个 B*形树，我们可以通过预置树遍历，来计算每个模块的坐标。假设由节点 n_i 表示的模块 b_i 具有底左坐标 $(x_i; y_i)$、宽度 w_i 和高度 h_i，那么对于 n_i 左侧的子模块 n_j，有 $x_j = x_i + w_i$；对于 n_i 右侧的子模块 n_k，有 $x_k = x_i$。此外，我们保持整体结构的轮廓来计算 y 坐标。所以从根节点开始［左下角坐标为（0，0）］，然后访问根左侧的子模块和右侧的子模块，这个预置树遍历的过程，也就是 B*形树遍历，就可以计算出布局中所有模块的坐标。

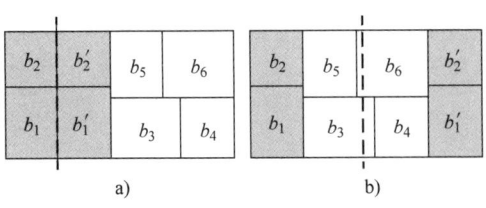

图 2.14 对称组 $S1 = \{(b_1,b'_1),(a_1,a'_1)\}$ 的两种对称布局

a) S1 构成一个对称岛　b) S1 无法构成一个对称岛

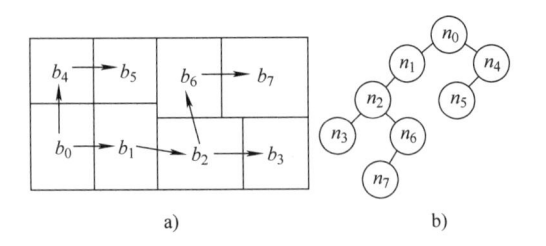

图 2.15 紧凑布局以及用 B* 形树表示图 a 中的紧凑布局

a) 紧凑布局　b) 用 B* 形树表示图 a 中的紧凑布局

2.6 版图布线

布线是模拟版图设计最后的步骤,其主要目的是将各个模块(晶体管、电容器、差分对等)的输入/输出端口进行电气连接。由于模拟电路的性能严重地依赖于版图寄生效应,所以对模拟电路布线的要求要比数字电路严格得多。一个运算放大器差分输入级的版图如图 2.16a 所示,黑色部分是版图需要布线的区域。我们可以将部分器件进行合并,以减小不必要的连接线,从而减小寄生效应。进行合并后的版图布线如图 2.16b 所示。从图中可以看出,即使对于这个简单的模拟电路,虽然图 2.16a 的布线方法更为简单、成熟,但该布线策略使得电路性能弱于图 2.16b。因此,布线的质量很大程度上取决于器件的折叠、合并、布置和形状。所以,布线过程必须和器件选取、布局等步骤紧密地结合在一起。

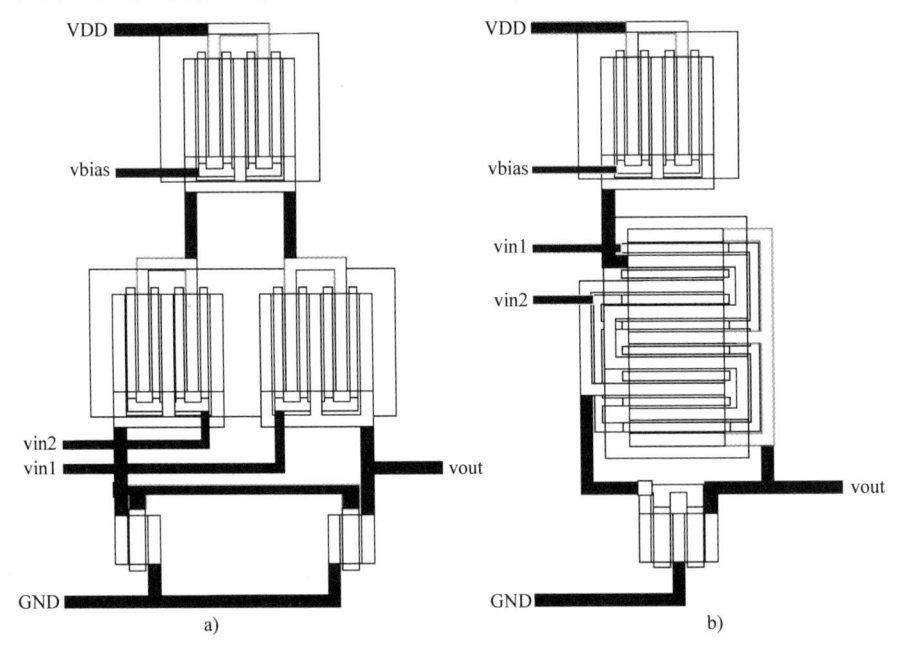

图 2.16 两种版图布线方法

a) 简单布置　b) 合并布置

图 2.16 所示的布线,其质量很大程度上取决于器件的折叠、合并、布置和形状。我们知道,模拟电路的性能对版图寄生效应十分敏感,这些非理想效应本质上是由器件的物理特

性决定的。虽然我们不能完全消除布线寄生参数的影响，但是我们仍然可以采用合理的技术来降低这些效应。

- 分裂布线网络

模拟电路中不同布线区域内的电流密度可能具有较大差别。因此，在同一布线网络中两条路径的电流密度，也可能存在数个数量级的差异。线电阻可以表示为

$$R_{\text{wire}} = \frac{\Delta l \times R_{\text{sh}}}{\Delta w} \tag{2-2}$$

式中，Δl 和 Δw 分别为线的长度和宽度；R_{sh} 为线材料的方块电阻值。如果我们将该模型用于图 2.17a 的接地线中，那么在两条虚线之间就会产生 $V_{\text{drop}} = R_{\text{wire}} \times I$ 的电压降，因此在线顶端的电位就不等于地电位。这个电压差会随时间而变化，并影响电路的工作状态，所以必须减小这个影响。一种方法如图 2.17b 所示，将两个方向的布线网络分离，其目的在于使得大电流流过主通路，小电流流经分支通路，从而减小电压降。也可以如图 2.17c 所示，增加布线的宽度，通过减小方块数来减小线电阻。

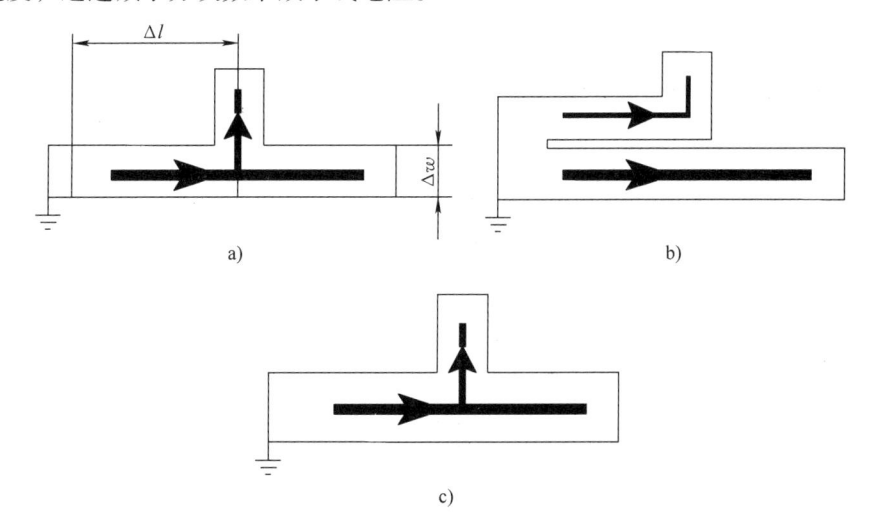

图 2.17 布线网络中的电流密度
a）分支线会受到线电阻产生电压降的影响 b）分支路与主通路分离，流过小电流 c）增加布线的线宽，通过减小方块数来减小线电阻

- 对称布线

模拟电路设计者经常需要在差分电路中引入对称性来优化失调、差分增益和噪声。如果只有差分路径的端口是相对于对称轴对称的，那么我们就可以考虑进行对称布线。一个对称的版图如图 2.18a 所示，其中端口为灰色，对称轴为虚线。这个对称轴将版图分成两个部分。在初始阶段，我们不考虑非对称（相对于对称轴）障碍的存在。在没有非对称障碍物的情况下，我们先对版图的左半边进行布线，然后将布好的路径镜像到版图的另一半。我们再考虑具有非对称障碍存在的情况。由于障碍物只出现在对称轴的一侧，我们可以假设另一半也出现一个镜像障碍，那么我们就可以在一侧布线，之后再镜像回另一侧，如图 2.18b 所示。

如果两个端口在对称轴的不同侧且路径交叉，则使用上述方法将不可能实现对称布线。

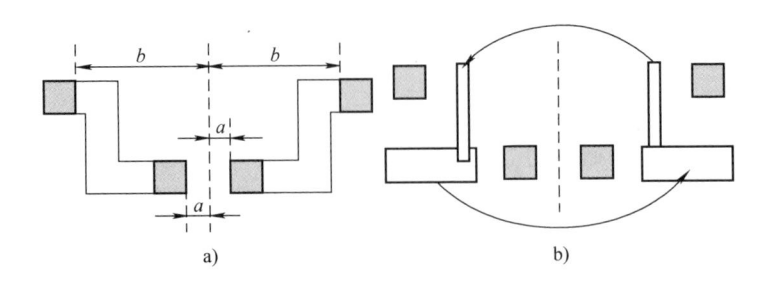

图 2.18 对称轴和非对称障碍

a) 端口相对于虚线轴对称 b) 将非对称障碍镜像

一个例子如图 2.19a 所示。这时我们可以使用 "连接器" 技术（见图 2.19b），这时 "连接器" 允许两个对称部分跨过对称轴线。虽然两个网络的电阻和电容是匹配的，但是由于与其他网络的电容和电感耦合，对称网络的寄生之间仍然可能存在一些差异。但这种方式的连接仍然要优于图 2.19a。

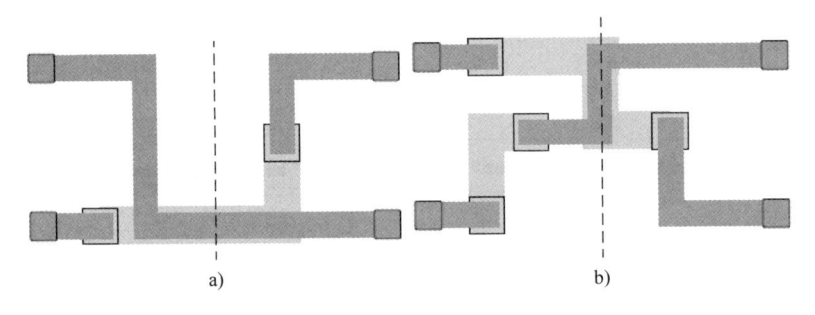

图 2.19 交叉匹配线的寄生

a) 两条对称线之间的匹配较差 b) 使用 "连接器" 改善匹配

- 串扰与屏蔽

信号线之间的串扰会严重降低模拟电路的性能。所以，我们在布线过程中需要提取这些非理想效应。对于寄生电容的提取方法，存在 1 维、2 维、2.5 维和 3 维的提取方法。1 维提取可以简单地采用式（2-3）实现：

$$C_{1D} = AC_\alpha + SC_\beta \quad (2\text{-}3)$$

式中，A 为两条线之间重叠区域的面积；S 是该区域的周长；C_α 是每单位面积的电容；C_β 是每单位长度的边缘电容。图 2.20 中的虚线方框就是重叠区域。2 维提取还包括由于不重叠导线所产生的电容。如果采用 2 维模型进行提取，图 2.20 中第一条垂直线的整体电容值为

$$C_{2D} = C_{1D} + \frac{\Delta l \times C_\gamma}{d} \quad (2\text{-}4)$$

式中，C_γ 为单位长度的串扰电容；Δl 为垂直轴上的交叠长度；d 为两条线间的距离。由于其相对简单，所以在布线中我们通常使用该 2 维模型。

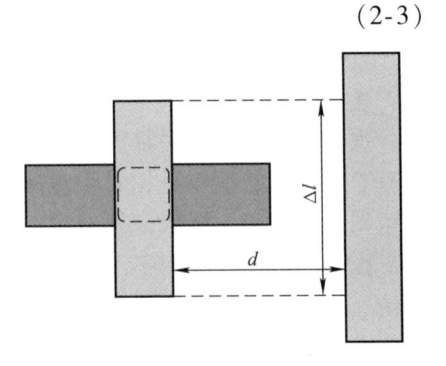

图 2.20 包括重叠和非重叠电容的 2 维提取

在 2.5 维提取中，我们首先通过真实的 3 维结构横

截面来考虑边缘效应；另一方面，我们还在三维提取中构造了包括参数化三维几何结构的库，并且将从版图中提取的几何图形与库中的几何图形进行匹配。虽然3维提取比上述提取方法更精确，但由于其更耗费时间，在布线搜索中可能会更加复杂。

在射频电路中，电感耦合对电路性能也起着至关重要的作用，我们可以采用互连的RLC模型来观察这些电感的影响，甚至可以进行电磁模拟来更精确地观察寄生效应。

在互连中，并行的长连线由于耦合作用发生串扰，会影响电路的性能。一种降低串扰的方式是增加线间距。如果增加线间距仍无法降低串扰，那么我们可以在严重耦合的线之间加入屏蔽线。三种屏蔽情况如图2.21所示。这些方法可以用于降低衬底或布线层引起的串扰。需要注意的是，屏蔽线必须连接到直流电位，或者连接到地电位上。

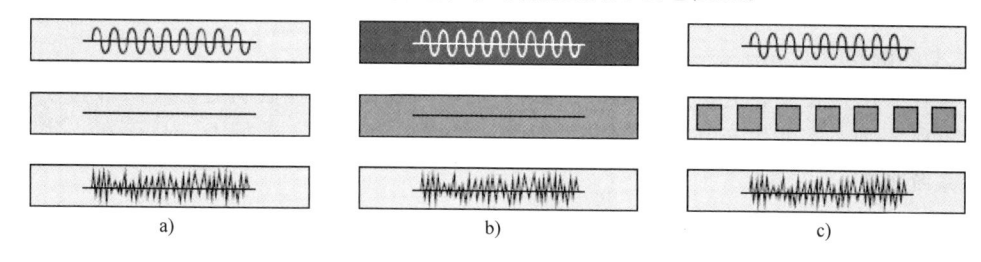

图 2.21　通过屏蔽降低串扰

a) 在同一层中进行屏蔽　b) 不同层中进行屏蔽
c) 屏蔽通过衬底的串扰，方块表示与衬底连接的通孔

2.7　CMOS 模拟集成电路版图匹配设计

CMOS模拟集成电路的性能可以通过版图设计的很多方面来体现，但匹配性设计是其中最重要的一环。在集成电路工艺中，集成电阻和电容的绝对值误差可能高达20%~30%，在一些高精度的差分放大电路中，差分输入晶体管尺寸1%的失配就可能产生噪声并导致动态范围等性能的急剧恶化。因此在版图设计中，需要采用一定的策略和技巧来实现电路内元器件的相对匹配，从而达到信号的对称。

本节首先介绍CMOS集成电路元器件失配的机理，之后针对这些机理分小节介绍电阻、电容和晶体管版图匹配设计的方法和技巧。

2.7.1　CMOS 工艺失配机理 ★★★

CMOS器件生产工艺是一个复杂的微观世界，元器件的随机失配来源于其尺寸、掺杂浓度、曝光时间、氧化层厚度控制，以及其他影响元器件参数值的微观变化。虽然这些微观变化不能被完全消除，但版图工程师可以通过合理选择元器件尺寸或者绝对值来降低这些影响。CMOS工艺失配包括工艺偏差、电流不均匀流动、扩散影响、机械应力和温度梯度等多方面的原因。下面对这些失配的产生机理进行简要分析。

- 随机变化

CMOS集成电路元器件在尺寸和组成上都表现出微观的不规则性。这些不规则性分为边变化和面变化两大类。边变化发生在元器件的边缘，与元器件的周长成比例；面变化发生在整个元器件中，与元器件的面积成比例。

根据统计理论，面变化可以用式（2-5）来表示：
$$s = m\sqrt{k/(2A)} \tag{2-5}$$

在式（2-5）中，m 和 s 分别是有源面积为 A 的元器件的某一参数的平均值和标准差。比例常量 k 称为匹配系数，这个系数的幅值由失配源决定。同一工艺下不同类型的元器件，以及不同工艺下同一类型的元器件都具有不同的匹配系数。通常来说，两个元器件之间的失配 s_δ 的标准偏差为

$$s_\delta = \sqrt{(s_1/m_1)^2 + (s_2/m_2)^2} \tag{2-6}$$

式中，m_1 和 m_2 是每个元器件所要研究的参数的平均值；s_1 和 s_2 是该参数的标准偏差。式（2-5）和式（2-6）构成了计算各种集成电路元器件随机失配的理论基础。

- 工艺偏差

由于在生产过程中，光刻、刻蚀、扩散以及离子注入的过程会引起芯片图形与设计的版图数据有所差别，实际生产和版图数据之间的尺寸之差就称为工艺偏差，从而在一些元器件中引入系统失配。

在版图设计中，主要通过采用相同尺寸的子单元电阻、电容和晶体管来设计相应的大尺寸元器件，这样就可以有效减小工艺偏差带来的系统失配。

- 连线产生的寄生电阻和电容

版图中的导线连接引入一部分寄生的电阻和电容，特别是在需要精密电阻和电容的场合，这些微小的寄生效应会严重破坏精密元器件的匹配性。金属铝线方块电阻的典型值为 $50 \sim 80\text{m}\Omega/\square$。较长的金属连线，可能包含上百个方块；同时每个通孔也有 $2 \sim 5\Omega$ 的电阻，这样一根进行换层连接的长金属线就可能引入 20Ω 以上的电阻。

同样，金属连线的电容率为 $0.035\text{fF}/\mu\text{m}^2$，这意味着一根宽 $1\mu\text{m}$、长 $200\mu\text{m}$ 的导线的寄生电容为 7fF。在数/模转换器中，单位电容可能选择 100fF 左右的电容值，7fF 的寄生电容将严重影响数/模转换器中电容阵列的匹配性。

- 版图移位

在生产过程中，由于 N 型埋层热退火引起的表面不连续性会通过气相外延淀积的单晶硅层继续向上层传递。由于这种衬底上的不连续性并不能完全复制到最终的硅表面，因此在外延生长过程中，这些不连续会产生横向移位，这种效应被称为版图移位。又由于这些不连续在不同方向上的偏移量并不相同，就会引起版图失真。如果表面不连续表现的更为严重，在外延生长中完全消失，那就有可能造成版图冲失。

版图移位、失真、冲失可以理解为不连续发生故障的三种不同程度的表现，它们都会引起芯片的系统失配。

- 刻蚀速率的变化

多晶硅电阻的开孔形状决定了刻蚀速率。因为大的开孔可以流入更多的刻蚀剂，其刻蚀速率就比开孔小的多晶硅快，这样，位于大开孔边缘处侧壁的刻蚀就比小开孔处严重，这种效应会使得距离很远的多晶硅图形比紧密放置的图形的宽度要小一些，从而导致制造的电阻值发生差异。

通常在电阻阵列中，只有阵列边缘的电阻才会受到刻蚀速率变化的影响，因此需要在电阻阵列两端添加虚拟电阻来保护中间的有效电阻，保证刻蚀速率的一致性。

- 光刻效应

曝光过程中会发生光学干扰和侧壁反射，这样就会导致在显影过程中发生刻蚀速率的变化，引起图形的线宽变化，进而导致系统失配。

此外，扩散中的相互作用、氢化影响、机械应力、应力梯度、温度梯度、热电效应以及静电影响都是产生系统失配的原因。由于这些效应的机理较为复杂，读者可参考相关的工艺资料进行学习。

2.7.2 元器件版图匹配设计规则 ★★★

上一小节分析了集成电路器件失配的基本机理，本小节就针对三种常用的集成电路元器件：电阻、电容和晶体管，讨论进行版图匹配设计的一些基本规则。

- 电阻版图匹配设计规则

（1）匹配电阻由同一种材料构成。
（2）匹配电阻应该具有相同的宽度。
（3）匹配电阻值尽可能选择大一些。
（4）匹配电阻的宽度尽可能大一些。
（5）在宽度一致的情况下，电阻的长度也尽可能一致，即保证匹配电阻的版图图形一致。
（6）匹配电阻的放置方向一致。
（7）匹配电阻要邻近进行放置。
（8）电阻阵列中的电阻应该采用叉指状结构，以产生一个共质心的版图图形。
（9）在电阻阵列两端添加虚拟电阻元器件。
（10）避免采用总方块数小于5的电阻段，在精确匹配时，保证所含电阻的方块数不少于10。
（11）匹配电阻摆放要相互靠近，以减小热电效应的影响。
（12）匹配电阻应该尽可能地放置在低应力区域。
（13）匹配电阻要远离功率器件。
（14）匹配电阻应该沿管芯的对称轴平行放置。
（15）分段阵列电阻的选择优于采用折叠电阻。
（16）多采用多晶硅电阻，尽量少采用扩散电阻。
（17）避免在匹配电阻上放置未连接的金属连线。
（18）避免匹配电阻功耗过大，过大的功耗会产生热梯度，从而影响匹配。

- 电容版图匹配设计规则

（1）匹配电容应该采用相同的版图图形。
（2）精确匹配电容应该采用正方形。
（3）匹配电容值的大小适中，因为过小或者过大的电容值会使梯度效应加剧。
（4）匹配电容应该邻近放置。
（5）匹配电容应该放置在远离沟道区域和扩散区边缘的场氧化层之上。
（6）把匹配电容的上极板连接到高阻节点。
（7）电容阵列的外围需要放置虚拟电容。

（8）对匹配电容进行静电屏蔽。

（9）将匹配电容阵列设计为交叉耦合电容阵列，这样可以减小氧化层梯度对电容匹配的影响，从而保护匹配电容不受应力和热梯度的影响。

（10）在版图设计时考虑导线寄生电容对匹配电容的影响。

（11）避免在没有进行静电屏蔽的匹配电容上方走线。

（12）优先使用厚氧化层电介质的电容，避免使用薄氧化层或复合电介质的电容。

（13）把匹配电容放置在低应力梯度区域。

（14）匹配电容应该远离功率元器件。

（15）精确匹配电容沿管芯对称轴平行放置。

- **晶体管版图匹配设计规则**

（1）匹配晶体管应该使用相同的叉指图形，即匹配晶体管每个叉指的长度和宽度都应该相同。

（2）匹配晶体管尽可能使用大面积的有源区。

（3）失调电压与晶体管的跨导有关，而跨导又与栅源电压成比例。对于电压匹配的晶体管，栅源电压应该保持在较小值。

（4）对于电流匹配晶体管，应该保持较大的栅源电压值。因为电流失配方程与阈值电压有关。该值与栅源电压成反比，所以增大栅源电压会减小其对匹配电流的影响。

（5）在同一工艺中，尽可能采用薄氧化层的晶体管。因为薄氧化层晶体管器件的匹配性要优于厚氧化层晶体管。

（6）匹配晶体管的放置方向保持一致。

（7）晶体管应该相互靠近，成共质心摆放。

（8）匹配晶体管的版图应该尽量紧凑。

（9）避免使用过短或者过窄的晶体管，减小边缘效应的影响。

（10）在晶体管的外围放置虚拟晶体管。

（11）将晶体管放置在低应力梯度区域。

（12）晶体管位置远离功率元器件。

（13）有源栅区上方避免放置接触孔。

（14）金属布线不能穿过有源栅区。

（15）使深扩散结远离有源栅区，阱的边界与精确匹配晶体管之间的最小距离至少等于阱结深的两倍。

（16）精确匹配晶体管应该放置在管芯对称轴的平行线上。

（17）使用金属线而不是多晶硅连接匹配晶体管的栅极。

（18）尽可能使用 NMOS 晶体管进行匹配设计，因为 NMOS 晶体管的匹配性高于 PMOS 晶体管。

第3章

Cadence Virtuoso 6.1.7版图设计工具

Cadence Virtuoso 6.1.7 设计平台是一套全面升级版的全定制集成电路（Integrated Circuits，IC）设计系统，它能够在各个工艺节点上加速实现定制 IC 的精确芯片设计，其全定制设计平台为模拟、射频以及混合信号 IC 提供了极其方便、快捷而精确的设计方式和环境。Cadence Virtuoso 6.1.7 电路设计平台作为业界标准的任务环境，其内部集成的电路图编辑器（Schematic Composer Editor）和版图编辑器（Layout Editor）可以高效地完成层次化、自顶而下的定制电路图和版图设计。本章将对 Virtuoso Layout Editor 和基于 Cadence Virtuoso 6.1.7 的全定制版图设计流程进行详细介绍。

3.1 Cadence Virtuoso 6.1.7 界面介绍

图 3.1 是全定制版图设计工具 Cadence Virtuoso 6.1.7 启动后的主界面（Command Interpreter Window，CIW），CIW 全称为命令解释窗口，在此窗口下可以显示在软件操作时的输出信息，同时也可以采用图形界面或者 Cadence 软件 SKILL 语言完成各种操作任务。

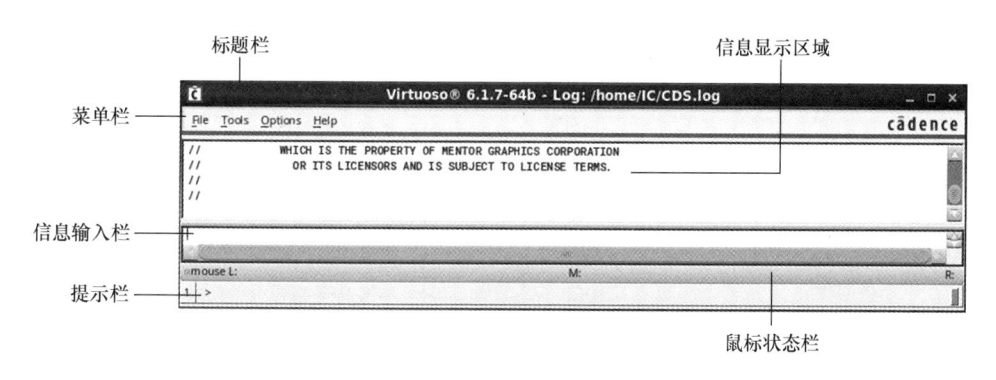

图 3.1　Cadence Virtuoso 6.1.7 CIW 窗口

图 3.1 所示的 CIW 主要包括标题栏、菜单栏、信息显示区域、信息输入栏、提示栏以及鼠标状态栏。其中标题栏显示的是软件的名称、版本和启动路径；菜单按钮用于选择各种命令，如新建或打开库/单元/视图，导入/导出特定的文件格式，退出软件，打开库管理编辑器、库路径编辑器，电路仿真器的选择，工艺文件的管理，显示资源管理器，Abstract 产

生器，元件描述格式（CDF）的编辑、复制和删除，转换工具包，license 管理、工具快捷键管理，以及工具的帮助信息等；信息显示区域显示使用 Cadence Virtuoso 6.1.7 设计工具时的提示信息；信息输入栏用于采用 SKILL 语言输入相应的命令，其输出结果在信息显示区域显示；鼠标状态栏用于提示用户当前鼠标的左键、中键，以及右键的状态；提示栏用于显示出当前命令的信息。下面详细介绍 Cadence Virtuoso 6.1.7 版图设计工具 CIW 界面的菜单按钮的功能和作用。

3.1.1　Cadence Virtuoso 6.1.7 CIW 界面介绍 ★★★

图 3.1 所示 CIW 的菜单按钮主要包括文件（File）、工具（Tools）、选项（Options）和帮助（Help）。其中，文件菜单主要完成文件库、单元的建立、打开以及文件格式的转换，打开库单元的历史列表，退出软件等，主要包括 New、Open、Import、Export、Refresh、Make Read Only、Bookmarks、Close Data 和 Exit。Cadence Virtuoso 6.1.7 CIW File 菜单说明见表 3.1，菜单如图 3.2 所示。

表 3.1　Cadence Virtuoso 6.1.7 CIW File 菜单

File		
New	Library	新建设计库
	Cellview	在指定库下新建新单元
Open		打开指定视图 View
Import	EDIF200 In	导入电子设计交互格式 200
	Verilog In	导入 Verilog 格式代码
	VHDL In	导入 VHDL 格式代码
	Spice In	导入 SPICE 格式网表
	DEF In	导入 DEF 格式文件
	LEF In	导入 LEF 格式文件
	Stream In	导入 GDSII 版图文件
	OASIS	导入 OASIS 格式文件
	Netlist View	从电路连接格式导入至电路图
Export	EDIF200	导出 EDIF200 格式网表
	CDL	导出 SPICE 格式网表
	DEF	导出 DEF 格式版图数据
	LEF	导出 LEF 格式版图数据
	Stream	导出 GDSII 版图数据
	OASIS	导出 OASIS 格式文件
	PRFlatten	导出 Virtuoso 预览
Refresh		刷新库设计数据和 CDF 数据
Make Read Only		设置当前打开视图为只读模式
Bookmarks	Manage Bookmarks	显示当前使用视图一览

(续)

File		
1 xx yy zz（图 3.2 中示例为 1 TEST INV schematic，表示最近一次打开库 TEST 中 INV 的电路图 schematic）		最近一次打开的库文件名称 xx 为库名、yy 为单元名、zz 为视图名
Close Data		关闭数据并从缓存中清除
Exit		退出 CIW

菜单 Tools 主要完成各种内嵌工具的调用，包括 Library Manager、Library Path Editor、NC-Verilog Integration、VHDL Toolbox、Mixed Signal Environment、ADE Assembler、ADE Explorer、ADE Verifier、ADE L、ADE XL、ViVA XL、AMS、Behavioral Modeling、Technology File Manager、Display Resource Manager、Abstract Generator、Print Hierarchy Tree、Set Cell Type、CDF、SKILL IDE、SKILL API Finder、Conversion Toolbox 和 Uniquify。Cadence Virtuoso 6.1.7 CIW Tools 详细菜单见表 3.2，菜单如图 3.3 所示。

表 3.2 Cadence Virtuoso 6.1.7 CIW Tools 详细菜单

Tools		
Library Manager		启动库管理器
Library Path Editor		启动库路径编辑器
NC-Verilog Integration		打开 NC-Verilog 工具集成环境
VHDL Toolbox		打开 VHDL 工具箱
Mixed Signal Environment	Prepare Library for MSPS	混合信号仿真环境
ADE Assembler		创建 ADE 汇编程序
ADE Explorer		创建 ADE 开发程序
ADE Verifier		创建 ADE 验证程序
ADE L		启动 ADE L 仿真环境
ADE XL		启动 ADE XL 仿真器
ViVA XL	Calculator	启动 ADE L 计算器插件
	Results Browser	启动 ADE L 仿真结果查看器
	Waveform	启动 ADE L 仿真波形查看器
AMS	Options	AMS 工具选项
	Netlister	AMS 网表设置
Behavioral Modeling	Model Validation	模型合理性检查
	Schematic Model Generator	Schematic 模型产生器
Technology File Manager		工艺文件管理器调用
Display Resource Manager		显示资源管理器
Abstract Generator		Abstract 产生器启动
Print Hierarchy Tree		打印层次化树状结构
Set Cell Type		批量设置单元类型

（续）

		Tools
CDF	Edit	CDF 编辑模式
	Copy	CDF 复制模式
	Delete	删除存在的 CDF
	Scale Factors	物理单位编辑
SKILL IDE		打开 SKILL 集成开发环境
SKILL API Finder		打开 SKILL 语言开发环境
Conversion Toolbox		打开转换工具箱
Uniquify		单元名称唯一化

图 3.2 Cadence Virtuoso 6.1.7 CIW File 菜单 图 3.3 Cadence Virtuoso 6.1.7 CIW Tools 菜单

选项菜单 Options 主要完成环境变量的设置，包括 Save Session、Save Defaults、User Preferences、File Preferences、Log Filter、Bindkeys、Toolbars、Fonts、License、Checkout Preferences 和 Checkin Preferences。Cadence Virtuoso 6.1.7 CIW Options 菜单说明见表 3.3，菜单如图 3.4 所示。

帮助菜单 Help 主要是获取 Virtuoso 的帮助途径以及在线文档，包括 User Guide、What's New、Known Problems and Solutions、Virtuoso Documentation Library、Virtuoso Video Library、Virtuoso Rapid Adoption Kits、Virtuoso Learning Map、Virtuoso Custom IC Community、Cadence Online Support、Cadence Training、Cadence Community、Cadence OS Platform Support、Contact Us、Cadence Home 和 About Virtuoso。Cadence Virtuoso 6.1.7 CIW Help 菜单说明见表 3.4，菜单如图 3.5 所示。

第 3 章 Cadence Virtuoso 6.1.7版图设计工具

表 3.3 Cadence Virtuoso 6.1.7 CIW Options 菜单

Options	
Save Session	保存对话选项
Save Defaults	默认设置保存至文件，包括工具保存设置、变量保存设置以及可用工具设置
User Preferences	用户偏好设置，包括窗口设置、命令控制设置、表单按钮位置设置，以及文字字体、字号设置等
File Preferences	浏览器偏好设置，开启浏览器是否提示设置、关闭 CIW 是否提示设置
Log Filter	登录信息滤除显示设置
Bindkeys	快捷键管理器
Toolbars	菜单栏选项设置
Fonts	Cadence Virtuoso 6.1.7 软件窗口、文本、报错等字体字号设置
License	工具使用许可管理器
Checkout Preferences	Check out 偏好设置
Checkin Preferences	Check in 偏好设置

表 3.4 Cadence Virtuoso 6.1.7 CIW Help 菜单

Help	
User Guide	Virtuoso 用户指南
What's New	弹出 Cadence help 对话窗口，查看新版信息
Known Problems and Solutions	查看 Virtuoso 平台已知问题以及对应的解决方法
Virtuoso Documentation Library	打开 Cadence 帮助文档库，默认是 Virtuoso 已知问题文档
Virtuoso Video Library	Virtuoso 视频库
Virtuoso Rapid Adoption Kits	Virtuoso 快速成长套件
Virtuoso Learning Map	Virtuoso 学习成长路线
Virtuoso Custom IC Community	Virtuoso 定制 IC 交流社区
Cadence Online Support	显示 Cadence 用户支持网站，需要有在线账户支持
Cadence Training	Cadence 培训
Cadence Community	Cadence 交流社区
Cadence OS Platform Support	在默认网页浏览器上显示 Cadence 在线用户论坛
Contact Us	Cadence 联系方式
Cadence Home	Cadence 网站主页
About Virtuoso	显示 Virtuoso 版本信息

图 3.4 Cadence Virtuoso 6.1.7 CIW Options 菜单 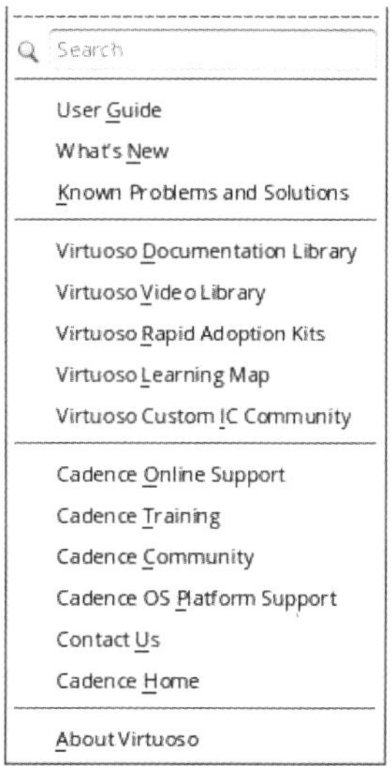   图 3.5 Cadence Virtuoso 6.1.7 CIW Help 菜单

3.1.2　Cadence Virtuoso 6.1.7 Library Manager 界面介绍 ★★★

Cadence Virtuoso 6.1.7 Library Manager（库管理器）主要用于项目中库（Library）、单元（Cell）以及视图（View）的创建、加入、复制、删除和组织。主要功能包括：

1）导入和查看设计库中的数据；
2）在 cds.lib 文件中定义设计库的路径；
3）在指定目录中创建新设计库；
4）向新设计库中复制数据；
5）删除设计库；
6）重新命名设计库、单元、视图、文件或者参考设计库；
7）编辑设计库、单元和视图的属性；
8）对单元进行归类，可以较快地进行定位；
9）改变文件和视图的权利属性；
10）打开终端窗口来定位文件位置和层次信息；
11）可以在 .Xdefaults 文件中采用图形界面定制 Library Manager 的颜色；
12）通过开启一个视图来定位设计库、单元、视图和文件。

以上对 Library Manager 的操作信息会自动记录在当前目录下的 libManager.log 文件中。另外，如果用户之前使用的是 IC 5.1.x 版本软件，在使用 IC 6.1.7 之前，需要将之前的 CDB 格式的设计库转换成 OpenAccess（OA）格式。或者如果 OA 设计库中错误地包含 prop.xx 文件，需要将其删除即可。

3.1.2.1　Cadence Virtuoso 6.1.7 Library Manager 启动

Cadence Virtuoso 6.1.7 Library Manager 启动可以采用以下两种方法：

1）在终端或者命令窗口，键入 libManager &，这种启动方式打开的是一种单独应用，没有集成在设计环境中，所以并不能打开设计库中的数据，如图 3.6 所示。

2）通过 CIW 启动 Library Manager，选择 *Tools-Library Manager*，出现 Library Manager 界面，这种启动方式可以获取设计库信息，如图 3.7 所示。

3.1.2.2　Cadence Virtuoso 6.1.7 Library Manager 界面

图 3.8 为 Cadence Virtuoso 6.1.7 Library Manager 的界面，主要包括标题栏、菜单栏、视图栏、设计库信息栏、信息输出栏和其他信息栏。

图 3.6　采用命令启动 Library Manager 界面

其中，标题栏包括工具名称（Library Manager）以及软件启动路径；菜单栏用于单击相应的下拉菜单完成需要的操作；信息显示按钮包括是否显示分类选项、是否显示文件选项等；

第 3 章　Cadence Virtuoso 6.1.7 版图设计工具

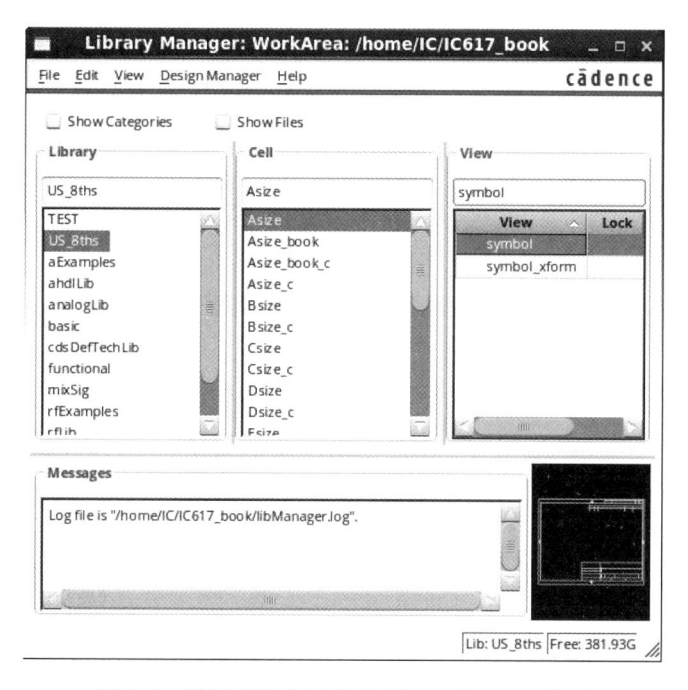

图 3.7　采用 CIW 窗口启动 Library Manager 界面

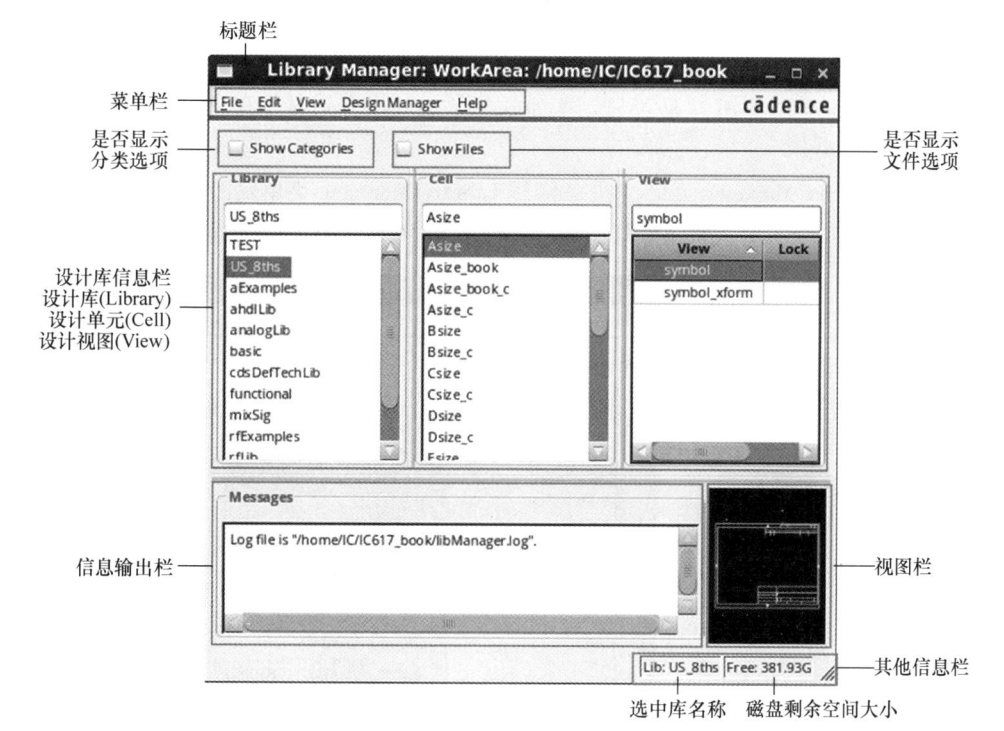

图 3.8　Library Manager 界面

设计库信息栏包括设计库（Library）、设计单元（Cell）以及设计视图（View）信息，可以通过设计库、单元以及视图的顺序来选择相应的视图；信息输出栏主要用于显示对 Library Manager 操作后反馈得到的信息；视图栏用于显示所选单元的预览图；其他信息栏显示选中库的名称和磁盘剩余空间大小等信息。

图 3.9 为信息显示按钮（是否显示类别选项）Show Categories 选项开启时的 Library Manager 的界面图。

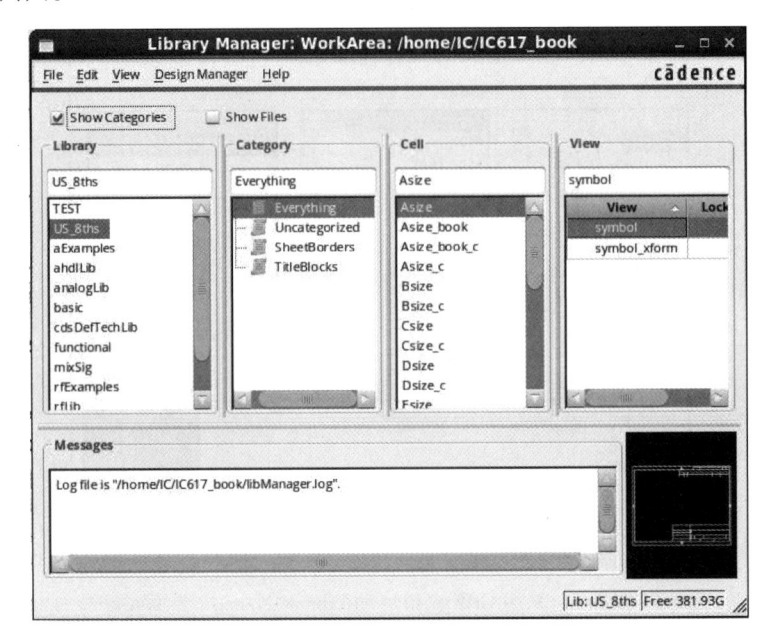

图 3.9　Show Categories 选项开启时的 Library Manager 界面

图 3.10 为信息显示按钮（是否显示类别选项）Show Files 选项开启时的 Library Manager 的界面图。

可以通过 Library Manager 菜单按钮来使用 Library Manager 菜单命令。Library Manager 的菜单栏主要包括 File、Edit、View、Design Manager 和 Help 共 5 个主要菜单，以下分别介绍。

图 3.10　Show Files 选项开启时 Library Manager 的界面

1. File（文件）菜单

File 菜单主要用于创建、打开库，加载、保存默认设置，以及 Library Manager 图形界面退出等，包括 New、Open、Open（Read-Only）、Open With、Load Defaults、Save Defaults、Open Shell Window 和 Exit 共 8 个子菜单，File 菜单栏如图 3.11 所示，描述见表 3.5。

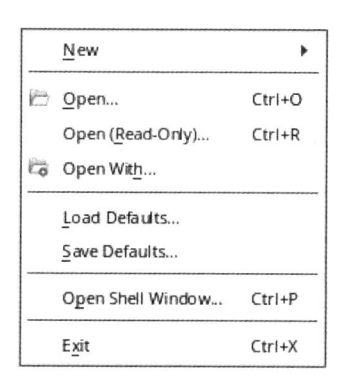

图 3.11　Library Manager 中 File 菜单栏

表 3.5　Library Manager 中的 File 菜单功能选项

File		
New	Library	新建设计库
	Cell View	新建单元视图
	Category	新建分类
Open	Ctrl + O	打开设计库中的视图文件
Open（Read-Only）	Ctrl + R	以只读方式打开设计库中的视图文件
Open With		选择特定的工具打开特定的视图
Load Defaults		加载特定的 .cdsenv 文件内容到 Library Manager 中
Save Defaults		将 Library Manager 当前设置保存到 .cdsenv 文件中
Open Shell Window	Ctrl + P	打开命令窗口
Exit	Ctrl + X	退出 Library Manager 图形界面

2. Edit（编辑）菜单

Edit 菜单主要用于复制、重命名、删除设计库、单元以及视图，改变设计库、单元以及视图的属性和权限，编辑设计库连接路径等，包括 Copy、Copy Wizard、Rename、Rename Reference Library、Change Library References、Copy Preferences、Delete、Delete By View、Properties、Access Permissions、Update Thumbnails、Categories、Display Settings 和 Library Path 共 14 个子菜单，Edit 菜单栏如图 3.12 所示，其描述见表 3.6。

3. View（查看）菜单

查看菜单主要用于查找单元以及视图、数据刷新、查看层次关系等，包括 Filters、Display Options、Refresh、Reanalyze States、Toolbar、Show Categories、Tree 和 Lists 共 8 个子菜单，View 菜单栏如图 3.13 所示，其描述见表 3.7。

表 3.6 Library Manager 中的 Edit 菜单功能

Edit		
Copy	Ctrl + C	复制设计库、单元、视图、库文件或者单元文件
Copy Wizard	Ctrl + Shift + C	通过设置复制设计库、单元、视图、库文件或者单元文件
Rename	Ctrl + Shift + R	重命名设计库、单元、视图或者文件
Rename Reference Library		重命名参考设计库
Change Library References		改变设计参考库
Copy Preferences	Ctrl + Shift + P	复制以及重命名设置
Delete	Ctrl + Shift + D	删除设计库或者单元
Delete By View	Ctrl + V	删除单元中特定视图或者几组单元
Properties		编辑与设计库、单元或者视图有关的属性
Access Permissions		可以改变所有者设计库、单元或者视图的权限
Update Thumbnails		更新缩略图
Categories	Modify	改变分类内容
	New	创建新分类
	New Sub-Category	创建新子分类
	Rename	重新命名
	Delete	删除分类
Display Settings		显示设置
Library Path		打开 Library Path Editor 视图，其基本定义在当前目录下的 cds.lib 文件中

图 3.12 Library Manager 中 Edit 菜单栏　　图 3.13 Library Manager 中 View 菜单栏

表 3.7 Library Manager 中的 View 菜单功能

View	
Filters	查找单元以及相关视图
Display Options	Library Manager 显示选项
Refresh	更新当前链接所有设计库信息和数据，更新 CDF 数据
Reanalyze States	定期查询状态
Toolbar	是否显示快捷图标栏
Show Categories	显示 Show Categories 选项
Tree	树状结构显示 Library Manager 图形界面
Lists	经典结构显示 Library Manager 图形界面

当选择选项 Toolbar 时，在 Library Manager 的标题栏下方会出现一条快捷图标栏，如图 3.14 所示，此快捷图标栏包括几个常用的 View 菜单栏下的选项按钮，可以很方便地完成相应的操作，快捷图标与菜单选项的对应关系如图 3.14 所示。

通常情况下，当我们打开 Library Manager 时，出现的均为经典结构图，如图 3.8 所示。Cadence Virtuoso 6.1.7 为了能够更方便地管理、查看所链接的库，以及更好地查看库的层次关系，为设计者提供了一种树状结构图，如图 3.15 所示。当选项按钮选择 View Tree 或者单击快捷图标，则 Library Manager 则会以树状结构形式出现。

图 3.14 Library Manager 的快捷图标栏

图 3.15 树状结构 Library Manager 界面

4. Design Manager（设计管理器）菜单

Design Manager 菜单主要用于对当前设计的数据管理，包括 Check In、Check Out、Cancel Checkout、Update、Version Info、Copy Version、Show File Status、Properties、Submit 和 Update Workarea 共 10 个子菜单，Design Manager 菜单栏如图 3.16 所示，其描述见表 3.8。

5. Help（帮助）菜单

Help 菜单主要包括 Library Manager 的帮助文档等，包括 Library Manager User Guide、Library Manager What's New、Library Manager Known Problems and Solutions（KPNS）、Virtuoso Documentation Library、Cadence Training、Cadence Online Support、Cadence Community、Contact Us、Cadence Home 和 About Library Manager 等 16 个子菜单。Help 菜单栏如图 3.17 所示，其描述见表 3.9。

表 3.8　Library Manager 中的 Design Manager 菜单功能

Design Manager	
Check In	记录与设计库、单元和视图有关的数据
Check Out	检查与设计库、单元和视图有关的数据
Cancel Checkout	取消检查与设计库、单元和视图有关的数据
Update	更新设计库、单元、视图、文件的最后版本数据到另外的设计中
Version Info	获取文件的版本信息
Copy Version	复制当前版本的文件
Show File Status	显示与单元有关的所有文件的状态
Properties	记录与单元视图有关的属性文件，检查属性文件，或者取消检查属性文件
Submit	提交文件或者单元视图到项目数据库中
Update Workarea	升级工作区到最后发布版本

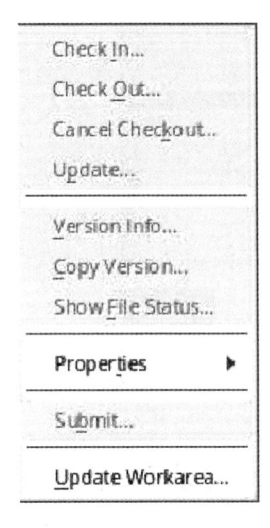

图 3.16　Library Manager 中 Design Manager 菜单栏

图 3.17　Library Manager 中 Help 菜单栏

表 3.9　Library Manager 中的 Help 菜单功能

Help	
Library Manager User Guide	通过 Library Manager User Guide 显示开始帮助
Library Manager What's New	查看 Virtuoso 更新当前版本文档
Library Manager KPNS	打开 Library Manager 已知问题和解决 Cadence 出现的问题
Diagnostics	诊断信息
Virtuoso Documentation Library	打开 Cadence 帮助文档库，默认是 Virtuoso 已知问题文档
Virtuoso Video Library	Virtuoso 视频库
Virtuoso Rapid Adoption Kits	Virtuoso 快速成长套件
Virtuoso Learning Map	Virtuoso 学习成长路线
Virtuoso Custom IC Community	Virtuoso 定制 IC 交流社区

第 3 章　Cadence Virtuoso 6.1.7版图设计工具

（续）

Help	
Cadence Online Support	Cadence 在线支持
Cadence Training	Cadence 培训相关
Cadence Community	Cadence 交流社区
Cadence OS Platform Support	Cadence 操作系统平台支持
Contact Us	Cadence 联系方式
Cadence Home	Cadence 网站主页
About Library Manager	显示 Cadence Library Manager 版本信息

3.1.2.3　Cadence Virtuoso 6.1.7 Library Manager 基本操作

1. 创建新设计库

1）启动 Cadence Virtuoso 6.1.7 软件，在 terminal 输入命令 Virtuoso &；

2）打开 Library Manager，*Tools-Library Manager*，弹出 Library Manager 界面；

3）在 Library Manager 中选择下拉菜单 *File-New-Library*，单击 OK，弹出如图 3.18 所示对话框；

4）在图 3.18 所示对话框中的 Library Name 中键入新建设计库的名称（IC61_layout），单击 OK，弹出如图 3.19 所示的对话框；

图 3.18　新建设计库对话框

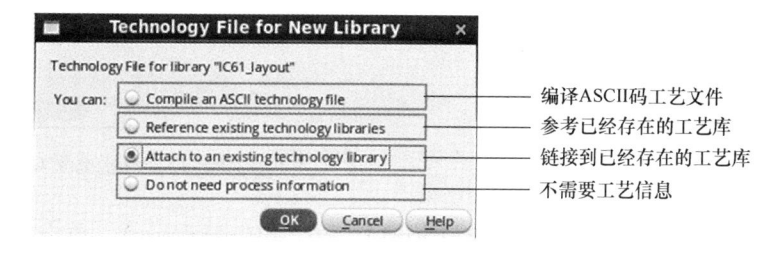

图 3.19　选择工艺文件形式对话框

— 71 —

5）在图 3.19 所示的选择工艺文件形式对话框中，选择设计库所对应的工艺文件方式，这里选择链接存在的工艺文件库（Attach to an existing technology library），单击 OK 完成工艺文件选择；

6）选择相应的工艺库（smic18mmrf），单击 OK 完成新设计库的创建，如图 3.20 所示；

7）创建设计库后，在 Library Manager 中会出现新建的设计库（IC61_layout），如图 3.21 所示。

2. 创建新单元视图

1）打开 Library Manager，弹出 Library Manager 界面；

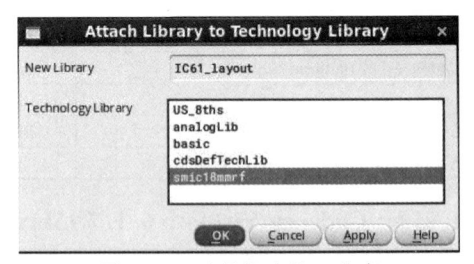

图 3.20 选择相应的工艺库

2）在 Library Manager 中选择建立单元视图所在的设计库（IC61_layout）；

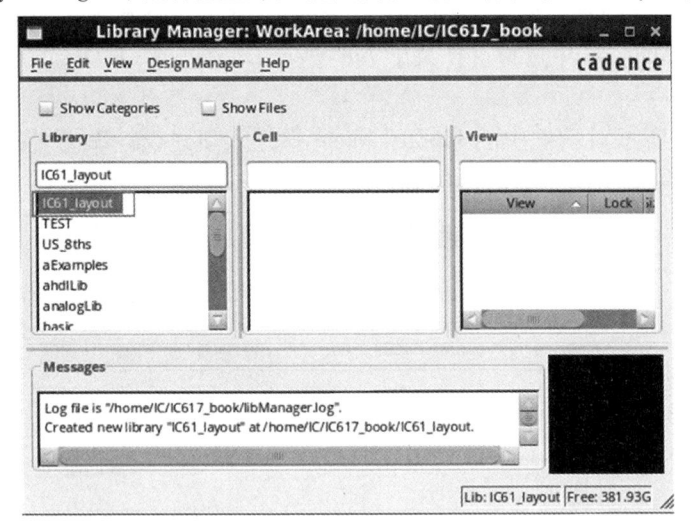

图 3.21 新建设计库后显示结果

3）在 Library Manager 中选择下拉菜单 *File- New- Cell View*，弹出如图 3.22 所示对话框；

4）在图 3.22 所示的对话框中，在 Cell 选项中填入（inverter），在 Type 下拉菜单中选择相应的类型名称（layout），在 View 选项中会自动载入默认的视图名称（layout），在 Application 中的 Open with 自动选择 Layout L 程序打开；

5）单击 OK 完成单元视图的创建，系统会自动打开所建的单元视图，如图 3.23 所示。

3. 打开单元视图

1）打开 Library Manager，弹出 Library Manager 界面；

图 3.22 新建单元 Cell View 对话框

2）在 Library Manager 界面中，依次选择要打开的库名（Library）、单元名（Cell）和视图名称（View），如图 3.24 所示；

第 3 章　Cadence Virtuoso 6.1.7版图设计工具

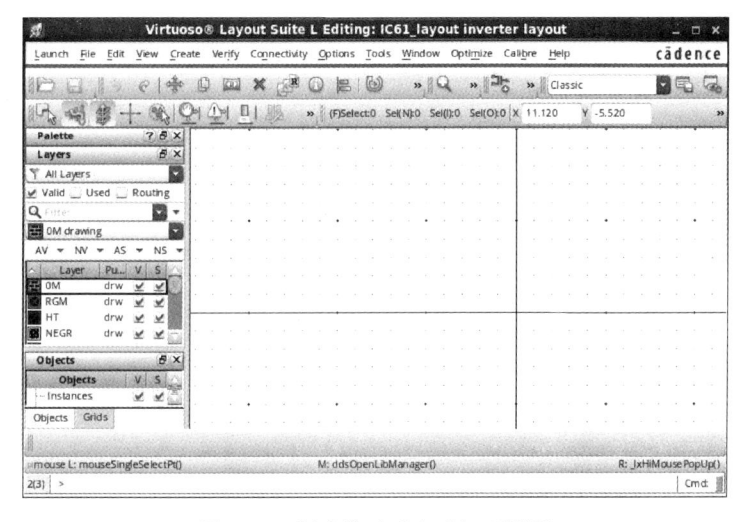

图 3.23　新建单元后自动打开视图

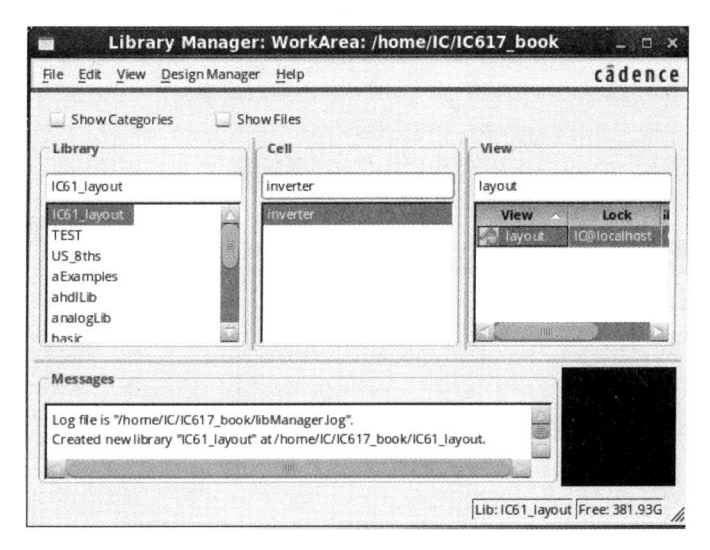

图 3.24　打开单元视图 Library Manager 界面

3）在 Library Manager 的下拉菜单中选择 *File-Open-Cell View* 后，弹出打开的单元视图，如图 3.25 所示。

4. 复制设计库

1）打开 Library Manager，弹出 Library Manager 界面；

2）按照图 3.18~图 3.21 新建复制的设计库（IC61_layout_copy）；

3）鼠标左键选择被复制的设计库（IC61_layout），如图 3.26 所示；

4）在 Library Manager 中的 Edit 下拉菜单中选择 Copy，出现如图 3.27 所示对话框；

5）将 Update Instances 选项开启，单击 OK 完成设计库的复制。

5. 删除设计库

1）打开 Library Manager，弹出 Library Manager 界面；

2）鼠标右键选择要删除的设计库（IC61_layout_delete），如图 3.28 所示；

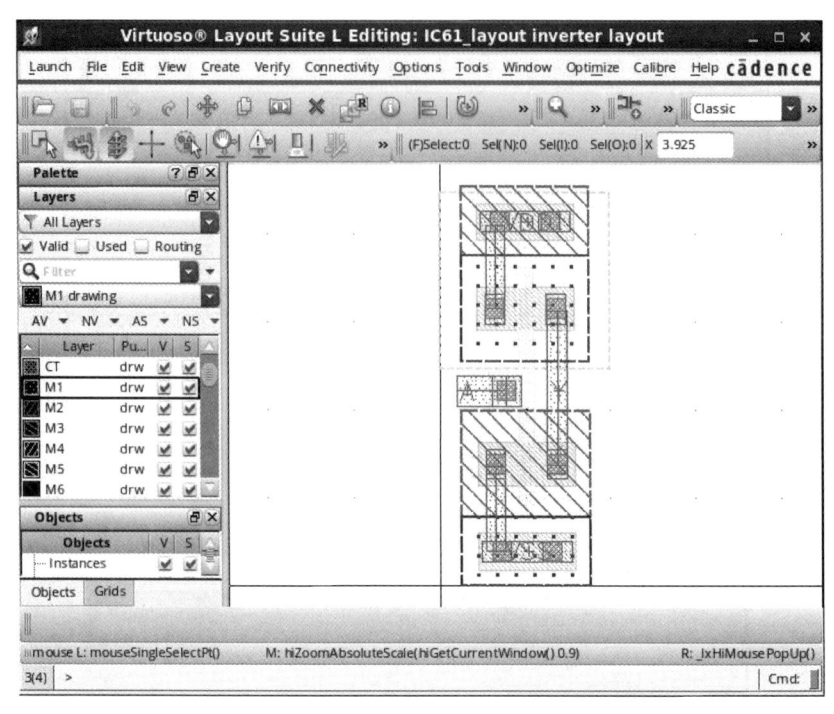

芯片设计——CMOS模拟集成电路版图设计与验证：基于Cadence IC 6.1.7 第3版

图 3.25 打开单元视图

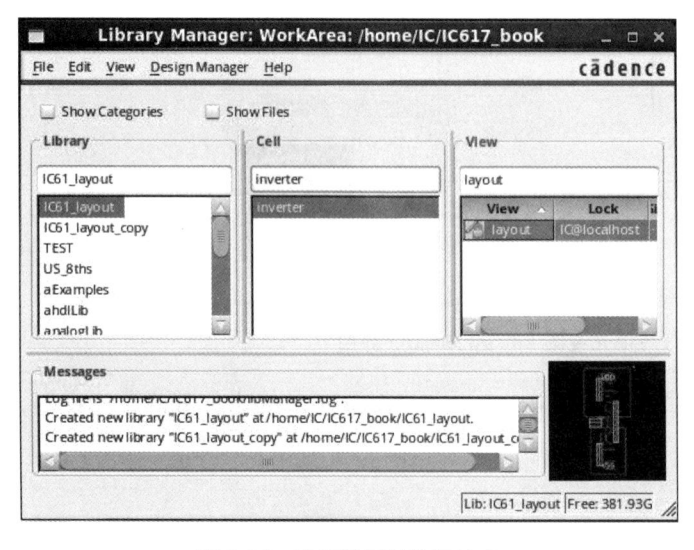

图 3.26 选择被复制的设计库　　　　图 3.27 复制设计库对话框

3) 鼠标左键单击 Delete，出现如图 3.29 所示对话框；
4) 将需要删除的设计库移至左侧对话框，单击 OK 完成。

6. 重新命名设计库

1) 打开 Library Manager，弹出 Library Manager 界面；
2) 鼠标左键选择要重新命名的设计库（IC61_layout_copy），如图 3.30 所示；

— 74 —

第 3 章　Cadence Virtuoso 6.1.7版图设计工具

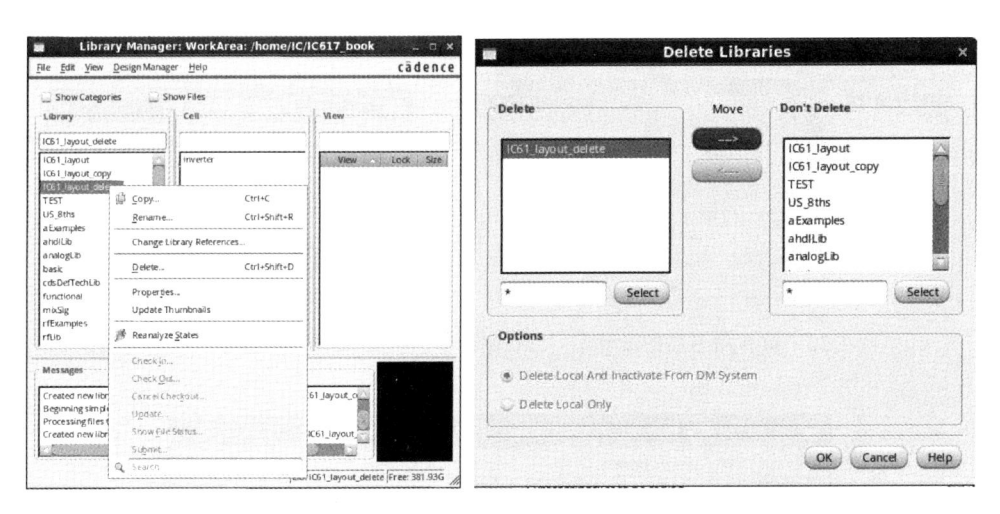

图 3.28　选择要删除的设计库

图 3.29　删除设计库对话框

3）鼠标右键点击要重新命名的设计库（IC61_layout_copy），出现如图 3.31 所示对话框；

图 3.30　选择要重新命名的设计库

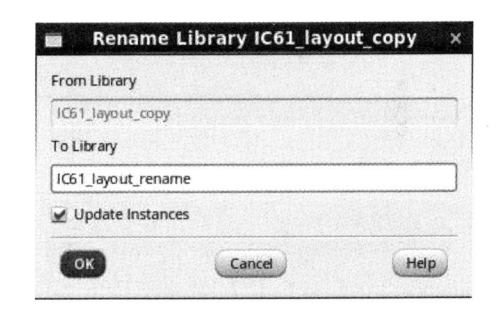

图 3.31　重新命名设计库对话框

4）在 To Library 中填入重新命名的设计库名称（IC61_layout_rename），单击 OK 完成，如图 3.32 所示。

7. 查找单元视图

1）打开 Library Manager，弹出 Library Manager 界面；

2）在 Library Manager 中选择菜单 *View-Filter*，出现如图 3.33 所示对话框；

3）在图 3.33 的对话框中，填入查找的单元名称（Cell Filter）和查找的视图名称（View Filter），单击 OK 完成，查找结果如图 3.34 所示。

— 75 —

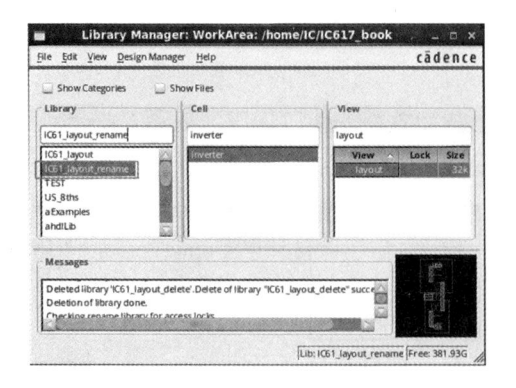

图 3.32　重新命名后的设计库 　　　　　图 3.33　查找单元视图对话框

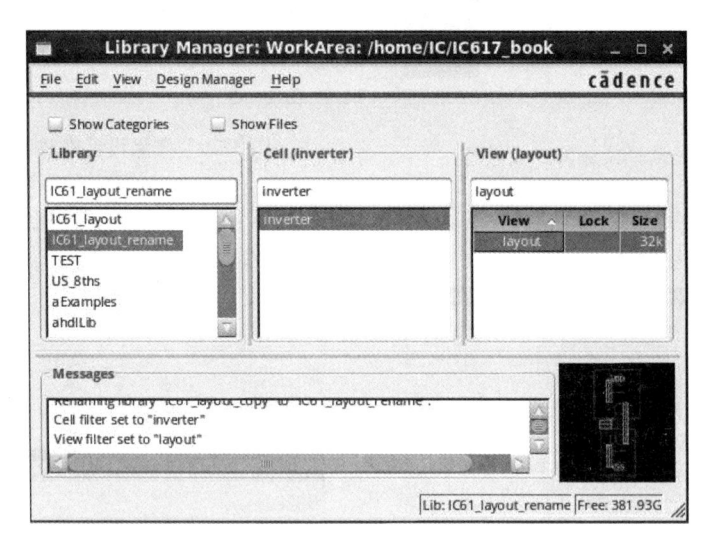

图 3.34　查找视图后 Library Manager 界面

3.1.3　Cadence Virtuoso 6.1.7 Library Path Editor 操作介绍 ★★★

Cadence Virtuoso 6.1.7 Library Path Editor（库路径编译器）主要用于管理项目库中的路径信息，包括查看、编辑在 cds.lib 文件中定义的库信息。其中，cds.lib 文件需要包含在设计中使用的参考库和设计库。

3.1.3.1　Cadence Virtuoso 6.1.7 Library Path Editor 的启动

Cadence Virtuoso 6.1.7 Library Path Editor 既可以在窗口终端使用命令打开，也可以在 Cadence Virtuoso 设计环境中的 CIW 打开。

1）终端窗口打开 Library Path Editor。在终端窗口中输入 cdsLibEditor-cdslib cds.lib 即可启动 Library Path Editor；

2）Virtuoso 窗口打开 Library Path Editor。在 Cadence Virtuoso CIW 窗口中选择 *Tools-Library Path Editor*，或者在 Library Manager 中选择 *Edit-Library Path Editor*，启动 Library Path Editor。

通过以上两种方式中的一种启动 Library Path Editor 后，界面如图 3.35 所示。

图 3.35　Library Path Editor 启动界面

3.1.3.2　Cadence Virtuoso 6.1.7 Library Path Editor 的操作介绍

下面详细介绍 Cadence Virtuoso 6.1.7 中 Library Path Editor 的各种操作步骤。

1. 创建库定义文件

如果当前设计目录不包含库定义文件，选择 Library Path Editor 界面中的菜单项 *File-New*，或者键入快捷键 Ctrl + N 进行创建，创建后出现对话框如图 3.36 所示。

选择 Cadence "cds. lib" 后，出现一个空白的库文件定义界面，如图 3.37 所示。

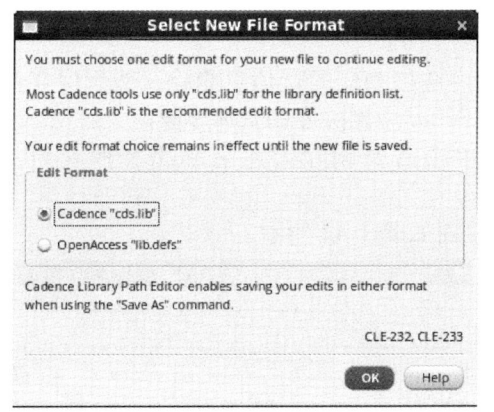

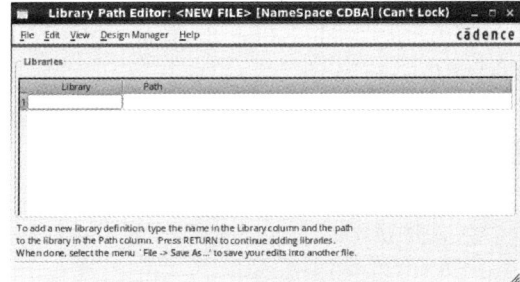

图 3.36　创建库文件定义对话框　　　　图 3.37　空白库文件定义界面

选择 Library Path Editor 下的 *Edit- Add Library* 菜单 (Ctrl + Shift + i)，在弹出的对话框里，在 Directory 中选择加入新库的路径，在 Library 中选中需要加入的新库的库名，如图 3.38 所示。单击 OK 完成新库的建立，如图 3.39 所示。

在 Library Path Editor 的主界面中选择菜单 *File- Save As*，弹出界面如图 3.40 所示。单击 OK 完成新库文件的建立。

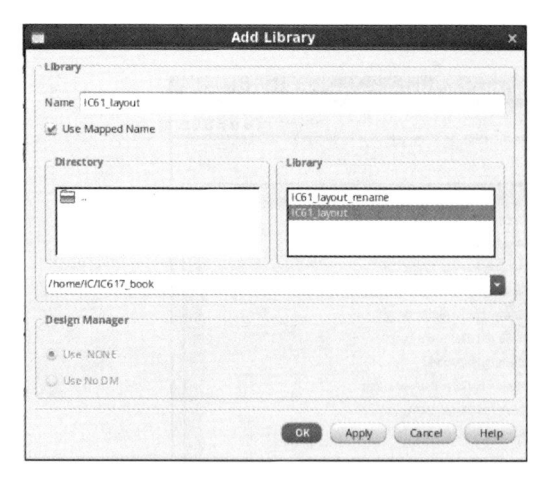

图3.38　加入新库对话框　　　　　　　　图3.39　加入新库后的界面图

另外还有两种库文件的建立方法：

1）将其他目录下的 cds.lib 复制到当前目录下，再根据实际需要进行修改；

2）采用键盘键入文本的方法新建 cds.lib 文件。

2. 从库定义文件中删除库

从库定义文件中删除库，需要说明的是，这种删除方式是一种软删除，只是解除或者取消链接，并没有从硬盘中真正删除库。有以下几种方式从库定义文件中删除库：

1）从 Library Path Editor 中删除；

2）从 cds.lib 文件中删除。

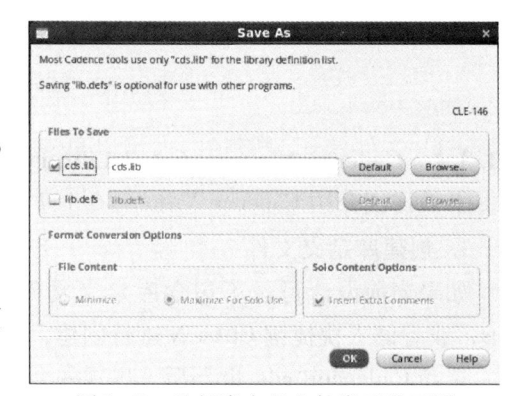

图3.40　选择库定义文件类型界面图

其中，从 cds.lib 中删除库文件只需要将定义库链接相应的行信息删除，然后保存文件即可，这里不做具体介绍，只介绍从 Library Path Editor 中删除库的具体步骤。

打开 Library Path Editor 主界面，鼠标右键单击需要删除的库名和路径所在行，如图3.41所示。

鼠标左键单击 Delete 后，Library Path Editor 界面如图3.42所示。

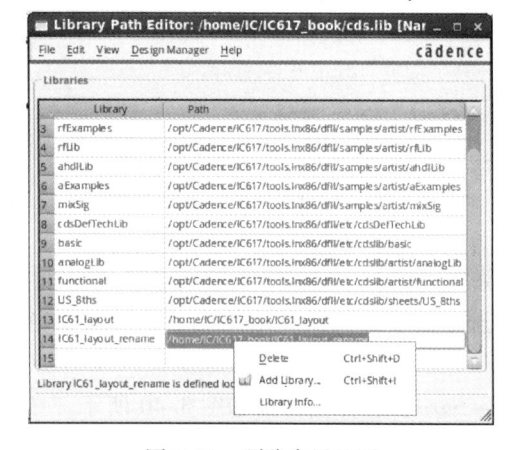

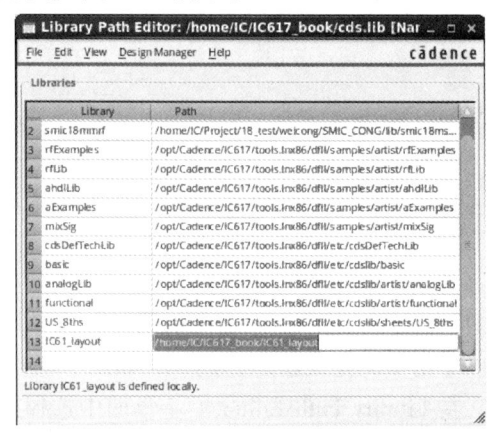

图3.41　删除库界面图　　　　　　　　图3.42　删除库后的界面图

选择菜单 *File-Save As* 将修改后的文件进行保存即可。

3. 包含已经存在的库文件

Library Path Editor 可以将已经存在的库文件采用包含（Include）的方式加载到当前的库文件定义中，下面介绍具体方法：

在 Library Path Editor 主界面中选择菜单 *View-Include Files*，出现的对话框如图 3.43 所示。

通过"加入/删除 Include 文件"选项来进行加入或者删除 Include 文件。最后通过选择 *File-Save As* 菜单保存修改信息。

图 3.43 包含已存在库文件菜单栏

4. 路径显示开关

Library Path Editor 编译器既可以显示 cds.lib 文件的相对路径，也可以显示其绝对路径，并通过选项开关进行切换。默认情况下，Library Path Editor 编译器显示的是相对路径。通过菜单 *View-Full Paths* 来进行切换，如图 3.44 所示。

5. 文件库信息显示

Library Path Editor 编译器可进行库的信息查询，可通过此选项查看指定库的信息。可通过单击菜单 *View-Library Info* 来进行查询，如图 3.45 所示。单击 Library Info... 菜单后，显示指定库信息（例如 analogLib），如图 3.46 所示。可通过 Close 按钮关闭显示。

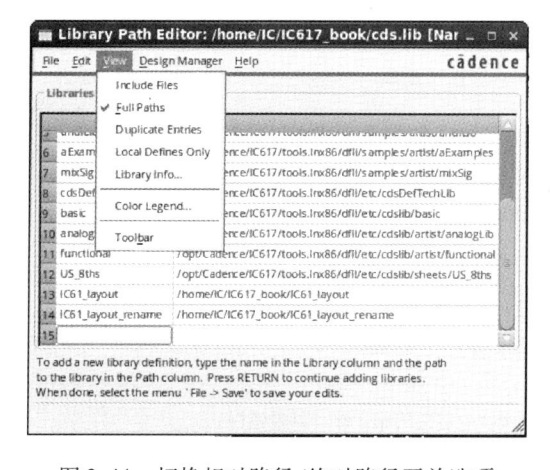

图 3.44 切换相对路径/绝对路径开关选项

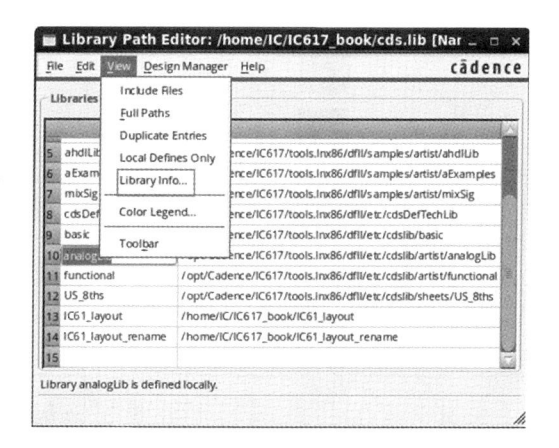

图 3.45 文件库信息查询选项菜单

6. 字体颜色图例

在 Library Path Editor 编译器中可查询字体颜色图例，可通过字体颜色判断错误类型。可通过单击菜单 *View-Color Legend* 来进行查询，如图 3.47 所示。单击 Color Legend 菜单后，显示字体颜色图例信息，如图 3.48 所示，图例信息注释见表 3.10。

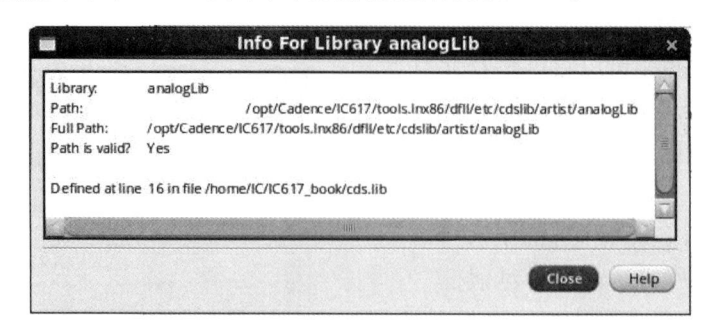

图 3.46　指定文件库信息显示

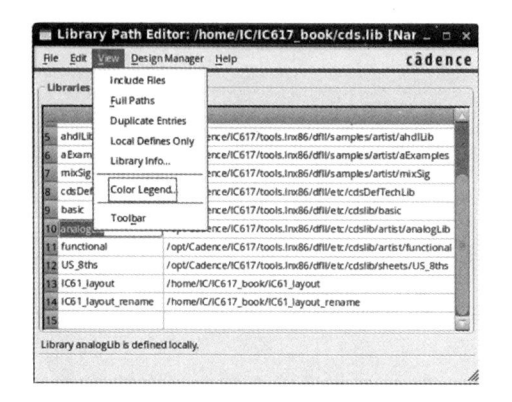

图 3.47　文件库信息查询选项菜单 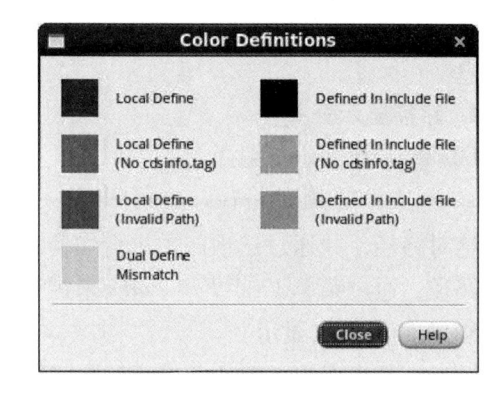　　　图 3.48　Library Path Editor 字体颜色定义图例

表 3.10　Library Path Editor 字体颜色定义图例注释

序号	颜色图例	颜色	注释
1		蓝	本地定义的库文件（正常）
2		黑	在 Include 文件中定义的库文件（正常）
3		绿	本地定义的库文件（无 cdsinfo.tag）
4		浅蓝	在 Include 文件中定义的库文件（无 cdsinfo.tag）
5		红	本地定义的库文件（路径错误）
6		橙	在 Include 文件中定义的库文件（路径错误）
7		黄	双重定义不匹配

7. 可选编辑锁定

Cadence Virtuoso 用户可以在 Library Path Editor 中锁定当前 cds.lib 文件，使之可以阻止其他用户对其进行编辑。

1)锁定文件:选择菜单 *Edit-Exclusive Lock*,如图 3.49 所示,锁定后的 Library Path Editor 界面如图 3.50 所示,其显著特点就是在标题栏上方出现"Locked"字样,表明此 Library Path Editor 已经被锁定,不能被其他用户编辑,只能通过 *File-Save As* 进行另存库链接文件,无法使用 Save 对其进行保存。

2)锁定解除:再次选择菜单 *Edit-Exclusive Lock*,解除锁定的 Library Path Editor 如图 3.51 所示,其显著特点就是在标题栏上方出现"Not Locked"字样,表明此 Library Path Editor 已经解除锁定(默认状态)。

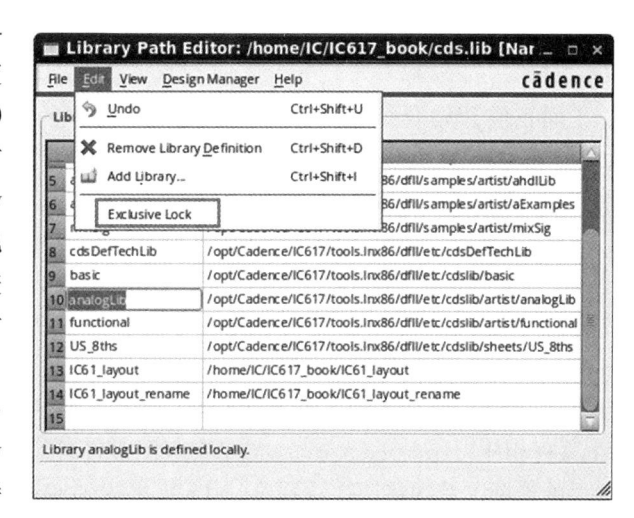

图 3.49 锁定 Library Path Editor 选项菜单

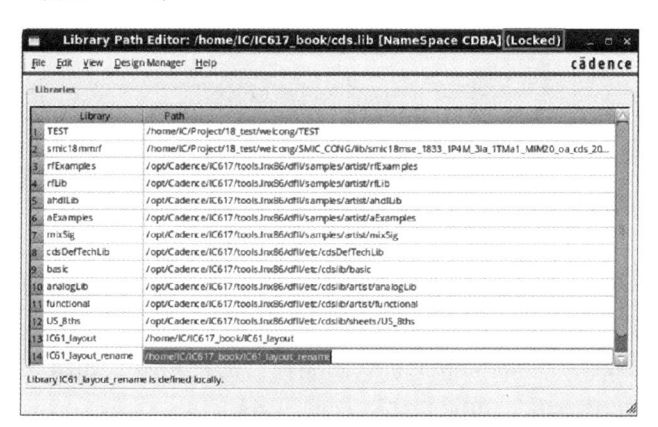

图 3.50 锁定后的 Library Path Editor 界面图

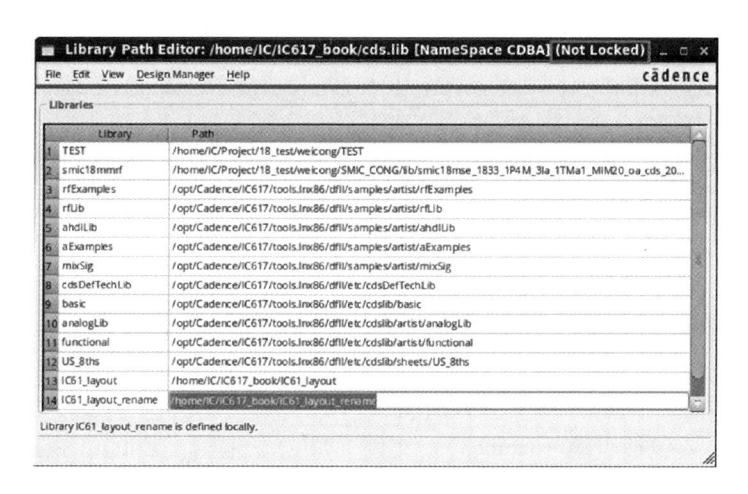

图 3.51 解除锁定的 Library Path Editor 界面图

3.1.4　Cadence Virtuoso 6.1.7 Layout Editor 界面介绍 ★★★

下面我们开始介绍 Cadence Virtuoso 6.1.7 中的 Layout Editor 界面。Layout Editor 是 Cadence Virtuoso 集成的定制版图编辑工具。用户可以使用工具创建和设计任何形式的版图，并且使用该工具进行高效的层次化设计。

当从 Cadence Virtuoso 6.1.7 打开一个新的版图视图（Layout View）时，会出现如图 3.52 的 Layout Editor 的图形界面。如图所示，Cadence Virtuoso 6.1.7 Layout Editor 界面主要由以下几个部分构成：窗口标题栏（Window Title）、菜单栏（Menu Banner）、快捷图标栏（Icon Menu）、状态栏（Status Banner）、设计区域（Design Area）、元素选择属性栏（Selected）、鼠标状态栏（Mouse Settings）、提示栏（Prompt Line）和调色面板（Palette）。与 Cadence Virtuoso 51 系列相比，Cadence Virtuoso 6.1.7 版图设计环境界面有较大的优化，首先是重新设置了菜单栏的选项，其次将层次选择窗口 LSW 集成到调色面板（Palette）图形界面中，另外，默认的快捷图标栏从界面左侧调整到了上方，并将增加的功能直接显示在界面中。

图 3.52　Cadence Virtuoso 6.1.7 版图编辑器界面

以下详细介绍 Cadence Virtuoso 6.1.7 版图编辑器界面中各部分的作用和功能。

3.1.4.1　窗口标题栏（Window Title）

窗口标题栏在 Cadence Virtuoso 6.1.7 版图编辑器的最顶端，如图 3.53 所示，主要显示以下信息：应用名称、库名称、单元名称以及视图名称。

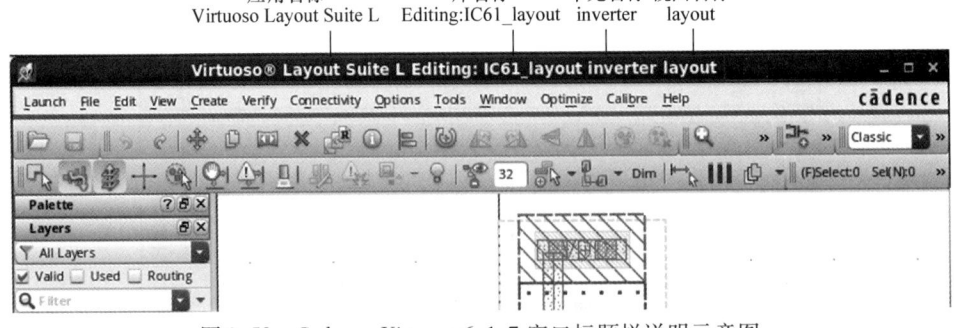

图 3.53　Cadence Virtuoso 6.1.7 窗口标题栏说明示意图

3.1.4.2　菜单栏（Menu Banner）

菜单栏在 Cadence Virtuoso 6.1.7 版图编辑器的上端，在窗口标题栏之下，显示版图编辑菜单。菜单栏主要包括启动（Launch）、文件（File）、编辑（Edit）、视图（View）、创建（Create）、验证（Verify）、连接（Connectivity）、选项（Options）、工具（Tools）、窗口

（Window）、优化（Optimize）、Calibre 嵌入式工具（Calibre）、帮助（Help）共 13 个主菜单，如图 3.54 所示。同时每个主菜单包含若干个子菜单，版图设计者可以通过菜单栏来选择需要的命令以及子命令，其主要流程如下：鼠标左键单击主菜单，然后将指针指向选择的命令，最后再左键单击。需要说明的是，当菜单中某个选项是灰色，那么此选项是不能操作的；当版图打开为只读状态时，版图的修改命令选项是不允许操作的。下面将详细介绍主菜单以及子菜单的主要功能。

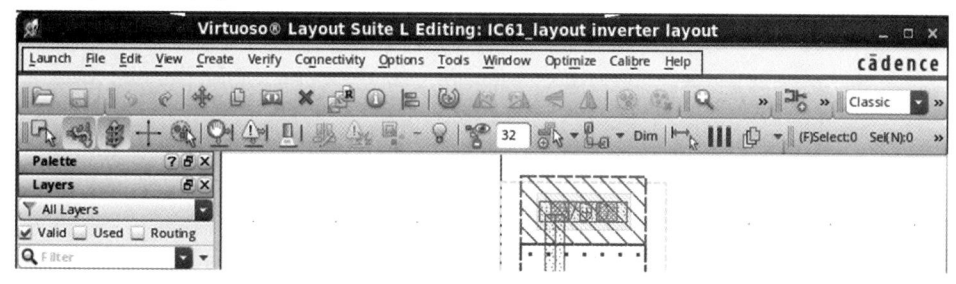

图 3.54 菜单栏界面图

1. Launch（启动菜单）

启动 Launch 菜单主要完成电路仿真工具 ADE（Analog Design Environment）和版图工具 Layout 的调用以及转换，主要包括 ADE L、ADE XL、ADE GXL、ADE Explorer、ADE Assembler、Layout L、Layout XL、Layout GXL、Layout EAD、Pcell IDE、Configure Physical Hierarchy 和 Plugins。当选择启动菜单 Launch 下的其他工具之后，返回版图设计工具，选择 Layout 选项。Launch 菜单功能描述见表 3.11，界面图如图 3.55 所示。

表 3.11 Layout Editor Launch 菜单功能描述

Launch	
ADE L	打开 ADE 仿真环境
ADE XL	打开 ADE XL 仿真环境
ADE GXL	打开 ADE GXL 仿真环境
ADE Explorer	打开 ADE Explorer 开发环境
ADE Assembler	打开 ADE Assembler 开发环境
Layout L	返回 Layout 版图编辑器
Layout XL	打开 Layout XL 版图编辑器
Layout GXL	打开 Layout GXL 版图编辑器
Layout EAD	打开 Layout EAD 版图编辑器
Pcell IDE	采用 Skill 语言进行参数化单元集成环境开发
Configure Physical Hierarchy	配置物理层次化结构（Layout XL/GXL）
Plugins（将其他工具加入菜单栏）	Debug Abutment	调试 Abutment 工具
	Debug CDF	调试 CDF 工具
	Dracula Interactive	启动版图验证工具 Dracula 交互界面
	High Capacity Power IR/EM	大容量功率 IR/EM 分析
	IC Packaging（SiP）	系统封装选项
	Parasitics	启动寄生参数分析
	Pcell	启动 Pcell 编译环境
	Power IR/EM	启动功耗 IR/EM 分析
	Simulation	启动仿真工具

2. File（文件菜单）

文件菜单 File 主要完成对单元的操作，主要包括 New、Open、Close、Save、Save a Copy、Discard Edits、Save Hierarchically、Make Read Only、Export Image、Properties、Summary、Print、Print Status、Bookmarks、Set Default Application、Close All 和 Export Stream from VM，每个菜单包括若干个子菜单，File 菜单功能描述见表 3.12，文件菜单如图 3.56 所示。

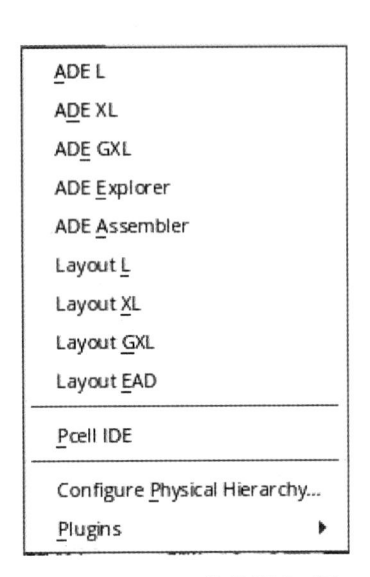

图 3.55　Launch 菜单栏界面图

图 3.56　File 菜单栏界面图

表 3.12　File 菜单功能描述

File			
New			新建版图视图
Open	F5		打开版图视图
Close	Ctrl + W		关闭版图视图
Save			保存当前视图
Save a Copy			另存当前视图
Discard Edits			放弃编辑
Save Hierarchically			层次化保存
Make Read Only/Make Editable			当前版图视图在只读和可编辑之间进行转换
Export Image			将当前版图以图片形式导出
Properties	Shift + Q		查看选中单元属性信息
Summary			当前版图视图的信息汇总
Print			打印选项
Print Status			查看打印机打印状态
Bookmarks		Add Bookmarks	在工具栏中加入新书签
		Manage Bookmarks	管理书签
Set Default Application			设置默认应用
Close All			关闭所有视图
Export Stream from VM			快速导出版图 GDSII 文件

3. Edit（编辑菜单）

编辑菜单 Edit 主要完成当前单元视图的具体操作，主要包括 Undo、Redo、Move、Copy、Stretch、Delete、Repeat Copy、Quick Align、Flip、Rotate、Basic、Advanced、Convert、Hierarchy、Group、Fluid Pcell、Select 和 DRD Targets。每个菜单包括若干个子菜单，Edit 菜单功能描述见表 3.13，编辑菜单如图 3.57 所示。

表 3.13　Edit 菜单功能描述

Edit			
Undo	U		退回上一次操作
Redo	Shift + U		重复上一次操作
Move	M		移动选中的单元图形
Copy	C		复制选中的单元图形
Stretch	S		拉伸选中的单元图形
Delete	Del		删除选中的单元图形
Repeat Copy	H		重复复制选中的图形
Quick Align	A		快速对齐选中的图形
Flip	Ctrl + J	Flip Vertical	垂直翻转选中的图形
		Flip Horizontal	水平翻转选中的图形
Rotate	Shift + O	Rotate Left	向左旋转选中单元
		Rotate Right	向左旋转选中单元
Basic		Chop　　　　　　Shift + C	切割选择的单元层
		Merge　　　　　Shift + M	合并重叠的单元层
		Yank　　　　　　Y	选择单元层
		Paste　　　　　Shift + Y	粘贴选中的单元层
		Properies　　　Q	显示所有被选中单元的属性信息
Advanced		Reshape　　　　Shift + R	改变选中单元层的形状
		Split　　　　　Ctrl + S	切分选中单元层
		Modify Corner	改变选中单元层的拐角弧度
		Size	改变选中单元层的比例大小
		Attach/Detach　V	改变两个单元层的隶属关系
		Move Origin	移动版图的原点位置
		Align	对齐选中单元层
		Slot	加入版图层 slot
Convert		To Mosaic	将选中单元层改成镶嵌模式
		To Instance	将选中单元层转换成器件
		To Polygon	将选中单元层改成多边形模式
		To PathSeg	将选中单元层转换成多块路径形式
		To Path	将选中单元层转换成路径形式

(续)

	Edit		
Hierarchy	Descend Edit		进入下层单元，可编辑模式
	Descend Read		进入下层单元，只读模式
	Return	Shift + B	返回上一层单元
	Return To Level	B	选择返回单元层次
	Return To Top		返回到单元顶层
	Edit In Place	X	在本单元层次编辑下层单元
	Tree	Shift + T	以树状形式显示下层单元
	Make Editable		单元只读模式转换为可编辑模式
	Refresh		刷新
	Make Cell		重新构成单元
	Flatten		打散选中单元
Group	Add to Group		将单元加入到分组中
	Remove from Group		将单元从分组中移除
	Ungroup		取消分组定义
Fluid Pcell	Chop		切掉选中单元层部分
	Merge		合并选中相同单元层
	Convert to Polygon		将其他图形形式转换为多边形
	Tunnel		图形交叠穿过
	Heal		恢复 Pcell
	Clean Overlapping Contact		清除互相重叠的接触孔
	Clean		清除操作
Select	Select All	Ctrl + A	选择所有单元层
	Deselect All	Ctrl + D	取消选择单元层
	Select By Area	Shift + A	根据区域选择单元层
	Select By Line		根据连线位置选择单元层
	Extend selection to object	J	将该选项扩展到所选器件或单元
	Previous Saved Set		前一次保存的单元层组
	Next Saved Set		下一个保存的单元层组
	Save/Restore		保存/恢复
	Set Selection Protection		设置选择保护
	Clear Selection Protection		清除选择保护
	Clear All Selection Protection		清除所有选择保护
	Override Selection Protection		覆盖选择保护
	Highlight Protection Objects		高亮保护单元
	Selection Protection Options		选择保护选项
DRD（Design Rule Driven）Targets	Set Target from Selection		从已选器件中设定需要符合设计规则的器件
	Clear Targets		清除需要符合设计规则的器件
	Add Selection to Targets		增加器件到需要符合设计规则的器件组中
	Remove Selection from Targets		从已选符合设计规则的器件组中移除选中器件

4. View（视图菜单）

视图菜单 View 主要完成当前设计单元视图的可视变化，包括 Zoom In、Zoom Out、Zoom To Area、Zoom To Grid、Zoom To Selected、Zoom To Fit All、Zoom To Fit Edit、Magnifier、Dynamic Zoom、Pan、Redraw、Area Display、Show Coordinates、Show Angles、Show Selected Set、Save/Restore 和 Background。每个主菜单包括若干个子菜单，View 菜单功能描述见表 3.14，视图菜单如图 3.58 所示。

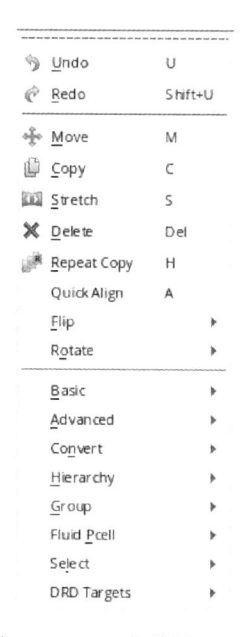

图 3.57　Edit 菜单栏界面图

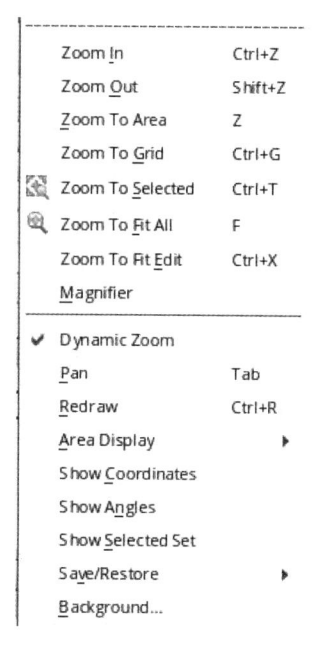

图 3.58　View 菜单栏界面图

表 3.14　View 菜单功能描述

View				
Zoom In	Ctrl + Z		放大视图 1 倍	
Zoom Out	Shift + Z		缩小视图 1 倍	
Zoom To Area	Z		圈定选定的区域进行放大	
Zoom To Grid	Ctrl + G		放大到格点	
Zoom To Selected	Ctrl + T		将选中的单元层最大化显示	
Zoom To Fit All	F		显示全图	
Zoom To Fit Edit	Ctrl + X		以编辑形式进入到下一层次	
Magnifier			将光标显示区放大显示	
Dynamic Zoom			动态放大缩小	
Pan	Tab		将选择的单元层居中显示	
Redraw	Ctrl + R		重新载入视图	
Area Display		Set	设置显示层次级别	
		Delete	删除设置	
		Delete All	删除所有显示级别设置	
Show Coordinates			显示选中单元层拐角坐标	

(续)

View			
Show Angles			显示选中单元层拐角角度
Show Selected Set			文本形式显示选中单元/单元层信息
Save/Restore		Previous View	返回到前一个视图
		Next View	进入到下一个视图
		Save View	保存当前视图
		Restore View	恢复保存视图
Background			将其他单元版图作为背景

5. Create（创建菜单）

创建菜单 Create 主要完成当前设计单元视图中单元形状的创建和改变，此菜单需要单元视图处于可编辑模式，主要包括 Shape、Wiring、Instance、Pin、Label、Via、Multipart Path、Fluid Guard Ring、MPP Guard Ring、Slot、P&R Objects、Group 和 Microwave。每个主菜单包括若干个子菜单，Create 菜单功能描述见表 3.15，创建菜单如图 3.59 所示。

表 3.15 Create 菜单功能描述

Create			
Shape	Rectangle	R	创建矩形图形
	Polygon	Shift + P	创建多边形图形
	Path		创建路径式图形
	Circle		创建圆形图形
	Ellipse		创建椭圆形图形
	Donut		创建环形图形
Wiring	Wire	P	创建路径式互连线
	Bus	Ctrl + Shift + X	创建路径式总线
Instance	I		调用单元
Pin			创建端口
Label	L		创建标识
Via	O		调用接触孔/通孔
Multipart Path			创建多路径
Fluid Guard Ring			创建保护环
MPP Guard Ring	Shift + G		创建多路径式保护环
Slot			创建金属层沟槽
P&R Objects	Blockage		创建阻挡层
	Row		创建行
	Custom Placement Area		创建定制布局区域
	Clusters		创建组群
	Track Patterns		启用单元层跟踪模式
	P&R Boundary		布局布线边界定义
	Snap Boundary		定义转弯边界
	Area Boundary		定义区域边界
	Cluster Boundary		组边界定义

— 88 —

(续)

Create		
Group		组合单元
Microwave	Trl	创建传输线
	Bend	创建弯曲线
	Taper	创建逐渐变窄线

6. Verify（验证菜单）

验证菜单 Verify 主要用于检查版图设计的准确性，此菜单的 DRC 菜单功能需要单元视图处于可编辑模式，主要包括 DRC、Extract、CondCe、ERC、LVS、Shorts、Probe、Markers 和 Selection。每个主菜单包括若干个子菜单，Verify 菜单功能描述见表 3.16，验证菜单如图 3.60 所示。

表 3.16　Verify 菜单功能描述

Verify		
DRC		DRC 对话框
Extract		参数提取对话框
CondCe		寄生参数简化工具
ERC		ERC 对话框
LVS		LVS 对话框
Shorts		启动短路定位插件
Probe		打印方式设定
Markers	Explain	错误标记提示
	Find	查找错误标记
	Delete	删除选中的错误标记
	Delete All	删除所有错误标记
Selection		—

图 3.59　Create 菜单栏界面图　　图 3.60　Verify 菜单栏界面图

7. Connectivity（连接菜单）

连接菜单 Connectivity 主要用于准备版图的自动布线并显示连接错误信息，包括 Pins 和 Nets 两个菜单，如图 3.61 所示，Connectivity 菜单功能描述见表 3.17。

表 3.17 Connectivity 菜单功能描述

	Connectivity	
Pins	Must Connect	定义必须连接的端口
	Strongly Connected	定义强连接的端口
	Weakly Connected	定义弱连接的端口
	Pseudo Parallel Connect	定义伪并行连接端口
Nets	Mark	高亮连线
	Unmark	取消高亮连线
	Unmark All	取消所有高亮连线
	Save All Mark Nets	保存所有高亮连线
	Propagate	产生虚拟互连线
	Add Shape	在连接线上加入图形
	Remove Shape	从连线上删除移除图形

8. Options（选项菜单）

选项菜单 Options 主要用于控制所在窗口的行为，包括 Display、Editor、Selection、Magnifier、DRD Edit、Toolbox、Highlight 和 Dynamic Display，Options 菜单功能描述见表 3.18，选项菜单如图 3.62 所示。

表 3.18 Options 菜单主要功能描述

Options		
Display	E	显示选项
Editor	Shift + E	版图编辑器选项
Selection		选定方式设定
Magnifier		放大显示选项
DRD Edit		启动设计规则驱动优化
Toolbox		工具箱启动选项
Highlight		高亮选项
Dynamic Display		动态显示选项

图 3.61 Connectivity 菜单栏界面图    图 3.62 Options 菜单栏界面图

图 3.63 为选项菜单中 Display 选项功能的对话框,用户可以根据自身需要对版图设计环境以及层次显示进行定制,并且可以将定制信息存储在单元、库文件、工艺文件或者指定文件等应用环境下。

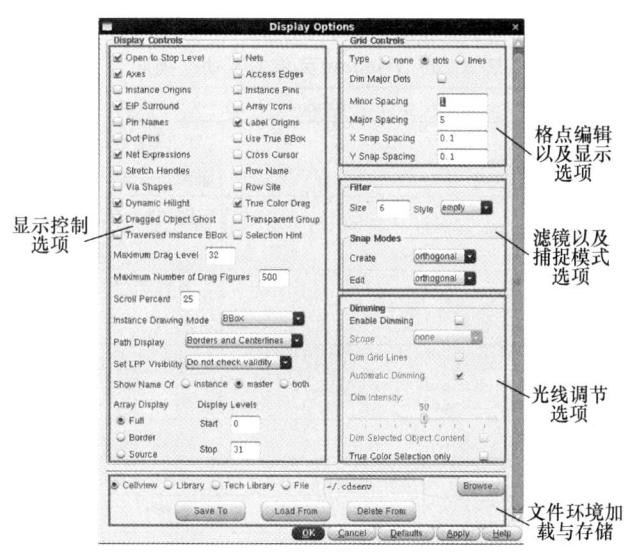

图 3.63　Display 菜单对话框

9. Tools（工具菜单）

工具菜单 Tools 主要用于调用一些常用的工具,主要包括 Find/Replace、Area and Density Calculator、Create Measurement、Clear All Measurements、Clear All Measurements In Hierarchy、Enter Points、Remaster Instances、Create Pins From Labels、Tap、Export Label、Layer Generation、Abstract Generation、Technology Database Graph、Pad Opening Info、Express Pcell Manager 和 Cover Obstructions Manager,每个主菜单包括若干个子菜单,Tools 菜单功能描述见表 3.19,Tools 工具菜单如图 3.64 所示。

表 3.19　Tools 菜单主要功能描述

Tools		
Find/Replace	Shift + S	查找/替换
Area and Density Calculator		面积和密度计算器
Create Measurement	K	创建标尺
Clear All Measurements	Shift + K	清除当前窗口所有标尺
Clear All Measurements In Hierarchy	Ctrl + Shift + K	清除当前单元下所有层次单元标尺
Enter Points	Shift + N	键入中心点显示坐标
Remaster Instances		重新定义主单元名称
Create Pins From Labels		从标记生成端口
Tap	T	捕捉图形信息,传递给生成的图形
Export Label		标记导出
Layer Generation		单元层生成工具
Abstract Generation		导出 Abstract 选项
Technology Database Graph		查看工艺文件库列表
Pad Opening Info		压焊点开窗信息
Express Pcell Manager		快速 Pcell 管理器
Cover Obstructions Manager		覆盖障碍物管理器

10. Window（窗口管理菜单）

窗口管理工具菜单 Window 主要用于窗口界面管理，主要包括 Assistants、Toolbars、Workspaces、Tabs 和 Copy Window，每个主菜单包括若干个子菜单，Window 菜单功能描述见表3.20，Window 窗口管理菜单工具如图3.65所示。

表3.20 Window 菜单主要功能描述

	Window	
	Annotation Browser	反标浏览器，查看 DRC/DFM 信息，显示在界面窗口左侧
	Dynamic Selection	随鼠标移动图形或者器件动态显示选中全部信息，显示在界面窗口左侧
Assistants（此选项菜单全部显示在界面窗口左侧或者右侧）	Search	查找关键字下的所有信息，显示在界面窗口右侧
	Property Editor	显示选中单元的物理属性，显示在界面窗口左侧
	Palette	调出调色面板界面，显示在界面窗口左侧
	Navigator	界面左侧是否调出导航图标
	World View	全景显示版图信息
	Toggle Visibility F11	界面左侧图标是否显示
Toolbars		显示窗口菜单选项，勾选中的菜单显示在菜单栏
Workspaces	Basic	基本模式调色面板窗口
	Classic	经典模式显示调试版窗口
	Save As	将定义好的模式另存为自定义模式
	Delete	删除自定义模式
	Load	加载自定义、基本和经典模式
	Set Default	将其中一种定义为默认模式
	Revert to Saved	返回到上次已存模式
Tabs	1：VirtuosoR Layout Suite L Editing：IC61_layout inverter layout	当前窗口 窗口编号：标题栏
	Close Current Tab	关闭当前窗口
	Close Other Tabs	关闭其他窗口
Copy Window		将此窗口复制并打开

图3.64 Tools 菜单栏界面图

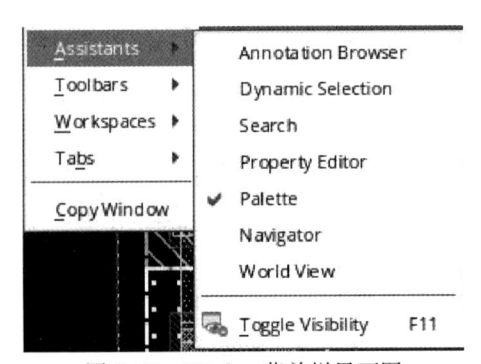

图3.65 Window 菜单栏界面图

11. Optimize（优化管理菜单）

优化管理菜单 Optimize 主要用于优化界面管理，包括 Execute Flow、Options、Execute Utility 和 Browse Constraints，每个主菜单包括若干个子菜单，Optimize 菜单功能描述见表 3.21，Optimize 优化管理菜单如图 3.66 所示。

表 3.21 Optimize 优化菜单主要功能描述

Optimize			
Execute Flow			执行 Migration 流程
Options			优化流程选项
Execute Utility		Run Script	执行脚本文件，格式为 qrt
		Copy This View to Layout	将此视图复制为 Layout 视图
		Flatten All Pcells	打散所有 Pcell 单元
		Flatten All Multipart Paths	打散所有多路径单元
		Unlink Labels	解除标识与版图层次关系
		Center Linked Labels	全景显示版图信息
		Resize Labels	重新定义标识尺寸
		Reabut Pcells	重新优化摆放 Pcell
		Release License	发布使用许可
Browse Constraints			加载缓存中的约束条件

12. Calibre（后端物理验证 Calibre 菜单）

后端验证工具菜单 Calibre 是一个可选集成菜单选项，当在系统隐藏文件 .cdsinit 选择加载 Calibre 工具时，此菜单才能出现在主菜单选项中。Calibre 菜单与 Cadence 软件无缝链接，直接从 Virtuoso 环境中直接调用电路和版图信息进行后端物理验证，加速了设计者开发流程。Calibre 菜单主要包括 Run nmDRC、Run DFM、Run nmLVS、Run PERC、Run PEX、Start RVE、Clear Highlights、Setup 和 About，其中，Setup 主菜单包括 5 个子菜单，Calibre 后端物理验证菜单主要功能描述见表 3.22，Calibre 后端验证工具菜单如图 3.67 所示。

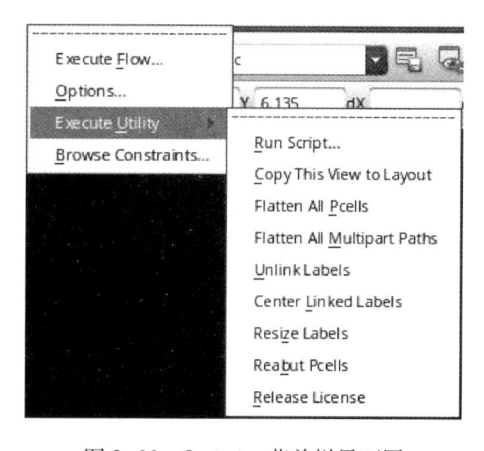

图 3.66 Optimize 菜单栏界面图

表 3.22 Calibre 后端物理验证菜单主要功能描述

Calibre	
Run nmDRC	启动设计规则检查（DRC）程序
Run DFM	启动可制造性规则检查（DFM）程序
Run nmLVS	启动版图与电路图一致性检查（LVS）程序
Run PERC	启动电路可靠性验证检查（PERC）程序
Run PEX	启动寄生参数提取（PEX）检查程序
Start RVE	启动结果查看环境（RVE）程序
Clear Highlights	清除所有高亮显示

（续）

	Calibre	
Setup	Layout Export	版图数据导出选项
	Netlist Export	网表数据导出选项
	Calibre View	Calibre 视图选项
	RVE	结果查看环境（RVE）启动选项
	Socket	端口号信息
About		Calibre 软件与 Cadence 环境交互信息

13. Help（帮助菜单）

帮助菜单 Help 主要用于查阅 Virtuoso 软件帮助文档，包括 Search、Layout L User Guide、Layout L What's New、Layout L KPNS、Virtuoso Documentation Library、Virtuoso Video Library、Virtuoso Rapid Adoption Kits、Virtuoso Learning Map、Virtuoso Custom IC Community、Cadence Online Support、Cadence Training、Cadence Community、Cadence OS Platform Support、Contact Us、Cadence Home 和 About Virtuoso，Help 菜单主要功能描述见表 3.23，Help 工具菜单如图 3.68 所示。

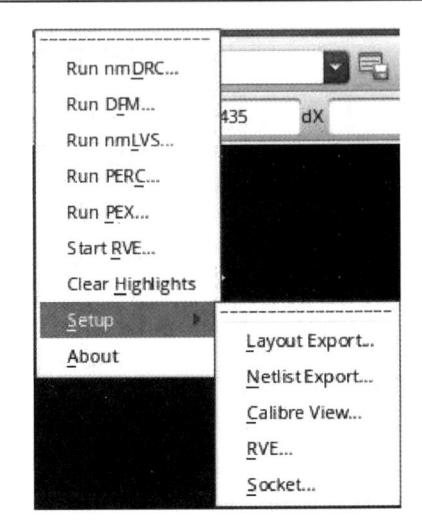

图 3.67　Calibre 菜单栏界面图

表 3.23　Help 菜单主要功能描述

Help	
Search	帮助查找对话框
Layout L User Guide	Layout L 用户指南
Layout L What's New	Layout L 软件更新信息
Layout L KPNS	Layout L 出现的问题以及解决方案
Virtuoso Documentation Library	Virtuoso 软件文档库
Virtuoso Video Library	Cadence 视频库
Virtuoso Rapid Adoption Kits	Virtuoso 快速成长套件
Virtuoso Learning Map	Virtuoso 学习成长路线
Virtuoso Custom IC Community	Virtuoso 用户 IC 社区
Cadence Online Support	Cadence 在线支持
Cadence Training	Cadence 培训
Cadence Community	Cadence 论坛社区
Cadence OS Platform Support	Cadence 操作系统平台支持
Contact Us	Cadence 联系方式
Cadence Home	Cadence 网站主页
About Virtuoso	关于 Virtuoso

14. 命令表单

当我们尝试使用一个命令时，可以通过命令表单选择命令的设置，通常情况下可以在单击菜单命令或使用快捷键后，再单击功能键 F3，即会出现相应命令的表单。例如，如图 3.69 所示，单击"复制"Copy 命令或者快捷键（c）后，单击 F3 功能键，出现如图 3.69 所示的命令表单，默认情况下 Snap Mode 为 orthogonal，如果用户需要，可以将 Snap Mode 修改为 diagonal（45°复制）、anyAngle（任意角度复制）等设置，也可以将所选择的单元、版图层进行 Rotate（90°逆时针选择复制）、Sideways（左右镜像复制）或者 Upside Down（上下镜像复制）等操作。基本上所有的操作命令都有命令表单可选。

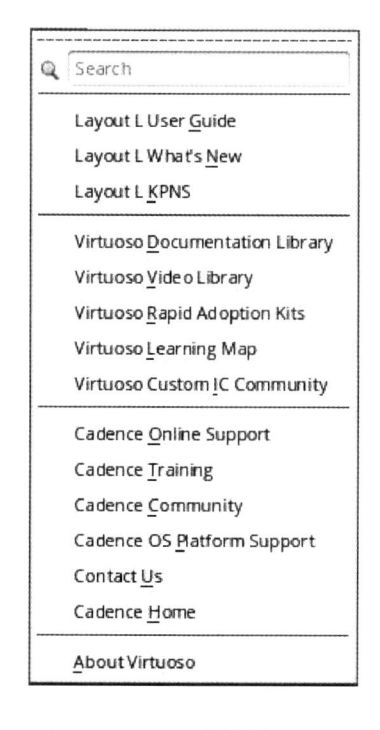

图 3.68　Help 菜单栏界面图　　　　图 3.69　"复制"命令的表单

3.1.4.3　快捷图标（Icon Menu）

快捷图标菜单位于 Cadence Virtuoso 6.1.7 版图编辑器菜单栏下方，设定的目的在于为版图设计者提供常用的版图编辑命令。在当前单元视图处于可读模式，某些可编辑菜单呈灰度状态，不可使用。快捷图标栏如图 3.70 所示，在总界面位置如图 3.71 所示，快捷图标功能见表 3.24。

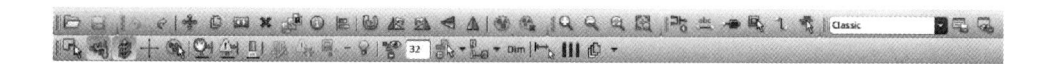

图 3.70　快捷图标栏

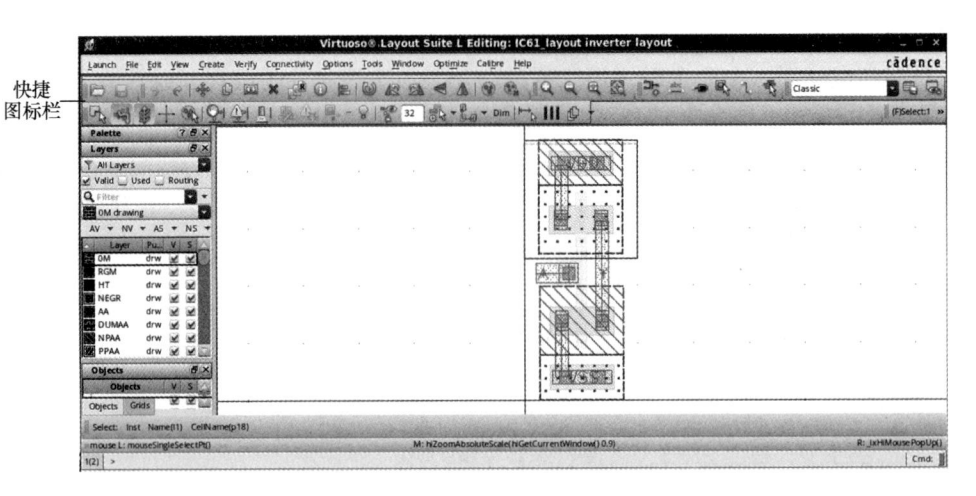

图 3.71 快捷图标栏在总界面的位置

表 3.24 快捷图标功能

图标		对应功能
	Open	打开视图
	Save	保存当前版图
	Undo	取消上一次的操作命令
	Redo	再次执行上次操作命令
	Move	移动单元或者版图层
	Copy	复制单元或者版图层
	Stretch	拉伸版图层
	Delete	删除单元或者版图层
	Repeat Copy	重复复制单元或者版图层
	Edit Property	编辑器件或者版图层属性
	Align	按照选择的方式对齐版图层

第 3 章　Cadence Virtuoso 6.1.7 版图设计工具

（续）

图标		对应功能
	Rotate	根据选择的方式对选中的单元或者版图层进行旋转（90°/180°/270°）
	Rotate Left	将选中单元或者版图层向左旋转 90°
	Rotate Right	将选中单元或者版图层向右旋转 90°
	Flip Vertical	将选中单元或者版图层上下翻转
	Flip Horizon	将选中单元或者版图层左右翻转
	Create Group	将多个单元或版图层创建单元
	Ungroup	将多个单元或版图层创建单元解除
	Zoom In	将当前视图放大 2 倍
	Zoom Out	将当前视图缩小 2 倍
	Zoom to Fit	将当前视图调至合适尺寸
	Zoom to Selected	将当前选中的单元或版图调至合适尺寸
	Create Instance	调用器件
	Create Label	创建标识
	Create Pin	创建端口
	Create Via	创建通孔
	Create Wire	创建互连线
	Create Bus	创建总线
	Save Workspace	将快捷菜单栏设置另存

— 97 —

（续）

图标	对应功能
Toggle Assistance	是否显示调色面板（Palette）模块
Select Mode：Full/Partical	选择模式：全选/部分选择
Path Spine：ON/OFF	Path 中轴线开启或关闭
Via Stack：ON/OFF	是否使用堆叠通孔
Create/Edit Snap Mode：Angle/Diagonal/Orthogonal	创建单元/版图层模式任意角/90°/45°
Transparent Group：ON/OFF	创建新单元是否透明显示
DRD Enforce：ON/OFF	设计规则驱动 DRD 强制是否执行
DRD Notify：ON/OFF	DRD 提示是否执行（设计规则显示）
DRD Post-Edit：ON/OFF	DRD 提示显示是否执行
Constraint Aware Editing：ON/OFF	限制条件编辑提醒是否执行
Update Connectivity information When Design is Modified	当设计修改后，更新连线信息
Selection Granularity：ON/OFF	选择间隔开启或关闭
InfoBalloon：ON/OFF	是否以浮动窗的形式显示光标
Display Stop Level（0~31）	显示版图层次（0~31 可选）
Create Snap Mode：Any Angle/Diagonal/Othogonal/L90XFirst/L90YFirst	创建单元模式：任意角/45°/90°/X 方向优先/Y 方向优先
Edit Snap Mode：Any Angle/Diagonal/Orthogonal/Horizontal/Vertical	编辑模式：任意角/45°/90°/只横向/只纵向
Dimming ON/OFF	是否明暗相间显示版图信息
Dynamic Measurement ON/OFF	是否动态显示测量信息
Highlight Aligned Edge ON/OFF	是否高亮对齐边沿
Layer Scope：All/Active/Edge/Palette/Selectable	版图层显示方式

3.1.4.4　设计区域（Design Area）

Cadence Virtuoso 6.1.7 设计区域位于版图编辑器设计窗口的中央，如图 3.72 所示，在设计区域内可以创建、编辑目标版图层或者单元，包括创建多边形、矩形、圆形等形状，移动、复制、拉伸版图层，调用单元等。在设计区域内可以根据需要将格点开启或者关闭，格点之间的间隔可以根据工艺进行选择，格点可以有效地帮助用户创建图形。

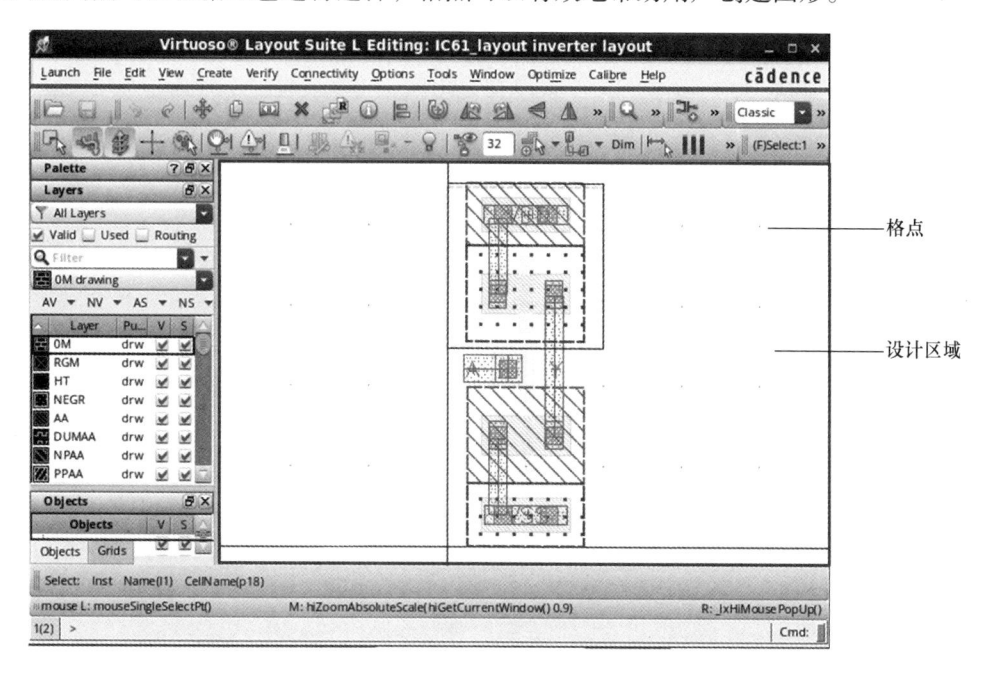

图 3.72　设计区域示意图

3.1.4.5　鼠标状态栏（Mouse Settings）

鼠标状态栏如图 3.73 所示，处于 Cadence Virtuoso 6.1.7 版图编辑器设计窗口的下部，主要实时提示版图设计者鼠标左键、中键和右键的工作状态。如图 3.73 所示其中一种状态，L：Enter Point 代表鼠标左键可以键入设计点；M：Rotate 90 代表选中图形后，如果单击鼠标右键，那么选中的图形逆时针旋转 90°；R：Pop-up Menu 代表鼠标右键可以键入弹起式菜单。

3.1.4.6　提示栏（Prompt Line）

提示栏如图 3.74 所示，处于 Cadence Virtuoso 6.1.7 版图编辑器设计窗口的最下方，主要提示版图设计者当前使用的命令信息，如果没有任何信息，则表明当前无命令执行操作。图 3.74 所示的"Point at the reference point for the copy"表示当前使用的是复制命令（copy），等待用户选型复制的参考位置。

3.1.4.7　状态栏（Status Banner）

状态栏如图 3.75 所示，处于 Cadence Virtuoso 6.1.7 版图编辑器设计窗口上方靠右位置，主要提示版图设计者当前选择版图层和单元的数量，鼠标所在坐标的位置以及横纵坐标的位移，其中，（F）Select 代表当前选中的总数；Sel（N）代表当前选中的互连线数；Sel（I）代表当前选中的单元数；Sel（O）代表当前选中的所有版图层、单元数（不包含 Instance 调

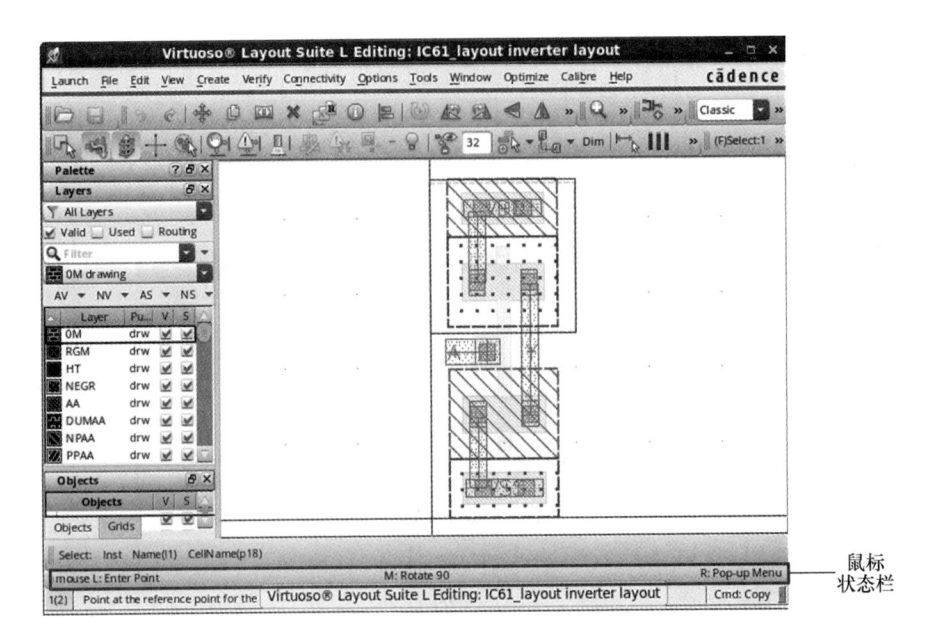

图 3.73　鼠标状态栏示意图

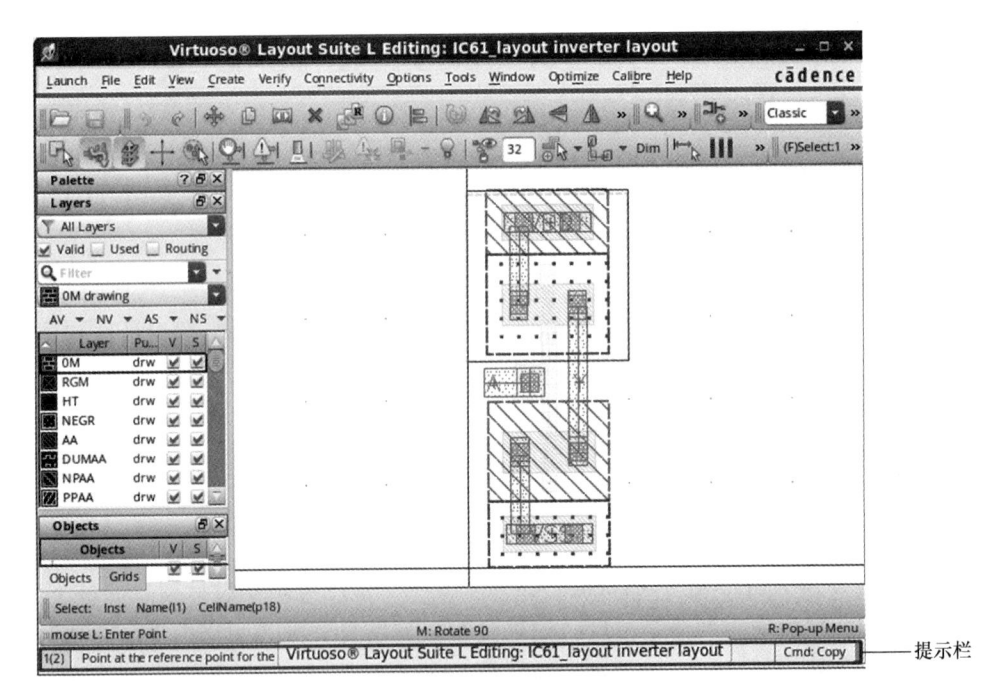

图 3.74　提示栏示意图

用命令进来的器件和单元); X 代表光标当前的横坐标位置; Y 代表光标当前的纵坐标位置; dX 代表相对参考坐标移动的横向位移; dY 代表相对参考坐标移动的纵向位移。

3.1.4.8　元素选择属性栏 (Selected)

元素选择属性栏如图 3.76 所示, 处于 Cadence Virtuoso 6.1.7 版图编辑器设计窗口下方

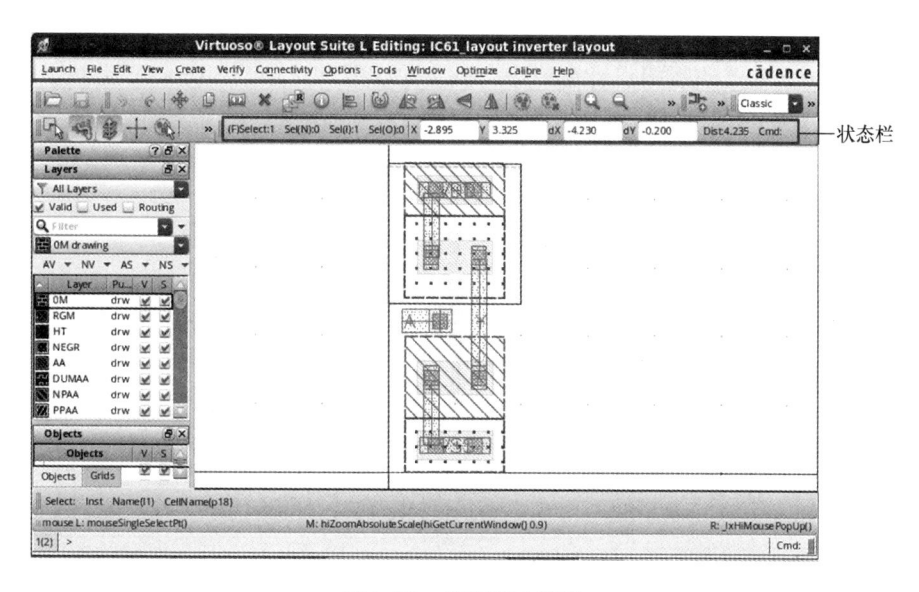

图3.75 状态栏示意图

靠左位置，主要提示版图设计者当前选中的版图元素的属性，如图3.76所示的"Select：Inst Name（I1）和 CellName（p18）"分别代表已经选中版图层或者单元（可显示：Select/Null/Pre-select：），调用器件 Inst（可显示：Inst/Via/PathSeg/Label 等），器件例化信息 Name（I1）（可显示：Name/Layer/ViaDef/Text 等）和具体属性（可显示：Width/CellName/Layer 等），具体解释为当前选中的是一个采用调用命令插入的单元，单元名称为p18，单元例化名称为I1。

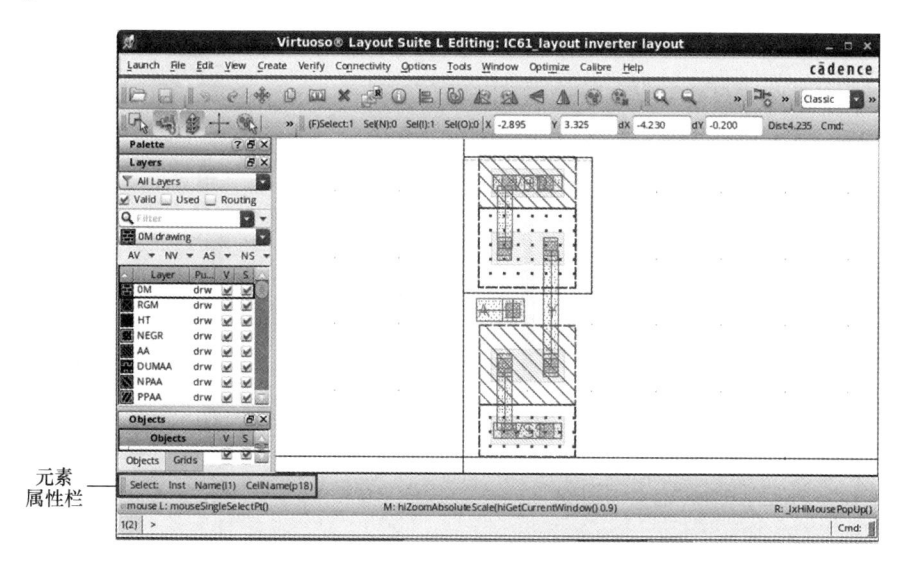

图3.76 元素选择属性栏示意图

3.1.4.9 调色面板（Palette）

调色面板是 Cadence Virtuoso 6.1.7 相对 Virtuoso 51 系统中改变最大的部分，它将原 Virtuoso 51 中的层次选择窗口（Layer）、目标选择（Objects）和格点（Grids）功能集成到一起并嵌入到 Virtuoso 6.1.7 的版图设计窗口中，其主要功能和选项与 Virtuoso 51 基本相同。Cadence Virtuoso 6.1.7 的调色面板视图如图 3.77 所示。

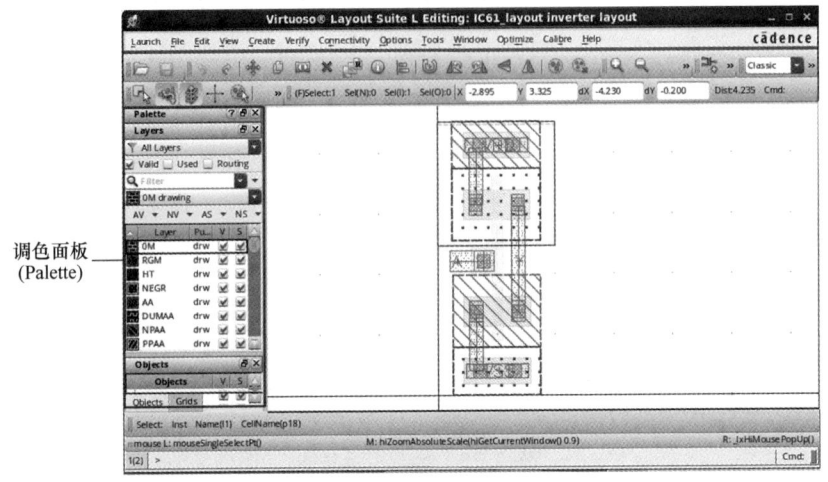

图 3.77 调色面板视图

图 3.78 所示的版图编辑视图中的调色面板是嵌入到版图编辑工具中的，用户可以根据使用习惯将调色面板 Palette 单独调出使用。默认启动 Cadence Virtuoso 6.1.7 时，调色面板是嵌入到版图编辑工具中的，如果单独调用，需单击图 3.78 所示的"浮动/集成转换"图标即可，如果不用其中一个或几个功能，可以采用"删除"功能图标将其删除，不再显示。如果调色面板处于单独调用状态，再次单击"浮动/集成"图标，则调色面板返回集成状态。调色面板 Palette 单独调用如图 3.79 所示，内部功能一览图如图 3.80 所示。

图 3.78 调色面板的"浮动/集成转换"和"删除"功能图标　　图 3.79 单独调用调色面板示意图

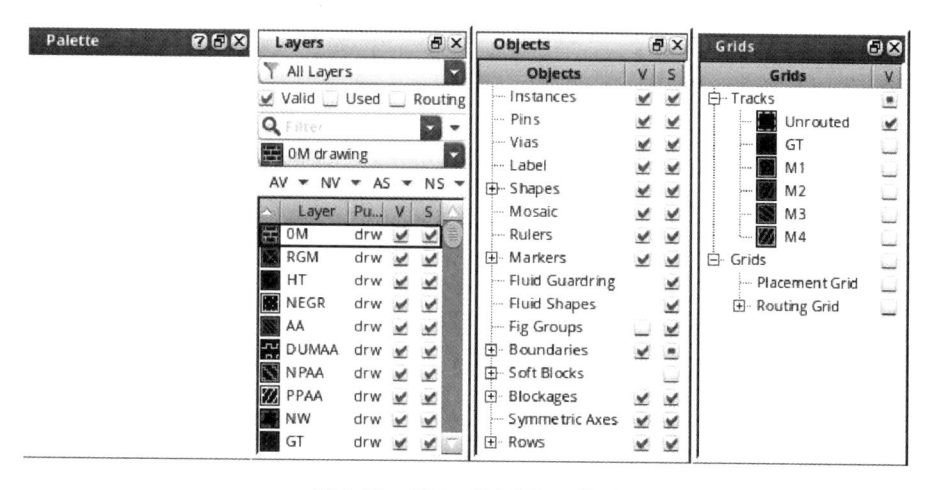

图 3.80 调色面板功能一览图

图 3.80 所示的调色面板（Palette）功能一览图主要包括 3 个部分，分别为版图层（Layers）、目标（Objects）和格点（Grids）。其中，Layers 功能菜单相当于 Virtuoso 51 中的 LSW，主要包括版图层编辑所需要的信息、可选全部版图层显示、具体属性、版图层是否可见（V）、是否可选择（S）、全部显示（Vis）和全部可选择（Sel）、全部不可选择以及可用版图层，Objects 目标菜单包括各种版图层以及单元信息是否可见（V）和可选（S）。

3.2 Virtuoso 基本操作

本节主要通过菜单栏、快捷键等命令的方式来介绍 Cadence Virtuoso 6.1.7 的基本操作，基本操作主要包括创建、编辑和窗口视图 3 大类。

3.2.1 创建圆形 ★★★

创建圆形命令用来采用预定的版图层来创建圆形。当单击菜单 *Create-Shape-Circle*，再单击［F3］时出现图 3.81 所示的创建圆形对话框。其中，Shape Type 为圆的可选类型，有整圆、半圆、1/4 圆等可选；Radius 为预先设定的圆的半径，只有选中 Specify radius 时，Radius 才可以填入数据。

如图 3.82 所示，创建圆形的流程如下：

1）在调色面板 Palette 的 Layer 窗口选择需要创建圆形的版图层；

2）选择命令 *Create-Shape-Circle*；

3）在如图 3.81 所示的对话框中选择相关信息；

4）在版图设计区域通过鼠标左键键入圆形的圆心；

5）通过鼠标键入步骤 4）中的半径位置，完成矩形创建。

图 3.81 创建圆形对话框

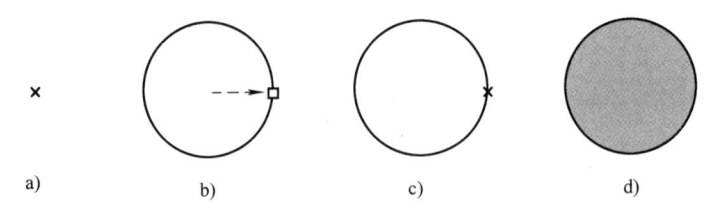

图 3.82　创建圆形流程

a) 单击左键确定圆心位置　b) 移动鼠标位置　c) 再次单击鼠标左键确定半径完成圆形创建
d) 完成后的圆形

3.2.2　创建矩形　★★★

创建矩形命令用来采用预定的版图层来创建矩形。当单击菜单 *Create-Shape-Rectangle* 或者快捷键［r］，再单击［F3］时出现图 3.83 所示的创建矩形对话框。其中，Net Name 可为连线命名；Enable smart snapping 选项开启，用户可以在原有矩形的基础上自动扩展矩形形状，Specify size 开启时，可以输入宽度（Width）和高度（Height）来定义矩形；当 Create as ROD object 选项开启时，需要对 ROD Name 进行命名，此名在单元中必须是独一的，不能与其他任何图形、组合器件重名；Slotting Enable 选项开启时，软件根据工艺文件中的 slot 规则，自动将宽金属加入 slot，并可以通过选项 Specify width, area 来定义 slot 的宽度、面积、行列数和间距。

如图 3.84 所示，创建矩形的流程如下：

1）在调色面板 Palette 的 Layer 窗口选择需要创建圆形的版图层；

2）选择命令 *Create-Shape-Rectangle* 或者快捷键［r］；

3）在对话框中键入如图 3.83 所示选项；

4）在版图设计区域通过鼠标左键键入矩形的第一个角；

5）通过鼠标键入步骤 4）中的矩形对角，完成矩形创建。

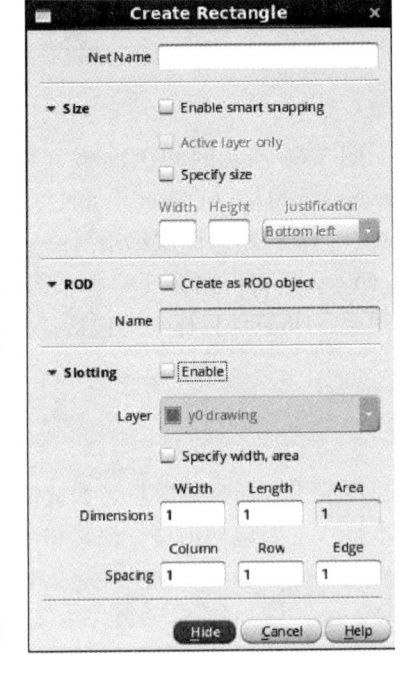

图 3.83　创建矩形对话框

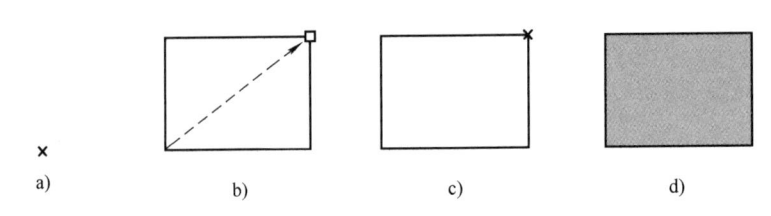

图 3.84　创建矩形流程

a) 单击左键确定位置　b) 移动鼠标位置　c) 再次单击鼠标左键完成矩形创建　d) 完成后的矩形

— 104 —

3.2.3 创建路径 ★★★

创建路径命令用来采用预定的版图层来创建路径 Path。当单击菜单 *Create-Shape-Path*，再单击 [F3] 时出现图 3.85 所示的创建路径对话框。其中，Width 选项为创建路径的宽度（默认为工艺文件中定义的版图层次的最小宽度，可根据实际情况进行编辑）；Enable Metal Slotting 选项为是否在宽度大于指定宽度时按照设计规则自动加入 Slot；Snap Mode 为路径出现转弯时默认的方式，有 anyangle/diagonal/orthogonal/L90XFirst/L90YFirst 共 5 个选项可选。

如图 3.86 所示，创建路径形状的流程如下：

1) 在调色面板（Palette）的 Layers 窗口选择需要创建路径的版图层；
2) 选择命令 *Create-Shape-Path*；
3) 在版图设计区域通过鼠标左键键入路径的第一个点；
4) 移动光标并键入另外一个点；
5) 继续移动光标并键入第三个点，以此类推；
6) 双击鼠标完成路径的创建。

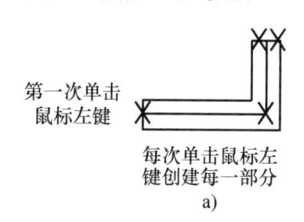

图 3.85 创建路径对话框

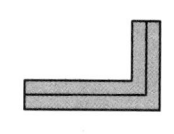

图 3.86 创建路径形状流程
a) 创建路径　b) 完成后的路径

3.2.4 创建标识名 ★★★

创建标识名命令用来在版图单元或版图层中创建端口信息。图 3.87 为创建标识名的对话框，其中 Label（Pattern）为需要键入的标识名，Label Layer/Purpose 为标识层选项，其中 Use current entry layer 为选择当前选中版图层作为标识层，Use same layer as shape, select purpose 为软件自动为光标选中的版图层加入标识，Auto 为自动加入标识，Select layer 为可以从调色面板中选择任意一层作为版图层的标识层，Label Options 为标识选项，Auto Step 可以按照一定的规律加入多个标识，Snap Mode 为加入标识的方向选择，Rotate 为逆时针旋转 90° 标识名，Sideways 为 Y 轴镜像标识名，Upside Down 为 X 轴镜像标识名。

创建标识名的流程如下：

1) 选择命令 *Create-Label* 或者快捷键 [l]；
2) Label 区域填入名称；
3) 选择字体（Font）和高度（Height）；

图 3.87 创建标识名对话框

4）设置关联（Attach）；

5）在版图设计区域鼠标单击放置位置，必要的话可以旋转或者对称翻转改变标识位置；

6）单击标识与版图层进行关联。

3.2.5 调用器件和阵列 ★★★

调用器件和阵列命令用来在版图单元中调用独立单元和单元阵列。图 3.88 为调用器件和阵列的对话框，其中，Library、Cell、View 和 Names 分别为调用单元的库、单元、视图位置和调用名称；Mosaic 中的 Rows 和 Columns 用于设置调用器件阵列的行数和列数，Delta Y 和 Delta X 分别为调用阵列中各单元的 Y 方向和 X 方向的间距。

如图 3.89 所示，调用器件的流程如下：

1）选择命令 *Create- Instance* 或者快捷键 [i]；

2）选择或者填入 Library、Cell 和 View；

3）将鼠标光标移至版图设计区域；

4）对调用单元进行旋转或者镜像操作；

5）单击鼠标将器件放置在需要放置的位置。

图 3.88 调用器件对话框

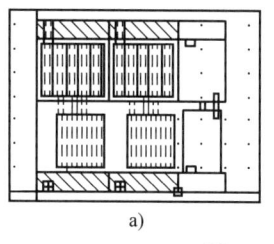

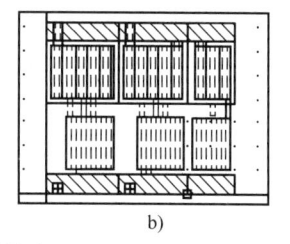

图 3.89 调用器件的流程

a）单击放置器件的轮廓 b）放置后的器件

调用器件和阵列如图 3.90 所示，需要分别键入 Rows、Columns、DeltaY 和 DeltaX 等信息。

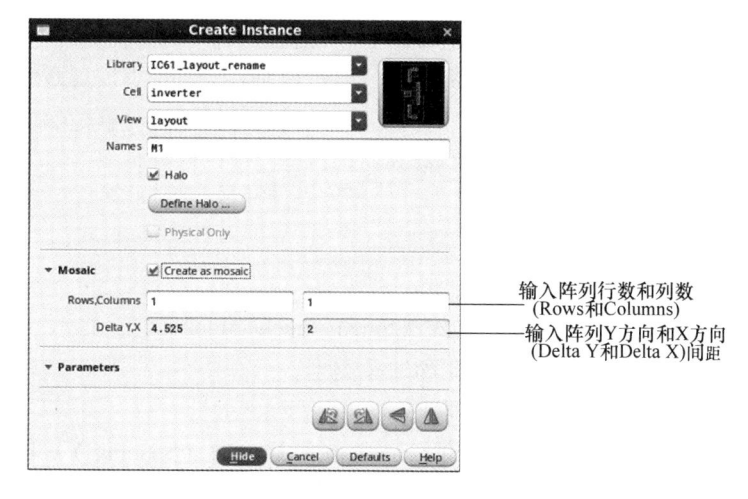

图 3.90 调用器件和阵列对话框（当调用器件阵列时）

如图 3.91 所示，调用器件阵列的流程如下：
1）选择命令 Create-Instance 或者快捷键 [i]；
2）选择或填入 Library、Cell 和 View；
3）依次填入 Rows、Columns、Delta Y 和 Delta X 等信息；
4）将鼠标光标移至版图设计区域；
5）对调用单元进行旋转或者镜像操作；
6）单击鼠标将器件放在需要放置的位置。

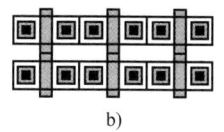

图 3.91 调用器件阵列示意图

a）单击鼠标左键放置阵列外框 b）放置好的阵列

3.2.6 创建接触孔和通孔 ★★★

创建接触孔和通孔命令用来在版图单元中创建接触孔（Contact）和通孔（Via）。图 3.92 为创建接触孔和通孔的对话框，Mode 为加入接触孔和通孔的模式，Single 为加入一类孔，Stack 为加入堆叠类接触孔，Auto 为在相邻层交界处自动加入接触孔；Compute From 为通过计算方式加入接触孔和通孔的数量；Via Definition 为加入接触孔和通孔的类型，Justification 为设置接触孔阵列原点；Rows 和 Columns 分别设置接触孔的行数和列数，Size 中 X 和 Y 分别为接触孔或通孔 X 和 Y 方向长度，Spacing 中 X 和 Y 分别设置接触孔阵列的 X 方向和 Y 方向的间距；Enclosures 为接触孔或者通孔相关金属层包围孔的距离，选择 Compute 为工具自动按照工艺文件选择参数，如不勾选 Compute，则可根据需要自定义；Rotate 为逆时针旋转 90°接触孔，Sideways 为 Y 轴镜像接触孔，Upside Down 为 X 轴镜像接触孔。

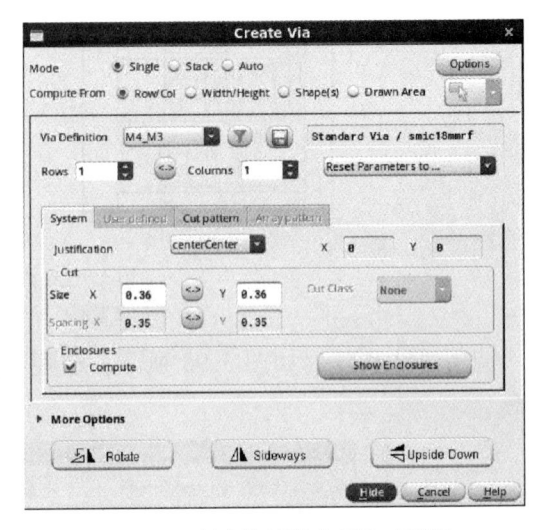

图 3.92　创建接触孔和通孔对话框

创建接触孔的流程如下：
1）选择命令 *Create-Via* 或者快捷键 [o]；
2）在 Mode 区域选择加入接触孔方式（Single/Stack/Auto）；
3）在 Via Definition 区域选择接触孔和通孔类型；
4）填入需要插入接触孔的行数和列数；
5）填入插入接触孔阵列 X 方向（Spacing X）和 Y 方向（Spacing Y）的间距；
6）在版图设计区域放置接触孔，如图 3.93 所示。

图 3.93　接触孔阵列的放置

3.2.7　创建环形图形 ★★★

创建圆形命令用来采用预定的版图层来创建环形。当单击菜单 *Create-Shape-Donut*，可创建环形。

如图 3.94 所示，创建环形流程如下：
1）在调色板 Palette 区域选择创建环形的版图层；
2）选择命令 *Create-Shape-Donut*；
3）单击鼠标选择环形的中心点；
4）移动鼠标并单击完成环形内沿；

5)移动鼠标并单击完成环形外沿,完成环形图形创建。

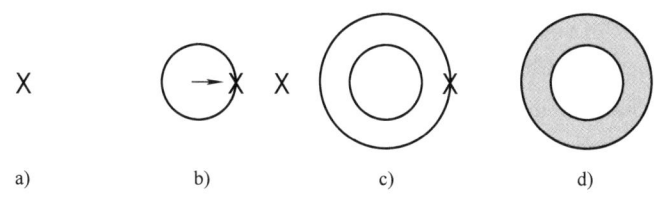

图 3.94 创建环形图形流程图

a)鼠标左键单击环形中心 b)移动鼠标,单击选择环形内沿
c)再次向外移动鼠标,单击选择环形外沿 d)完成后的环形

3.2.8 移动命令 ★★★

移动(Move)命令完成一个或者多个被选中的图形和单元从一个位置到另外一个位置。图 3.95 为移动命令对话框,其中,Snap Mode 控制图形移动的方向,可选项为(anyangle/diagonal/orthogonal/horizontal/vertical),Change To Layer 设置改变层信息;Chain Mode 设置移动器件链,选择哪些器件或者版图层参加本次移动操作;Delta X, Y 表示在当前位置移动 X 和 Y 方向的相对距离;而下方图标可进行旋转或横纵向翻转,其中 Coordinates 表示移动到 X 和 Y 定义的版图坐标轴绝对坐标处;Rotate 为顺时针旋转 90°;Sideways 为 Y 轴镜像;Upside Down 为 X 轴镜像。

图 3.95 移动命令对话框

如图 3.96 所示,使用移动命令流程如下:
1)选择 *Edit-Move* 命令或者快捷键 [m];
2)选择一个或者多个图形 [此操作可与步骤 1)对调];
3)单击鼠标作为移动命令的参考点(移动起点);
4)移动鼠标并将鼠标移至移动命令的终点,完成移动命令操作。

图 3.96 移动命令操作示意图

a)单击鼠标左键移动目标 b)移动后的目标

3.2.9 复制命令 ★★★

复制(Copy)命令是将一个或者多个被选中的图形复制到另外一个位置。图 3.97 为复制命令对话框,其中,Snap Mode 控制复制图形的方向(anyangle/diagonal/orthogonal/horizontal/vertical）；Keep Copying 选中表示可以重复 Copy 操作；Array-Rows/Columns 设置复制图形的行数和列数；Change To Layer 设置改变层信息；Chain Mode 设置复制器件链；Delta 表示在当前位置复制选中的单元或者版图层后在 X 和 Y 方向移动的相对距离；Coordinates 表示复制选中的单元或者版图层后，移动到 X 和 Y 定义的版图坐标轴绝对坐标处；Spacing 表示复制选中的单元或者版图层后，移动到距离被复制对象 X 和 Y 定义的位置；Exact Overlap 表示是否考虑复制后器件重叠；Rotate 为逆时针旋转 90°复制；Sideways 为 Y 轴镜像复制；Upside Down 为 X 轴镜像复制。

图 3.97 复制命令对话框

如图 3.98 所示，使用复制命令流程如下：

1）选择 Edit-Copy 命令或者快捷键［c］；
2）选择一个或者多个图形［此操作可与步骤1）对调］；
3）单击鼠标作为复制命令的参考点（复制起点）；
4）移动鼠标并将鼠标移至终点，完成新图形复制命令操作。复制命令也可将图形复制至另外版图视图中。

图 3.98 复制命令操作示意图
a）单击鼠标移动复制目标 b）复制后的目标

3.2.10 拉伸命令 ★★★

拉伸（Stretch）命令可以通过拖动角和边缘将选中的版图层缩小或者扩大，此操作对单元无效。图 3.99 为拉伸命令对话框，其中，Snap Mode 控制拉伸图形的方向（可选方向为 Anyangle/diagonal/orthogonal/horizontal/vertical 之一）；Lock angles 开启时不允许改变拉伸图形的角度；Chain Mode 设置拉伸图形链；Via Mode 为接触孔选项（Stretch Metal/Stretch Row/Col）；Delta X 和 Y 分别设置拉伸的新图形与原图形的 X 方向和 Y 方向的距离。

图 3.99 拉伸命令对话框

如图3.100所示，使用拉伸命令流程如下：
1）选择 *Edit-Stretch* 命令或者快捷键 [s]；
2）选择一个或者多个图形的边或者角；
3）移动鼠标直到拉伸目标点；
4）单击鼠标左键完成拉伸操作。

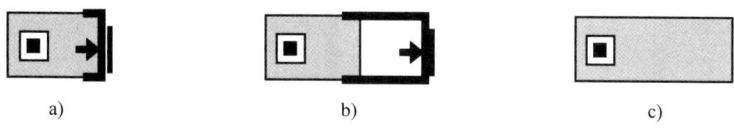

图 3.100　拉伸命令操作示意图
a）鼠标左键单击参考点　b）拖拽指针　c）松开鼠标左键后拉伸结束

3.2.11 删除命令 ★★★

删除（Delete）命令可以删除版图图形或者单元，可以通过以下方式之一完成被选中图形的删除命令：①鼠标左键选择 Edit-Delete 菜单；②单击键盘 Delete 键；③单击图标栏上的 Delete 图标。图 3.101 为删除命令对话框，其中，Net Interconnect 设置删除任何被选中的路径、与连线相关的组合器件，以及非端口图形；Chain Mode 设置删除图形链；All 代表删除链上的所有器件；Selected 代表仅删除被选中的器件；Selected Plus Left 代表删除器件包括被选择，以及链上所有左侧的器件；Selected Plus Right 代表删除器件包括被选择，以及链上所有右侧的器件。

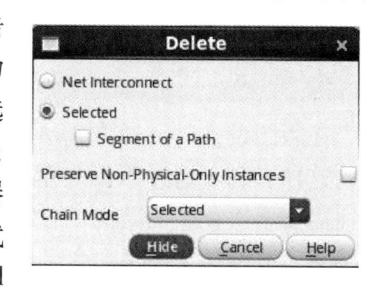

图 3.101　删除命令对话框

3.2.12 合并命令 ★★★

合并（Merge）命令可以将多个相同层上的图形进行合并组成一个图形，合并后的图形一般为多边形，如图3.102所示。

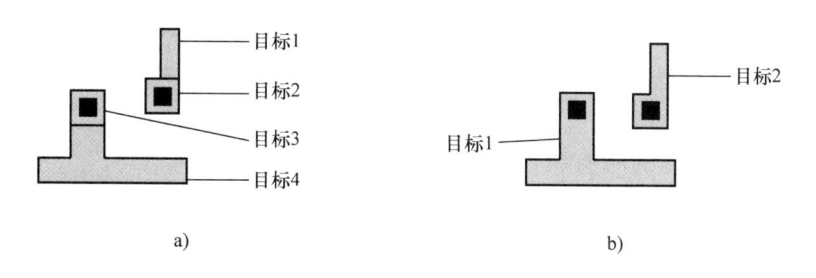

图 3.102　合并命令示意图
a）鼠标左键选择需要合并的目标　b）同层上的目标将被合并

合并命令流程如下：
1）选择命令 *Edit-basic-Merge* 或者快捷键 [Shift-m]；
2）选择一个或者多个在同一层上的图形，这些图形必须是互相重叠、毗邻的。

图3.103为版图层合并前、后的示意图。

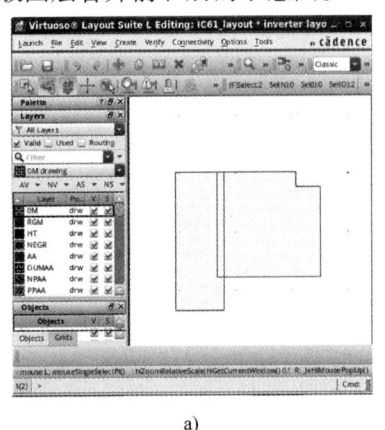

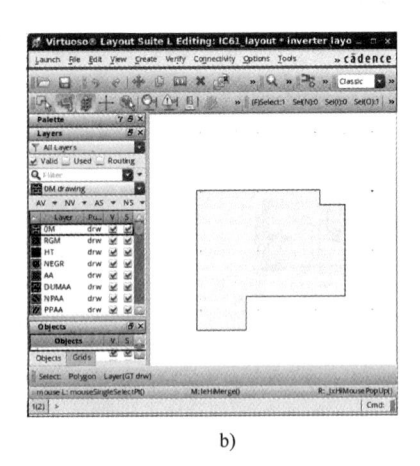

图3.103　版图层合并前后示意图
a）合并前的版图层　b）合并后的版图层

3.2.13　改变层次关系命令 ★★★

在版图设计时，通常需要按照电路的层次结构来进行设计，这样有利于通过版图与电路图一致性检查（LVS）。这样往往需要层次化版图结构，有时需要改变当前的版图层次结构和关系。改变层次关系命令可以将现有单元中的一个或者几个版图层/器件/单元组成一个独立的单元（单元层次上移），也可以将一个单元分解（单元层次下移）。单元层次上移命令为Make Cell，即合并；单元层次下移命令为Flatten，即打散。

Make Cell命令对话框如图3.104所示，其中，Library/Cell/View分别代表建立新单元的库、单元和视图名称；Type可以选择建立新单元的类型；Replace selected figures代表可替换选中的单元；Origin代表设置建立新单元的原点坐标，可以在下方的X和Y中进行设置，也可以通过鼠标光标设置原点；Cluster可以将该单元划归到某一个设计组中。

图3.104　Make Cell命令对话框

Make Cell命令流程如下：

1）选择构成新单元的所有版图图形/器件/单元；
2）选择命令 Edit- Hierarchy- Make Cell；
3）键入新单元的库名、单元名和视图名；
4）选择建立新单元类型，如没有特殊要求，选择none；
5）单击［OK］按钮完成 Make Cell 命令，如图3.105所示。

Flatten命令对话框如图3.106所示，其中，

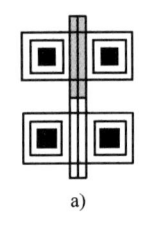

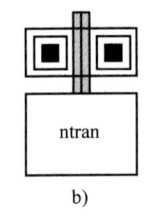

图3.105　Make Cell命令操作示意图
a）选择需要制成单元的目标
b）使用替代（Replace）选项，Make Cell采用新建单元代替原有目标

Flatten Mode 可以选择打散一层（one level）、打散到可显示层（displayed levels）或者用户可自定义打散的层次数；Flatten Pcells 代表是否打散参数化单元 Pcells；Vias 代表是否打散通孔。Preserve 中 Pins 代表是否打散后端口的连接信息；Pin geometries 代表打散单元后是否保留端口 pin 的尺寸；ROD objects 代表是否保留 ROD 的属性；Selections 代表是否保留所有打散后图形的选择性；Detached blockages 代表打散单元后是否删除有关联性的阻挡层。

Flatten 命令流程如下：

1）选择打散的所有的器件组合；
2）选择命令 *Edit- Hierarchy- Flatten*；
3）选择打散模式 one level 或者 displayed levels 或者 user level；
4）如果是参数化单元，需要选中 Flatten Pcells 选项；
5）单击［OK］按钮完成 Flatten 命令，如图 3.107 所示。

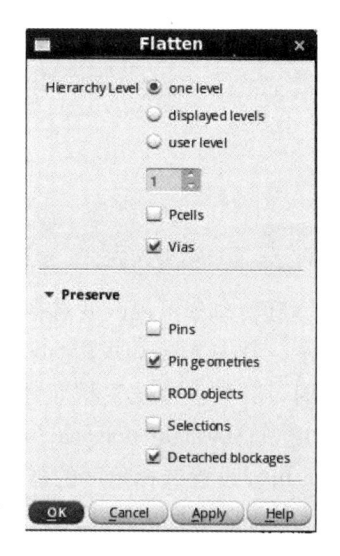

图 3.106　Flatten 命令对话框

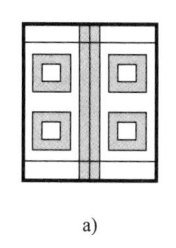

a)　　　　　　　　　b)　　　　　　　　　c)

图 3.107　Flatten 命令操作示意图
a）原始器件（实线内部分）包括 4 个接触孔　b）打散一层（接触孔器件没有被打散）　c）打散到最底层

3.2.14　切割命令 ★★★

切割（Chop）命令可以将现有图形进行分割或者切除某个部分。切割命令对话框如图 3.108 所示，其中，Chop Shape 可以选择切割的形状，rectangle 代表矩形，polygon 代表多边形，line 代表采用线方式进行切割，Remove chop 代表删除切割掉的部分，Chop array 代表可以切割阵列，Snap Mode 代表采用多边形和连线方式进行切割的走线方式。

Chop 命令流程如下：

1）选择命令 *Edit- basic- Chop* 或者快捷键［Shift- c］；
2）选择一个或者多个图形；
3）在切割模式选项中选择 rectangle 模式；
4）鼠标单击矩形切割的第一个角；
5）移动鼠标选择矩形切割的对角，完成矩形切割操作，如图 3.109 所示。

图 3.108　切割命令对话框

— 113 —

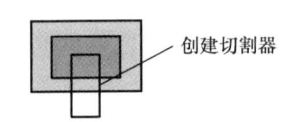

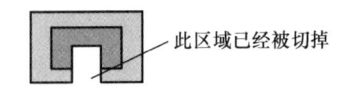

图 3.109　切割命令操作示意图

3.2.15　旋转命令　★★★

旋转命令可以改变选择图形和图形组合的方向。旋转（Rotate）命令对话框如图 3.110 所示，其中 Angle Of Rotation 可以输入旋转的角度，当移动光标时，其数值会发生相应的变化；Snap Mode 可以选择旋转的角度（Anyangle/diagonal/orthogonal/horizontal/vertital）；Precision 可以设置选择角度的准确度（1°/0.1°/任意精度角度）。

Rotate 命令可以采用对话框，也可以采用鼠标中键完成。

采用对话框完成 Rotate 旋转命令流程如下：

1）选择命令 *Edit- Rotate- Rotate* 或者快捷键［Shift- o］；

2）选择版图中的图形；

3）利用鼠标在版图中单击参考点，先选择 Snap Mode，然后在 Angle Of Rotate 对话框中填入旋转的角度；

4）单击［Apply］按钮完成旋转操作。

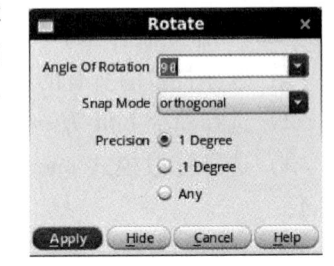

图 3.110　Rotate 命令对话框

采用鼠标中键完成选择操作流程如下：

1）选择版图中的图形或者单元；

2）进行 Move 或者 Copy 操作；

3）连续单击鼠标中键可完成选中图形或者单元的逆时针旋转操作。

3.2.16　属性命令　★★★

属性命令可以查看或者编辑选中版图图形以及器件的属性。不同的图形结构、图形组合具有不同的属性对话框，下面简单介绍器件属性和矩形属性。

图 3.111 为查看和编辑器件属性命令的对话框。其中图标按钮">"代表所选器件组中下一个器件的属性；图标按钮"<"代表所选器件组中上一个器件的属性；Attribute 代表器件的特性，根据器件类型不同显示出其特性也不同。如果选择多个器件，Common 可显示所有选中器件的共同信息，并可对选择所有器件属性进行批量修改；Parameter 选项可以编辑器件的参数等。

查看器件属性命令流程如下：

1）选择命令 *Edit- Basic- Properties* 或者快捷键［q］；

2）选择一个或者多个器件，此时显示第一个器件的属性；

3）单击合适的按钮查看属性对话框中的属性信息；

4）单击［Common］按钮查看所选器件的共同属性；

5）单击图标">"按钮显示另外一个器件的属性；

6）单击图标"<"按钮显示前一个器件的属性；

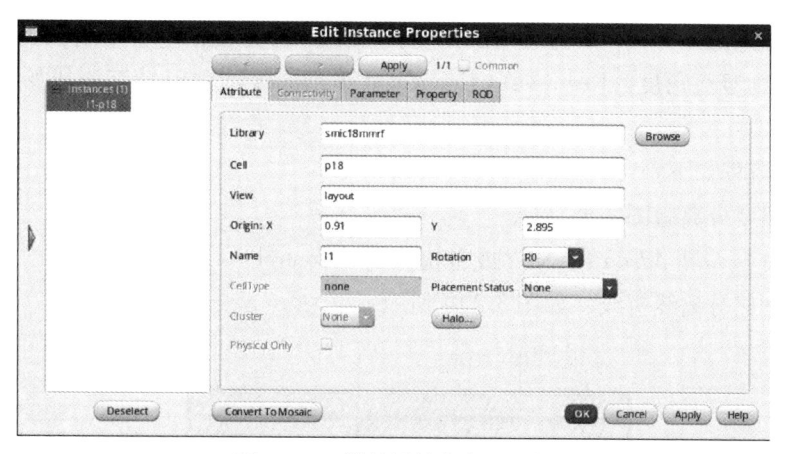

第 3 章　Cadence Virtuoso 6.1.7 版图设计工具

图 3.111　器件属性命令对话框

7）单击［Cancel］按钮关闭对话框，单击［Apply］按钮应用当前属性信息，单击［OK］按钮应用当前属性信息并退出。

图 3.112 为查看和编辑矩形的对话框，其中，Layer 为矩形用到的版图层；Left 和 Bottom 代表矩形的左下角坐标；Right 和 Top 代表矩形的右上角坐标；Width 和 Height 代表矩形的宽度和高度。

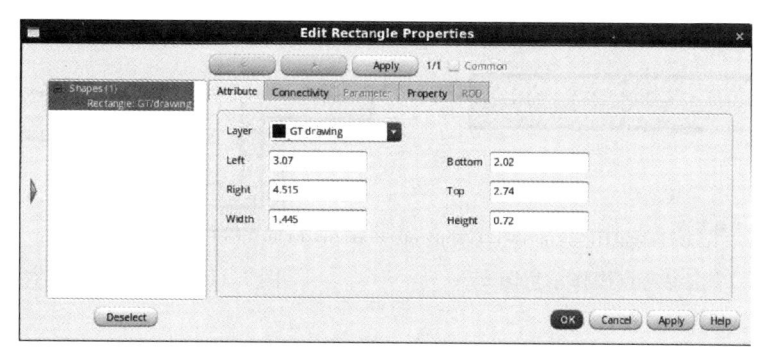

图 3.112　查看和编辑矩形对话框

编辑矩形属性流程如下：
1）选择命令 *Edit-Basic-Properties* 或者快捷键［q］；
2）选择一个或者多个矩形，此时显示第一个矩形的属性；
3）单击［Next］按钮显示第二个矩形的属性，以此类推；
4）键入需要修改的矩形的属性；
5）单击［OK］按钮确认并关闭对话框。

3.2.17　分离命令 ★★★

分离（Split）命令可以将版图图形切分并改变形状。分离命令的对话框如图 3.113 所示，其中选中 Lock angles 选项防止用户改变分离目标的角度，Snap Mode 选项可以选择分离拉伸角度，其下拉菜单中，

图 3.113　分离命令对话框

— 115 —

anyAngle 为任意角度；diagonal 为对角线角度；orthogonal 为互相垂直角度；horizontal 为水平角度；vertical 为竖直角度。Keep wires Connected to shapes 选项保持互连线始终连接到该图形上。

Split 命令流程如下：

1）选择想要分离版图图形；
2）选择命令 *Edit-Advanced-Split* 或者快捷键 [Control + s]；
3）单击创建分离线折线，如图 3.114 所示；

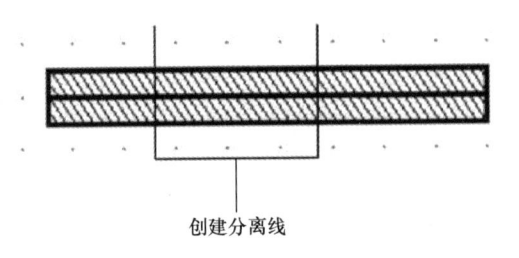

图 3.114　创建分离线操作示意图

4）单击拉伸参考点，如图 3.115 所示；
5）单击拉伸的终点完成分离命令，如图 3.116 所示。

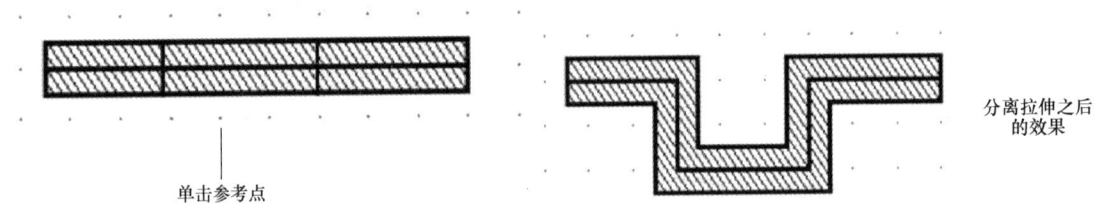

图 3.115　单击参考点操作示意图

图 3.116　分离拉伸之后的效果

3.2.18　改变形状命令 ★★★

改变形状（Reshape）命令可以将版图图形切分并改变形状。改变形状命令的对话框如图 3.117 所示，其中，选择 Mode 选项选择是通过矩形（rectangle）还是直线（line）改变形状；Snap Mode 选项可以选择分离改变形状的角度，其下拉菜单中，anyAngle 为任意角度；diagonal 为对角线角度；orthogonal 为互相垂直角度；L90XFirst 为优先横向 90°；L90YFirst 为优先纵向 90°。

图 3.117　改变形状命令对话框

Reshape 命令流程如下：

1）选择命令 *Edit-Advanced-Reshape* 或者快捷键 [Shift + R]；
2）在对话框中选择矩形（rectangle）；
3）选择与改变形状相同的版图层，在改变形状版图层上鼠标左键圈选矩形图形，圈选矩形必须与原版图形状存在重叠区域。图 3.118 为 Reshape 命令执行举例。

— 116 —

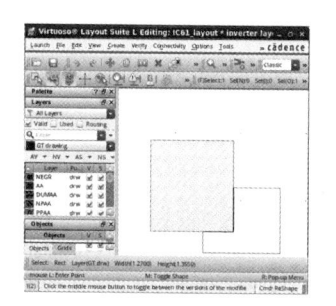

图 3.118　Reshape 命令执行举例

3.2.19　版图层扩缩命令　★★★

版图层扩缩（Size）命令可以根据用户需要在版图绘制过程中对某一版图层进行整体的扩大或者缩小操作，版图层 Size 命令的对话框如图 3.119 所示，其中，Increase Size By Value 右边输入的数值为正时为外扩，数值为负时为收缩。

Size 命令流程如下：

1）选择需要外扩/收缩的版图层；

2）选择命令 *Edit- Advanced- Size*；

3）在对话框中输入外扩/收缩的数值，完成版图层的外扩或者收缩，图 3.120 为 Size 命令执行举例。其中图 3.120a 的实线框为版图原始尺寸。

图 3.119　创建 Size 命令对话框

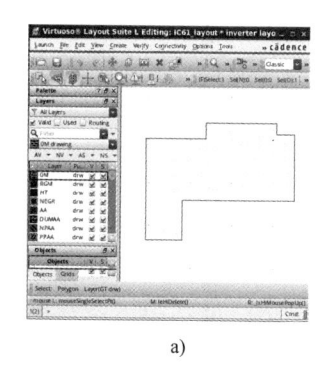

图 3.120　Size 命令执行举例

a）版图层原始尺寸　b）Size + 0.3 后的版图层尺寸　c）Size - 0.3 后的版图层尺寸

第 4 章

Siemens EDA Calibre版图验证工具

随着超大规模集成电路集成度的不断提高，芯片规模日益增大。作为集成电路物理实现的关键环节，版图物理验证在集成电路消除错误、降低设计成本及设计风险方面起着非常重要的作用，版图物理验证主要包括设计规则检查（Design Rule Check，DRC）、电学规则检查（Electronical Rule Check，ERC），以及版图与电路图一致性检查（Layout Vs Schematic，LVS）3 个主要部分。业界公认的 EDA 设计软件提供商都提供版图物理验证工具，如 Cadence 公司的 Assura、Synopsys 公司的 Hercules，以及 Siemens EDA 公司的 Calibre。在这几种工具中，Siemens EDA Calibre 由于具有较好的交互界面、快速的验证算法，以及准确的错误定位，在集成电路物理验证上具有较高的占有率。

4.1　Siemens EDA Calibre 版图验证工具简介

Siemens EDA Calibre 全称为 Siemens EDA Calibre Design Solutions，包括 Calibre Physical Verification、Calibre Circuit Verification、Calibre Reliability Verification、Calibre Design for Manufacturing 等。在版图验证、寄生参数提取中主要采用 Calibre Physical Verification 中的 nmDRC、Calibre Circuit Verification 中的 nmLVS 和 PEX 工具。Siemens EDA Calibre 工具已经被众多集成电路设计公司、IP 开发商和晶圆代工厂采用作为深亚微米集成电路的物理验证工具。它具有先进的分层次处理能力，是一款具有在提高验证速度的同时，还可优化重复设计层次化的物理验证工具。Calibre 既可以作为独立的工具进行使用，也可以嵌入到 Cadence Virtuoso Layout Editor 工具菜单中即时调用。本章将采用第二种方式对版图物理验证的流程进行介绍。

4.2　Siemens EDA Calibre 版图验证工具调用

Siemens EDA Calibre 版图验证工具调用方法有 3 种：采用内嵌在 Cadence Virtuoso Layout Editor 工具、采用 Calibre 图形界面，以及采用 Calibre 查看器（Calibre View）。下面分别介绍以上 3 种调用方法。

4.2.1　采用内嵌在 Cadence Virtuoso Layout Editor 的工具启动 ★★★

采用 Cadence Virtuoso Layout Editor 直接调用 Siemens EDA Calibre 工具需要进行文件设

置，在用户的根目录下，找到.cdsinit 文件，在文件的结尾处添加以下语句即可，其中，calibre.skl 为 Calibre 提供的 Skill 语言文件。

load "/usr/calibre/calibre.skl"

加入以上语句之后，存盘并退出文件，进入到工作目录，启动 Cadence Virtuoso 工具 Virtuoso &。在打开存在的版图视图文件或者新建版图视图文件后，在 Layout Editor 的工具菜单栏上增加了一个名为"Calibre"的新菜单，如图 4.1 所示。利用这个菜单就可以很方便地对 Siemens EDA Calibre 工具进行调用。Calibre 菜单分为 Run nmDRC、Run DFM、Run nmLVS、Run PERC、Run PEX、Start REV、Clear Highlight、Setup 和 About 等子菜单，表 4.1 为 Calibre 菜单及子菜单功能介绍。

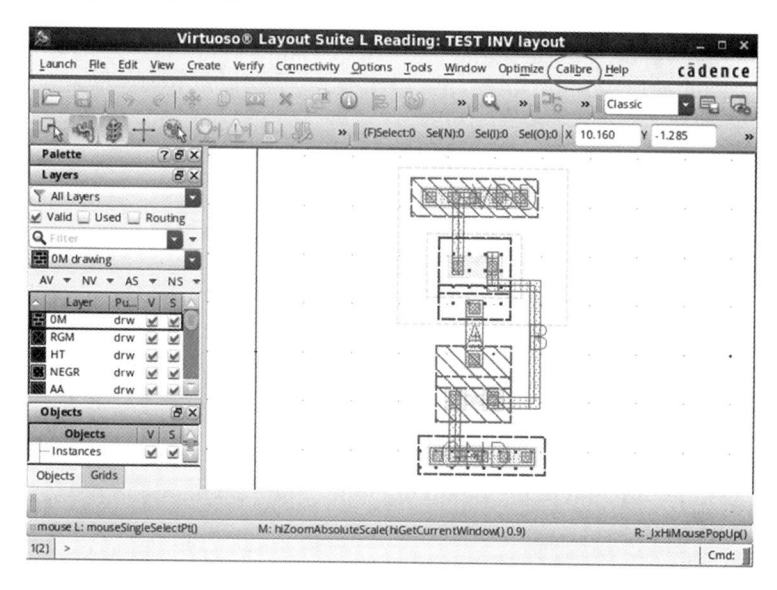

图 4.1 新增的 Calibre 菜单示意图

表 4.1 Calibre 菜单及子菜单功能介绍

Calibre			
Run nmDRC			运行 Calibre nmDRC
Run DFM			运行 Calibre DFM（本书暂不考虑）
Run nmLVS			运行 Calibre nmLVS，开始 LVS 验证
Run PERC			运行 Calibre PERC，提取寄生电学参数
Run PEX			运行 Calibre PEX，提取寄生参数
Start RVE			启动运行结果查看环境（RVE）
Clear Highlight			清除版图高亮显示
Setup		Layout Export	Calibre 版图导出设置
		Netlist Export	Calibre 网表导出设置
		Calibre View	Calibre 反标设置
		RVE	运行结果查看环境
		Socket	设置 RVE 服务器 Socket
About			Calibre Skill 交互接口说明

图 4.2～图 4.4 分别为运行 Calibre nmDRC、nmLVS 和 PEX 后出现的主界面。

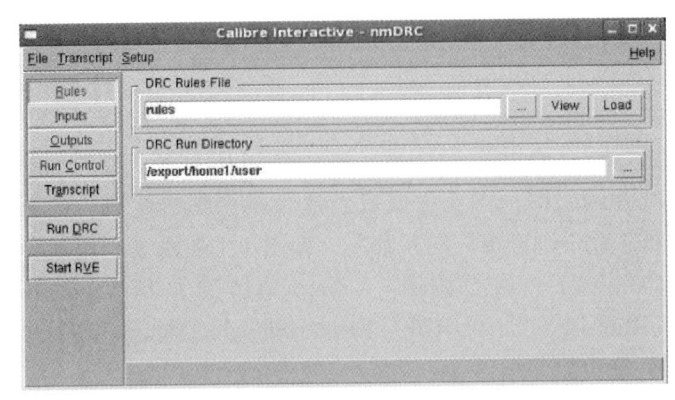

图 4.2 运行 Calibre nmDRC 出现的主界面

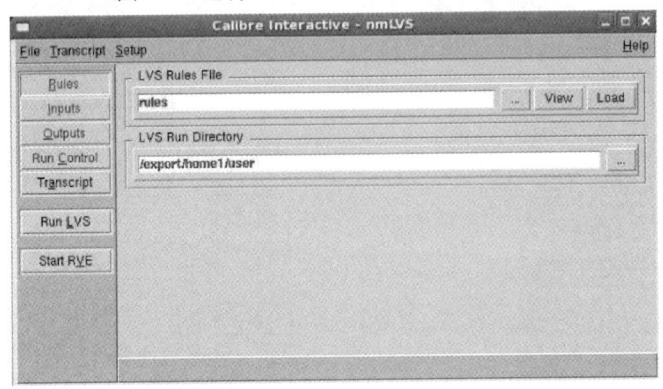

图 4.3 运行 Calibre nmLVS 出现的主界面

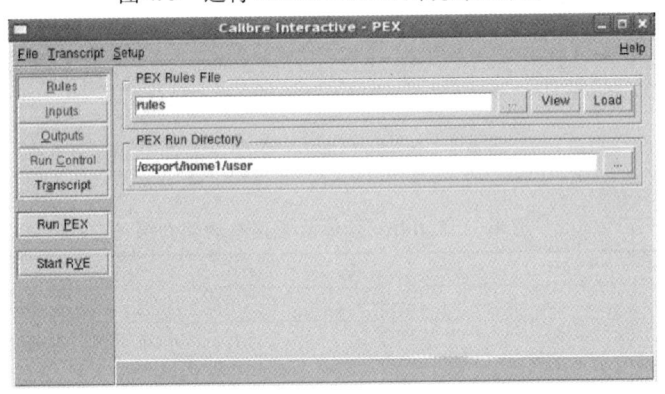

图 4.4 运行 Calibre PEX 出现的主界面

4.2.2 采用 Calibre 图形界面启动 ★★★

可以采用在终端输入命令 calibre-gui& 来启动 Siemens EDA Calibre，如图 4.5 所示。

如图 4.5 所示，包括 DRC、DFM、LVS、PEX 和 RVE 共 5 个选项，鼠标左键单击相应的选项即可启动相应的工具，其中，单击 DRC、LVS、PEX 选项出现的界面分别如图 4.2～图 4.4 所示。

图 4.5 命令行启动 Calibre 界面

4.2.3 采用 Calibre 查看器启动 ★★★

可以采用在终端输入命令 calibredrv& 来启动 Siemens EDA Calibre 查看器，通过查看器可对版图进行编辑，同时也可以在查看器中调用 DRC、LVS 以及 PEX 工具继续版图验证。Siemens EDA Calibre 查看器如图 4.6 所示。

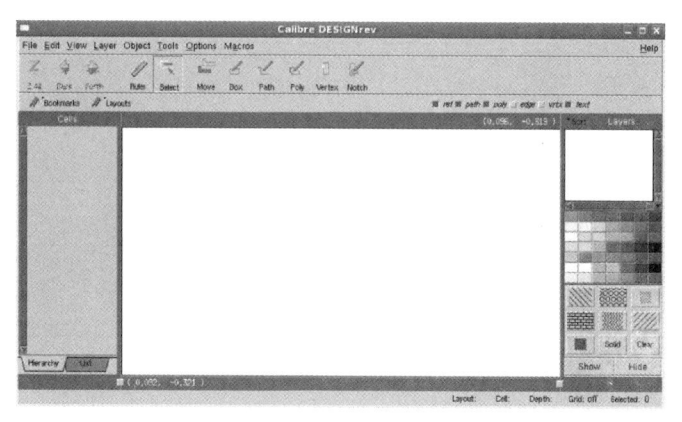

图 4.6　Siemens EDA Calibre 查看器

采用 Calibre 查看器对版图进行验证时，需要将版图文件读至查看器中，单击菜单 *File-Open layout* 选择版图文件，如图 4.7 所示，然后单击［Open］按钮打开版图，如图 4.8 所示。

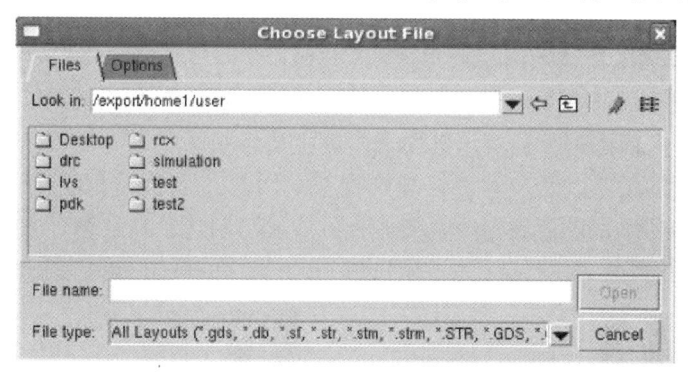

图 4.7　Calibre View 打开版图对话框

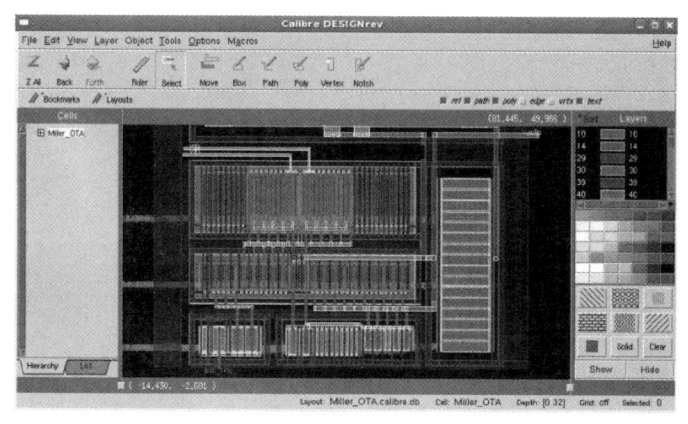

图 4.8　Calibre View 打开后版图显示

进行版图验证时，鼠标左键单击菜单 *Tools- Calibre Interactive* 下的子菜单来选择验证工具（Run DRC、Run DFM、Run LVS 和 Run PEX），如图 4.9 所示。其中，单击 Run DRC、Run LVS、Run PEX 选项出现的界面分别如图 4.2～图 4.4 所示。

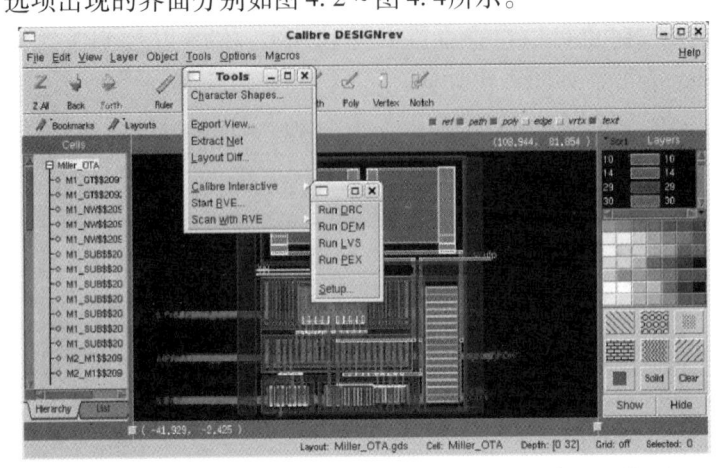

图 4.9　Calibre Interactive 下启动 Calibre 版图验证工具

4.3　Siemens EDA Calibre DRC 验证

4.3.1　Calibre DRC 验证简介 ★★★

DRC 是设计规则检查（Design Rule Check）的简称，主要根据工艺厂商提供的设计规则检查文件，对设计的版图进行检查。其检查内容主要以版图层为主要目标，对相同版图层以及相邻版图层之间的关系以及尺寸进行规则检查。DRC 的目的是保证版图满足流片厂家的设计规则。只有满足厂家设计规则的版图才有可能成功制造，并且符合电路设计者的设计初衷。图 4.10 示出不满足流片厂家设计规则的要求，设计的版图与制造出的芯片的差异。

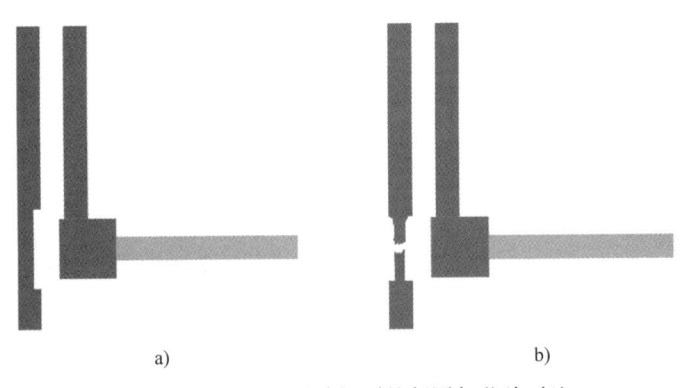

图 4.10　不满足设计规则的版图与芯片对比
a）原始设计的版图　b）制造出的芯片

从图 4.10 中可以看出，左侧线条在左下角变窄，而变窄部分如不满足设计规则的要求，在芯片制造过程中就可能发生物理上的断路，造成芯片功能失效。所以在版图设计完成后必须采用流片厂家的设计规则进行检查。

图 4.11 为采用 Siemens EDA Calibre 工具做 DRC 基本流程图，采用 Calibre 对输入版图进行 DRC，其输入主要包括两项，一个是设计者的版图数据（layout），一般为 GDSII 格式；另外一个就是流片厂家提供的设计规则（Rule File）。其中，Rule File 中限制了版图设计的要求。当 Calibre 完成 DRC 检查后，设计者可以通过一个查看器（Viewer）检查结果，并通过提示信息对版图中出现的错误进行修正，直到无 DRC 错误为止。

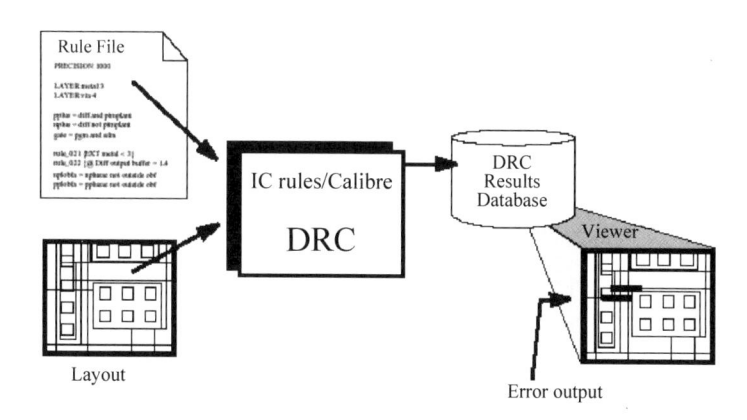

图 4.11　采用 Siemens EDA Calibre 工具做 DRC 基本流程图

Calibre DRC 是一个基于边缘（EDGE）的版图验证工具，其图形的所有运算都是基于边缘来进行的，这里的边缘还区分内边和外边，如图 4.12 所示。

Calibre DRC 文件的常用指令主要包括内边检查（Internal）、外边检查（External）、尺寸检查（Size）、覆盖检查（Enclosure）等，下面主要介绍 Internal、External 和 Enclosure。

内边检查（Internal）指令一般用于检查多边形的内间距，可以用来检查同一版图层的多边形内间距，也可以检查两个不同版图层的多边形之间的内间距，如图 4.13 所示。

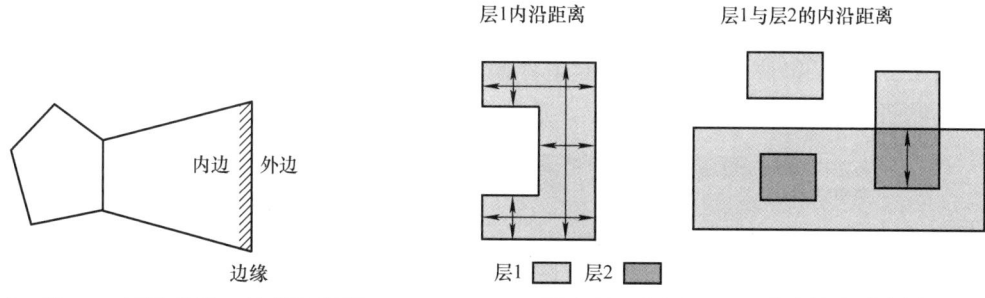

图 4.12　Siemens EDA Calibre 边缘示意图　　图 4.13　Calibre DRC 内边检查示意图

如图 4.13 所示，内边检查的是多边形内边的相对关系，需要注意的是图 4.13 左侧凹进去的相对两边不做检查，这是因为两边是外边缘的缘故。一般内边检查主要针对的是多边形或者矩形宽度的检查，例如金属最小宽度等。

外边检查（External）指令一般用于检查多边形外间距，可以用来检查同一版图层多边形的外间距，也可以检查两个不同版图层多边形的外间距，如图 4.14 所示。

如图 4.14 所示，外边检查的是多边形外边的相对关系，该图对其左侧凹进去的部分上、下两边做检查。一般外边检查主要针对的是多边形或者矩形与其他图形距离的检查，例如同

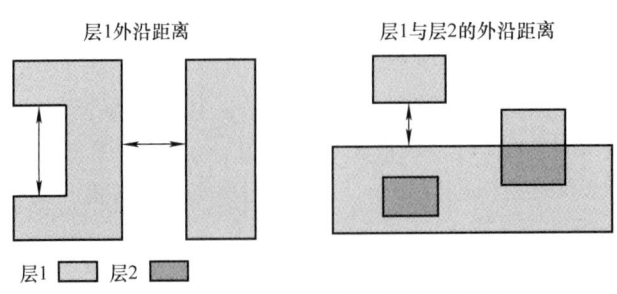

层1外沿距离　　　　　　层1与层2的外沿距离

层1 ☐　层2 ▨

图 4.14　Calibre DRC 外边检查示意图

层金属、相同版图层允许的最小间距等。

覆盖检查（Enclosure）指令一般用于检查多边形交叠，可以检查两个不同版图层多边形之间的关系，如图 4.15 所示。

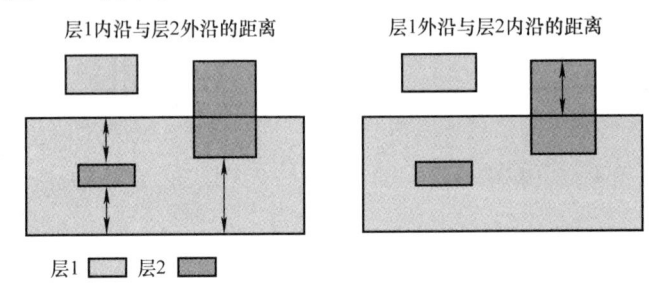

层1内沿与层2外沿的距离　　　　层1外沿与层2内沿的距离

层1 ☐　层2 ▨

图 4.15　Calibre DRC 覆盖检查示意图

如图 4.15 所示，覆盖检查的是被覆盖多边形外边与覆盖多边形内边关系。一般覆盖检查是对多边形被其他图形覆盖，被覆盖图形的外边与覆盖图形内边的检查，例如有源区上多晶硅外延最小距离等。

4.3.2　Calibre Interactive nmDRC 界面介绍　★★★

图 4.16 为 Calibre nmDRC 验证的主界面，同时也为 Rules 选项栏界面。Calibre nmDRC 验证主界面分为标题栏、菜单栏和工具选项栏。

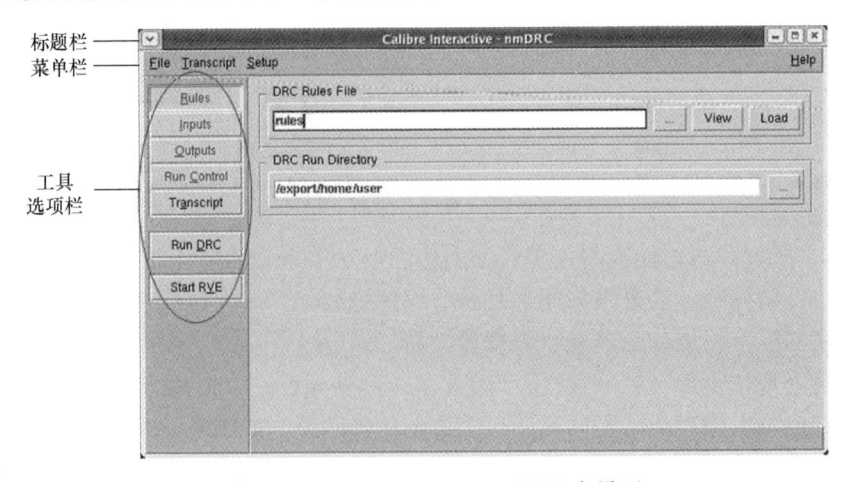

图 4.16　Calibre Interactive nmDRC 主界面

其中，标题栏显示的是工具名称（Calibre Interactive-nmDRC）；菜单栏分为 File、Transcript 和 Setup 共 3 个主菜单，每个主菜单包含若干个子菜单，其子菜单功能见表 4.2~表 4.4；工具选项栏包括 Rules、Inputs、Outputs、Run Control、Transcript、Run DRC 和 Start RVE 共 7 个选项栏，每个选项栏对应了若干个基本设置，将在后面进行介绍。Calibre nmDRC 主界面中的工具选项栏，浅色字体代表对应的选项还没有填写完整，深色字体代表对应的选项已经填写完整，但是不代表填写完全正确，需要用户确认填写信息的正确性。

表 4.2　Calibre nmDRC 主界面 File 菜单功能介绍

File		
New Runset		建立新 Runset（Runset 中存储的是为本次进行验证而设置的所有选项信息）
Load Runset		加载新 Runset
Save Runset		保存 Runset
Save Runset As		另存 Runset
View Text File		查看文本文件
Control File	View	查看控制文件
	Save As	将新 Runset 另存至控制文件
Recent Runsets		最近使用过的 Runsets 文件
Exit		退出 Calibre nmDRC

表 4.3　Calibre nmDRC 主界面 Transcript 菜单功能介绍

Transcript	
Save As	可将副本另存至文件
Echo to File	可将文件加载至 Transcript 界面
Search	在 Transcript 界面中进行文本查找

表 4.4　Calibre nmDRC 主界面 Setup 菜单功能介绍

Setup	
DRC Option	DRC 选项
Set Environment	设置环境
Select Checks	选择 DRC 检查选项
Layout Viewer	版图查看器环境设置
Preferences	DRC 偏好设置
Show ToolTips	显示工具提示

图 4.17 为工具选项栏选择 Rules 时的显示结果，其界面右侧分别为 DRC 规则文件选择（DRC Rules File）和 DRC 运行目录选择（DRC Run Directory）。规则文件选择定位 DRC 规则文件的位置，其中［...］为选择规则文件在磁盘中的位置，View 为查看选中的 DRC 规则文件，Load 为加载之前保存过的规则文件；DRC 运行目录为选择 Calibre nmDRC 执行目录，单击［...］可以选择目录，并在框内进行显示。图 4.17 的 Rules 已经填写完毕。

图 4.18 为工具选项栏选择 Inputs-Layout 时的显示结果。

Layout 选项（见图 4.18）如下：

Run［Hierarchical/Flat/Calibre CB］：选择 Calibre nmDRC 运行方式；

File：版图文件名称；

Format［GDSII/OASIS/LEFDEF/MILKYWAY/OPENACCESS］：版图格式；

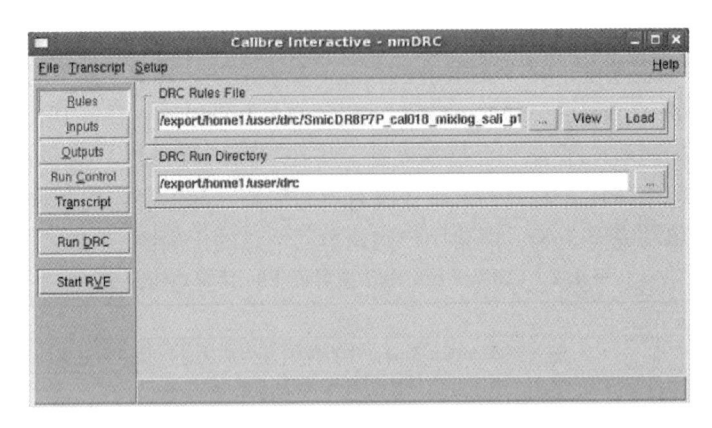

图 4.17　工具选项栏选择 Rules 的显示结果

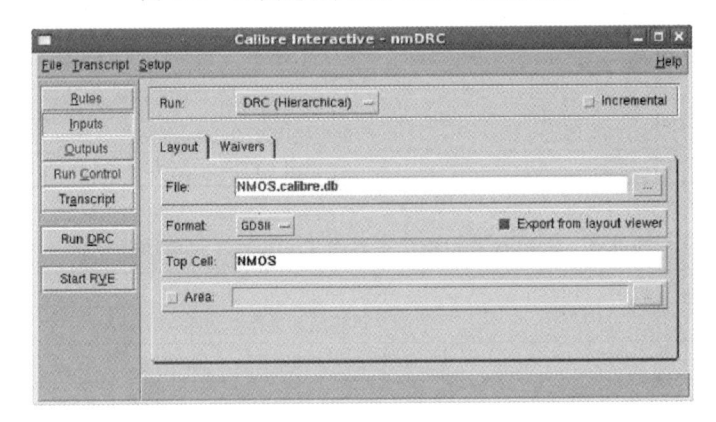

图 4.18　工具选项栏选择 Inputs-Layout 时的显示结果

Export from layout viewer：高亮为从版图查看器中导出文件，否则使用存在的文件；
Top Cell：选择版图顶层单元名称，如图是层次化版图，则会出现选择框；
Area：高亮后，可以选定做 DRC 版图的坐标（左下角和右上角）。
Waivers 选项（见图 4.19）如下：
Run [Hierarchical/Flat/Calibre CB]：选择 Calibre nmDRC 运行方式；
Preserve cells from waiver file：从舍弃文件中保留如下单元；
Additional Cells：额外单元。
图 4.20 为工具选项选择 Outputs 时的显示结果，其内容可分为上下两个部分，上面为 DRC 后输出结果选项；下面为 DRC 后报告选项。
DRC Results Database 选项如下：
File：DRC 后生成数据库的文件名称；
Format：DRC 后生成数据库的格式（ASCII、GDSII 或 OASIS 可选）；
Show results in RVE：高亮则在 DRC 完成后自动弹出 RVE 窗口；
Write DRC Summary Report File：高亮则将 DRC 总结文件保存到文件中；
File：DRC 总结文件保存路径以及文件名称；
Replace file/Append to file：以替换/追加形式保存文件；

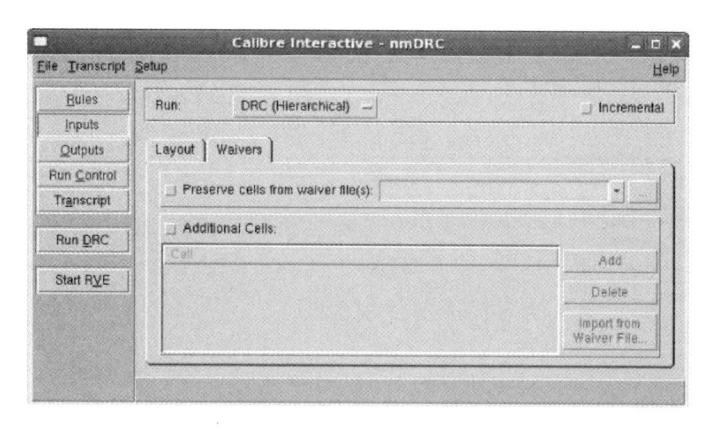

图 4.19　工具选项栏选择 Inputs-Waivers 时的显示结果

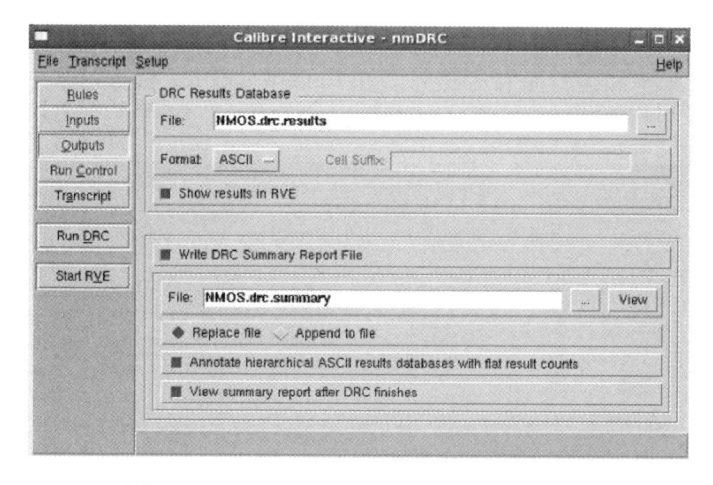

图 4.20　工具选项选择 Outputs 时的显示结果

Annotate hierarchical ASCII results databases with flat result counts：依据打平层次的数量，来标定不同层级的 ASCII 数据；

View summary report after DRC finishes：高亮则在 DRC 后自动弹出总结报告。

图 4.21 为工具选项选择 Run Control 时的显示结果，图 4.21 显示的为 Run Control 中的 Performance 选项卡，另外还包括 Incremental DRC Validation、Remote Setup、Licensing 这三个选项卡。

Performance 选项（见图 4.21）如下：

Run 64-bit version of Calibre-RVE：高亮表示运行 Calibre-RVE 64 位版本；

Run Calibre on：[Local Host/Remote Host]：在本地/远程运行 Calibre；

Run Calibre：[Single-Threaded/Multi-Threaded/Distributed]：单进程/多进程/分布式运行 Calibre DRC。

另外，图 4.21 所示的 Incremental DRC Validation、Remote Setup 和 Licensing 三个选项卡的选项一般选择默认即可。

图 4.22 为工具选项选择 Transcript 时的显示结果，显示 Calibre nmDRC 的启动信息，包

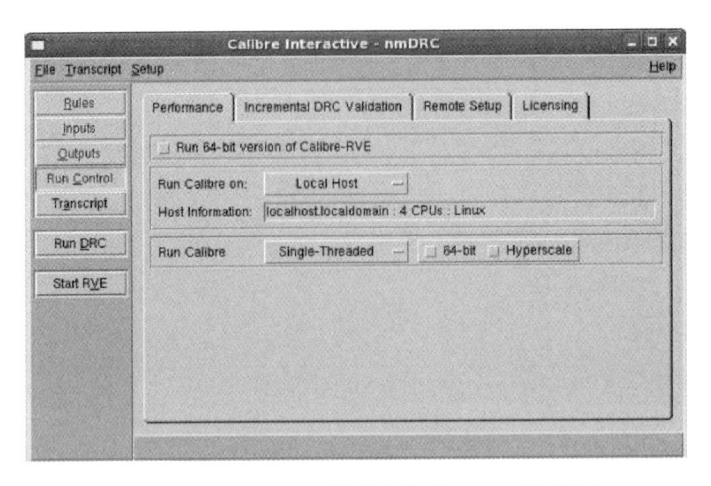

图 4.21　Run Control 菜单中 Performance 选项卡

括启动时间、启动版本和运行平台等信息。在 Calibre nmDRC 执行过程中，还显示 DRC 的运行进程。

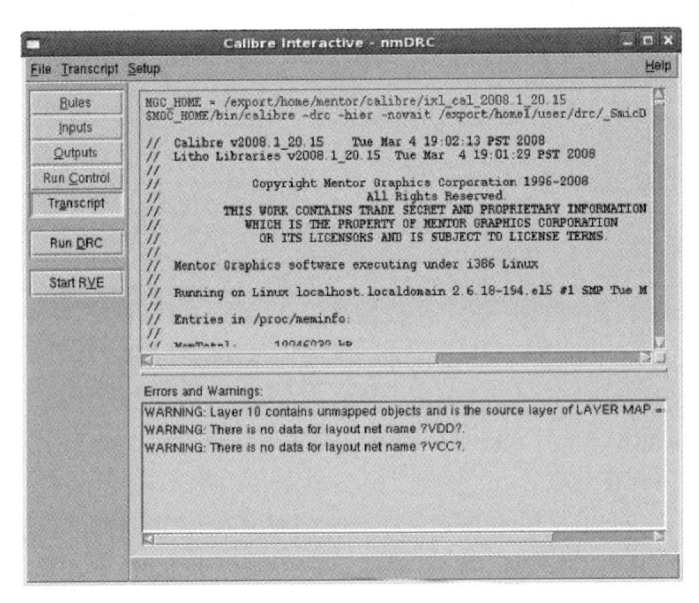

图 4.22　工具选项选择 Transcript 时的显示结果

单击图 4.22 所示的 Run DRC，立即执行 DRC。

单击图 4.22 所示的 Start RVE，手动启动 RVE 视窗，启动后的视窗如图 4.23所示。

如图 4.23 所示的 RVE 窗口，分为左上侧的错误报告窗口、左下侧的错误文本说明显示窗口，以及右侧的错误对应坐标显示窗口三个部分。其中，错误报告窗口显示了 DRC 后所有的错误类型以及错误数量，如果存在红色 X 表示版图存在 DRC 错误，如果显示的是绿色的√，那么表示没有 DRC 错误；错误文本说明显示窗口显示了在错误报告窗口选中的错误类型对应的文本说明；错误对应坐标显示窗口显示了版图顶层错误的坐标。图 4.24 为无DRC 错误时的 RVE 视窗图。

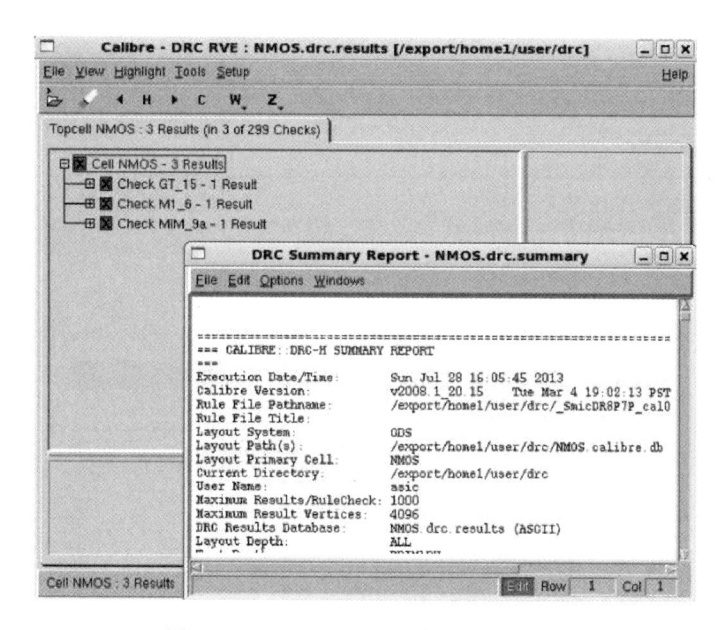

图 4.23　Calibre nmDRC 的 RVE 视窗图

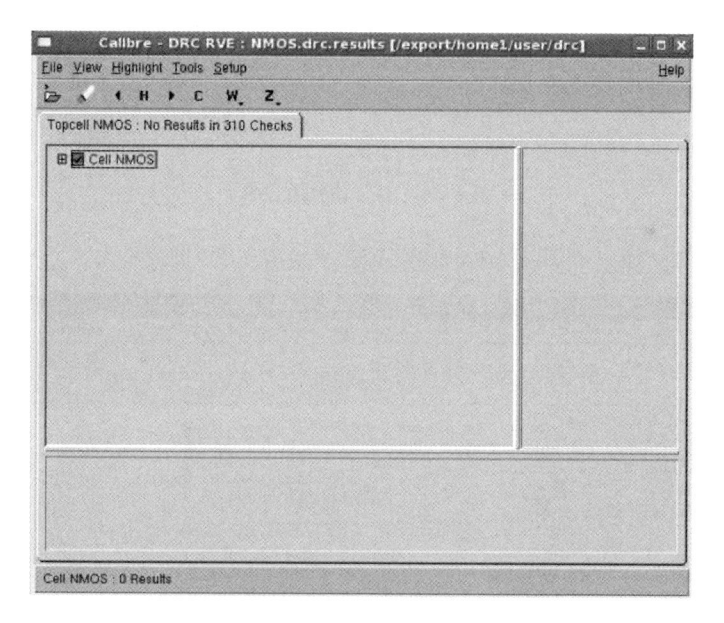

图 4.24　无 DRC 错误的 RVE 视窗图

4.3.3　Calibre nmDRC 验证流程举例 ★★★

下面详细介绍采用 Siemens EDA Calibre 工具对版图进行 DRC 的流程，并示出几处修改违反 DRC 规则错误的方法。本节采用内嵌在 Cadence Virtuoso Layout Editor 的菜单选项来启动 Calibre nmDRC。Calibre nmDRC 的使用流程如下：

1）启动 Cadence Virtuoso 工具命令 virtuoso &，弹出对话框，如图 4.25 所示。

2）打开需要验证的版图视图。选择 *File-Open*，弹出打开版图对话框，在 Library 中选

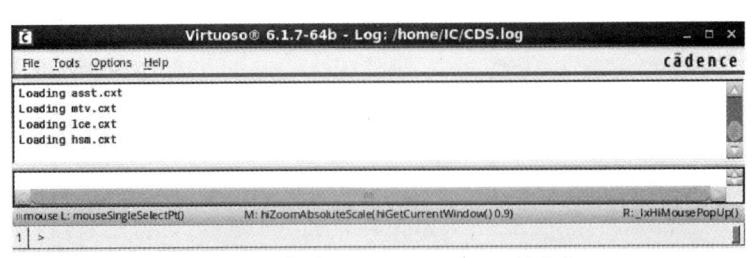

图 4.25　启动 Cadence Virtuoso 对话框

择 TEST，Cell 中选择 Miller_OTA，View 中选择 layout，如图 4.26 所示。

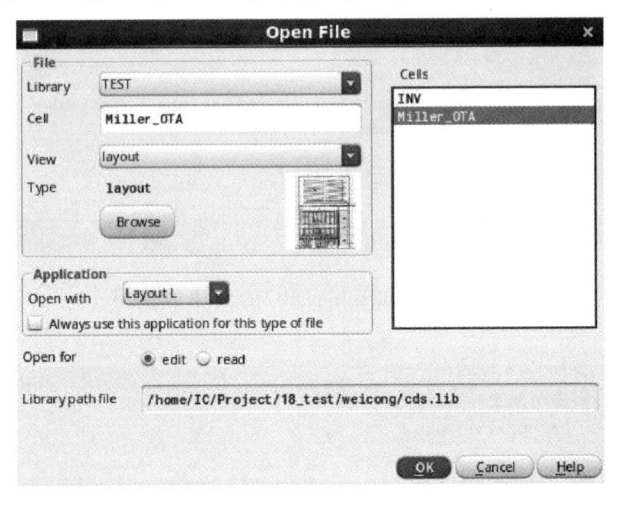

图 4.26　打开版图对话框

3）单击 [OK]，弹出 Miller_OTA 版图视图，如图 4.27 所示。

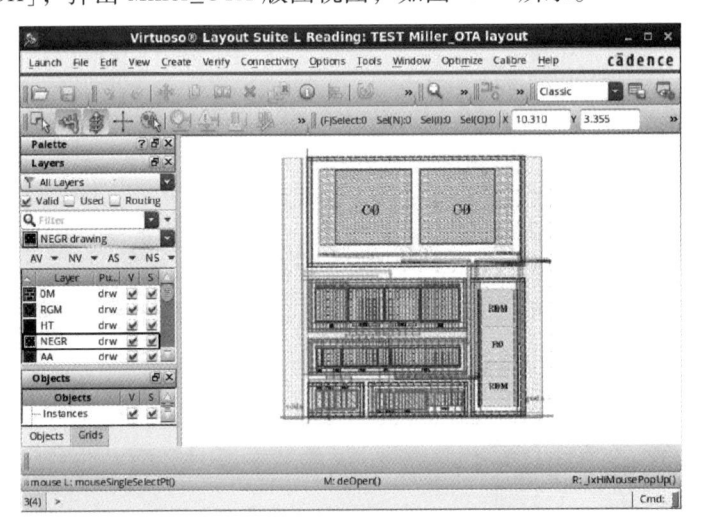

图 4.27　打开 Miller_OTA 版图

4）打开 Calibre nmDRC 工具。选择 Miller_OTA 的版图视图工具菜单中的 *Calibre-Run nmDRC*，弹出 Calibre nmDRC 工具对话框，如图 4.28 所示。

第 4 章 Siemens EDA Calibre版图验证工具

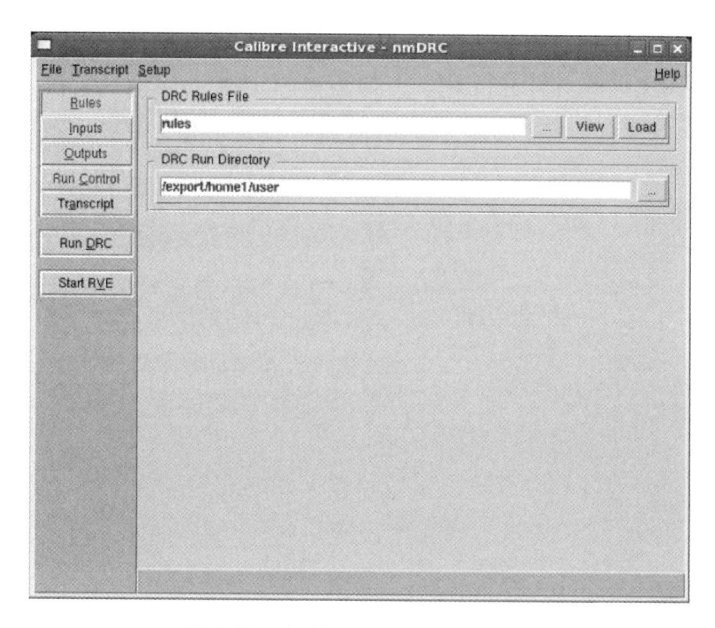

图 4.28　打开 Calibre nmDRC 工具

5）选择工具选项菜单中的 Rules，并在对话框右侧 DRC Rules File 单击 [...] 选择设计规则文件，并在 DRC Run Directory 右侧单击 [...]，选择运行目录，如图 4.29 所示。

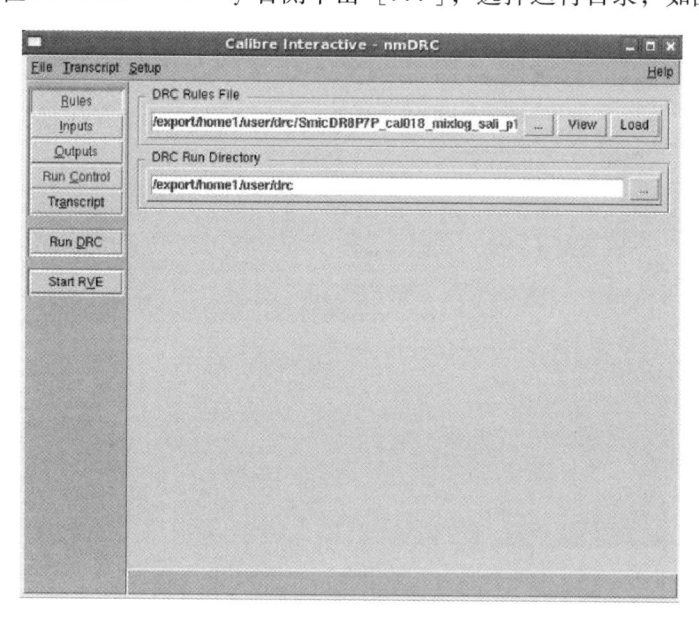

图 4.29　Calibre nmDRC 中 Rules 子菜单对话框

6）选择工具选项菜单中的 Inputs，并在 Layout 选项中选择 Export from layout viewer 高亮，如图 4.30 所示。

7）选择工具选项菜单中的 Outputs，可以选择默认的设置，同时也可以改变相应输出文件的名称，如图 4.31 所示。

8）Calibre nmDRC 工具选项菜单的 Run Control 菜单可以选择默认设置，单击 Run DRC，Calibre 开始导出版图文件并对其进行 DRC，如图 4.32 所示。

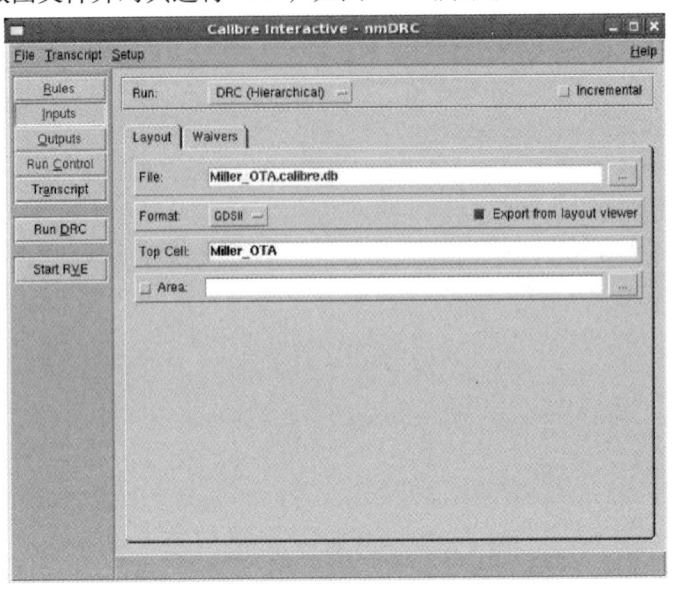

图 4.30　Calibre nmDRC 中 Inputs 子菜单对话框

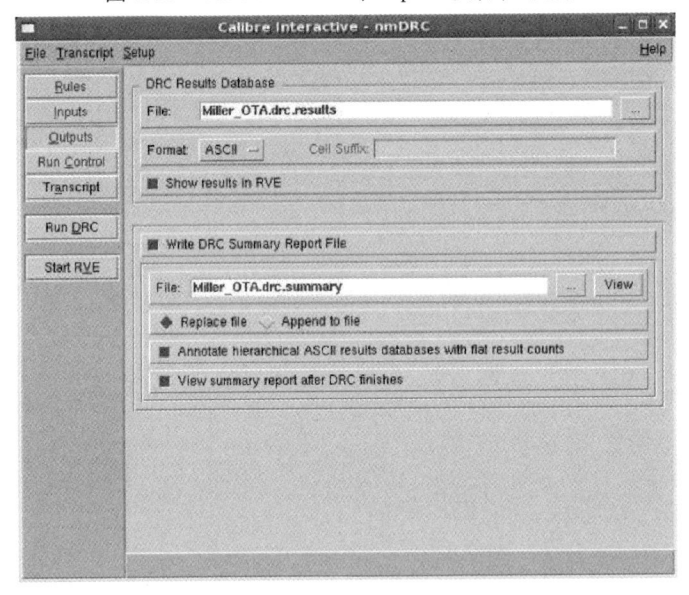

图 4.31　Calibre nmDRC 中 Outputs 子菜单对话框

9）Calibre nmDRC 完成后，软件会自动弹出输出结果 RVE，以及文本格式文件，分别如图 4.33 和图 4.34 所示。

10）查看图 4.33 所示的 DRC 输出结果的图形界面 RVE，查看错误报告窗口表明在版图中存在两个 DRC 错误，分别为 SN_2（SN 区间距小于 0.44μm）和 M3_1（M3 的最小宽度小于 0.28μm）。

11）错误 1 修改。鼠标左键单击错误报告窗口 Check SN_2-1 Result，并双击下属菜单中

第 4 章　Siemens EDA Calibre版图验证工具

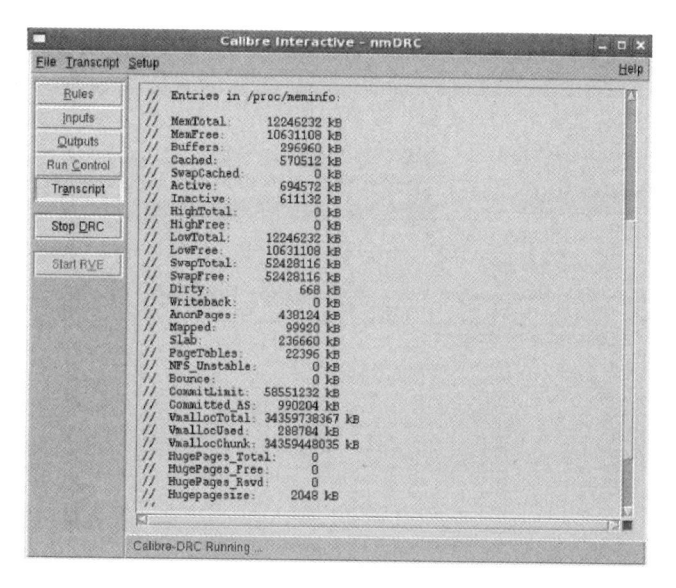

图 4.32　Calibre nmDRC 运行中

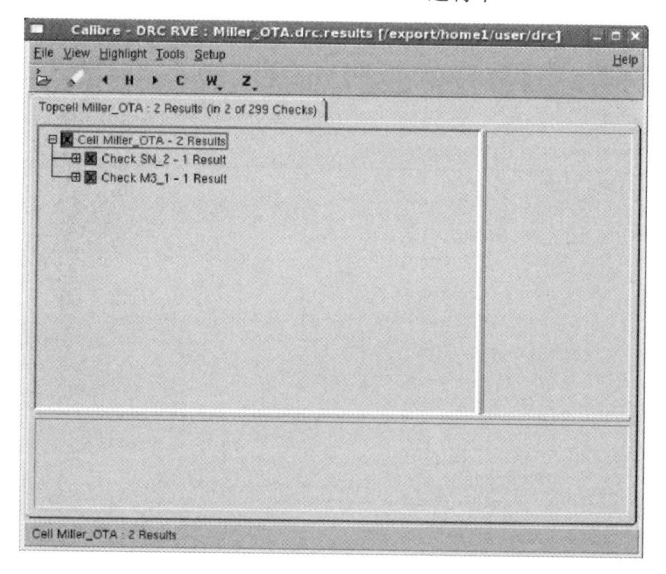

图 4.33　Calibre nmDRC 输出结果查看图形界面 RVE

的 01，错误文本显示窗口显示设计规则路径（Rule File Pathname：/export/home1/user/drc/_SmicDR8P7P_cal018_mixlog_sali_p1mt6_1833. drc_）以及违反的具体规则（Minimum space between two SN regions is less than 0.44um），DRC 结果查看图形界面如图 4.35 所示，其版图 DRC 错误定位如图 4.36 所示。

12）根据提示进行版图修改，将两个 SN 区合并为一个，就不会存在间距问题，修改后的版图如图 4.37 所示。

13）错误 2 修改。鼠标左键单击错误报告窗口 Check M3_1-1 Result，并双击下属菜单中的 01，错误文本显示窗口显示设计规则路径（Rule File Pathname：/export/home1/user/drc/_SmicDR8P7P_cal018_mixlog_sali_p1mt6_1833. drc_）以及违反的具体规则（Minimum width of

— 133 —

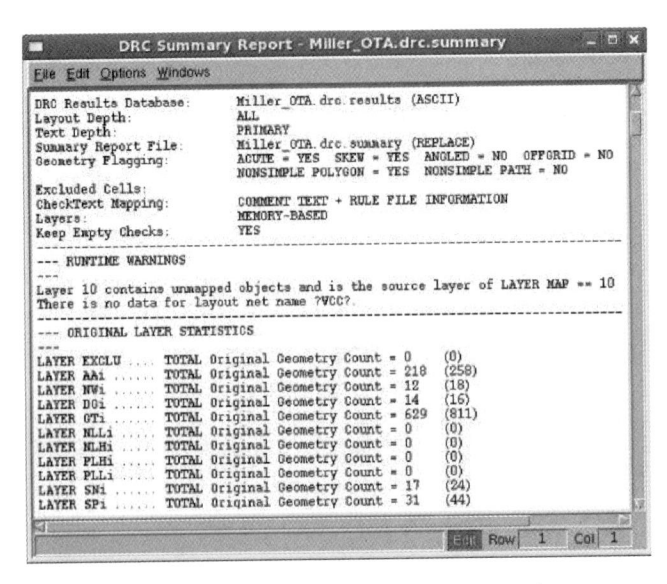

图4.34　Calibre nmDRC 输出文本格式文件

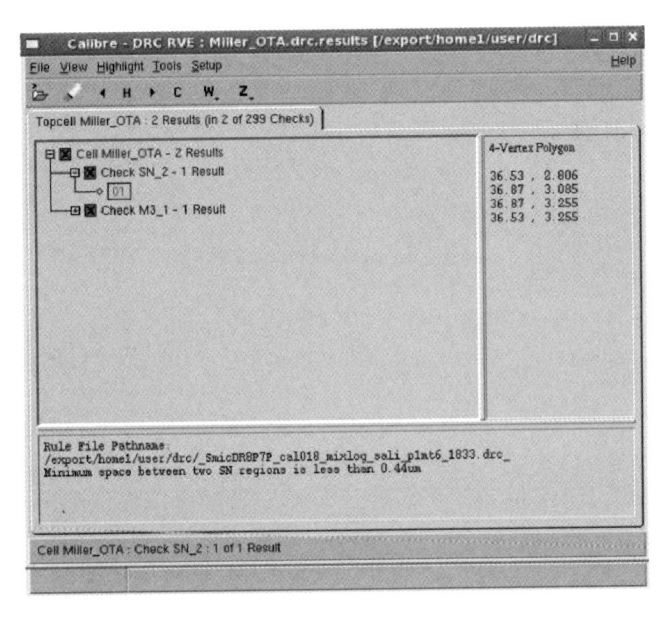

图4.35　错误1 DRC 结果查看图形界面

an M3 region is 0.28um)，DRC 结果查看图形界面如图 4.38 所示，相应版图错误定位如图 4.39 所示。

14) 根据提示进行版图修改，将 M3 的线宽加宽，满足最小线宽要求。修改后的版图如图 4.40 所示。

15) DRC 错误修改完毕后，再次做 DRC，直到所有的错误都修改完毕，当出现如图 4.41所示的界面，表明 DRC 已经通过。

以上完成了 Calibre nmDRC 的主要流程。

第 4 章　Siemens EDA Calibre版图验证工具

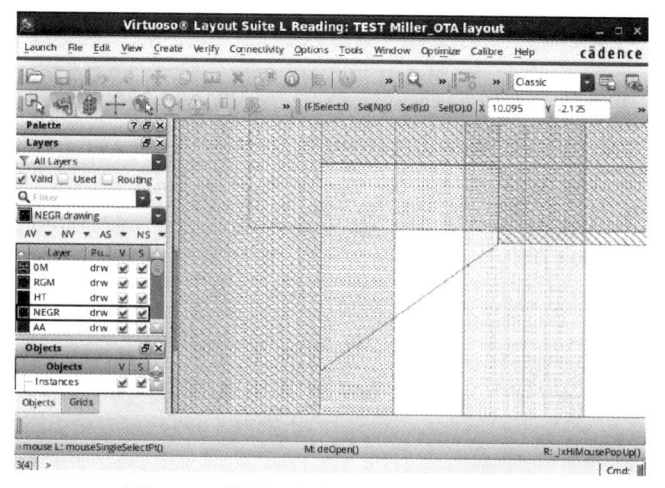

图 4.36　错误 1 相应版图 DRC 错误定位

图 4.37　错误 1 修改后的版图

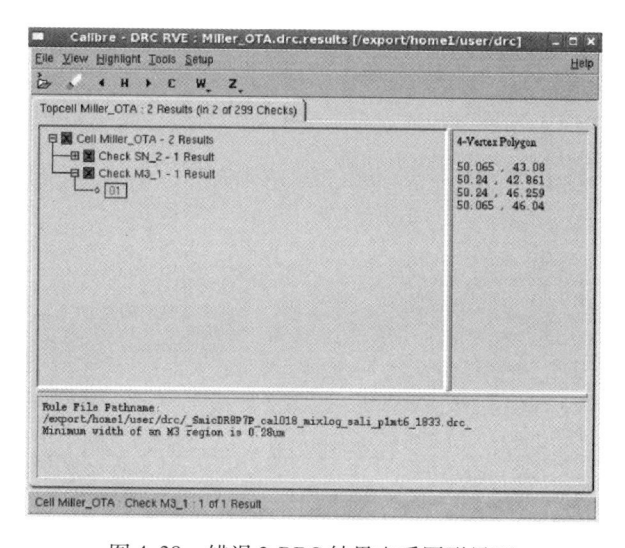

图 4.38　错误 2 DRC 结果查看图形界面

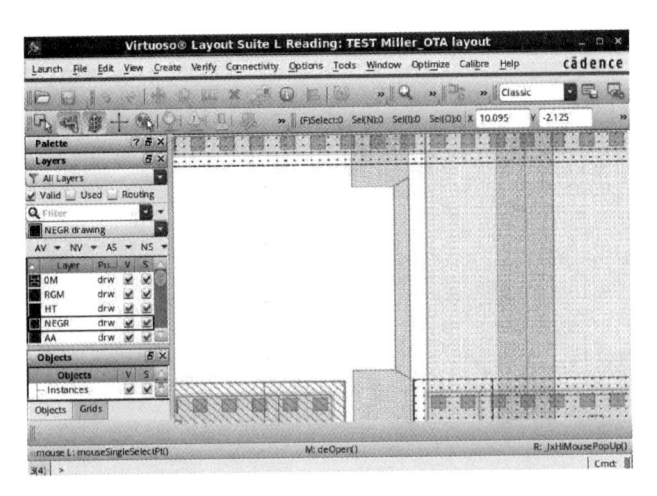

图 4.39 错误 2 相应版图错误定位

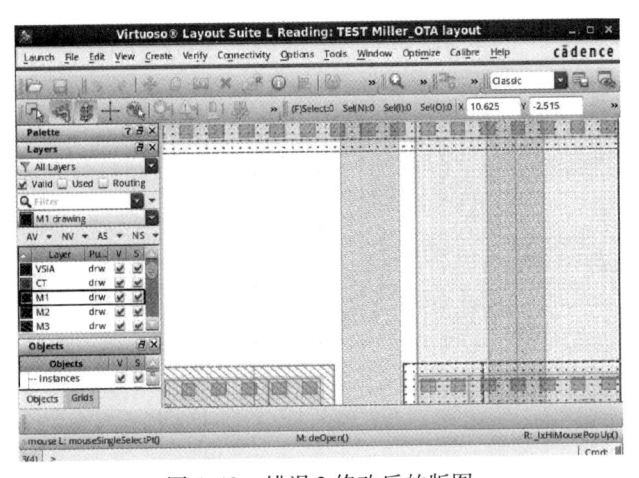

图 4.40 错误 2 修改后的版图

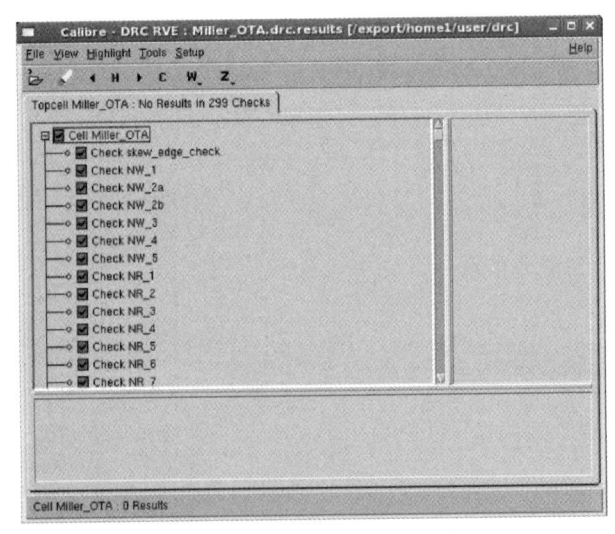

图 4.41 Calibre nmDRC 通过界面

4.4 Siemens EDA Calibre nmLVS 验证

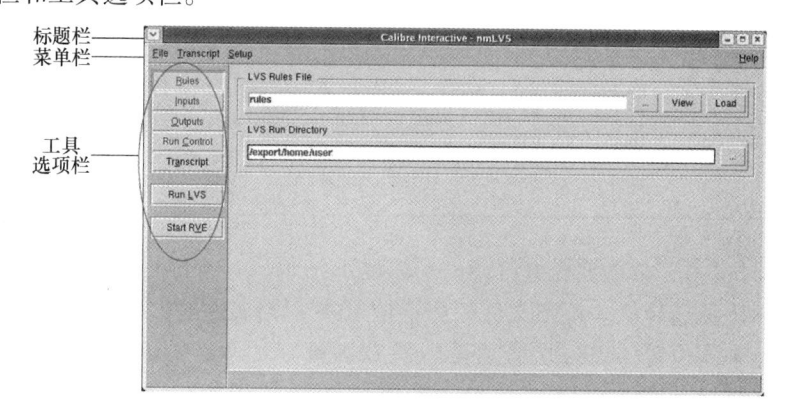

4.4.1 Calibre nmLVS 验证简介 ★★★

LVS 检查全称为 Layout Versus Schematic，即版图与电路图一致性检查。目的在于检查人工绘制的版图是否和电路结构相符。由于电路图在版图设计之初已经经过仿真确定了所采用的晶体管以及各种器件的类型和尺寸，一般情况下人工绘制的版图如果没有经过验证，基本上不可能与电路图完全相同，所以进行版图与电路图的一致性检查非常必要。

通常情况下利用 Calibre 工具进行版图与电路图的一致性检查时的流程如图 4.42 所示。

图 4.42 为 Siemens EDA Calibre nmLVS 的基本流程，首先，工具先从版图（Layout）根据器件定义规则对器件以及连接关系提取相应的网表（Layout Netlist）；其次，读入电路网表（Source Netlist），再根据一定的算法对版图提出的网表和电路网表进行比对，最后输出比对结果（LVS Compare Output）。

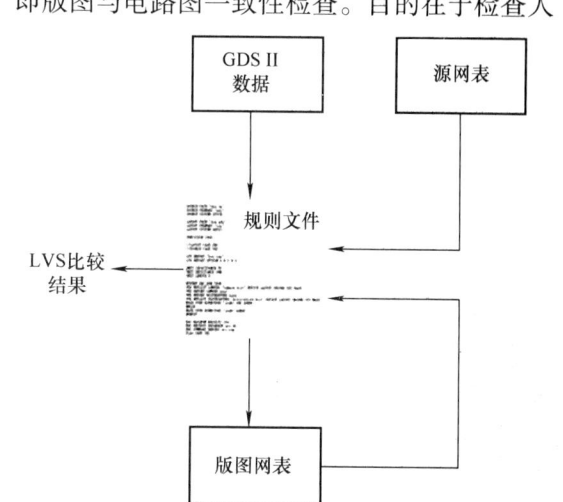

图 4.42 Siemens EDA Calibre nmLVS 基本流程图

LVS 检查主要包括器件属性、器件尺寸以及连接关系等一致性比对检查，同时还包括电学规则检查（ERC）等。

4.4.2 Calibre nmLVS 界面介绍 ★★★

图 4.43 为 Calibre nmLVS 验证主界面，如图可知，Calibre nmLVS 的验证主界面分为标题栏、菜单栏和工具选项栏。

图 4.43 Calibre nmLVS 验证主界面

其中，标题栏显示的是工具名称（Calibre Interactive-nmLVS），菜单栏分为 File、Transcript 和 Setup 三个主菜单，每个主菜单包含若干个子菜单，其子菜单功能如表4.5～表4.7所示；工具选项栏包括 Rules、Inputs、Outputs、Run Control、Transcript、Run LVS 和 Start RVE 共7个选项栏，每个选项栏对应了若干个基本设置，其内容将在后面进行介绍。Calibre nmLVS 主界面中的工具选项栏，灰色字框代表对应的选项还没有填写完整，黑色代表对应的选项已经填写完整，但是不代表填写完全正确，需要用户进行确认填写信息的正确性。

表 4.5　Calibre nmLVS 主界面 File 菜单功能介绍

File		
New Runset		建立新 Runset
Load Runset		加载新 Runset
Save Runset		保存 Runset
Save Runset As		另存 Runset
View Text File		查看文本文件
Control File	View	查看控制文件
	Save As	将新 Runset 另存至控制文件
Recent Runsets		最近使用过的 Runsets
Exit		退出 Calibre nmLVS

表 4.6　Calibre nmLVS 主界面 Transcript 菜单功能介绍

Transcript	
Save As	可将副本另存至文件
Echo to File	可将文件加载至 Transcript 界面
Search	在 Transcript 界面中进行文本查找

表 4.7　Calibre nmLVS 主界面 Setup 菜单功能介绍

Setup	
LVS Options	LVS 选项
Set Environment	设置环境
Verilog Translator	Verilog 文件格式转换器
Create Device Signatures	创建器件特征
Layout Viewer	版图查看器环境设置
Schematic Viewer	电路图查看器环境设置
Preferences	LVS 设置偏好
Show Tool Tips	显示工具提示

图 4.43 同时也为工具选项栏选择 Rules 的显示结果，其界面右侧分别为规则文件选择栏以及规则文件路径选择栏。规则文件栏为定位 LVS 规则文件的位置，其中［…］为选择规则文件在磁盘中的位置，View 为查看选中的 LVS 规则文件，Load 为加载之前保存过的规则文件；路径选择栏为选择 Calibre nmLVS 的执行目录，单击［…］可以选择目录，并在框内进行显示。图 4.44 的 Rules 已经填写完毕。

图 4.45 为工具选项栏选择 Inputs-Layout 的显示结果，图 4.45 可分为上下两个部分，上

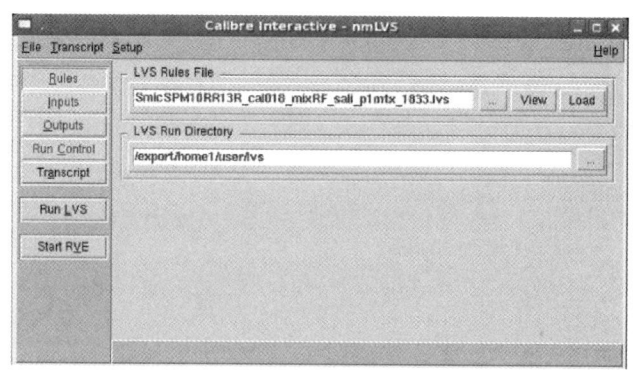

第 4 章　Siemens EDA Calibre 版图验证工具

图 4.44　填写完毕的 Calibre nmLVS

半部分为 Calibre nmLVS 的验证方法（Hierarchical、Flat 或者 Calibre CB 可选）和对比类别（Layout vs Netlist、Netlist vs Netlist 和 Netlist Extraction 可选），下半部分为版图 Layout、网表 Netlist 和层次换单元（H-Cells）的基本选项。

Layout 选项（见图 4.45）如下：
File：版图文件名称；
Format［GDS Ⅱ/OASIS/LEFDEF/MILKYWAY/OPENACCESS］：版图文件格式可选；
Export from layout viewer：当勾选该选项时，表示从版图中自动提取网表文件；
Top Cell：选择版图顶层单元名称，如图是层次化版图，则会出现选择框；
Layout Netlist：填入导出版图网表文件名称。

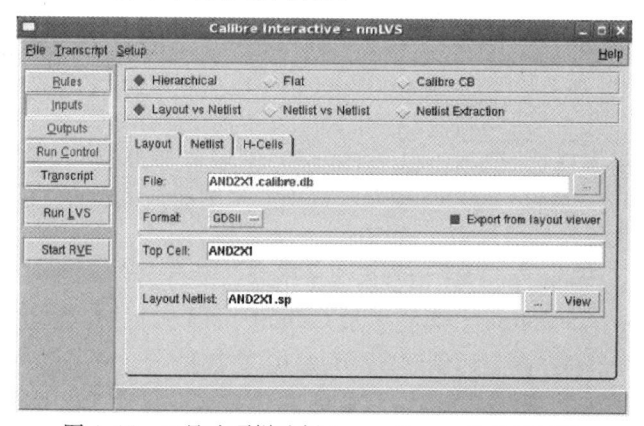

图 4.45　工具选项栏选择 Inputs-Layout 的显示结果

Netlist 选项（见图 4.46）如下：
Files：网表文件名称；
Format［SPICE/VERILOG/MIXED］：网表文件格式 SPICE、VERILOG 和混合可选；
Export from schematic viewer：高亮为从电路图查看器中导出文件；
Top Cell：选择电路图顶层单元名称，如图是层次化版图，则会出现选择框。

H-Cells 选项（见图 4.47，当采用层次化方法做 LVS 时，H-Cells 选项才起作用）如下：
Match cells by name（automatch）：通过名称自动匹配单元；
Use H-Cells file［hcells］：可以自定义文件 hcells 来匹配单元。

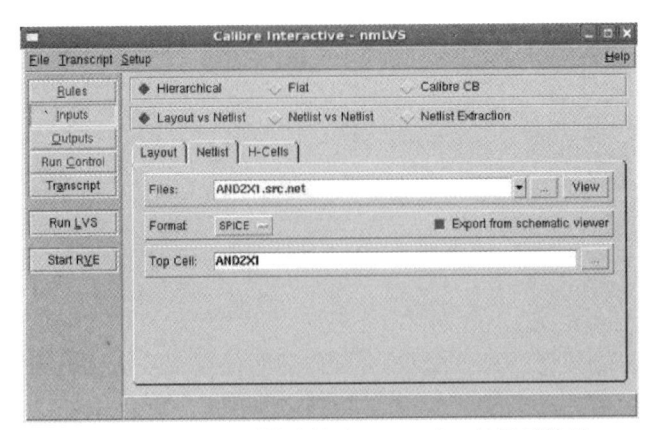

图 4.46 工具选项栏选择 Inputs-Netlist 的显示结果

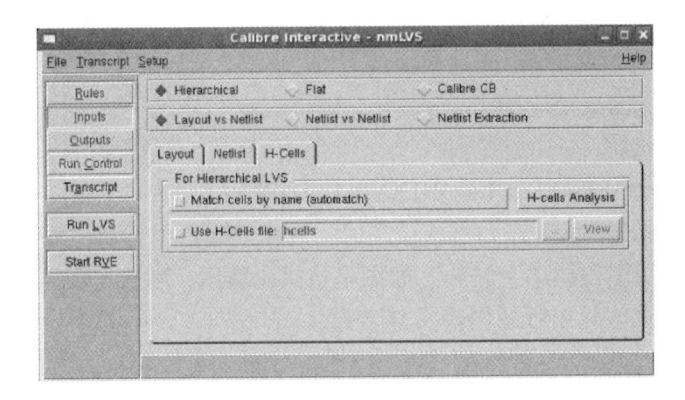

图 4.47 工具选项栏选择 Inputs-H-Cells 的显示结果

图 4.48 为工具选项选择 Outputs 的 Report/SVDB 时的显示结果，图 4.48 显示的可分为上下两个部分，上面为 Calibre nmLVS 检查后输出结果选项；下面为 SVDB 数据库输出选项。

Report/SVDB 选项（见图 4.48）如下：

LVS Report File：Calibre nmLVS 检查后生成的报告文件名称；

View Report after LVS finishes：高亮表示 Calibre nmLVS 检查后自动开启查看器；

Create SVDB Database：高亮后创建 SVDB 数据库文件；

Start RVE after LVS finishes：高亮表示 LVS 检查完成后自动弹出 RVE 窗口；

SVDB Directory：SVDB 产生的目录名称，默认为 svdb；

Generate data for Calibre-xRC：将为 Calibre-xRC 产生必要的数据；

Generate ASCII cross-reference files：产生 Calibre 连接接口数据 ASCII 文件；

Generate Calibre Connectivity Interface data：产生 Calibre 与其他软件互连的接口数据。

图 4.49 为工具选项选择 Outputs 的 Flat-LVS Output 显示结果。

Flat-LVS Output 选项（见图 4.49）如下：

Write Mask Database for MGC ICtrace (Flat-LVS only)：为 MGC 保存掩膜数据库文件；

Mask DB File：如图需要保存文件，写入文件名称；

Do not generate SVDB data for flat LVS：不为打散的 LVS 产生 SVDB 数据；

Write ASCII cross-reference files (ixf, nxf)：保存 ASCII 对照文件；

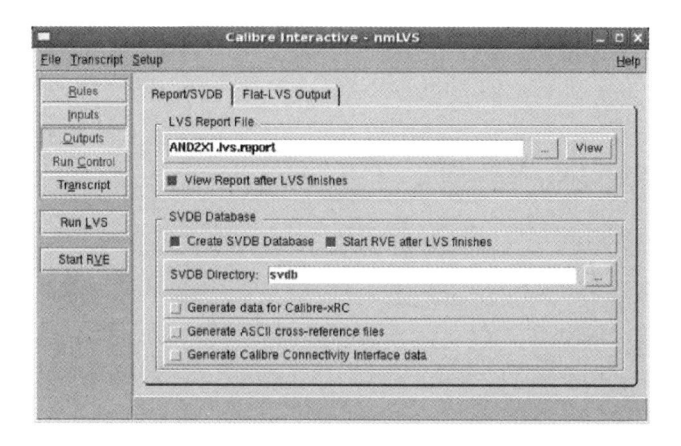

图 4.48　工具选项选择 Outputs-Report/SVDB 时的显示结果

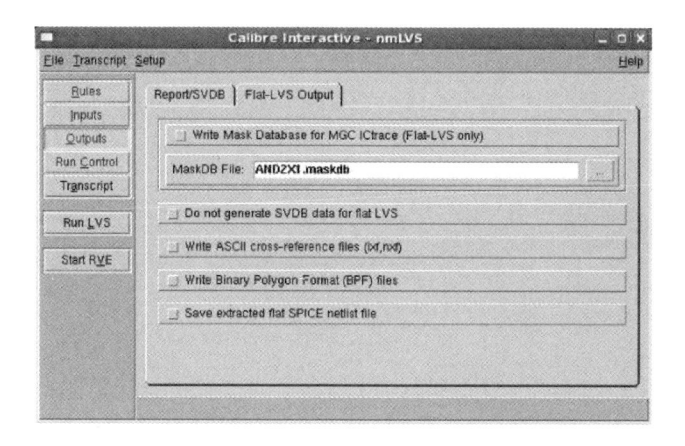

图 4.49　工具选项选择 Outputs-Flat-LVS Output 时的显示结果

Write Binary Polygon Format（BPF）files：保存 BPF 文件；

Save extracted flat SPICE netlist file：高亮后保存提取打散的 SPICE 网表文件。

图 4.50 为工具选项选择 Run Control 时的显示结果，图 4.50 显示的为 Run Control 中的 Performance 选项卡，另外还包括 Remote Setup 和 Licensing 两个选项卡。

Performance 选项（见图 4.50）如下：

Run 64-bit version of Calibre-RVE：高亮表示运行 Calibre-RVE 64 位版本；

Run Calibre on [Local Host/Remote Host]：在本地或者远程运行 Calibre；

Host Information：主机信息；

Run Calibre [Single-Threaded/Multi Threaded/Distributed]：采用单线程、多线程或者分布式方式运行 Calibre。

图 4.50 所示的 Remote Setup 和 Licensing 选项卡采用默认值即可。

图 4.51 为工具选项选择 Transcript 时的显示结果，显示 Calibre nmLVS 的启动信息，包括启动时间、启动版本、运行平台等信息。在 Calibre nmLVS 执行过程中，还显示 Calibre nmLVS 的运行进程。

单击菜单 Setup-LVS Option 可以调出 Calibre nmLVS 一些比较实用的选项，如图 4.52 所

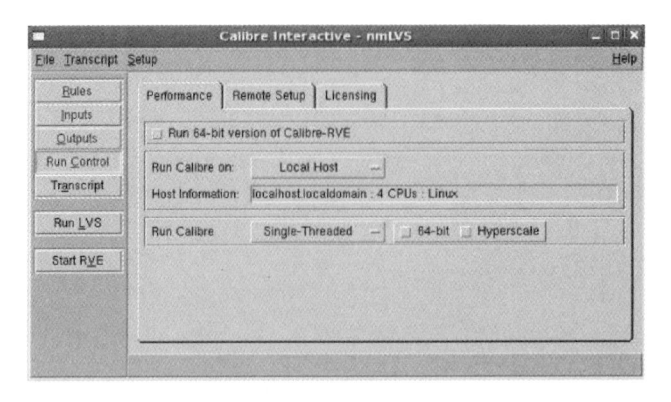

图 4.50 Run Control 菜单中 Performance 选项卡

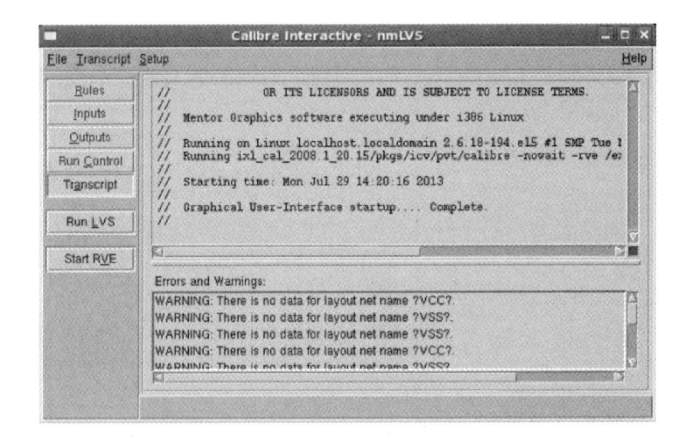

图 4.51 工具选项选择 Transcript 时的显示结果

示。单击图 4.52 圆框所示的 LVS Options，如图 4.53 所示，主要分为 Supply、Report、Gates、Shorts、ERC、Connect、Include 和 Database 共 8 个子菜单。

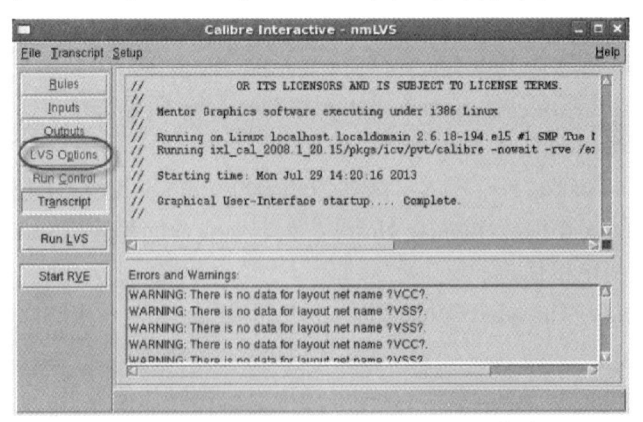

图 4.52 调出的 LVS Options 功能选项菜单

图 4.53 为 LVS Options 功能选项中的 Supply 子菜单，各项功能说明如下：
About LVS on power/ground net errors：高亮时，当发现电源和地短路时 LVS 中断；
About LVS on Softchk errors：高亮时，当发现软连接错误时 LVS 中断；

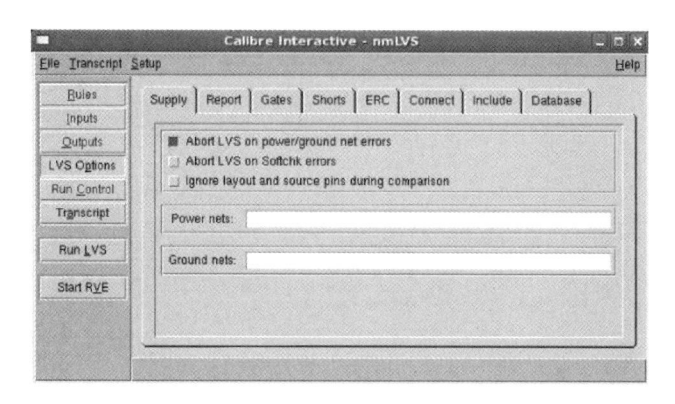

第 4 章　Siemens EDA Calibre版图验证工具

图 4.53　LVS Options 选项菜单 Supply 子菜单

Ignore layout and source pins during comparison：在比较过程中忽略版图和电路中的端口；
Power nets：可以加入电源线网名称；
Ground nets：可以加入地线网名称。

图 4.54 为 **LVS Options** 功能选项中的 **Report** 子菜单，各项功能说明如下：

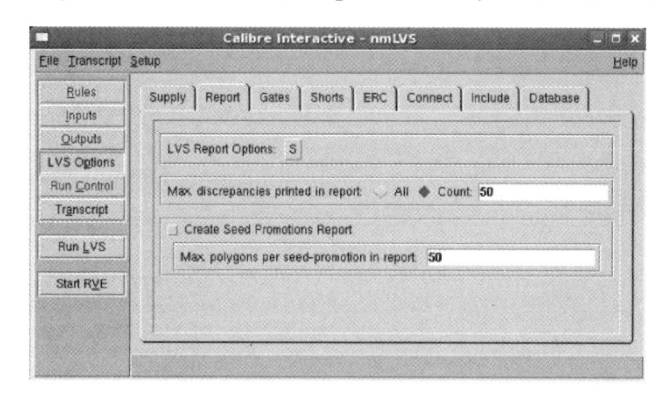

图 4.54　LVS Options 选项菜单 Report 子菜单

LVS Report Options：[选项较多]：LVS 报告选项；
Max discrepancies printed in report：报告中选择最大不匹配的数量；
Create Seed Promotions Report：创建模块层次化报告；
Max polygons per seed-promotion in report：每个模块层次化报告中有错误的最大多边形数量。

图 4.55 为 **LVS Options** 功能选项中的 **Gates** 子菜单，各项功能说明如下：
Recognize all gates：高亮后，LVS 识别所有的逻辑门来进行比对；
Recognize simple gates：高亮后，LVS 只识别简单的逻辑门（反相器、与非门、或非门）来进行比对；
Turn gate recognition off：高亮后，只允许 LVS 按照晶体管级来进行比对；
Mix subtypes during gate recognition：在逻辑门识别过程中采用混合子类型进行比对；
Filter Unused Device Options：过滤无用器件选项。
LVS Options 选项 Shorts 子菜单使用默认设置即可。

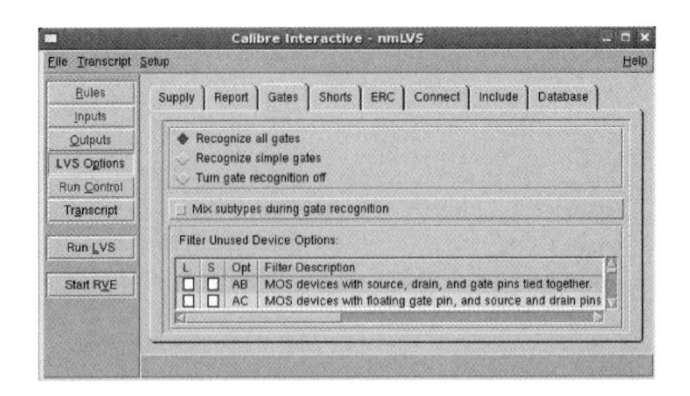

图 4.55　LVS Options 选项 Gates 子菜单

图 4.56 为 LVS Options 选项 ERC 子菜单，各项功能说明如下：

图 4.56　LVS Options 选项 ERC 子菜单

RUN ERC：高亮后，在执行 Calibre nmLVS 的同时执行 ERC，可以选择检查类型；

ERC Results File：填写 ERC 结果输出文件名称；

ERC Summary File：填写 ERC 总结文件名称；

Replace file/Append to file：替换文件或者追加文件；

Max errors generated per check：每次检查产生错误的最大数量；

Max vertices in output polygons：指定输出多边形顶点数最大值。

图 4.57 为 LVS Options 选项 Connect 子菜单，各项功能说明如下：

Connect nets with colon (:)：高亮后，版图中有文本标识后以同名冒号结尾的，默认为连接状态；

Don't connect nets by name：高亮后，不采用名称方式连接线网；

Connect all nets by name：高亮后，采用名称的方式连接线网；

Connect nets named：高亮后，只填写名称的线网采用名称方式连接；

Report connections made by name：高亮后，报告通过名称方式连接。

图 4.58 为 LVS Options 选项 Include 子菜单，各项功能说明如下：

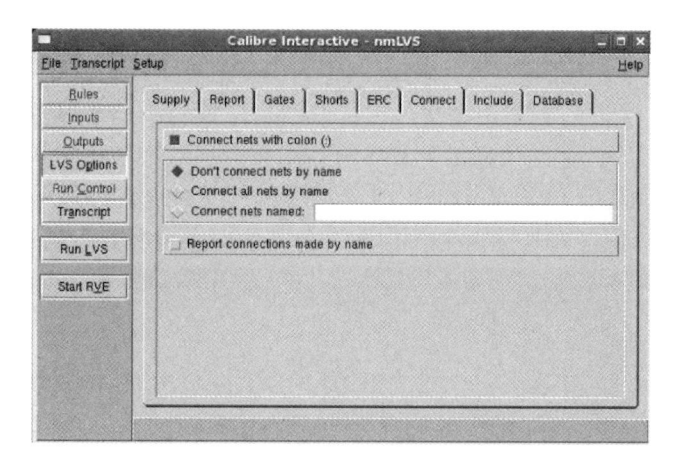

图 4.57　LVS Options 选项 Connect 子菜单

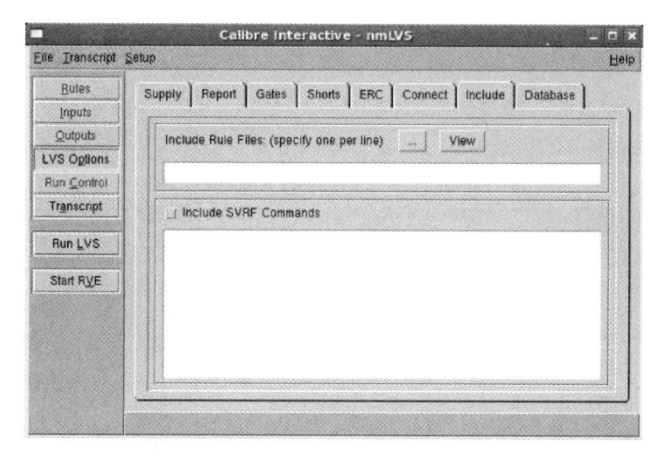

图 4.58　LVS Options 选项 Include 子菜单

Include Rule Files：(specify one per line)：包含规则文件；

Include SVRF Commands：包含标准验证规则格式命令。

单击如图 4.58 所示的 Run LVS，立即执行 Calibre nmLVS 检查。

单击如图 4.58 所示的 Start RVE，手动启动 RVE 视窗，启动后的视窗如图 4.59所示。

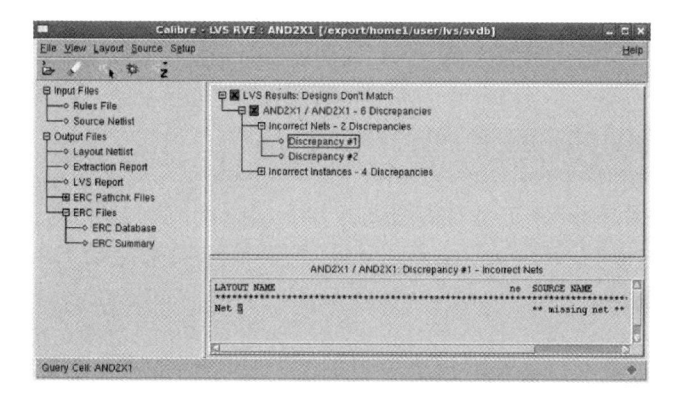

图 4.59　Calibre nmLVS 的 RVE 视窗图

如图 4.59 所示的 RVE 视窗口，分为左侧的 LVS 结果文件选择框、右上侧的 LVS 匹配结果，以及右下侧的不一致信息三个部分。其中，LVS 结果文件选择框包括了输入的规则文件、电路网表文件、输出的版图网表文件、提取的错误报告、LVS 报告、ERC 连接路径报告和 ERC 报告等；LVS 匹配结果显示了 LVS 运行结果；不一致信息包括了 LVS 不匹配时对应的说明信息。图 4.60 为 LVS 通过时的 RVE 视窗图。同时也可以输出报告来查验 LVS 是否通过，图 4.61 的标识（对号标识 + CORRECT + 笑脸）也表明 LVS 通过。

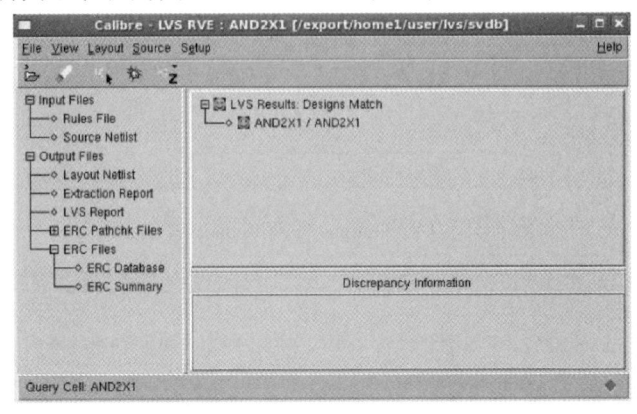

图 4.60　LVS 通过时的 RVE 视窗图

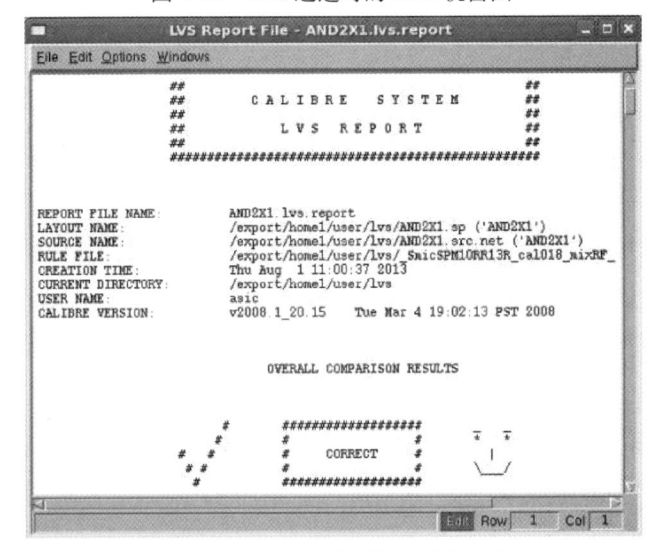

图 4.61　LVS 通过时输出报告显示

4.4.3　Calibre LVS 验证流程举例 ★★★

下面详细介绍采用 Calibre 工具对版图进行 LVS 检查的流程，并示出几处修改 LVS 错误的方法。本节采用内嵌在 Virtuoso Layout Editor 的菜单选项来启动 Calibre nmLVS。Calibre nmLVS 的使用流程如下：

1）启动 Cadence Virtuoso 工具命令 virtuoso &，弹出对话框，如图 4.62 所示。

2）打开需要验证的版图视图。选择 *File-Open*，弹出打开版图对话框，在 Library 中选择 TEST，Cell 中选择 Miller_OTA，View 中选择 layout，如图 4.63 所示。

3）单击 [OK]，弹出 Miller_OTA 版图视图，如图 4.64 所示。

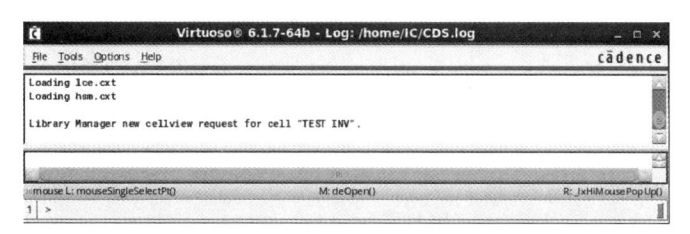

图 4.62 启动 Cadence Virtuoso 对话框

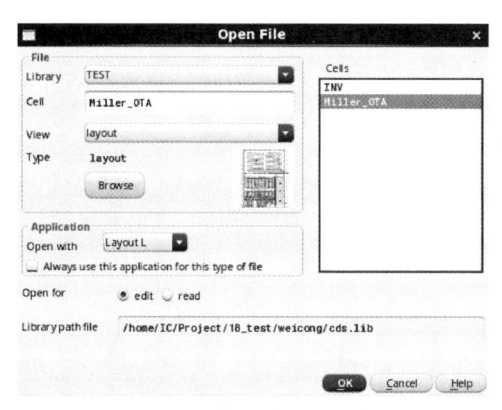

图 4.63 打开版图对话框

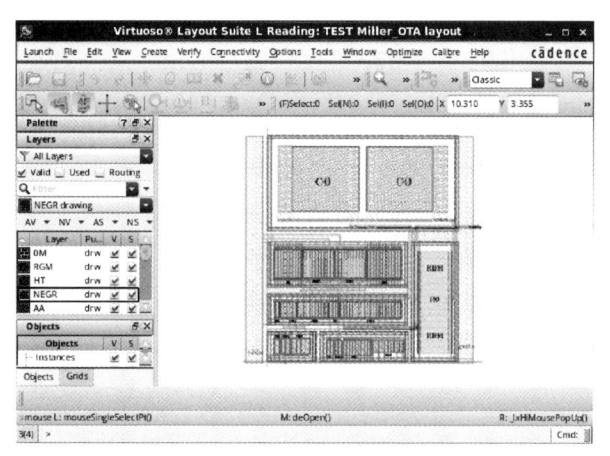

图 4.64 打开 Miller_OTA 版图

4)打开 Calibre nmLVS 工具。选择 Miller_OTA 的版图视图工具菜单中的 *Calibre- Run nmLVS*，弹出对话框如图 4.65 所示。

5)选择左侧菜单中的 Rules，并在对话框右侧 LVS Rules File 单击 [...] 选择 LVS 匹配文件，并在 LVS Run Directory 右侧选择 [...] 选择运行目录，如图 4.66 所示。

6)选择左侧菜单中的 Inputs，并在 Layout 选项卡中选择 Export from layout viewer 高亮，如图 4.67 所示。

7)选择左侧菜单中的 Inputs，选择 Netlist 选项卡，如果电路网表文件已经存在，则直接调取，并取消 Export from schematic viewer 高亮；如果电路网表需要从同名的电路单元中导出，那么在 Netlist 选项卡中选择 Export from schematic viewer 高亮（注意此时必须打开同名的 schematic 电路图窗口，才可从 schematic 电路图窗口从中导出电路网表），如图 4.68 所示。

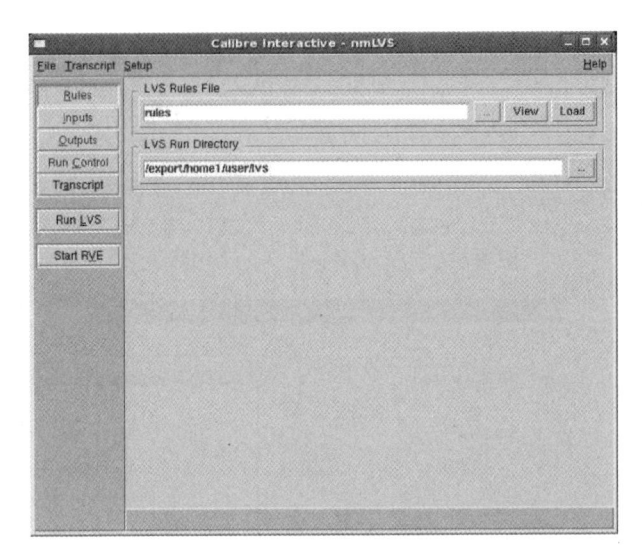

图 4.65　打开 Calibre nmLVS 工具

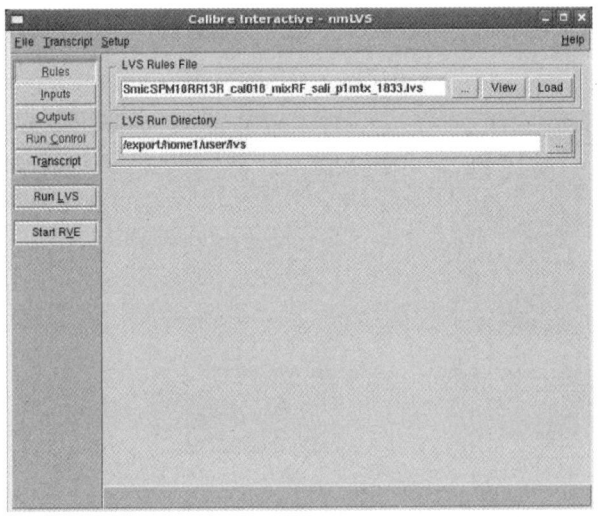

图 4.66　Calibre nmLVS 中 Rules 子菜单对话框

8）选择左侧菜单中的 Outputs，可以选择默认的设置，同时也可以改变相应输出文件的名称。选项 Create SVDB Database 选择是否生成相应的数据库文件，而 Start RVE after LVS finishes 选择在 LVS 完成后是否自动弹出相应的图形界面，如图 4.69 所示。

9）Calibre nmLVS 左侧 Run Control 菜单可以选择默认设置，单击 Run LVS，Calibre 开始导出版图文件并对其进行 LVS 检查，如图 4.70 所示。

10）Calibre nmLVS 完成后，软件会自动弹出输出结果并弹出图形界面（在 Outputs 选项中选择，如果没有自动弹出，可单击 Start RVE 开启图形界面），以便查看错误信息，如图 4.71 所示。

11）查看图 4.71 所示的 Calibre nmLVS 输出结果的图形界面，表明在版图与电路图存在 3 项（共 3 类）不匹配错误，包括一项连线不匹配、一项端口匹配错误以及一项器件属性匹配错误。

12）匹配错误 1 修改。鼠标左键单击 *Incorrect Nets-1 Discrepancy*，并单击下属菜单中

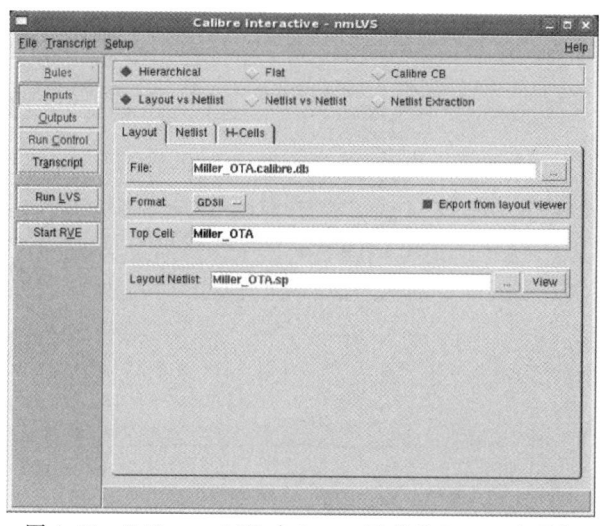

图 4.67　Calibre nmLVS 中 Inputs 子菜单 Layout 选项卡

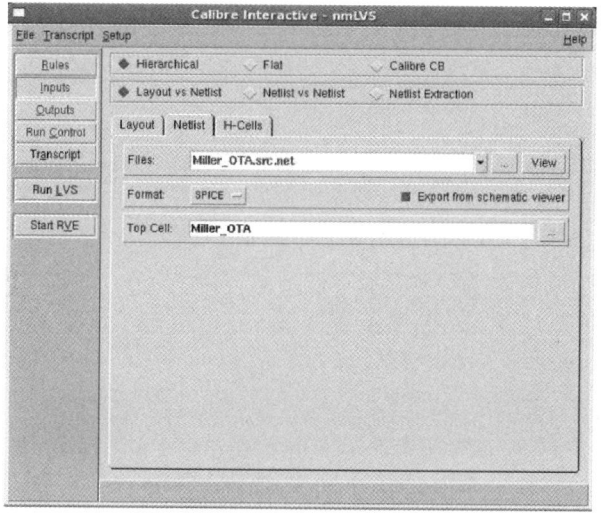

图 4.68　Calibre nmLVS 中 Inputs 子菜单 Netlist 选项卡

Discrepancy #1，LVS 结果查看图形界面如图 4.72 所示，双击 LAYOUT NAME 下的高亮"voutp"，呈现版图中的 voutp 连线，如图 4.73 所示。

13）根据 LVS 错误提示信息进行版图修改，步骤 12 中的提示信息表明版图连线 voutp 与电路的 net17 连线短路，应该对其进行修改。

14）匹配错误 2 修改。鼠标左键单击 *Incorrect Ports-1 Discrepancy*，并单击下属菜单中 Discrepancy #2，相应的 LVS 报错信息查看图形界面如图 4.74 所示，其表明端口 Idc_10u 没有标在相应的版图层上或者没有打标，查看版图相应位置，如图 4.75 所示。

15）图 4.75 所示的标识 Idc_10u 没有打在相应的版图层上，导致 Calibre 无法找到其端口信息，修改方式为将标识上移至相应的版图层上即可，如图 4.76 所示。

16）匹配错误 3 修改。鼠标左键单击 *Property Errors-1 Discrepancy*，并单击下拉菜单中 Discrepancy #3，相应的 LVS 报错信息查看图形界面如图 4.77 所示，其表明版图中器件尺寸与相应电路图中的不一致，查看版图相应位置，如图 4.78 所示。

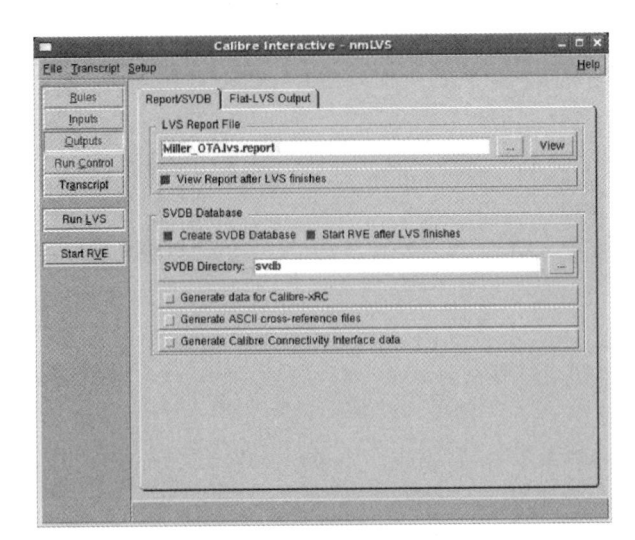

图 4.69　Calibre nmLVS 中 Outputs 子菜单对话框

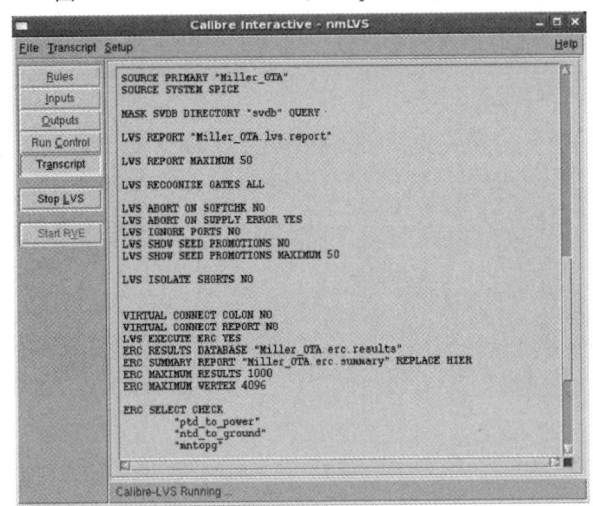

图 4.70　Calibre nmLVS 运行中

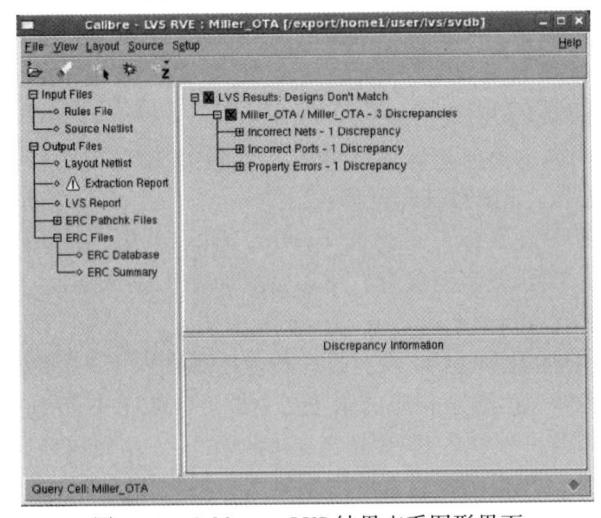

图 4.71　Calibre nmLVS 结果查看图形界面

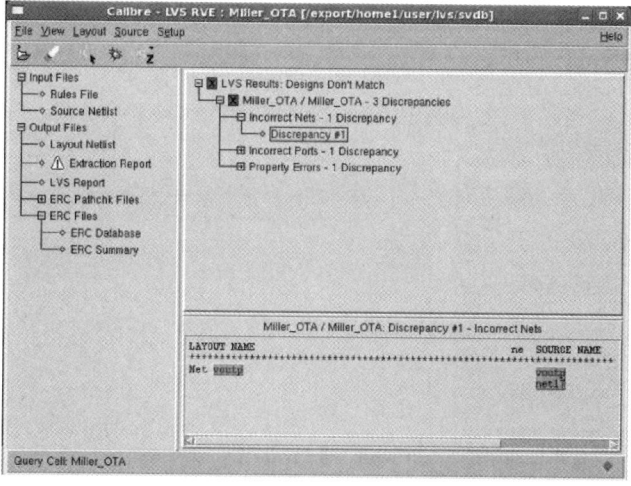

图 4.72　Calibre nmLVS 结果 1 查看图形界面

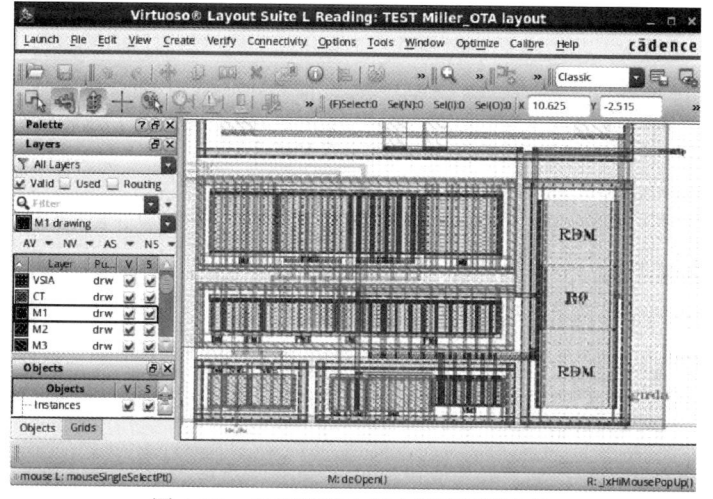

图 4.73　匹配错误 1 相应版图错误定位

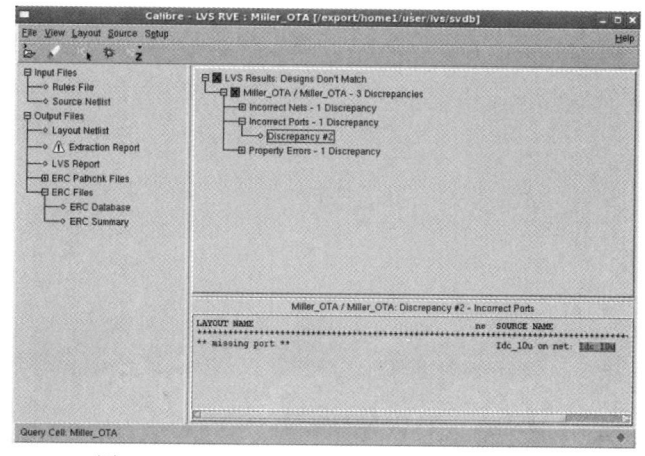

图 4.74　Calibre nmLVS 结果 2 查看图形界面

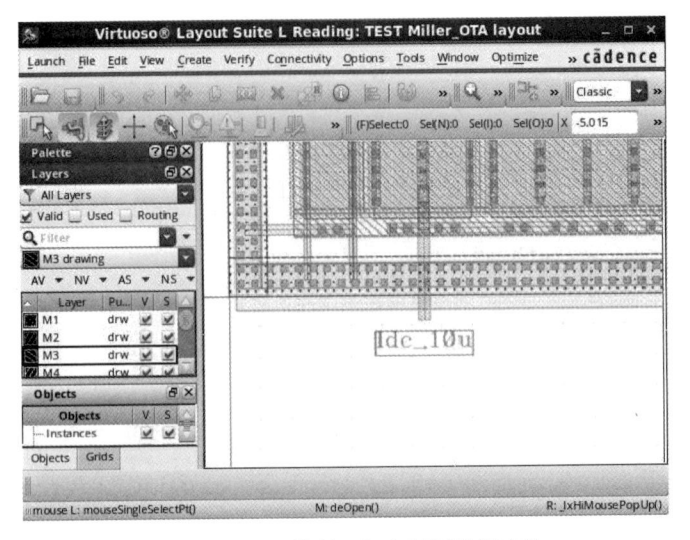

图 4.75　匹配错误 2 相应版图错误定位

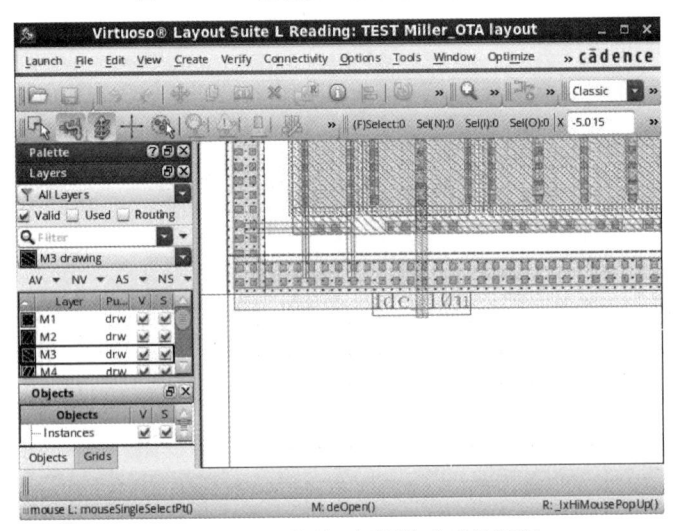

图 4.76　匹配错误 2 标识修改后的版图

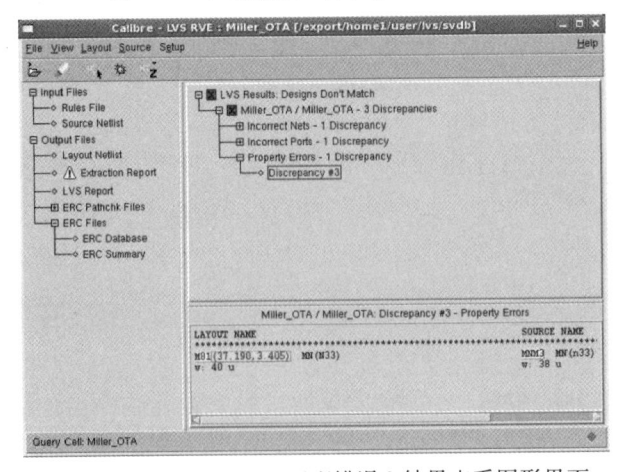

图 4.77　Calibre nmLVS 匹配错误 3 结果查看图形界面

17）图 4.78 所示版图中晶体管的尺寸为 $4\mu m \times 10 = 40\mu m$，而电路图中为 $38\mu m$，将版图中晶体管的尺寸修改为 $3.8\mu m \times 10 = 38\mu m$ 即可。

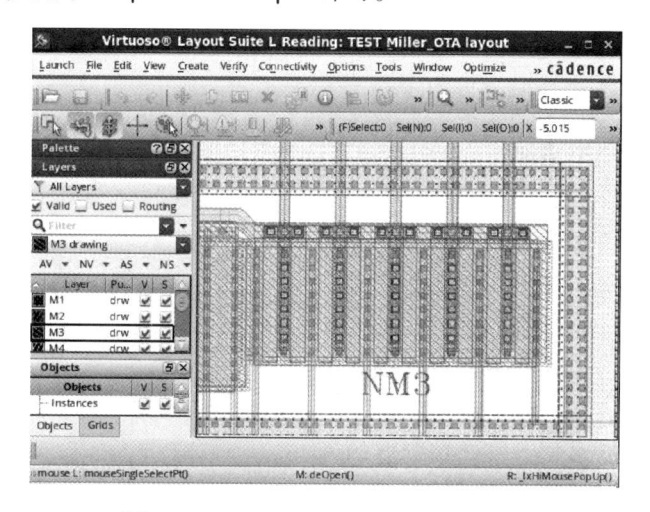

图 4.78 匹配错误 3 相应版图错误定位

18）LVS 匹配错误修改完毕后，再次做 LVS，直到所有的匹配错误都修改完毕，当出现如图 4.79 所示的界面时，表明 LVS 已经通过。

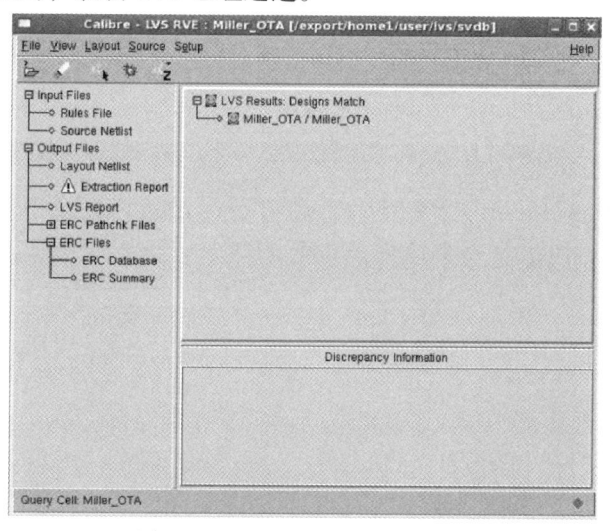

图 4.79 Calibre nmLVS 通过界面

以上完成了 Calibre nmLVS 的主要流程。

4.5　Siemens EDA Calibre 寄生参数提取（PEX）

4.5.1　Calibre PEX 验证简介　★★★

寄生参数提取（parasitic parameter extraction）是根据工艺厂商提供的寄生参数文件对版图进行其寄生参数（通常为等效的寄生电容和寄生电阻，在工作频率较高的情况下还需要提取寄生电感）的抽取，电路设计工程师可以对提取出的寄生参数网表进行仿真，此仿真的结果由于寄生参数的存在，其性能相比前仿真结果会有不同程度的恶化，使得其结果更加贴近芯片的实测结果，所以版图参数提取的准确程度对集成电路设计来说非常重要。

在这里需要说明的是对版图进行寄生参数提取的前提是版图和电路图的一致性检查必须通过，否则参数提取没有任何意义。所以一般工具都会在进行版图的寄生参数提取前自动进行 LVS 检查，生成寄生参数提取需要的特定格式的数据信息，然后再进行寄生参数提取。PEX 主要包括 LVS 和参数提取两部分。

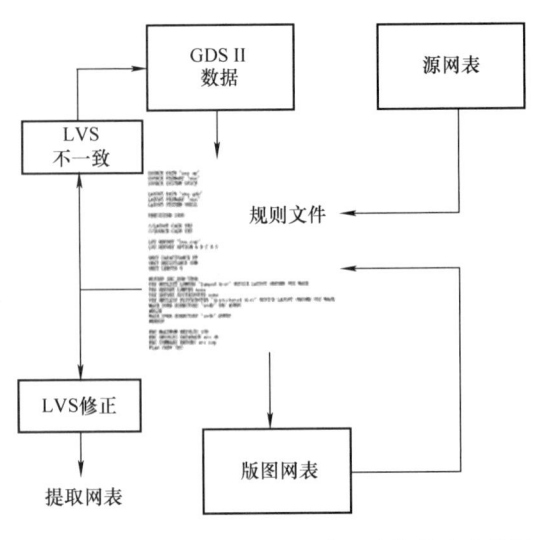

图 4.80　Siemens EDA Calibre 寄生参数提取流程图

通常情况下 Siemens EDA Calibre 工具对寄生参数提取（Calibre PEX）流程图如图 4.80 所示。

4.5.2　Calibre PEX 界面介绍　★★★

图 4.81 为 Calibre PEX 验证主界面，由图可知，Calibre PEX 的验证主界面分为标题栏、菜单栏和工具选项栏。

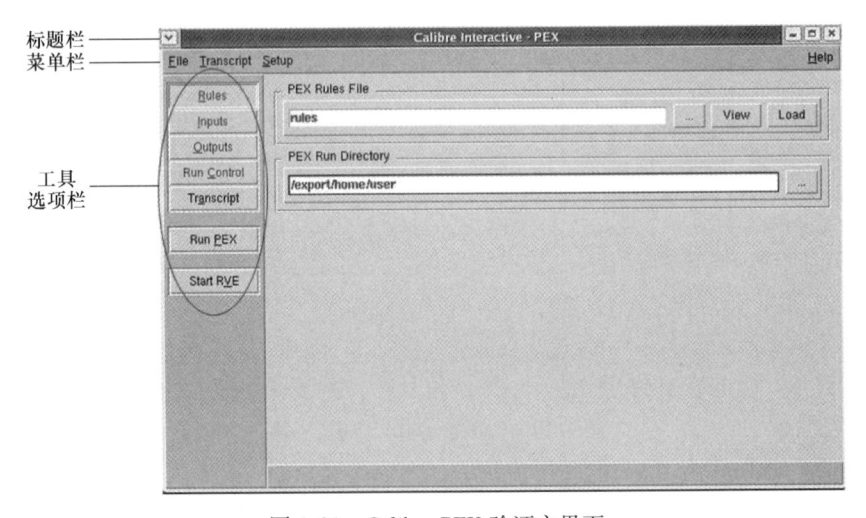

图 4.81　Calibre PEX 验证主界面

其中，标题栏显示的是工具名称（Calibre Interactive-PEX），菜单栏分为 File、Transcript 和 Setup 三个主菜单，每个主菜单包含若干个子菜单，其子菜单功能见表 4.8 ~ 表 4.10。工具选项栏包括 Rules、Inputs、Outputs、Run Control、Transcript、Run PEX 和 Start RVE 共 7 个选项栏，每个选项栏对应了若干个基本设置，将在后面进行介绍。Calibre PEX 主界面中的工具选项栏，红色字框代表对应的选项还没有填写完整，绿色代表对应的选项已经填写完整，但是不代表填写完全正确，需要用户进行确认填写信息的正确性。

表 4.8 Calibre PEX 主界面 File 菜单功能介绍

File		
New Runset		建立新 Runset
Load Runset		加载新 Runset
Save Runset		保存 Runset
Save Runset As		另存 Runset
View Text File		查看文本文件
Control File	View	查看控制文件
	Save As	将新 Runset 另存至控制文件
Recent Runsets		最近使用过的 Runsets
Exit		退出 Calibre PEX

表 4.9 Calibre PEX 主界面 Transcript 菜单功能介绍

Transcript	
Save As	可将副本另存至文件
Echo to File	可将文件加载至 Transcript 界面
Search	在 Transcript 界面中进行文本查找

表 4.10 Calibre PEX 主界面 Setup 菜单功能介绍

Setup	
PEX Options	PEX 选项
Set Environment	设置环境
Verilog Translator	Verilog 文件格式转换器
Delay Calculation	延迟时间计算设置
Layout Viewer	版图查看器环境设置
Schematic Viewer	电路图查看器环境设置
Preferences	Calibre PEX 设置偏好
Show ToolTips	显示工具提示

图 4.81 同时也为工具选项栏选择 Rules 的显示结果，其界面右侧分别为规则文件（PEX Rules File）和路径选择（PEX Run Directory）。规则文件定位 PEX 提取规则文件的位置，其中，［...］为选择规则文件在磁盘中的位置；View 为查看选中的 PEX 以及提取规则文件；Load 为加载之前保存过的规则文件。路径选择为选择 Calibre PEX 的执行目录，单击［...］可以选择目录，并在框内进行显示。图 4.82 的 Rules 已经填写完毕。

工具选项栏 Inputs 包括 Layout、Netlist、H-Cells、Blocks 和 Probes 共 5 个子菜单，图 4.83～图 4.87 分别为工具选项栏选择 Inputs 的子菜单 Layout、Netlist、H-Cells、Blocks 和 Probes 的显示结果。

Layout 选项（见图 4.83）如下：
Files：版图文件名称；
Format［GDS Ⅱ/OASIS/LEFDEF/MILKYWAY/OPENACCESS］：版图文件格式可选；
Export from layout viewer：当勾选该选项时，表示从版图中自动提取网表文件；

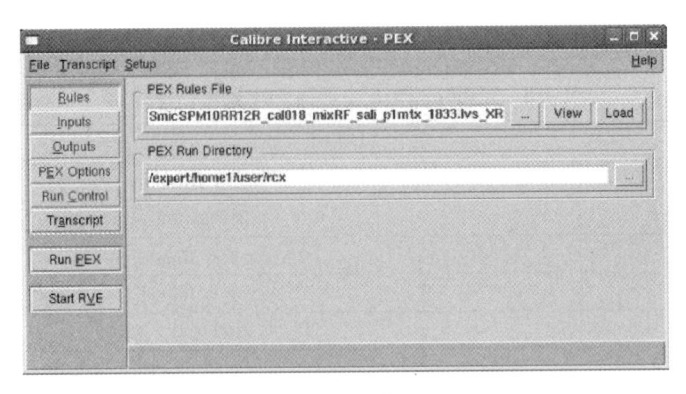

图 4.82　Rules 填写完毕的 Calibre PEX

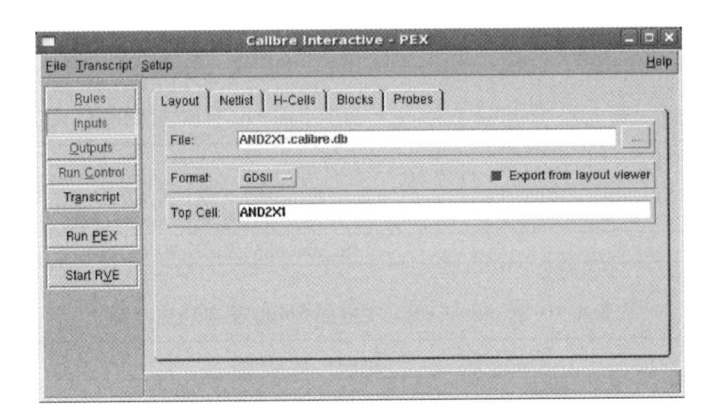

图 4.83　工具选项栏选择 Inputs- Layout 的显示结果

Top Cell：选择版图顶层单元名称，如图是层次化版图，则会出现选择框。
Netlist 选项（见图 4.84）如下：
Files：网表文件名称；
Format［SPICE/VERILOG/MIXED］：网表文件格式 SPICE、VERILOG 和混合可选；
Export from schematic viewer：高亮为从电路图查看器中导出文件；
Top Cell：选择电路图顶层单元名称，如图是层次化版图，则会出现选择框。

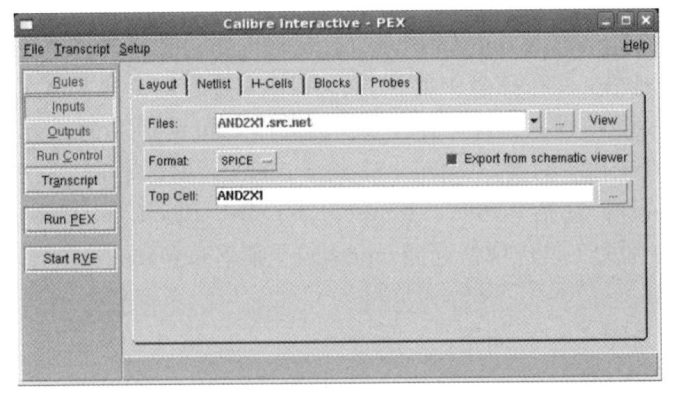

图 4.84　工具选项栏选择 Inputs- Netlist 的显示结果

H- Cells 选项（见图 4.85，当采用层次化方法做 LVS 时，H- Cells 选项才起作用）如下：

Match cells by name（LVS automatch）：通过名称自动匹配单元；
Use LVS H-Cells file [hcells]：可以自定义文件 hcells 来匹配单元；
PEX x-Cells file：指定寄生参数提取单元文件。

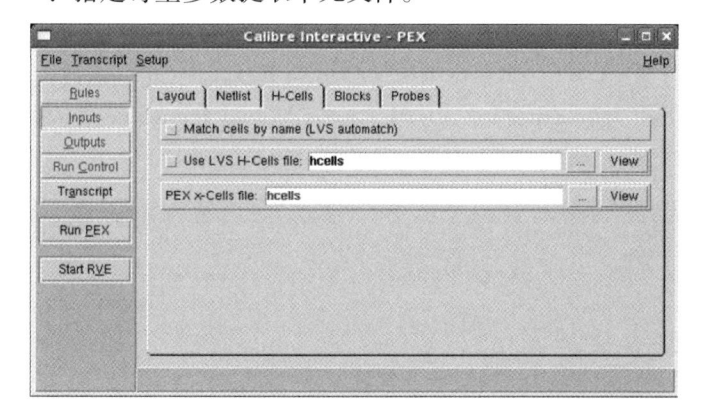

图 4.85　工具选项栏选择 Inputs-H-Cells 的显示结果

Blocks 选项（见图 4.86）**如下：**
Netlist Blocks for ADMS/Hier Extraction：层次化或混合仿真网表提取的顶层单元。

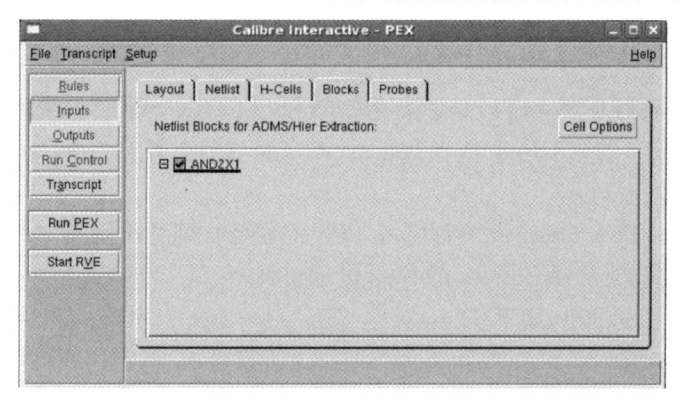

图 4.86　工具选项栏选择 Inputs-Blocks 的显示结果

Probes 选项（见图 4.87）**如下：**
Probe Points：可打印观察点。

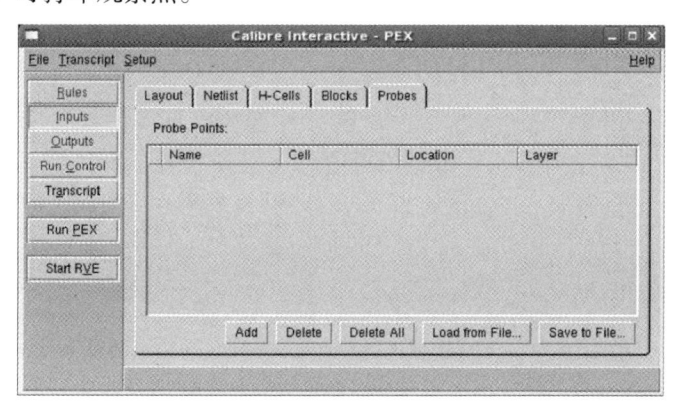

图 4.87　工具选项栏选择 Inputs-Probes 的显示结果

图 4.88 为工具选项选择 Outputs-Netlist 的显示结果，此工具选项还包括 Nets、Reports 和 SVDB 另外 3 个选项。图 4.88 显示的 Netlist 选项可分为上下两个部分，上半部分为 Calibre PEX 提取类型选项（Extraction Type）；下半部分为提取网表输出选项。其中，Extraction Type 的选项较多，提取方式可以在 [Transistor Level/Gate Level/Hierarchical/ADMS] 中选择，提取类型可在 [R + C + CC/R + C/R/C + CC/No R/C] 中进行选择，是否提取电感可在 [No Inductance/L (Self Inductance) / L + M (Self + Mutual Inductance)] 中选择。

Netlist 选项（见图 4.88）如下：

图 4.88　工具选项选择 Outputs-Netlist 的显示结果

Format [CALIBREVIEW/DSPF/ELDO/HSPICE/SPECTRE/SPEF]：提取文件格式选择；
Use Names From：采用 Layout 或者 Schematic 来命名节点名称；
File：提取文件名称；
View netlist after PEX finishes：高亮时，PEX 完成后自动弹出网表文件。
图 4.89 为工具选项选择 Outputs 的 Nets 显示结果。

Nets 选项（见图 4.89）如下：
Extract parasitics for All Nets/Specified Nets：为所有连线/指定连线提取寄生参数；
Top-Level Nets：如果指定连线提取可以说明提取（Include）/不提取（Exclude）线网的名称。

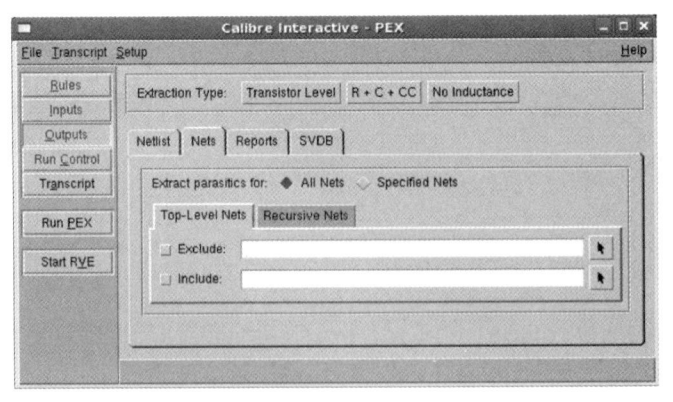

图 4.89　工具选项选择 Outputs-Nets 时的显示结果

图 4.90 为工具选项选择 Outputs——Reports 显示结果。

Reports 选项（见图 4.90）如下：
Generate PEX Report：高亮则产生 PEX 提取报告；
PEX Report File：指定产生 PEX 提取报告名称；
View Report after PEX finishes：高亮则在 PEX 结束后自动弹出提取报告；
LVS Report File：指定 LVS 报告文件名称；
View Report after LVS finishes：高亮则在 LVS 完成后自动弹出 LVS 报告结果。

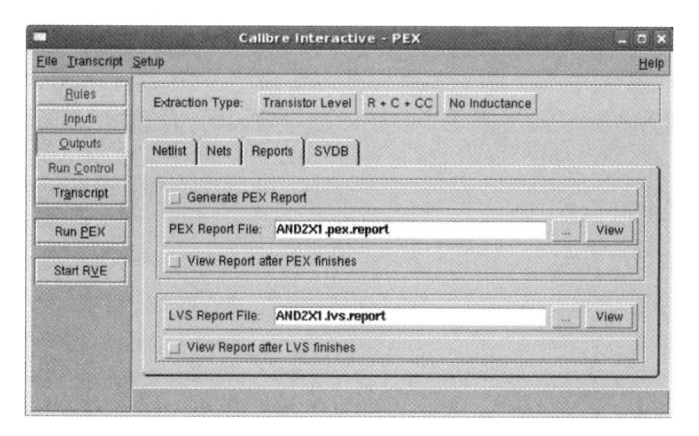

图 4.90　工具选项选择 Outputs-Reports 的显示结果

图 4.91 为工具选项选择 Outputs 的 SVDB 显示结果。

SVDB 选项（见图 4.91）如下：

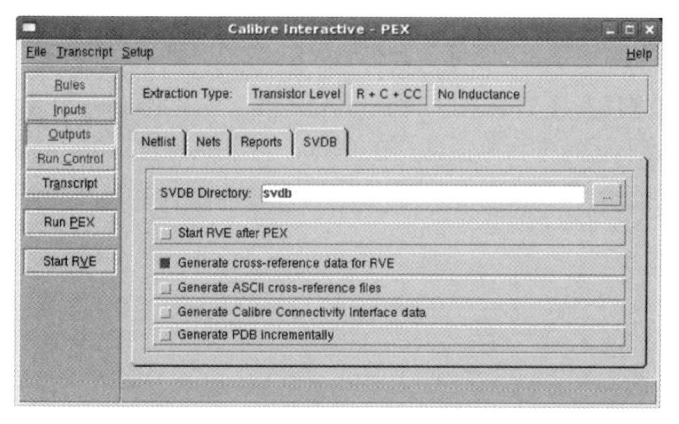

图 4.91　工具选项选择 Outputs-SVDB 的显示结果

SVDB Directory：指定产生 SVDB 的目录名称；
Start RVE after PEX：高亮则在 PEX 完成后自动弹出 RVE；
Generate cross-reference data for RVE：高亮则为 RVE 产生参照数据；
Generate ASCII cross-reference files：高亮则产生 ASCII 参照文件；
Generate Calibre Connectivity Interface data：高亮则产生 Calibre 连接接口数据；
Generate PDB incrementally：高亮则逐步产生 PDB 数据库文件。

图 4.92 为工具选项选择 Run Control 时的显示结果，图 4.92 显示的为 Run Control 中的

Performance 选项卡，另外还包括 Remote Setup、Licensing 和 Advanced 共三个选项卡。

Performance 选项（见图 4.92）如下：

Run 64-bit version of Calibre-RVE：高亮表示运行 Calibre-RVE 64 位版本；

Run hierarchical version of Calibre-LVS：高亮则选择 Calibre-LVS 的层次化版本运行；

Run Calibre on［Local Host/Remote Host］：在本地或者远程运行 Calibre；

Host Information：主机信息；

Run Calibre［Single Threaded/Multi Threaded/Distributed］：采用单线程、多线程或者分布式方式运行 Calibre。

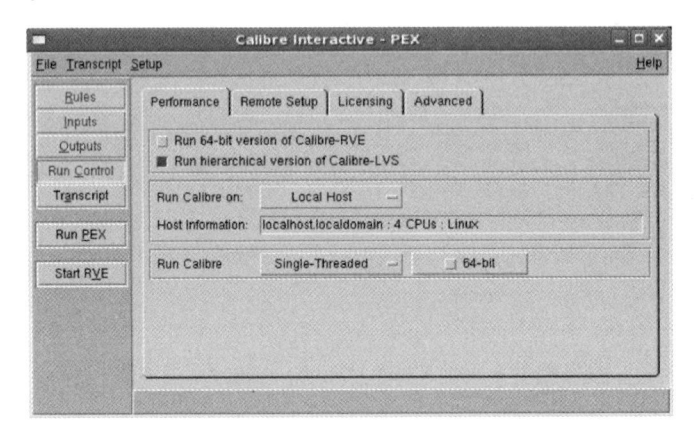

图 4.92　Run Control 菜单中 Performance 选项

图 4.92 所示的 Remote Setup、Licensing 和 Advanced 选项一般不需要改动，采用默认值即可。

图 4.93 为工具选项选择 Transcript 时的显示结果，显示 Calibre PEX 的启动信息，包括启动时间、启动版本、运行平台等信息。在 Calibre PEX 执行过程中，还将显示运行进程。

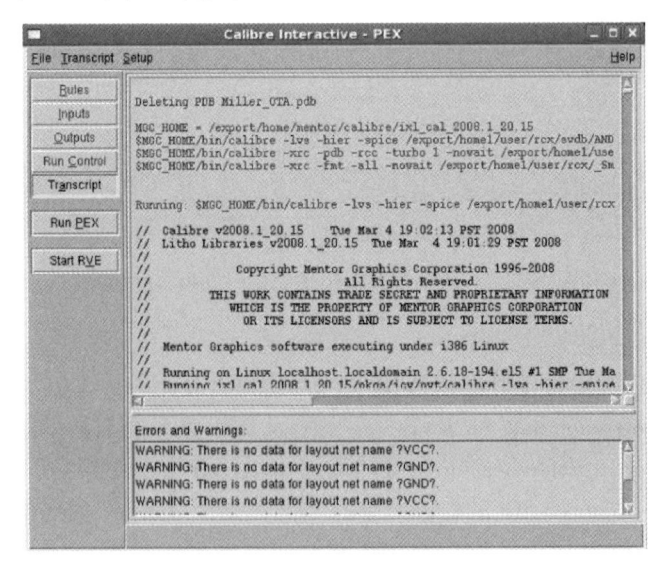

图 4.93　工具选项选择 Transcript 时的显示结果

单击菜单 *Setup-PEX Options* 可以调出 Calibre PEX 一些比较实用的选项，如图 4.94 所示。单击图 4.94 左列所示的 PEX Options 选项，主要分为 Netlist、LVS Options、Connect、Misc、Include、Inductance 和 Database 共 7 个子菜单。PEX Options 与上一小节描述的 LVS Options 类似，所以本节对其不做过多介绍。

单击如图 4.94 所示的 Run PEX，立即执行 Calibre PEX。

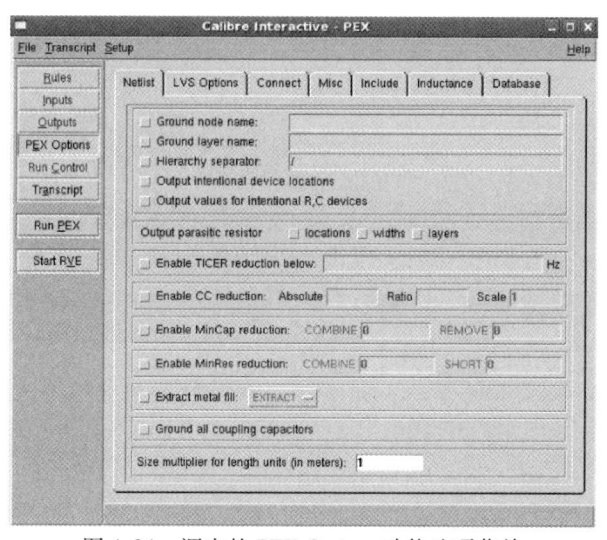

图 4.94　调出的 PEX Options 功能选项菜单

单击如图 4.94 所示的 Start RVE，手动启动 RVE 视窗，启动后的视窗如图 4.95所示。

如图 4.95 所示的 RVE 窗口，此窗口与 Calibre LVS 的 RVE 窗口完全相同。如图 4.95 所示出现的笑脸标识则标识 LVS 已经通过，此时提出的网表文件才能进行后仿真。可以通过对输出报告的检查来判断 LVS 是否通过，如图 4.96 所示为 LVS 通过的示意图。而图 4.97 为 LVS 通过后反提出的部分后仿真网表示意图。

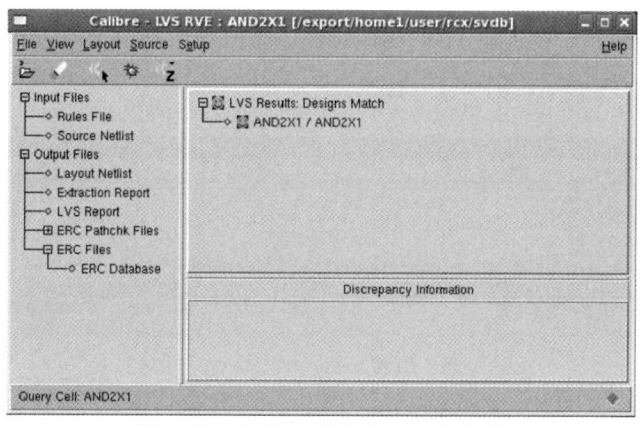

图 4.95　Calibre PEX 的 RVE 视窗图

4.5.3　Calibre PEX 流程举例 ★★★

下面详细介绍采用 Siemens EDA Calibre 工具对版图进行寄生参数提取的流程。本节采用内嵌在 Cadence Virtuoso Layout Editor 中的菜单选项来启动 Calibre PEX。Calibre PEX 的操作

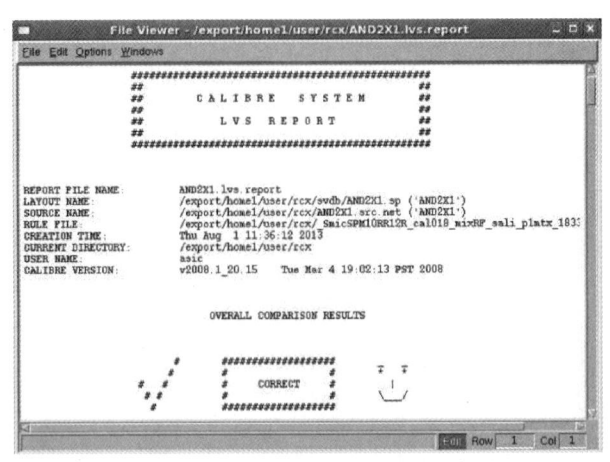

图4.96　LVS通过时输出报告示意图

图4.97　反提出的部分后仿真网表示意图

流程如下：

1）启动 Cadence Virtuoso 工具命令 virtuoso &，弹出对话框，如图4.98所示。

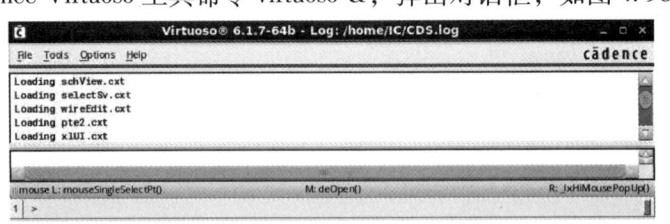

图4.98　启动 Cadence Virtuoso 对话框

2）打开需要验证的版图视图。选择 *File-Open*，弹出打开版图对话框，在 Library 中选择 TEST，在 Cell 中选择 Miller_OTA，在 View 中选择 layout，如图4.99所示。

3）单击 [OK]，弹出 Miller_OTA 版图视图，如图4.100所示。

4）打开 Calibre PEX 工具对话框。选择 Miller_OTA 的版图视图工具菜单中的 *Calibre-Run PEX*，弹出 PEX 工具对话框，如图4.101所示。

第 4 章　Siemens EDA Calibre版图验证工具

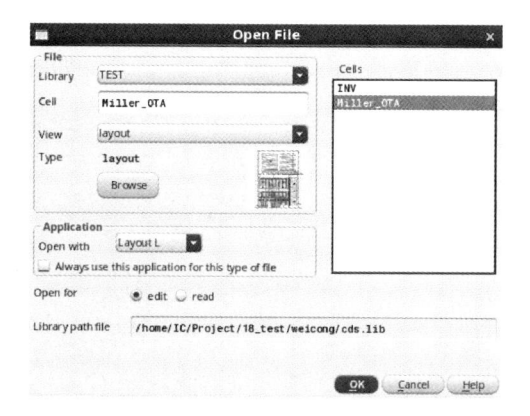

图 4.99　打开版图对话框

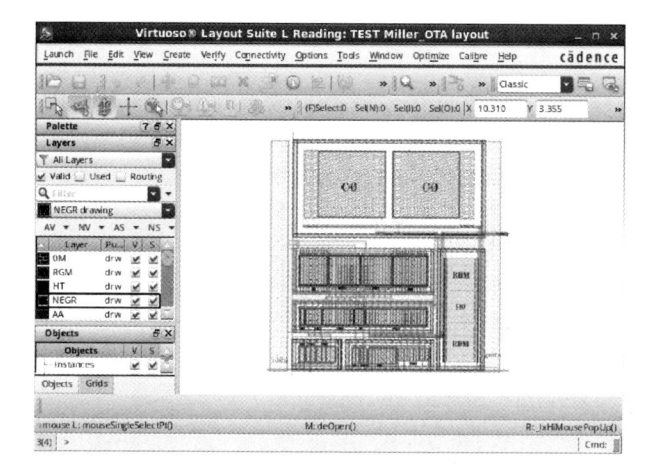

图 4.100　打开 Miller_OTA 版图

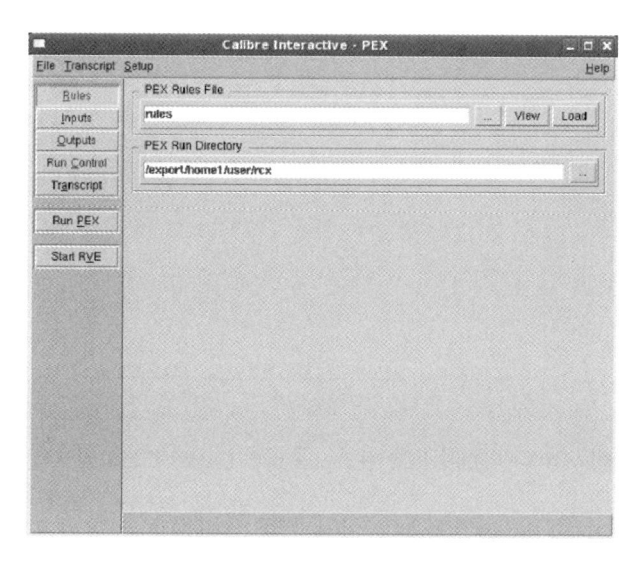

图 4.101　打开 Calibre PEX 工具

— 163 —

5）选择左侧菜单中的 Rules，并在对话框右侧 PEX Rules File 单击 [...] 选择提取文件，并在 PEX Run Directory 右侧单击 [...] 选择运行目录，如图 4.102 所示。

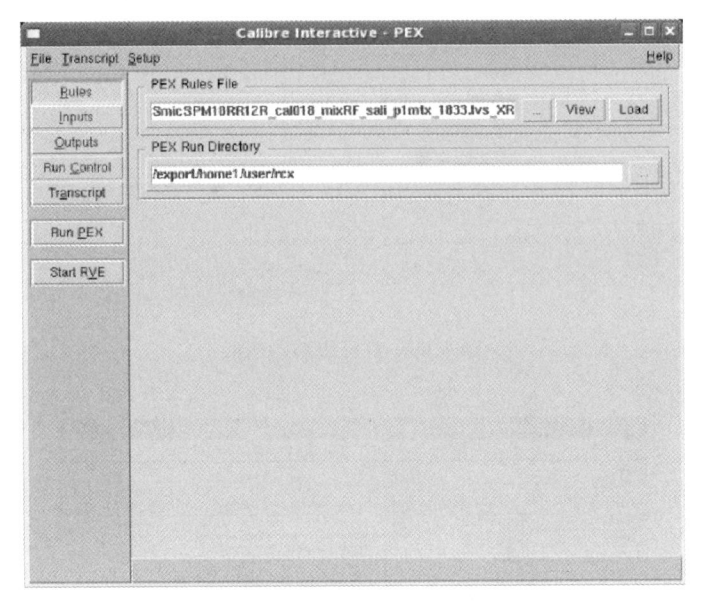

图 4.102　Calibre PEX 中 Rules 子菜单对话框

6）选择左侧菜单选项中的 Inputs，并在 Layout 选项中选择 Export from layout viewer 高亮，如图 4.103 所示。

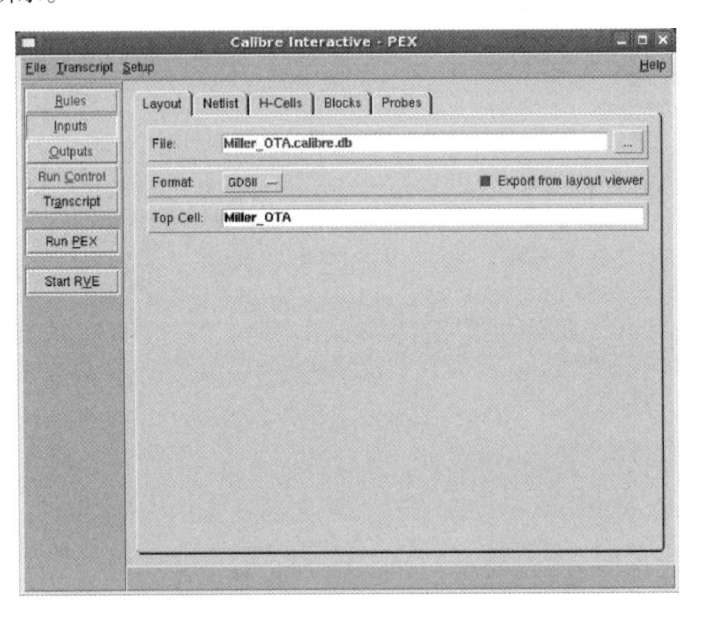

图 4.103　Calibre PEX 中 Inputs 菜单 Layout 子菜单对话框

7）选择左侧菜单中的 Inputs，选择 Netlist 选项，如果电路网表文件已经存在，则直接调取，并取消 Export from schematic viewer 高亮；如果电路网表需要从同名的电路单元中导出，那么在 Netlist 选项中选择 Export from schematic viewer 高亮（注意此时必须打开同名的 schematic 电路图窗口，才可从 schematic 电路图窗口从中导出电路网表），如图 4.104 所示。

8) 选择左侧菜单中的 Outputs 选项，将 Extraction Type 选项修改为 Transistor Level- R + C- No Inductance，表明是晶体管级提取，提取版图中的寄生电阻和电容，忽略电感信息；将 Netlist 子菜单中的 Format 修改为 SPICE，表明提出的网表需采用 Hspice 软件进行仿真，也可以选择 CALIBREVIEW/ELDO/SPECTRE 等工具的格式导出，在对应的工具中进行仿真；其他菜单（Nets、Reports、SVDB）选择默认选项即可，如图 4.105 所示。

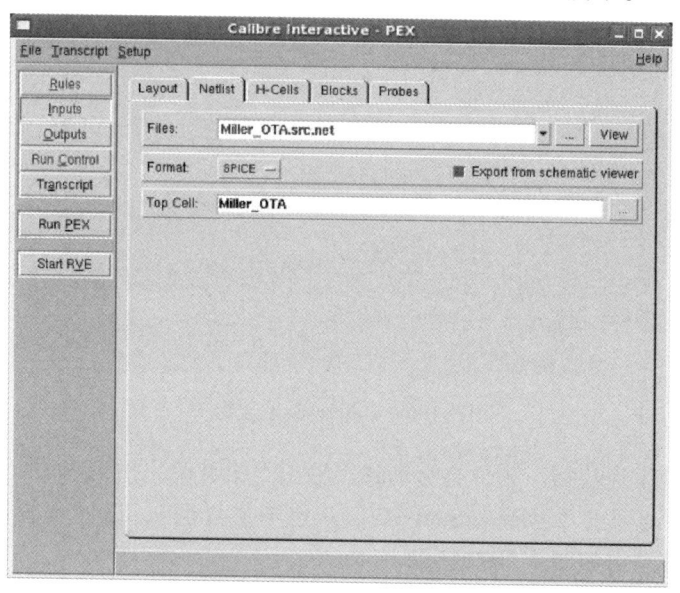

图 4.104　Calibre PEX 中 Inputs- Netlist 子菜单对话框

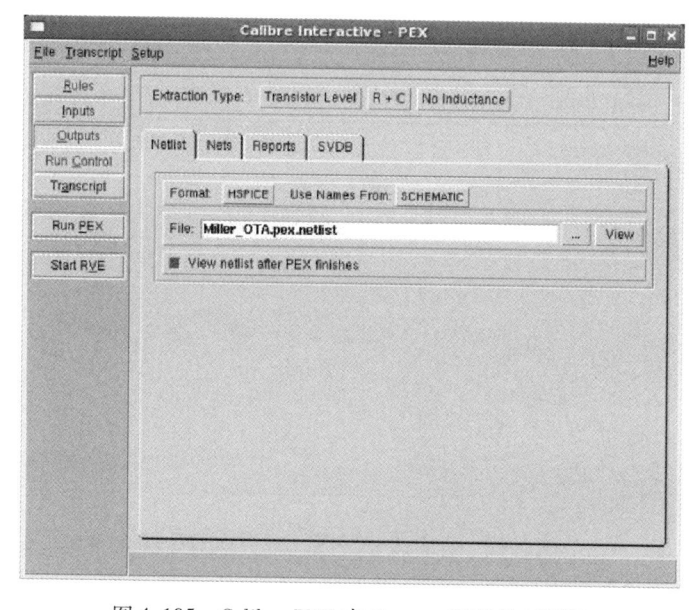

图 4.105　Calibre PEX 中 Outputs 子菜单对话框

9）Calibre PEX 左侧 Run Control 菜单可以选择默认设置，单击 Run PEX，Calibre 开始导出版图文件并对其进行参数提取，如图 4.106 所示。

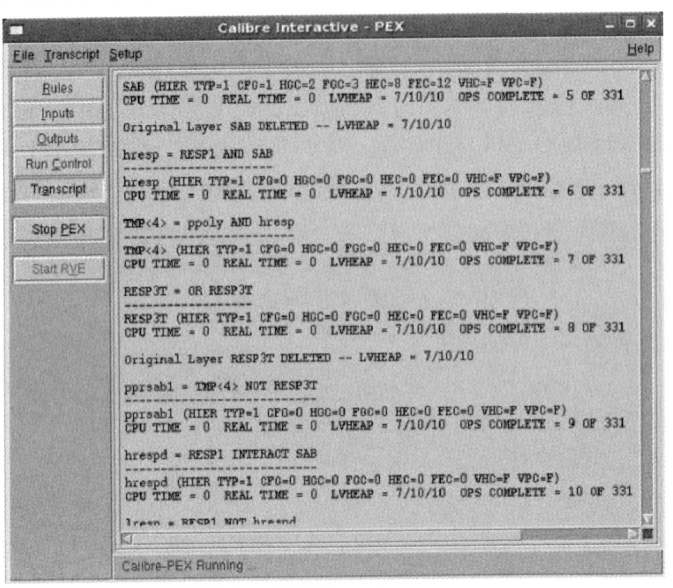

图 4.106　Calibre PEX 运行中

10）Calibre PEX 完成后，软件会自动弹出输出结果并弹出图形界面（在 Outputs 选项中选择，如果没有自动弹出，可单击 Start RVE 开启图形界面），以便查看错误信息，Calibre PEX 运行后的 LVS 结果如图 4.107 所示。

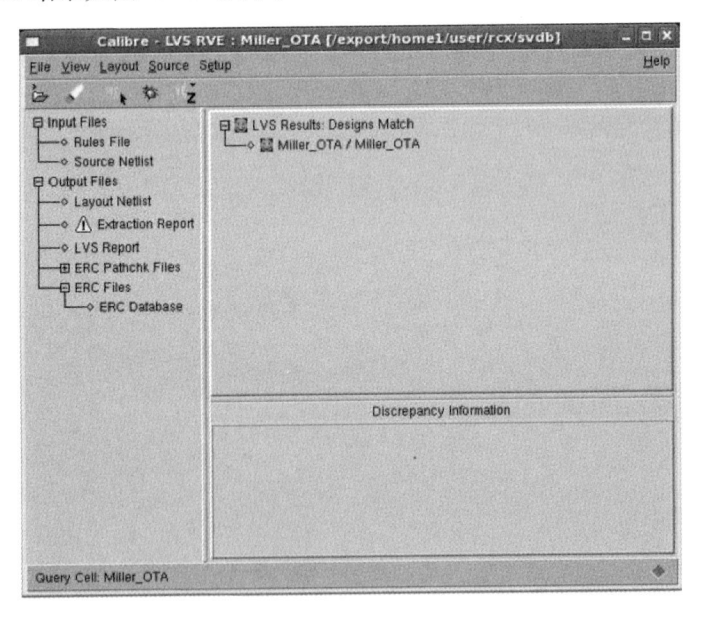

图 4.107　Calibre LVS 结果查看图形界面

11）在 Calibre PEX 运行后，同时会弹出参数提取后的主网表，如图 4.108 所示，此网表可以在 Hspice 软件中进行后仿真。另外，主网表还根据选择提取的寄生参数包括若干个寄生参数网表文件，在进行后仿真时一并进行调用。

以上完成了 Calibre PEX 寄生参数提取的流程。

图 4.108　Calibre PEX 提出部分的主网表示意图

第 5 章

Calibre 验证文件

无论在模拟集成电路或是数字集成电路设计中，物理版图验证都是版图设计中最为重要的环节。作为产业界使用最为广泛的版图验证工具，Siemens EDA Calibre 可以满足不断缩小的工艺节点和复杂制造方法的需求。Siemens EDA Calibre 不但具有规则检查、版图电路图一致性，以及可靠性等全面的分析能力，而且其优化的验证算法也最大限度地缩短了验证周期。这些优势体现的一个方面就是 Siemens EDA Calibre 具有严谨的验证规则设计。本章将从基本概念、DRC/LVS 规则入手，全面介绍 Calibre 规则文件的原理、编写规范和语法，加深读者对验证方法学的理解与掌握。

5.1 基本概念

标准验证规则格式文件 [Standard Verification Rule Format (SVRF) file] 是 SIEMENS EDA Calibre 集成电路物理验证工具使用的标准文件格式，它通过标准语句对工具的验证功能进行相应的控制。只有符合 SVRF 的规范，SIEMENS EDA Calibre 才能对设计者编写的 DRC/LVS 验证规则文件进行编译。

作为 Calibre 等工具的合法输入，一个基于 SVRF 的标准验证规则文件需要包含如下内容：Layer Assignments、Global Layer Definitions、Rule Check Statements、Comments、Specification Statements、Device Recognition Operations、Conditionals、Macros。

一个完成度较高的 rule 文件脉络如图 5.1 所示。

其中：

1) Layer Assignments：是指使用 layer 语句进行工艺下所有使用的层名和层号的说明。需要注意的是，层号需要与 Virtuoso Techfile 中 stream 部分及 Virtuoso Layer Map 中的层号完全对应，否则就会导致错误产生。

2) Global Layer Definitions：是指基于 assignment 中已定义的层进行中间层的运算，分为 Global 和 Local 两类。其中 Global 部分在 rule 中定义在 assignment 之后，对于 rule 文件全局起作用。Local 定义在 Rule Check Statements 部分，只对应特定场景起作用，在定义的特定场景以外不生效。

3) Rule Check Statements：rule 文件的核心部分。通过进行 Layer Operations 进行目标检查项的筛选和运算。同时，请注意，Rule Check 必须至少有一层独立生成的 Layer（不是 Layer Assignments 出来的层，而是经 Layer Operations 运算出的层）可以被写到结果输出的数

```
Format
  The following broad categories of elements are found in an SVRF rule file:
    Layer Assignments
    Global Layer Definitions
    Comments
    Include Statements
    Rule Check Statements {
        Local Layer Definitions
        Layer Operations
        Rule Check Comments
    }
    Specification Statements
    Connectivity Extraction Operations
    Parasitic Extraction Statements
    Device Recognition Operations
    Conditionals
    Macros
    Runtime TVF Functions
```

图 5.1 SVRF 的 rule 基本格式

据中。如果 Rule Check 在任意情况下均无法对于 DRC 结果数据进行输出,则该部分规则无法通过编译。

SVRF 文件可以使用 ASCII 文本编辑器进行编写,主要包括两个部分：操作符（Operation）和说明语句（Specification Statements）。操作符主要对版图数据进行逻辑运算与控制,主要包括层推导（Layer Derivation）、连接提取（Connectivity Extraction）、器件识别（Device Recognition）以及标识添加（Text Attachment）。这四个操作逐次递进,最终完成整体版图的识别。其中,层推导首先根据版图外框生成多边形数据,产生相应的边沿并整合成模块；连接提取则是识别出版图中各个器件之间的电气连接区域（包括具体连线）；之后器件识别的具体功能是通过识别版图图形来确定具体的器件类型；最后,标识添加为每条连线指定标签名称,从而在电路（schematic）和版图（layout）之间建立验证所需的初始对应点。说明语句主要用于控制规则文件的文本环境。例如使用标准说明语句进行完整的层定义、单元识别、生成验证结果（指定生成结果数据库的文件名和类型、控制报告文件、控制 DRC 输出）、指定验证结果文件生成的路径等。在正式交付 Calibre 规则文件前,设计者需要对规则文件进行编译,以确保语法和功能正确。设计者可以在 Calibre 中直接运行规则文件,也可以通过 GUI 加载规则文件来进行编译。编译检查主要包括语法检查和操作符的层运算检查。编译过程也可以同时验证操作符与说明语句之间关联性的正确与否。

下面以几个简单的例子来讨论 SVRF 说明语句语法使用惯例。

例子1: 指明显示 DRC 的最大报错数量,其说明语句为

DRC MAXIMUM RESULTS {maxresults | ALL}

首先所有语句都是不区分大小写。"MAXIMUM"是关键字,不能替换;大括号 { } 内包含所需参数的列表;竖线表示前后二者之间的是一个非此即彼的选择关系;标准说明语句写为 DRC MAXIMUM RESULTS all。语句功能为显示所有的 DRC 错误数量,如 all 替换为数字,则表示显示 DRC 错误的具体数量。

例子 2：指明 DRC 总结报告的名称以及显示方式，其说明语句为
DRC SUMMARY REPORT *filename* [REPLACE | APPEND][HIER]

斜体 *filename* 表示用户自己提供的一个文件名变量，用至少一个空格字符将每个单词分隔开，括号内 [ ] 为可选参数。标准说明语句写为 DRC SUMMARY REPORT "../drc_report" HIER。语句功能为将 DRC 错误输出为名为 drc_report 的报告，内容以层次化显示。此路径名必须用引号括起来，因为它包含特殊字符。

例子 3：层的与操作，其说明语句为
AND layer0 [constraint] //单一层的与操作
AND layer1 layer2 //两层之间的与操作

与运算可以使用一层或者两层进行。如使用两层进行运算，则操作符的顺序可以任意，如下面四种顺序（AND metal poly、metal AND poly、poly AND metal、metal poly AND）都可以执行金属层（metal）与多晶硅层（poly）的与运算。层之间的表述顺序并不会影响版图连接关系。

例子 4：测量垂直边沿的操作，其说明语句为
INTERNAL layer1 layer2 constraint [NOT] PERPENDICULAR [ONLY|ALSO]

必须按照语句语法中所示，在二级关键字中对单词进行排序。例如，以下三个语句是有效的：

INTERNAL metal < 5 PERPENDICULAR ONLY
INTERNAL metal < 5 PERPENDICULAR ALSO
INTERNAL metal poly < 5 NOT PERP

但如果将二次关键字 ONLY 放置在 PERPENDICULAR 之前就是错误的，如 INTERNAL metal < 5 ONLY PERPENDICULAR 就是错误的。

保留关键字和保留符号是说明语句中固有的特定说明。通常，任何说明语句、操作符或辅助关键字的名称都认为是保留的关键字。保留关键字不能在变量、单元名称、规则检查以及层名称中使用。Calibre 验证规则文件可以识别表 5.1 所示 SVRF 文件中的保留符号。

表 5.1 SVRF 文件中的保留符号

符号	定义
//	规则文件注释
@	规则检查注释
/* */	区域注释分隔符
=	可以给变量进行赋值操作。用于进行 Layer Derivations 或者在特定的内嵌语句汇总进行变量赋值
{ }	规则检查内部以及 Macro 的分隔符，也可以用作变量列表的分隔符
!	逻辑取反，用于特定数学表达式中
~	位补码。正参数时返回 0 值，负参数时返回 1 值。用于特定的数学表达式中
%	逻辑取余，用于特定的数学表达式中
&&	逻辑取与，用于特定的 LVS 表达式中
| |	逻辑取或，用于特定的 LVS 表达式中
::	TVF 中的域运算符，以及其他基于 Tcl 语言的 SVRF 拓展应用。在一些内建描述语言中也可以作为向量运算符使用

(续)

符号	定义
,	参数分隔符。在内建描述语言函数中使用
?	通配符,可以匹配0或者多个字符。使用通配符的字符串需要被引用符号包围
$	环境变量
#	前置处理器条件语句定义运算符

在使用这些符号的过程中,无论符号是与操作符、说明语句直接相连还是与语句之间存在空格,规则文件都可以识别出这些保留符号。

在验证规则文件中,设计者可以使用C++或是C语言风格的注释符,即"//"或是"/* … */"。通常这些注释都出现在说明语句的句末。但也可以出现在句中的位置进行注释。在DRC验证文件中,使用者还可以使用"@"符号进行个人的注释。采用"@"的注释方式时,可以将注释语句嵌入到说明语句中。

如图5.2所示,图中是第二层金属(METAL2)的间距规则。从图中可以看到,"@"符号后的语句是使用者为了方便个人理解而添加的注释。当DRC出现错误时,该注释也会出现在DRC的说明栏中。"//"符号后则是设计者在设计验证规则文件时添加的注释。

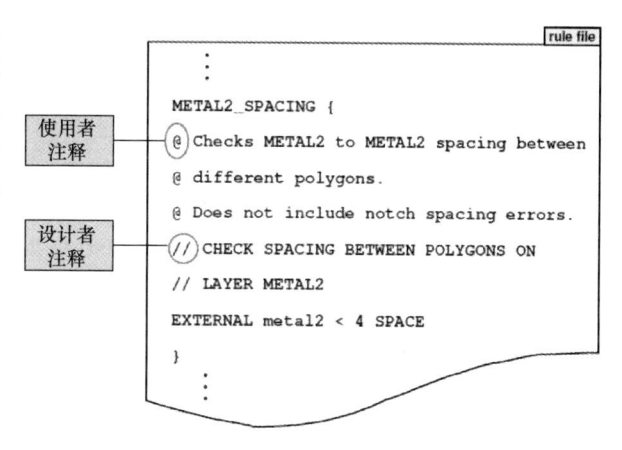

图5.2 注释语句举例

SVRF文件提供的数学公式如表5.2所示。其中的部分公式如SQRT及ABS是在rule中被广泛使用的。但是需要注意的是,并非所有的验证环境均支持这些数学公式,具体情况以规则的编译结果是否通过为准。

表5.2 SVRF文件提供的数学公式

函数	定义
CEIL(x)	得到不小于x的最接近的整数值
FLOOR(x)	得到不大于x的最接近的整数值
TRUNC(x)	截取函数,返回指定的值
SQRT(x)	计算x的二次方根
ABS(x)	计算x的绝对值
EXP(x)	得到e的x次幂
LOG(x)	计算x的自然对数(以e为底数)
SIN(x)	计算x弧度的正弦值
COS(x)	计算x弧度的余弦值
TAN(x)	计算x弧度的正切值
MIN(expression1,expression2)	得到两个运算的最小值
MAX(expression1,expression2)	得到两个运算的最大值

在验证规则文件中,设计者经常需要定义一些变量,以方便后续调用或者例化。变量可

以用作说明语句的参数。规则文件变量可以用两种方式进行定义：

1）通过变量说明定义在规则文件中，如：

VARIABLE pspace 3.0

poly_spacing {EXT poly < pspace}

2）以 Unix 环境变量的形式定义在规则文件之外，如：

setenv pspace 3.0

VARIABLE pspace ENVIRONMENT

poly_spacing {EXT poly < pspace}

其中第二和第三行才是 SVRF 规则文件的内容。

变量也可以出现在使用者的注释语句中，要调用这些变量，需要在变量前面加"^"符号。而这些注释也会出现在 Calibre 的 RVE 窗口中，如图 5.3 所示。

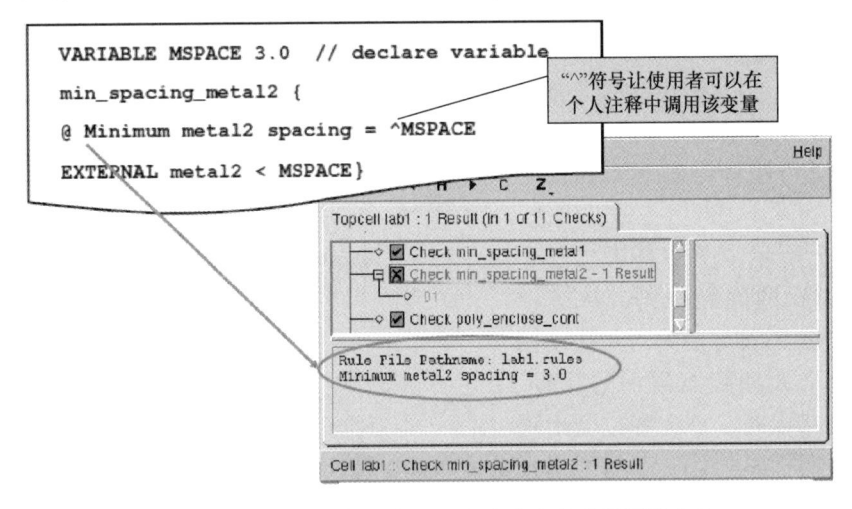

图 5.3 "^" 符号让使用者可以在个人注释中调用该变量

在设计 Calibre 验证规则文件时，我们还可以直接在 SVRF 文件中加入 include 语句，直接调用已经编辑好的子规则文件，如：INCLUDE "/user/joe/work/rulefile"。被调用的规则文件语句可以出现在主规则文件的任何位置。在进行验证时，Calibre 会优先调用这些子规则文件。同样，子规则文件也可以利用 include 语句继续调用下一层规则文件。

在 Calibre 验证规则文件中，问号（?）通配符可以匹配零个或多个字符。一些 SVRF 语句在引用单元名称以外的名称时，可以使用此通配符。如：GROUP tapeout_checks "level?"。星号（*）通配符同样可以匹配零个或多个字符。与问号不同，在引用单元名称时，SVRF 语句允许使用此通配符，如 EXCLUDE CELL "ADDER*"。

预处理器指令是允许对规则文件文本进行条件编译的结构。规则文件中的 #DEFINE 和 #UNDEFINE 关键字或 shell 环境中定义的变量用于控制不同情况下的编译。其语法表示为

#DEFINE name [value]

#UNDEFINE name

例子中的 name 是必填字符串，value 是可选字符串。name 不需要出现在规则文件中的 VARIABLE 语句中。如果在 #DEFINE 中指定了 value，它将替代之前在 shell 中指定的值。

#IFDEF 是另一种条件语句定义，其格式有以下两种形式：

#IFDEF name［value］rule_file_text

［#ELSE rule_file_text］

#ENDIF

或者

#IFNDEF name［value］rule_file_text

［#ELSE rule_file_text］

#ENDIF

如果 name 被定义为环境变量，则需要在 name 前面加上"＄"（在这种情况下，name 不需要出现在#DEFINE 语句中）。

  #IFDEF 示例

LAYER metal4 23

LAYER metal5 26

LAYER metal6 14

#IFDEF ＄P1

LAYER top_metal metal6

  #ELSE

  #IFDEF ＄P2

   LAYER top_metal metal5

    #ELSE

     LAYER top_metal metal4

  #ENDIF

#ENDIF

在该验证规则文件示例中，进程 P1 声明 metal6 是顶层金属层，进程 P2 声明 metal5 是顶层金属层，并且在所有其他进程中，metal4 是顶层金属层。我们可以通过定义适当的环境变量（P1、P2 或两者都不定义）来指定所需的进程。

在开始 Calibre 各种验证之初，首先要进行版图输入声明。目标版图的数据格式、存放路径和名称可以分别通过以下三个说明语句进行声明：

1）LAYOUT SYSTEM——版图的数据格式；

2）LAYOUT PATH——版图存放路径；

3）LAYOUT PRIMARY——版图名称。

LAYOUT SYSTEM 声明的语法为 LAYOUT SYSTEM type，其中 type 可以例化为 GDSII、OASIS、LEFDEF、OpenAccess、Milkway 等版图数据格式。示例：LAYOUT SYSTEM GDSII。设计者必须在验证规则文件中指定一次此语句。

LAYOUT PATH 声明的语法为 LAYOUT PATH ｛filename …filename］｜STDIN｝。filename 为版图数据库的路径名。STDIN 表示版图来自于标准输入。示例：LAYOUT PATH "/tmp/work/mydesign.gds"。Calibre 在验证之前会自动合并多个版图数据文件。设计者必须在验证规则文件中至少指定一次此语句，也可以多次指定此语句来加载多个数据库。

LAYOUT PRIMARY 声明语句的目的是指定要验证的版图、子电路、单元或电路符号。

其语法为 LAYOUT PRIMARY name。其中 name 是目标设计的名称。示例：LAYOUT PRIMARY "cpu_topcell"。LAYOUT PRIMARY 语句中通常声明的是顶层单元名称。设计者必须在验证规则文件中指定一次此语句，其数据类型可以是 GDSII、OASIS 和 OpenAccess。设计者也可以使用"*"来匹配不同的版图单元名称。如果有多个版图名称匹配上，那么 Calibre 将调用列表中的第一个版图。

以下是一个完整 SVRF 文件示例：

```
// -----------------------------
// OPTIONAL HEADER INFORMATION
// -----------------------------
// REQUIRED DRC SPECIFICATION STATEMENTS
LAYOUT SYSTEM GDSII
LAYOUT PATH "./mydesign.gds"
LAYOUT PRIMARY top_cell
DRC RESULTS DATABASE "../drc_results"
// OPTIONAL INCLUDED RULE FILES
INCLUDE "/home/process/drc/golden_rules"
// ONE OR MORE DRAWN LAYER DEFINITIONS
LAYER diff 24 // DIFFUSION
LAYER poly 5 // POLY
LAYER metal2 9 // METAL2
LAYER via 12 // VIA
// ONE OR MORE DERIVED LAYER DEFINITIONS
gate = poly AND diff // GATE
sd = diff NOT gate // SOURCE-DRAIN
// ONE OR MORE DRC RULECHECKS
min_gate_length {
@ Gate length along POLY must be >= 3 microns.
x = INSIDE EDGE poly diff
INTERNAL x < 3
}
```

5.2 DRC 基础

Calibre DRC 验证流程如图 5.4 所示，主要包括查看错误报告、定位错误和纠正 DRC 违反规则三个过程。设计者需要在图 5.4 中的流程反复迭代，直到版图通过所有的 DRC 验证规则，才能符合晶圆厂的生产标准。

在版图中，集成电路中的不同材料是用不同颜色和图形组合表示的层来进行定义的，如图 5.5 所示。

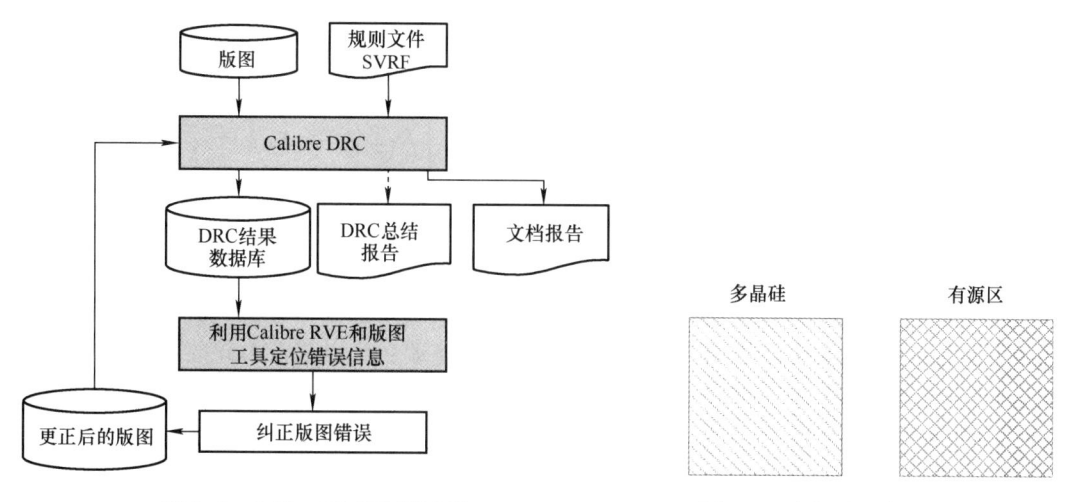

图 5.4　Calibre DRC 验证流程

图 5.5　多晶硅和有源区的层表示

在 DRC 验证规则文件中，设计者可以创建或使用四种类型的层数据：原始层（在 PDK 中定义并绘制出的层，也称为绘制层）、衍生的多边形层、衍生的边沿层、衍生的错误层。DRC 系统中的层类型和数据流关系如图 5.6 所示。

原始层也称为绘制层，是最原始的版图层数据，可以通过 SVRF LAYER 进行语句定义，比如：LAYER diff 2；LAYER poly 4。在示例中 LAYER 是层定义的关键字，diff 和 poly 为层名称，最后的 2 和 4 是该层的层号。SVRF 语句可以按名称或层号来引用相应的层。如图 5.7 所示，在 PDK 中绘制的扩散层和多晶硅层都是原始层。

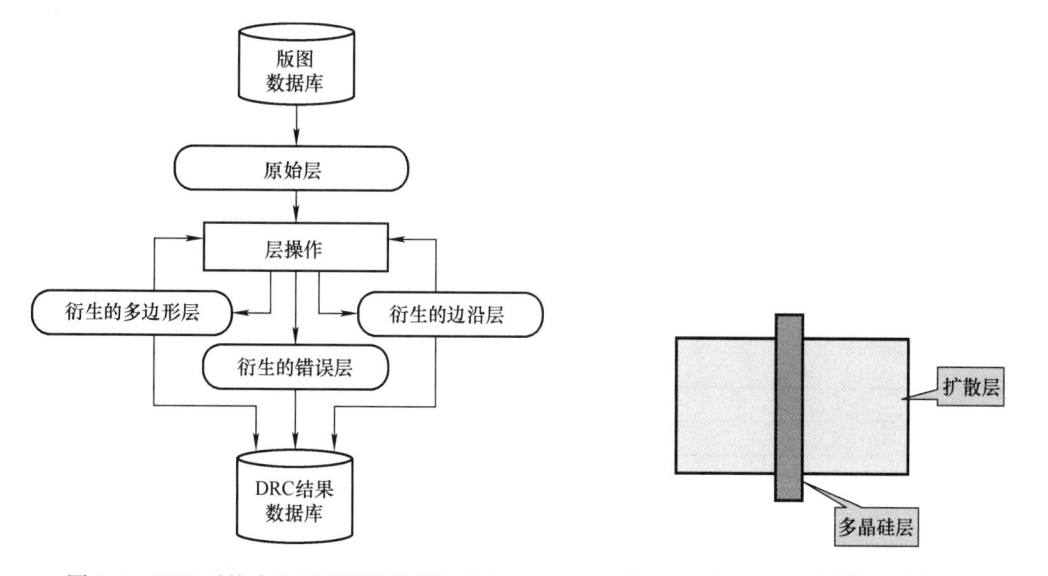

图 5.6　DRC 系统中的层类型和数据流关系

图 5.7　在 PDK 中绘制的扩散层和多晶硅层

衍生多边形层是通过层操作而生成的多边形：层操作可以通过布尔运算或者多边形定向尺寸检查操作实现。如图 5.8 所示，扩散层（diff）和多晶硅层（poly）通过"与"运算后得到的层即为栅（gate）。

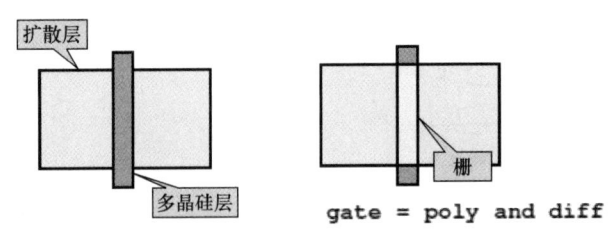

图 5.8 扩散层（diff）和多晶硅层（poly）通过"与"运算后得到的层即为栅（gate）

衍生边沿层表示进行层操作后生成的多边形边沿或边沿模块；衍生边沿层可以通过拓扑边沿运算和边沿定向尺寸检查操作产生。衍生错误层主要包含以错误为导向的尺寸检查操作输出。衍生错误层主要作为设计 DRC 验证规则的错误反例存在，无法由其他操作符实现。

规则检查（Rule Check）是设计者添加到验证规则文件中的过程语句结构，用于检查一个或多个设计规则。验证规则文件指定了 Calibre 需要执行的规则检查。Calibre 规则检查结构顺序主要包括评估语句和输出结果数据（DRC 结果数据库）。在规则检查过程中，Calibre 将层数据暂时保存在内存中，直到另一个规则检查不再需要为止。为了提高存储资源管理、减少运行时间，检查工作会在某个层衍生结果生成后，立即将这些衍生层的所有检查规则归拢至一个数据组中。

一个完整的规则检查文本包括：名称、左花括号（{）、一个或多个层定义、至少一个独立操作符、可选的注释文本、右花括号（}），如图 5.9 所示。

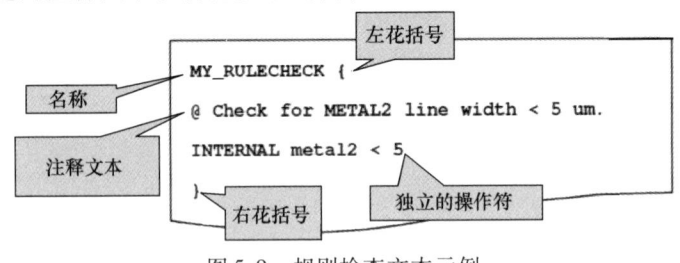

图 5.9 规则检查文本示例

在 DRC 验证规则中，比如尺寸测量、边沿和多边形数目计算等操作，都可以通过具有数学含义的约束表达式进行实现。Calibre 会通过这些约束表达式选择满足约束的数据集。部分 DRC 约束与数学表达式对照如表 5.3 所示。

表 5.3 部分 DRC 约束与数学表达式对照

数学表达式	Calibre 约束符号
X < A	< A
X > A	> A
X ≤ A	< = A
A ≤ X	> = A
X = A	= = A
X ≠ A	! = A
A < X < B	> A < B 或 < B > A
A ≤ X < B	> = A < B 或 < B > = A
A < X ≤ B	> A < = B 或 < = B > A
A ≤ X ≤ B	> = A < = B 或 < = B > = A

比如要将第二层金属的最小宽度约束为4μm，对应的 Calibre SVRF 说明语句（DRC 约束）可以表示为 INTERNAL metal2 < 4。

在 DRC 验证规则中可以定义全局层和局部层两种层类型。全局层是在规则检查之外定义的层，可用于所有规则检查。而局部层是在规则检查中定义的层，仅适用于定义其规则检查。如果全局层与局部层同名，且二者定义存在差异，那么局部层在规则检查中会覆盖同名的全局层。因此在规则检查中，局部层具有更高的优先级。

层操作符的作用是执行相应的层操作，这些层操作可以根据由原始层或衍生层构成的输入进行二次创建，生成对应的衍生层。一般来说，层操作分为三大类：边沿导向的层操作、多边形导向的层操作和错误导向的层操作。

层操作符可以进一步被分为构造函数或选择函数。层构造函数可以用于创建新的多边形数据，某些层构造函数根据操作符来传递电路节点的标识信息，此外还可以进行布尔运算（比如尺寸运算，密度运算等）。层选择函数则可以选择现有多边形或边沿数据，所有层选择操作都会保留电路节点的信息，同时，层选择函数还保留了原始输入层到衍生层之间的连通性；并包括了具有约束的层操作（比如 AREA <4）。

在尺寸检查操作和电路网络保持不变的层操作中，确定原始层是非常重要的。对于衍生层 y 和 y 层衍生链，y 的原始层是层构造函数操作所产生的最底层。如果在 y 层衍生链中没有层构造函数，那么 y 的原始层就是链中的初始层。绘制层的原始层就是本身。示例如图 5.10 所示。

```
A = metal AND contact
B = AREA A < 4
C = RECTANGLE B
```
层选择函数　　层构造函数

A层的原始层是金属层 metal（初始层）；
B和C层的原始层是A，因为层构造函数产生的最底层就是A

图 5.10　原始层和层构造函数所产生的最底层

在 Calibre 中，层规范语句是通过 LAYER 和 LAYER MAP 两个语句来实现层定义的。层规范语句 LAYER 的作用是定义原始层或层集的名称，其语法可以表示为

LAYER name original_layer［original_layer…］

其中，name 为原始层或层集的名称；original_layer 为原始层的层号或由另一个 LAYER 语句定义的层（集）的名称。在验证规则文件中，可以通过名称或层号引用原始层。而层集只能使用名称进行引用。原始层一旦定义后，就不能再进行重新定义。在不同的层语句中，不能为不同的层号指定相同的名称，即层号和层名称必须一一对应。在一些场景中，也可以出现同一个层号具有不同层名的情况。如图 5.11 所示，如果为 METAL1 同时定义 10 和 50 两个层号，就会发生错误。

层规范语句 LAYER MAP 主要用于将 OASIS 数据库、GDSII 层号、DATATYPE 和 TEXTTYPE 映射到 Calibre 中相应的层号，其语法为

LAYER MAP source_layer {DATATYPE |TEXTTYPE} source_type target_layer

source_layer：用于定义要映射的层的编号或约束。

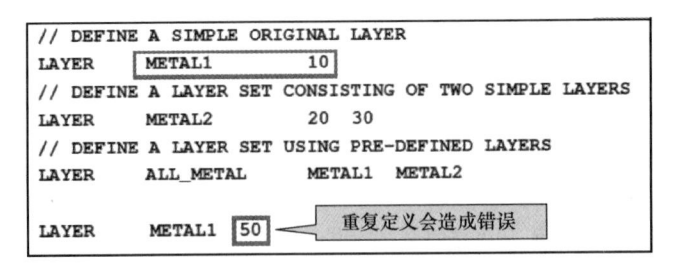

```
// DEFINE A SIMPLE ORIGINAL LAYER
LAYER    METAL1        10
// DEFINE A LAYER SET CONSISTING OF TWO SIMPLE LAYERS
LAYER    METAL2        20  30
// DEFINE A LAYER SET USING PRE-DEFINED LAYERS
LAYER    ALL_METAL     METAL1  METAL2

LAYER    METAL1   50   ← 重复定义会造成错误
```

图 5.11　重复定义 METAL1 层号会产生错误

DATATYPE、TEXTTYPE：指示工具创建 DATATYPE 或 TEXTTYPE 的映射。
source_type：指的是源类型的层号或约束。
target_layer：指定了 Calibre 目标层的编号。
GDSII 与 Calibre 的层映射图如图 5.12 所示。

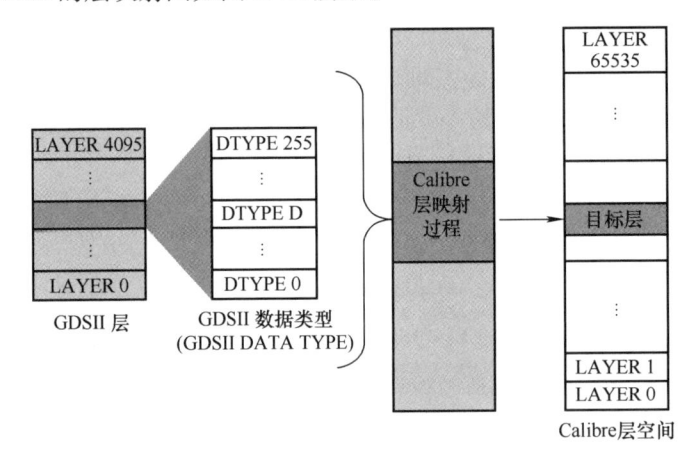

图 5.12　GDSII 与 Calibre 的层映射图

LAYER MAP 声明层集和层的示例如图 5.13 所示。从图中可以看到使用 LAYER MAP 将 GDSII 层的第 0 层以及 GDSII 数据类型中的 16～32 层映射到最终 Calibre 的第 256 层上。并定义第 256 层的层名称为 MAPPED_LAYER。

DRC 输出控制语句主要包括 DRC RESULTS DATABASE、DRC MAXIMUM VERTEX、DRC CHECK MAP、DRC MAP TEXT、DRC MAP TEXT DEPTH、DRC SUMMARY REPORT、DRC MAXIMUM RESULTS 总共七大类。

DRC RESULTS DATABASE 的作用在于为 Calibre nmDRC 指定生成结果数据库的文件名和类型，其语法为

DRC RESULTS DATABASE filename [type] [PSEUDO|USER MERGED|USER]

filename：DRC 结果数据库的路径名称。

type：ASCII、BINARY、GDSII、OASIS 数据格式中的关键词；DRC 结果数据默认为 ASCII 格式。

PSEUDO：表明 Calibre 调用在分层过程中生成的伪单元。

USER MERGED：在分层结果数据库中压缩伪单元的输出。在层次结构中，伪单元中的

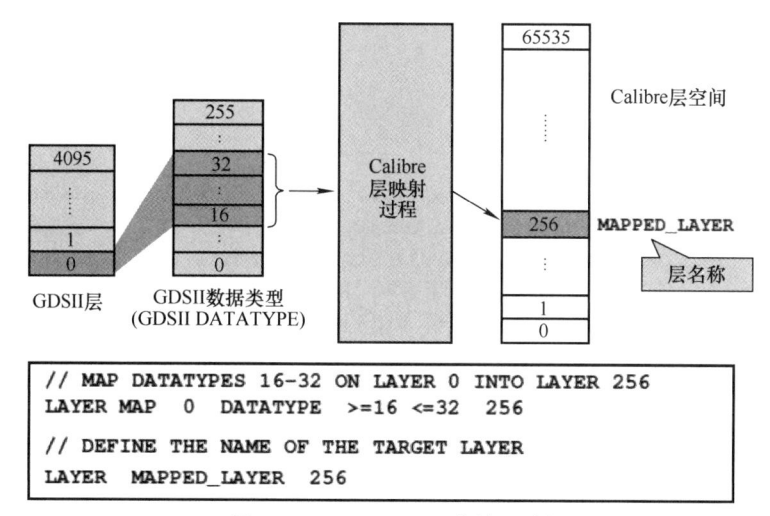

```
// MAP DATATYPES 16-32 ON LAYER 0 INTO LAYER 256
LAYER MAP    0    DATATYPE   >=16 <=32   256
// DEFINE THE NAME OF THE TARGET LAYER
LAYER  MAPPED_LAYER  256
```

图 5.13　LAYER MAP 语句示例

几何数据向上转换到第一个用户单元，然后合并。

USER：在分层结果数据库中压缩伪单元的输出。在层次结构中，伪单元中的几何数据向上转换到第一个用户单元，但不会合并。

示例：DRC RESULTS DATABASE "./drc.out" ASCII

DRC MAXIMUM VERTEX 的作用是指定要写入 DRC 结果数据库的多边形 DRC 结果的最大顶点数。其语法为

DRC MAXIMUM VERTEX {number | ALL}

number：必须是大于或等于 4 的整数；默认值是 4096。

ALL：指定没有最大的顶点数，即显示所有的顶点数。如果输出多边形包含的顶点数超过指定值，那么这个多边形将被分解为多个多边形。

示例：DRC MAXIMUM VERTEX 1024

DRC CHECK MAP 的作用是控制 DRC RuleCheck 的数据库输出结构。其可以在单个 Calibre nmDRC 运行中，使用不同 RuleCheck 生成具有不同数据格式的多个 DRC 结果数据库。其语法为

DRC CHECK MAP rule_check {{GDSII | OASIS} [layer [datatype]]} | ASCII | BINARY [filename] [MAXIMUM RESULTS {max | ALL}] [MAXIMUM VERTICES {maxvertex | ALL}] [TEXTTAG name] [PSEUDO|USER|USER MERGED]

{[{AREF cell_name width length [minimum_element_count] [SUBSTITUTE x1 y1 ··· xn yn]}...] | [AUTOREF]}

rule_check：指定 RuleCheck 名称或组名称。

GDSII、OASIS、ASCII、BINARY：指定 DRC 结果数据库的格式；默认为 GDSII 格式。

layer：接收 rule_check 结果的可选层号；默认值为 0。

在验证规则文件中允许同时存在多个 DRC CHECK MAP 语句，也允许生成多个数据库。如果结果数据库是 GDSII 格式，那么 Calibre 会为每个缺少 DRC CHECK MAP 语句的验证规则发出警告。示例如图 5.14 所示。

DRC MAP TEXT 的作用是指定是否将输入数据库中的所有文本对象传输到 DRC 结果数

```
LAYER gate_layer 100
gate = poly and diff
gates {
  copy gate
}
// Output all gates to layer 100 in file gates.gds
// All DRC results are output
DRC CHECK MAP gates GDSII 100 './outfile.gds'
        MAXIMUM RESULTS ALL
```
图 5.14 DRC CHECK MAP 示例

据库。默认情况下输出无文本的 DRC 结果数据库。该语句仅仅当输入和输出为 GDSII 或 OASIS 数据格式时适用，同时遵守 LAYER MAP 规范声明。其语法为

DRC MAP TEXT {NO|YES}

NO：Calibre 输出无文本的 DRC 结果数据库。

YES：Calibre 将文本传输到 DRC 结果数据库。

示例：DRC MAP TEXT YES

DRC MAP TEXT DEPTH 的作用是控制读取 DRC MAP text YES 语句中文本对象的深度。默认情况下是读取所有层次的内容。其语法为

DRC MAP TEXT DEPTH {ALL|PRIMARY|depth}

ALL：指示 DRC-H 从版图层次结构中所有的层次读取文本对象。

PRIMARY：指示 DRC-H 仅从顶层单元读取文本对象（与深度=0 相同）。

depth：指示 DRC-H 将文本对象向下读取到深度的分层级别；最高级别为零。

示例：DRC MAP TEXT DEPTH 1

该示例表示从版图顶层向下读取一层的文本对象。

DRC SUMMARY REPORT 的作用是指定 DRC 总结报告文件名及其编写方式。在默认情况下，每次生成的总结报告都会替换上一次生成的报告。其语法为

DRC SUMMARY REPORT filename [REPLACE | APPEND][HIER]

filename：总结报告名称。

REPLACE：覆盖上一次生成的总结报告文件。

APPEND：另外生成一个总结报告文件，与之前生成的报告文件同时存在。

HIER：按版图数据库单元列出非空的 RuleCheck 统计信息。

示例：DRC SUMMARY REPORT "../drc_report" HIER

DRC MAXIMUM RESULTS 的作用是指定写入 DRC 结果数据库的每个 RuleCheck 的最大结果。默认情况下显示 1000 个 DRC 验证结果。当 Calibre 达到 RuleCheck 的最大结果数时，它会发出警告并停止输出剩余结果。在进行数据库操作时，设计者只需要指定一次该语句，而且最好选择"ALL"来显示所有 DRC 验证结果。其语法为

DRC MAXIMUM RESULTS {maxresults | ALL}

maxresults：非负整数，指定 DRC 结果的最大数目。

ALL：指定显示所有 DRC 验证结果。

示例：DRC MAXIMUM RESULTS 50

设计者可以通过以下三条语句控制 DRC RuleCheck 的执行方式：GROUP、DRC SELECT CHECK、DRC UNSELECT CHECK。

GROUP 的作用是对 RuleCheck 的集合进行命名。在 DRC Select Check 和 DRC Unselect Check 语句中可以使用该语句。在验证规则文件中可以多次使用此语句，并定义具有无限层次结构的组。rule_check 参数可以使用"?"通配符来适配更多的条件。其语法为

GROUP name rule_check〔…rule_check〕

name：RuleCheck 组的名称。

rule_check：RuleCheck 或 RuleCheck 组的名称。

示例：GROUP tapeout_checks " level?"。该语句作用是将多个层次（level）的检查结果归为一个组，从而进行流片。

DRC SELECT CHECK 的作用是指定要执行的检查规则。在默认情况下是执行所有规则文件中的检查。其语法为

DRC SELECT CHECK rule_check〔…rule_check〕

rule_check：RuleCheck 或 RuleCheck 组的名称。

示例：DRC SELECT CHECK met1_checks。该语句作用是只执行 met1_checks 组中的规则检查。

DRC UNSELECT CHECK 的作用是指定哪些检查规则不需要执行。Calibre 使用以下选择过程：首先选择所有 RuleCheck，否则仅选择 DRC SELECT CHECK 语句中指定的 RuleCheck，之后再选择不执行 DRC UNSELECT CHECK 语句中指定的 RuleCheck。其语法为

DRC UNSELECT CHECK rule_check〔…rule_check〕

rule_check：RuleCheck 或者 RuleCheck 组的名称。

在验证规则中可以通过使用 Layout Window 和 Layout Window Clip 语句，在版图中指定执行 DRC 规则检查的区域。

Layout Window 的作用是指定一个多边形窗口，在该窗口区域内定义包含 DRC 检查规则的输入多边形和文本。在该多边形窗口中，Calibre 需要处理所有的数据库对象。该语句可以在检查规则中多次指定。其语法为

Layout Window {x1 y1 x2 y2}〔{x y}…〕

x1 y1 x2 y2：指定多边形顶点坐标的一组浮点数（指定 x1、y1、x2、y2 定义矩形的对角）。

示例：Layout Window 10 3 30 25

Layout Window Clip 的作用是筛选指定窗口区域内（或与该区域交叠）的多边形是否被包括进来，从而进行下一步规则检查。其语法为

Layout Window Clip {NO | YES}

NO：只要与指定窗口有交叠或包含的图形，都被包括进来。

YES：只包括指定窗口内的图形。可以理解为对窗口区域与图形进行布尔 AND 运算，提取有交叠的区域。

示例：Layout Window Clip YES。

两种选项的结果如图 5.15 所示。

Calibre nmDRC 可以处理多边形和多边形边沿两种类型的几何数据。但对边沿数据有一

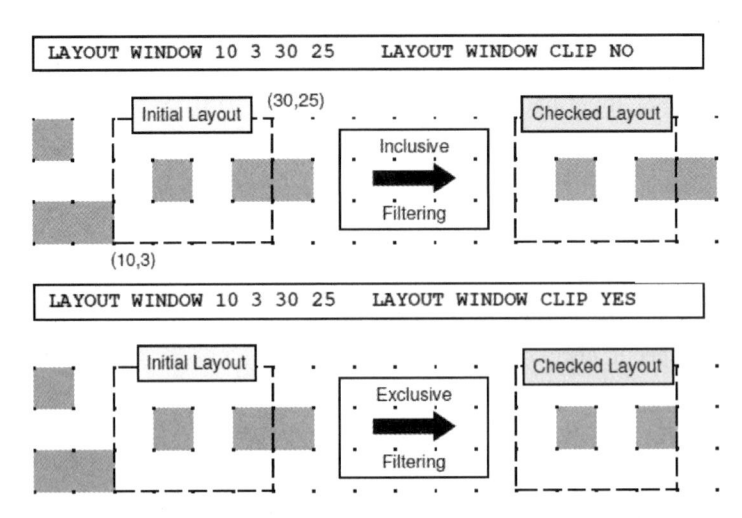

图 5.15 Layout Window Clip 两种不同选项的图形选择结果

些规定：①始终有一个指向其源多边形的参考边；②以电气连接网格作为参照物；③始终有一个面向内部的侧面和一个面向外部的侧面。边沿数据示例如图 5.16 所示。

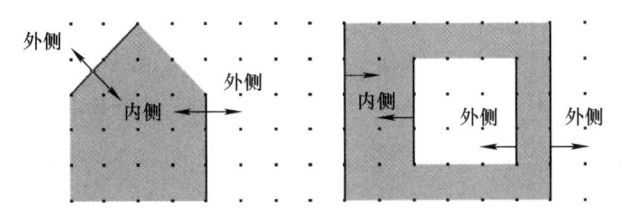

图 5.16 边沿数据示例

Calibre nmDRC 从一定意义上说是一种基于边沿数据的系统。在尺寸检查中考虑一对边沿数据时，Calibre 为每条边沿构建一个区域，该区域由位于边沿指定距离内的所有点的半平面组成。这时 Calibre 会输出一条边沿与另一条边沿关联区域相交的部分。一种情况如图 5.17 所示。半平面的构造由三种尺寸检查度量选项（欧几里得、正方形或对边）控制。

欧几里得度量（Euclidean）：形成一个具有四分之一圆边界的区域，该边界延伸超过选定边的端点，如图 5.18 所示。

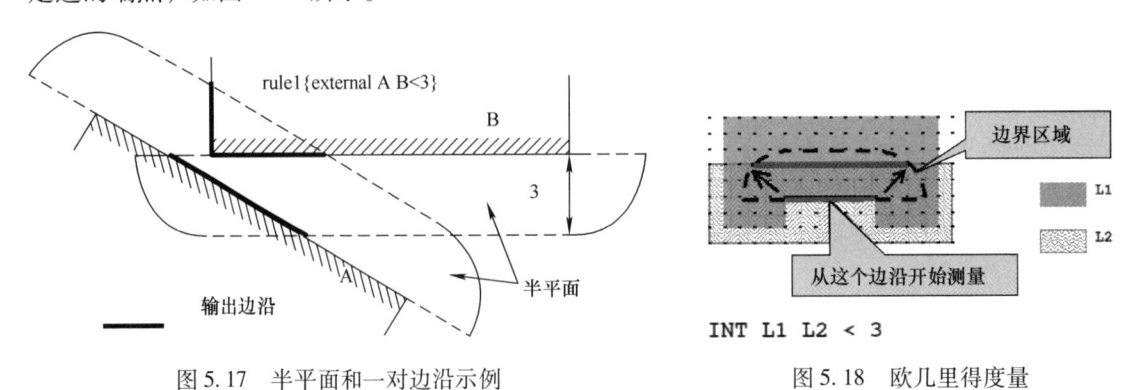

图 5.17 半平面和一对边沿示例

图 5.18 欧几里得度量

正方形度量（Square）：形成具有直角边界的区域，该边界延伸超过选定边沿的端点，如图 5.19 所示。

对边度量（Opposite）：形成具有直角边界的区域，这些边界不延伸超过选定边沿的端点，如图 5.20 所示。

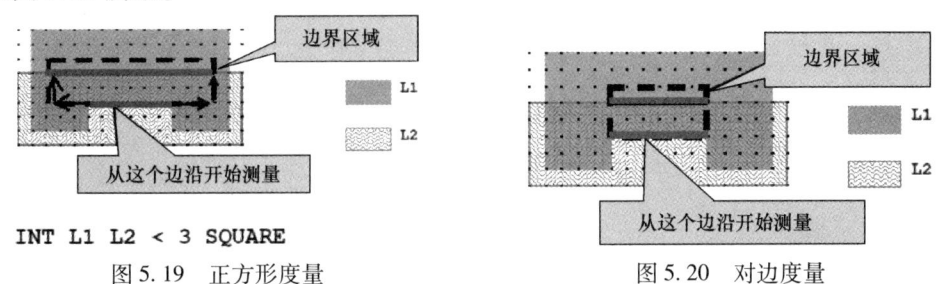

图 5.19　正方形度量

图 5.20　对边度量

利用三种度量进行 External 操作如图 5.21 所示。

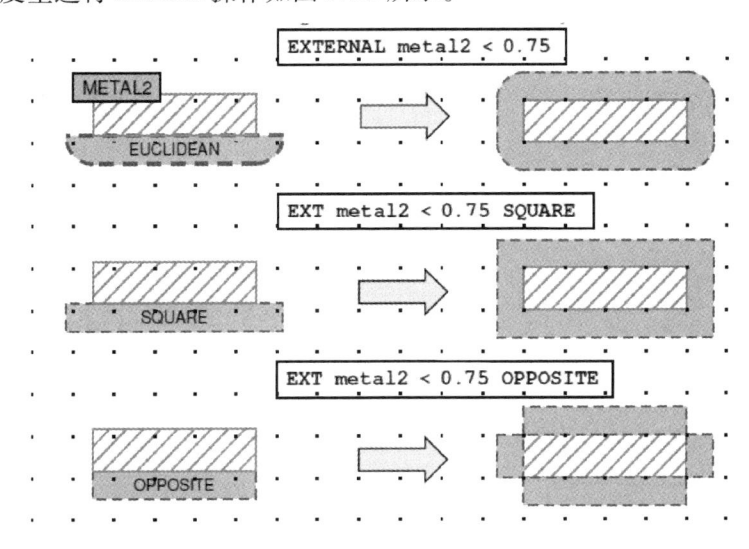

图 5.21　利用三种度量进行 External 操作示意图

利用正方形度量和对边度量进行 Internal 操作如图 5.22 所示。

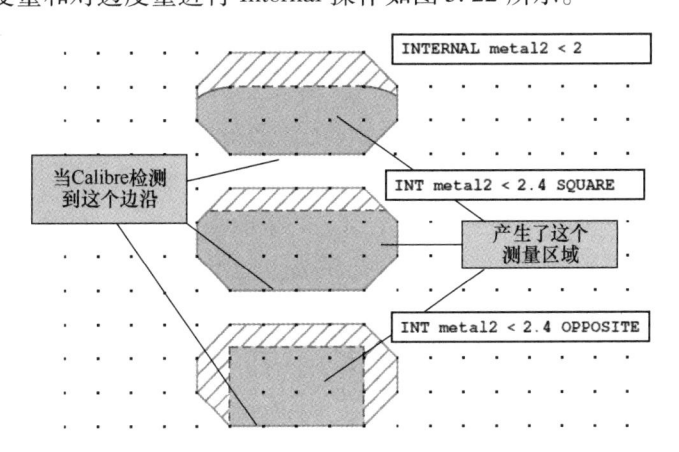

图 5.22　利用正方形度量和对边度量进行 Internal 操作示意图

边沿测量角度的认定标准如图 5.23 所示。

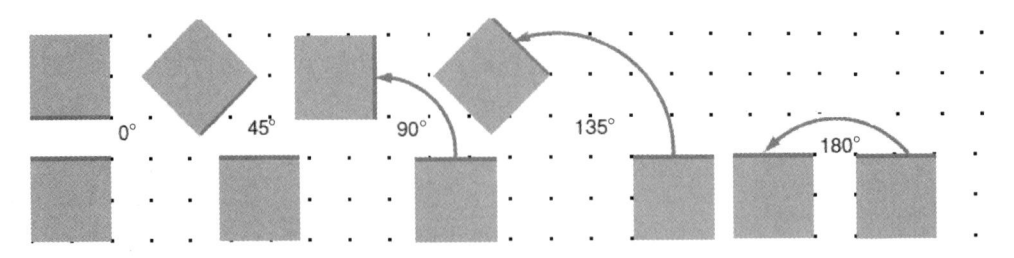

图 5.23　边沿测量角度的认定标准示意图

5.3　尺寸规则检查

Calibre DRC 规则检查本质的作用是检查版图图形的间距、长/宽，以及不同层图形覆盖/交叠等，使得版图符合芯片的可制造性、良率，以及可靠性的要求。DRC 操作可以分为内侧检查；外侧检查和环绕检查三大类。内侧检查又细分为内侧宽度检查和内侧交叠检查；外侧检查主要是检查图形之间的间距；环绕检查包括了完全环绕（包裹）检查和延伸检查两种方式。各类检查的示意图如图 5.24 所示。

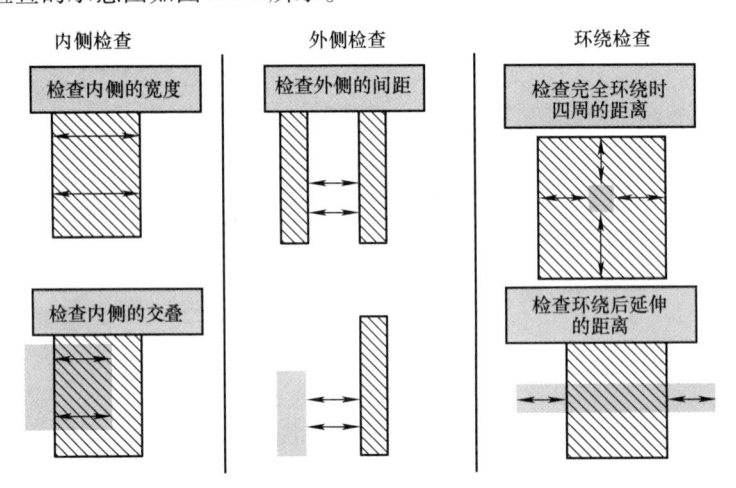

图 5.24　Calibre DRC 规则检查示意图

宽度检查是对单个输入层上的多边形进行内侧距离检查。宽度检查是对同一多边形上面向内侧的对边之间进行测量。默认情况下，规则不会测量相交的对边。满足给定约束的测量对边会被输出到 DRC 结果数据库中。宽度检查多边形的示意图如图 5.25 所示。

宽度检查的语法为

INTERNAL layer constraint [secondary_keywords]

layer：原始层、衍生多边形或边沿层。

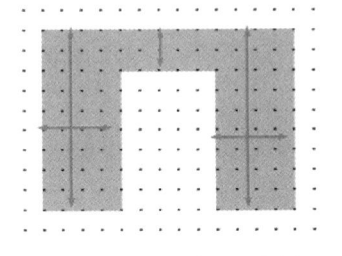

图 5.25　宽度检查示意图

constraint：非负实数或范围值。
secondary_keywords：二级关键字，将在后续进行讨论。
宽度检查两种简单情况的语句示例如图 5.26 所示。
交叠检查的作用是在两个不同层上，对面向内侧的多边形对边之间距离进行的检查。默认情况下，该检查不会测量相交的对边。其对 L1 和 L2 层进行交叠检查的示例如图 5.27 所示。

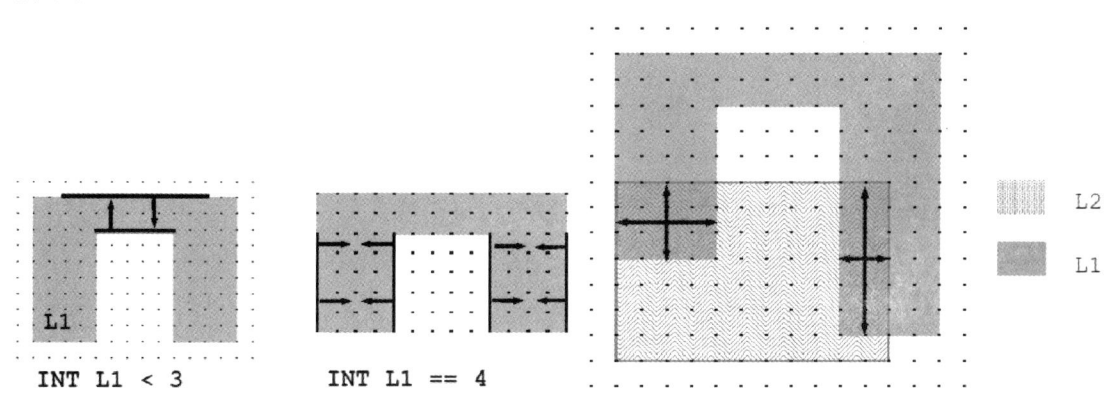

图 5.26　宽度检查两种简单情况的语句示例

图 5.27　对 L1 和 L2 层进行交叠检查的示例

交叠检查的语法为
INTERNAL layer1 layer2 constraint [secondary_keywords]
layer1，layer2：两个原始层、衍生多边形或边沿层。
constraint：非负实数或范围值。
secondary_keywords：二级关键字，将在后续进行讨论。
交叠检查两种简单情况的语句示例如图 5.28 所示。

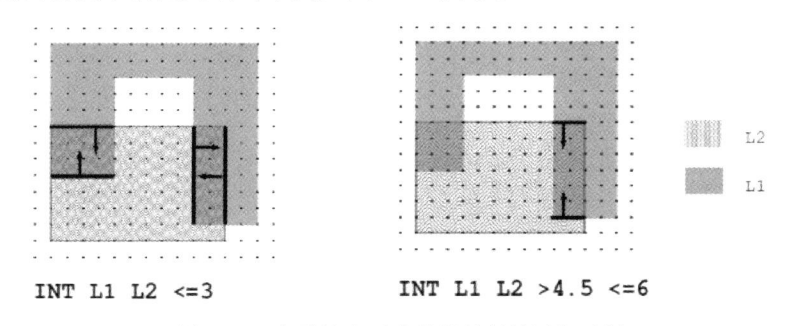

图 5.28　交叠检查两种简单情况的语句示例

间距检查是对多边形外侧对边之间距离的检查，该检查仅适用于面向多边形外侧的边沿对。默认情况下，该规则不会测量相交的对边。其对 L1 和 L2 层进行间距检查的示例如图 5.29所示。
间距检查的语法为
EXTERNAL layer1 [layer2] constraint [secondary_keywords]
layer1，layer2：原始层、衍生多边形或边沿层。

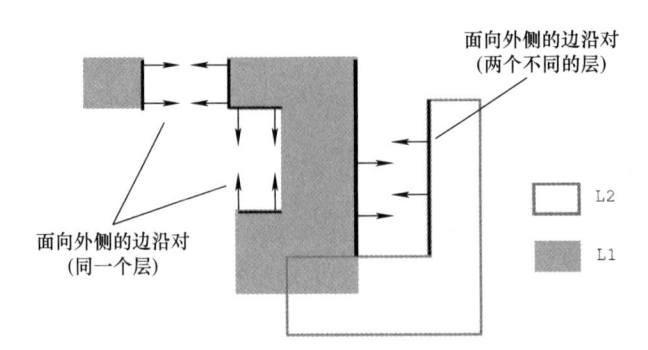

图 5.29 对 L1 和 L2 层进行间距检查的示例

constraint：非负实数或范围值。
secondary_keywords：二级关键字，将在后续进行讨论。
间距检查的语句示例如图 5.30 所示。

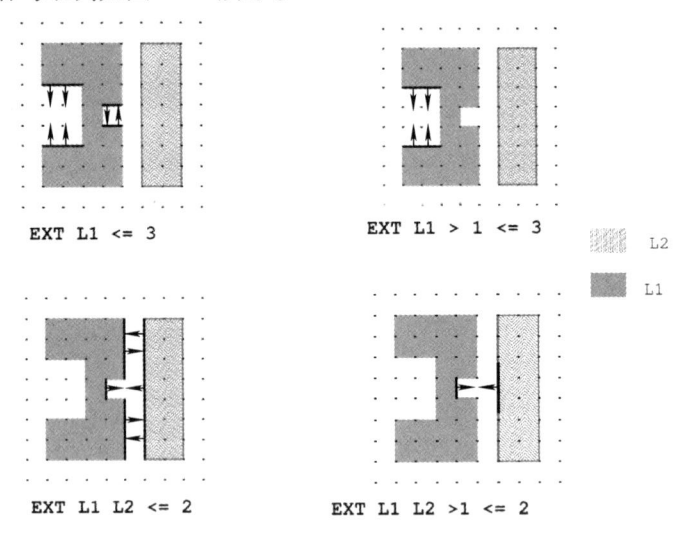

图 5.30 间距检查的语句示例

在环绕检查中，其规则是从第一层的外边沿到第二层的内边沿进行检查。这时边沿对必须相互面对。且默认情况下不测量相交的边沿对。其示意图如图 5.31 所示。

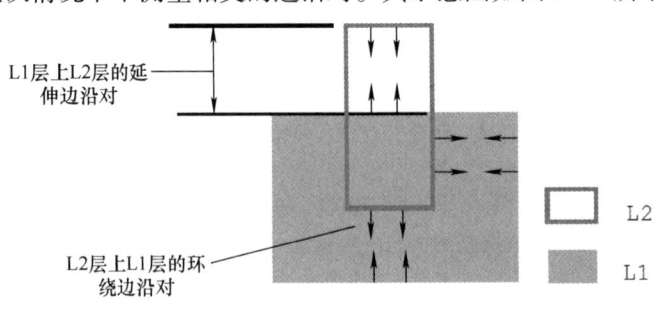

图 5.31 环绕检查示意图

环绕检查的语法为
ENCLOSURE layer1 layer2 constraint ［secondary_keywords］

layer1，layer2：原始层、衍生多边形或边沿层。
constraint：非负实数或范围值。
secondary_keywords：二级关键字，将在后续进行讨论。

环绕检查的语句示例如图 5.32 所示。需要注意语句中层的表述顺序，第一个表述层检查的是其外边沿，而第二个表述层检查的是其内边沿。

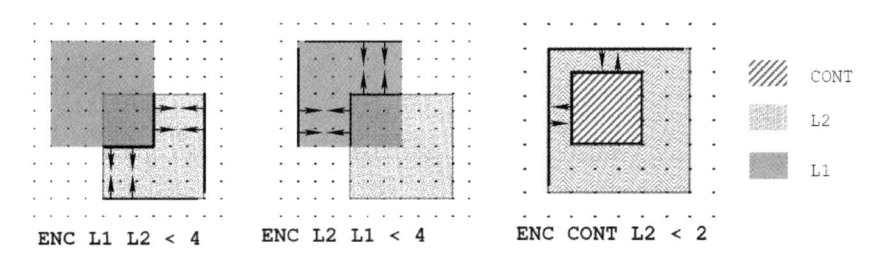

图 5.32 环绕检查的语句示例

DRC 尺寸规则检查可以在以下情况中使用二级关键字：边沿对相交（Intersection）、多边形包含（Polygon Containment）、连接筛选（Connectivity Filters）、方向筛选（Orientation Filters）、角度筛选（Angle Filters）、投影筛选（Projection Filters）等。

在之前的讨论中，各类检查语句都只检查面对面的边沿对，在默认情况下都不是关于测量相交的边沿对。但在一些特殊情况中，我们可以使用二级关键字来指定检查相交的边沿对。相交边沿对的示意图如图 5.33 所示。在图中的这两种情况下，边 A 和边 B 都形成一对相交的边。通常默认情况下，规则是不会测量它们之间的距离的。

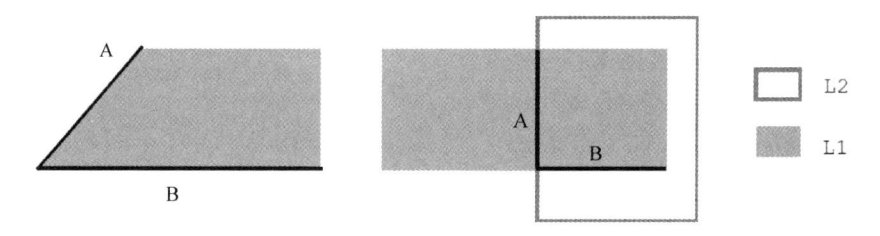

图 5.33 相交边沿对的示意图

在边沿对相交（Intersection）的情况中，我们可以使用两类二级关键字来测量相交边沿对之间的间距：附加筛选（ABUT、SINGULAR、OVERLAP）、限制筛选（INTERSECTING ONLY）。下面对这些二级关键字进行介绍。

ABUT 的作用是测量角度差符合指定参数的对接边沿对之间的间距。其语法为

INT layer1 [layer2] constraint ABUT [parameter]
EXT layer1 [layer2] constraint ABUT [parameter]
ENC layer1 layer2 constraint ABUT [parameter]
parameter：0～180 的实数值或范围。

如果没有指定 ABUT 的值或者范围，默认情况下 $0 \leqslant ABUT < 180$。在宽度检查、间距检查以及环绕检查三种情况下，使用 ABUT 的示例如图 5.34 所示。

SINGULAR 的作用是测量多边形单点交接处相交边沿对之间的间距。其语法为

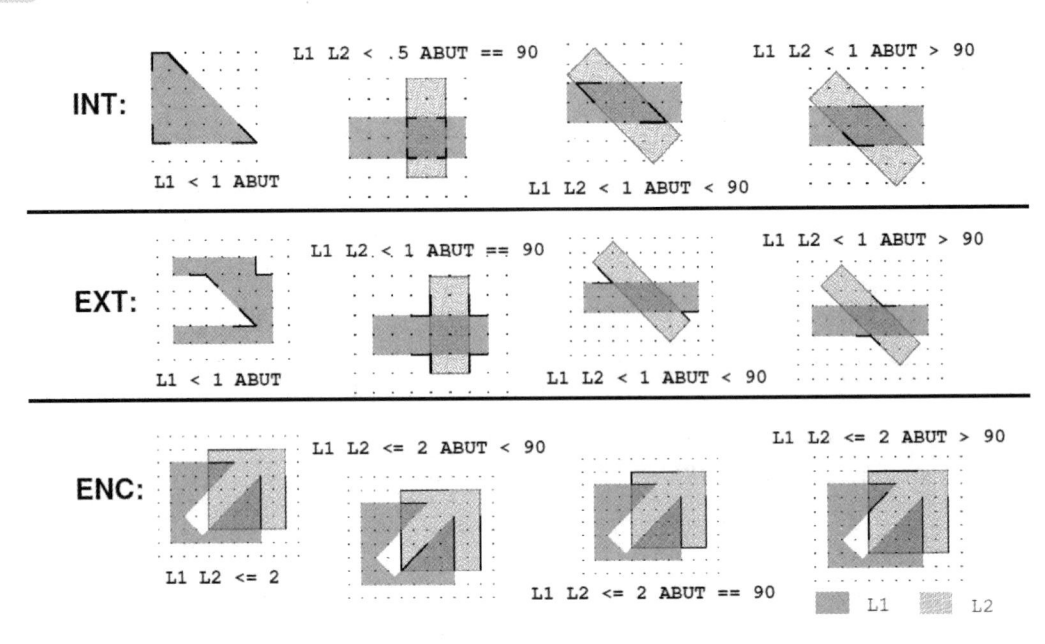

图 5.34 在宽度检查、间距检查，以及环绕检查三种情况下，使用 ABUT 的示例

INT layer1 [layer2] constraint SINGULAR
EXT layer1 [layer2] constraint SINGULAR
ENC layer1 layer2 constraint SINGULAR

使用 SINGULAR 的示例如图 5.35 所示，粗线所在区域表示该规则限制的范围。

OVERLAP 的作用是测量一个输入层多边形与另一个输入层多边形相交点处的相交边沿对之间的间距。其语法为

INT layer1 layer2 constraint OVERLAP
EXT layer1 layer2 constraint OVERLAP
ENC layer1 layer2 constraint OVERLAP

使用 OVERLAP 的示例如图 5.36 所示。

INTERSECTING ONLY 只能与 ABUT、SINGULAR、OVERLAP 配合使用，其作用是只测量相交的边沿对。其语法为

INT layer1 layer2 constraint ABUT|SIN-GULAR|OVERLAP INTERSECTING ONLY
EXT layer1 layer2 constraint ABUT|SIN-GULAR|OVERLAP INTERSECTING ONLY
ENC layer1 layer2 constraint ABUT|SIN-GULAR|OVERLAP INTERSECTING ONLY

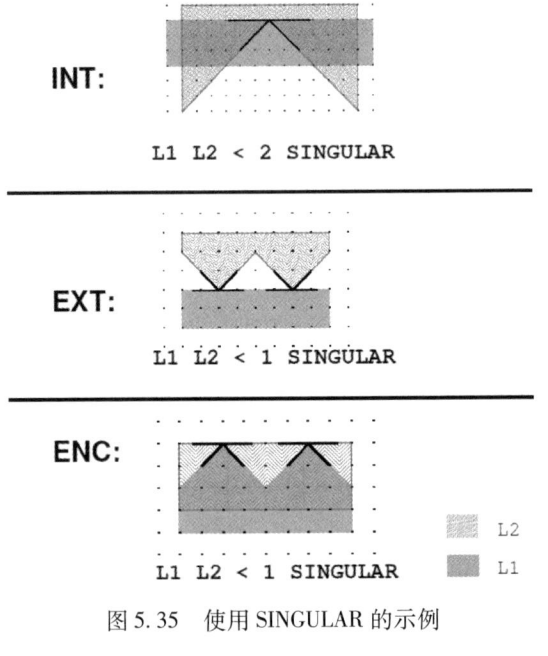

图 5.35 使用 SINGULAR 的示例

单独使用 ABUT、SINGULAR、OVERLAP 与使用 INTERSECTING ONLY 配合的示例如图 5.37 所示。从图中可以看出，当加入 INTERSECTING ONLY 后，相应的规则只检查两个层相交的部分。

图 5.36 使用 OVERLAP 的示例

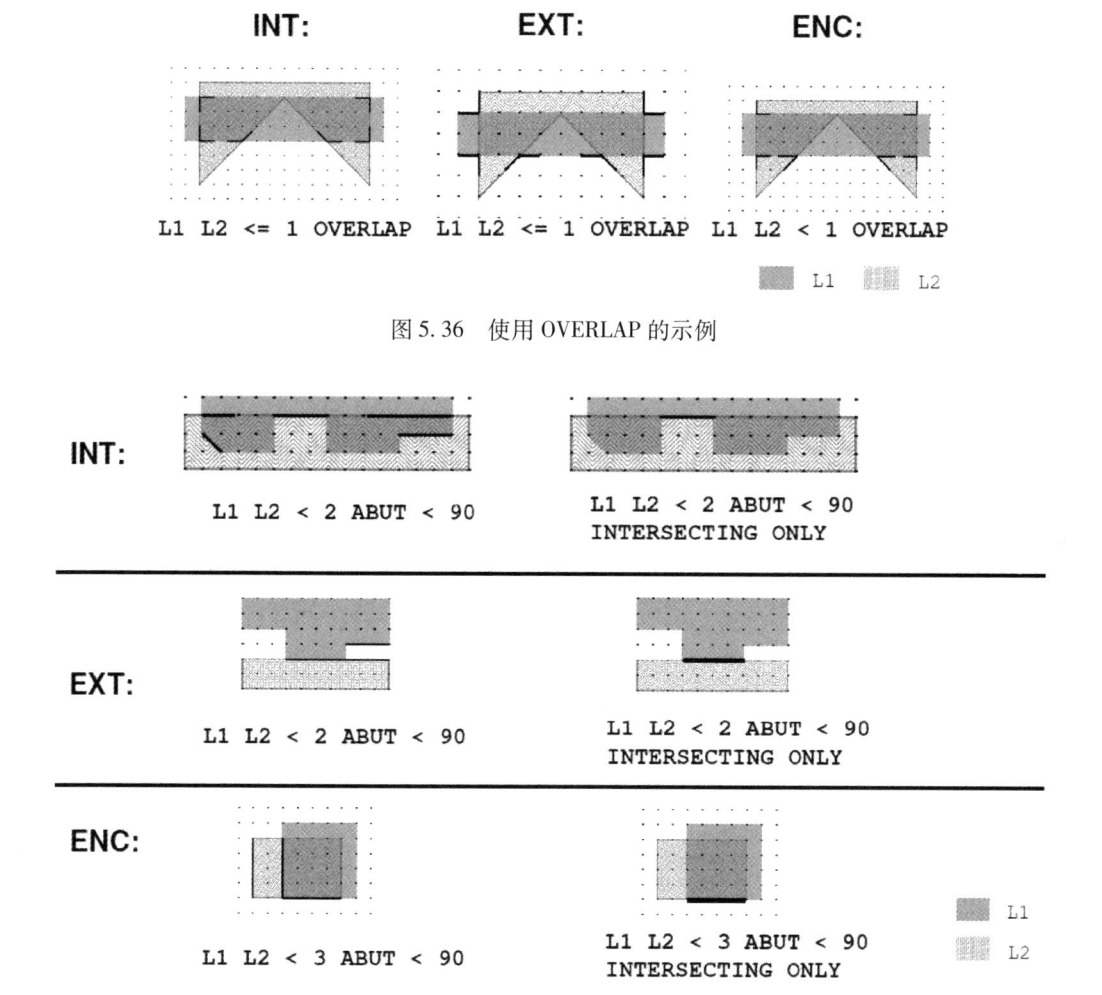

图 5.37 单独使用 ABUT、SINGULAR、OVERLAP 与使用 INTERSECTING ONLY 配合的示例

在两个不同层测量对边沿间距时，多边形包含（Polygon Containment）中的二级关键字主要用于忽略或放宽多边形包含的标准。其二级关键字为 MEASURE ALL 和 MEASURE COINCIDENT。

多边形包含的标准如图 5.38 所示，即一个多边形层 L2 的对边位于另一个多边形层 L1 的内部。如果 L2 两条对边与另一个多边形 L1 的边沿重合，或位于 L1 的外部，则不会执行中间任何两条对边的内侧尺寸检查。

MEASURE ALL 的作用是在测量对边沿间距时忽略多边形的忽略标准，其语法为

INT layer1 layer2 constraint MEASURE ALL
EXT layer1 layer2 constraint MEASURE ALL
ENC layer1 layer2 constraint MEASURE ALL

MEASURE ALL 的三个示例如图 5.39 所示。

MEASURE COINCIDENT 的作用是放宽多边形包含标准以测量重合的边沿对，其语法为

INT layer1 layer2 constraint MEASURE COINCIDENT

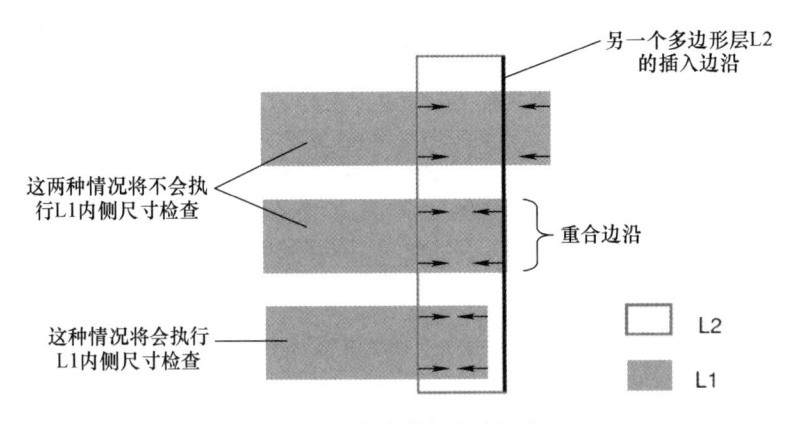

图 5.38 多边形包含的标准

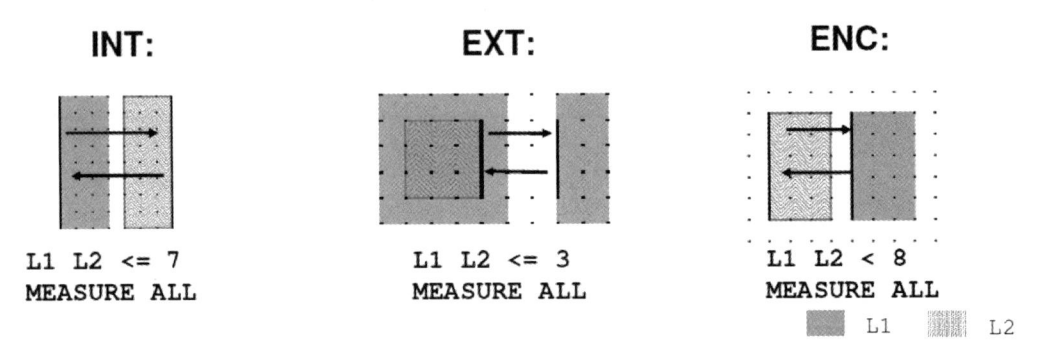

图 5.39 MEASURE ALL 的三个示例

ENC layer1 layer2 constraint MEASURE COINCIDENT
Measure Coincident 的示例如图 5.40 所示。

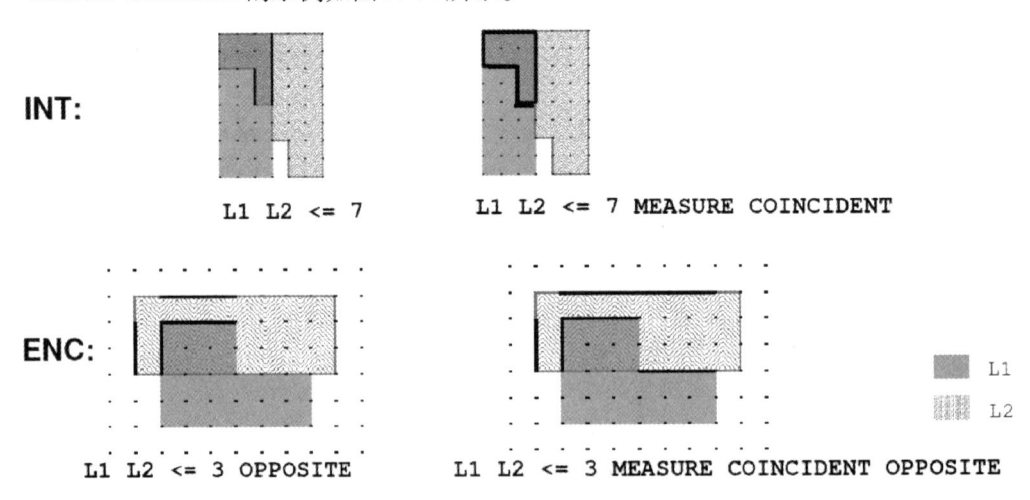

图 5.40 Measure Coincident 的示例

在连接筛选（Connectivity Filters）情况中，二级关键字"[NOT] CONNECTED"的作用是测量属于同一线网的多边形边沿之间的间距。如果带有前缀"NOT"，则表示带有

"NOT"的关键字与原二级关键词进行反向操作。

"CONNECTED"的语法为

INT layer1 layer2 constraint［NOT］CONNECTED

EXT layer1［layer2］constraint［NOT］CONNECTED

ENC layer1 layer2 constraint［NOT］CONNECTED

这里需要注意的是如果检查的两个层，那么这两个层必须具有预先建立的连接关系。如图 5.41 中的示例，第一层金属（M1）和多晶硅（POLY）已经通过通孔（CONTACT）进行了连接。

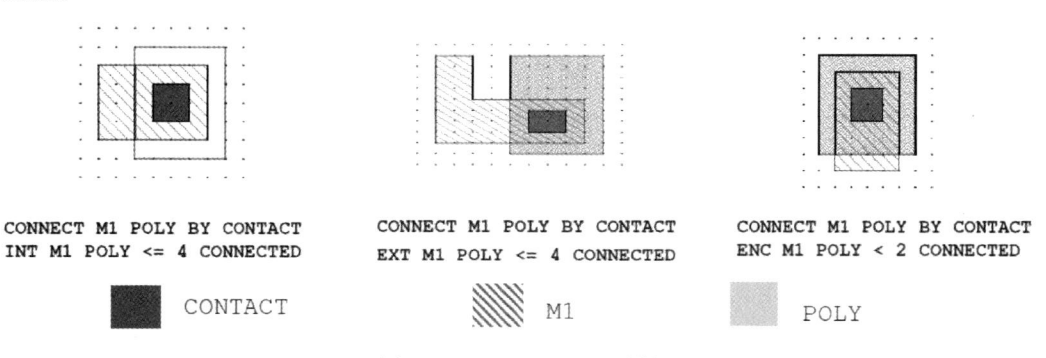

图 5.41 CONNECTED 示例

方向筛选（Orientation Filters））通过二级关键字指示尺寸规则检查应当根据适当的角度或对边方向测量边沿对之间的间距。其中二级关键字（Secondary Keywords）语句如下：

［NOT］ACUTE［ONLY | ALSO］

［NOT］PARALLEL［ONLY | ALSO］

［NOT］PERPENDICULAR［ONLY | ALSO］

［NOT］OBTUSE［ONLY | ALSO］

如果没有使用"NOT"作为前缀时候，"|"表示需要选择 ONLY 或者 ALSO。而当使用"NOT"作为前缀时候，语句中就不能选择 ONLY 或者 ALSO。

ACUTE 表示测量角度大于 0°，同时小于 90°边沿对的间距。其语法为

INT layer1［layer2］constraint［NOT］ACUTE［ONLY | ALSO］

EXT layer1［layer2］constraint［NOT］ACUTE［ONLY | ALSO］

ENC layer1 layer2 constraint［NOT］ACUTE［ONLY | ALSO］

ONLY 表示仅测量角间距大于 0°和小于 90°边沿对的间距；ALSO 表示除了测量角间距大于 0°和小于 90°边沿对的间距，也测量其他角度边沿对的间距。默认情况为 ACUTE ALSO。其示例如图 5.42 所示。

PARALLEL 测量平行边沿对之间的间距。其语法为

INT layer1［layer2］constraint［NOT］PARALLEL［ONLY | ALSO］

EXT layer1［layer2］constraint［NOT］PARALLEL［ONLY | ALSO］

ENC layer1 layer2 constraint［NOT］PARALLEL［ONLY | ALSO］

ONLY 表示仅测量平行边沿对的间距；ALSO 表示除了测量平行边沿对的间距，也测试其他边沿对的间距。默认情况为 PARALLEL ALSO。其示例如图 5.43 所示。

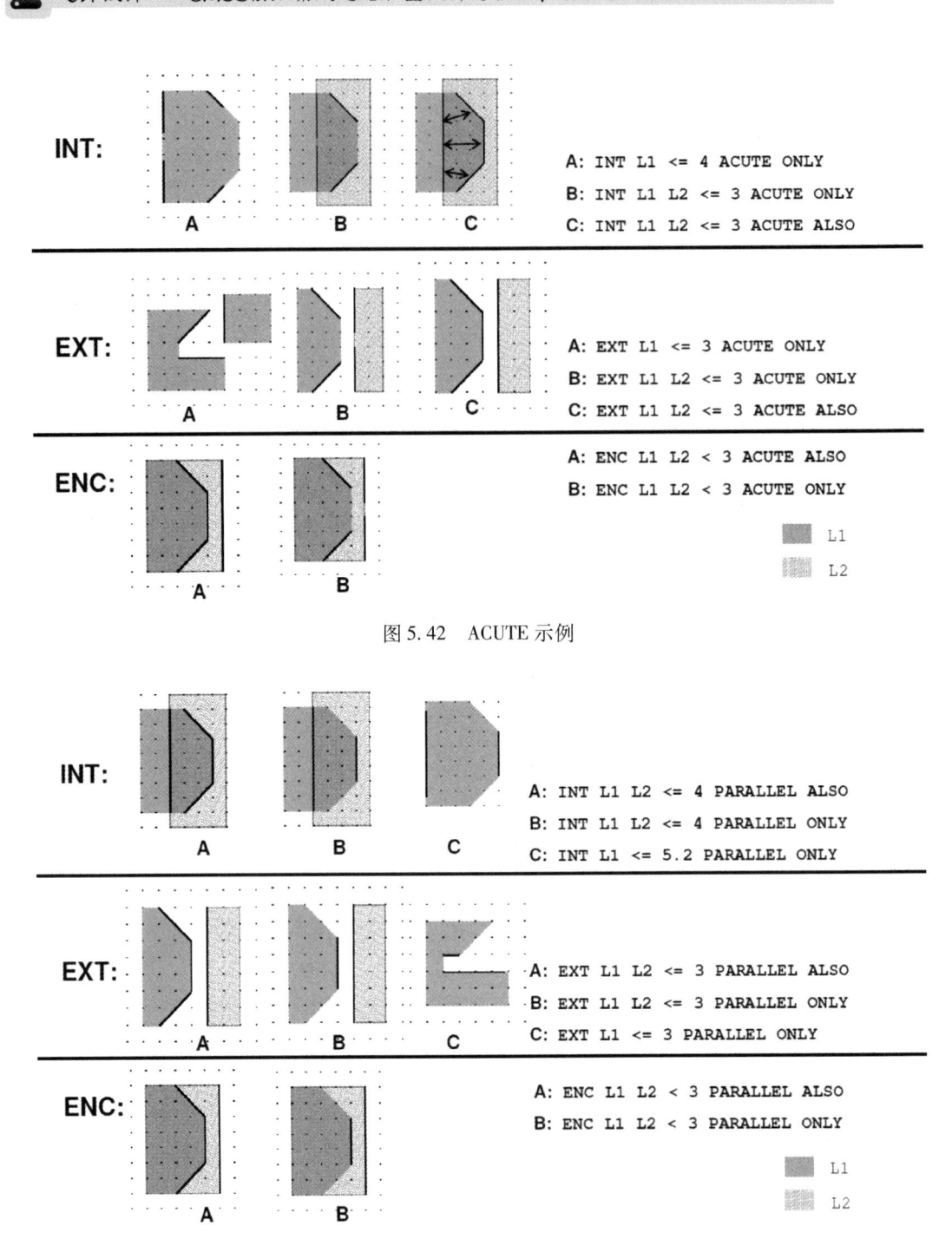

INT:
A: INT L1 <= 4 ACUTE ONLY
B: INT L1 L2 <= 3 ACUTE ONLY
C: INT L1 L2 <= 3 ACUTE ALSO

EXT:
A: EXT L1 <= 3 ACUTE ONLY
B: EXT L1 L2 <= 3 ACUTE ONLY
C: EXT L1 L2 <= 3 ACUTE ALSO

ENC:
A: ENC L1 L2 < 3 ACUTE ALSO
B: ENC L1 L2 < 3 ACUTE ONLY

L1
L2

图 5.42　ACUTE 示例

INT:
A: INT L1 L2 <= 4 PARALLEL ALSO
B: INT L1 L2 <= 4 PARALLEL ONLY
C: INT L1 <= 5.2 PARALLEL ONLY

EXT:
A: EXT L1 L2 <= 3 PARALLEL ALSO
B: EXT L1 L2 <= 3 PARALLEL ONLY
C: EXT L1 <= 3 PARALLEL ONLY

ENC:
A: ENC L1 L2 < 3 PARALLEL ALSO
B: ENC L1 L2 < 3 PARALLEL ONLY

L1
L2

图 5.43　PARALLEL 示例

PERPENDICULAR 表示测量垂直边沿对的间距。其语法为
INT layer1 [layer2] constraint [NOT] PERPENDICULAR [ONLY | ALSO]
EXT layer1 [layer2] constraint [NOT] PERPENDICULAR [ONLY | ALSO]
ENC layer1 layer2 constraint [NOT] PERPENDICULAR [ONLY | ALSO]

ONLY 表示仅测量垂直边沿对的间距；ALSO 表示除了测量垂直边沿对的间距，也测试其他边沿对的间距。默认情况为 NOT PERPENDICULAR。PERPENDICULAR 进行内侧间距、外侧间距和环绕间距测量的示例分别如图 5.44、图 5.45 和图 5.46 所示。

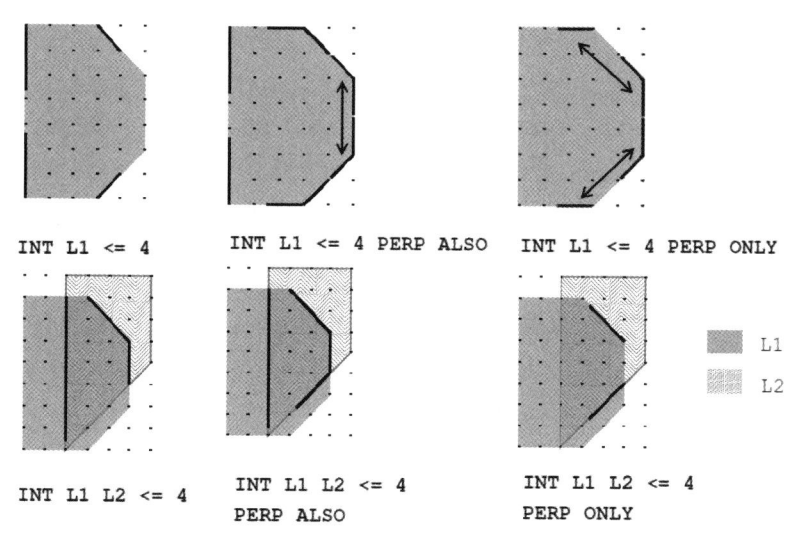

图 5.44 PERPENDICULAR 进行内侧间距测量示例

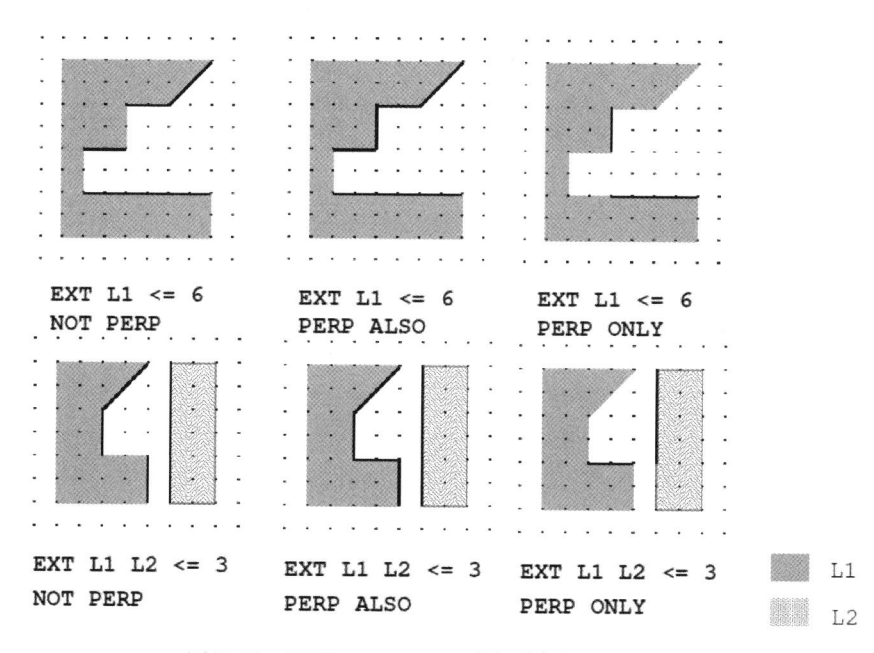

图 5.45 PERPENDICULAR 进行外侧间距测量示例

OBTUSE 表示测量角度大于 90°，同时小于 180°边沿对的间距。其语法为

INT layer1［layer2］constraint［NOT］OBTUSE［ONLY｜ALSO］
ENT layer1［layer2］constraint［NOT］OBTUSE［ONLY｜ALSO］
ENC layer1［layer2］constraint［NOT］OBTUSE［ONLY｜ALSO］

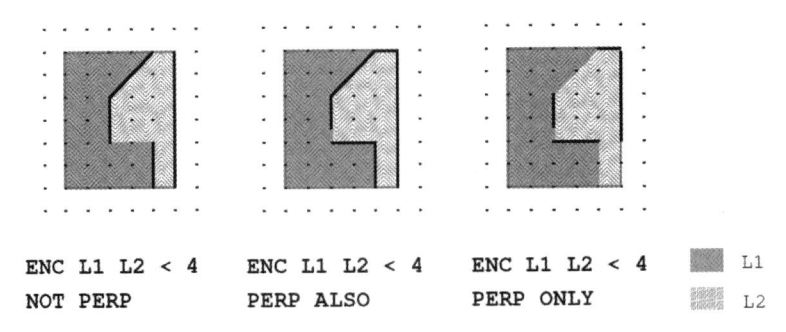

图 5.46　PERPENDICULAR 进行环绕间距测量示例

ONLY 表示仅测量角间距大于 90°和小于 180°边沿对的间距；ALSO 表示除了测量角间距大于 90°和小于 180°边沿对的间距，也测量其他角度边沿对的间距。默认情况为 NOT OBTUSE。OBTUSE 进行内侧间距、外侧间距和环绕间距测量的示例分别如图 5.47、图 5.48 和图 5.49 所示。

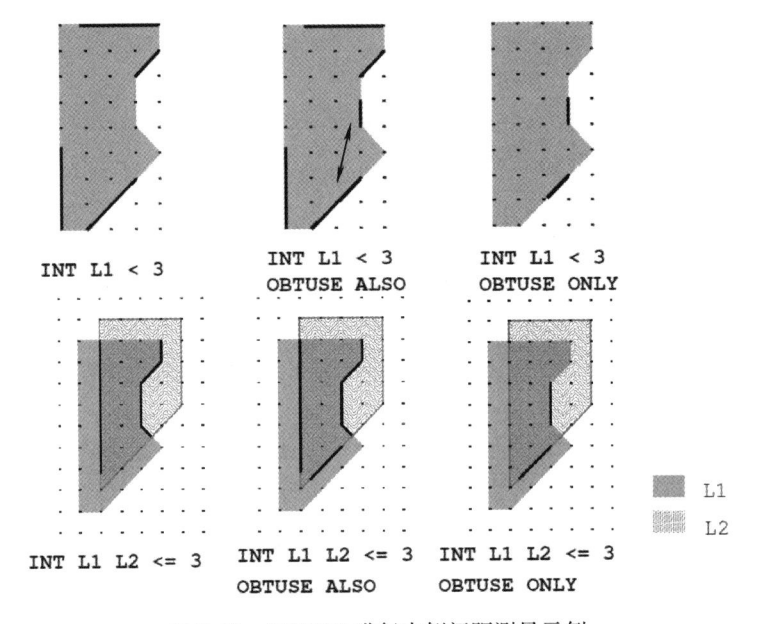

图 5.47　OBTUSE 进行内侧间距测量示例

在角度筛选（Angle Filters）情况中，二级关键字"ANGLED"表示仅当相对于坐标轴不正交的边的数量满足设定参数时，才测量它们的间距。其语法为

INT layer1 layer2 constraint ANGLED [parameter]

EXT layer1 layer2 constraint ANGLED [parameter]

ENC layer1 layer2 constraint ANGLED [parameter]

parameter 指定相对于坐标轴非正交的边的数量或范围，默认情况下 ANGLED 大于 0。其示例如图 5.50 所示。

在投影筛选（Projection Filters）情况中，二级关键字"[NOT] PROJECTING"表示只有

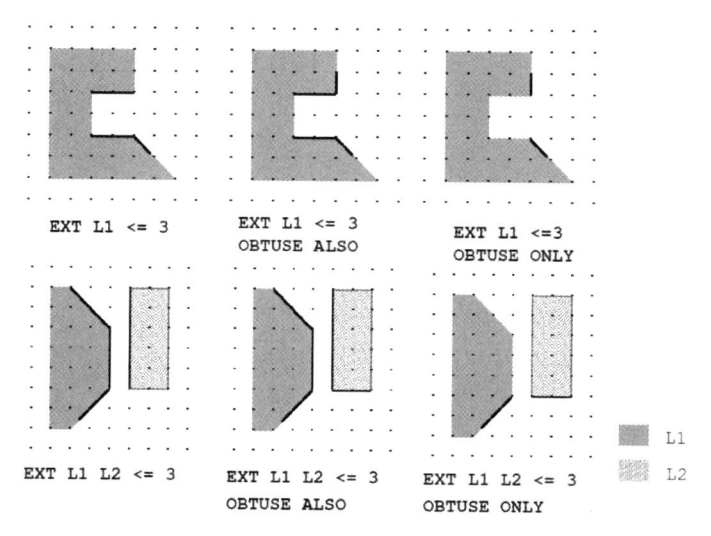

图 5.48 OBTUSE 进行外侧间距测量示例

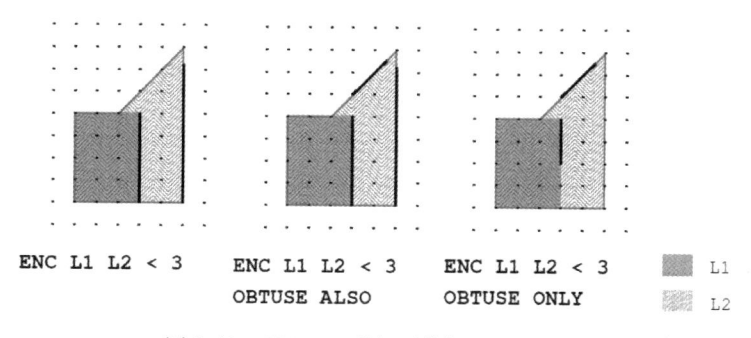

图 5.49 OBTUSE 进行环绕间距测量示例

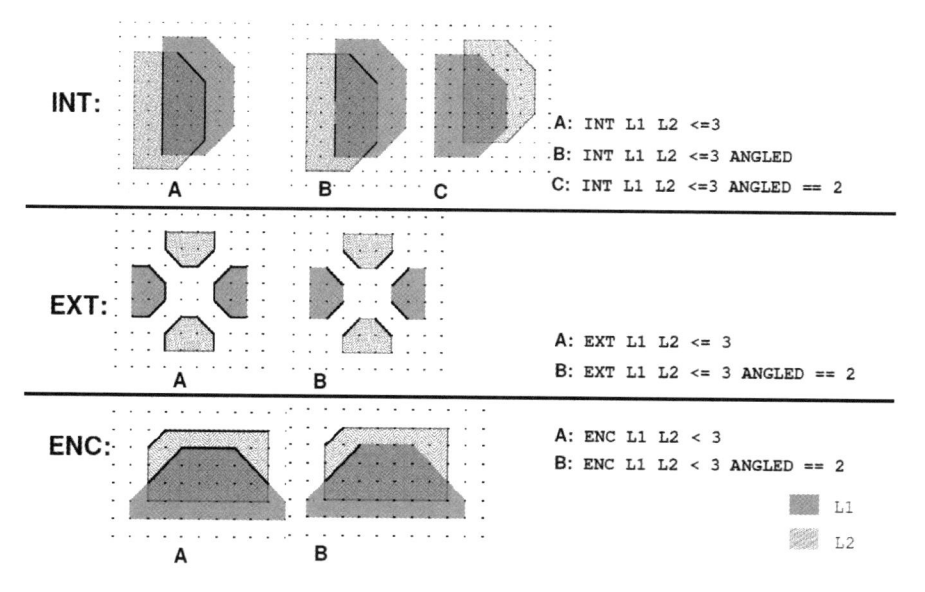

图 5.50 ANGLED 示例

当一条边投影到另一条边上并且投影的长度符合给定参数时，才能测量两条边的间距。边沿 A 到边沿 B 的投影示例如图 5.51 所示。

其语法为

INT layer1 [layer2] constraint PROJECTING [parameter]
EXT layer1 [layer2] constraint PROJECTING [parameter]
ENC layer1 layer2 constraint PROJECTING [parameter]

图 5.51　边沿 A 到边沿 B 的投影示例

parameter 为非负实数或值的范围。默认情况下 PROJECTING 大于 0。投影筛选还有另一层隐含意义，即如果设置了 PROJECTING 约束，则将同时自动设置 PARALLEL ONLY。PROJECTING 示例如图 5.52 所示。

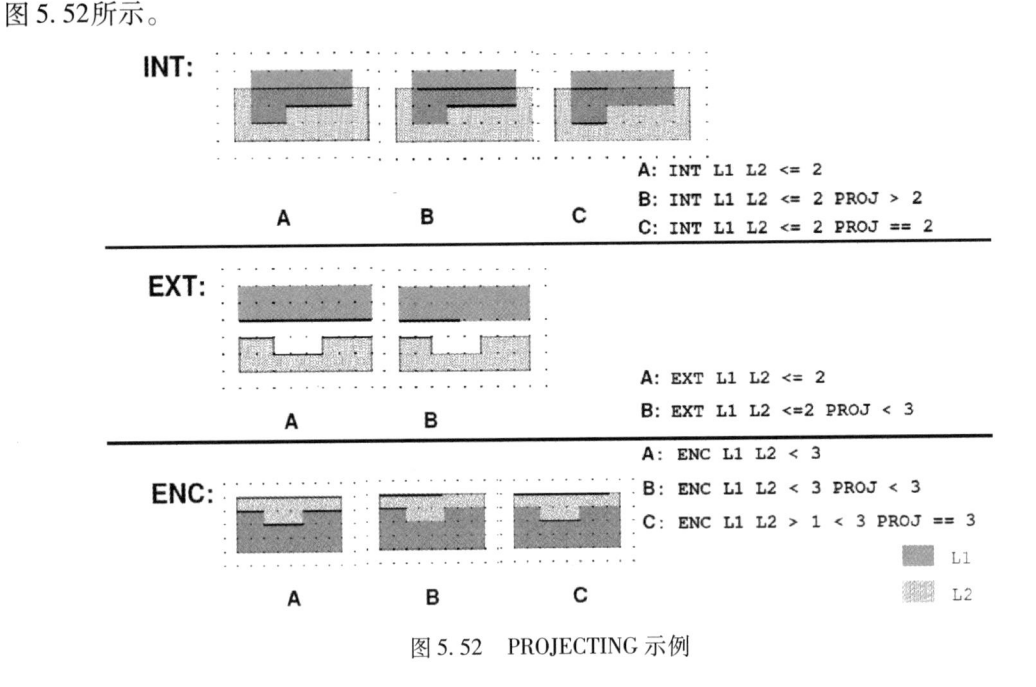

图 5.52　PROJECTING 示例

5.4　基于多边形的规则检查

基于多边形的操作符，其作用在于从原始层、层集或衍生层中，通过布尔运算构造或选择出新的衍生多边形层。这些布尔操作符包括：AND、NOT、OR、XOR。这些操作基于指定图层点集的布尔逻辑来构建图层。AND 和 NOT 在进行运算的同时，会在层之间传递线网的连接信息。以下对这些运算符进行介绍。

- AND 是用来选择多个多边形共用的所有区域。其语法为

AND layer [constraint] //单层 AND 运算
AND layer1 layer2 //两层 AND 运算

layer：原始层或层集。

layer1、layer2：原始层或衍生的多边形层。

constraint：整数值或数值范围；默认值>1。

单层 AND 运算需要在预先未合并的原始层上进行操作。constraint ==0 会导致空输出，而 constraint ==1 则选择多边形的所有非重叠区域。两层 AND 运算是对合并的原始层或衍生层进行的操作。在两层 AND 运算结束后，导出的新层会被赋予 layer1 的标识。AND 运算示例如图 5.53 所示。

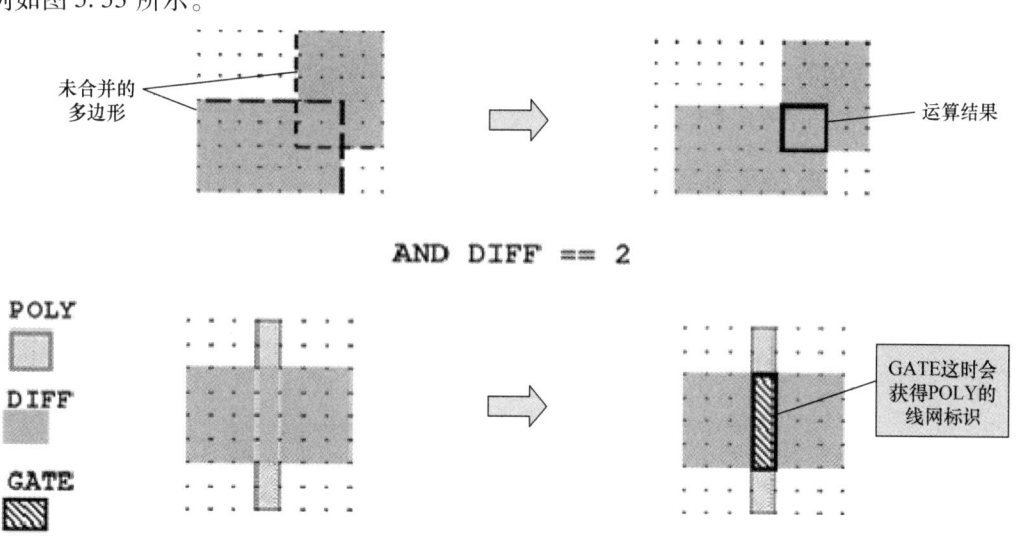

图 5.53　AND 运算示例

- OR 的作用是将输入层上重叠的多边形合并为一个多边形。其语法为

OR layer //单层 OR 运算

OR layer1 layer2 //两层 OR 运算

layer：原始层。

layer1、layer2：原始层或衍生的多边形层。

Calibre 在将原始层呈现给大多数操作之前会自动合并原始层，所以单层 OR 的适用性非常有限。两层 OR 会在合并的原始层或衍生层上操作。如果 layer1 为空并且 layer2 已定义，则只返回 layer2 多边形，反之亦然。交换第 1 层和第 2 层在语句中的位置不会影响它们的输出结果。其示例如图 5.54 所示。

- NOT 的作用是按语句顺序，选择所有与第 2 层多边形区域不共用的第 1 层多边形区域。其语法为

NOT layer1 layer2

layer1、layer2：原始层或衍生的多边形层。

其示例如图 5.55 所示。NOT 语句排除了 DIFF 与 POLY 共用的区域，形成 MOS 晶体管的源极和漏极。

需要注意的是在语句中交换第 1 层和第 2 层的顺序，会得到不同的几何图形和连通结果。

- XOR 的作用是选择语句中多边形未共用的所有多边形区域，其语法为

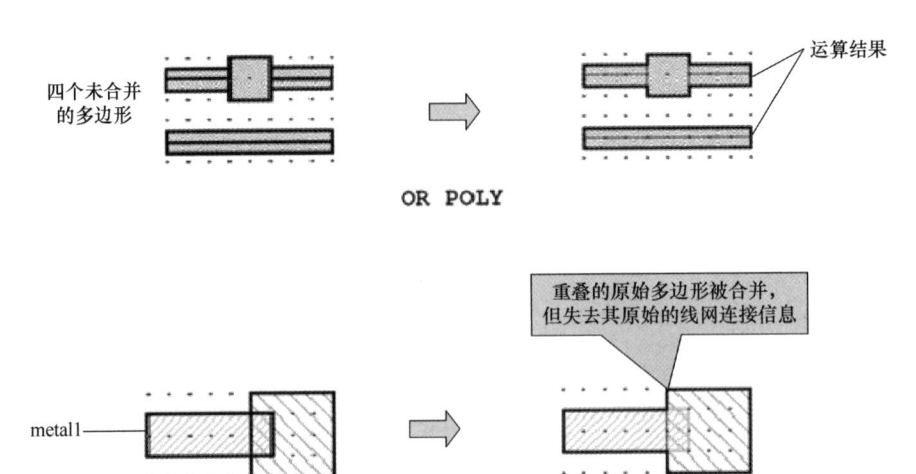

图 5.54　OR 运算示例

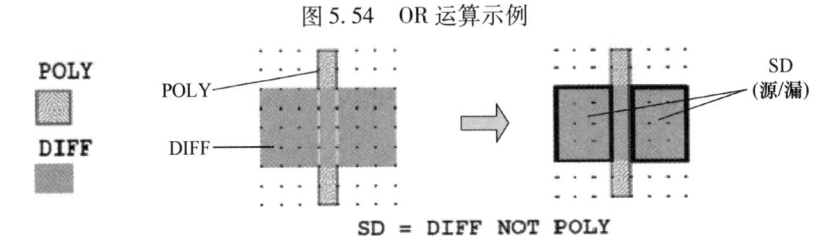

图 5.55　NOT 示例

XOR layer　//单层 XOR 运算

XOR layer1 layer2　//两层 XOR 运算

layer：原始层。

layer1、layer2：原始层或衍生的多边形层。

单层 XOR 运算等效与运算：AND layer = = 1。两层 XOR 运算则是对未合并的原始层或衍生层进行运算。如果 layer1 为空，layer2 不为空，则只返回 layer2 的多边形图形，反之亦然。在语句中交换第 1 层和第 2 层的顺序不会影响输出。XOR 示例如图 5.56 所示。

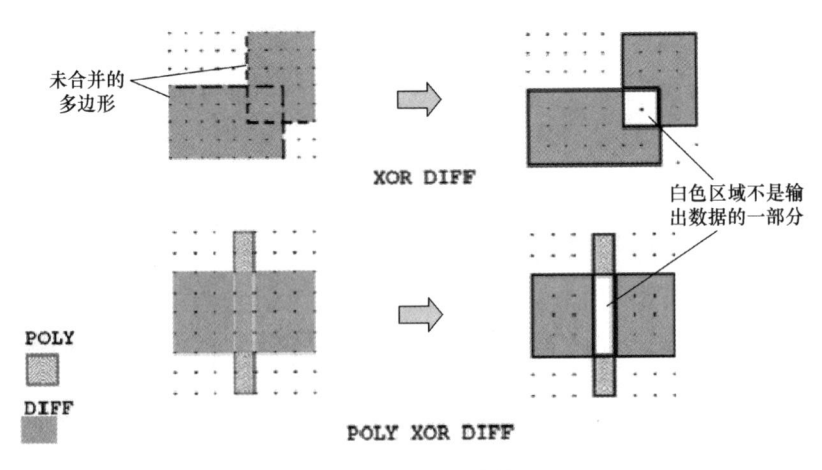

图 5.56　XOR 示例

拓扑运算基于多边形固有的拓扑或几何特性构建并选择相应的层。有些运算有一个逆运算作为对应运算。比如：contact TOUCH metal1 和 contact NOT TOUCH metal1。以下介绍几种拓扑运算符。

- DONUT 的作用是选择具有符合约束的内部圆环（孔）的所有输入多边形，其语法为［NOT］DONUT layer［constraint］

layer：原始层或衍生的多边形层。

constraint：指定所选择图层多边形的内部圆环数；默认值为 > = 1。

内部圆环是一组顶点，当连接时，这些顶点在多边形内部形成一个孔。内部圆环和孔的示例如图 5.57 所示。右侧三角形顶点与多边形外边沿相交，所以认为是外部圆环。

图 5.57 内部圆环和孔的示例

DONUT 语句示例如图 5.58 所示。因为左侧矩形内部的三角形顶点与外边沿相交，所以三角形不认为是内部部分，因此内部只有两个方形孔。而右侧矩形内部的三角形顶点与外边沿不相交，所以内部存在一个三角孔和两个方形孔。

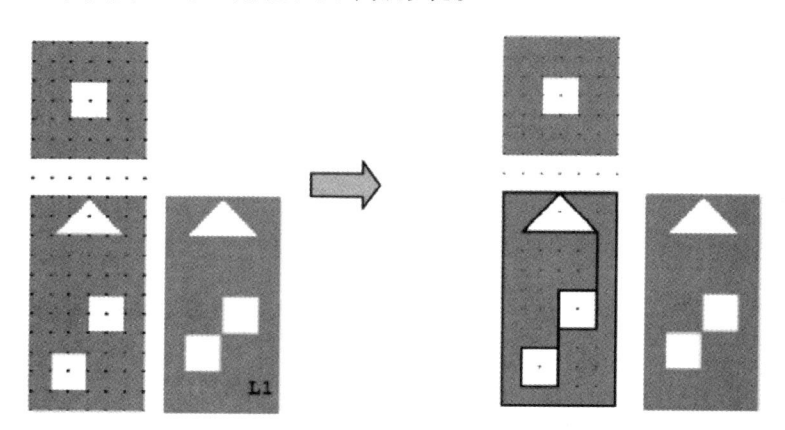

图 5.58 DONUT 语句示例

- HOLES 的作用是构成一个多边形的合并层，该层正好适合指定层内的孔，其语法为
HOLES layer［constraint］［INNER］［EMPTY］

layer：原始层或衍生的多边形层。

constraint：选择那些面积满足约束的孔；整数值或范围；默认值为 > = 1。

INNER：防止输出孔再包含有其他的孔。

EMPTY：防止孔输出不在层外。

HOLES 简单示例如图 5.59 所示。

图 5.59 HOLES 语句简单示例

需要注意，使用 HOLES 时要选择合适的语法，否则其他多边形孔内存在的孔可能导致产生意想不到的结果。在图 5.60 中，左侧图中的矩形孔中又包含一个方形孔，三种 HOLES 语句示例结果如图 5.60 所示。

例如，在版图中识别金属槽可能很耗时，这时可使用"HOLES"正确识别 M1 的孔，如图 5.61 所示。以下语句设置 SLOTS 标记层来标识金属槽，具体语句如下：

X = HOLES M1 INNER EMPTY
LAYER SLOT_MARK 77
SLOTS = X AND SLOT_MARK

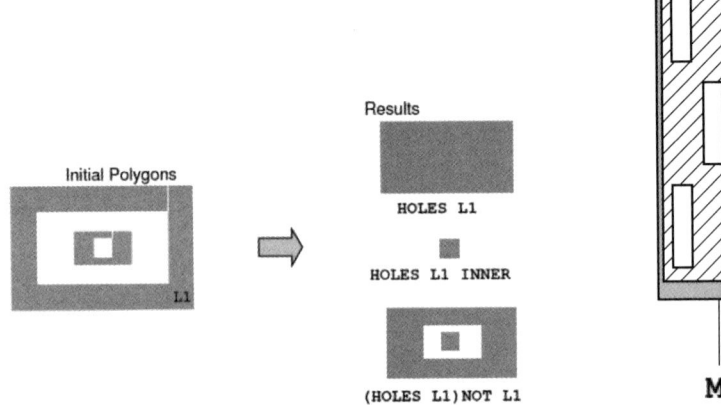

图 5.60 三种 HOLES 语句示例结果

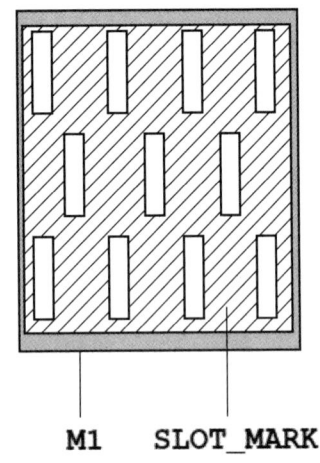

图 5.61 使用"HOLES"在版图中识别金属槽

- ENCLOSE 的作用是选择包含第 2 层多边形的所有第 1 层多边形，其语法为

[NOT] ENCLOSE layer1 layer2 [constraint[BY NET]]

layer1、layer2：原始层或衍生的多边形层。

constraint：整数值或范围；默认为 > =1。

BY NET：指定当由第 1 层多边形包围的第 2 层多边形集合中不同线网的数量满足约束时，选择第 1 层多边形；这时需要保留第二层多边形的连接性。

ENCLOSE 语句示例如图 5.62 所示。

- INSIDE 的作用是选择位于第 2 层多边形内的所有第 1 层多边形，其语法为

[NOT] INSIDE layer1 layer2

layer1、layer2：原始层或衍生的多边形层。

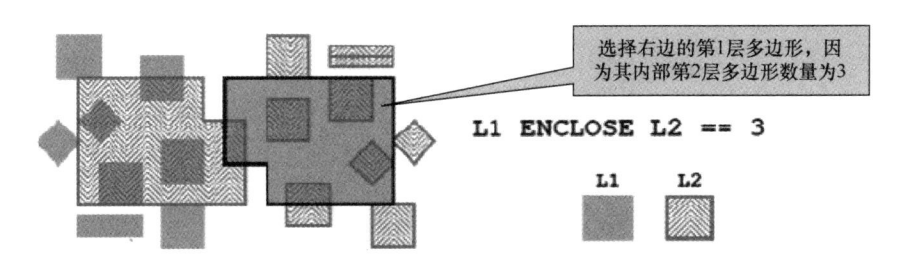

图 5.62 ENCLOSE 语句示例

INSIDE 语句示例如图 5.63 所示。
- OUTSIDE 的作用是选择位于第 2 层多边形之外的所有第 1 层多边形，其语法为

［NOT］OUTSIDE layer1 layer2

layer1、layer2：原始层或衍生的多边形层。
OUTSIDE 语句示例如图 5.64 所示。
- CUT 的作用是选择与第 2 层多边形仅共享其一部分区域的所有第 1 层多边形，其语法为

［NOT］ CUT layer1 layer2 ［constraint ［BY NET］］

图 5.63 INSIDE 语句示例

layer1、layer2：原始层或衍生的多边形层。
constraint：指定第 1 层多边形共享其部分（但不是全部）区域的第 2 层多边形或线网的数量，以供 CUT 操作选择；必须是非负整数。
BY NET：当第 2 层中仅与第 1 层共享一部分区域的不同线网数量满足约束时，选择第 1 层多边形。
CUT 语句示例如图 5.65 所示。

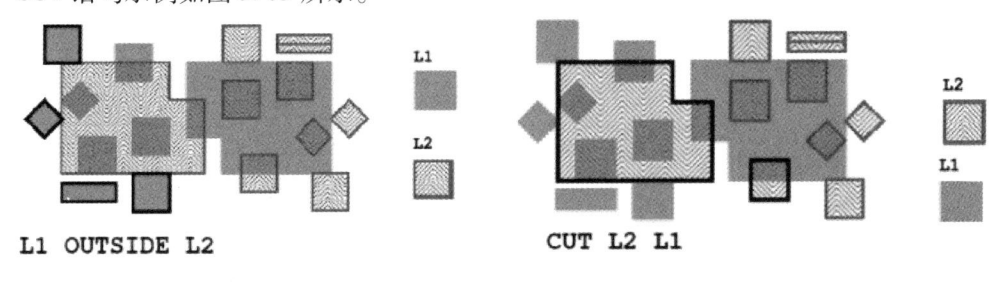

图 5.64 OUTSIDE 语句示例   图 5.65 CUT 语句示例

一个使用 BY NET 的 CUT 示例如图 5.66 所示。
- INTERACT 的作用是选择与第 2 层多边形共享多个公共点的所有第 1 层多边形，其语法为

［NOT］INTERACT layer1 layer2 ［constraint ［BY NET］］［SINGULAR {ALSO | ONLY}］

layer1、layer2：原始层或衍生的多边形层。
constraint：根据与之发生交互的第 2 层多边形或线网数量来限制对第 1 层多边形的选择；约束应包含正整数。

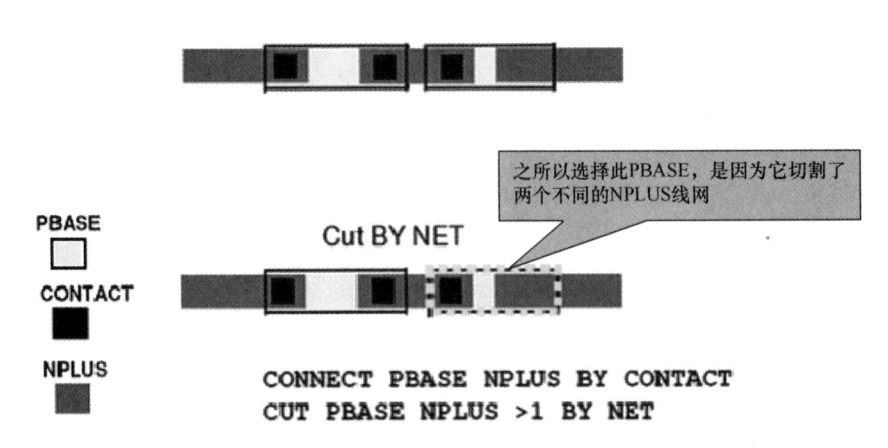

图 5.66 使用 BY NET 的 CUT 示例

BY NET：指定第 1 层多边形的选择是基于第 2 层线网的数量，而不是与第 1 层多边形交互的多边形。

SINGULAR ALSO：包括奇点。

SINGULAR ONLY：仅包括奇点。

INTERACT 语句示例如图 5.67 所示。

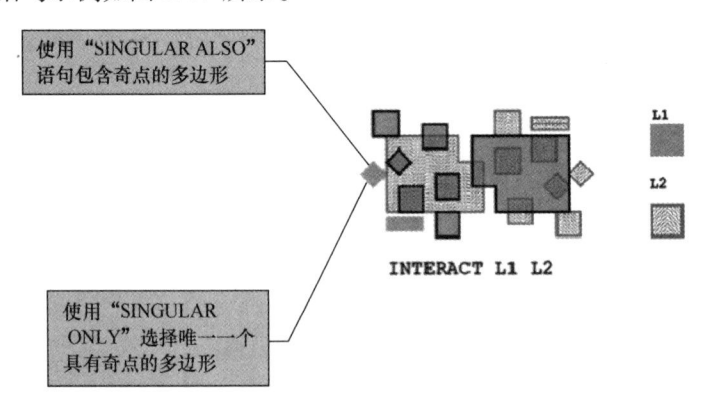

图 5.67 INTERACT 语句示例

- TOUCH 的作用是选择位于第 2 层多边形之外，并共享完整或部分边的所有第 1 层多边形，其语法为

［NOT］TOUCH layer1 layer2［constraint］［BY NET］

layer1、layer2：原始层或衍生的多边形层。

constraint：指定与第 1 层多边形接触的第 2 层多边形或线网的数量。

BY NET：指定对第 1 层多边形的选择，其原则是基于接触第 1 层多边形的第 2 层线网（而非多边形）数量。

TOUCH 语句的接触示例如图 5.68 所示。图中右侧的方形因为只有接触奇点，而没有共享边沿，所以不会被选择。

- WITH EDGE 的作用是选择与第 2 层多边形完整或部分边重合的第 1 层多边形，其语法为

［NOT］WITH EDGE layer1 layer2 [constraint]

layer1：原始层或衍生的多边形层。

layer2：衍生的边沿层。

constraint：第 2 层边沿或边沿段的数量；默认值为 >=1。

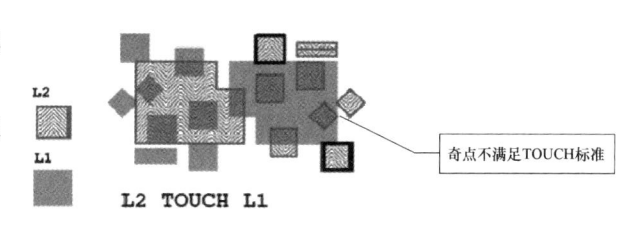

WITH EDGE 语法示例如图 5.69 所示。

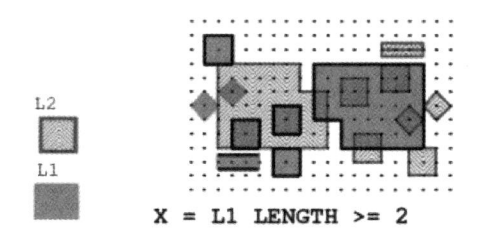

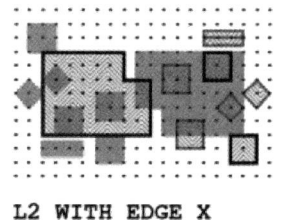

图 5.68　TOUCH 语句的接触示例

图 5.69　WITH EDGE 语法示例

一个完整 WITH EDGE 示例如图 5.70 所示。语句的目的是要提取边长大于 100μm 的多边形。

LONG_METAL1｛X ＝ METAL1 LENGTH ＞ 100

METAL1 WITH EDGE X //LONG_METAL1｝

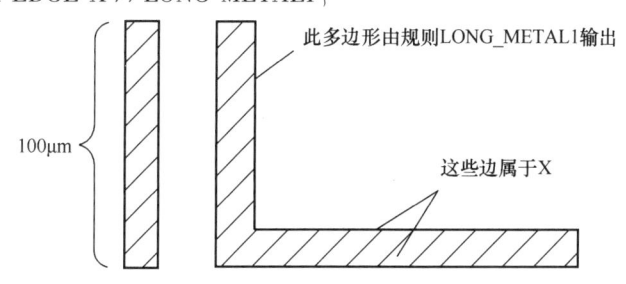

图 5.70　利用 WITH EDGE 语句提取边长大于 100μm 的多边形

- AREA 的作用是选择面积满足指定约束的所有输入多边形，其语法为

［NOT］AREA layer1 constraint

layer1：原始层或衍生的多边形层。

constraint：面积的实数值或范围。

AREA 语句示例如图 5.71 所示。

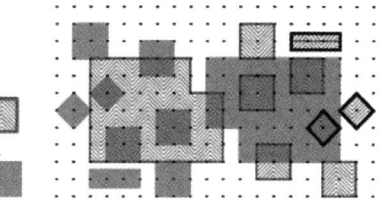

- PERIMETER 的作用是选择周长符合约束的所有输入多边形，其语法为

PERIMETER layer1 constraint

layer1：原始层或衍生的多边形层。

constraint：周长的实数值或范围。

图 5.71　AREA 语句示例

PERIMETER 语句示例如图 5.72 所示。需要注意的是，在处理非矩形多边形时，通常最好指定约束的范围。

- RECTANGLE 的作用是选择所有边满足约束的矩形，其语法为

［NOT］RECTANGLE layer ［constraint1 ［BY constraint2］］［ASPECT constraint3］［ORTHOGONAL ONLY | MEASURE EXTENTS］

layer1：原始层或衍生的多边形层。

图 5.72　PERIMETER 语句示例

constraint1：一个边沿对必须满足约束（边长度）。
BY constraint2：适用于未被 constraint1 处理的一对边。
ASPECT constraint3：指定长边与短边的比例。
ORTHOGONAL ONLY：边必须平行于坐标轴。
MEASURE EXTENTS：选择适合特定矩形范围的多边形。
RECTANGLE 语句示例如图 5.73 所示。

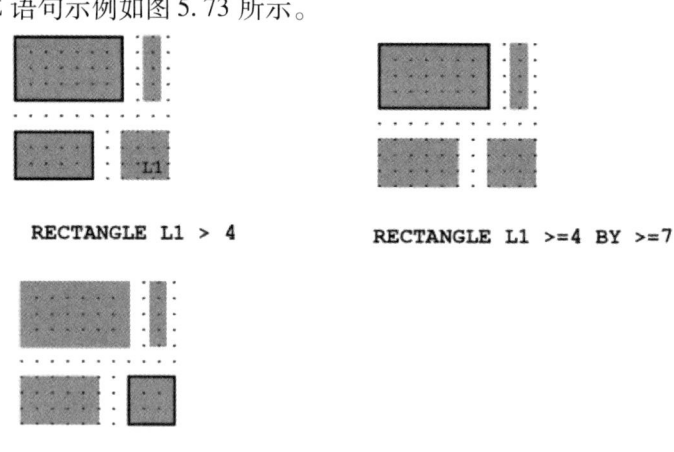

图 5.73　RECTANGLE 语句示例

- RECTANGLES 的作用是创建指定尺寸和间距的矩形阵列；经常用于平面化和层填充应用，其语法为

RECTANGLE width length ｛spacing | ｛width_spacing length_spacing｝｝［OFFSET ｛offset | ｛width_offset length_offset｝｝］［｛INSIDE OF x1 y1 x2 y2｝| ｛INSIDE OF LAYER layer｝］［MAINTAIN SPACING］

width length：一对数值，以用户单位表示矩形的宽度（x 轴）和长度（y 轴）。
spacing：一个数值，以用户单位表示的在 x 和 y 方向上的矩形间距。
width_spacing length_spacing：一对数值，表示矩形之间的宽度间距（x 轴）和长度间距（y 轴）。
OFFSET：指定相邻矩形之间的水平和垂直偏移。
offset：指定矩形之间 x 轴和 y 轴偏移值。
width_offset length_offset：一对数值，指示矩形之间的 x 轴和 y 轴偏移。

INSIDE OF x1 y1 x2 y2：指定要用矩形填充的区域；指示要填充的范围的左下角（x1，y1）和右上角（x2，y2）。

INSIDE OF LAYER layer：用矩形填充指定层的范围。

MAINTAIN SPACING：控制矩形的间距，因此在每个矩形周围构建一个光环区域，其中不允许其他矩形落在该间距内。

默认情况下，RECTANGLES 将从数据库范围的左下角开始填充矩形阵列。如果使用 INSIDE 或 INSIDE OF LAYER，则填充阵列在前一种情况下从指定框的左下角开始，在后一种情况中从层范围的左下角开始。间距和偏移从要填充的区域的左下角到右上角进行处理。

所有间距和偏移计算都基于放置阵列中上一个矩形的左下角位置而进行的。矩形阵列布局示图如图 5.74 所示。间距示意图如图 5.75 所示。

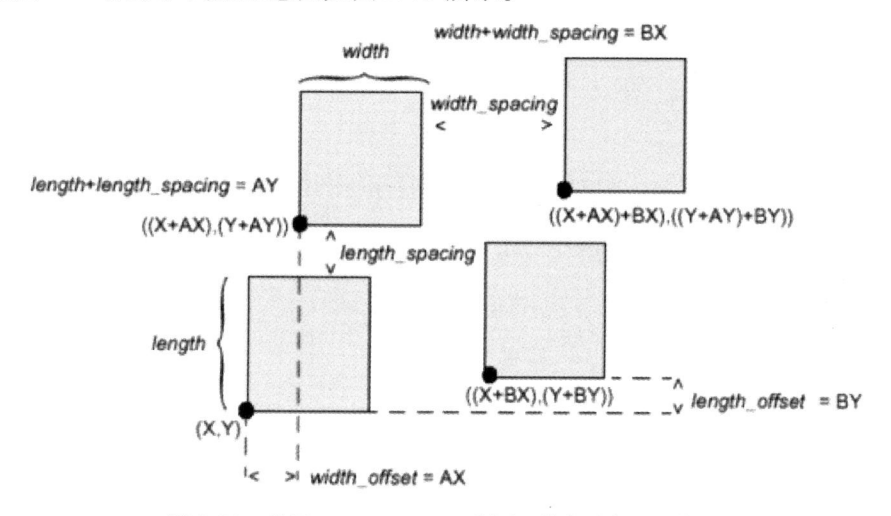

图 5.74　使用 RECTANGLES 进行矩形阵列布局示意图

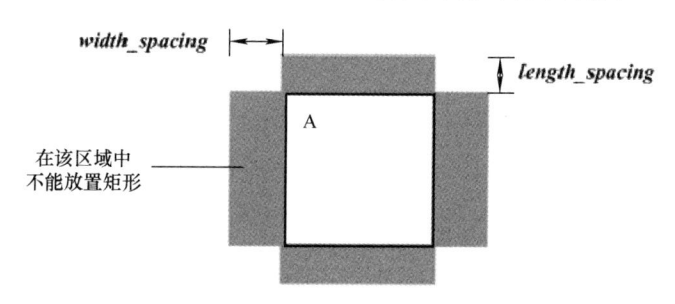

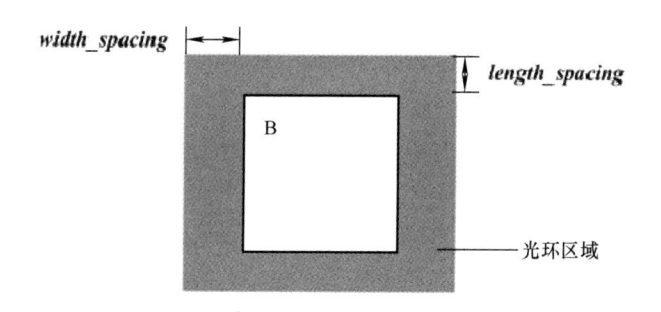

图 5.75　间距示意图

使用 RECTANGLES 进行矩形阵列设置的示例如图 5.76 所示。

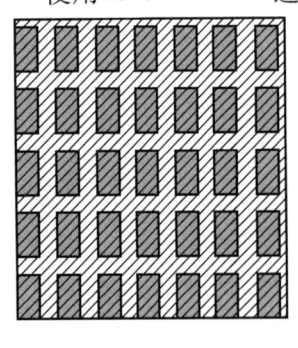

```
PLANAR_FILL {
    RECTANGLES 1 2 1
    INSIDE OF LAYER L1
}
```

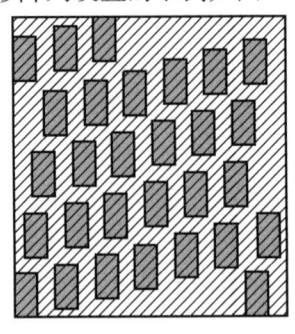

```
PLANAR_FILL_OFFSET {
    RECTANGLES 1 2 1
    OFFSET 0.5
    INSIDE OF LAYER L1
}
```

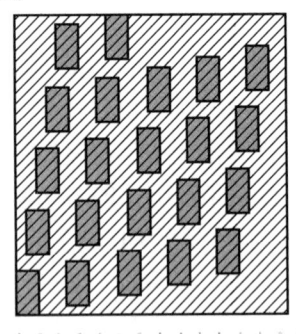

```
PLANAR_FILL_MAINTAIN {
    RECTANGLES 1 2 1
    OFFSET 0.5
    INSIDE OF LAYER L1
    MAINTAIN SPACING
}
```

图 5.76　使用 RECTANGLES 进行矩形阵列设置的示例

- VERTEX 的作用是选择顶点（或边）数量符合约束的所有多边形，其语法为

VERTEX layer constraint

layer：原始层或衍生的多边形层。

constraint：实数值或数值范围。

对任意多边形而言，顶点数量等于边沿数量。VERTEX 语法示例如图 5.77 所示。

在 DRC 规则检查语法中还有一类层修改器（Layer Modifiers）。其目的是通过操作修改现有几何图形的大小、位置和方向等，并基于现有几何图形构建新图层。主要包括的操作符有 EXPAND EDGE、SIZE、WITH WIDTH、EXPAND TEXT、GROW、SHRINK。

图 5.77　VERTEX 语法示例

- EXPAND EDGE 的作用是将输入多边形展开为矩形，其语法为

EXPAND EDGE layer expansion_set [EXTEND BY [FACTOR] number] [CORNER FILL]

layer：原始或衍生的多边形或边沿层。

expansion_set：通过按指定方向展开边，将层的所有边转换为矩形。

方括号内的关键字释义如下：

INSIDE BY value：按用户单位设定值，向输入多边形内部展开边。

INSIDE BY FACTOR：将边向输入多边形的内部展开，展开方式为乘以边长度的因子。

OUTSIDE BY value：按用户单位设定值，向输入多边形外部展开边。

OUTSIDE BY FACTOR：将边向输入多边形的外部展开，展开方式为乘以边长度的因子。

EXTEND BY number：在展开边沿之前，按用户单位，扩展或收缩边沿（进行收缩时，number<0）。

EXTEND BY FACTOR number：在展开边之前，将边延伸或收缩边长度的若干倍。

CORNER FILL：当操作形成的矩形之间存在间隙时，指示 EXPAND EDGE 操作以填充输入层的拐角处（仅填充指向展开方向的拐角）。

EXPAND EDGE 语法示例如图 5.78 和图 5.79 所示。

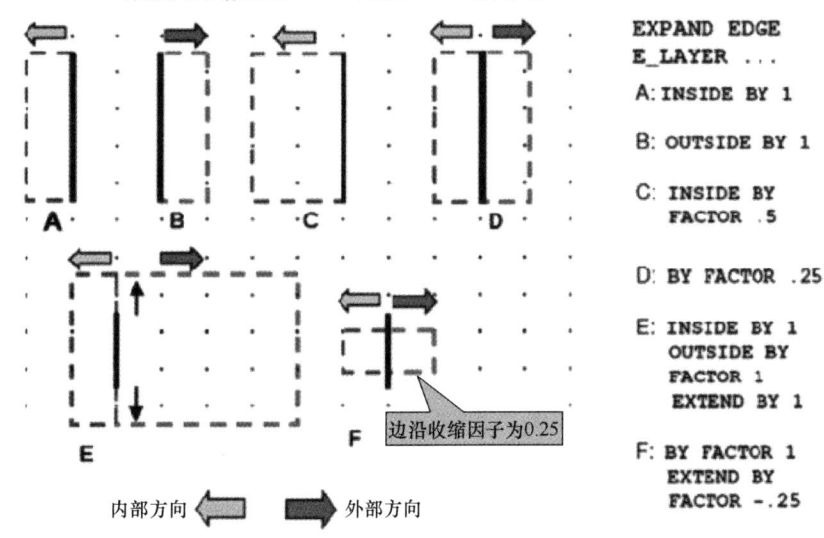

图 5.78　EXPAND EDGE 语法示例 1

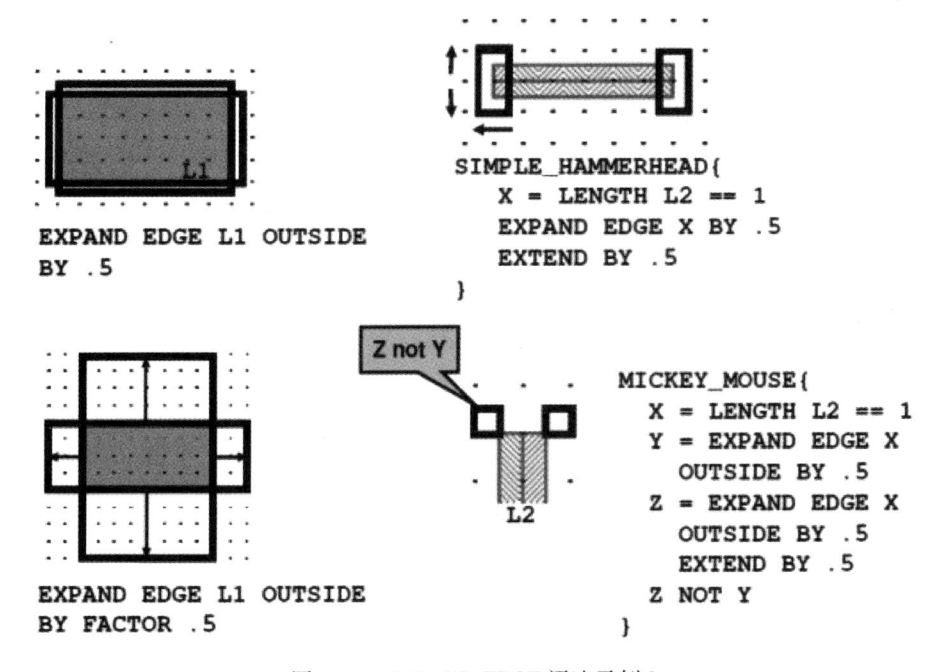

图 5.79　EXPAND EDGE 语法示例 2

使用 CORNER FILL 关键字的示例如图 5.80 所示。

- SIZE 的作用是按指定值展开或收缩输入多边形，其语法为

SIZE layer1 BY size_value ［TRUNCATE distance］［OVERLAP ONLY］| ｛［INSIDE OF | OUTSIDE OF］layer2｝

［STEP step_value］SIZE layer1 BY size_value ［TRUNCATE distance］［OVERUNDER | UN-

EXPAND EDGE *layer* **OUTSIDE BY 1**

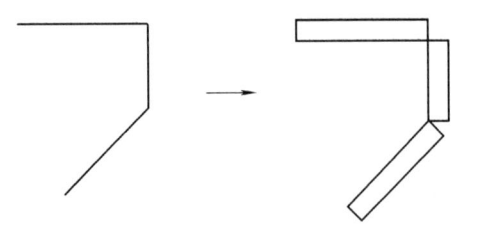

EXPAND EDGE *layer* **OUTSIDE BY 1 CORNER FILL**

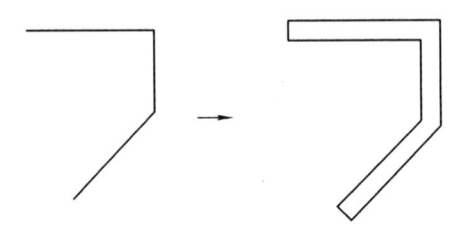

图 5.80 使用 CORNER FILL 关键字示例

DEROVER]

　　layer1：原始层或衍生多边形层。

　　BY size_value：指定展开或收缩多边形的程度。

　　TRUNCATE distance：指定尖角截断距离；距离的默认值约为 2.61。

　　OVERLAP ONLY：指定输出仅由超大多边形重叠的区域组成（而不是超大多边形本身）；size_value 必须大于零。

　　INSIDE OF layer2：使第 1 层在第 2 层内部展开。

　　OUTSIDE OF layer2：使第 1 层在第 2 层外部展开。

　　STEP step_value：指定增量扩展或收缩；多边形按 step_value 重复扩展或收缩，直到达到 size_value 值。

　　OVERUNDER：指示 Calibre 执行两个 SIZE 操作；layer1 首先增加尺寸，然后根据 size_value 减小尺寸。

　　UNDEROVER：指示 Calibre 执行两个 SIZE 操作；基于 size_value，layer1 首先减小尺寸，然后增大尺寸。

　　SIZE 语法示例如图 5.81 和图 5.82 所示。

- WITH WIDTH 的作用是仅选择满足宽度约束的多边形部分，其语法为

[NOT] WITH WIDTH layer constraint

　　layer：原始层或衍生多边形层。

　　constraint：以用户单位表示的宽度（>=0）。

　　例子：narrow_poly = poly WITH WIDTH <= .10 //得到宽度 <= .10 的多晶硅。

- GROW 的作用是允许在指定方向上展开多边形边，其语法为

GROW layer [RIGHT BY value][TOP BY value][LEFT BY value][BOTTOM BY value]

　　layer：原始层、衍生多边形或衍生边沿层。

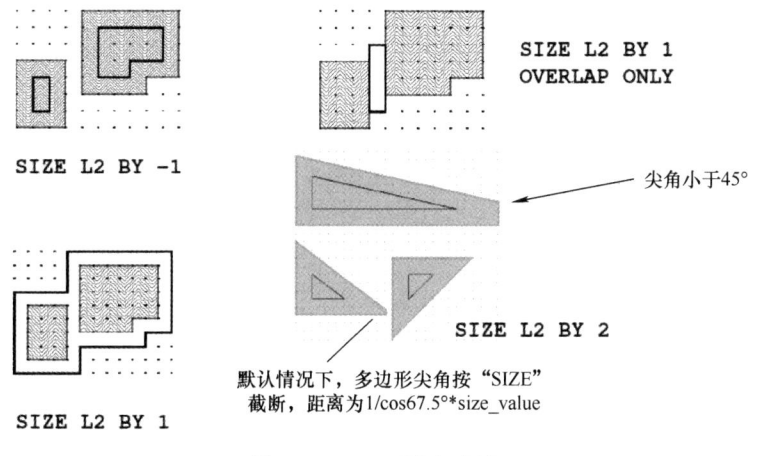

图 5.81　SIZE 语法示例 1

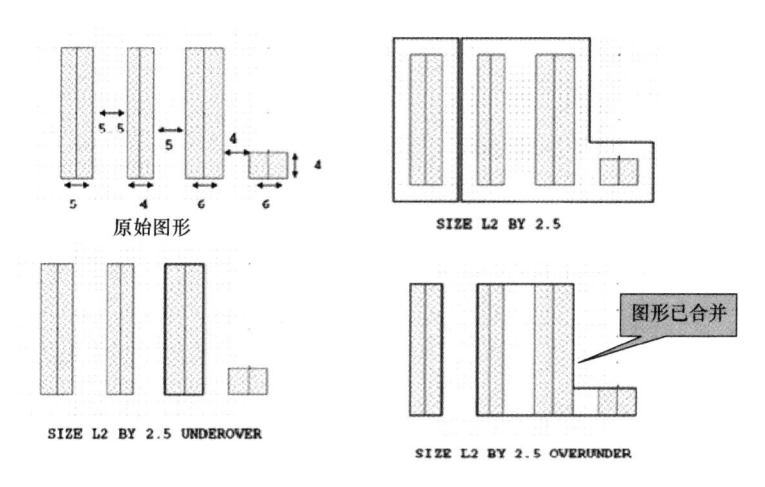

图 5.82　SIZE 语法示例 2

RIGHT、TOP、LEFT、BOTTOM：与输入层正交的边。
BY value：外部扩展量。
边沿分类如图 5.83 所示。
GROW 语法示例如图 5.84 所示。

图 5.83　边沿分类　　　图 5.84　GROW 语法示例

- SHRINK 的作用是沿指定方向朝多边形内部收缩边沿，其语法为

SHRINK layer［RIGHT BY value］［TOP BY value］［LEFT BY value］［BOTTOM BY value］

layer：原始多边形层。

RIGHT、TOP、LEFT、BOTTOM：与输入层正交的边。

BY value：内部收缩量。

关于边沿方向的分类与 GROW 相同。SHRINK 语法示例如图 5.85 所示。

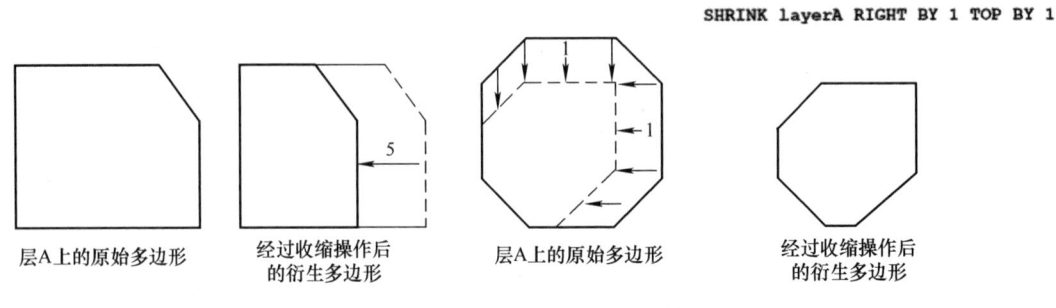

图 5.85　SHRINK 语法示例

- EXPAND TEXT 的作用是创建一个衍生的多边形层，该层由具有 text_name 文本对象为中心的合并正方形组成；正方形的边长为 number，其语法为

EXPAND TEXT text_name［text_layer］BY number［PRIMARY ONLY］

text_name：文本对象的名称；可以包含一个或多个问号（?）通配符，其中（?）与零或多个字符匹配。

text_layer：包含 text_name 的原始层；用于防止在选择具有相同名称，但出现在不同图层中的文本对象时出现歧义。

BY number：指定标记正方形的尺寸。

PRIMARY ONLY：指定操作仅使用顶层单元的文本。

其示例为：Rule1｛x = EXPAND TEXT VDD text_layer BY 2 metal1 INTERACT x｝//在 text_layer 上的 VDD 文本位置放置 2×2 个标记，并查找与 VDD 文本交互的所有第 1 层金属图形。

在 DRC 规则检查中，还需要进行多种应用程序操作，包括：复制、检查密度和查找指定图层的边界等。其操作符为 COPY、EXTENT、EXTENTS、EXTENT CELL、DENSITY、WITH TEXT、NET。

- COPY 的作用是将 layer1 多边形复制到衍生层，其语法为

COPY layer1

layer1：原始层、衍生多边形或边沿层。

COPY 操作在调试 DRC 检查语句和层衍生时非常有用，它创建的衍生图层可以在 RVE 信息窗口中查看。COPY 语句示例如下，其目的是显示用于调试的 LONG_METAL 边沿：

METAL_LONG_SPACE｛

@ Spacing between metal edges longer

@ than 100 um must be at least 4 um

LONG_METAL = LENGTH metal > 100
COPY LONG_METAL // creates a derived layer
//EXTERNAL LONG_METAL < 4
}

- EXTENT 的作用是生成一个与数据库边界等效矩形组成的衍生多边形层，其语法为
EXTENT［layer］
layer：原始层、衍生多边形或边沿层。
EXTENT 可以在层衍生语句中使用。与 layer 一起使用时，EXTENT 会生成一个层，该层是 layer 上所有多边形的最小边界框。其示例如图 5.86 所示。

- EXTENTS 的作用是生成衍生多边形层，该层由输入层上每个多边形合并的最小边界框（边沿平行于坐标轴）组成，其语法为
EXTENTS layer［CENTERS［number］］。
layer：原始层或衍生多边形层。
CENTERS［number］：在每个边界框的中心生成尺寸为 number 的标记正方形，而不是框本身；默认标记尺寸为 1 个用户单位。其示例如图 5.87 所示。

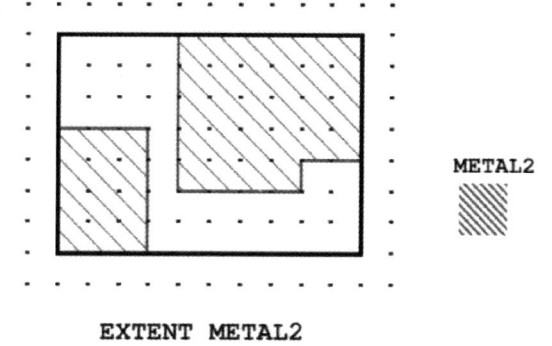

图 5.86　EXTENT 语句示例

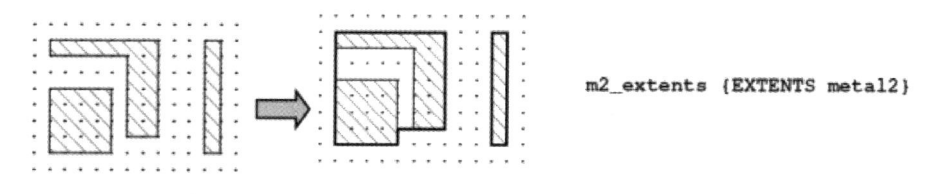

图 5.87　EXTENTS 语法示例

- EXTENT CELL 的作用是生成一个衍生多边形层，该层由给定列表中表示单元范围的矩形组成，其语法为
EXTENT CELL name［…name］［ORIGINAL［OCCUPIED］］
name：单元名称，可以是字符串变量；单元名称允许使用带引号的通配符"＊"。
ORIGINAL：表示版图数据库中的所有对象都用于计算指定的单元范围。
OCCUPIED：指定只有包含 Calibre 运行所需几何图形的单元（包括子层次结构），才返回其原始范围；忽略所有其他单元。示例为 EXTENT CELL "ALU＊"。

- DENSITY 操作通常用于检查输入层面积与在用户定义的网格中移动数据捕获窗口面积的比例。此操作具有许多功能，可控制数据捕获窗口如何扫描版图，以及该操作应检查的数学表达式，其语法为
DENSITY layer1［…layerN］［［density_expression］］constraint［INSIDE OF｛EXTENT｜x1 y1 x2 y2｜LAYER layerB［BY EXTENT｜BY POLYGON｜BY RECTANGLE｜CENTERED value］｝］
［WINDOW｛wxy｜wx wy｝］［STEP｛sxy｜sx sy｝］］［TRUNCATE｜BACKUP｜IGNORE｜WRAP］

DENSITY 示例 1：
met2_check {
@ The density of metal2 in every 5x5 area of the
@ layout must exceed 25%
DENSITY metal2 < 0.25 WINDOW 5.0
}//版图每 5×5 区域中第 2 层金属密度必须超过 25%

- WITH TEXT 的作用是选择与文本对象位置相交的所有层的多边形，其语法为
[NOT] WITH TEXT layer name [text_layer] [PRIMARY ONLY]
layer：原始层或衍生层。
name：独立文本对象的名称；名称可以包含一个或多个通配符（"?"），并且可以是字符串。
text_layer：找到文本对象的原始层；如果未指定，将考虑来自所有图层的文本对象。
PRIMARY ONLY：指定在操作中仅使用顶层单元的文本。
示例语句：large_pad = pad AREA > 5000
test_pad = large_pad WITH TEXT "pad?" 40
示例语句如图 5.88 所示。

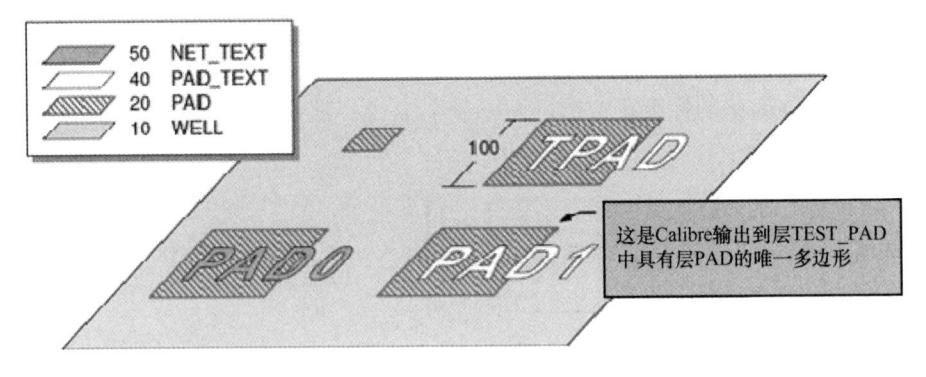

图 5.88 WITH TEXT 示例

- NET 的作用是选择电气节点上具有指定线网名称的所有多边形，其语法为
[NOT] NET layer name [⋯name]
layer：原始层或衍生多边形层。
name：线网的名称，可以包含一个或多个问号（?）字符；name 也可以是字符串变量。
其示例语句为
METAL_SP {
@ VDD metal must be spaced at 4.5 microns
@ VCC metal must be spaced at 4 microns
vdd_metal = metal NET vdd
vcc_metal = metal NET vcc
EXTERNAL vdd_metal < 4.5
EXTERNAL vcc_metal < 4.0
}

5.5 基于边沿和错误的规则检查

基于边沿的操作会从原始层、层集或衍生层中生成衍生的边沿层。边沿操作只对多边形和边沿层进行操作，该操作生成对应的边沿层。对于将要进行边沿操作的模块，其原始层已包括了作为子类别的层集。以下对主要的操作符进行讨论。

- INSIDE EDGE 的主要作用是选择完全位于第 2 层多边形内的所有第 1 层边沿，重合的边沿不包括在内，其语法为

［NOT］INSIDE EDGE layer1 layer2

layer1：原始层或衍生层。

layer2：原始层或衍生多边形层。

INSIDE EDGE 语法示例如图 5.89 所示。

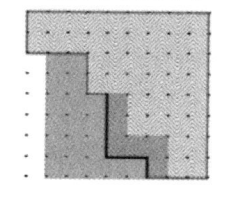

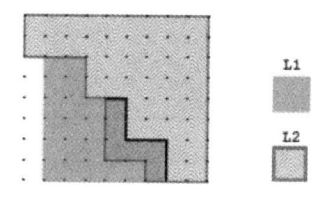

图 5.89　INSIDE EDGE 语法示例

- OUTSIDE EDGE 的作用是选择完全位于第 2 层多边形之外的所有第 1 层边段，重合的边沿不包括在内，其语法为

［NOT］OUTSIDE EDGE layer1 layer2

layer1：原始层或衍生层。

layer2：原始层或衍生多边形层。

OUTSIDE EDGE 语法示例如图 5.90 所示。

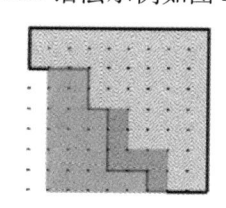

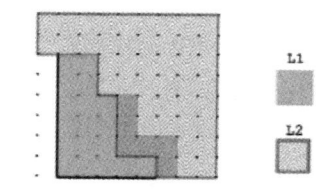

图 5.90　OUTSIDE EDGE 语法示例

- COINCIDENT EDGE 的作用是选择与第 2 层边沿重合的所有第 1 层边沿。需要注意的是，尽管当交换语句中 layer1 和 layer2 的顺序不会影响输出结果，但它们本质具有不同的起源层。如果在另一个操作中使用该结果，需要考虑可能产生的影响。其语法为

［NOT］COINCIDENT EDGE layer1 layer2

layer1，layer2：原始层或衍生层。

COINCIDENT EDGE 语法示例如图 5.91 所示。

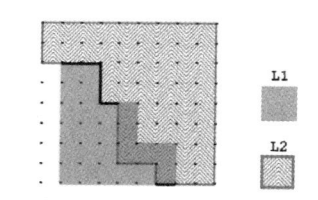

图 5.91　COINCIDENT EDGE 语法示例

- COINCIDENT INSIDE EDGE 的作用是选择与第 2 层边沿内部重合的所有第 1 层边沿段，其语法为

［NOT］COINCIDENT INSIDE EDGE layer1 layer2

layer1，layer2：原始层或衍生层。

COINCIDENT INSIDE EDGE 语法示例如图 5.92 所示。

- COINCIDENT OUTSIDE EDGE 的作用是选择与第 2 层边在外侧相交的所有第 1 层边沿段，其语法为

［NOT］COINCIDENT OUTSIDE EDGE layer1 layer2

layer1，layer2：原始层或衍生层。

COINCIDENT OUTSIDE EDGE 语法示例如图 5.93 所示。

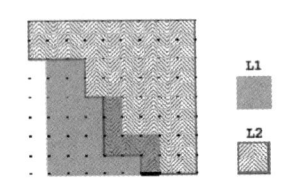

图 5.92　COINCIDENT INSIDE EDGE 语法示例

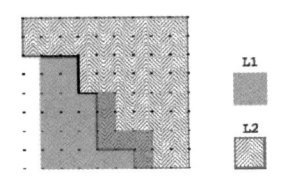

图 5.93　COINCIDENT OUTSIDE EDGE 语法示例

- TOUCH EDGE 的作用是选择在多个点上与第 2 层边沿接触的完整的第 1 层边沿，其语法为

［NOT］TOUCH EDGE layer1 layer2

layer1，layer2：原始层或衍生层。

TOUCH EDGE 语法示例如图 5.94 所示。

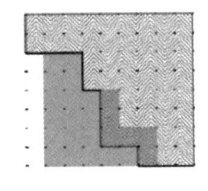

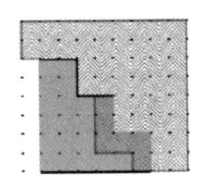

图 5.94　TOUCH EDGE 语法示例

- TOUCH INSIDE EDGE 的作用是选择第 1 层内侧边沿上与第 2 层边沿接触的完整第 1 层边沿；第 1 层内侧边沿必须面向第 2 层的内部。其语法为

［NOT］TOUCH INSIDE EDGE layer1 layer2

layer1，layer2：原始层或衍生层。

TOUCH INSIDE EDGE 语法示例如图 5.95 所示。

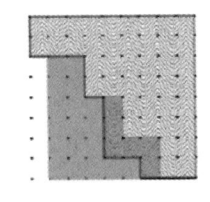

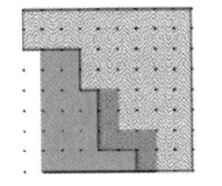

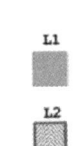

图 5.95　TOUCH INSIDE EDGE 语法示例

- TOUCH OUTSIDE EDGE 的作用是选择第 1 层外侧边沿上与第 2 层边沿接触的完整第

1层边沿；第1层外侧边沿必须面向第2层的内部。其语法为

[NOT] TOUCH OUTSIDE EDGE layer1 layer2

layer1，layer2：原始层或衍生层。

TOUCH OUTSIDE EDGE 语法示例如图 5.96 所示。

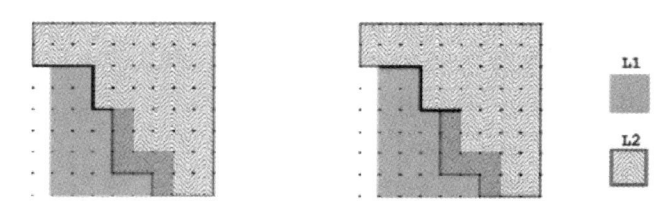

图 5.96 TOUCH OUTSIDE EDGE 语法示例

- LENGTH 的作用是选择长度满足约束的所有输入边，其语法为

[NOT] LENGTH layer constraint

layer：原始层或衍生层。

constraint：以用户单位表示的长度的实数或范围。

LENGTH 语法示例如图 5.97 所示。

- PATH LENGTH 的作用是从形成总长度满足约束连续链的独立多边形中选择所有输入边，如果层上存在斜边，最好使用一个范围进行约束。其语法为

PATH LENGTH edge_layer constraint

edge_layer：衍生的边沿层。

constraint：以用户单位表示的长度的实数或范围。

PATH LENGTH 语法示例如图 5.98 所示。

图 5.97 LENGTH 语法示例

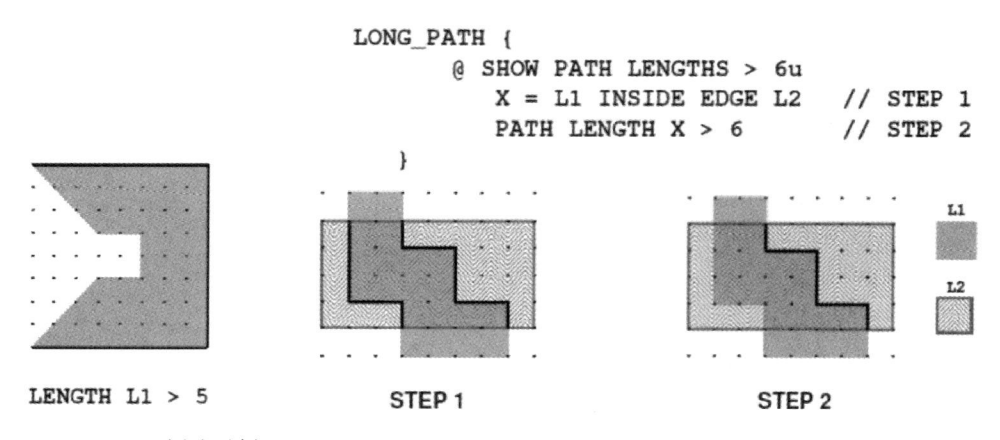

图 5.98 PATH LENGTH 语法示例

以下一组操作符适用于检测版图的网格分辨率、偏离网格错误，以及网格捕获。这些操作符都属于基于错误的规则检查。这些操作符包括：RESOLUTION、LAYER RESOLUTION、FLAG OFFGRID、DRAWN OFFGRID、OFFGRID、DRC TOLERANCE FACTOR、SNAP、SNAP OFFGRID。

在 Calibre DRC 检查规则中，设计者可以通过以下语句指定的几何图形和分辨率的精度：

User units：尺寸单位（例如微米）；

PRECISION：数据库单位与用户单位的比率，默认值为 1000。

示例：PRECISION 1000//1000 个数据库单位等于 1 个用户设定的单位。

RESOLUTION：版图网格分辨率。

- RESOLUTION 的作用是定义版图网格分辨率，默认值为 x 和 y 轴方向上的一个数据库单位，在规则中只能制定一次，其语法为

RESOLUTION {grid_size | x_grid y_grid}

grid_size：指定 x 和 y 轴上网格分辨率的正整数。

x_grid y_grid：分别指定 x 和 y 网格分辨率的正整数。

RESOLUTION 语法示例为

PRECISION 1000

RESOLUTION 250 // 原始多边形的分辨率必须是 0.25 个用户设定单位

- LAYER RESOLUTION 的作用是定义指定原始层的版图网格分辨率，默认值与 RESOLUTION 设定值相同。当指定 LAYER RESOLUTION 值时，其会替代指定层的 RESOLUTION 值。在 DRC 规则检查中可以为每个原始层指定一次 LAYER RESOLUTION，其语法为

LAYER RESOLUTION layer [layer…]

{grid_size|x_grid y_grid}

Layer：原始层（必须使用层名，不能使用层号）。

grid_size：指定 x 和 y 版图网格分辨率的正整数。

x_grid y_grid：分别指定 x 和 y 网格分辨率的正整数。

LAYER RESOLUTION 语法示例为

LAYER RESOLUTION POLY 50

- FLAG OFFGRID 的作用是在检测到偏离网格的几何形状时发出警告，默认情况不启用偏离网格警告。报告最多列出 100 个警告。出现警告后，该操作会输出包括偏离网格顶点的坐标、层和单元名称到汇总报告和文本记录中。在规则文件中只能指定一次，其语法为

FLAG OFFGRID YES | NO

YES：启用偏离网格警告。

NO：不启用偏离网格警告。

FLAG OFFGRID 语法示例为

FLAG OFFGRID YES

- DRAWN OFFGRID 的作用是生成由偏离网格的几何体标记组成的衍生错误层，其语法为

DRAWN OFFGRID

DRAWN OFFGRID 语法示例为

touch_L1 {AREA L1 = = 0}

OFFGRID_CHECK

如图 5.99 所示，由于版图边沿线不在网格上，此时会生成一个错误衍生层。

- OFFGRID 的作用是为指定层生成一个衍生的错误层，该层由偏离网格的几何体标记

组成，其语法为

OFFGRID layer {grid_size | x_grid y_grid}

Layer：原始层或衍生多边形层。

grid_size：指定 x 和 y 版图网格分辨率的正整数。

x_grid y_grid：分别指定 x 和 y 网格分辨率的正整数。

OFFGRID 语法示例为

L2_OFFGRID{@ L2 MUST BE ON .250u GRID

OFFGRID L2 250}

对应图示如图 5.100 所示。

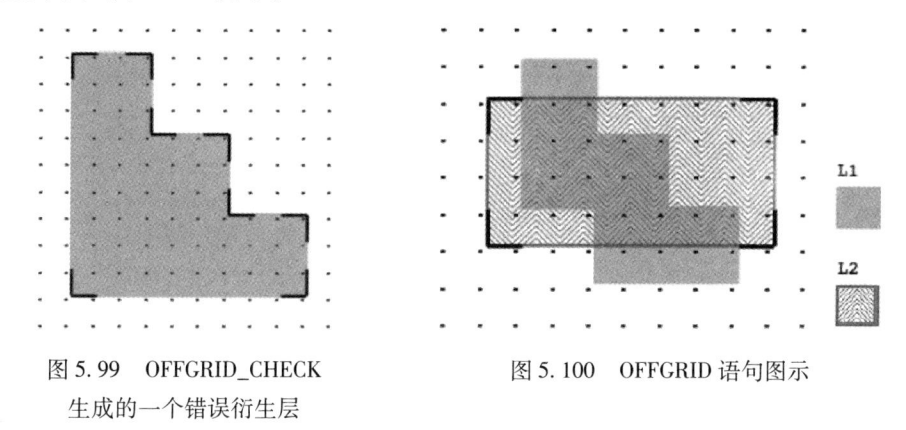

图 5.99　OFFGRID_CHECK 生成的一个错误衍生层

图 5.100　OFFGRID 语句图示

- DRC TOLERANCE FACTOR 的作用是抑制非曼哈顿（non-Manhattan）几何体（如 45°走线路径和圆形结构）上的错误，因为舍入误差，边沿之间的距离可能略小于指定的值，其语法为

DRC TOLERANCE FACTOR tolerance

tolerance：以用户单位指定的正实数或数学表达式。

DRC TOLERANCE FACTOR 语法示例为

DRC TOLERANCE FACTOR .003

- SNAP 的作用是将输入层顶点捕捉到指定的网格中，对每一个原始层都可以指定一次 SNAP 值，其语法为

SNAP layer {snap_grid | x y}

Layer：原始层或衍生多边形层。

snap_grid：指定 x 和 y 轴上捕捉网格分辨率的正整数。

x、y：分别指定 x 和 y 轴上捕捉网格分辨率的正整数。

SNAP 语法示例为

PRECISION 1000

SNAP_DIFF = SNAP DIFF 10

- SNAP OFFGRID 的作用是将原始层上所有未合并的偏离网格顶点捕获到 RESOLUTION 语句或相应 LAYER RESOLUTION 语句中指定的网格上。放置捕获的分辨率是 RESOLUTION 和 LAYER RESOLUTION 语句中所有网格值的最小公倍数。如果 x 和 y 网格不相等，

则分辨率为它们的最小公倍数，其语法为

SNAP OFFGRID YES ｜ NO

YES：启用偏离网格的顶点捕捉。

NO：不启用偏离网格的顶点捕捉。

SNAP OFFGRID 语法示例为

SNAP OFFGRID NO

5.6 LVS 基础

Calibre LVS 验证流程如图 5.101 所示，主要包括网表提取和比对两个过程。每个过程都会输入相应的数据，并输出对应的文本报告。Calibre LVS 输入文件格式如图 5.102 所示。

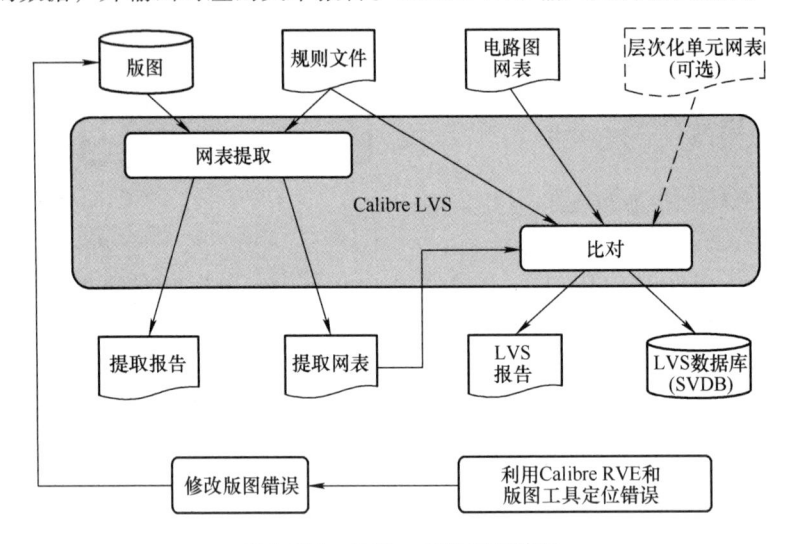

图 5.101　Calibre LVS 验证流程

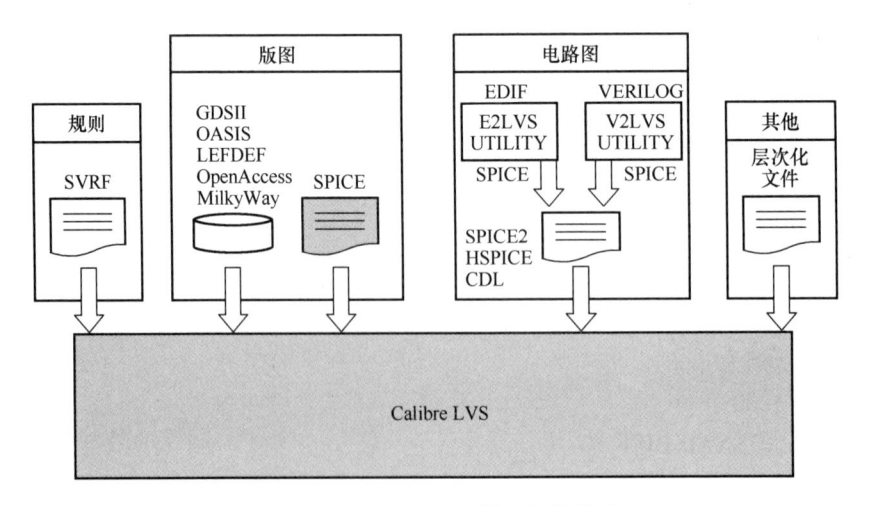

图 5.102　Calibre LVS 输入文件格式

在 Calibre 中，输入声明语句包括版图声明语句、电路图声明语句和验证数据控制语句。版图声明语句主要有 LAYOUT SYSTEM、LAYOUT PATH 和 LAYOUT PRIMARY；电路图声明语句主要有 SOURCE SYSTEM、SOURCE PATH 和 SOURCE PRIMARY。两类声明语句功能相近，下面以电路图声明语句进行讨论。

• SOURCE SYSTEM 的作用是指定电路图文件类型，其必须在 LVS 规则文件中指定一次。语法为

SOURCE SYSTEM type

type：文件类型，如 SPICE 或 CNET。

SOURCE SYSTEM 示例为

SOURCE SYSTEM SPICE

• SOURCE PATH 的作用是指定电路图文件路径。SOURCE PATH 只能在规则文件中指定一次。文件名可能包含环境变量，其语法为

SOURCE PATH filename

filename：电路图数据的路径和名称。

SOURCE PATH 示例为

SOURCE PATH "/tmp/work/mydesign.spi"

• SOURCE PRIMARY 的作用是指定以 SPICE 为格式的子电路、单元名称，其语法为

SOURCE PRIMARY name

name：所需电路的顶层单元名或子电路名。

SOURCE PRIMARY 的示例为

SOURCE PRIMARY "cpu_topcell"

• MASK SVDB DIRECTORY 的作用是指定标准验证数据库（Standard Verification Database Directory，SVDB）目录和生成的文件类型，也可以在反提文件（Calibre xRC）中使用，其语法为

MASK SVDB DIRECTORY directory_path [QUERY][XRC][CCI][IXF][NXF][PHDB][PINLOC][NOPINLOC][GDSII][XDB][DV][SLPH][NETLIST][ANNOTATE DEVICES][NOFLAT][BY GATE]

directory_path：验证数据的绝对或相对路径。

QUERY：创建查询服务器操作所需的文件。

XRC：创建 Calibre xRC 流程所需的所有信息。

CCI：创建一个文件，其中包含与 PHDB、GDSII、XDB、NETLIST 和 ANNOTATE DEVICES 选项相同的信息。

IXF：创建器件交叉参考文件。

NXF：创建连接交叉参考文件。

PHDB：创建一个永久的层次化数据库。

PINLOC｜NOPINLOC：控制节点位置信息的生成。

GDSII：创建足够的信息，以生成带注释的 GDSII 文件。

XDB：创建一个文件，该文件包含与 IXF 和 NXF 相同的信息，但不能与它们互换。

DV：创建差异查看器数据库。

SLPH：创建版图和电路放置层次的文件。

NETLIST：创建信息，以从 SVDB 数据库生成版图网表。

ANNOTATE DEVICES：将用器件编号注释的完全合并的器件形状添加到 PHDB 数据库中。

NOFLAT：指示平面 Calibre LVS 层次，不要创建 SVDB 目录。

BY GATE：指示 Calibre LVS 应用程序写入有关逻辑门的信息。

- MASK SVDB DIRECTORY 语句示例为

MASK SVDB DIRECTORY "./results/svdb" QUERY

MASK SVDB DIRECTORY svdb CCI

MASK SVDB DIRECTORY "./results/svdb" IXF NXF SLPH

LVS 报告控制语句包括 LVS REPORT、LVS REPORT MAXIMUM、LVS REPORT OPTION。LVS 报告控制语句必须包括在规则文件中，使用者才可以运行 Calibre LVS。

- LVS REPORT 的作用是指定 LVS 报告的文件名，其语法为

LVS REPORT filename

filename：指定 LVS 报告的文件名。

LVS REPORT 示例为

LVS REPORT "./lvs.rpt"

- LVS REPORT MAXIMUM 的作用是指定 LVS 报告中每节打印报告信息的最大数量，默认值是 50。在报告中，Calibre 会首先列出最关键的错误信息。设置 number = -1 的作用与 ALL 相同，其示例为

LVS REPORT MAXIMUM [number | ALL]

number：指定打印报告信息的最大数量。

ALL：指定打印所有的报告信息。

LVS REPORT MAXIMUM 的示例为

LVS REPORT MAXIMUM 25

- LVS REPORT OPTION 的作用是控制 LVS 报告文件的详细信息和详细程度，其语法为

LVS REPORT OPTION option1 ···optionN

option：最常用选项有 S（报告 Sconnect 冲突）、V（报告虚拟连接）。

LVS REPORT OPTION 示例为

LVS REPORT OPTION S V

LVS 电源和接地特性说明语句包括 LVS POWER NAME 和 LVS GROUND NAME。

- LVS POWER NAME 的作用是指定电源网络名称的列表。在逻辑门识别和某些器件筛选操作中需要进行该项声明。在规则文件中可以多次指定该语句，其语法为

LVS POWER NAME name [···name]

name：电源网络的名称。

LVS POWER NAME 示例为

LVS POWER NAME VDD VDDA VDDB？VCC？

- LVS GROUND NAME 的作用是指定地网络名称的列表，其语法为

LVS GROUND NAME name [···name]

name：地网络的名称。
LVS GROUND NAME 示例为
LVS GROUND NAME VSS AGND DGND

5.7 建立连接关系

为了帮助理解 LVS 中器件之间的连接关系，首先要明确"线网"的概念。线网是一组具有电连接关系的物体。一个线网可以包括不同层上几个版图几何图形之间的连接。每个线网都有一个唯一的编号，以便在连接关系提取后进行识别。如图 5.103 所示，在同层上邻接或重叠的形状被视为同一个线网的一部分。而两个多边形的单点连接（奇点），则不具有连接性。

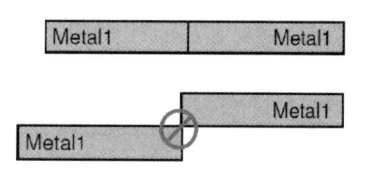

图 5.103 具有连接关系、不具有连接关系的线网

连接性提取操作符包括：CONNECT、CONNECT BY、SCONNECT、LVS SOFTCHK、LVS ABORT ON SOFTCHK 等。

• CONNECT 的作用是指定相邻或重叠多边形之间的连接。在一个或多个层上建立连接时，都可以使用 CONNECT 操作。在 CONNECT 语句中，层顺序不影响最终的结果。Calibre 始终将同一互连层上邻接或重叠多边形视为同一线网的一部分。在 CONNECT 操作中，最多可以指定 32 层，其语法为

CONNECT layer1 …layerN

CONNECT layer1 …layerN BY layerC

layer1 …layerN：原始层、衍生层或层集。

BY layerC：指定相互连接层。

CONNECT 语法示例如图 5.104 所示。

两个层上的多边形可以通过与 CONNECT BY 操作中指定"接触"层上的第三个多边形相互交叉而相互连接。使用 CONNECT BY 的示例如图 5.105 所示。

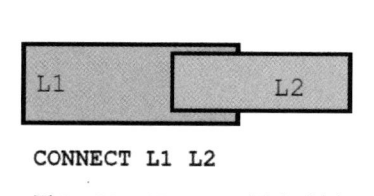

图 5.104 CONNECT 语法示例

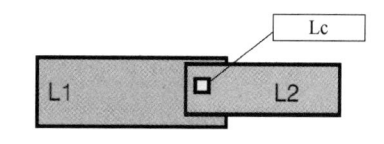

图 5.105 使用 CONNECT BY 的示例

需要注意的是，当 CONNECT BY 中存在多个层时，layer C 只将 layer2 至 layerN 中第一个交叉连接的层连接到 layer1 上。这是 CONNECT BY 的屏蔽作用，如图 5.106 所示。

使用高电阻率层来连接两个导体可形成软连接。由于电气性能的原因，软连接通常是不可取的。软连接可以满足 LVS 对线网连接的要求，但是可能产生不确定的电路性能。

软连接示例如图 5.107 所示。Calibre 通过高阻的 WELL 可以认为两个金属层路径（METAL1）之间的连接。但在实际中，两条金属路径之间缺少真实的接线连接，这将导致

电路出现故障。

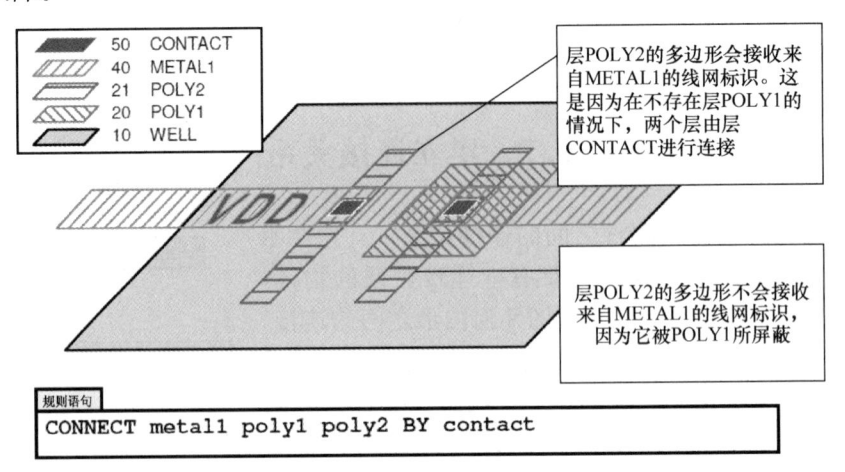

图 5.106 CONNECT BY 屏蔽作用示例

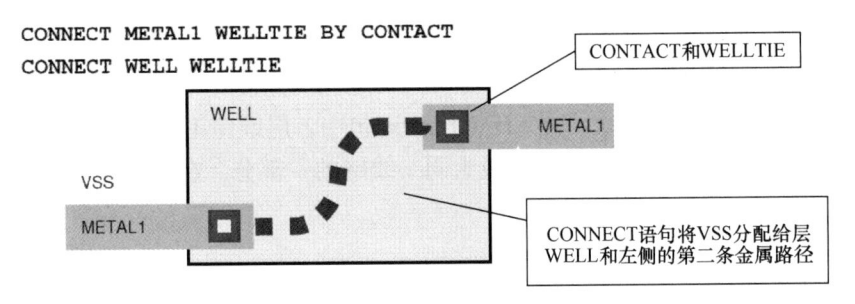

图 5.107 软连接示例

- SCONNECT 的作用是指定上层和下层之间的单向连接，其语法为

SCONNECT upper_layer lower_layer［LINK name］［ABUT ALSO］

SCONNECT upper_layer lower_layer…lower_layerN BY contact_layer［LINK name］

upper_layer：原始层、衍生层或层集。

lower_layer：原始层、衍生层或层集。

lower_layerN：原始层、衍生层或层集。

LINK name：指定浮动多边形的节点标识信息。

ABUT ALSO：允许通过邻接以构建重叠结构。

BY contact_layer：指定相互连接的原始图层、衍生层或层集。

SCONNECT 建立的连接是单向的——线网标识仅从上层传递到下层。当需要指定与高阻层（如阱）的连接，并且想确定建立与该层的软连接时，可以使用 SCONNECT 操作符。如果指定了多个下层，则语句"BY"产生的屏蔽作用同样适用。需要注意的是，在进行 SCONNECT 操作前，upper_layer 必须先前已分配连接关系，而 Layers lower_layer…lower_layerN 之前不得分配连接关系。语句"SCONNECT metal1 well BY contact""的示例如图 5.108 所示。

- LVS SOFTCHK 的作用是查找并报告由 SCONNECT 操作导致的冲突连接，并创建

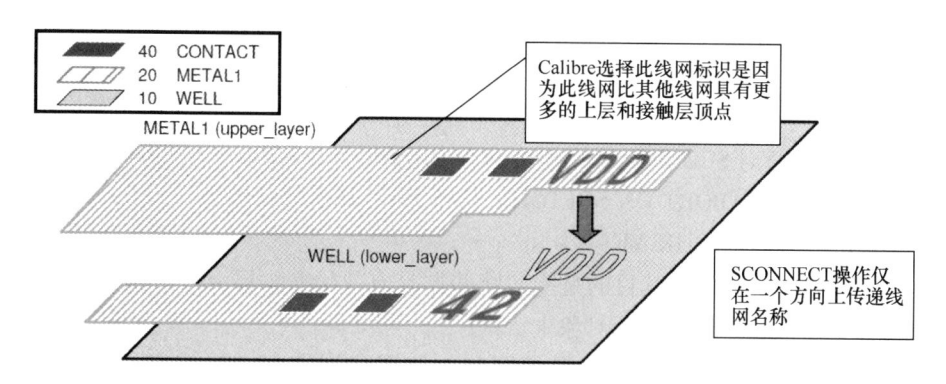

图 5.108 SCONNECT 语句示例

DRC 结果数据库，以便在 DRC-RVE 中查看，其语法为

　　LVS SOFTCHK lower_layer {CONTACT|UPPER|LOWER} [ALL]

　　lower_layer：原始层、衍生层和层集。

　　CONTACT：从 SCONNECT 操作中选择 contact_layer 多边形。

　　UPPER：从 SCONNECT 操作中选择 upper_layer。

　　LOWER：从 SCONNECT 操作中选择 lower_layer。

　　ALL：所有涉及冲突连接的电气节点都会进行报告。如果指定 LOWER，则无效。

默认情况下 LVS SOFTCHK 选择 LOWER 选项。LVS SOFTCHK 为 Calibre LVS 提供软连接检查，并报告 SCONNECT 操作生成的到指定 lower_layer 的软连接。关键字 CONTACT | UPPER | LOWER 指定一个层，在该层上会报告涉及软连接的多边形。参数 lower_layer 必须出现在 SCONNECT 操作中。Calibre 将 LVS Softchk 结果写入 SVDB 目录中的 primary_cell.Softchk。此文件可在 Calibre DRC-RVE 中查看。SCONNECT 操作符定位软连接错误的示例如图 5.109 所示。

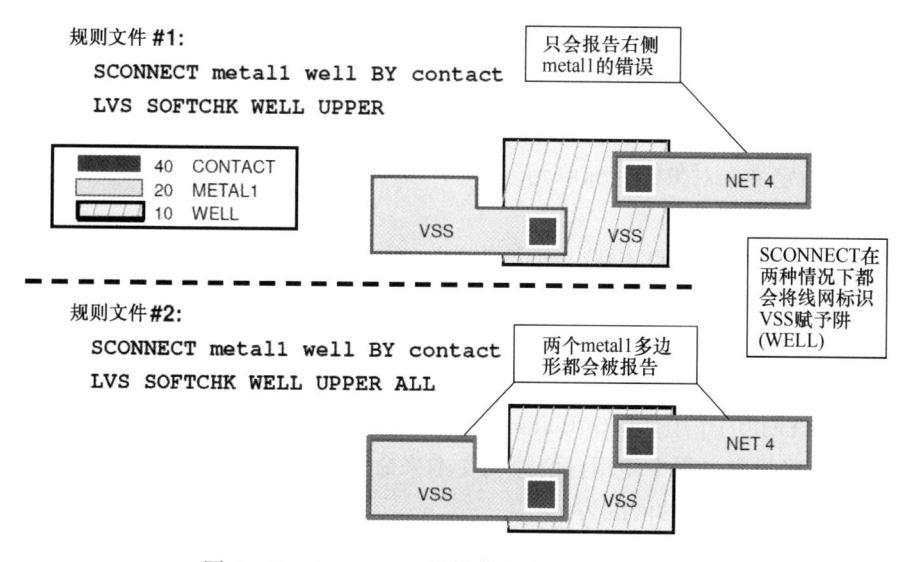

图 5.109 SCONNECT 操作符定位软连接错误示例

- LVS ABORT ON SOFTCHK 的作用是指定如果 Calibre 检测到 SCONNECT 操作导致的

软连接冲突，是否中止 LVS 验证过程，其语法为

LVS ABORT ON SOFTCHK {YES|NO}

YES：Calibre 中止对 SCONNECT 软连接冲突的处理。

NO：Calibre 继续对 SCONNECT 软连接冲突的处理。

默认情况下，LVS ABORT ON SOFTCHK 选择 NO。其语句示例为

LVS ABORT ON SOFTCHK YES

LVS 中的标签文本操作，其目的是指定哪些层是有效的文本层，之后建立目标对象层的连接，最终将文本标签附加到目标对象上。

- LVS CPOINT 的作用是指定版图线网和电路图线网之间的对应点。有了这些信息，LVS 应用程序可以通过使用指定的线网名称来匹配版图和电路图数据库，其语法为

LVS CPOINT layout_net_name source_net_name

layout_net_name：线网的名称，在 LAYOUT PATH 语句中指定的。

source_net_name：线网的名称，在 SOURCE PATH 语句中指定的。

其语句示例为

LVS CPOINT "AAA" "X1/X2/5"

LVS CPOINT "BBB" "CCC"

LVS CPOINT "DDD" "7"

LVS CPOINT "X3/X4/5" "X6/N1"

Calibre 通过以下语句控制如何识别和使用文本标签：LAYOUT TEXT、TEXT LAYER、TEXT DEPTH、LAYOUT RENAME TEXT、ATTACH。

- LAYOUT TEXT 的作用是将文本对象视为与 GDSII、OASIS、OpenAccess 或 MilkyWay 版图数据库中相同的文本对象，其语法为

LAYOUT TEXT name location layer [texttype] cellname

name：文本对象的名称（文本标签）。

location：指定单元空间中 x、y 轴的坐标（以用户设置单位为准）。

layer：原始层名称或层集。

texttype：指定对象的 GDSII 文本类型。

cellname：指定文本对象的目标单元名称。

LAYOUT TEXT 语句示例为

LAYOUT TEXT clock 2000 3000 metal2 "alu"

LAYOUT TEXT 仅适用于 GDSII、OASIS、OpenAccess 或 MilkyWay 格式的版图系统，也适用于 LVS 连接提取和 DRC WITH TEXT 操作。当同时出现操作符 TEXT 时，LAYOUT TEXT 的功能会被 TEXT 覆盖。

- TEXT LAYER 的作用是指定 Calibre 从自由浮动（free-floating）文本数据库中读取的层。Calibre 在连接提取过程中使用自由浮动文本来命名线网。该操作符语句不适用于 WITH TEXT 操作。TEXT LAYER 的语法为

TEXT LAYER layer1 …layerN

layer：原始层名称或层号。

TEXT LAYER 语句示例为

TEXT LAYER poly metal2 50

• TEXT DEPTH 的作用是指定从版图数据库读取文本对象的层次深度。该操作符仅适用于 LVS 连接提取。对于层次化 LVS，文本标签放置对应的层次中。TEXT DEPTH 的语法为

TEXT DEPTH ALL | PRIMARY | number

ALL：从层次结构的所有层级读取文本标签。

PRIMARY：仅读取 PRIMARY 单元名称层级的文本标签。

number：从顶层往下到 number +1 层读取文本标签。

TEXT DEPTH 默认情况下选择 PRIMARY，示例语句为 TEXT DEPTH 1。该语句表示从顶层向下，总共读取两层的文本标签。

• LAYOUT RENAME TEXT 的作用是指定要编辑或替换的文本值，其语法为

LAYOUT RENAME TEXT delimiter find_pattern delimiter replace_pattern delimiter [n|g] [e|b] [i|m] [Mc]

delimiter：除空格或新行外的任何单个字符。

find_pattern：指定要替换的正则表达式。

replace_pattern：替换 find_pattern 的字符串。

[n | g]：指定要替换的事件（n = next g = all）。

[i | m]：指定区分大小写（b = ignore case m = match case）；默认情况下不区分大小写。

Mc：指定 replace_pattern 中使用的元字符。

LAYOUT RENAME TEXT 示例语句为

LAYOUT RENAME TEXT "/ABC/XYZ/g"

为版图多边形建立连接后，可以将文本标签附着到名称线网和端口上。附着文本标签有三种方法（优先级从高到低）：显式附着、隐式附着和自由附着。两个规则文件语句控制 Calibre 如何附着文本标签：附着（控制显式附着）、文本标签顺序（控制自由附着）。

• ATTACH 的作用是将连接信息从 layer1 对象显式附着到 layer2 对象。layer1 对象通常是文本对象、形状和路径。如果 layer1 对象是多边形，则它必须与 layer2 对象完全重叠。连接信息可以是线网名称或端口名称。ATTACH 的语法为

ATTACH layer1 layer2

layer1：原始层、衍生层或层集。

layer2：原始层、衍生层或层集。必须作为 CONNECT 或 SCONNECT 操作的输入层出现。

显式文本标签附着示例语句为

LAYER met1_txt 50

TEXT LAYER met1_txt // 将层 met1_txt 上的文本标签附着到层 metal1 上的重叠形状

ATTACH met1_txt metal1 // 层 metal1 必须出现在 CONNECT 或 SCONNECT 操作中，并通过 contanct 连接 metal1 和 poly

其图示如图 5.110 所示。

隐式文本标签附着示例语句为

LAYER poly 20 //原始图层指定

LAYER metal1 30 //原始图层指定

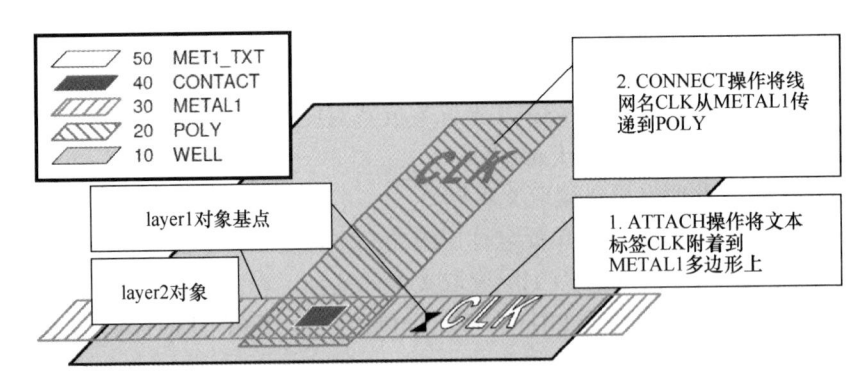

图 5.110 显式标签附着示例

TEXT LAYER 30 //文本层规范
CONNECT metal1 poly BY contact
其图示如图 5.111 所示。

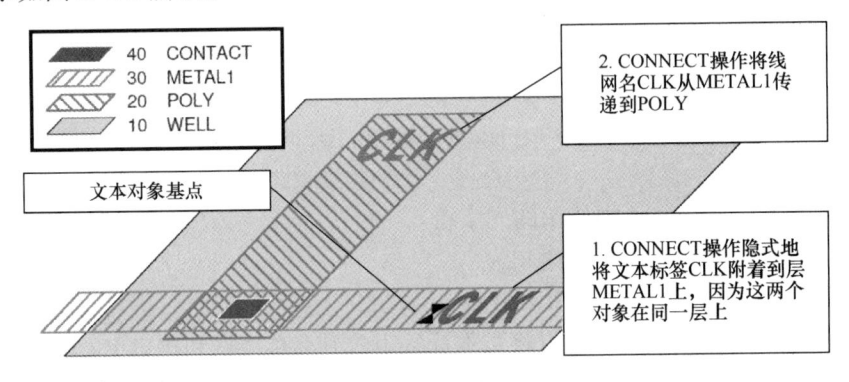

图 5.111 隐式标签附着示例

- LABEL ORDER 的作用是定义连接提取过程中的自由文本标签附着顺序。该操作符适用于线网名称和端口对象。输入层必须出现在 CONNECT 或 SCONNECT 操作中。LABEL ORDER 控制自由文本标签附着（该附着相比显示附着、隐式附着和自由附着具有最低的优先级）。LABEL ORDER 语法为

LABEL ORDER layer [layer ⋯]

layer1：原始层、衍生层或层集。

自由附着语句示例为

LAYER poly 20
LAYER metal1 30
LAYER contact 40
LAYER txt_layer 50
TEXT LAYER 50
CONNECT metal1 poly BY contact
LABEL ORDER poly metal1

其对应图示如图 5.112 所示。

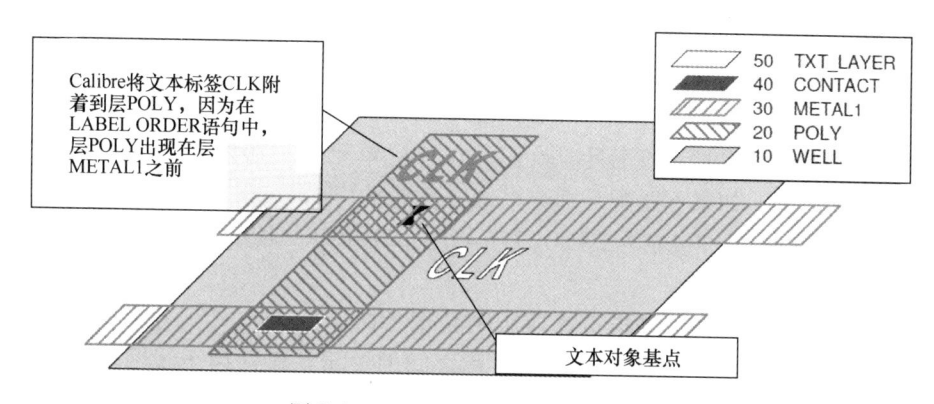

图 5.112　LABEL ORDER 语句图示

Calibre 中的端口操作符包括：PORT LAYER POLYGON、PORT LAYER TEXT、LVS IGNORE PORTS、LVS CHECK PORT NAMES。

• PORT LAYER POLYGON 的作用是将指定层上的 GDSII 和 OASIS 几何图形视为 LVS 的端口多边形。没有特殊设置层次化验证时，通常 LVS 验证只读取顶层的端口对象。而且 Calibre 不会识别标记在锐角、偏移或偏离网格的端口对象。PORT LAYER POLYGON 的语法为

PORT LAYER POLYGON layer1 [layerN …]

layer：Calibre 将多边形视为端口的层。

语句示例为

PORT LAYER POLYGON 19

• PORT LAYER TEXT 的作用是将指定层上的 GDSII 和 OASIS 文本对象视为 LVS 的端口文本。LVS 验证只读取顶层的端口名称。需要进行文本标签附着的对象需要在 LAYOUT TEXT 语句中指定。PORT LAYER TEXT 语法为

PORT LAYER TEXT layer1 [layerN …]

其语句示例为

PORT LAYER TEXT 51

• LVS IGNORE PORTS 的作用是指定 LVS 是否忽略电路图端口和版图端口。仅影响层次化 LVS 中的顶层，因为底层 Hcell 端口这时都被认为是内部引脚。该操作符控制 LVS 是否报告涉及端口的错误。选择"YES"可避免由 SPICE 电路图网表、GLOBAL 声明引起的错误。LVS IGNORE PORTS 的语法为

LVS IGNORE PORTS {YES|NO}

YES：LVS 验证不包括端口比对。

NO：LVS 验证包括端口比对。

默认情况下，LVS IGNORE PORTS 中的选项为"NO"。其语句示例为

LVS IGNORE PORTS NO

• LVS CHECK PORT NAMES 的作用是指定工具是否检查匹配端口的名称，其语法为

LVS CHECK PORT NAMES {NO | YES}

NO：指示 Calibre 不要比对匹配端口的名称。

YES：指示 Calibre 比对匹配端口的名称。

LVS CHECK PORT NAMES 示例语句为

LVS CHECK PORT NAMES NO

当指定"YES"选项时，该工具会验证（在顶层单元中）版图端口名称是否与相应的电路图端口名称匹配，如果不匹配，则会报告出现错误。

文本大小写控制语句包括：LAYOUT CASE、SOURCE CASE、LVS COMPARE CASE、LAYOUT PRESERVE CASE。

- LAYOUT CASE 的作用是指定读取版图数据库时区分大小写。当区分大小写很重要时，该操作符可以有效确定版图数据库中名称之间的关系，仅适用于线网名称、子电路名称、模型名称和用户定义的名称。LAYOUT CASE 仅适用于 LAYOUT SYSTEM 为 SPICE 的情况。LAYOUT CASE 语法为

LAYOUT CASE {YES|NO}

YES：Calibre 将区分版图名称的大小写。

NO：Calibre 将不区分版图名称的大小写。

默认情况下，Calibre 不区分版图名称的大小写，其语句示例为

LAYOUT CASE YES

- SOURCE CASE 的作用是指定读取电路图网表时区分大小写，其语法为

SOURCE CASE {YES|NO}

YES：Calibre 将区分 SPICE 电路图网表里名称的大小写。

NO：Calibre 将不区分 SPICE 电路图网表里名称的大小写。

默认情况下，Calibre 不区分 SPICE 电路图网表里名称的大小写，其语句示例为

SOURCE CASE YES

- LVS COMPARE CASE 的作用为控制 LVS 比对时区分大小写，其语法为

LVS COMPARE CASE YES| NO ［NAMES］［TYPES］［SUBTYPES］［VALUES］

YES：LVS 比对时区分大小写。

NO：LVS 比对时不区分大小写。

NAMES：区分大小写的电路图网表、器件和端口名称。

TYPES：区分大小写的器件类型。

SUBTYPES：区分大小写的子器件类型。

VALUES：区分大小写的字符串属性值。

默认情况下，LVS 比对时不区分大小写，其语句示例为

LVS COMPARE CASE YES NAMES TYPES

- LAYOUT PRESERVE CASE 的作用是当版图和电路图网表里名称相同，但大小写不同时，认为二者是相同还是不同，其语法为

LAYOUT PRESERVE CASE {YES| NO}

YES：版图和电路图里名称必须完全匹配（包括大小写）才能被视为相同。

NO：当大小写不同时，相同的名称视为相同（默认情况）。

LAYOUT PRESERVE CASE 语句示例为

LAYOUT PRESERVE CASE YES//例如线网"abc"和"abc"被视为两个独立的网络，

并且这两个名称都出现在 SPICE 网表中

5.8 器件检查

  LVS 器件检查首先是通过布尔运算生成衍生层，之后通过多个衍生层合并构成相应的器件。布尔运算符主要包括：AND、NOT、OR、XOR、OR EDGE。在 AND 和 NOT 运算中会在层之间传递连接信息。布尔运算示例如图 5.113 所示。

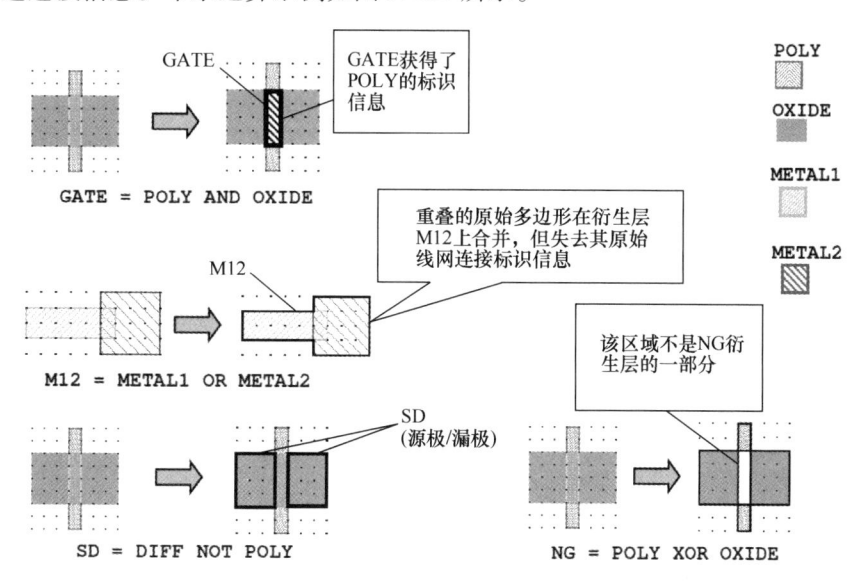

图 5.113 布尔运算示例

器件层衍生示例如图 5.114 所示。
定义器件是通过操作符 DEVICE 实现的，其语法为
DEVICE element_name〔(model_name)〕device_layer｛pin_layer〔(pin_name)〕…｝〔＜auxiliary_layer＞…〕〔(swap_list)…〕…〔〔property_specification〕〕
其语句示例为
DEV MN NGATE NGATE（G）NSD（S）NSD（D）NPLUS（B）
对应器件如图 5.115 所示。

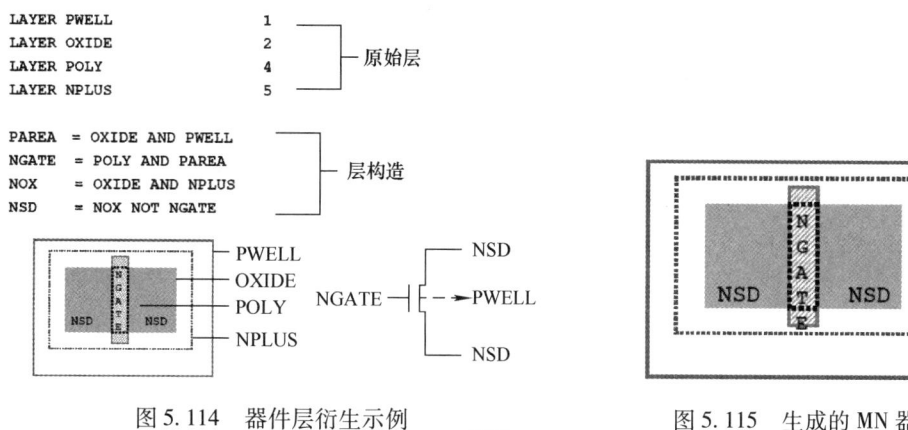

图 5.114 器件层衍生示例

图 5.115 生成的 MN 器件

element_name：指定器件类型，如MOS晶体管（MN、MP、MD、ME）、二极管（D）、电容（C）、电阻（R）和晶体管（Q）。

一个典型的MOS晶体管器件定义如图5.116所示。

二极管器件定义示例为

DEV D diode_layer anode(POS) cathode(NEG) <active>

默认情况下，二极管面积和周长分别以平方米和米为单位计算，并可作为属性使用。

二极管面积和周长的内置计算算法如下：

[property A,P

A = area(diode_layer)

P = perim(diode_layer)]

电容器件定义示例为

DEV C（CP）cap_layer anode(POS) cathode(NEG)（POS NEG）[300 10]//每平方微米面积的电容值为300pF，每微米长度的电容值为10pF

默认情况下，电容值以pF为单位，单位是μm，面积为μm²。单位面积电容和单位长度电容由设计者定义。如果没有指定，则默认值为0。

二极管器件定义示例为

DEV Q (BJT) BASE COLL(C) BASE(B) EMIT(E)

默认情况下，该语句不会计算二极管的任何属性值。

电阻定义示例为

DEVICE R res_layer pos_pin (POS) neg_pin (NEG) [1.1] // 电阻率以方块电阻表示，方块电阻为1.1Ω

默认情况下，电阻值以欧姆（Ω）为单位。电阻率由设计者定义。如果没有指定，则默认值为0。

CMOS器件定义示例为

DEV MN（NMOS）gate gate(G) diff(S) diff(D) s_pwell(B)//N型晶体管，模型名为NMOS

默认情况下，属性值包括MOS晶体管的宽度和长度。

在LVS中可以使用LVS FILTER UNUSED OPTION和LVS MAP DEVICE进行版图和电路图比对。

- LVS FILTER UNUSED OPTION的作用是在比对过程中，该操作符会筛选未使用的器件，其语法为

LVS FILTER UNUSED OPTION option

[option…][SOURCE LAYOUT|SOURCE|LAYOUT]

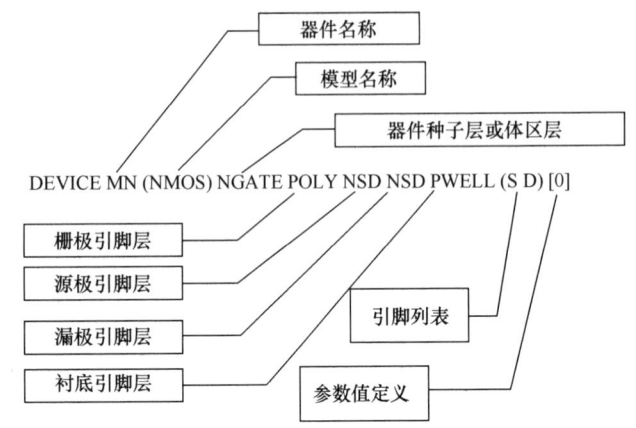

图5.116 典型的MOS晶体管器件定义

DEVICE MN (NMOS) NGATE POLY NSD NSD PWELL (S D) [0]

option：一个必需的、不区分大小写的关键字，用于指定筛选未使用器件时要遵循的各种规则。

SOURCE LAYOUT｜SOURCE｜LAYOUT：指定筛选是否应用于电路图、版图布局或二者。

其语句示例为

LVS FILTER UNUSED OPTION INV SOURCE LAYOUT

- LVS MAP DEVICE 的作用是指定将原始器件类型和子类型映射到不同的器件类型，其语法为

LVS MAP DEVICE old_component_type ['('old_subtype')'] new_component_type ['('new_subtype')'] [LAYOUT｜SOURCE｜LAYOUT SOURCE]

old_component_type：器件映射应用时器件类型的名称。

old_subtype：要映射到新名称的器件子类型的名称（可选项）。

省略此参数会假定子类型为空。如果省略此参数，则必须指定 new_subtype。

new_component_type：当映射结束后，器件类型的名称。如果仅映射子类型，则此参数可能与 old_component_type 相同。

new_subtype：映射后新器件子类型名称（可选项）。省略此参数会假定子类型为空。如果省略此参数，则必须指定 old_subtype。如果仅映射器件类型，则此参数可能与 old_subtype 相同。

LAYOUT：版图关键字，可选项。

SOURCE：电路图关键字，可选项。

LVS MAP DEVICE 示例语句为

LVS MAP DEVICE MP（PA）MP（P）LAYOUT

LVS MAP DEVICE MP（PB）MP（P）LAYOUT

LVS MAP DEVICE MP（PC）MP（P）LAYOUT

示例中，版图器件 MP（PA）、MP（PB）和 MP（PC）都映射到 MP（P）。MP（P）已经包含在电路图中，这是一个 N 到 1 映射的例子。

第6章

CMOS模拟集成电路版图设计与验证流程

在分析了Cadence IC 6.1.7版图工具Virtuoso和验证工具Siemens EDA Calibre的基础上，本章将以一个单级跨导放大器电路为实例，介绍进行模拟集成电路设计的电路建立、电路前仿真、版图设计、验证、反提，以及电路后仿真、输入/输出单元环拼接，直到GDSII数据导出的全过程，使读者对CMOS模拟集成电路从设计到流片的全过程有一个直观的概念和了解。

6.1 设计环境准备

1. 工艺库准备

在进行设计之前，电路和版图工程师需要从工艺厂商那获得进行设计的工艺设计工具包，即通常所说的PDK（Process Design Kit）文件包。这个工艺设计工具包主要包含六方面内容：①进行设计所需要的晶体管、电阻、电容等元器件模型库（包括支持Spectre、Hpsice、ADS多种仿真工具的电路图模型、版图模型和VerilogA行为级模型等）；②进行仿真调用的库文件（分别支持spectre和hspice的.lib文件）；③验证和反提规则文件（DRC、LVS、ANT和PEX等规则文件以及相应的说明文档）；④输入/输出单元的网表和版图模型；⑤display.drf文件（显示版图层信息所必需的文件，放置于启动目录之下）；⑥techfile.tf文件（定义该工艺库相应的设计规则，在建立设计库时需要编译该文件或者直接将设计库关联至模型库）。最后将设计包中的元器件模型库放置在一个固定目录下，方便启动Cadence IC 6.1.7软件时进行库文件的添加。与IC 5.1.4.1中PDK为CDB格式不同，IC 6.1.7中使用的PDK数据为OA格式。

2. 模型工艺库添加

1）在命令行输入"virtuoso &"，运行Cadence IC 6.1.7，弹出CIW主窗口，如图6.1所示。

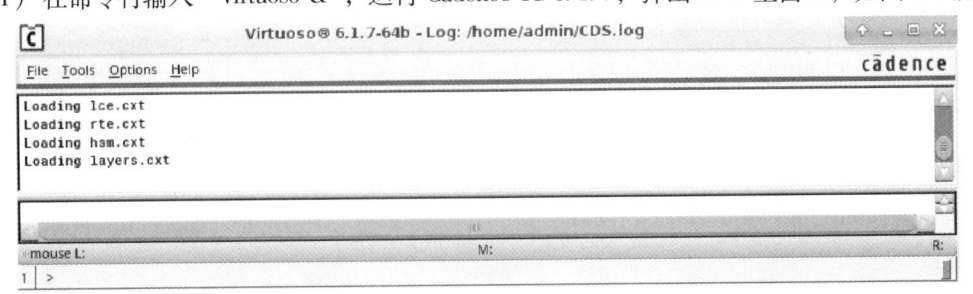

图6.1 弹出CIW主窗口

2）在 CIW 主窗口中选择 *Tools-Library manager* 命令，如图 6.2 所示，弹出 Library manager 对话框如图 6.3 所示，这时对话框中有 Cadence IC 6.1.7 自带的几个库，包括 analogLib、basic、cdsDef TechLib functional。

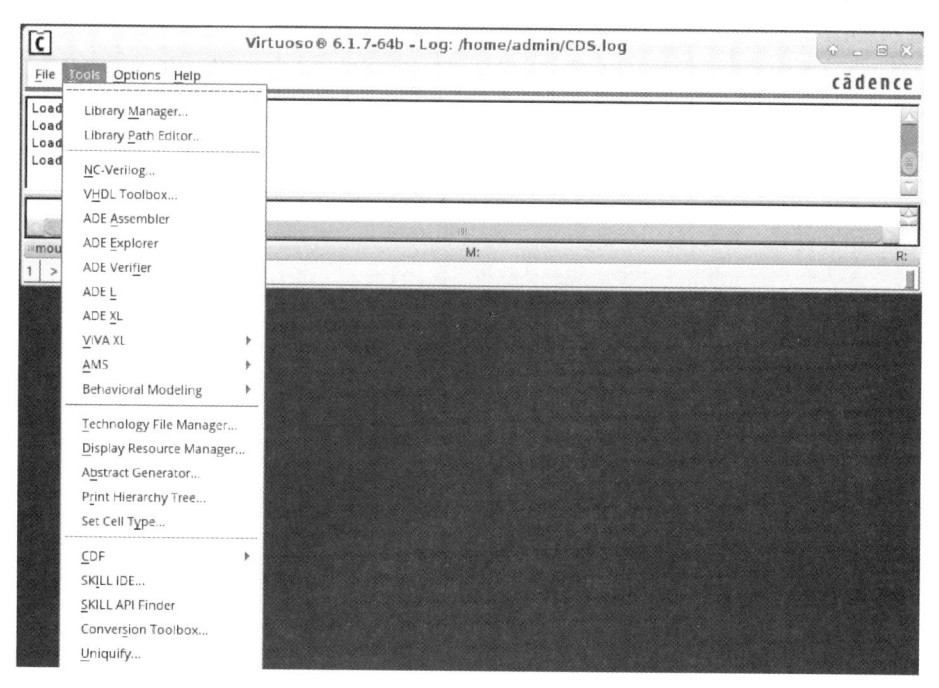

图 6.2　选择 *Tools-Library manager* 命令

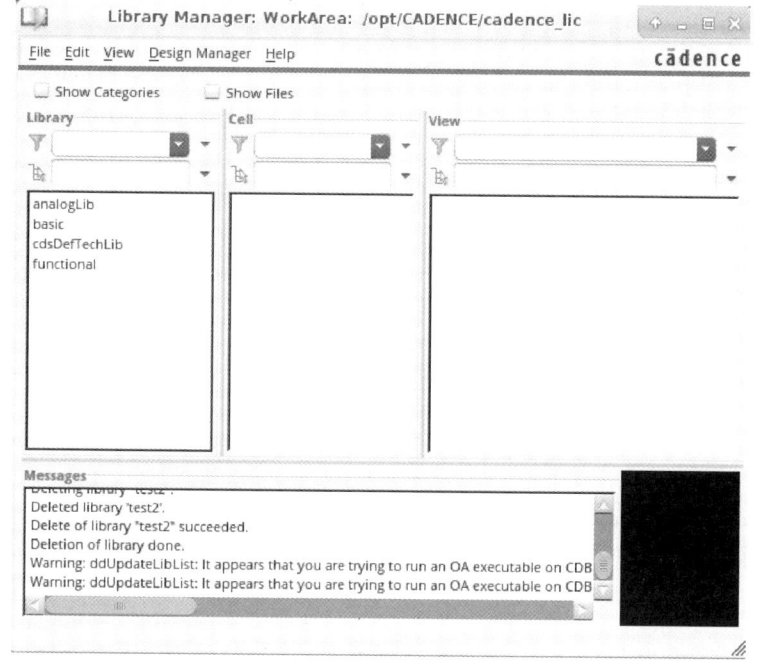

图 6.3　Library manager 对话框

3）在 Library manager 对话框中选择 *Edit-Library Path* 命令，如图 6.4 所示，弹出 Library Path Editor 对话框，该对话框中显示 Cadence IC 6.1.7 中已经存在的几个工艺库。

4）在 Library Path Editor 对话框中的 Library 栏的下侧空框处单击鼠标右键，弹出的 Add Library 选项如图 6.5 所示。

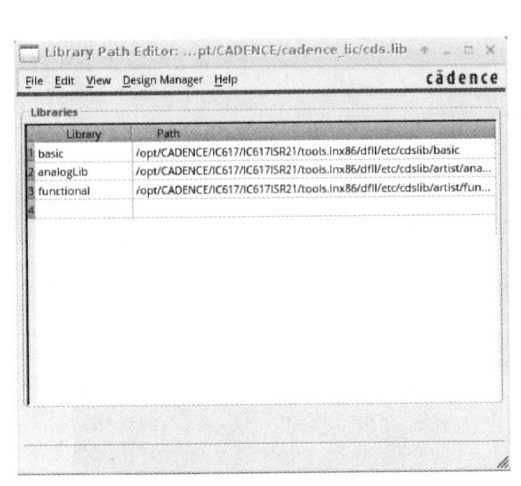

图 6.4　Library Path Editor 对话框 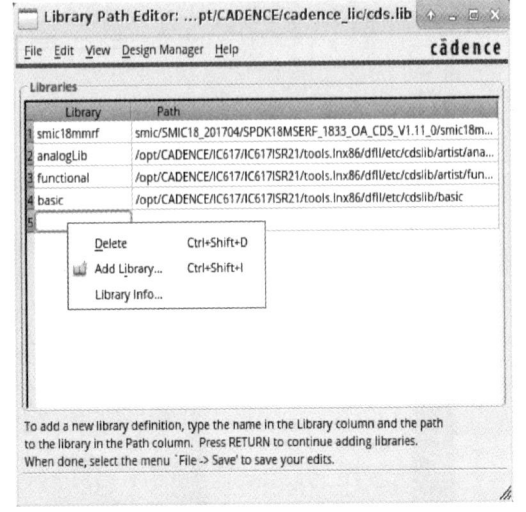　　　　图 6.5　弹出的 Add Library 选项

5）选中 Add Library 选项，弹出 Add Library 对话框，在左侧的 Directory 栏中选择跳转到已经存在工艺库模型的路径下，在右侧 Library 栏中选择使用的工艺库，这里为 smic18mmrf 工艺库，如图 6.6 所示，最后单击 [OK] 按钮，回到 Library Path Editor 对话框中，如图 6.7 所示。

图 6.6　选择 smic18mmrf 工艺库进行添加 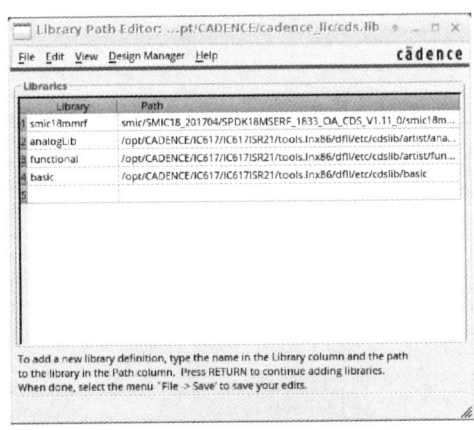　　　图 6.7　添加了 smic18mmrf 工艺库后的
　　　　　　　　　　　　　　　　　　　　　　　　　　　　Library Path Editor 对话框

6）在工具栏中选择 *File-Sava as* 命令，弹出 Save As 对话框，如图 6.8 所示。这时默认在 cds.lib 前勾选，单击 [OK] 按钮，覆盖原来的 cds.lib，完成对工艺库模型的添加。需要

说明的是，cds.lib 中包含了所有设计需要的基本库和工艺库，设计者可以自由添加所需要的库。但需要注意的是，在一个 virtuoso 启动路径下，一般只添加一个工艺节点的 PDK，如果添加不同工艺的 PDK，容易造成设计的混乱，不利于设计项目的管理。

7）这样就完成了工艺库模型的添加，此时在 Library manager 对话框的 Library 栏中就出现了 smic18mmrf 工艺库，如图 6.9 所示。

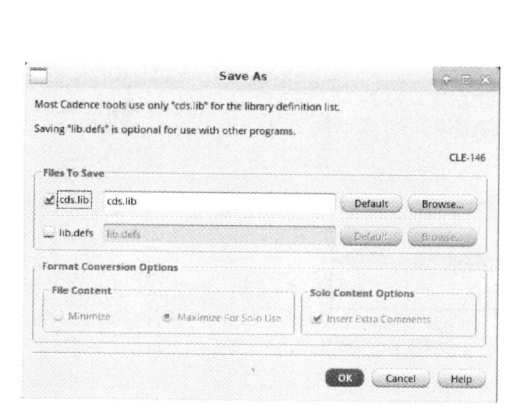

图 6.8 Save As 对话框

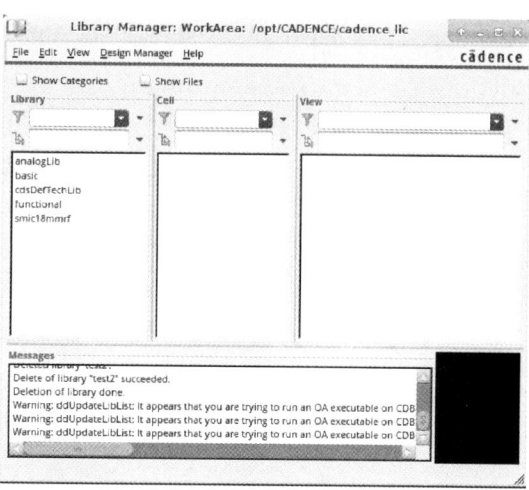

图 6.9 Library manager 对话框的 Library 栏中显示 smic18mmrf 工艺库

6.2 单级跨导放大器电路的建立和前仿真

在上一节准备好工艺库后，就可以开始进行电路的建立和前仿真。

1）在命令行输入"virtuoso &"，运行 Cadence IC 6.1.7，弹出 CIW 主窗口，如图 6.10 所示。

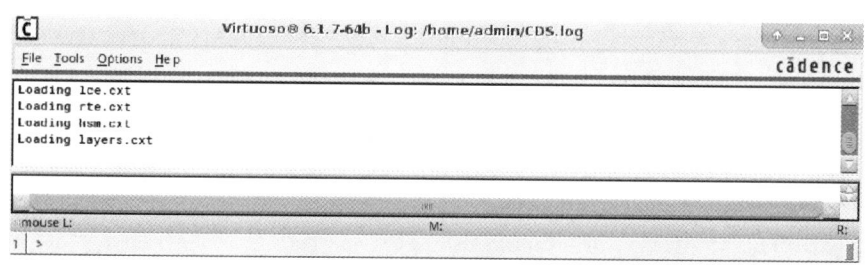

图 6.10 弹出 CIW 主窗口

2）首先建立设计库，选择 *File-New-Library* 命令，弹出 New Library 对话框，输入 "EDA_test"，并选择 "Attach to an existing technology library"（表示将设计库关联至 PDK，否则设计库无法调用工艺库中的晶体管、电阻、电容等模型），单击 [OK] 按钮；在弹出的对话框中选择 "smic18mmrf" 选项，即选择并关联至 smic18mmrf 工艺库文件，如图 6.11 所示。最后单击 [OK] 按钮，完成设计库的建立。

3）选择 *File-New-Cellview* 命令，弹出 New File 对话框，在 Library 栏中选择已经建立好的 EDA_test 库，接着在 Cell 栏输入 "OTA"，在 Open with 栏中选择 Schematics L（选择 Schematics L 后，在仿真中就可以调用 ADE L 进行仿真设置），如图 6.12a 所示，单击

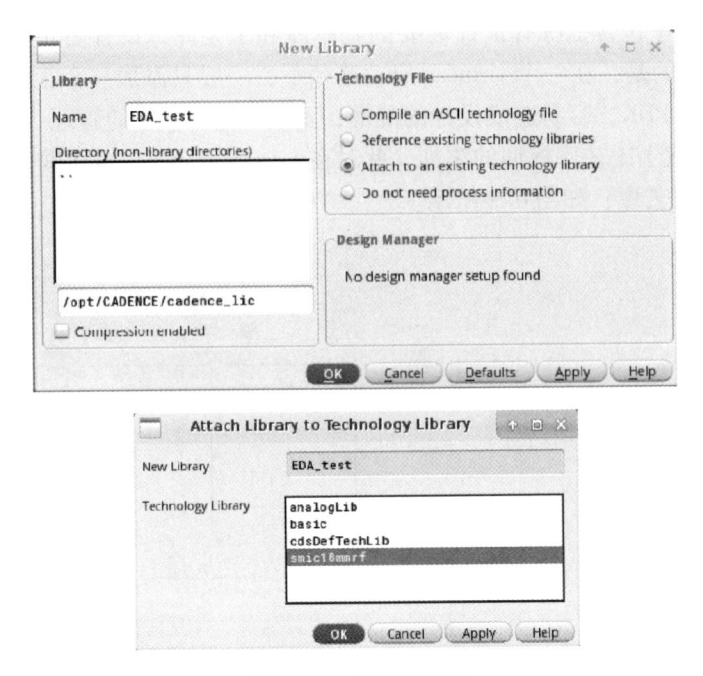

图 6.11 建立设计库

[OK] 按钮，此时原理图设计窗口自动打开，如图 6.12b 所示。左侧为电路图信息栏，显示电路图中的端口、节点信息。右侧为电路图建立窗口。

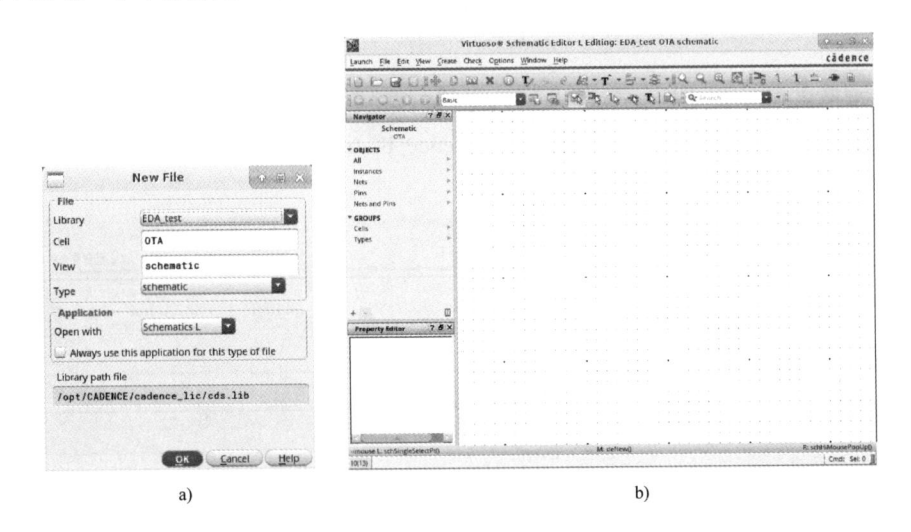

图 6.12 建立电路
a）在仿真中就可以调用 ADE L 进行仿真设置　b）原理图设计窗口自动打开

4）选择上侧工具栏中的 *Create-Instance* 或者单击键盘 i 键，从工艺库 simc18mmrf 中调用 NMOS 晶体管 n33，在右侧 view 类型中选择 Symbol，如图 6.13a 所示，单击 [close]，弹出 Edit Object Properties 对话框，如图 6.13b 所示，分配宽长比 10μ/1μ。重复上述操作调用 PMOS 晶体管 p33，并分配相应的宽长比 5μ/500n，这里将 PMOS 设置为叉指晶体管，即意味着将单个晶体管拆分为叉指状（finger），每个 finger 为 5μ，一共 5 个 finger，总宽度为 5μm×5 = 25μm，如图 6.14 所示。

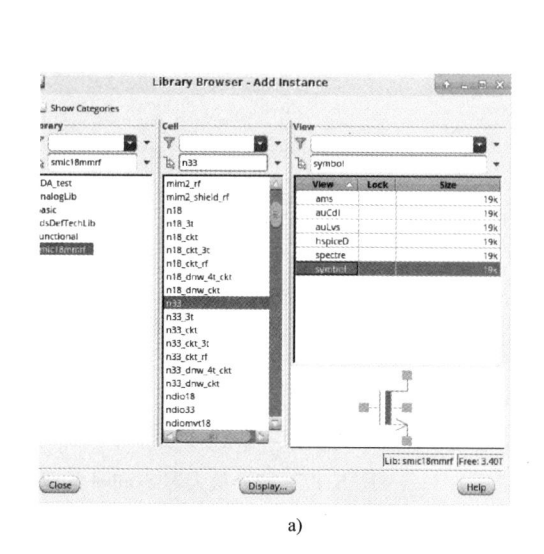

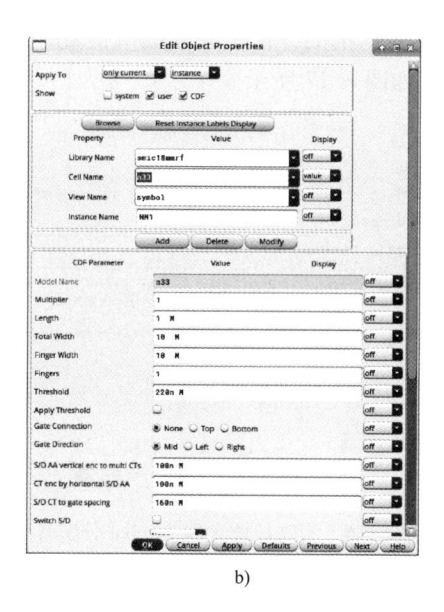

图 6.13 设置 n33 宽长比 10μ/1μ
a) 在右侧 view 类型中选择 Symbol　b) 单击 close，弹出 Edit Object Properties 对话框

5）从工具栏选择 Create-Pin 或者单击键盘 p 键设置电源引脚 vdda、地引脚 gnda、差分输入引脚 vin 和 vip、输出引脚 vout，再选择 Create-Wire（narrow）或者单击键盘 w 键进行连接，最终建立单级跨导放大器电路如图 6.15 所示。最后在电路图设计窗口上侧单击 check and save（ ）按键，检查电路图中的连接错误。如果连接出现问题，电路图中会出现黄色亮点进行提示。

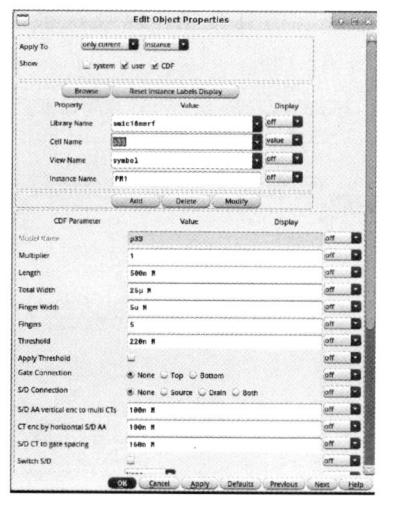

图 6.14 设置 p33 宽长比 5μ/500n，指数 finger 为 5

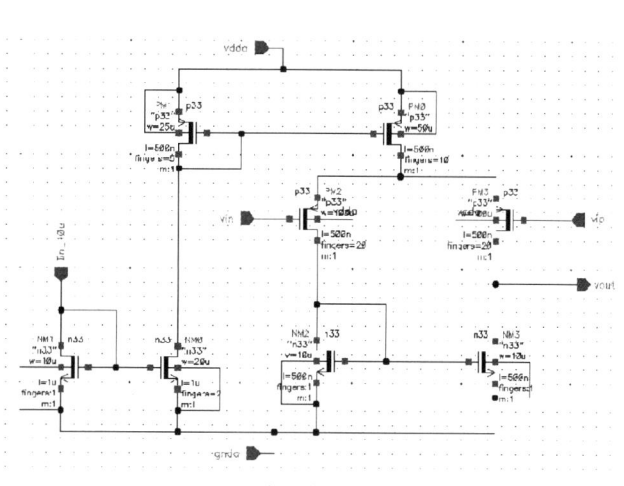

图 6.15 单级跨导放大器电路

6）完成电路图建立后，先为跨导放大器建立一个电路符号（Symbol）方便后续进行仿真调用，具体方法为在 schematic 窗口工具栏中选择 *Create- Create Cellview- From Cellview* 命令，弹出 Cellview From Cellview 对话框，单击［OK］按钮，在跳出的窗口 Symbol Generation Options 对话框的各栏中分配端口位置，如图 6.16 所示。单击［OK］按钮，完成 Symbol 的建立，如图 6.17 所示。

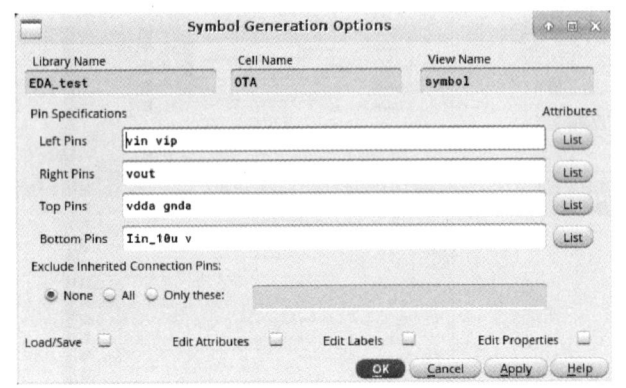

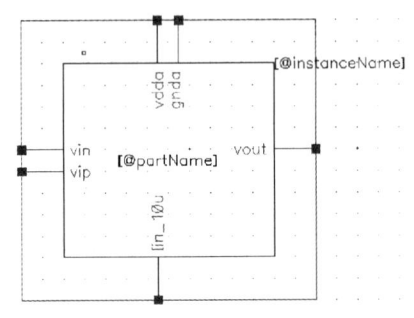

图 6.16　为跨导放大器 Symbol 分配各个端口位置　　图 6.17　跨导放大器 Symbol 的建立

7）为了进行跨导放大器的交流小信号仿真，我们首先需要建立测试电路图。参考建立跨导放大器电路的方法，从设计库 EDA_test 中调用建立好的跨导放大器 Symbol，再从 analogLib 中调用 ideal_bulan（变压器），作为单端转差分的转换器使用。并为各个端口分配同样名称的 pin 名，并从 analogLib 库中调用一个 1μF 的电容 cap 作为负载电容。电容连接地电位的端口，可以单击键盘上 l 键，输入"gnda"，即可完成物理上的连接。最终建立跨导放大器的交流小信号仿真测试电路，如图 6.18 所示。同样在电路图设计窗口上侧单击 check and save（）按键，检查电路图中的连接错误。

8）之后，在工具栏中选择 *Launch- ADE L* 命令，弹出 ADE L 对话框，如图 6.19 所示。在这个对话框中我们需要设置电路的激励源、调用的工艺库、仿真类型，以及观察输出波形。

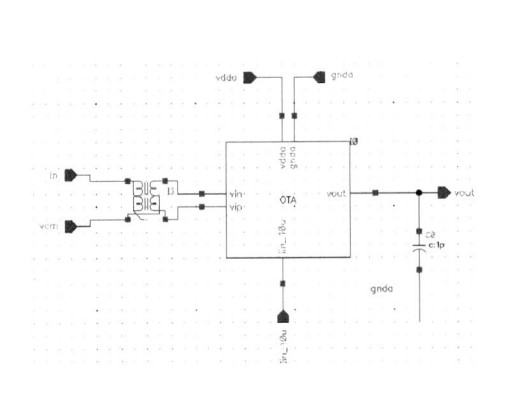

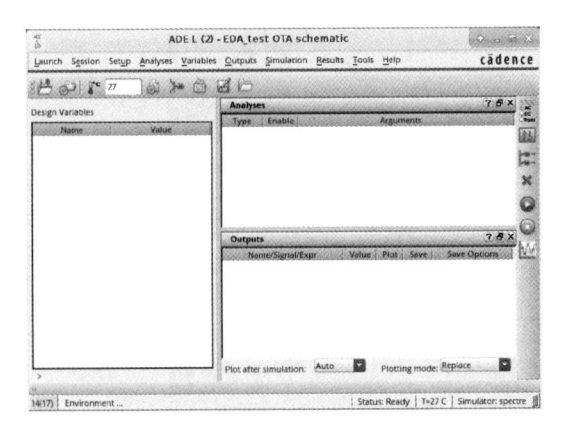

图 6.18　跨导放大器的交流　　　　图 6.19　仿真设置的 ADE L 对话框
　　　　小信号仿真测试电路图

第 6 章　CMOS模拟集成电路版图设计与验证流程

9）电路设置输入激励，在工具栏中选择 *Setup-Stimuli*，弹出对话框，设置电流源"Iin_10u"。将"Function"类型修改为"dc"，表示为直流信号；再将"type"类型修改为"Current"（默认为Voltage）。由于电流从电源流进晶体管，所以设置电流为负数，即"-10u"，并勾选 Enabled 按键，最后单击下侧的[Apply]按键，完成输入。当"Iin_10u/gnd! Current dc"前显示为"ON"，表示设置完成，如图 6.20 所示。

继续设置电源电压"vdda"为"3.3V"，地"gnda"为"0"，设置输入"in"为交流源"sin"，交流幅度为"1"，相位为"0"，共模输入电压"vcm"为 1.65V，如图 6.21 所示。注意，这里每设置一个激励源，都需要勾上"Enabled"选项，并单击[Apply]进行更改，才能使激励源有效。

10）在工具栏中选择 *Setup-Model Libraries*，设置工艺库模型信息和工艺角，如图 6.22 所示。具体方式为通过单击下侧空框处，会弹出"Browse"按键（　　　），在相应的路径

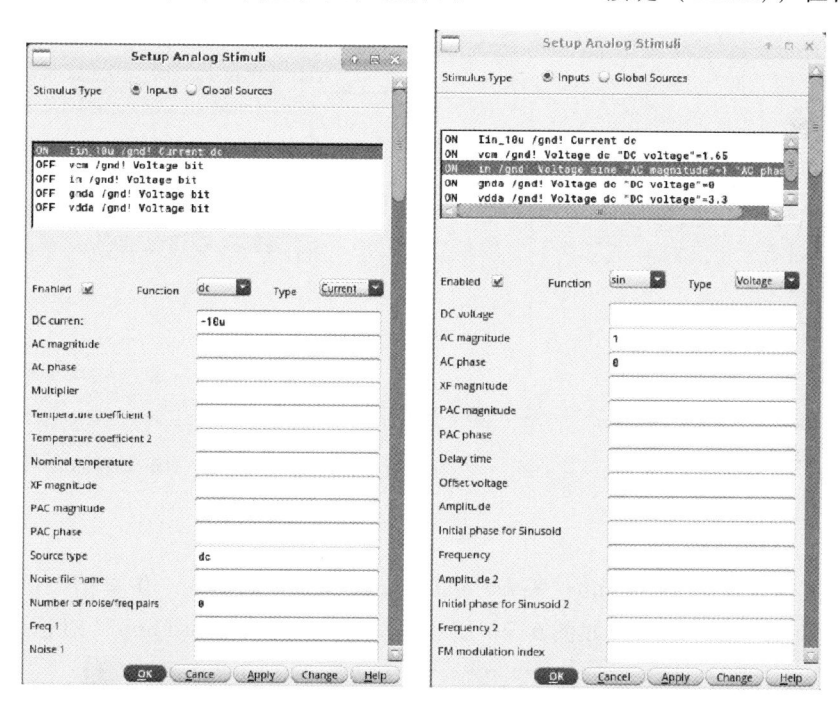

图 6.20　设置电流源 Iin_10u　　　　图 6.21　完成激励设置

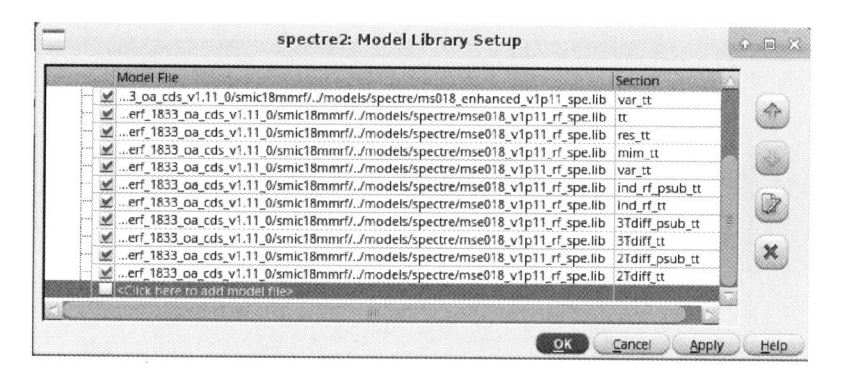

图 6.22　设置工艺库模型信息和工艺角

下选择工艺文件（通常工艺文件都是以.lib作为后缀），在"Section"栏中输入工艺角信息，如本例中晶体管工艺角为"tt"，电阻为"res_tt"等。每完成一个工艺文件添加，需要单击下方的[Apply]按键完成操作。

11）在工具栏选择 *Analyses-Choose* 命令，弹出对话框，选择"ac"进行交流小信号仿真，在"start"栏中输入开始频率"1"，在"stop"中输入截止频率"1G"，最后勾上"Enabled"选项，如图 6.23 所示，单击[OK]按钮，完成设置。

最终完成设置的 ADE L 界面如图 6.24 所示。

图 6.23　"ac"交流小信号仿真设置

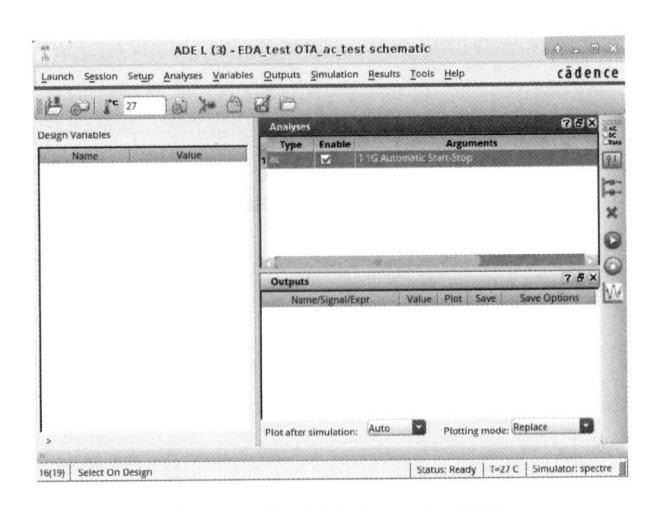

图 6.24　完成设置的 ADE L 界面

12）在工具栏选择 *Stimulation-Netlist and Run* 命令，开始仿真。仿真结束后，在工具栏选择 *Result-Direct-Main Form*，如图 6.25 所示，弹出"Direct Plot Form"对话框如图 6.26

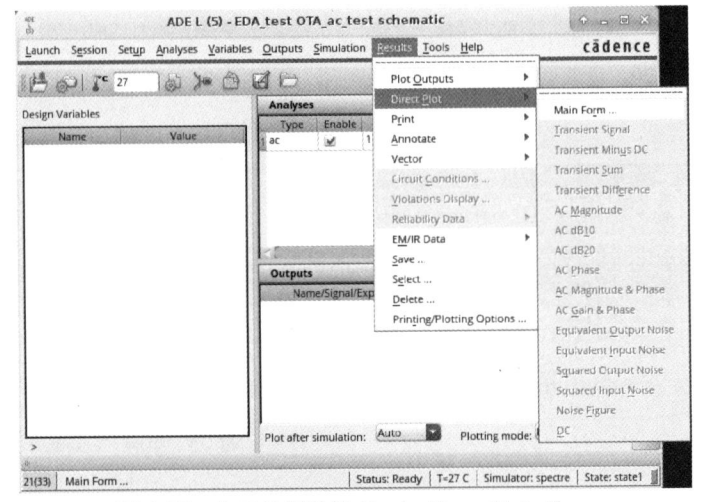

图 6.25　在工具栏选择 *Result-Direct-Main Form*

— 240 —

所示。在该对话框中"Modifier"子栏中选择"dB20",然后在电路图中单击输出端口连线"vout",输出增益波形,如图 6.27 所示。再选择"Phase",单击"Replot",输出相位波形,如图 6.28 所示。

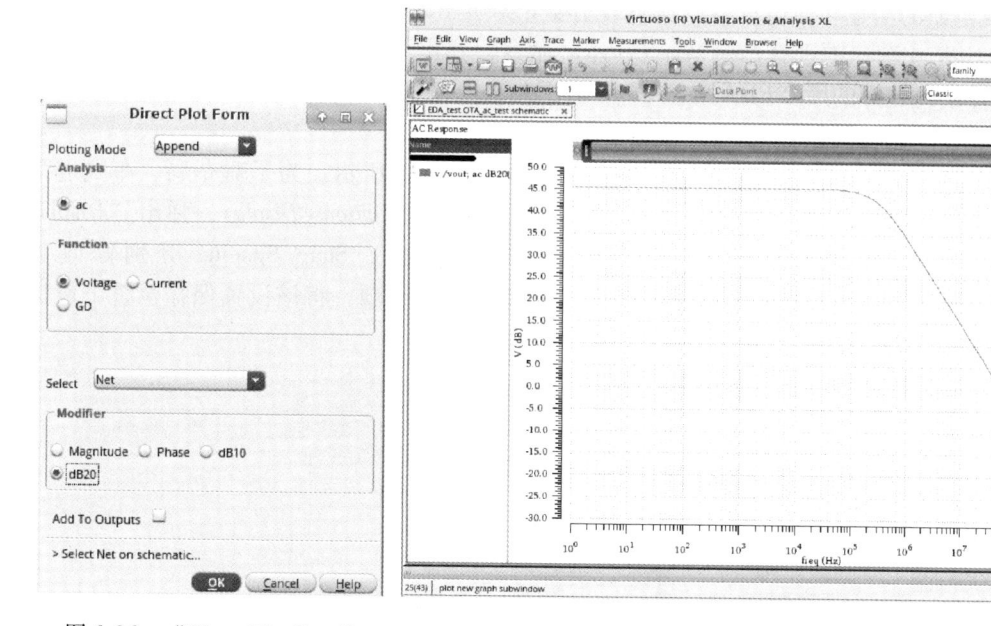

图 6.26　"Direct Plot Form"对话框

图 6.27　增益波形

在图标工具栏中,单击图标"　　",将两个波形分栏显示。再在工具栏中选择 Marker-Create Marker,弹出"Create Graph Marker"对话框,选择"vertical",单击[OK]按钮,最后在波形中拉出纵向标注轴,如图 6.29 所示。

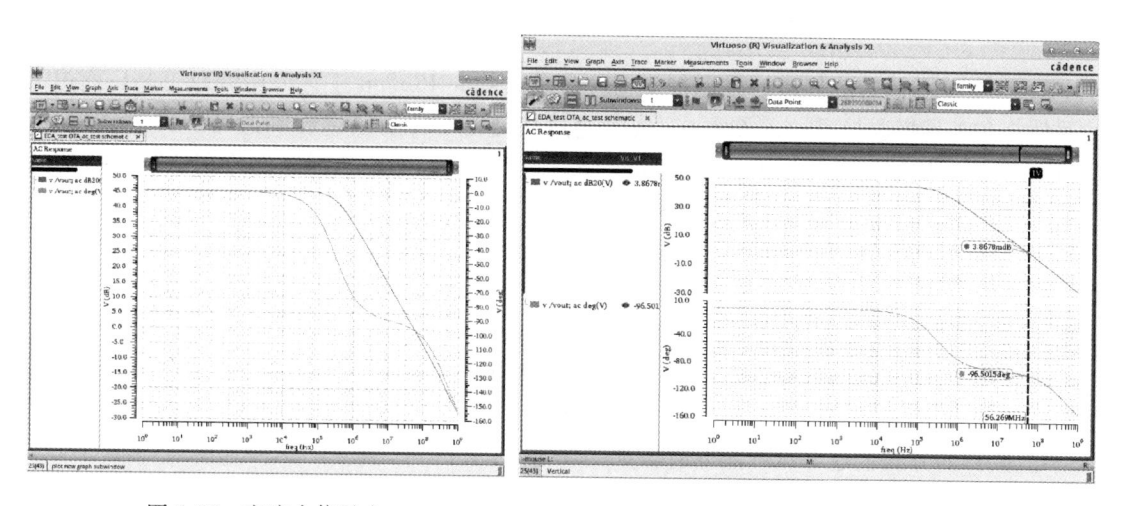

图 6.28　交流小信号中增益和相位的仿真波形

图 6.29　标注后的增益和相位波形

6.3 跨导放大器版图设计

在完成电路的搭建和前仿真后，本小节主要介绍版图设计的基本方法和流程。

1) 在 CIW 主窗口中选择 *File-New-Cellview* 命令，弹出"New File"对话框，在 Library Name 中选择已经建好的库"EDA_test"，在 Cell 中输入"OTA"，在 Type 中选择"layout"，并在 Open with 中选择"Layout L"，如图 6.30 所示。

2) 单击 [OK] 按钮后，弹出版图设计窗口，如图 6.31 所示。为了对布局、布线进行精确调整，首先设置版图窗口的网格大小。在工具栏中选择 *Options-Display*，弹出"Display Options"对话框，如图 6.32 所示。将 X Snap Spacing 和 Y Snap Spacing 分别修改为"0.005"，表示间距为 0.005μm。并在底端选中"Library"选项，将该设置保存至整个设计库，进行统一。最后单击 [OK] 按钮完成设置。

图 6.30 新建版图单元对话框

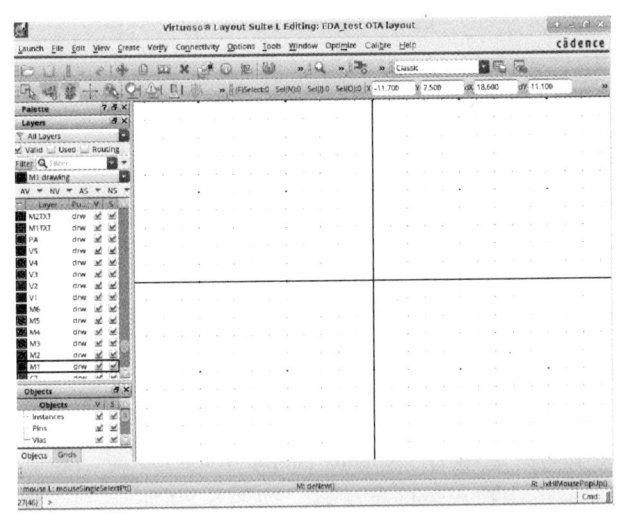

图 6.31 版图设计窗口

3) NMOS 晶体管的创建。采用创建器件命令从 smic 18mmrf 工艺库中调取工艺厂商提供的器件。在工具栏选择 *Create-Instance* 或者通过快捷键 i 启动创建器件命令，弹出"Create Instance"对话框，在对话框中单击 Browse 浏览器，从工艺库中选择器件所在位置，在 View 栏中选择 layout 进行调用，如图 6.33 所示。然后在版图窗口中，选中晶体管，单击键盘"q"键，在晶体管属性中填入 Length、Total Width、Finger Width、Fingers 等信息，如图 6.34 所示，最后单击 Hide 按键放置在版图视窗中。注意：在图 6.34 中，为了版图布局规则，形成长方形状，将 NMOS 晶体管拆为两个 finger。由于 finger 对晶体管的阈值电压有一定的影响，在 schematic 中也要将 NMSO 设置为相同的 finger 数，以保证前仿真和后仿真工艺参数的一致性。

4) 同样的方式创建 PMOS 晶体管，如图 6.35 所示。

5) 首先进行的是版图布局，将所有晶体管调用并放置在版图窗口中。按照 NMOS 同行、PMOS 同行的方式进行摆放，尽量将整体版图布局成规则的长方形，如图 6.36 所示。

图 6.32　设置版图窗口网格

图 6.33　调用 NMOS 晶体管版图

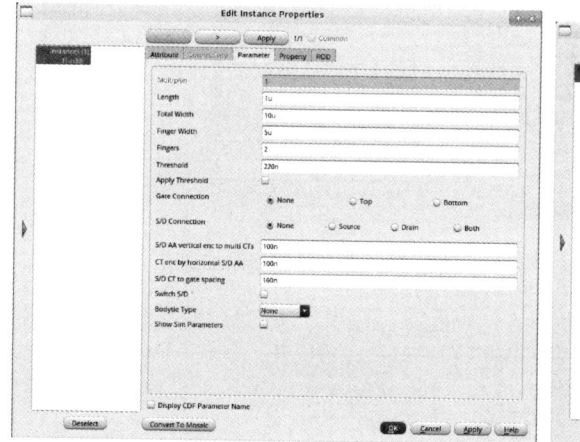

图 6.34　创建 NMOS 晶体管对话框

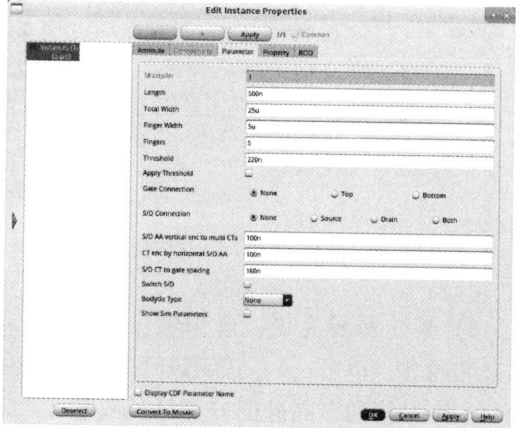

图 6.35　创建 PMOS 晶体管对话框

6）首先进行 NMOS 晶体管栅极的连接，由于要对漏极进行连接，且 NMOS 的栅极较短，且多晶硅的电阻较大，需要将栅极的多晶硅适当延长，留出漏极的布线通道，并打上多晶硅到一层金属的接触孔，通过一层金属进行连接。首先，在 LSW 层选择栏中选择"GT"层，然后在键盘上单击[r]按键，为栅极添加矩形，如图 6.37 所示。

7）在键盘上单击[o]，弹出"Create Via"对话框，如图 6.38 所示。在 Via Definition 栏中选择"M1_GT"，表示选择多晶硅到一层的通孔，在 Columns 栏中填入"2"，表示横向通孔数目为 2。

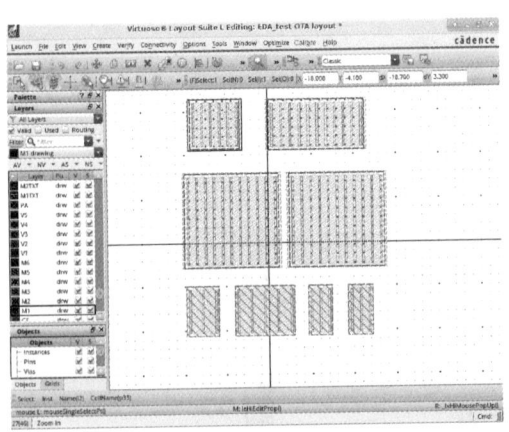

图 6.36　整体版图布局　　　　　　　　　图 6.37　延长多晶硅栅

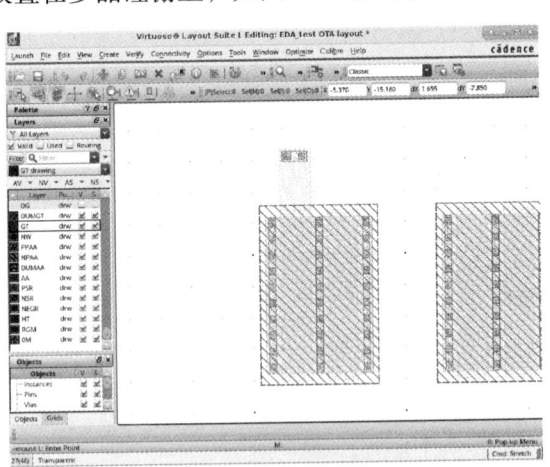

单击［Hide］按键，移动鼠标将通孔放置在多晶硅栅上，如图 6.39 所示。

图 6.38　"Create Via" 对话框　　　　　　图 6.39　为多晶硅栅添加通孔

8）单击鼠标左键，选中延长的多晶硅和通孔，单击［c］按键进行复制，为每一个叉指的多晶硅栅分配延长线和通孔，完成后如图 6.40 所示。注意这里延长的多晶硅要与原始的栅严丝合缝的对齐，否则会造成 DRC 错误。

9）继续在 LSW 层选择一层金属，单击［r］按键，画矩形连线，将 NMOS 的漏极和源极拉出（源极和漏极交替出现，图 6.41 中可将最左侧和最右侧作为漏极，中间为源极；也可将最左侧和最右侧作为源极，中间作为漏

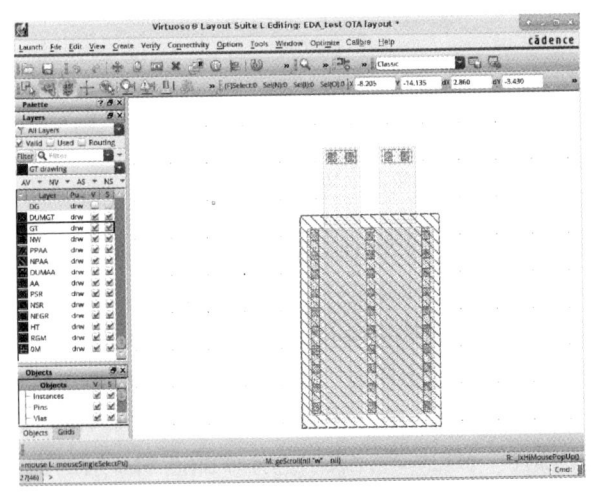

图 6.40　为每一个叉指的多晶硅栅分配延长线和通孔

— 244 —

极），方便后续进行连接，如图 6.41 所示。同样进行其他 NMOS 的栅极、漏极和源极连接。

10）接下来就可以进行 NMOS 源极和衬底（地）连接，单击［o］按键，弹出"Create Via"对话框，如图 6.42 所示。在 Via Definition 栏中选择"M1_SP"，表示选择 P 注入一层的通孔，在 Columns 栏中填入"66"，表示横向通孔数目为 66，横向长度以覆盖全部 NMOS 为准。衬底既可作为电路的地电位，也可作为保护环使用。

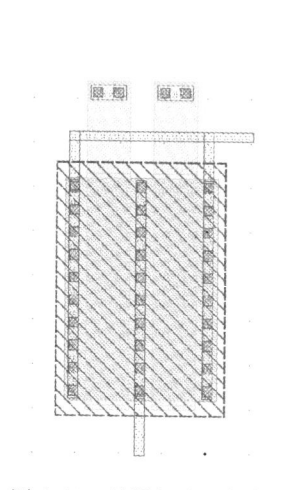

图 6.41　从漏极和源极拉出金属连接线

图 6.42　"Create Via"对话框

11）单击 Hide 按键，移动鼠标将 P 衬底与 NMOS 源极相连，如图 6.43 所示。在 NMOS 两侧也添加 P 衬底，作为隔离环，将 NMOS 完全包裹起来。

12）参考 6）~10）的步骤，对照电路图，完成整体版图的连接。其中，PMOS 包裹在 M1_SN 保护环内，同时 M1_SN 保护环也作为电源电位。整体版图如图 6.44 所示。需要注意的是，在 M1_SN（M1_SP）保护环上都有一层金属，跨越这些保护环时需要用二层金属进行连接。

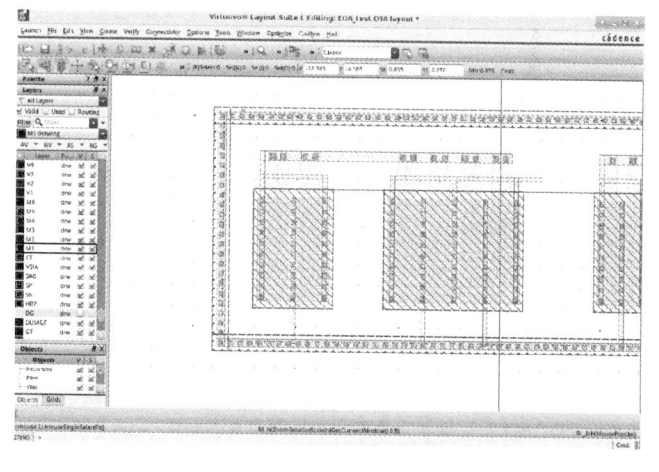

图 6.43　将 P 衬底与 NMOS 源极相连

13）PMOS 应该放置在 N 阱中，在 LSW 中选择 NW 层，再单击［r］按键，绘制矩形，将 N 衬底和 PMOS 都包括在 N 阱中，如图 6.45 所示。

14）空余的空间可以添加虚拟器件（dummy）进行填充，如图 6.46 所示的右下侧的空间，可以将 NMOS 的漏极、栅极、源极连接到地电位，作为无效器件。

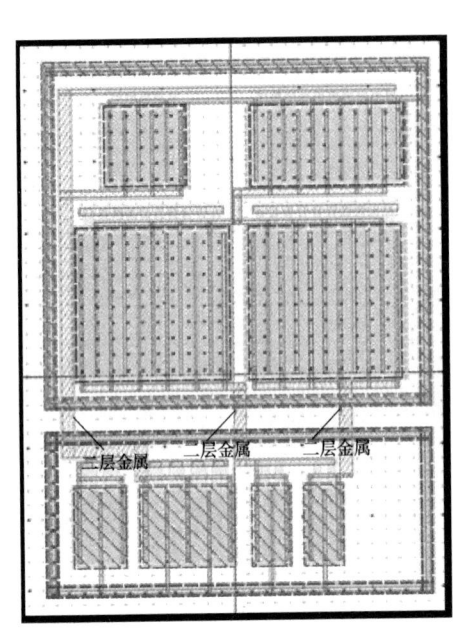

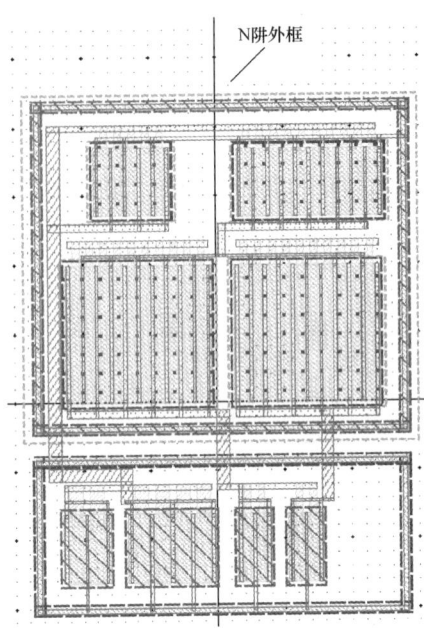

图 6.44 连接完成的整体版图

图 6.45 添加了 N 阱后的版图

15）最后，还需要在版图的外围添加电源环和地环，这样就容易与输入输出单元（I/O）进行相连，同时形成电源与地的网格状，减小走线上产生的电压降。在 LSW 窗口中选择一层金属，单击 [r] 按键，绘制矩形，矩形宽度以电流密度为准，这里设置为 3μm 宽度（具体宽度依据电流密度而定）。之后将 N 衬底和 P 衬底分别与电源和地相连，完成后如图 6.47 所示。

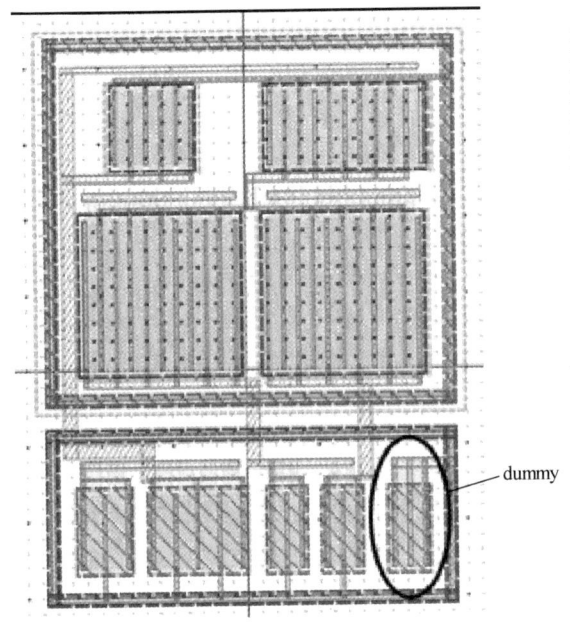

图 6.46 加入 dummy 后的版图

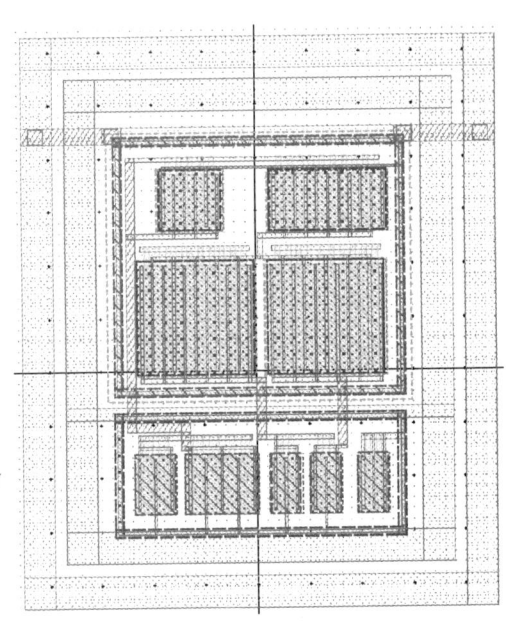

图 6.47 添加电源环和地环后的整体版图

第6章 CMOS模拟集成电路版图设计与验证流程

16）对电路版图完成连线后，需要对电路的输入输出进行标识。鼠标在 LSW 窗口层中拖动鼠标左键单击 M1_TXT，然后在版图设计区域单击键盘快捷键［1］，如图 6.48 所示。鼠标左键在相应的版图层上单击即可［如采用一层金属绘制图形，则采用一层金属标识；如采用二层金属绘制图形，则采用二层金属标识（M2_TXT）；标识层需要与绘图层匹配才能生效］，如图 6.49 所示，首先添加电源"vdda"的标识。

17）之后继续完成"gnda""vin""vip""vout"和"Iin_10u"的标识，全部标识完成后，保存版图，最终版图如图 6.50 所示。

以上就完成了跨导放大器整体的版图设计。

图 6.48　创建标识对话框

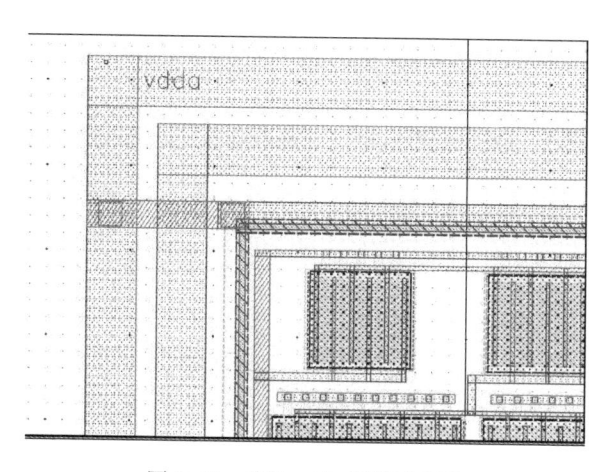

图 6.49　放置 vdda 标识示意图

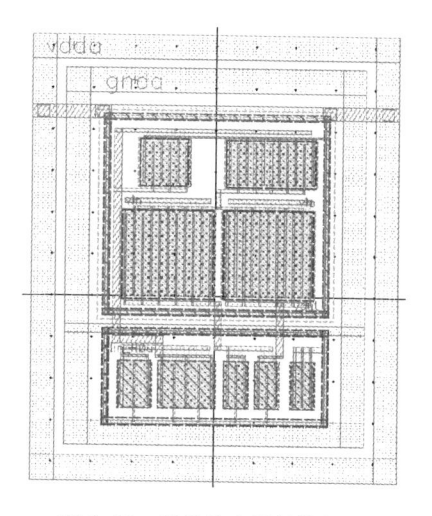

图 6.50　跨导放大器整体版图

6.4　跨导放大器版图验证与参数提取

完成跨导放大器的版图设计后，还需要对版图进行验证和后仿真，本小节就介绍运用 Siemens EDA Calibre 工具进行这两个方面操作的具体方法和基本流程。

1. DRC 验证

1）在版图视图工具菜单中选择 *Calibre-Run nmDRC* 命令，如图 6.51 所示。之后弹出 DRC 工具对话框如图 6.52 所示。

2）选择左侧菜单中的 Rules，并在对话框右侧 DRC Rules File 单击［...］按钮选择设计规则文件，并在 DRC Run Directory 右侧单击［...］按钮选择运行目录，如图 6.53 所示。

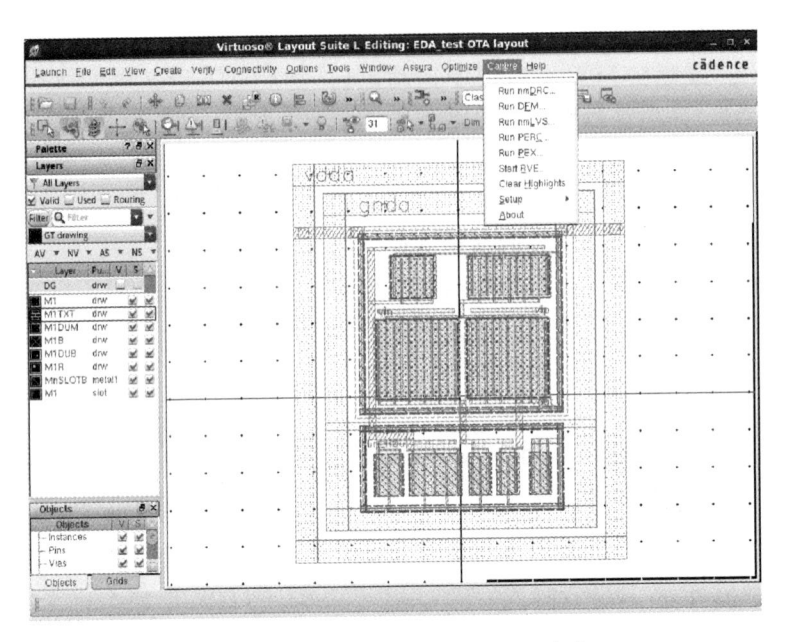

图 6.51 选择 *Calibre-Run nmDRC* 命令

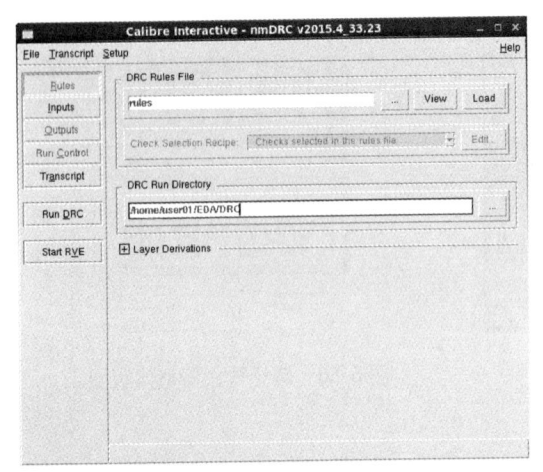

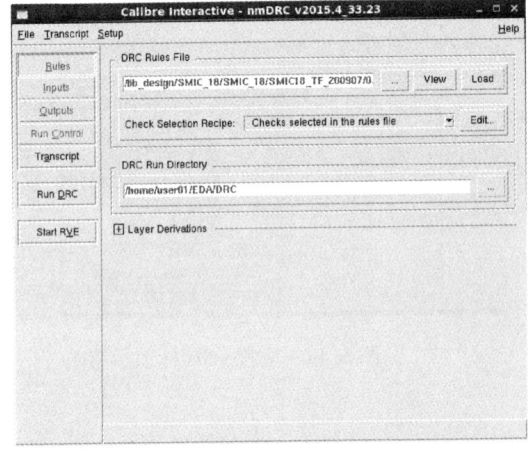

图 6.52 打开 Calibre DRC 工具

图 6.53 Calibre DRC 中 Rules 子菜单对话框

3）选择左侧菜单中的 Inputs，并在 Layout 选项中选择 Export from layout viewer 高亮，表示从版图视窗中提取版图数据，如图 6.54 所示。

4）选择左侧菜单中的 Outputs，可以选择默认的设置，同时也可以改变相应输出文件的名称，如图 6.55 所示。

5）图 6.55 左侧的 Run Control 菜单可以选择默认设置，最后单击 Run DRC，Calibre 开始导出版图文件并对其进行 DRC 检查。Calibre DRC 完成后，软件会自动弹出输出结果，包括一个图形界面的错误文件查看器和一个文本格式文件，分别如图 6.56 和图 6.57 所示。

第 6 章　CMOS模拟集成电路版图设计与验证流程

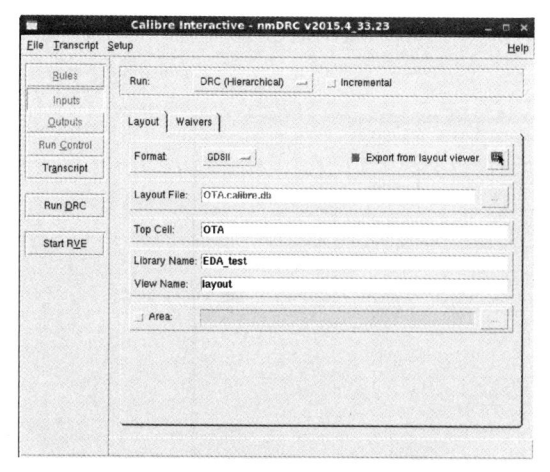

图 6.54　Calibre DRC 中 Inputs 子菜单对话框

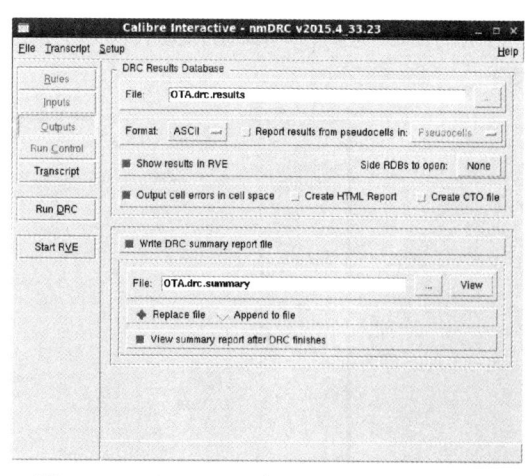

图 6.55　Calibre DRC 中 Outputs 子菜单对话框

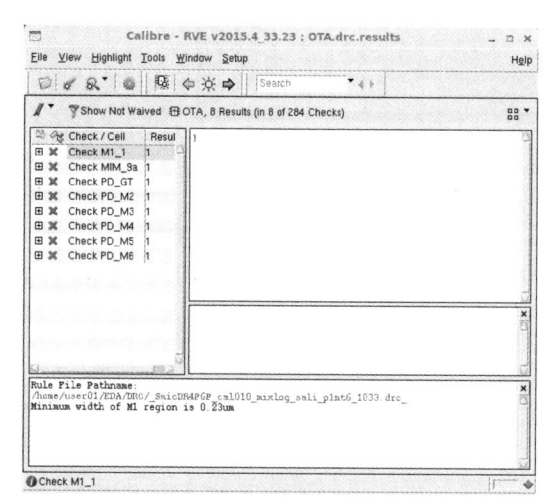

图 6.56　Calibre DRC 输出结果查看图形界面

图 6.57　Calibre DRC 输出文本

6）查看图 6.56 所示的 Calibre DRC 输出结果的图形界面，表明在版图中存在 8 个 DRC 错误，分别为 M1_1（一层金属宽度小于 0.23μm）和 7 个密度的错误，其中，密度的错误在小模块设计时可以忽略。在最终流片模块中，如密度不够，可填充各层金属增加密度，保证芯片良率。所以，目前只需要修改一层金属的宽度小于 0.23μm 的问题。

7）错误修改。鼠标左键单击"Check M1_1"，下侧会提示错误的具体类型，而双击右侧提示框中的"1"就可以定位到版图

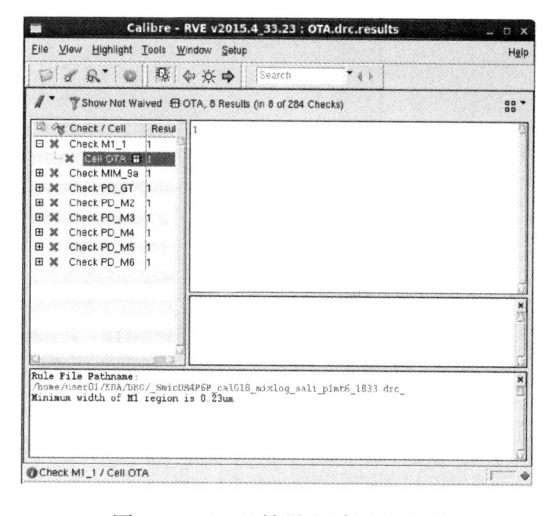

图 6.58　DRC 结果查看图形界面

— 249 —

中错误的所在位置,DRC 结果查看图形界面如图 6.58 所示,版图定位如图 6.59 所示,错误部分会有高亮显示。

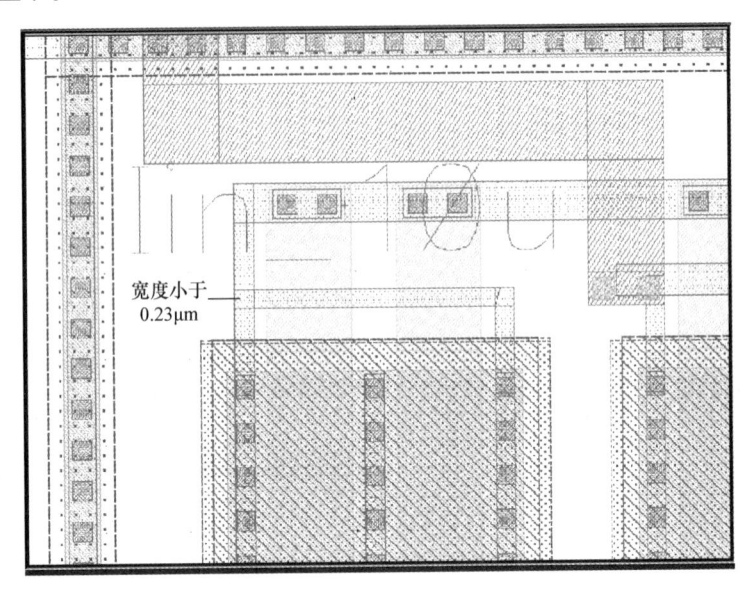

图 6.59 相应版图错误定位

8)根据提示进行版图修改,单击 [s] 按键,然后选中要修改的一层金属左上角,将一层金属向上拉,使得一层金属的宽度扩大至大于 0.23μm 即可,修改后的版图如图 6.60 所示。

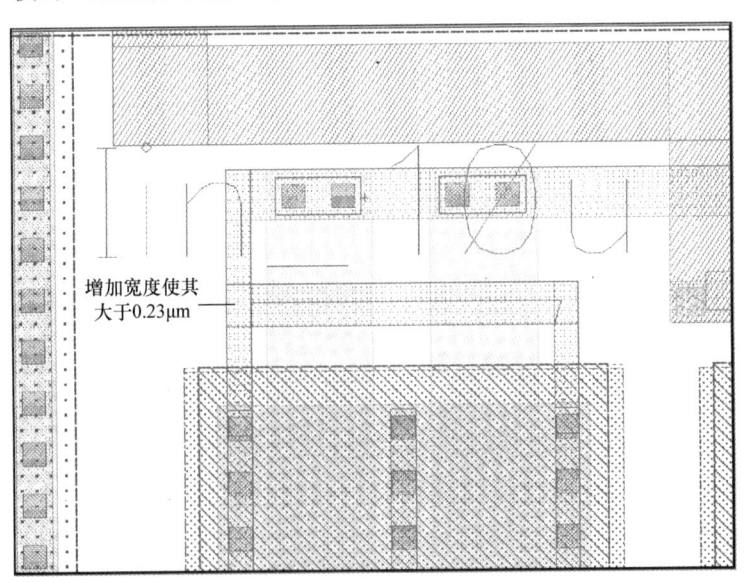

图 6.60 修改后的版图

9)DRC 错误修改完毕后,在 DRC 工具对话框中单击 Run DRC,再次进行 DRC 检查,这时弹出如图 6.61 所示的界面,除了密度的错误以外没有其他的错误显示,这表明 DRC 已经通过。

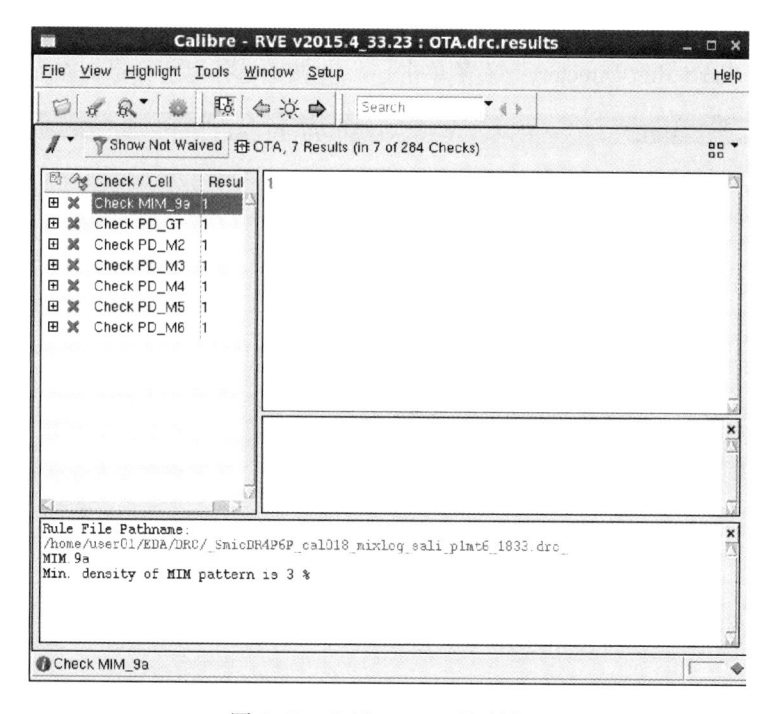

图 6.61 Calibre DRC 通过界面

以上就完成了 Calibre DRC 的主要流程。

2. LVS 验证

1）在版图视图工具菜单中选择 *Calibre-Run nmLVS* 命令，之后弹出 LVS 工具对话框，如图 6.62 所示。

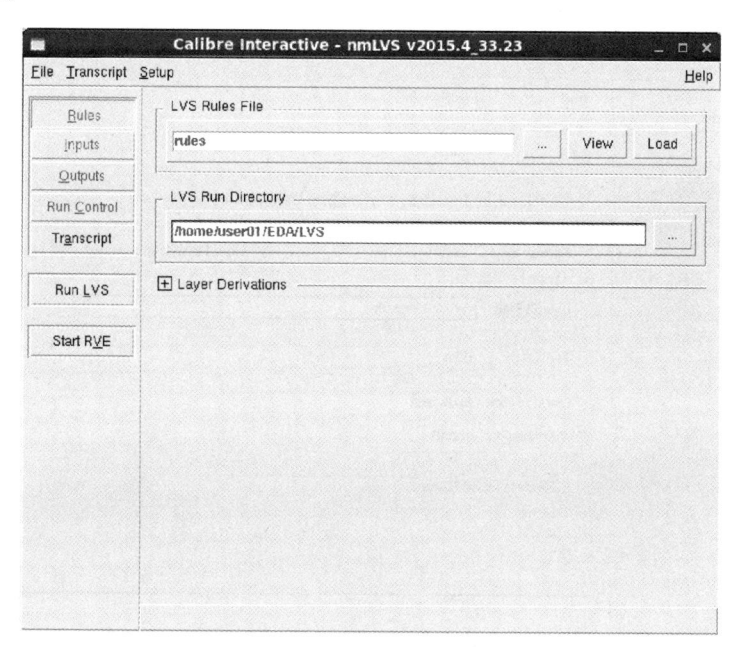

图 6.62 打开 Calibre LVS 工具

2）选择左侧菜单中的 Rules，并在对话框右侧"LVS Rules File"单击 […] 按钮选择 LVS 规则文件，并在"LVS Run Directory"右侧单击 […] 按钮选择运行目录，如图 6.63 所示。

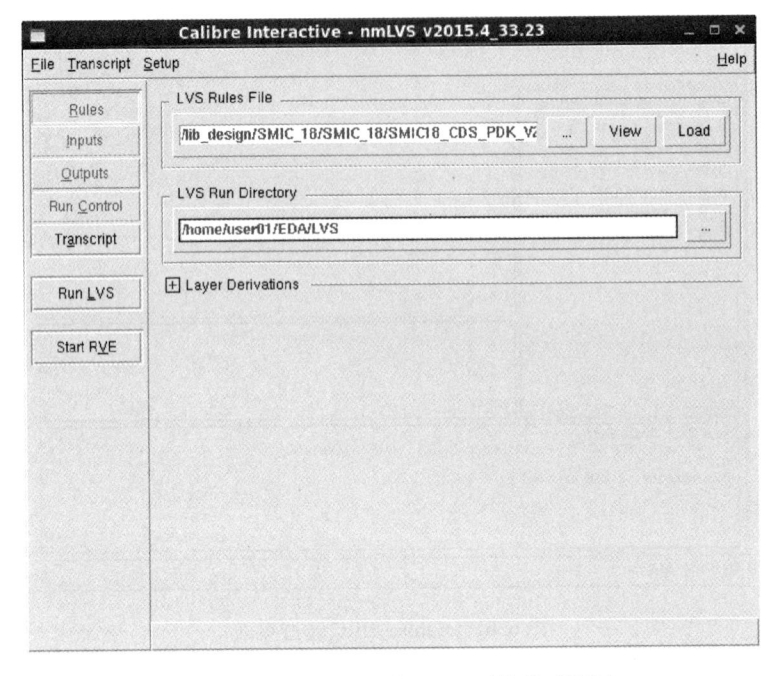

图 6.63　Calibre LVS 中 Rules 子菜单对话框

3）选择左侧菜单中的 Inputs，并在 Layout 选项中选择 Export from layout viewer 高亮，表示从版图视窗中提取版图数据，如图 6.64 所示。

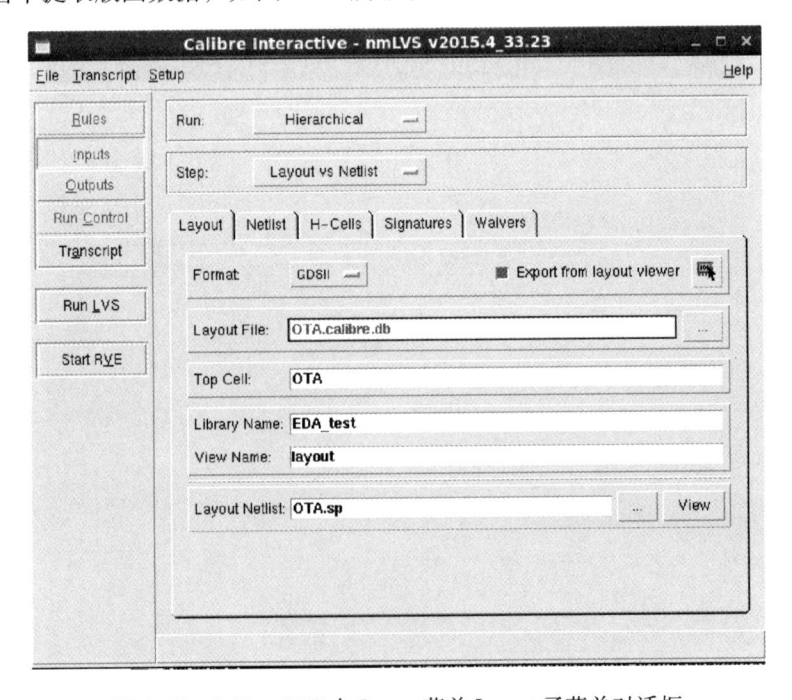

图 6.64　Calibre LVS 中 Inputs 菜单 Layout 子菜单对话框

4）选择左侧菜单中的 Inputs，再选择 Netlist 选项，如果电路网表文件已经存在，则直接调取，并取消 Export from schematic viewer 高亮；如果电路网表需要从同名的电路单元中导出，那么需要同时打开电路图 schematic 窗口，然后在 Netlist 选项中选择 Export from schematic viewer 高亮，如图 6.65 所示。

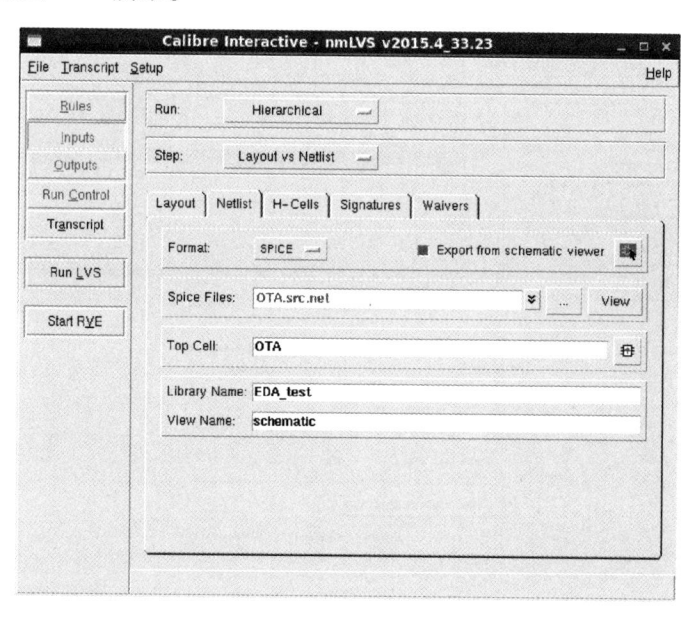

图 6.65　Calibre LVS 中 Inputs 菜单 Netlist 子菜单对话框

5）选择左侧菜单中的 Outputs，可以选择默认的设置，同时也可以改变相应输出文件的名称。选项 Create SVDB Database 选择是否生成相应的数据库文件，而选项 Start RVE after LVS finishes 选择在 LVS 完成后是否自动弹出相应的图形界面，如图 6.66 所示。

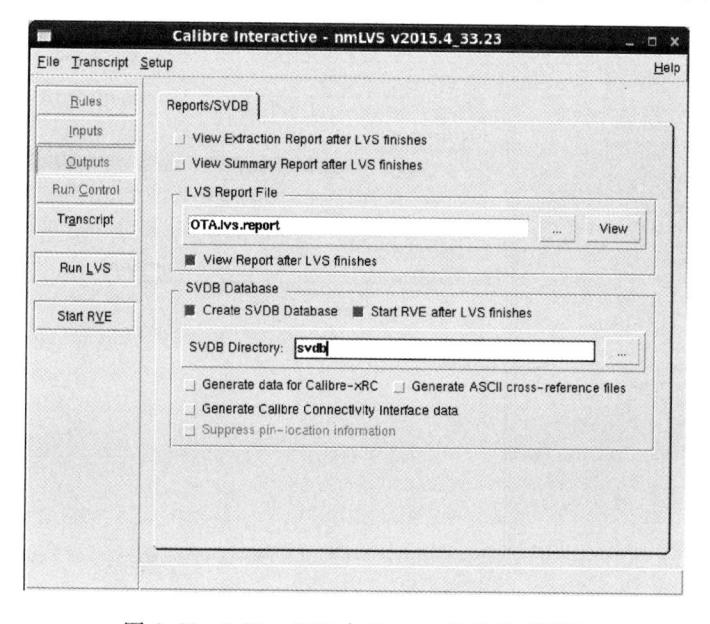

图 6.66　Calibre LVS 中 Outputs 子菜单对话框

6）在 Calibre LVS 左侧 Run Control 菜单里可以选择默认设置，单击 Run LVS，Calibre 开始导出版图文件并对其进行 LVS 检查，Calibre LVS 完成后，软件会自动弹出输出结果查看图形界面（在 Outputs 选项中进行选择，如果没有自动弹出，可单击 Start RVE 开启图形界面），以便查看错误信息，如图 6.67 所示。

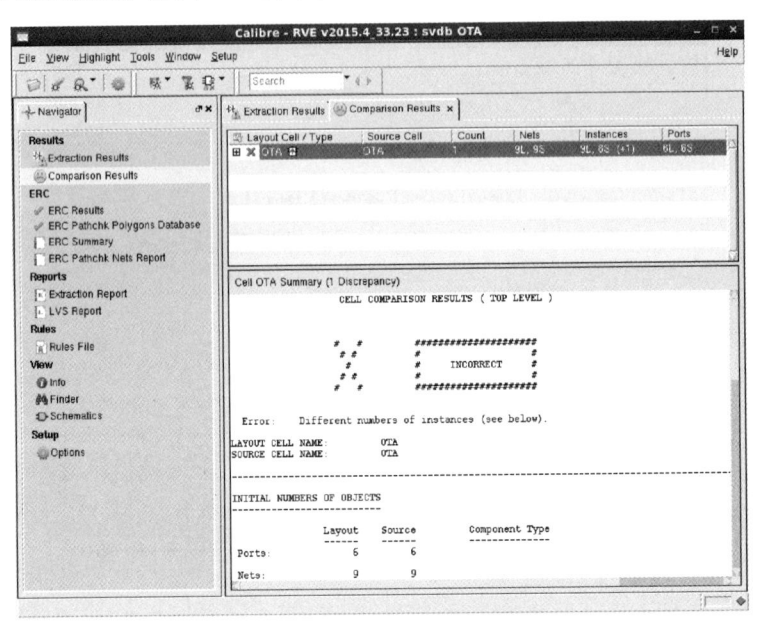

图 6.67　Calibre LVS 输出结果查看图形界面

7）选择右侧对话框中的错误，将其展开，如图 6.68 所示，下侧对话框中的信息表明在版图与电路图中存在一项器件不匹配错误。其中，左侧 LAYOUT NAME 表示版图信息，右

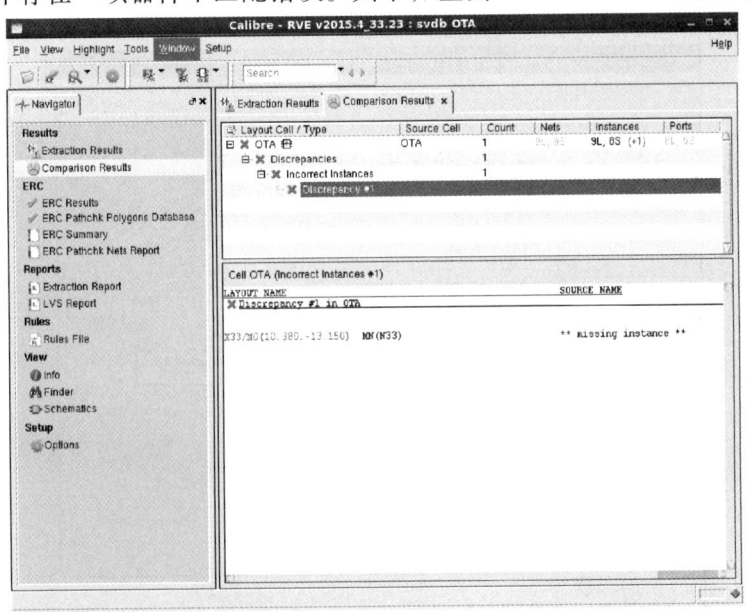

图 6.68　Calibre LVS 结果查看图形界面

侧 SOURCE NAME 表示电路图信息。从信息中可以看出，版图上存在一个 N33 晶体管，而电路图上则没有这个器件。这是因为我们在设计过程中添加了一个虚拟器件作为填充晶体管引起的。

8）修改方式为，首先在工具栏中选择 *Setup-LVS Options*，调出 LVS 选项出现在左侧工具栏中，如图 6.69 所示。再选择 *LVS Options-Gates*，在下侧的选项中勾选 "MOS devices with all pins tied together, including bulk and optional pins"，如图 6.70 所示。这表示当 MOS 器件所有端口连接在一起时，忽略版图中的该器件。

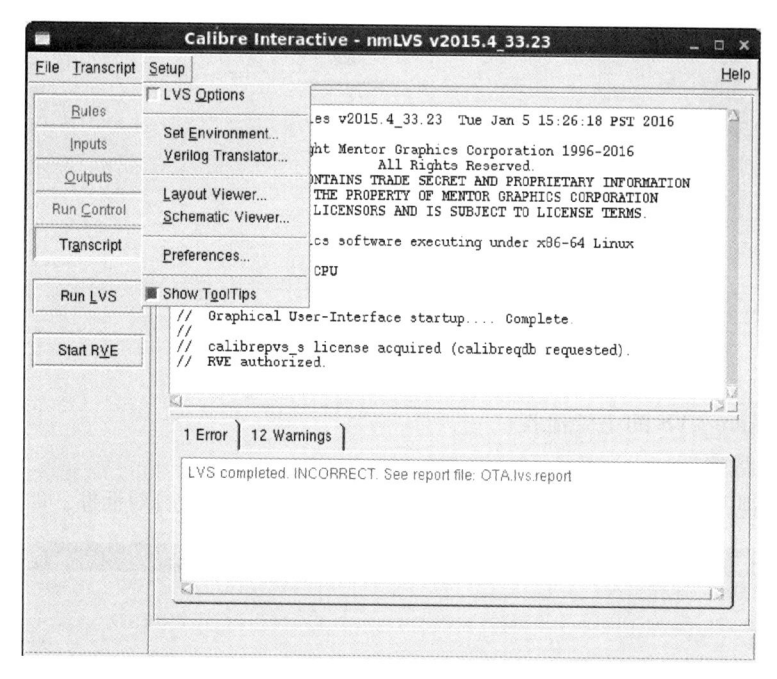

图 6.69 调出 LVS 选项

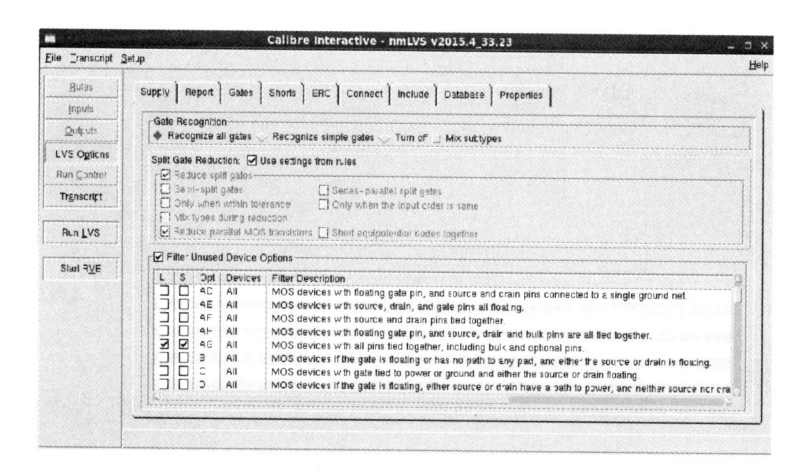

图 6.70 选择 "MOS devices with all pins tied together, including bulk and optional pins"

9）LVS 选项修改完毕后，再次做 LVS，自动弹出如图 6.71 所示的窗口，表明 LVS 已经通过。

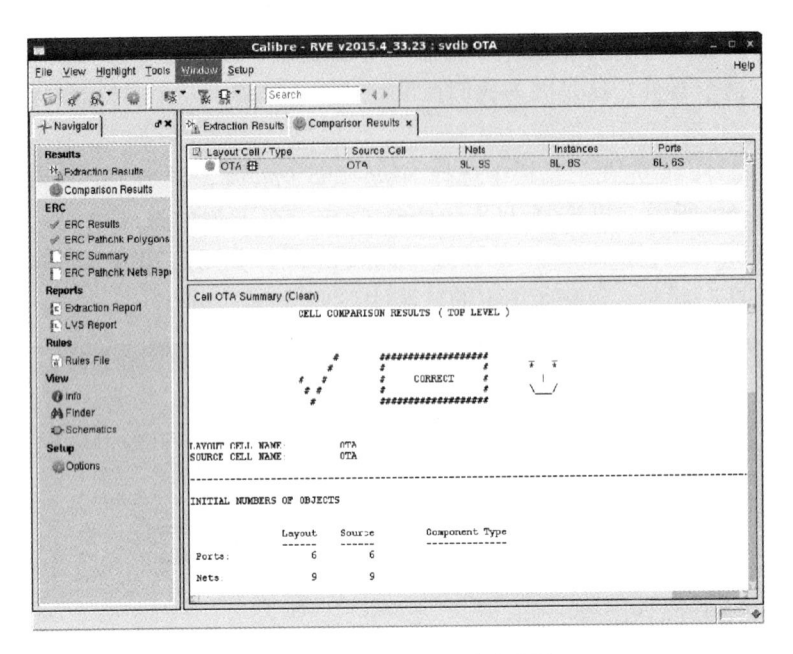

图 6.71　Calibre LVS 通过界面

以上完成了 Calibre LVS 的主要流程。

3. PEX 参数提取

1）在版图视图工具菜单中选择 *Calibre-Run PEX*，弹出 PEX 工具对话框，如图 6.72 所示。

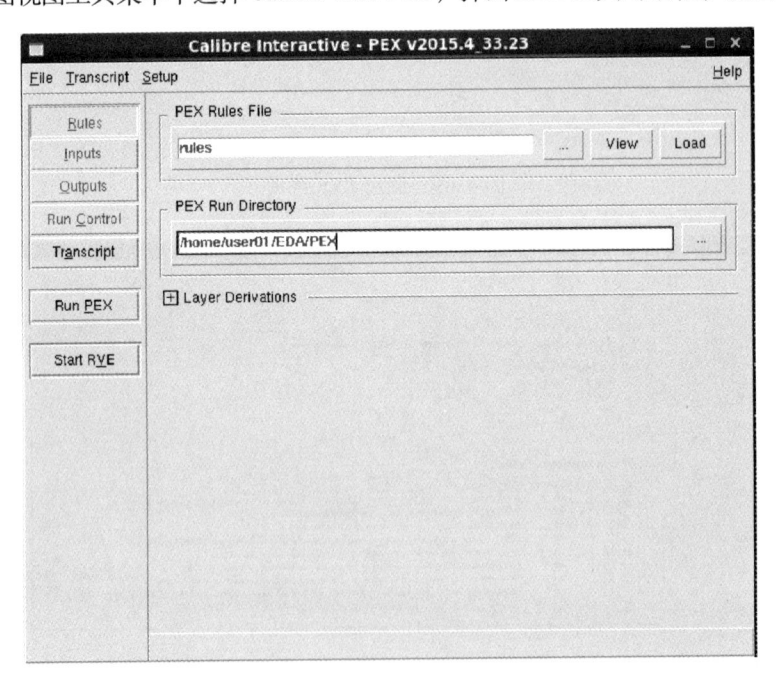

图 6.72　打开 Calibre PEX 工具

2）选择左侧菜单中的 Rules，并在对话框右侧 PEX Rules File 右侧单击［…］按钮选择提取规则文件，并在 PEX Run Directory 右侧单击［…］按钮选择运行目录，如图 6.73 所示。

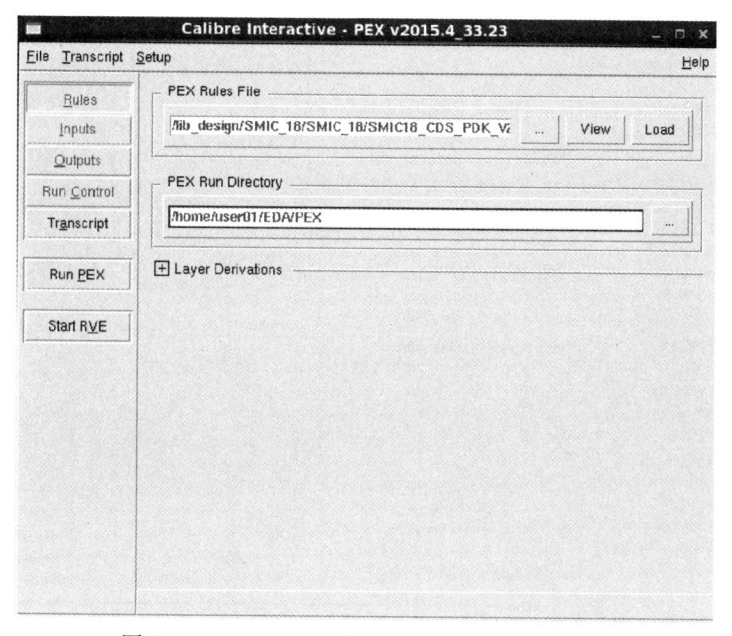

图 6.73　Calibre PEX 中 "Rules" 子菜单对话框

3）选择左侧菜单中的 Inputs，并在 Layout 选项中选择 Export from layout viewer 高亮，如图 6.74 所示。

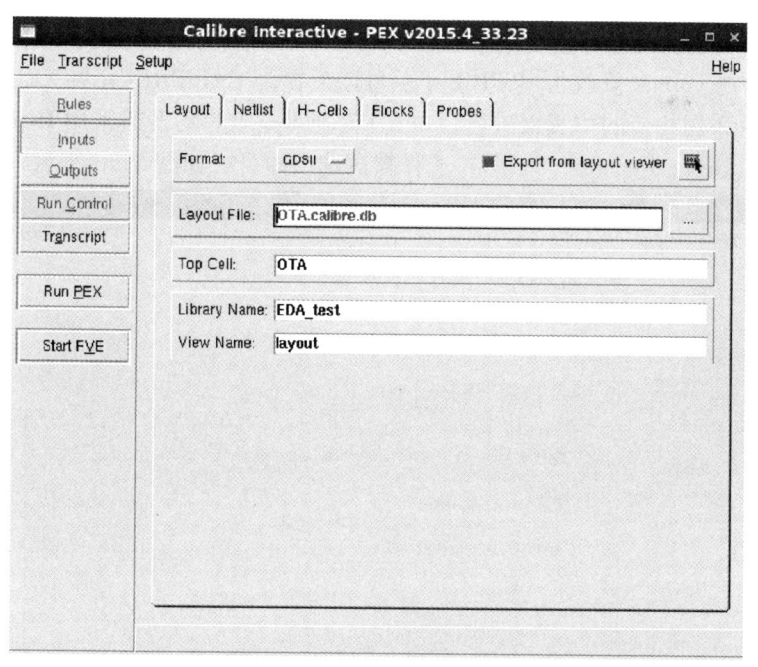

图 6.74　Calibre PEX 中 Inputs 菜单 Layout 子菜单对话框

4）选择左侧菜单中的 Inputs，选择 Netlist 选项，如果电路网表文件已经存在，则直接调取，并取消 Export from schematic viewer 高亮；如果电路网表需要从同名的电路单元中导出，那么在 Netlist 选项中选择 Export from schematic viewer 高亮，如图 6.75 所示。

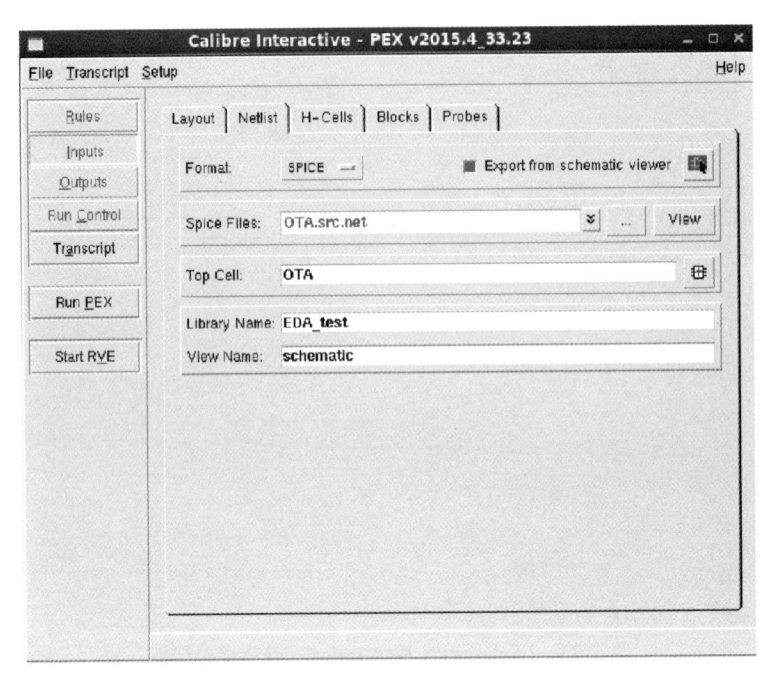

图 6.75　Calibre PEX 中 Inputs 菜单 Netlist 子菜单对话框

5）选择左侧菜单中的 Outputs 选项，将 Extraction Type 选项修改为 Transistor Level-R + C-No Inductance，表明是晶体管级提取，提取版图中的寄生电阻和电容，忽略电感信息；将 Netlist 子菜单中的 Format 修改为 HSPICE（也可以反提为 CALIBREVIEW、ELDO、SPECTRE 等其他格式，并采用相应的仿真器进行后仿真），表明提出的网表需采用 Hspice 软件进行仿真；其他菜单（Nets、Reports、SVDB）选择默认选项即可，如图 6.76 所示。

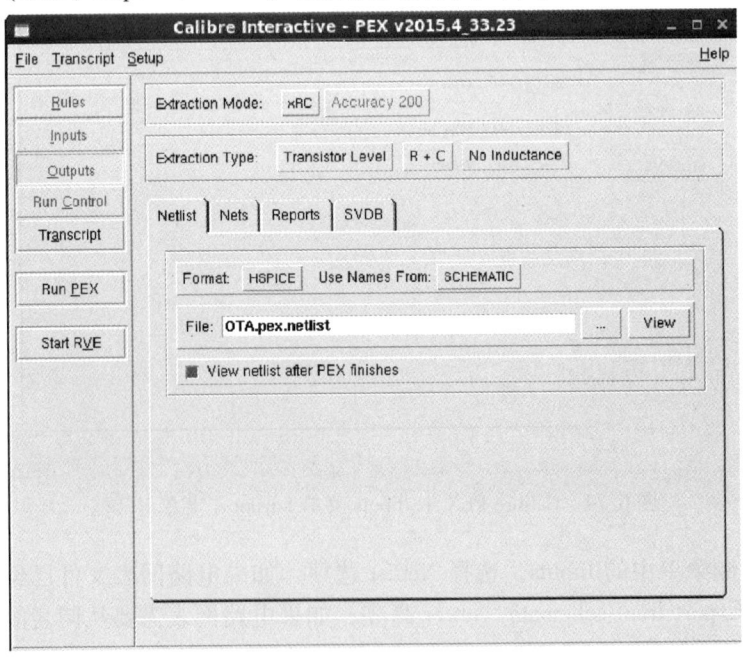

图 6.76　Calibre PEX 中 Outputs 子菜单对话框

6) Calibre PEX 左侧 Run Control 菜单可以选择默认设置，单击 Run PEX，Calibre 开始导出版图文件并对其进行参数提取。Calibre PEX 完成后，软件会自动弹出输出结果并弹出图形界面（在 Outputs 选项中选择，如果没有自动弹出，可单击 Start RVE 开启图形界面），以便查看错误信息。在 Calibre PEX 运行后，同时会弹出参数提取后的主网表 .netlist 文件，如图 6.77 所示，此网表可以在 Hspice 软件中进行后仿真。另外主网表还根据选择提取的寄生参数包括若干个寄生参数网表文件（在反提为 R + C 的情况下，还包括 .pex 和 .pxi 两个寄生参数网表文件），在进行后仿真时一并进行调用。

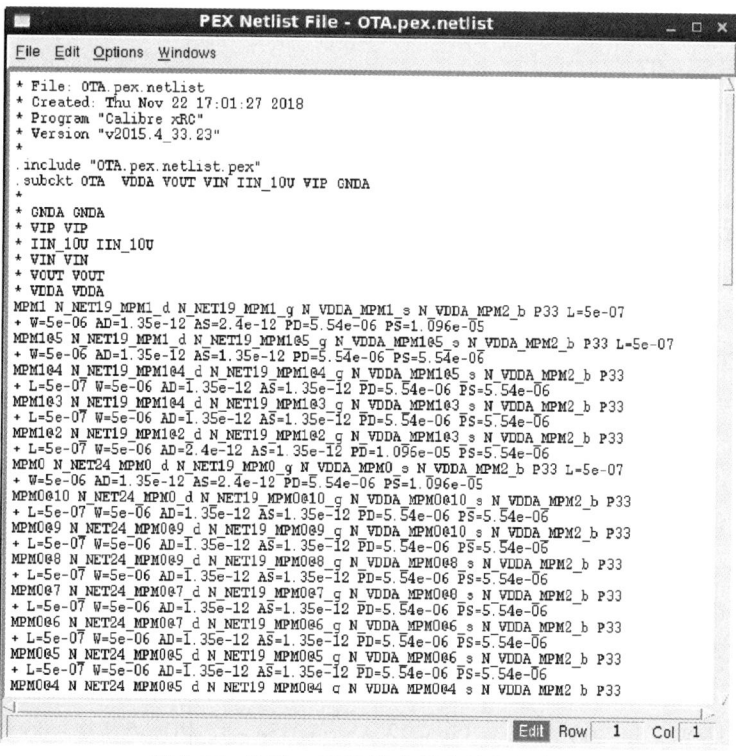

图 6.77 Calibre PEX 提出部分的主网表图

以上完成了 Calibre PEX 寄生参数提取的流程。

6.5 跨导放大器电路后仿真

采用 Calibre PEX 对跨导放大器进行参数提取后，就可以采用 Hspice 工具对其进行后仿真。首先需要建立仿真网表 OTA_post.sp 文件，并在仿真网表中通过"include"的方式调用电路网表进行仿真。Calibre PEX 用于 Hspice 电路网表如下（此网表为主网表文件，其调用两个寄生参数文件，分别为"OTA.pex.netlist.pex"和"OTA.pex.netlist.OTA.pxi"，由于主反提网表文件较大，故以下只列出前后几行，寄生参数文件不予列出）：

.include "OTA.pex.netlist.pex"
.subckt OTA   VDDA VOUT VIN IIN_10U VIP GNDA
* GNDA GNDA
* VIP   VIP

* IIN_10U IIN_10U
* VIN VIN
* VOUT VOUT
* VDDA VDDA
MPM1 N_NET19_MPM1_d N_NET19_MPM1_g N_VDDA_MPM1_s N_VDDA_MPM2_b P33 L=5e-07
+ W=5e-06 AD=1.35e-12 AS=2.4e-12 PD=5.54e-06 PS=1.096e-05
MPM1@5 N_NET19_MPM1_d N_NET19_MPM1@5_g N_VDDA_MPM1@5_s N_VDDA_MPM2_b P33 L=5e-07
+ W=5e-06 AD=1.35e-12 AS=1.35e-12 PD=5.54e-06 PS=5.54e-06
MPM1@4 N_NET19_MPM1@4_d N_NET19_MPM1@4_g N_VDDA_MPM1@5_s N_VDDA_MPM2_b P33
+ L=5e-07 W=5e-06 AD=1.35e-12 AS=1.35e-12 PD=5.54e-06 PS=5.54e-06
MPM1@3 N_NET19_MPM1@4_d N_NET19_MPM1@3_g N_VDDA_MPM1@3_s N_VDDA_MPM2_b P33
+ L=5e-07 W=5e-06 AD=1.35e-12 AS=1.35e-12 PD=5.54e-06 PS=5.54e-06
MPM1@2 N_NET19_MPM1@2_d N_NET19_MPM1@2_g N_VDDA_MPM1@3_s N_VDDA_MPM2_b P33
+ L=5e-07 W=5e-06 AD=2.4e-12 AS=1.35e-12 PD=1.096e-05 PS=5.54e-06
MPM0 N_NET24_MPM0_d N_NET19_MPM0_g N_VDDA_MPM0_s N_VDDA_MPM2_b P33 L=5e-07
+ W=5e-06 AD=1.35e-12 AS=2.4e-12 PD=5.54e-06 PS=1.096e-05
MPM0@10 N_NET24_MPM0_d N_NET19_MPM0@10_g N_VDDA_MPM0@10_s N_VDDA_MPM2_b P33
+ L=5e-07 W=5e-06 AD=1.35e-12 AS=1.35e-12 PD=5.54e-06 PS=5.54e-06
MPM0@9 N_NET24_MPM0@9_d N_NET19_MPM0@9_g N_VDDA_MPM0@10_s N_VDDA_MPM2_b P33
+ L=5e-07 W=5e-06 AD=1.35e-12 AS=1.35e-12 PD=5.54e-06 PS=5.54e-06
MPM0@8 N_NET24_MPM0@9_d N_NET19_MPM0@8_g N_VDDA_MPM0@8_s N_VDDA_MPM2_b P33
+ L=5e-07 W=5e-06 AD=1.35e-12 AS=1.35e-12 PD=5.54e-06 PS=5.54e-06
MPM0@7 N_NET24_MPM0@7_d N_NET19_MPM0@7_g N_VDDA_MPM0@8_s N_VDDA_MPM2_b P33
+ L=5e-07 W=5e-06 AD=1.35e-12 AS=1.35e-12 PD=5.54e-06 PS=5.54e-06
MPM0@6 N_NET24_MPM0@7_d N_NET19_MPM0@6_g N_VDDA_MPM0@6_s N_VDDA_MPM2_b P33
+ L=5e-07 W=5e-06 AD=1.35e-12 AS=1.35e-12 PD=5.54e-06 PS=5.54e-06
MPM0@5 N_NET24_MPM0@5_d N_NET19_MPM0@5_g N_VDDA_MPM0@6_s N_VDDA_MPM2_b P33

+ L = 5e − 07 W = 5e − 06 AD = 1.35e − 12 AS = 1.35e − 12 PD = 5.54e − 06 PS = 5.54e − 06

……

MNM2 N_NET22_MNM2_d N_NET22_MNM2_g N_GNDA_MNM2_s N_GNDA_MNM2_b N33 L = 5e − 07

+ W = 5e − 06 AD = 2.4e − 12 AS = 1.35e − 12 PD = 1.096e − 05 PS = 5.54e − 06

MNM2@2 N_NET22_MNM2@2_d N_NET22_MNM2@2_g N_GNDA_MNM2_s N_GNDA_MNM2_b N33 L = 5e − 07

+ W = 5e − 06 AD = 2.4e − 12 AS = 1.35e − 12 PD = 1.096e − 05 PS = 5.54e − 06

MNM3 N_VOUT_MNM3_d N_NET22_MNM3_g N_GNDA_MNM3_s N_GNDA_MNM2_b N33 L = 5e − 07

+ W = 5e − 06 AD = 2.4e − 12 AS = 1.35e − 12 PD = 1.096e − 05 PS = 5.54e − 06

MNM3@2 N_VOUT_MNM3@2_d N_NET22_MNM3@2_g N_GNDA_MNM3_s N_GNDA_MNM2_b N33 L = 5e − 07

+ W = 5e − 06 AD = 2.4e − 12 AS = 1.35e − 12 PD = 1.096e − 05 PS = 5.54e − 06

mX33/M0_noxref N_GNDA_X33/M0_noxref_d N_GNDA_X33/M0_noxref_g

+ N_GNDA_X33/M0_noxref_s N_GNDA_MNM2_b N33 L = 5e − 07 W = 5e − 06 AD = 1.35e − 12

+ AS = 2.4e − 12 PD = 5.54e − 06 PS = 1.096e − 05

mX33/M1_noxref N_GNDA_X33/M1_noxref_d N_GNDA_X33/M1_noxref_g

+ N_GNDA_X33/M0_noxref_d N_GNDA_MNM2_b N33 L = 5e − 07 W = 5e − 06 AD = 2.4e − 12

+ AS = 1.35e − 12 PD = 1.096e − 05 PS = 5.54e − 06

*

.include "OTA.pex.netlist.OTA.pxi"

.ends

基于跨导放大器寄生参数提取后的网表，建立跨导放大器后仿真网表 OTA_post.sp 如下：

.title OTA_post

.include ′F:\hspice_assignment\OTA_2018\OTA.pex.netlist′

x1   VDDA VOUT VIN IIN_10U VIP GNDA OTA

vvdda vdda 0 3.3

vgnda gnda 0 0

IIin_10u vdda Iin_10u 10u

vvin vin 0 1.65 ac 1   0

vvip vip 0 1.65 ac 1 180

cout1 vout 0 1pf

.tf v(vout) vvin

.lib

'F:\model\smic0907_0.18_MS\smic18mmrf_1P6M_200902271315\models\hspice\ms018_v1p9.li b' tt

.op

.ac dec 10 10 1g

.option post accurate probe nomod captab

.probe vdb(vout) vp(vout)

.end

完成跨导仿真网表建立后，就可以在 Hspice 中对其进行仿真了。

1) 首先启动 Windows 版本的 Hspice，弹出 Hspice 主窗口。在主窗口中单击 [open] 按钮，如图 6.78 所示，打开 OTA_post.sp 文件。

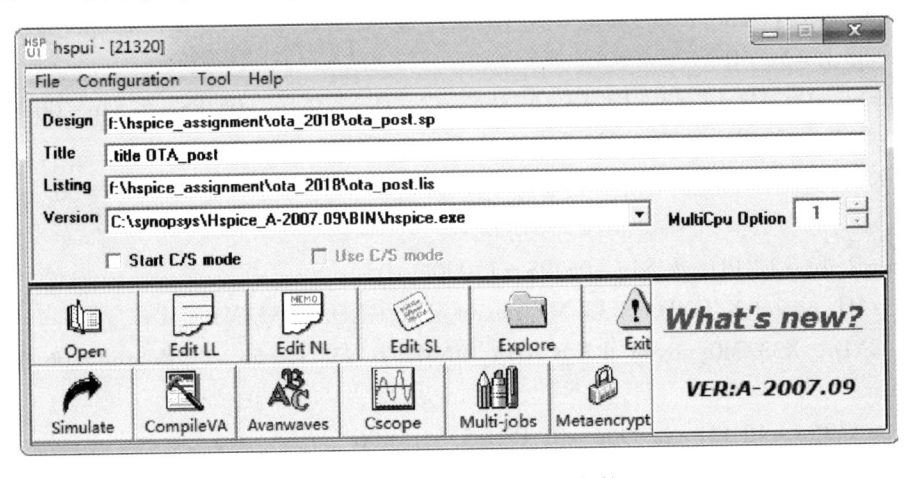

图 6.78　打开 OTA_post.sp 文件

2) 在主窗口中单击 [Simulate] 按键，开始仿真。仿真完成后，单击 [Avanwaves] 按钮，如图 6.79 和图 6.80 所示，弹出 Avanwaves 和 Results Browser 窗口。

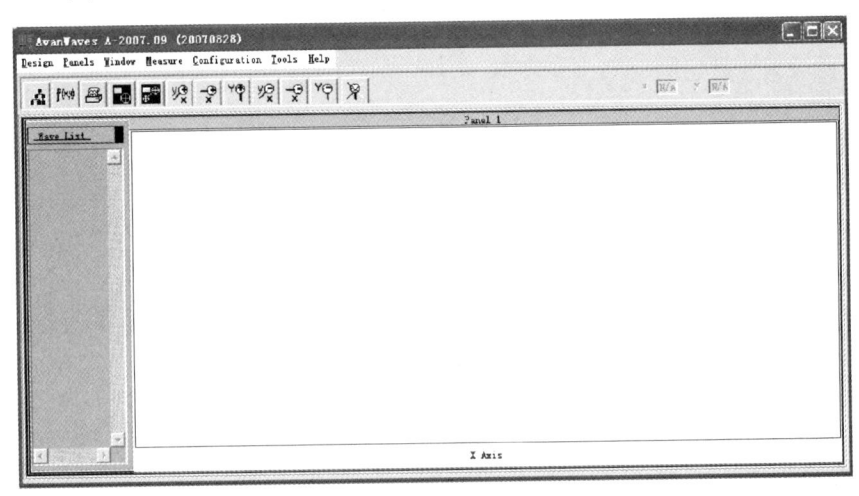

图 6.79　Avanwaves 窗口

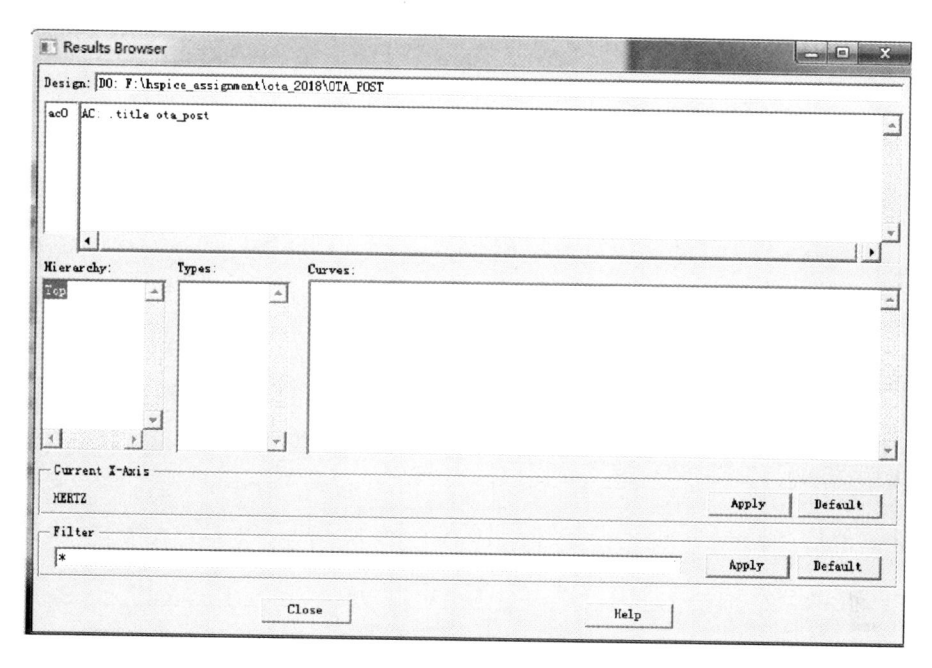

图 6.80 Results Browser 窗口

3）在 Results Browser 窗口中单击 AC：title ota_post，如图 6.81 所示，则在 Types 栏中显示打印的仿真结果。

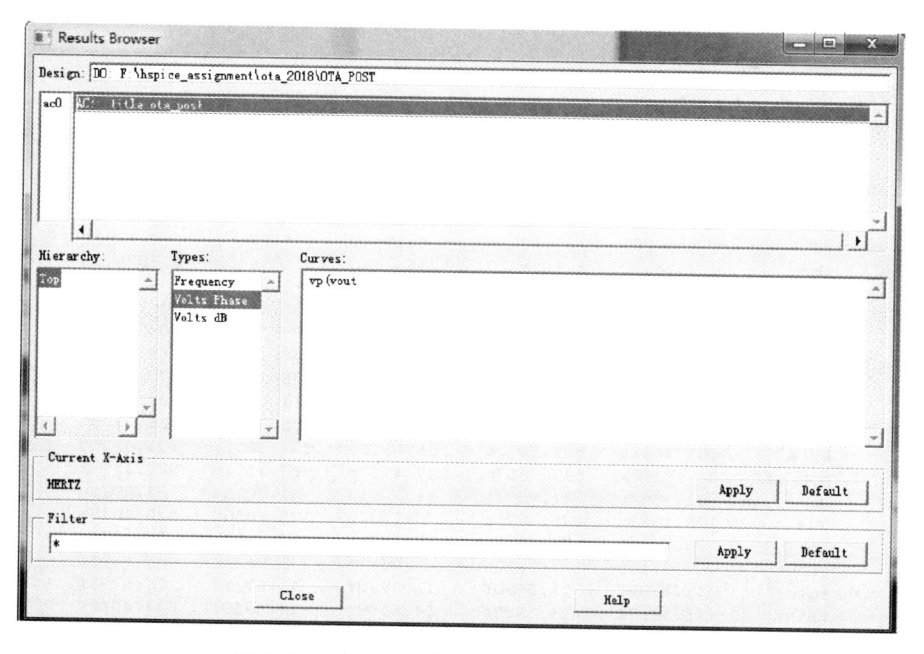

图 6.81 在 Types 栏中显示打印的仿真结果

4）在 Types 栏选中 Volts dB 选项，在 Curves 栏中双击 vdb（vout，再在 Types 栏选中"Volts Phase"选项，在 Curves 栏中双击 vp（vout，同时单击右键取消网格显示，将横坐标改为对数坐标，并进行分栏显示。显示跨导放大器的仿真结果如图 6.82 所示，可见后仿真功能与前仿真相对应，功能正确。

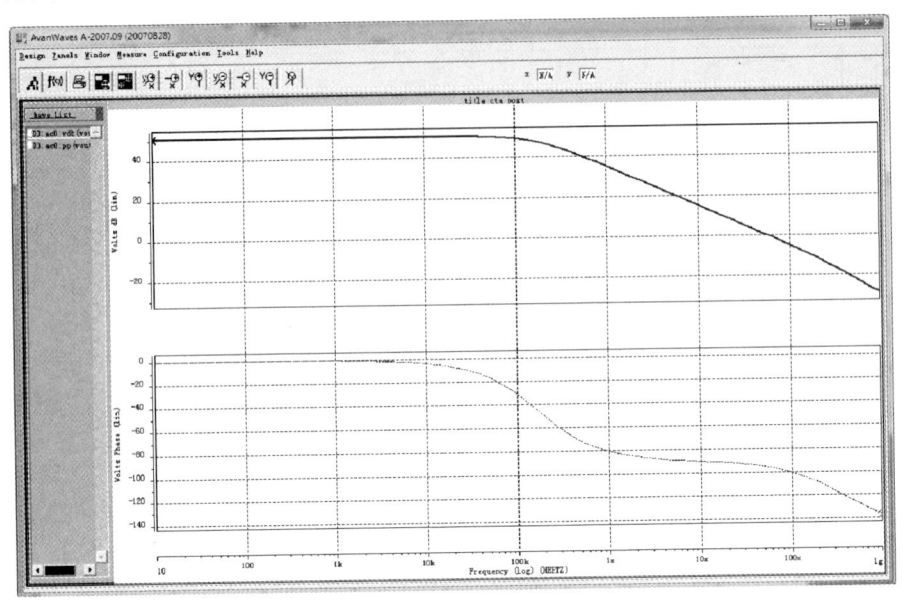

图 6.82 跨导放大器后仿真结果

5) 完成仿真结果的查看后，在主窗口中单击 [Edit LL] 按钮，查看仿真状态列表，图 6.83 显示了部分晶体管的直流工作点，包括工作区域（region）、直流电流（id）、栅源电压（vgs）、漏源电压（vds）等。

```
**** mosfets

subckt        x1            x1            x1            x1            x1
element    1:mpm1       1:mpm105      1:mpm104      1:mpm103      1:mpm102
model      0:p33         0:p33         0:p33         0:p33         0:p33
region     Saturati      Saturati      Saturati      Saturati      Saturati
id         -4.1718u      -4.1716u      -4.1716u      -4.1723u      -4.1723u
ibs        4.781e-20     2.463e-20     2.463e-20     2.387e-20     2.387e-20
ibd        2.4602a       2.4602a       2.4602a       2.4602a       4.8046a
vgs        -804.6507m    -804.6480m    -804.6480m    -804.6567m    -804.6567m
vds        -804.5888m    -804.5862m    -804.5820m    -804.5907m    -804.5958m
vbs        270.0931u     272.7584u     272.7584u     264.0816u     264.0816u
vth        -678.8819m    -678.8833m    -678.8833m    -678.8788m    -678.8788m
vdsat      -131.6133m    -131.6106m    -131.6106m    -131.6193m    -131.6193m
vod        -125.7688m    -125.7647m    -125.7647m    -125.7778m    -125.7778m
beta       505.6812u     505.6812u     505.6812u     505.6811u     505.6811u
gam eff    827.3108m     827.3107m     827.3107m     827.3111m     827.3111m
gm         51.7987u      51.7971u      51.7971u      51.8025u      51.8025u
gds        175.1855n     175.1773n     175.1782n     175.2050n     175.2038n
gmb        26.3854u      26.3845u      26.3845u      26.3874u      26.3874u
cdtot      3.9612f       3.9612f       3.9612f       3.9612f       5.1371f
cgtot      11.6790f      11.6790f      11.6790f      11.6791f      11.6791f
cstot      16.2427f      14.6968f      14.6968f      14.6969f      14.6969f
cbtot      11.5259f      9.9800f       9.9800f       9.9800f       11.1559f
cgs        8.8478f       8.8478f       8.8478f       8.8479f       8.8479f
cgd        1.6369f       1.6369f       1.6369f       1.6369f       1.6369f
```

图 6.83 部分晶体管的直流工作点

以上完成了采用 Hspice 工具对寄生参数提取后的网表的仿真流程。

6.6 输入输出单元环设计

任何一款需要进行流片的芯片都包含两大部分：主体电路（core）和输入输出单元环（IO ring）。其中，输入输出单元环作为连接集成电路主体电路与外界信号通信的桥梁，不仅提供了输出驱动和接收信号的功能，而且还为内部集成电路提供了有效的静电防护，是集成电路芯片必备的单元，本节主要介绍输入输出单元环的设计，以及与内部主体电路的连接方法和流程。

一个完整的模拟输入输出单元环包括以下几类子单元：输入输出单元（连接主体电路的输入和输出信号）、输入输出电源单元（为输入输出单元环上的所有单元供电）、输入输出地单元（输入输出单元环的地平面）、主体电路电源单元（为主体电路供电）、主体电路地单元（主体电路地平面）、各种尺寸的填充单元（填充多余空间的单元）和角单元（放置在矩形或者正方形四个角位置的填充单元）。

在设计工具包中一般都包含有输入输出单元的电路和版图信息，方便设计者直接进行调用。但也有一部分工艺厂商只提供输入输出单元的电路网表（.cdl 文件），这时就需要设计者首先根据电路网表依次建立输入输出单元的电路图（schematic）和符号图（symbol），然后与相应的版图归纳成一个专门的输入输出单元库，以备设计之用。本节采用的 smic 18mmrf 工艺库就属于第二种类型，笔者已经根据单元网表建立好相应的电路图和符号图放置于 EDA_test 库中进行调用，这里就不再赘述建立的过程。

与普通电路的版图设计顺序不同，输入输出单元环设计首先进行版图设计，之后再进行电路图设计。这是因为设计者需要根据主体电路的面积来摆放合适的单元，既做到最大程度的使用单元，又没有浪费宝贵的芯片面积，下面就详细介绍输入输出环的设计过程。

1）首先参考 SMIC 0.18μm 工艺库提供的设计文档，确定输入输出环上所使用的单元为：PANA2APW（输入输出单元）、PVDD5APW（输入输出电源单元）、PVSS5APW（输入输出地单元）、PVDD1APW（主体电路电源单元）、PVSS1APW（主体电路地单元）和不同尺寸的填充单元（如 PFILL50AW 表示填充单元宽度为 50μm）。

2）在 CIW 主窗口中选择 *File-New-Cellview* 命令，弹出 New File 对话框，在 Library 中选择已经建好的库 "EDA_test"，在 Cell 中输入 "io_ring"，并在 Type 中选择 "layout" 工具，最后在 Open with 中选择 "Layout L"，如图 6.84 所示。

3）单击 [OK] 按键后，弹出版图设计窗口，采用创建器件命令从 EDA_test 库中调取已经设计好的跨导放大器版图作为参照。鼠标左键单击图标 或者通过快捷键 [i] 启动创建器件命令，弹出 Create Instance 对话框，在对话框中单击 [Browse] 浏览器从 EDA_test 库中选择 OTA 所在位置，在 View 栏中选择 layout 进行调用，如图 6.85 所示。然后单击 [Close] 按键回到 Create Instance 对话框，在该对话框中单击 [Hide] 按键完成添加，如图 6.86 所示。

图 6.84 新建输入输出单元环对话框

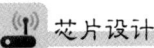

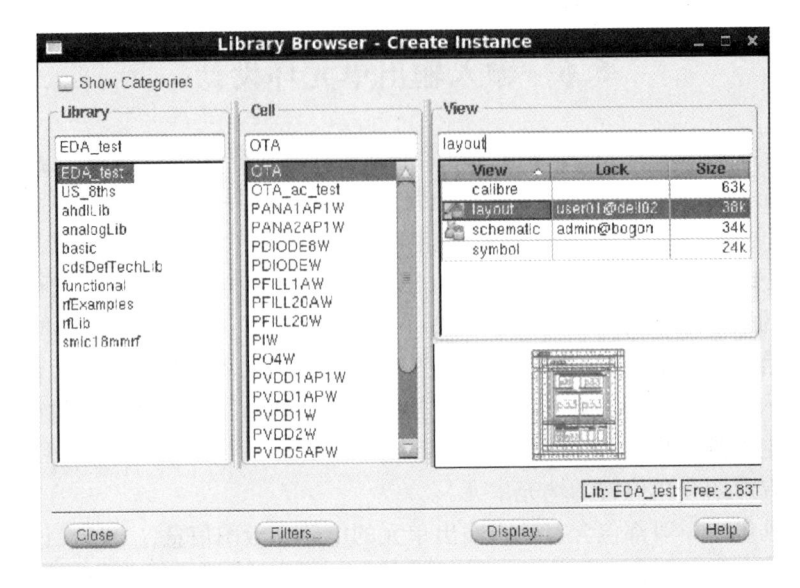

图 6.85 调用 OTA 版图

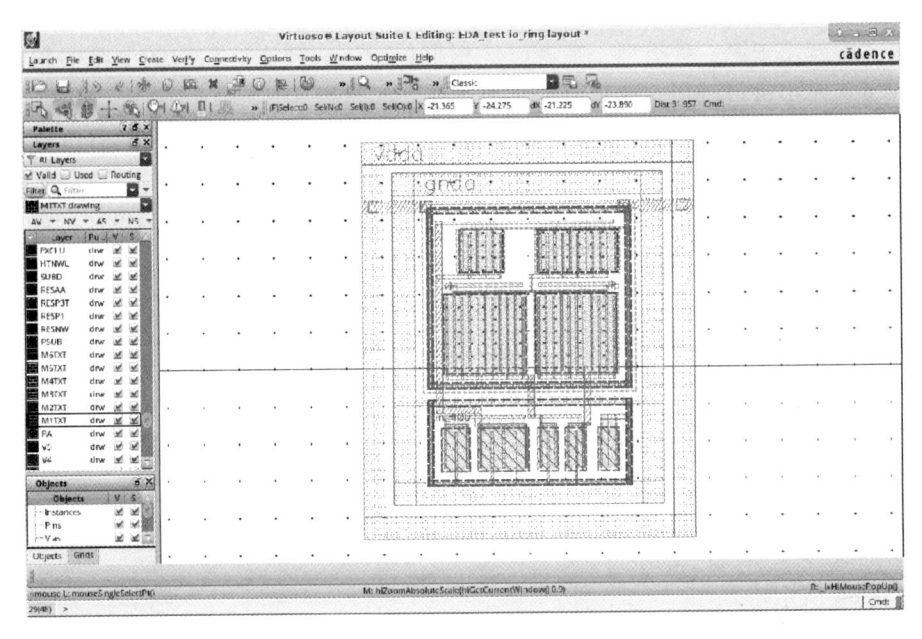

图 6.86 完成 OTA 版图调用

4）依据主体电路信号所在的位置，进行总体版图规划。在左侧摆放输入信号 vin、偏置电流源输入信号 Iin_10u（使用 PANA2APW 单元），在右侧摆放输入信号 vip 和输出信号 vout（使用 PANA2APW 单元），输入输出电源单元和地单元摆放在下侧（分别使用 PVDD5APW 单元和 PVSS5APW 单元），主体电路电源单元和地单元（分别使用 PVDD1APW 单元和 PVSS1APW 单元）摆放在上侧，四个角用角单元填充。完成规划后依次单击键盘 i 键，从"EDA_test"库中调用以上单元进行摆放，特别要注意每个单元的边界层（border）要严丝合缝的对齐，否则会造成错误，相邻两个单元的边界如图 6.87 所示。最终完成摆放的输入输出单元环如图 6.88 所示。相比于 I/O 尺寸，OTA 的面积要小一些，所以将运放可以摆放在输入输出单元环的正中间。

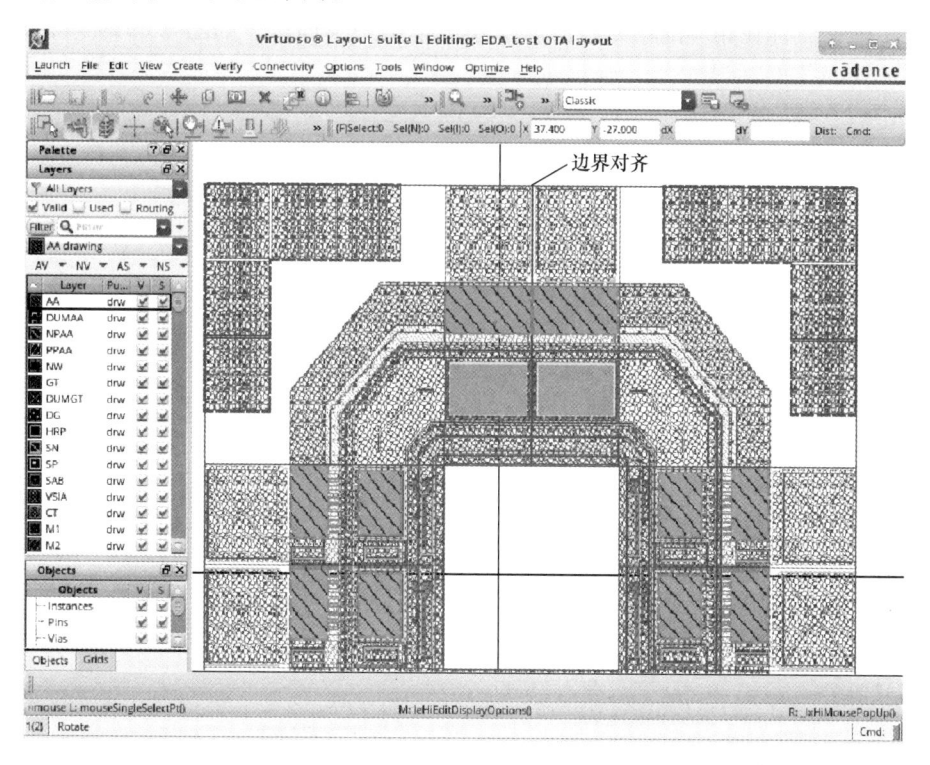

图 6.87　每一个单元的边界都要对齐

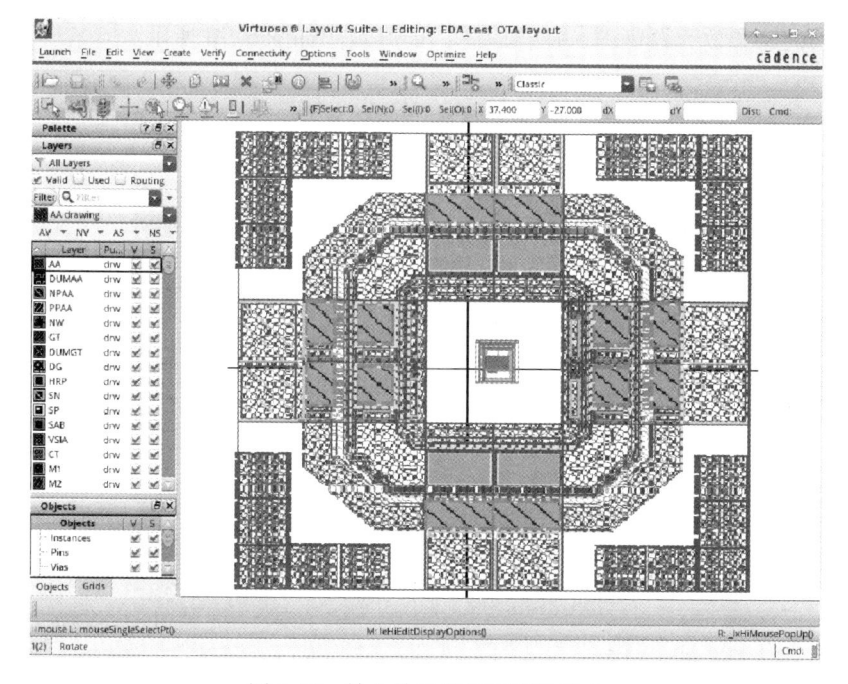

图 6.88　输入输出单元环摆放完成

5）完成单元摆放后，需要对这些单元进行标识。注意这里一般用顶层金属的标识层对单元进行标识，拖动鼠标在 LSW 窗口层中左键单击 M6_TXT，然后在版图设计区域单击快捷键［1］。拖动鼠标在相应的单元版图层上左键单击一下即可，如图 6.89 所示，首先添加电路电源"vdda"的标识。

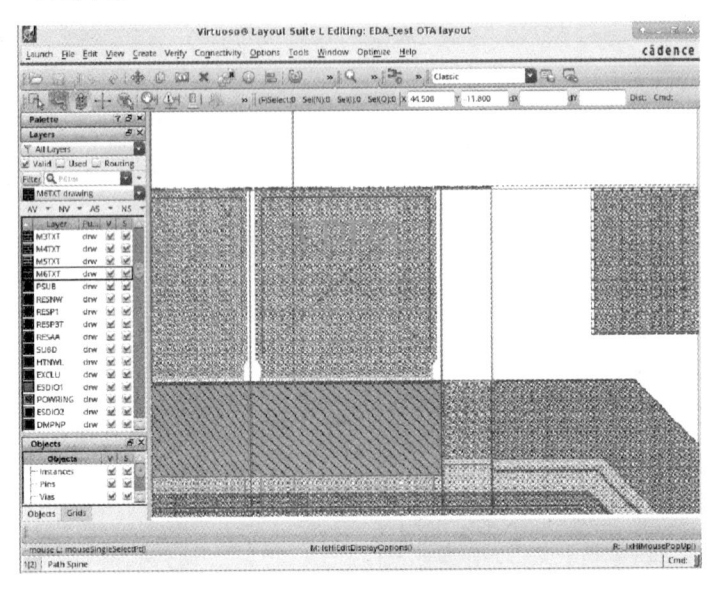

图 6.89　放置标识示意图

6）之后继续完成电路地"gnda"、输入输出单元电源"SAVDD"、输入输出单元地"SAVSS"、输入信号"vin""vip""Iin_10u"和输出信号"vout"的标识，全部标识完成后，删除调用的跨导放大器版图，保存版图，最终版图如图 6.90 所示。

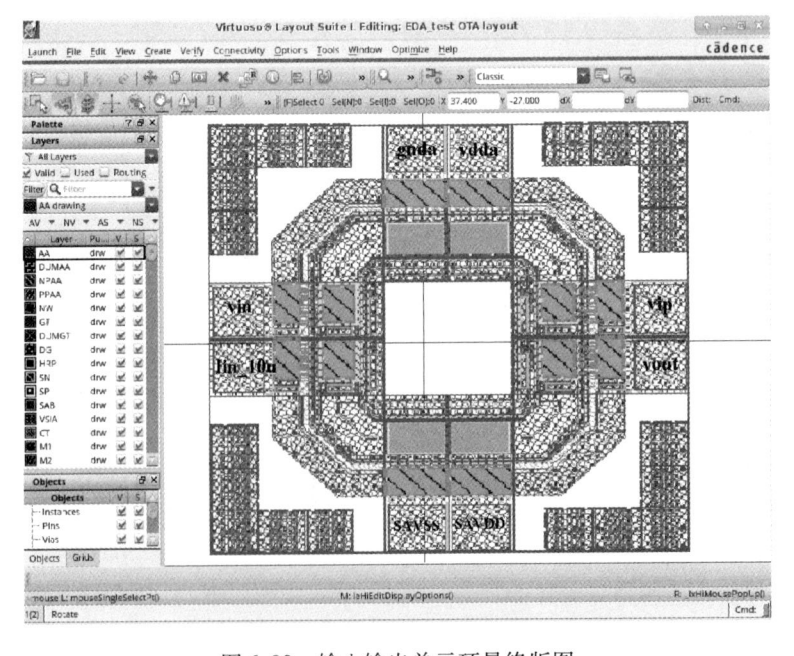

图 6.90　输入输出单元环最终版图

7）以上就完成了输入输出单元环的版图设计。然后要对应版图进行电路图的设计，在 CIW 窗口中选择 *File-New-Cellview* 命令，弹出 New File 对话框，输入"io_ring"，如图 6.91 所示，在 Type 栏选择 schematic，在 Open with 栏中选择 Schematics L，单击 [OK] 按钮，此时原理图设计窗口自动打开。

8）单击键盘 [i] 键，从库"EDA_test"中调用与版图对应的单元电路，再单击键盘 [p] 键设置输入输出单元电源引脚"SAVDD"，输入输出单元地引脚"SAVSS"，电路电源引脚"vdda"，电路地引脚"gnda"，输入引脚"vin""vip""Iin_10u"和输出引脚"vout"；再单击键盘 [w] 键进行连接，最终建立输入输出单元环电路如图 6.92 所示。这里重复出现的端口都采用线名进行物理连接。

图 6.91 建立输入输出单元环电路

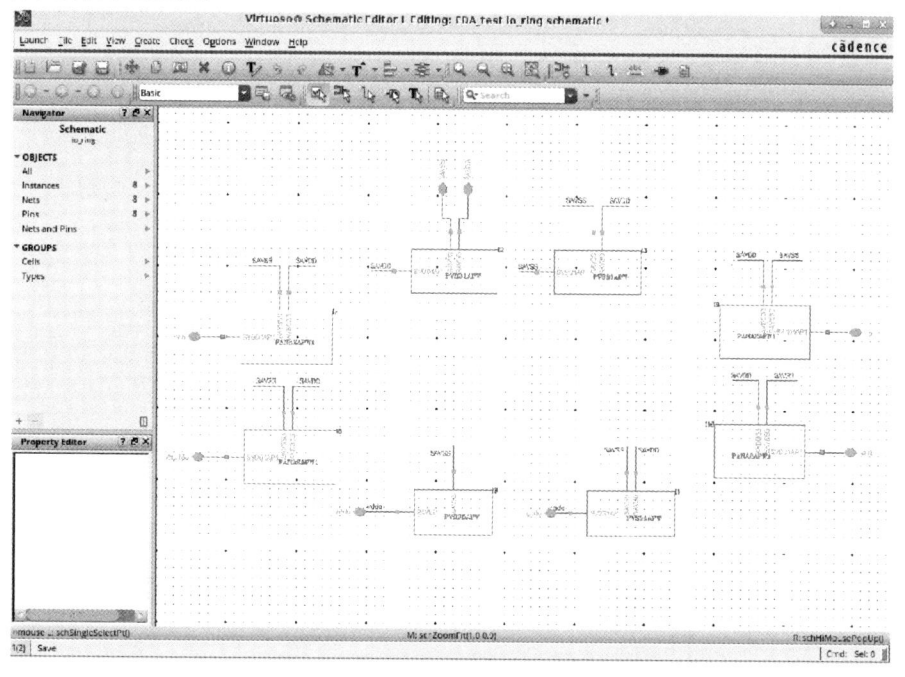

图 6.92 输入输出单元环电路图

9）为了进行后续调用，还需要为输入输出单元环建立电路符号（symbol）。从 schematic 窗口工具栏中选择 *Create-Create Cellview-From Cellview* 命令，弹出 Cellview From Cellview 对话框，如图 6.93 所示，单击 [OK] 按钮，弹出窗口如图 6.94 所示，在各栏中分配端口后，单击 [OK] 按钮，完成"Symbol"的建立，如图 6.95 所示。

10）建立好输入输出单元环电路图后，同样要对输入输出单元环版图进行 DRC、LVS 验证，直至通过为止，这里就不再赘述。

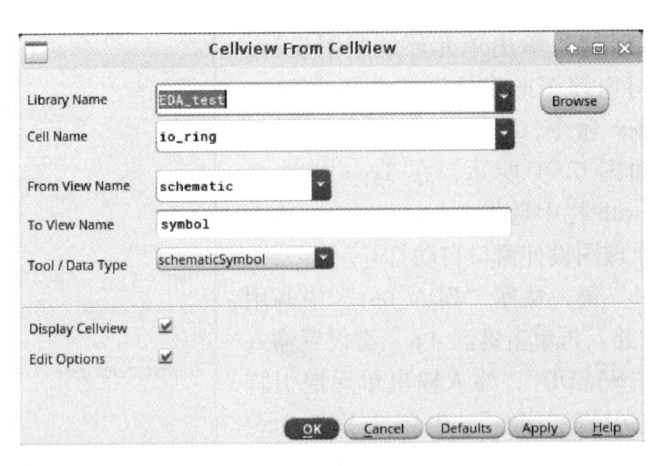

图 6.93 建立"Symbol"

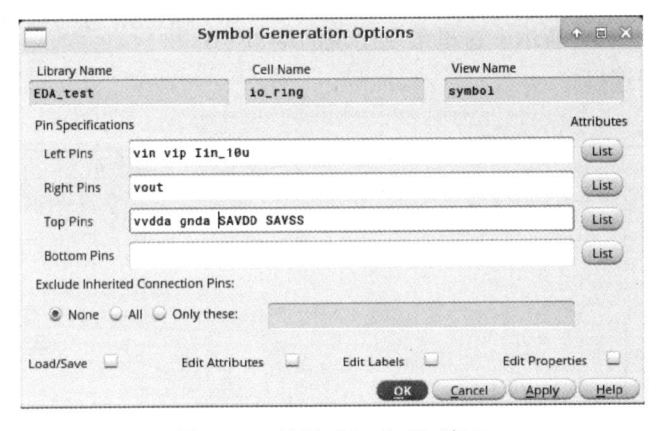

图 6.94 分配"Symbol"端口

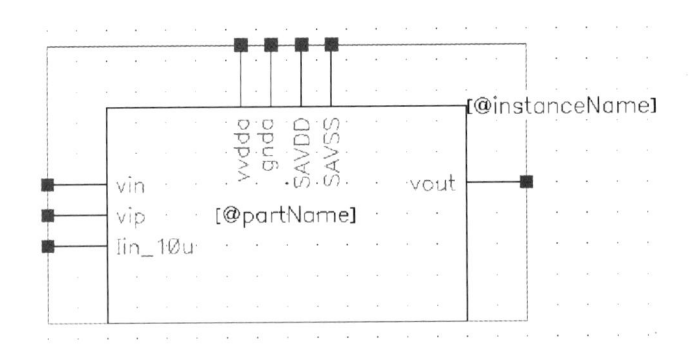

图 6.95 完成的输入输出单元"Symbol"图

6.7 主体电路版图与输入输出单元环的连接

在分别完成了反相器链电路版图和输入输出单元环版图的设计之后，最后要完成的一步就是将二者连接起来，成为一个完整的、可供晶圆厂进行流片的集成电路芯片，具体步骤如下：

第 6 章 CMOS模拟集成电路版图设计与验证流程

1）首先建立跨导放大器电路和输入输出单元环连接的电路，在 CIW 窗口中选择 *File- New- Cellview* 命令，弹出 Cellview 对话框，输入"OTA_IO"，其他设置如图 6.96 所示，单击 [OK] 按钮，此时原理图设计窗口自动打开。

2）单击键盘 [i] 键，从库"EDA_test"中分别调用跨导放大器的电路符号和输入输出单元环的电路符号。再单击键盘 [p] 键设置输入输出电源单元引脚"SAVDD"，输入输出地单元引脚"SAVSS"，电路电源引脚"vdda"，电路地引脚"gnda"，输入引脚"vin""vip""Iin_10u"和输出引脚"vout"。注意，这里的引脚都与输入输出单元环的节点连接，而跨导放大器电路符号只是进行同名的物理线连接；再单击键盘 [w] 键进行连接，最终建立输入输出单元环电路如图 6.97 所示。

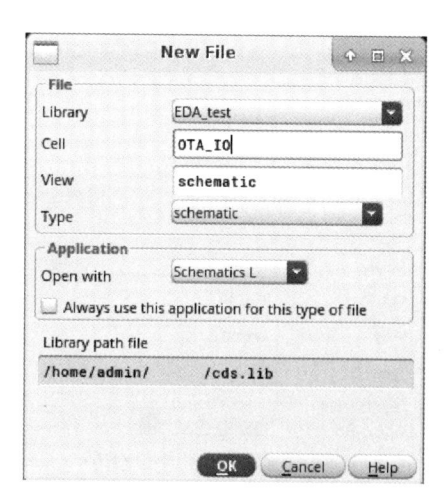

图 6.96　建立跨导放大器电路和输入输出单元环连接电路

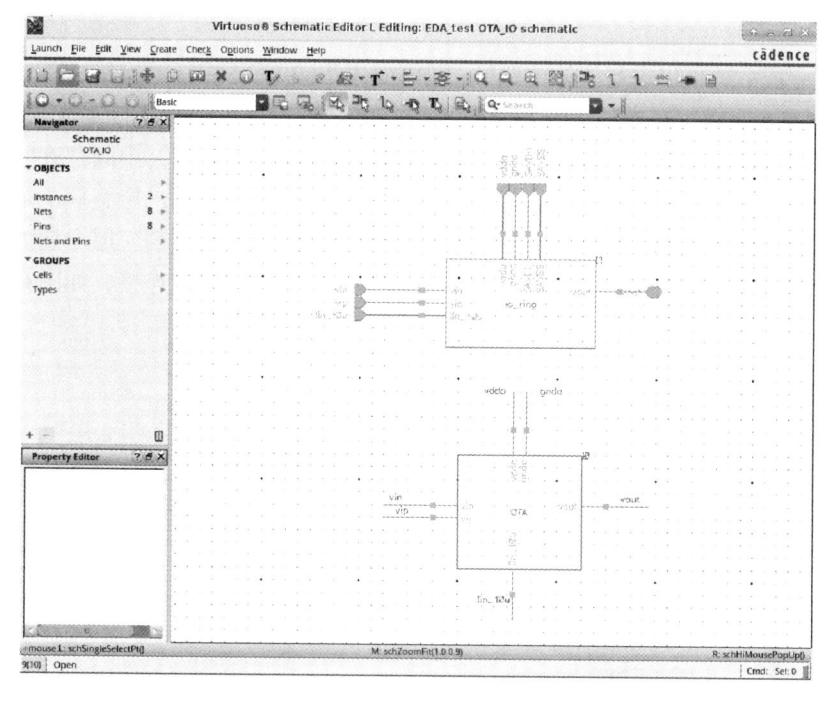

图 6.97　带输入输出单元环的整体电路图

3）再为整体电路建立版图，在 CIW 主窗口中选择 *File- New- Cellview* 命令，弹出 New File 对话框，在 Cell 中输入"OTA_IO"，其他设置如图 6.98 所示。

4）单击 [OK] 按钮后，弹出版图设计窗口，采用创建器件命令从 EDA_test 工艺库中分别调用跨导放大器版图和输入输出单元环版图，如图 6.99 所示。

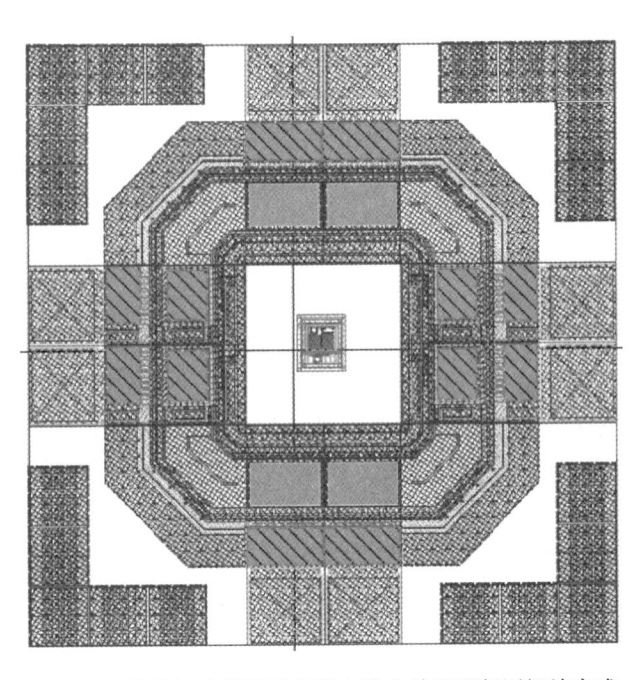

图 6.98　新建整体电路版图　　　　图 6.99　跨导放大器版图和输入输出单元环版图摆放完成

5）摆放完成后就可以进行主体电路端口和输入输出单元环的版图连接，其中，输入输出电源单元和地单元是独立存在的，不需要和主体电路进行连接。首先连接输入端口 vin，由于输入输出单元的连接点只有二层金属，而主体电路的端口是一层金属，中间存在一条纵向的二层金属，所以使用三层金属进行连接，在主体电路处添加一层金属到二层金属的通孔、二层金属到三层金属的通孔，在靠近输入输出单元的连接点处添加二层金属到三层金属的通孔完成连接，在 LSW 窗口选择三层金属，然后单击［r］按键，画出矩形进行连接，如图 6.100 所示。

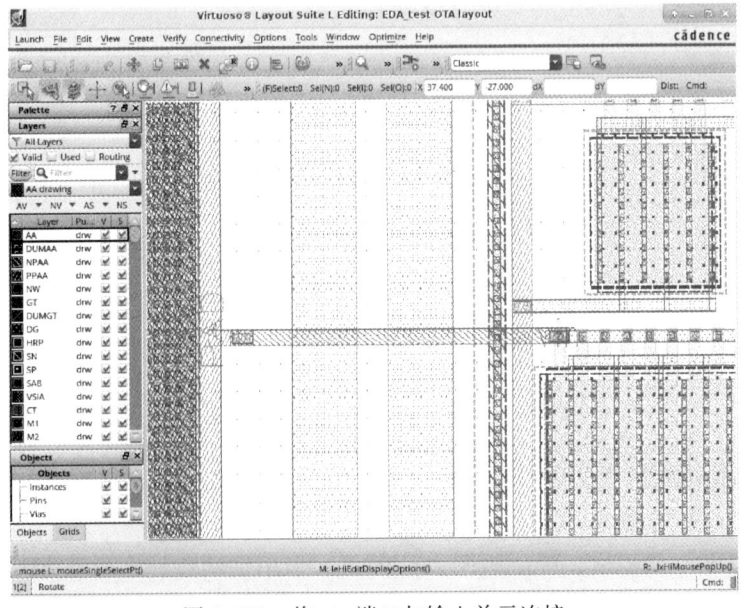

图 6.100　将 vin 端口与输入单元连接

— 272 —

6）再采用同样方式连接"vip""Iin_10u""vout"和输入输出单元。

7）为了保证供电和接地充分，需要采用多条宽金属进行电路电源和地的连接，其中地直接采用二层金属进行连接，电源直接采用一层金属进行连接，具体操作方式同步骤4）和步骤5），最后完成连接如图6.101所示。

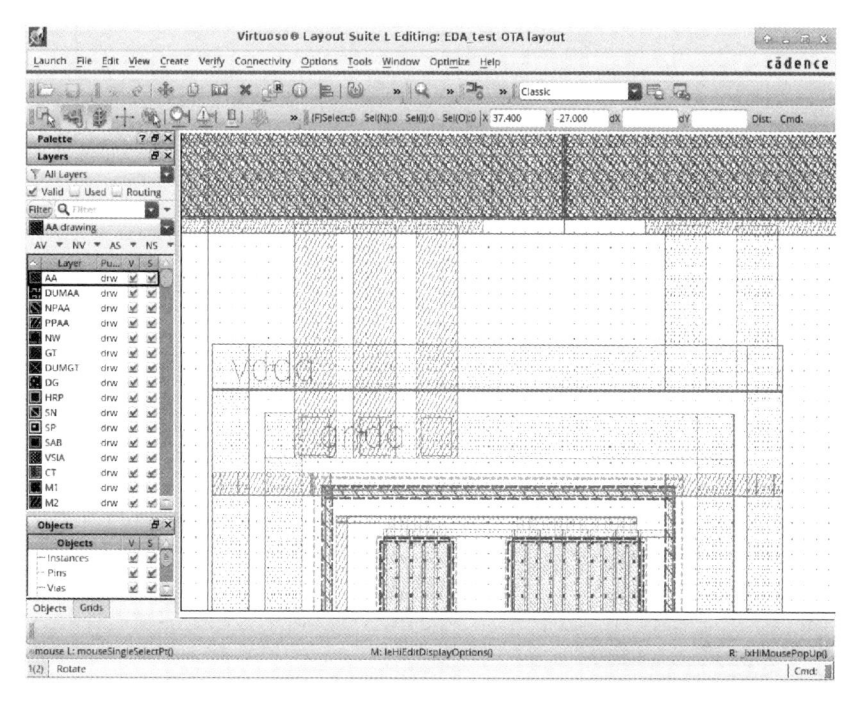

图6.101 进行电路电源和地的连接

8）完成所有连接后，参考图6.90，再在输入、输出、电源、地等单元的焊盘上一一打上标识，完成整体的版图设计。最后再对整体版图进行DRC、LVS验证，直至通过为止。其中，如果DRC仍存在各层金属或者多晶硅密度的问题，可在版图的空白处直接添加不连接任何节点的金属和多晶硅，直至密度满足DRC要求为止。

9）完成DRC、LVS检查后，还需要对整体版图进行天线规则检查，天线规则检查操作方式与DRC相同，只是在DRC对话框的Rules栏中将普通DRC规则修改为天线规则（后缀名为.ant文件），如图6.102所示。

10）在左侧单击Run DRC按键，进行天线规则检查，通过检查后会弹出检查结果对话框，如图6.103所示，如果没有显示天线错误，表示通过了该项检查。如果显示有错误，则根据提示在需要修改的长连线位置，通过添加通孔，更换金属层连接的方式修改错误。

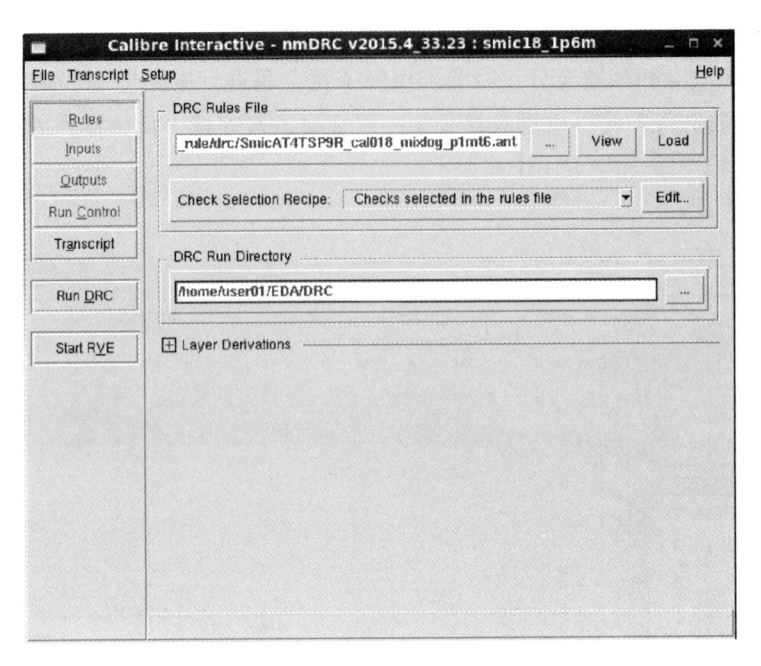

图 6.102　在 DRC 对话框中添加天线规则检查文件

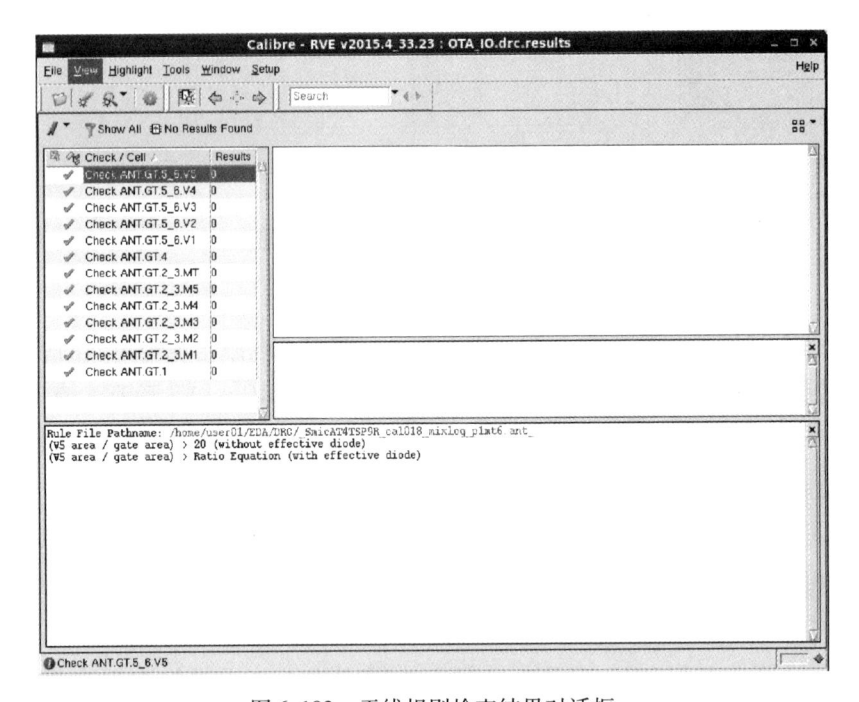

图 6.103　天线规则检查结果对话框

6.8　导出 GDSII 文件

在完成整体版图设计和检查后，就可以进行 GDSII 文件的导出，完成全部设计流程，具体操作如下。

1）在 CIW 主窗口中选择 *File-Export-Stream*…命令，如图 6.104 所示。弹出 Stream out 对话框如图 6.105 所示。

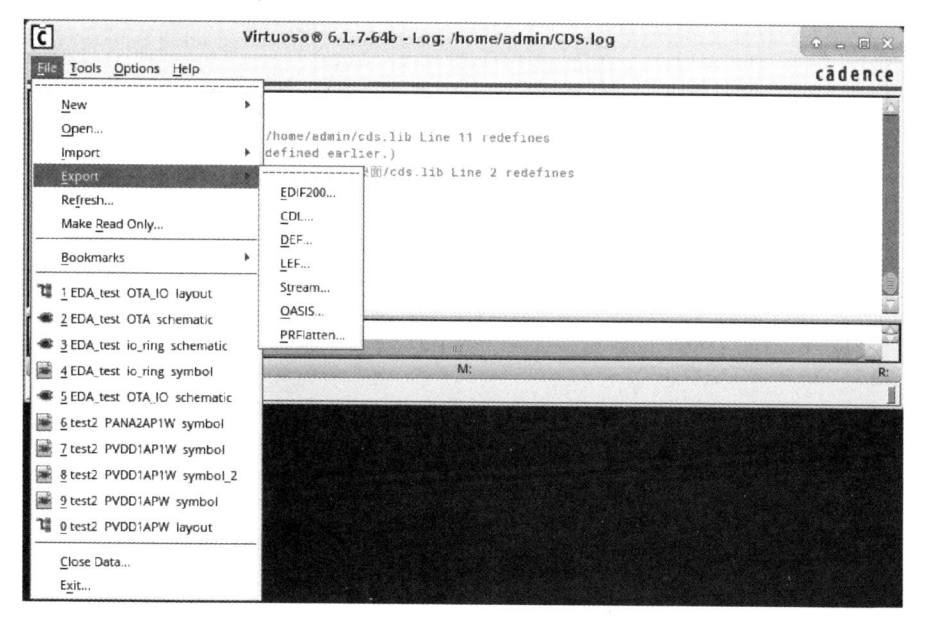

图 6.104　选择 *File-Export-Stream*…命令

图 6.105　弹出 Stream out 对话框

2）在 Stream out 对话框的 Library 中选择浏览按键，在弹出的库列表中选择 OTA_IO 版图所在的位置，如图 6.106 所示，再单击 [Close] 按钮，回到 Stream out 对话框，如图 6.107 所示。

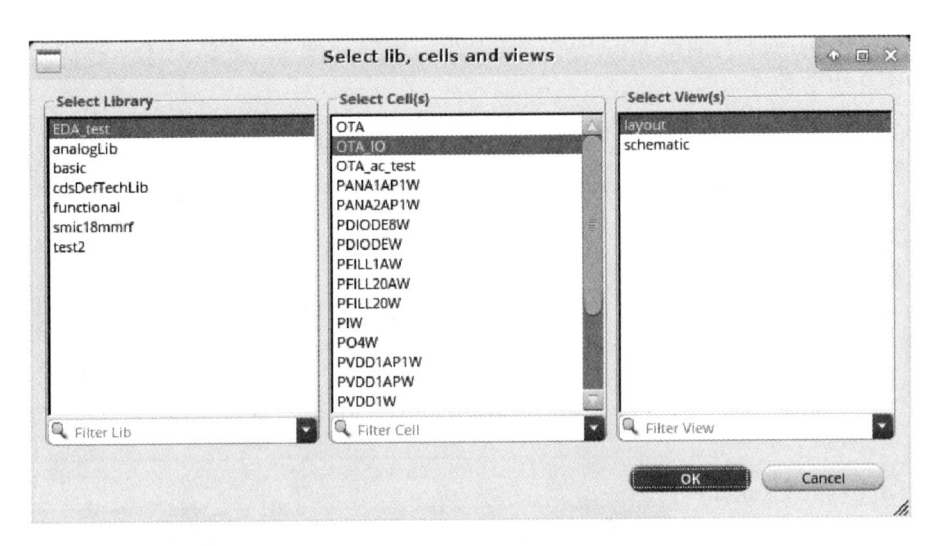

图 6.106　在弹出的库列表中选择 OTA_IO 版图所在的位置

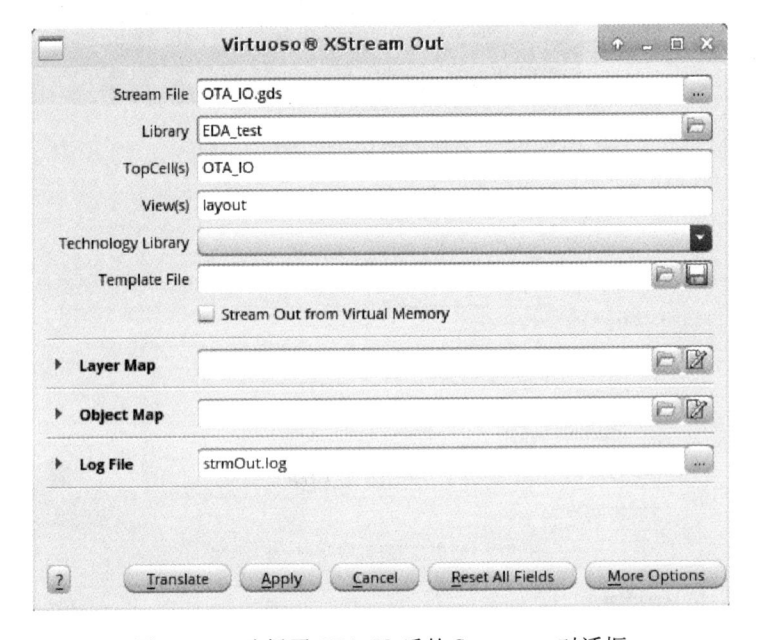

图 6.107　选择了 OTA_IO 后的 Stream out 对话框

3) 在 Stream out 对话框中最后单击 Translate 按键,完成 GDSII 文件的导出。该步骤完成后会产生一个 OTA_IO.gds 文件、一个 strmOut.log 文件和一个 xStrmOut_layerMap.txt 文件。其中,xStrmOut_layerMap.txt 包含了版图中所有层的名称和层号信息,部分信息如图 6.108 所示。如一层金属的名称为 M1,层号为 61。晶圆厂通过该层号生产相应的掩膜版。

以上就完成了一个简单的 CMOS 集成电路芯片从电路图设计、前仿真、版图设计、验证、反提后仿真、输入输出单元环拼接直到 GDSII 文件导出的全部过程。

```
####################################################################
# This layer map file is generated by XStream/strmout
#It can be used during Stream In to preserve original layer/purpose.
#
# OA        OA          Stream          Stream
# Layer     Purpose     LayerNum        Datatype
####################################################################
VSIA    drawing    86    0
DG      drawing    29    0
CT      drawing    50    0
SP      drawing    43    0
NW      drawing    14    0
GT      drawing    30    0
AA      drawing    10    0
SN      drawing    40    0
V1      drawing    70    0
M2      drawing    62    0
M1      drawing    61    0
instance drawing   236   0
```

图 6.108　xStrmOut_layerMap.txt 中的部分层信息

第 7 章

运算放大器的版图设计

运算放大器（Operational Amplifier，op-amp 或 OPA，以下简称运放）是模拟集成电路中最基本的组成模块，在各类集成电路模块和系统中发挥着举足轻重的作用。运放通过与电阻、电容、电感的合理配置，可以实现模拟信号的放大、滤波、调理等功能，在通信芯片、汽车电子、传感器、物联网等领域中有着广泛的应用。

本章首先介绍运算放大器的基础知识，包括运放的基本原理、性能参数等，之后采用 Cadence Virtuoso 版图设计工具分别对单级放大器和两级差分运算放大器进行版图设计。作为运放应用的拓展，本章最后对一款应用于加速度计的电容—电压转换电路版图进行讨论，以说明在开关电容积分器电路中，运放与其他模块的版图布局与设计细节。

7.1 运算放大器基础

运算放大器是一种具有高增益的放大器，运算放大器的基本符号如图 7.1 所示。图中，u_{ip} 和 u_{in} 端分别代表运算放大器的同相和反向输入端，u_{out} 代表信号输出端。

图 7.2 是一个典型的两级差分输入、单端输出的运算放大器的结构框图，它描述了运放的五个重要组成部分：差分输入级、增益级、输出缓冲级、直流偏置电路和相位补偿电路（本章描述的运算放大器不包括输出缓冲级）。首先，差分输入级通常是一个差分跨导器，差分输入的优势在于它比单端输入具有更加优秀的共模抑制比，它将输入的差分电压信号转换为差分电流信号，并提供一个差分到单端信号的转换，一个好的跨导器应具有良好的噪声、失调性能以及线性度。增益级是运放的核心部分，起到一个信号放大的作用。在实际使用中，运放往往要驱动一个低阻抗的负载，因此就需要一个输出缓冲级，将运放较大的输出阻抗调整下来，使信号得以顺利的输出。直流偏置电路在运放正常工作时为晶体管提供合适

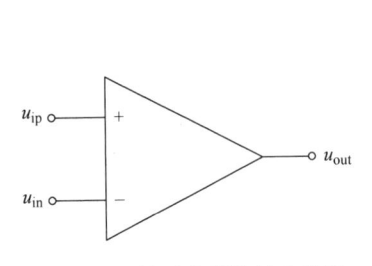

图 7.1　运算放大器的基本符号 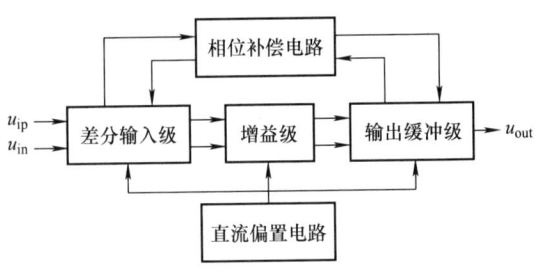　　图 7.2　两级差分运算放大器基本结构框图

的静态工作点,这样输出的交流信号就可以加载到所需要的直流工作点上。相位补偿电路用来稳定运放的频率特性,反映在频域上是有足够的相位裕度,而在时域上就是避免输出信号振荡,具有更短的稳定和建立时间。

7.2 运算放大器的基本特性和分类

7.2.1 运算放大器的基本特性 ★★★

理想的运算放大器具有无穷大的差模电压增益、无穷大的输入阻抗和零输出阻抗。图 7.3 给出理想差分运算放大器的等效电路。图 7.3 中,u_d 为输入差分电压,即为两个输入端的差值,表示为

$$u_d = u_{ip} - u_{in} \tag{7-1}$$

A_u 为运算放大器的差模电压增益,输出电压 u_{out} 为

$$u_{out} = A_u(u_{ip} - u_{in}) \tag{7-2}$$

理想运算放大器的差模电压增益为无穷大,所以其差模输入电压值非常小,差模输入电流基本相等,$i_N \approx i_P \approx 0$。

图 7.3 理想差分运算放大器等效电路

但在实际中,运算放大器的参数远没有达到理想状态,一个典型的两级运放的电压增益一般在 80~90dB(10000~40000 倍),输入阻抗在 10^5 ~ $10^6\Omega$ 数量级,输出阻抗在 $10^3\Omega$ 数量级。而且运算放大器存在输入噪声电流、输入失调电压、寄生电容、增益非线性、有限带宽、有限输出摆幅和有限共模抑制比等非理想因素,非理想运算放大器的等效电路如图 7.4 所示。

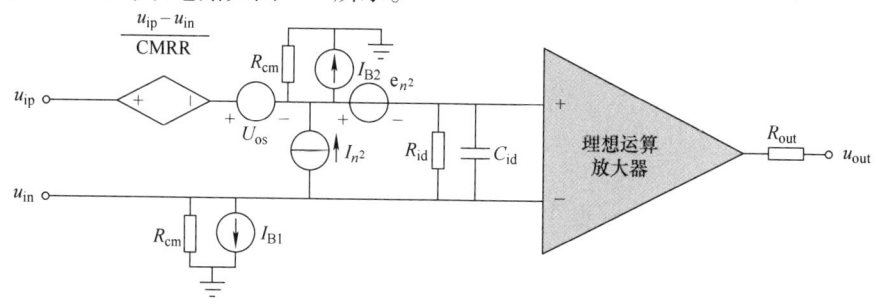

图 7.4 非理想运算放大器等效电路

图 7.4 中,R_{id} 和 C_{id} 分别为运算放大器等效输入电阻和等效输入电容;R_{out} 为等效输出电阻;R_{cm} 为共模输入等效电阻;U_{os} 为输入失调电压,其定义为运算放大器输出端为零时的输入差分电压值;I_{B1} 和 I_{B2} 分别为偏置电流,而共模抑制比(Common Mode Rejection Ratio, CMRR)采用电压控制电压源[$(u_{ip} - u_{in})$/CMRR]来表示,这个源用来近似模拟运算放大器共模输入信号的影响;运算放大器的噪声源采用等效方均根电压源 e_{n2} 和等效方均根电流源 I_{n2} 来等效。

图 7.4 并未列出所有运算放大器的非理想特性,在运算放大器的设计中,有限增益带宽积、有限压摆率、有限输出摆幅等特性尤为重要。运算放大器的输出响应由大信号特性和小信号特性混合构成,小信号建立时间完全由小信号等效电路的零、极点位置或者由其交流特

性定义的增益带宽积,以及相位特性决定,而大信号的建立时间则由输出压摆率决定。

7.2.2 运算放大器的性能参数

运算放大器的性能指标参数主要包括开环增益、小信号带宽、输入输出电压范围、噪声与失调电压、共模抑制比、电压抑制比、压摆率、输出动态范围和总谐波失真等。

1. 开环增益(DC-Gain)

运算放大器的开环增益的定义为输出电压变化与输入电压变化之比。理想情况下,运算放大器的开环增益应该是无穷大;事实上,开环增益要小于理想情况。在工作过程中,不同器件的开环增益之间的差异最高可达30%,因此使用运算放大器时最好将其配置为闭环系统,这时开环增益就决定了运放反馈系统的精度。单级放大器的开环增益为输入晶体管的有效跨导与等效输出电阻的乘积,而多级放大器的开环增益为各单级放大器增益的乘积。

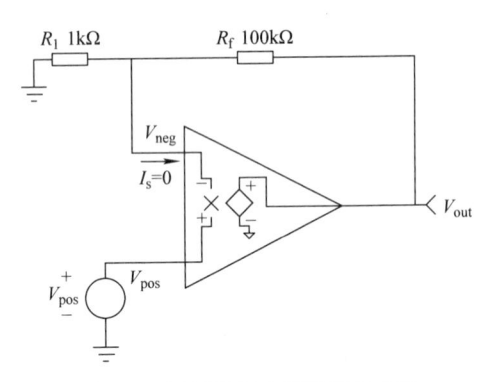

图7.5 闭环同相比例运算放大器

运放有限开环增益的主要影响是造成闭环增益误差,进而在一些求和、积分以及采样保持电路中造成信号输出误差。以图7.5中的闭环同相比例运算放大器为例,其增益表达式为

$$\frac{V_{\text{out}}}{V_{\text{pos}}} = \frac{1}{\frac{R_1}{R_1+R_f} + \frac{1}{A_{\text{vol}}}} \tag{7-3}$$

所以当增益为无穷大时,式(7-3)中的增益近似为

$$\frac{V_{\text{out}}}{V_{\text{pos}}} = \frac{R_f}{R_1} + 1 = 101 \tag{7-4}$$

而在实际中,运放开环增益远小于理想值,这里假设运放的开环增益为60dB(1000倍),将其代入式(7-3)中,可以得到:

$$\frac{V_{\text{out}}}{V_{\text{pos}}} = \frac{1}{\frac{R_1}{R_1+R_f} + \frac{1}{A_{\text{vol}}}} \approx 91.73 \tag{7-5}$$

对比式(7-4)和式(7-5)可以看出,实际的增益误差达到了9%。因此在高精度信号放大、采样应用中,要尽可能采用或设计具有高开环增益的运放电路。

2. 小信号带宽(BandWidth)

运算放大器的高频特性在许多应用系统中起着决定性作用,因为当工作频率增加时,运算放大器的开环增益开始下降,直接导致闭环系统产生更大的误差。小信号带宽通常表示为单位增益带宽,即运算放大器开环增益下降到0dB时的信号带宽。单级放大器的小信号带宽,即单位增益带宽,被定义为输入跨导与输出负载电容的比值。

由于运放通常都作为闭环进行使用,因此也可以用增益带宽积(Gain-Band Width product，GBW）来综合表示运放闭环增益与小信号带宽的关系。即，当运放闭环增益为 1 时，增益带宽积就等于单位增益带宽。

换言之，增益带宽积决定了运放可以处理的最大信号带宽，如当运放闭环增益为 10 时，运放可处理的最大信号带宽就近似下降为单位增益带宽的 1/10。

3. 输入和输出电压范围（Input and Output Voltage Swing）

运算放大器的两个输入端均有一定的输入摆幅限制，这些限制是由输入级设计导致的。运算放大器的输出电压范围定义为在规定的工作和负载条件下，能将运算放大器的输出端驱动到接近正电源轨或负电源轨的程度。运算放大器的输出电压范围能力取决于输出级设计，以及输出级在测试环境下驱动电流的大小。

当运放输入（输出）信号幅度超过输入（输出）摆幅时，运放输出信号会发生削峰失真。输入、输出过载的直接影响是在运放输出端产生非线性失真，会影响信号质量。输出削峰失真如图 7.6 所示。

4. 等效输入噪声（Noise）

运放的等效输入噪声电压定义为运放的输出噪声除以增益等效到输入端的噪声电压值，单位为 nV/$\sqrt{Hz}$，或者也可以表示为噪声电压（V^2/Hz）。

运放的等效输入噪声包含热噪声和闪烁噪声两部分。等效输入噪声的另一种表示形式为输入噪声的方均根值（Root Mean Square，RMS），单位为 μV，其值为在一定的信号带宽内对等效输入噪声电压值进行积分。噪声决定了运放可处理的最小信号电平，在一定程度上也决定了运放的输出动态范围。

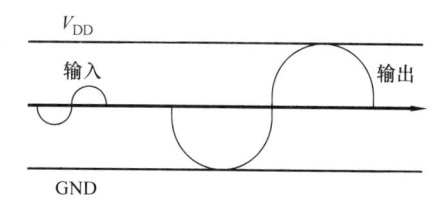

图 7.6 输出削峰失真

5. 失调电压（Offset Voltage）

理想情况下，当运放两个输入端的输入电压相同时，运放的输出电压为 0。但在实际中，即使两个输入端的电压相同，运放也会存在一个极小的电压输出。输入失调电压定义为在闭环电路中，运放工作在其线性区域时，使输出电压为零时的两个输入端的最大电压差。输入失调电压通常是在室温条件下进行定义的，其单位为 μV。

运放输入失调电压来源于运放差分输入晶体管尺寸之间的失配。受工艺水平的限制，这个失配不可避免。差分晶体管的匹配度在一定范围与晶体管尺寸的二次方根成正比。而当面积增加到一定程度时，继续增大面积也无法提高匹配性。而增加输入晶体管面积也意味着增加芯片成本。通常一个常用的方法是在运放生产后对其进行测试，确定失调电压，再对尺寸进行修调（trim），从而减小失调电压。

虽然失调电压通常是在常温下定义的固定电压值，但在实际中输入失调电压总会随着温度的变化而变化，这和晶体管的温度特性有直接的联系。当温度变化时，输入失调电压温漂定义为

$$\frac{\Delta V_{os}}{\Delta T} = \frac{V_{os}(T_1) - V_{os}(27℃)}{T_1 - 27℃} \tag{7-6}$$

在设计时还应该关注运放输入失调电压的长期漂移，其单位为 μV/1000h 或者 μV/月。因此在设计较宽温度范围的运放时，应特别关注失调电压的温漂。

6. 共模抑制比（CMRR）

在理想运放中，运放的差模增益无穷大，而共模增益为零。而在实际中，差模增益为有效值，共模增益也并不为零。我们定义共模抑制比为差模增益与共模增益的比值，表示如下：

$$\mathrm{CMRR} = \frac{A_\mathrm{dm}}{A_\mathrm{cm}} \tag{7-7}$$

式中，A_dm 和 A_cm 分别为运放的差模增益和共模增益。更为常见的方式是将CMRR表示为对数形式：

$$\mathrm{CMRR(dB)} = 20\log_{10}\left(\frac{A_\mathrm{dm}}{A_\mathrm{cm}}\right) \tag{7-8}$$

共模抑制比表征运放对两个输入端共模电压变化的敏感度。单电源运算放大器的共模抑制比范围是 45~90dB。通常情况下，当运算放大器用在输入共模电压会随输入信号变化的电路中时，该参数就不能忽视。

7. 电源抑制比（PSRR）

电源抑制比（Power Supply Rejection Ratio，PSRR）定义为运算放大器从输入到输出增益与从电源（地）到输出增益的比值，表示为

$$\mathrm{PSRR} = 20\log_{10}\frac{A_\mathrm{v}(\mathrm{out})}{A_\mathrm{v}(V_\mathrm{DD},\mathrm{GND})} \tag{7-9}$$

式中，$A_\mathrm{v}(\mathrm{out})$ 表示输入端到输出端的增益，通常为差模增益。$A_\mathrm{v}(V_\mathrm{DD},\mathrm{GND})$ 为电源（地）端到输出端的增益。电源抑制比量化了运算放大器对电源或地变化的敏感度。理想情况下，电源抑制比应该是无穷大。运算放大器电源抑制比的典型规格范围为 60~100dB。与运算放大器的开环增益特性一样，直流和低频时对电源噪声的抑制能力要高于高频时。

8. 压摆率（SR）

运算放大器的压摆率（Slew Rate，SR）也叫转换速率，表示运放对大信号变化速度的反应能力，是衡量运放在大幅度信号作用时的工作速度的指标。只有当输入信号变化斜率的绝对值小于压摆率时，输出电压才能按线性规律变化。简单地理解，压摆率可以表示为当运放输入一个阶跃信号时运放输出信号的最大变化速度（斜率），如图 7.7 所示。

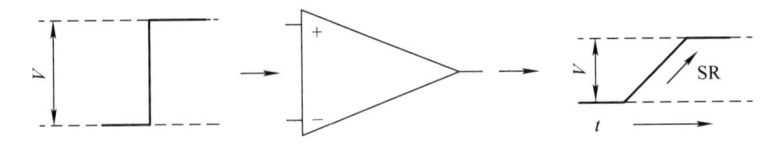

图 7.7 压摆率示意图

其表达式为

$$\mathrm{SR} = \left.\frac{\mathrm{d}V}{\mathrm{d}t}\right|_\mathrm{max} \tag{7-10}$$

压摆率的单位为 V/μs。压摆率是开关电容电路（积分器、采样保持电路）的重要参数指标，它表征了运放对快速充电信号的接收能力。

9. 输出动态范围（DR）

运放输出动态范围（Dynamic Range，DR）表示运放不失真时，最大输出信号功率与噪

声底板功率的比值，通常用对数形式进行表示，其表达式为

$$DR = 10\log_{10}\frac{P_{V_{out}}}{P_{Noise\ floor}} \quad (7-11)$$

输出动态范围的单位为 dB。输出动态范围是衡量运放线性放大范围最重要的指标，其示意图如图 7.8 所示。

10. 总谐波失真（THD）

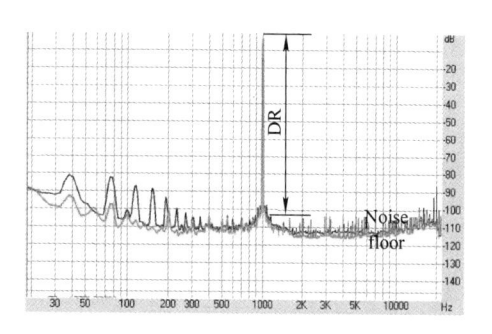

图 7.8 输出动态范围示意图

为了更精确地表示运放的线性度，还可以采用总谐波失真（Total Harmonic Distortion，THD）来表示，其定义为当运放输入信号为正弦波时，输出信号中各次谐波方均根功率与输出信号基波功率之比，在对数域表示为

$$THD = 10\log_{10}\frac{\sqrt{V_1^2 + V_2^2 + V_3^2 + V_4^2 + \cdots + V_n^2}}{V_s} \quad (7-12)$$

在实际测试时，一般只计算前五次或七次谐波的值。因为谐波的幅值随着谐波次数的增高而快速下降。七次以上谐波所占总谐波的比例已经非常小了，其示意图如图 7.9 所示。

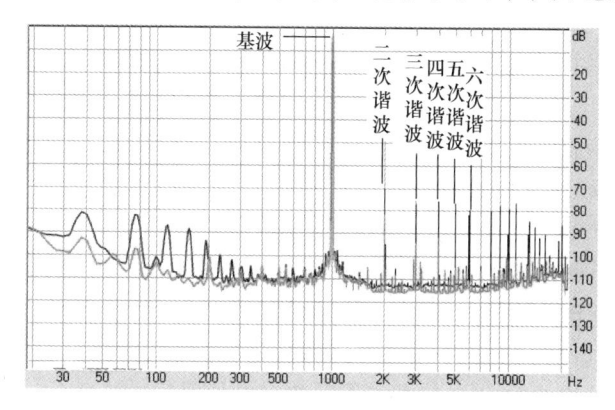

图 7.9 总谐波失真示意图

7.2.3 运算放大器的分类 ★★★

1. 套筒式共源共栅运算放大器

全差分套筒式共源共栅运算放大器（Telescopic Cascode OTA）如图 7.10 所示，其中，M1 和 M2 为输入差分晶体管对，M3～M6 为共源共栅晶体管，M7、M8 和 M0 为电流源晶体管，图 7.10 所示的运算放大器的增益如式（7-13）所示。

$$A_u = g_{m1}\left[(g_{m3}r_{o3}r_{o1}) \parallel (g_{m5}r_{o5}r_{o7})\right] \quad (7-13)$$

其中，g_{m1} 为输入差分晶体管对（M1 和 M2）的有效跨导；g_{m3} 和 g_{m5} 分别为共源共栅晶体管 M3 和 M5 的有效跨导；r_{o1} 为输入差分晶体管对的沟道电阻；r_{o7} 为电流源晶体管 M7 的沟道电阻；r_{o3} 和 r_{o5} 为共源共栅晶体管 M3 和 M5 的沟道电阻。一般情况下，全差分套筒式共源共栅运算放大器的增益容易设计到 80dB 以上，但这是以减小输出摆幅和增加极点为代价的。

在图 7.10 的电路中，其输出摆幅如式（7-14）所示。

$$U_{\text{sw,out}} = 2[U_{\text{vdd}} - (U_{\text{eff1}} + U_{\text{eff3}} + U_{\text{eff0}} + |U_{\text{eff5}}| + |U_{\text{eff7}}|)] \quad (7-14)$$

式中，$U_{\text{eff}j}$ 表示 M_j 的过驱动电压。从式（7-14）可以看出，由于从电源到地的通路中层叠了 5 个晶体管（M0\M1\M3\M5\M7 或 M0\M2\M4\M6\M8），因此输出摆幅裕度至少消耗了 5 个晶体管的有效电压，输出摆幅受到极大限制。

套筒式共源共栅运放的另一个缺点是较难实现输入共模电压与输出共模电压的一致，无法形成负反馈系统。这是因为在套筒式共源共栅运放中，如果输入和输出共模电压都设置为 $V_{\text{DD}}/2$（通常运放的输入和输出共模电压设定为 $V_{\text{DD}}/2$，以获得最大的输入和输出摆幅），则会压缩 NMOS 共源共栅晶体管对中共栅晶体管（M3/M4）的有效电压（过驱动电压），导致 M3/M4 进入线性区。所以套筒式共源共栅运放无法实现输入和输出电压的短路连接，也就限制了其在负反馈系统的应用。

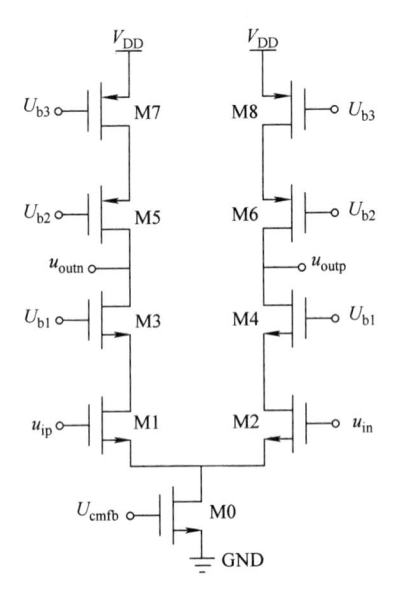

图 7.10　全差分套筒式共源共栅运算放大器

套筒式共源共栅运放的主极点位于输出节点（M4/M6 和 M3/M5 的漏极），其单位增益带宽（Unit Gain Bandwidth，UGB）表示为

$$\text{UGB} = g_{\text{m1}}/C_{\text{load}} \quad (7-15)$$

式中，g_{m1} 为输入晶体管的跨导；C_{load} 为负载电容。在设计中，工程师需要考虑套筒式共源共栅运放下一级电路的输入电容（即为本级运放的负载电容），合理分配运放电流，以满足单位增益带宽的要求。

套筒式共源共栅运放的输出节点决定了运放对大信号的响应能力，其单边压摆率表示为

$$\text{SR} = I_{\text{D1}}/C_{\text{load}} \quad (7-16)$$

式中，I_{D1} 为输入晶体管 M1 的漏源电流值。

2. 折叠式共源共栅运算放大器

折叠式共源共栅运算放大器（Folded Cascode OTA）如图 7.11 所示，其中，M11 和 M12 为差分晶体管对；M3~M6 为共源共栅晶体管；M1、M2、M7、M8 和 M13 为电流源晶体管，图 7.11 所示的折叠式共源共栅运算放大器的增益如式（7-17）所示。

$$A_{\text{u}} = g_{\text{m11}}\{[g_{\text{m3}}r_{\text{o11}}(r_{\text{o1}} \| r_{\text{o3}})] \| (g_{\text{m5}}r_{\text{o5}}r_{\text{o7}})\} \quad (7-17)$$

式（7-17）中，g_{m11} 为输入差分晶体管对的有效跨导；g_{m3} 和 g_{m5} 分别为共源共栅晶体管 M3 和 M5 的有效跨导；r_{o11} 为输入差分晶体管对的沟道电阻；r_{o1} 和 r_{o7} 分别为电流源晶体管 M1 和 M7 的沟道电阻；而 r_{o3} 和 r_{o5} 为共源共栅晶体管 M3 和 M5 的沟道电阻。

图 7.11 所示的全差分折叠式共源共栅运算放大器的特点在于对电压电平的选择，其输出摆幅表示为

$$V_{\text{sw,out}} = 2[U_{\text{vdd}} - (U_{\text{eff1}} + U_{\text{eff3}} + |U_{\text{eff5}}| + |U_{\text{eff7}}|)] \quad (7-18)$$

对比式（7-14），可以看出，在输出通路上只层叠了四个晶体管，相比套筒式共源共栅

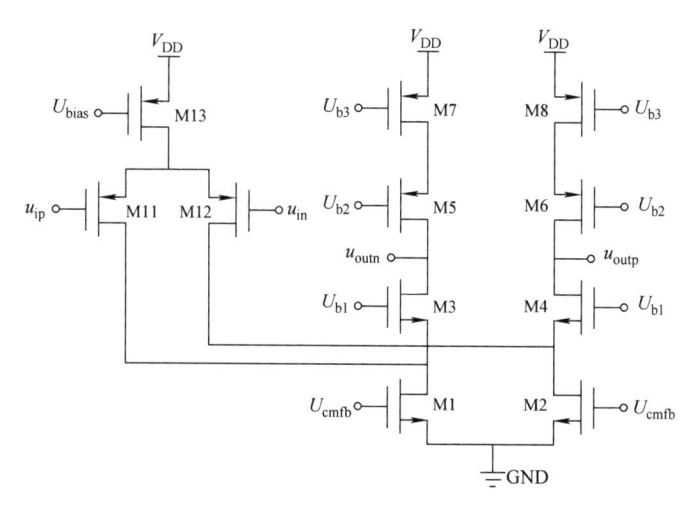

图 7.11 全差分折叠式共源共栅运算放大器

结构减少了一个晶体管有效电压的消耗,因此获得了更大的输出摆幅。同时因为其差分输入对管 M11 和 M12 的上端与共源共栅管并不"层叠",所以输入共模范围也较大。因此折叠式共源共栅运算放大器电路的输入和输出端可以短接,且输入共模电压更容易选取,所以可以将其输入和输出端短接作为单位增益缓冲器。

折叠式共源共栅运算放大器与套筒式结构相比,其输出摆幅较大,但这个优点是以较大的功耗、较低的电压增益、较低的极点频率和较大的噪声为代价获得的。

折叠式共源共栅运放的主极点也位于输出节点,所以其单位增益带宽和单边压摆率表达式为

$$\text{UGB} = g_{m11}/C_{\text{load}} \tag{7-19}$$

$$\text{SR} = I_{D11}/C_{\text{load}} \tag{7-20}$$

式中,g_{m11} 为输入晶体管的跨导;I_{D11} 为输入晶体管 M11 的漏源电流值;C_{load} 为负载电容。

3. 增益自举运算放大器

图 7.10 和图 7.11 所示的套筒式和折叠式共源共栅运算放大器采用一组共源共栅晶体管来提高运算放大器的输出电阻和增益,但是如果电源电压不够高,想进一步增大运算放大器的输出电阻和增益,利用增益自举运算放大器(Gain Boost OTA)是一种可行的方法。

图 7.12 为增大等效输出电阻的方法,其中图 7.12a 为通过增加共源共栅晶体管 M2 来提高等效输出电阻 R_{out},如果没有共源共栅晶体管 M2,其等效输出电阻为式(7-21)所示,而加入 M2 之后其等效输出电阻如式(7-22)所示。

$$R_{\text{out}} = r_{o1} \tag{7-21}$$

$$R_{\text{out}} = g_{m2} r_{o2} r_{o1} \tag{7-22}$$

式中,r_{o1} 为输入晶体管 M1 的沟道电阻;g_{m2} 和 r_{o2} 分别为共源共栅晶体管的跨导和沟道电阻。

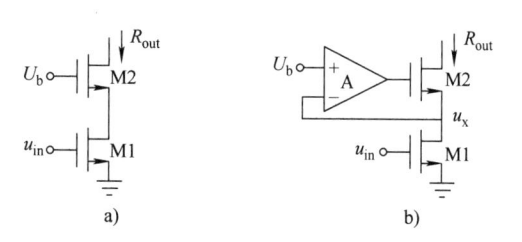

图 7.12 增大放大器等效输出电阻的方法
a) 增加共源共栅晶体管 M2 b) 在偏置电压和共源共栅晶体管之间加入放大器

如图 7.12b 所示，增益自举运算放大器在偏置电压和共源共栅晶体管之间加入放大器，放大器增益为 A_u，并通过负反馈方式将 M2 的源端与放大器相连，使得 M2 晶体管的漏极电压的变化对节点 u_x 的影响有所降低，由于 u_x 点电压变化降低，通过 M1 输出电阻的电流更加稳定，产生更高的输出电阻，由计算可得其等效输出电阻 R_{out} 如式（7-23）所示。

$$R_{out} \approx A_u g_{m2} r_{o2} r_{o1} \tag{7-23}$$

由式（7-21）、式（7-22）和式（7-23）所示，采用共源共栅的增益自举结构，运放等效输出电阻和增益大约增加了 $A_u g_{m2} r_{o2}$ 倍，相对于只采用共源共栅结构，增益自举结构的等效输出电阻和增益提高了 A_u 倍，达到了在不增加共源共栅层数的情况下显著提高输出电阻的目的。通常情况下，增益自举与共源共栅结构同时使用，可以达到 110dB 以上的电压增益。

图 7.13 为带增益自举的套筒式共源共栅的放大器结构图，其中，M0、M7 和 M8 为电流源晶体管；M1 和 M2 为输出差分对管；M3～M6 为共源共栅晶体管；A1 和 A2 为性能相近的折叠共源共栅放大器。图 7.13 所示的带增益自举的套筒式共源共栅运算放大器的增益如式（7-24）所示。

$$A_v = g_{m1}[(g_{m3} r_{o3} r_{o1} A_1) \| (g_{m5} r_{o5} r_{o7} A_2)] \tag{7-24}$$

式（7-24）中，g_{m1} 和 r_{o1} 为输入差分晶体管对的有效跨导和沟道电阻；g_{m3} 和 r_{o3} 分别为 M3 的有效跨导和沟道电阻；g_{m5} 和 r_{o5} 分别为 M5 的有效跨导和沟道电阻；r_{o7} 为电流源晶体管 M7 的沟道电阻；A_1 和 A_2 分别为放大器 A1 和 A2 的增益。

放大器 A1 和 A2 有效地提高了运算放大器的等效输出电阻和增益，但是对放大器 A1 和 A2 提出了较为严格的要求。由于作为负反馈的放大器 A1 和 A2 引入了共轭零、极点对（doublet），而 doublet 的位置如果处理不好会造成运算放大器的建立时间过长，所以对放大器 A1 和 A2 的频率特性进行了规定，规定放大器 A1 和 A2 的单位增益带宽 ω_g 应该位于主运算放大器闭环带宽 $\beta\omega_u$ 和开环非主极点 ω_{nd} 之间，如式（7-25）所示。

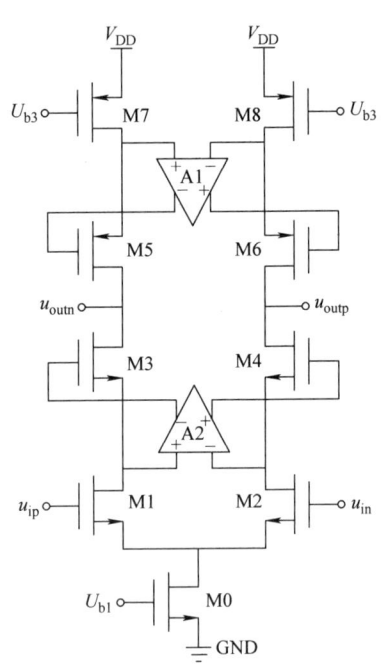

图 7.13 带增益自举的套筒式共源共栅运算放大器结构图

$$\beta\omega_u < \omega_g < \omega_{nd} \tag{7-25}$$

4. 两级运算放大器

单级放大器的电路增益被限制在输入差分晶体管对的跨导与输出阻抗的乘积，而共源共栅运算放大器虽然提高了增益，但是限制了放大器的输出摆幅。在一些应用中，共源共栅结构的运算放大器提供的增益和（或）输出摆幅无法满足要求。为此，可以采用两级运算放大器（Two Stage OTA）来进行设计折中。其中，两级运算放大器的第一级提供高增益，而第二级提供较大的输出摆幅。与单级放大器不同的是，两级运算放大器可以将增益和输出摆幅分开处理。

图 7.14 为两级运算放大器结构图，其中，M0～M4 构成放大器第一级；M5～M8 构成放大器第二级；电阻 R_c 和电容 C_c 用于对放大器进行频率补偿。图 7.14 中每一级都可以运用

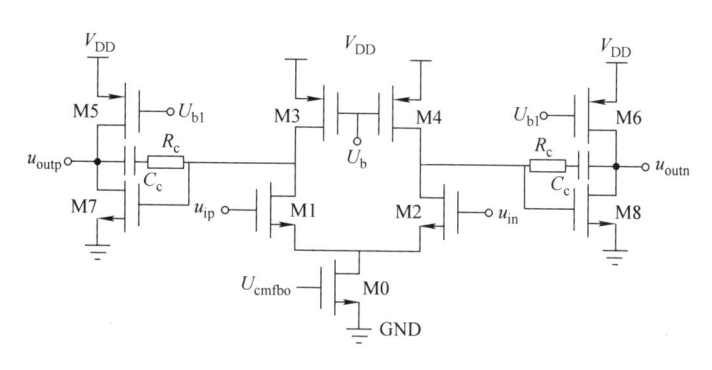

图 7.14 两级运算放大器结构图

单级放大器完成，但是第二级一般是简单的共源极结构，这样可以提供最大的输出摆幅。第一级和第二级的增益分别为 $A_{u1} = g_{m1}(r_{o1}//r_{o3})$ 和 $A_{u2} = g_{m7}(r_{o5}//r_{o7})$，其中，$g_{m1}$ 和 r_{o1} 分别为第一级输入差分晶体管对的有效跨导和沟道电阻；r_{o3} 为第一级负载 M3 的沟道电阻；g_{m7} 和 r_{o7} 分别为第二级输入晶体管 M7 的有效跨导和沟道电阻；r_{o5} 为第二级负载 M5 的沟道电阻；R_c 和 C_c 分别为补偿电阻和补偿电容。因此，总的增益与一个共源共栅运放的增益差不多，但是差分信号输出端 u_{outp} 和 u_{outn} 的摆幅等于 $U_{vdd} - (|U_{eff5}| + |U_{eff7}|)$。要得到高的增益，第一级可以插入共源共栅器件，则很容易实现 100dB 以上的增益。

通常我们也可以通过更多级数的放大器级联来达到高的增益，但是在频率特性中，每一级增益在开环传递函数中至少引入一个极点，在反馈系统中使用这样的多级运放很难保证系统稳定，必须增加复杂的电路对系统进行频率补偿。

与单级运放结构不同，具有密勒补偿两级运放的主极点位于密勒补偿节点，也就是第一级运放的输出节点，其单位增益带宽表示为

$$\text{UGB} = g_{m1}/C_c \tag{7-26}$$

式中，g_{m1} 为第一级运放输入晶体管的跨导；C_c 为密勒补偿电容值。

两级运放的单边压摆率由第一级压摆率和第二级压摆率的最小值决定，表示为

$$\text{SR} = \min\left\{\frac{I_{D1}}{C_c}, \frac{I_{D7}}{C_c + C_{\text{load}}}\right\} \tag{7-27}$$

式中，I_{D1} 和 I_{D7} 分别为第一级运放输入晶体管 M1 和第二级运放输入晶体管 M7 的漏源电流。

7.3 单级折叠共源共栅运算放大器的版图设计

基于上一节中单级运算放大器的学习基础，本节将采用 3.3V 电源电压的中芯国际混合信号 CMOS 1p6m 工艺，配合 Cadence Virtuoso 软件实现一款单级折叠共源共栅运放的版图设计。一个典型的单级折叠共源共栅运放电路如图 7.15 所示，主要包括偏置电路、主放大器电路和共模反馈电路。

图 7.15 所示的运放中的主放大器电路采用折叠共源共栅结构（M0~M10），其中，M1~M2 为输入晶体管；M0 为电流源；M3~M4、M7~M8 分别为 N 端和 P 端共源共栅晶体管；M5~M6、M9~M10 为电流源。共模反馈电路采用连续时间结构（M53~M60），其中，M55~M58 为输入晶体管。偏置电路采用共源共栅结构以及普通结构，用于产生偏置电压，将主放大

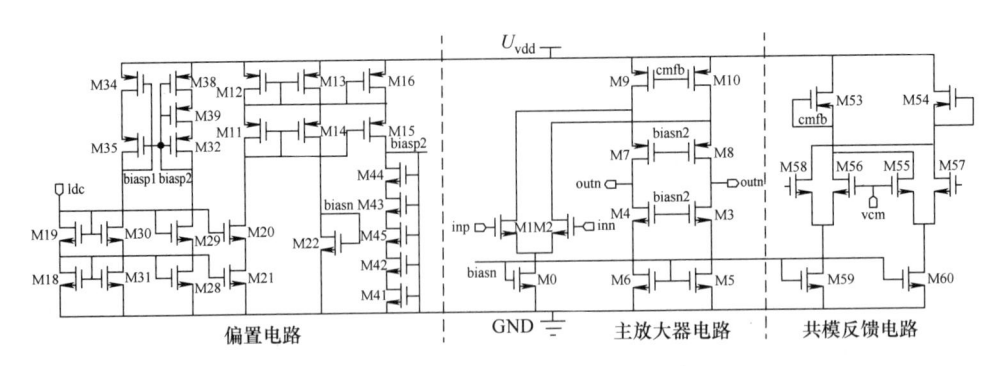

图 7.15 单级折叠共源共栅运放电路

器电路偏置在合适的直流工作点上。

如图 7.15 所示的运放增益如式（7-28）所示，

$$A_u = G_m R_{out} \doteq g_{m1}\{[g_{m7}r_{o7}(r_{o1} \parallel r_{o9})] \parallel (g_{m4}r_{o4}r_{o6})\} \qquad (7-28)$$

式中，g_{m1} 为输入晶体管的等效跨导；r_{o1} 为输入晶体管的沟道电阻；g_{m7} 和 g_{m4} 分别为共源共栅晶体管的等效跨导；r_{o7} 和 r_{o4} 分别为共源共栅晶体管的沟道电阻；r_{o9} 和 r_{o6} 分别为上下电流源的沟道电阻。

运放等效输入热噪声如式（7-29）所示，

$$U_{n,\text{int}}^2 = 8kT\left(\frac{2}{3g_{m1}} + \frac{2g_{m6}}{3g_{m1}^2} + \frac{2g_{m9}}{3g_{m1}^2}\right) \qquad (7-29)$$

式中，k 为玻尔兹曼常数；T 为室温的绝对温度；g_{m1} 为输入晶体管的等效跨导；g_{m6} 和 g_{m9} 分别为上下电流源的等效跨导。

基于图 7.15 所示电路图，规划单级运放的版图布局。先将运放的功能模块进行布局，粗略估计其版图大小以及摆放的位置，根据信号自下向上的传输走向，将运放的模块按照从下至上依次为主放大器电路、偏置电路以及共模反馈电路的顺序摆放。运放布局如图 7.16 所示。

如图 7.16 所示，虚线框内的主放大器从下至上依次为输入级尾电流源（M0）、输入级差分对（M1、M2）、共源共栅晶体管（M3、M4 和 M7、M8）和尾电流源（M5、M6 和 M9、M10）。电源线和地线分布在模块的两侧，方便运放中的电源和地横向与两侧相连，形成网格状的电源和地网络，保持对各个晶体管的充分供电。同时，电源和地线也作为屏蔽线，在大系统中屏蔽周边信号的串扰。其他电路基本成左右对称分布。下面主要介绍各

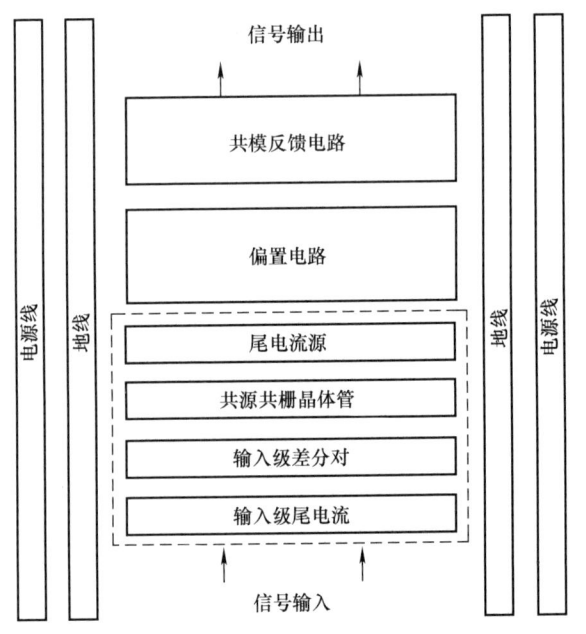

图 7.16 单级折叠共源共栅运放布局图

模块的版图设计。

图 7.17 为运放输入差分晶体管对的版图（M1 和 M2），为了降低外部噪声对差分晶体管对的影响，需要采用保护环进行隔离；将两个对管放置的较近，并且成轴对称来降低其失调电压；输入差分晶体管对两侧分别采用 dummy 晶体管（NMOS 四端口连接到地/PMOS 四端口连接到电源的无效晶体管，用于填充面积，同时保证与晶体管周边的刻蚀环境匹配，减小工艺梯度误差）来降低工艺误差带来的影响。

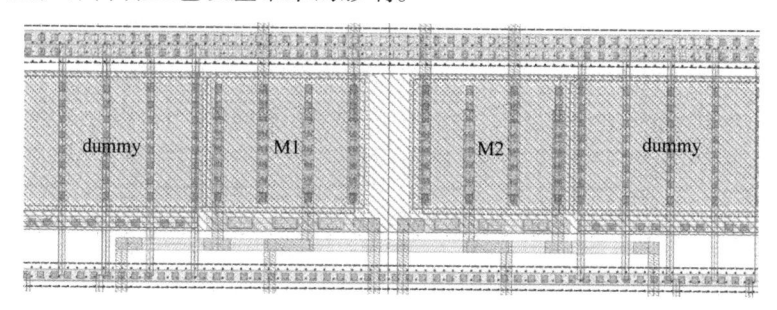

图 7.17　运放输入差分晶体管对的版图

图 7.18 为运放输出级的共源共栅晶体管（Pcascode 和 Ncascode）以及电流源（Psource 和 Nsource）版图，此部分还包括了部分偏置电路，目的是得到较好的电流匹配。走线采用横向第二层和第四层金属，纵向第一层和第三层等奇数层金属，以获得较好的布线空间和资源。此部分版图仍然采用轴对称形式，并且在其两侧采用 dummy 晶体管来降低工艺误差带来的影响。

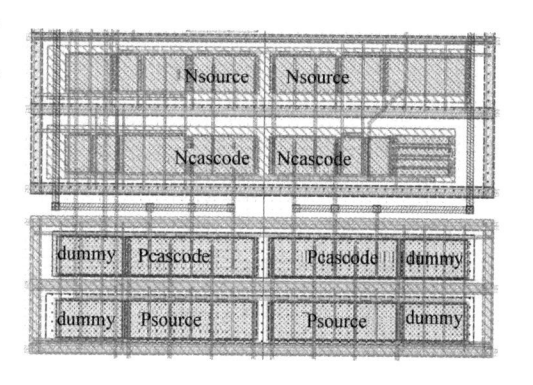

图 7.18　共源共栅晶体管和电流源版图

图 7.19 为运放的偏置电路版图，此部分版图完全为主放大器服务，输入偏置电流从版图左侧进入，而偏置电压的输出在版图两侧。为了降低外部噪声的影响，偏置电路版图也同样采用相应的保护环将其围住进行噪声隔离，而版图两侧仍然采用 dummy 晶体管来降低工艺误差带来的影响。

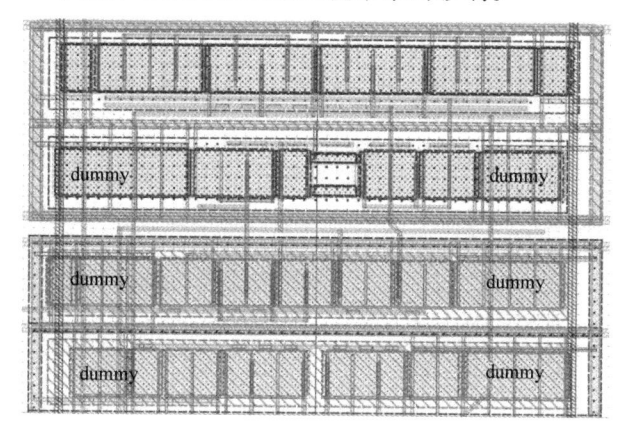

图 7.19　运放的偏置电路版图

图 7.20 为运放连续时间共模反馈电路的版图，此部分电路仍然为一个放大器电路，需要对输入晶体管进行保护，采用轴对称版图设计，以及两侧放置 dummy 晶体管。另外，共模反馈输出端走线不要跨在正常工作的晶体管上，以减小信号间的串扰，但可以在 dummy 晶体管上走线，如图 7.21 所示。

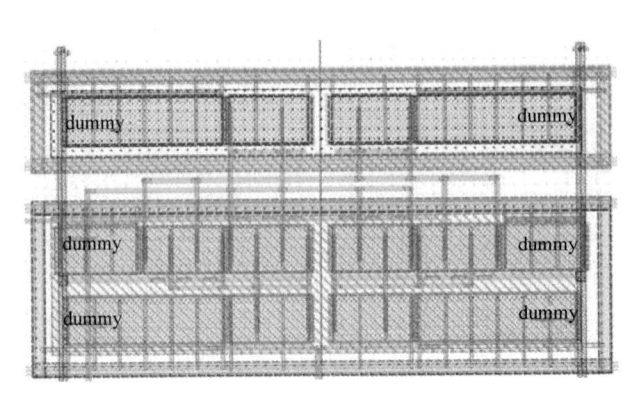

图 7.20 运放连续时间共模反馈电路版图

在各个模块版图完成的基础上，就可以进行整体版图的拼接，依据最初的布局原则，完成单级折叠共源共栅运算放大器的版图如图 7.22 所示，整体呈矩形对称分布，主体版图两侧分布较宽的电源线和地线，运放中的电源和地节点横向走线，分别连接到左右两侧的电源线和地线上，形成电源和地的网格状布线，到此就完成了运放的版图设计。之后还需要采用 Calibre 进行 DRC、LVS 和天线规则检查，具体步骤和方法可参考第 4 章中的操作，这里不再赘述。

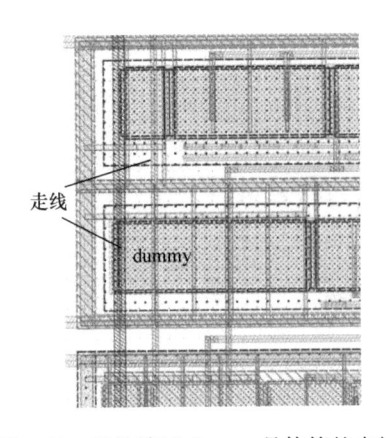

图 7.21 运放跨过 dummy 晶体管的走线

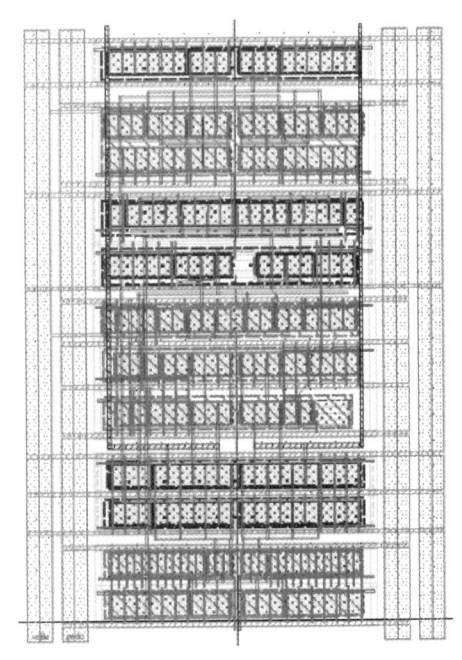

图 7.22 单级折叠共源共栅运算放大器版图

7.4 两级全差分密勒补偿运算放大器的版图设计

基于 7.2 节中的两级运放的学习基础，本节将采用 3.3V 电源电压的中芯国际 CMOS 1p6m 工艺，配合 Cadence Virtuoso 软件实现两级全差分密勒补偿运放的版图设计。两级运放可以将输出摆幅和电路增益分别处理，有利于进行噪声和低功耗设计，因此成为高性能运放设计普遍采用的结构。两级全差分密勒补偿运放电路如图 7.23 所示，主要包括偏置电路、主放大器电路和共模反馈电路。

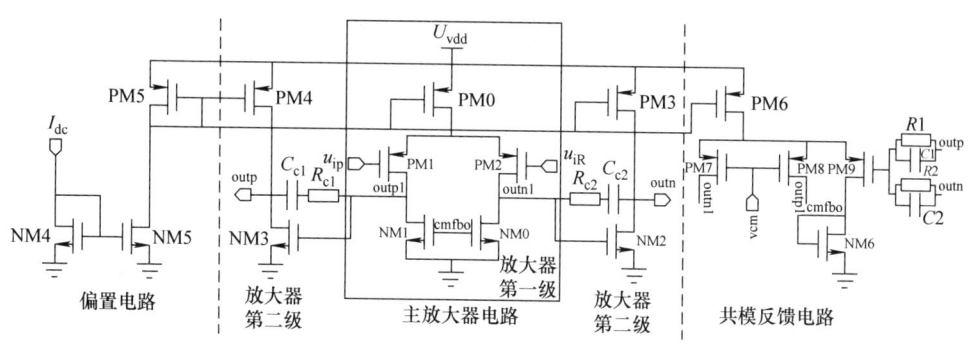

图 7.23 两级全差分密勒补偿运放电路图

图 7.23 所示的两级全差分密勒补偿运放电路中的主放大器电路采用两级结构，第一级由晶体管 PM0～PM2、NM0 和 NM1 构成，其中，PM1～PM2 为输入晶体管，PM0 为电流源晶体管，NM1 和 NM0 为负载晶体管，第二级由 PM3、PM4、NM2 和 NM3 构成。共模反馈电路采用连续时间结构（PM6～PM9、NM6、R1、R2、C1 和 C2）。偏置电路用于产生偏置电压，将主放大器电路偏置在合适的直流工作点上。

图 7.23 所示的运放的差分直流增益由两级构成，分别为 A_{v1} 和 A_{v2}：

$$A_{v1} = -G_{m1}R_{o1} = -g_{mpm1}(r_{onm1}//r_{opm1}) \tag{7-30}$$

$$A_{v2} = -G_{m2}R_{o2} = -g_{mnm3}(r_{opm4}//r_{onm3}) \tag{7-31}$$

式中，g_{mpm1} 为第一级输入差分晶体管对的有效跨导；r_{opm1} 为第一级输入晶体管的沟道电阻；r_{onm1} 为第一级负载晶体管的沟道电阻；g_{mnm3} 和 r_{onm3} 分别为第二级放大器的差分输入晶体管对的有效跨导和沟道电阻；r_{opm4} 为第二级放大器负载晶体管的沟道电阻。

因此运算放大器的总体增益为两级运放增益的乘积：

$$A_v = A_{v1}A_{v2} = g_{mpm1}g_{mnm3}(r_{onm1}//r_{opm1})(r_{opm4}//r_{onm3}) \tag{7-32}$$

两级全差分密勒补偿运放的差分压摆率（Slew-Rate，SR）要逐级分别进行分析。首先第一级放大器的压摆率为

$$SR_1 = \frac{dv_{out}}{dt}\Big|_{max} = \frac{2I_{D,nm1}}{C_{c1}} \tag{7-33}$$

第二级放大器的压摆率为

$$SR_2 = \frac{dv_{out}}{dt}\Big|_{max} = \frac{2I_{D,nm3}}{C_{c1} + C_L} \tag{7-34}$$

整体运算放大器的压摆率由以上二者的最小值决定,即

$$\text{SR} = \min\left\{\frac{2I_{D,\text{nm1}}}{C_{c1}}, \frac{2I_{D,\text{nm3}}}{C_{c1}+C_L}\right\} \tag{7-35}$$

再考虑两级运放的相位裕量和单位增益带宽。运算放大器的频率特性一般由主极点和非主极点决定。由于密勒补偿电容 C_c 的存在,主极点 p1 和次极点 p2 的频率将会相差较大。假设 $|\omega_{p1}| \ll |\omega_{p2}|$,则在单位增益带宽频率 ω_u 处第一极点引入 $-90°$ 相移,整个相位裕度是 $60°$。所以非主极点在单位增益带宽频率处的相移是 $-30°$。运算放大器的相位裕度(PM) $>60°$,$\varphi_1 \approx 90°$,由此可得:

$$\varphi_2 = 180° - \text{PM} - \varphi_1 \leq 30° \tag{7-36}$$

$$\frac{\omega_u}{\omega_{p2}} \leq \tan 30° \approx 0.577 \Rightarrow \frac{\omega_u}{\omega_{p2}} \geq 1.73 \tag{7-37}$$

在设计中我们一般取 $\omega_u/\omega_{p2} = 2$,留有一定的设计裕度。

补偿电阻 R_{c1} 和 R_{c2} 可以单独用来控制零点的位置。控制零点的位置主要有以下几种方法:

1)将零点搬移到无穷远处,消除零点,R_c 必须等于 $1/g_{m,\text{nm3}}$。

2)把零点从右半平面移动左半平面,并且落在第二极点 ω_{p2} 上。这样,输出负载电容引起的极点就去除掉了。这样做必须满足条件:

$$\omega_{z1} = \omega_{p2} \Rightarrow \frac{1}{C_c\left(\frac{1}{g_{m,\text{nm3}}} - R_c\right)} = \frac{-g_{m,\text{pm1}}}{C_{\text{load}}} \tag{7-38}$$

3)把零点从右半平面移到左半平面,并且使其大于单位增益带宽频率 ω_u。如设计零点 ω_z 超过极点 ω_u 的 20%,即 $\omega_z = 1.2\omega_u$。因为 $R_c \gg 1/g_{m,\text{nm3}}$,所以可以近似得到:

$$\omega_z \approx -\frac{1}{R_c C_c} \tag{7-39}$$

且 $\omega_u = -g_{m,\text{pm1}}/C_c$,可以最终得到:

$$R_c = \frac{1}{1.2 g_{m,\text{pm1}}} \tag{7-40}$$

本设计采用第三种方法,采用调零电阻主极点抵消的方式来提高运算放大器的相位裕度。

基于图 7.23 所示电路图,规划两级全差分密勒补偿运放的版图布局。先将运算放大器的功能模块进行布局,粗略估计其版图大小以及摆放的位置,根据信号流走向,将两级全差分密勒补偿运算放大器的模块摆放分为左右两个部分,左侧部分从上至下依次为第一级放大器电路(包括共模反馈电路)、第二级放大器电路、偏置电路和电阻阵列,右侧部分为电容阵列。需要注意的是,在版图布局中,尽量将有源器件和无源器件分区域集中摆放,提高各个器件的匹配性。两级全差分密勒补偿运放布局如图 7.24 所示,下面主要介绍各模块的版图设计。

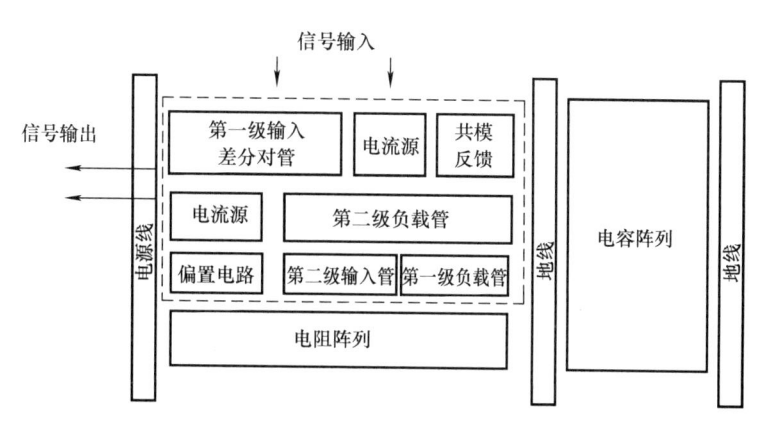

图 7.24　两级全差分密勒补偿运放布局图

图 7.25 为运放的第一级输入差分晶体管对版图（PM1 和 PM2），差分晶体管对应放置得尽可能近，并采用轴对称方式，必要时可以采用交叉放置 PM1 和 PM2 的方式进一步降低失配；靠近版图的左侧放置 dummy 晶体管提高匹配程度；采用 N 型保护环将其围住，降低外界噪声对其的影响。

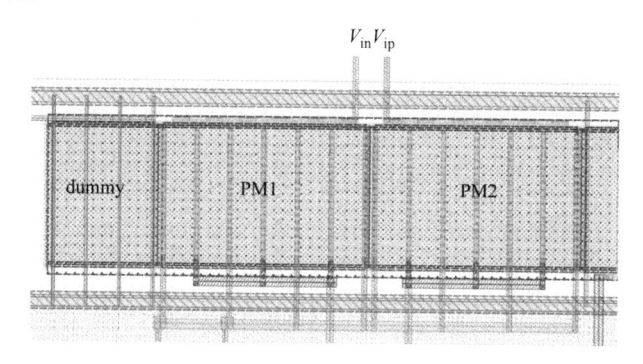

图 7.25　第一级输入差分晶体管对版图

图 7.26 为共模反馈部分电路版图，主要包括 PM6～PM9。其中，PM6 为电流源，可紧邻输入管 PM2，PM7～PM9 实现共模反馈功能，PM7 和 PM8 可认为是差分晶体管对，应紧邻放置，最右侧采用 dummy 晶体管填充，降低工艺误差带来的影响。

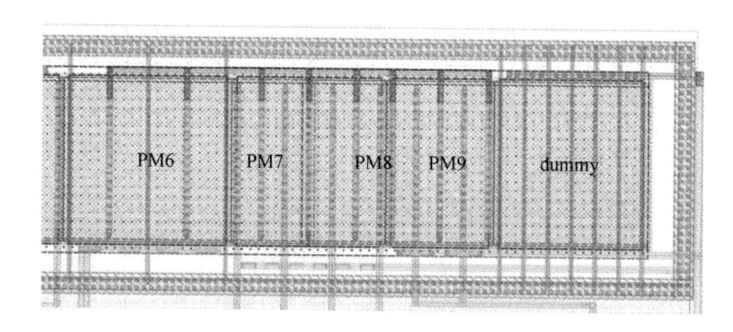

图 7.26　共模反馈部分电路版图

图 7.27 为负载晶体管版图，版图分为第一级负载管（NM0 和 NM1）和第二级负载管（NM2 和 NM3），两部分紧邻放置，中间采用 dummy 晶体管进行隔离。四个晶体管采用 P 型保护环围绕。

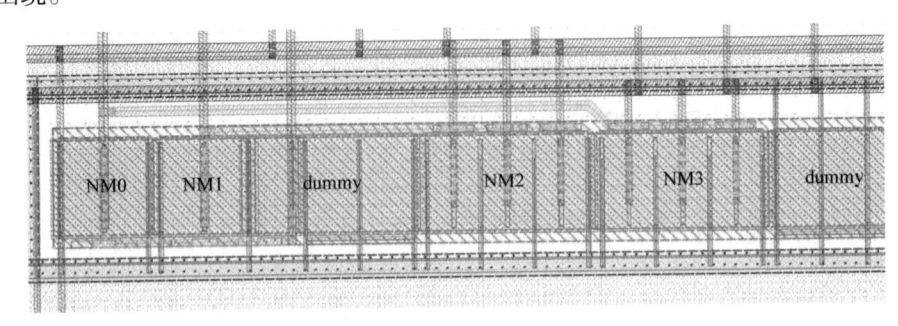

图 7.27　负载晶体管版图

图 7.28 为电阻阵列，运放中所有电阻全部放在 P 型保护环内，并将 P 型保护环连接至地电位。其中右上角为运放第二级的补偿电阻 R_{c1} 和 R_{c2}，左侧和右下侧分别为共模检测电阻，电阻呈阵列排布，最左侧和最右侧分别加入 dummy 电阻有助于工艺上的匹配，降低失配影响。

图 7.29 为电容阵列，所有电容均放置在同一 P 型保护环内，其中，上半部分为运放的补偿电容 C_c，下半部分为共模检测电容 C_1 和 C_2。所有电容采用同一尺寸有利于匹配，其连接全部采用第四层金属。

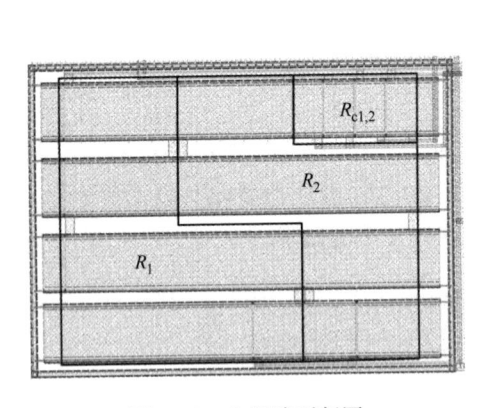

图 7.28　电阻阵列版图　　　　图 7.29　电容阵列版图

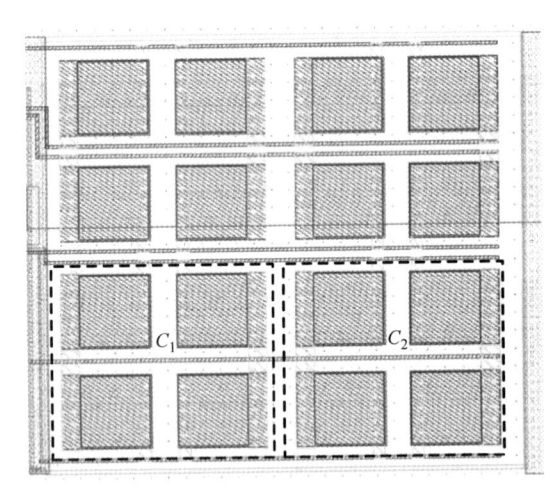

在各个模块版图完成的基础上，就可以进行整体版图的拼接，依据最初的布局原则，完成两级全差分密勒补偿运算放大器的最终版图如图 7.30 所示，整体呈矩形对称分布。到此就完成了整体两级运放的版图设计。采用 Calibre 进行 DRC、LVS 和天线规则检查的具体步骤和方法可参考第 4 章中的操作，这里不再赘述。

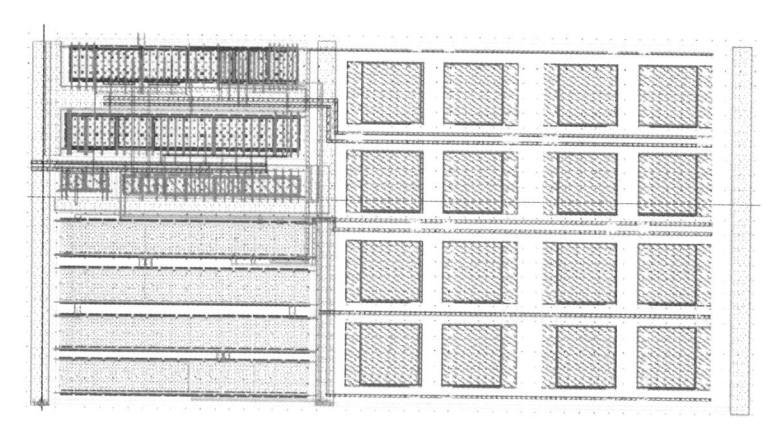

图 7.30 两级全差分密勒补偿运算放大器最终版图

7.5 电容—电压转换电路版图设计

运放作为很多模拟集成电路模块的核心电路，在积分器、传感器调理电路中获得了广泛应用。在这些电路中，运放需要结合电阻、电容，以及有源开关等元器件或子模块构成整体，电路规模相对较大。因此，合理的版图布局和设计也成为这类电路成败的关键环节。本节就以一个应用于加速度计的电容—电压转换电路版图为例，说明该类型电路版图设计的基本流程和技巧。

在微机电（MEMS）加速度计读出电路芯片中，电容—电压转换电路位于芯片的第一级，将传感器差分电容的变化转为电压输出。本节以一款两步逼近积分器结构的电容—电压转换电路进行讨论，其电路如图 7.31 所示，由两相非交叠时钟信号 clk1 和 clk2 分别实现采样相和放大相的控制。其中，差分运放中的共模反馈时钟信号 clk1a 和 clk2a 分别为 clk1 和 clk2 的提前关断信号，目的是在降低放大相 clk2 时保持电容 CH 上的电荷共享效应，提高输出信号准确度。

激励载波输出信号输出至片外加速度计等效电容的中间极板。电路中分别设置了 4bit（swg0~swg3）和 8bit（swg0_2~swg7_2）的增益电容阵列，以满足不同加速度计电容值的检测要求。电路中还包括一个 5bit 的补偿电容阵列（swc0~swc4），对加速度计以及键合产生的寄生电容实现步长相应的电容匹配，降低对共模电压漂移的影响。输入共模反馈运放的作用在于将主运放两个差分输入端的共模值与参考电压进行比较，误差值在 clk2 相位时被采样至输入反馈电容 C_{ic} 上（实际采样的是 C_c 上的误差电压值）。当下一个相位 clk1 到来时，C_{ic} 的两个极板都连接至 V_{ref}，消除了这部分误差电荷，保证了主运放输入共模电压的稳定。

以下简要介绍两步逼近策略降低电路误差的原理。传统的电容—电压转换电路通常采用两相时钟控制的相关双采样电路来抑制低频噪声和输入失调电压。理想情况下，根据电荷守恒定律，输出电压 V_o 表达式为

$$V_o = \frac{2\Delta C}{C_i} V_{ref} \tag{7-41}$$

式中，ΔC 和 C_i 分别为加速度计差分电容变化值和增益电容值；V_{ref} 为参考电压值，通常为

— 295 —

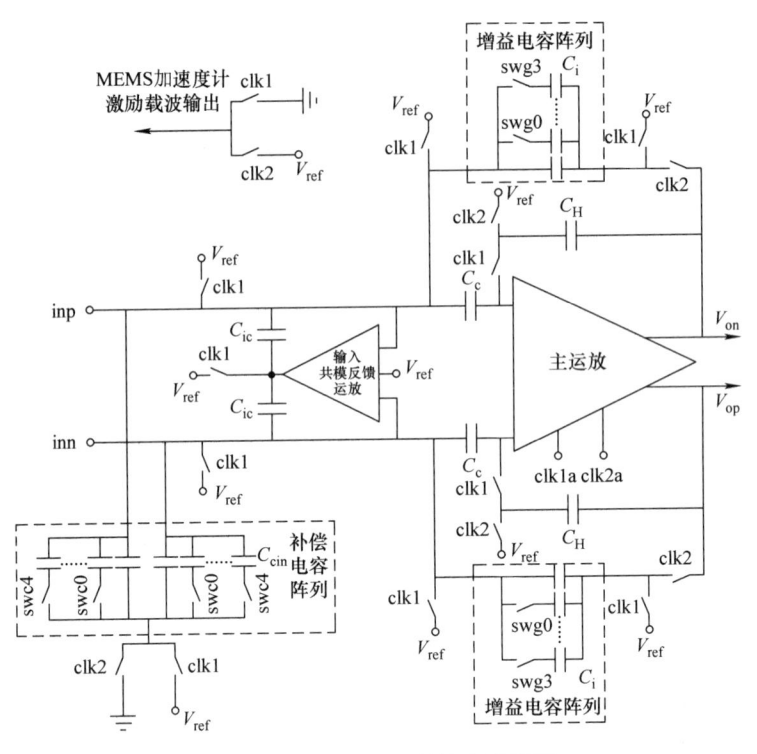

图 7.31 电容—电压转换电路框图

1/2 电源电压值。从式（7-41）中可以看出，输出电压与电容变化呈线性关系。但在实际中，全差分运放输入端非零虚地点以及差分共模电压失配产生的"1/A 误差"，仍极大地降低了该类型电路输出信号准确度。根据文献，假设补偿电容值 C_{cin} 与待测加速度计固定电容值相匹配，再进行理论推导。设"1/A 误差"的增益降低系数 $\sigma_d = \dfrac{2C_{cin}}{C_i}$，运放开环增益为 A_o，C_i 为增益电容值，可以得到实际输出电压 V_o 表达式修正为

$$V_o = \frac{2\Delta C}{C_i} V_{ref} \left(\frac{1}{1 + \sigma_d/A_o} \right) \tag{7-42}$$

从式（7-42）中可以看出，由于输入差分共模电压不匹配造成的"1/A 误差"使得输出电压与 ΔC 呈现非线性，降低了输出准确度。为了降低该效应，可以采用两步逼近的采样、放大策略。

在采样相 clk1 时，补偿电容 C_c 左极板对参考电压 V_{ref} 进行采样，右极板连接至运放输入端和保持电容 C_H 的左极板。因为 C_H 右极板连接至输出电压 $V_o(n)$，而左极板在上一个周期放大相 clk2 时连接至 V_{ref}，在本周期 clk1 相位时，C_H 左极板保持的参考电压就传输至 C_c 的右极板和运放的输入端。该机制使得运放输入端成为一个真实的"虚地点"（由于 V_{ref} 的箝位作用，消除了运放输入端产生的失调）。同时增益电容 C_i 的两个极板都连接至 V_{ref}，消除上一个周期放大相的残余电荷。

在放大相 clk2 时，增益电容 C_i 的左极板连接至输入端，右极板连接至输出端，形成 $\Delta C/C_i$ 的比值关系，进行放大操作。同时 C_H 左极板连接至 V_{ref}，右极板保持了上一个放大相时的输出电压值，消除了传统结构中的归零操作，有利于本周期输出电压的快速建立。

第7章 运算放大器的版图设计

从理论方面进行推导,设由于"1/A 误差"产生的瞬态误差电压值为 $\Delta V_{1/A}(n)$,其可以将相邻两个周期输出电压差值与开环增益的比值表示为

$$\Delta V_{1/A}(n+1) = [V_o(n+1) - V_o(n)]/A_o \tag{7-43}$$

将式(7-42)和式(7-43)结合,可以得到瞬态输出电压为

$$V_o(n+1) = \frac{2\Delta C}{C_i}V_{ref} - \frac{2C_{cin}}{C_i}\frac{1}{A_o}\Delta V_o(n+1) = \frac{2\Delta C}{C_i}V_{ref} - \frac{\sigma_d}{A_o}\Delta V_o(n+1) \tag{7-44}$$

同样有

$$V_o(n+2) = \frac{2\Delta C}{C_i}V_{ref} - \frac{\sigma_d}{A_o}\Delta V_o(n+2) \tag{7-45}$$

又因为 $\Delta V_o(n+1) = V_o(n+1) - V_o(n)$,所以结合以上四式可以得到:

$$\Delta V_o(n+1) = \frac{2\Delta C}{C_i}V_{ref}\left[1 - \left(\frac{1}{1+A_o/\sigma_d}\right)^2\right] \tag{7-46}$$

从式(7-46)中可以看出,由于采用两步逼近策略,使得"1/A 误差"呈平方倍下降,极大地提高了输出信号准确度。

输入共模反馈运放采用三端输入、单端输出的折叠共源共栅运放结构,如图 7.32 所示。

主运放采用全差分折叠共源共栅结构。共模反馈电路为开关电容电路,其中,V_{cm} 和 V_{ref} 都为 $V_{DD}/2$。

基于图 7.33 所示电路图,首先规划电容—电压转换电路版图布局。根据电路图中自左向右的模块排列顺序,版图中信号自下向上流动,同类元器件集中摆放。需要注意的是,在版图规划中,为保证信号完整性,信号走向尽量保持直线和正向传输,避免绕弯和反向传输。因此将输入共模反馈运放和主运放布置在版图中部,保证信号的直线和正向传输。大量补偿电容阵列开关和增益电

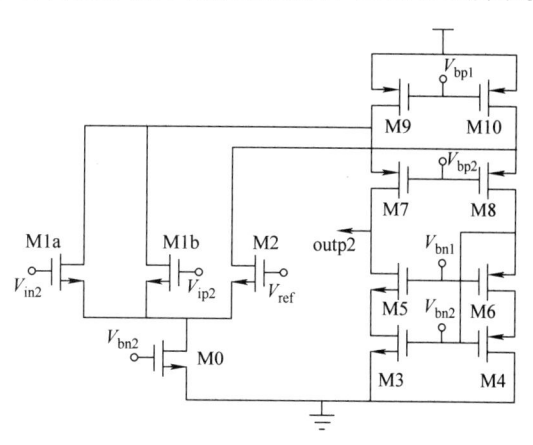

图 7.32 输入共模反馈运放电路

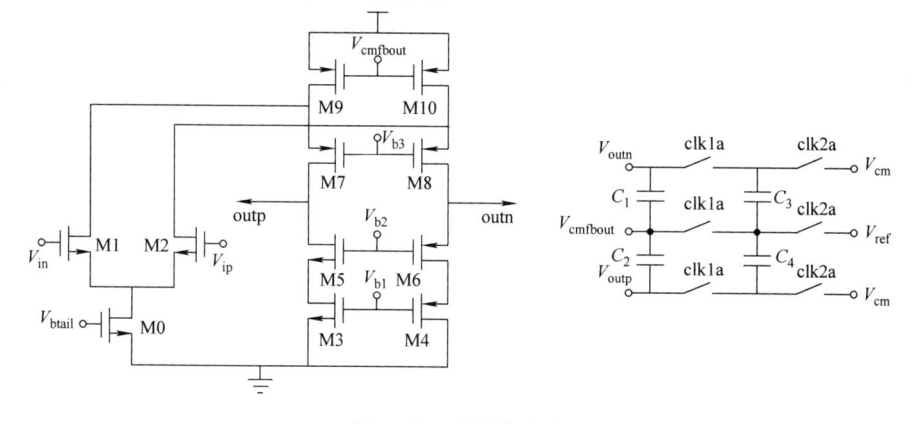

图 7.33 主运放电路

容阵列开关分布在运放两侧。由于在本电路中，电容走线产生的寄生电容相对整体电容值较小，可以使用较长走线，所以将补偿电容和增益电容阵列都集中布置在最外侧。外围用地线和电源线连接成环，各个模块可以从横、纵两个方向就近连接至电源和地，保证了供电和接地的充分。最终布局如图 7.34 所示，整体版图构成一个矩形。

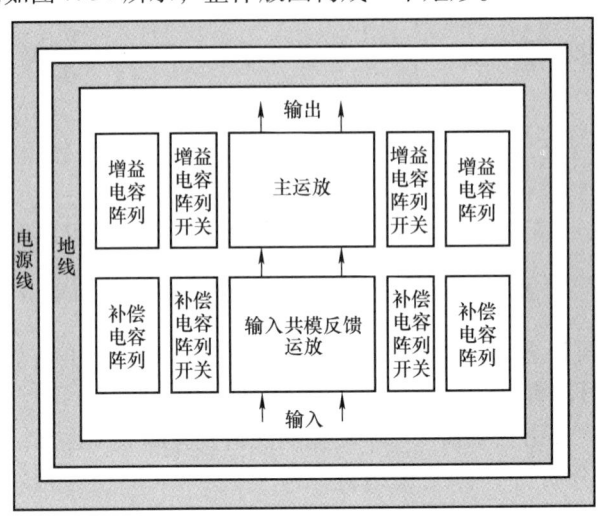

图 7.34　电容—电压转换电路版图规划

在实际版图设计中，难免出现一些多余空间。在芯片生产过程中，对各个金属层、MIM 层（金属-绝缘层-金属电容层）和多晶体硅层都有密度要求。只有满足了最低密度要求，才能保证芯片生产的机械强度和硬度。在设计中，我们可以用 dummy MOS 晶体管填充这些多余空间。dummy MOS 晶体管有两种连接方式，一种是将 NMOS 晶体管的栅极连接到电源，漏极、源极和衬底连接到地，构成 MOS 电容，外围包裹 P 型保护环连接到地。这种方式一方面可以增加多晶硅层密度；另一方面也作为电源上的滤波电容，可以滤除高频噪声。另一种方式更为简单，即将 MOS 晶体管的四个端口连接到地，外围同样包裹 P 型保护环连接到地，只起到增加多晶硅层密度的作用。规划完整体布局后，参考 7.3 节和 7.4 节中运放的布局方式进行输入共模反馈运放和主运放的版图布局。由于两个运放都是基于折叠共源共栅结构，因此可以采用类似的布局方式，只是主运放增加了一个开关电容共模反馈电路。

输入共模反馈运放的版图布局如图 7.35 所示。输入级位于最下侧，方便信号输入。往上依次是共源共栅晶体管和偏置电路，两侧用电源线和地线包裹。在运放内部走线，尽量对称，且绕开晶体管进行走线。对于内部多余空间，在 NMOS 区域用四端口连接到地的 dummy NMOS 晶体管进行填充，在 PMOS 区域用四端口连接到电源的 dummy PMOS 晶体管进行填充。适当调整每个晶体管的叉指数（finger），使得 PMOS 和 NMOS 晶体管整体宽度一致，构成一个规整的矩形。最终输入共模反馈运放的版图如图 7.36 所示。

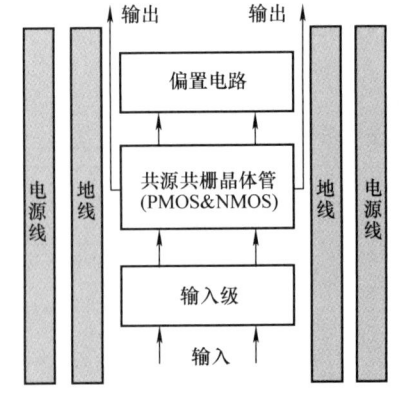

图 7.35　输入共模反馈运放版图布局

主运放的版图布局如图 7.37 所示，无源的开关电容共模反馈电路布置在最上侧。开关电容共模反馈内部自下而上分别放置电容和开关。主运放输出信号从中部两侧对称输出。其他布局和走线与输入共模反馈运放类似，最终版图如图 7.38 所示。这里尽量将主运放的宽度调整为和输入共模反馈运放一致，在整体版图拼接时进行对齐，保证信号传输的完整性。

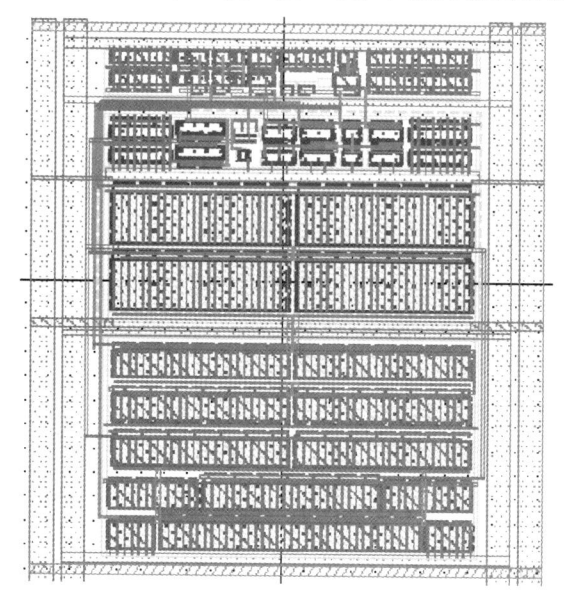

图 7.36　输入共模反馈运放版图

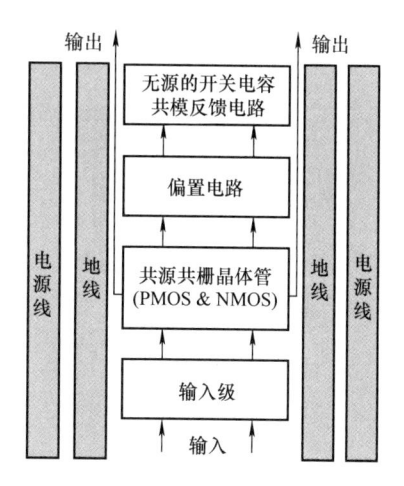

图 7.37　主运放版图布局

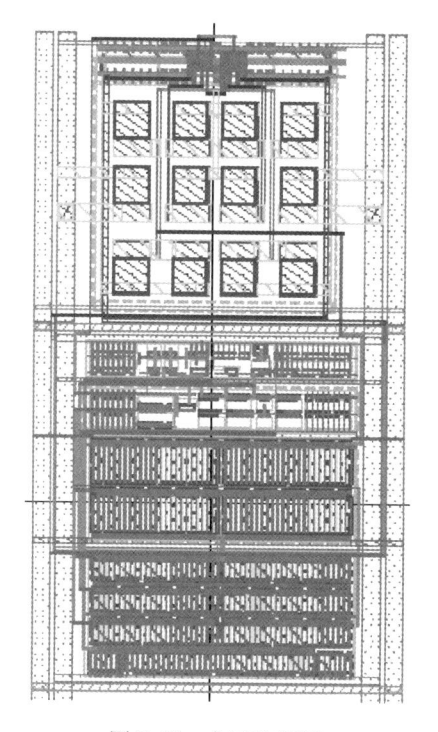

图 7.38　主运放版图

完成两个主要运放模块的版图设计后，就可以进行两侧开关阵列和电容阵列的布局和摆放。版图中电容采用的是 MIM 电容，为平板电容结构。上、下极板分别为该工艺的最顶层和次顶层金属。电容版图上侧严禁走线，否则会违反版图验证的 DRC 规则。电容外侧也用 P 型保护环包裹，并将 P 型保护环连接到地电位，屏蔽其他走线，避免产生耦合寄生电容。整体版图如图 7.39 所示。上侧空余部分用连接 MOS 电容的 dummy MOS 晶体管填充，保证整体版图构成一个完整的矩形，方便系统进行拼接。

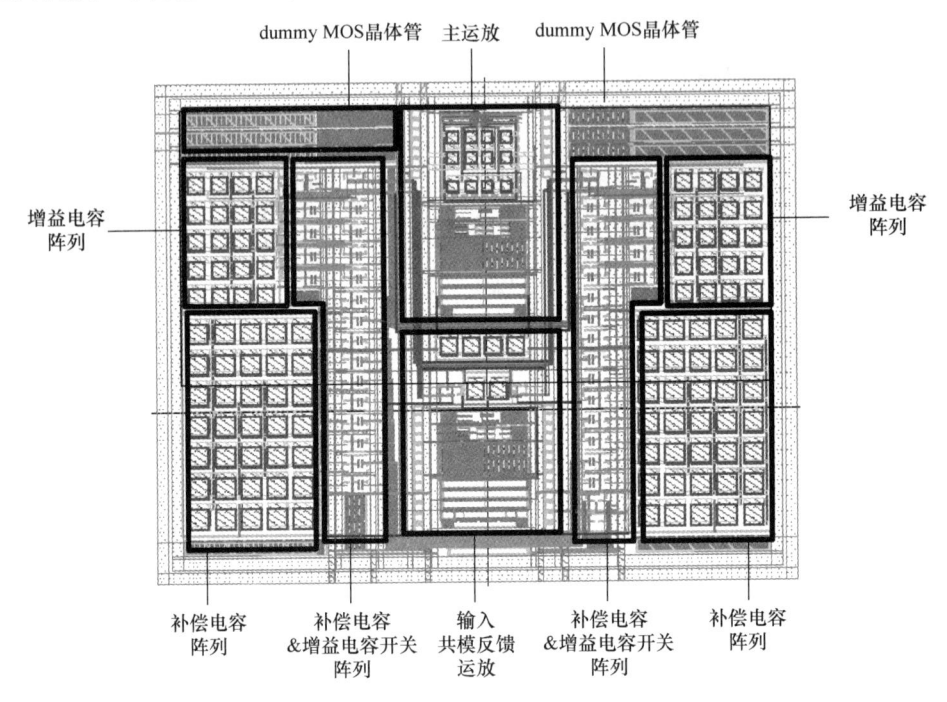

图 7.39 整体电容—电压转换电路版图

第 8 章

带隙基准源与低压差线性稳压器的版图设计

集成电路中的电压源通常分为参考基准源和线性稳压器。作为参考基准的带隙基准源和提供稳定供电系统的低压差线性稳压器是模拟集成电路和数—模混合集成电路中非常重要的模块，前者在集成电路中具有输出电压与温度基本无关的特性，而后者作为基本供电系统，为集成电路内部提供稳定、纯净、高效的直流电压。本章主要介绍带隙基准源和低压差线性稳压器的基本原理、基本结构和性能指标，之后对带隙基准源和低压差线性稳压器的版图设计方法进行分析和讨论。

8.1 带隙基准源的版图设计

基准电压源作为模拟集成电路和数模混合信号集成电路的一个非常重要的单元模块，在各种电子系统中起着非常重要的作用。随着对各种电子产品的性能要求越来越高，对基准电压源的要求也日益提高，基准电压源的输出电压温度特性以及噪声的抑制能力决定着这个电路系统的性能。

带隙基准源具有与标准 CMOS 工艺完全兼容，可以工作于低电源电压下等优点，另外还具有低温度漂移、低噪声和较高的电源抑制比（PSRR）等性能，能够满足大部分电子系统的要求。

8.1.1 带隙基准源基本原理 ★★★◀

集成电路中很多功能模块需要与温度无关的电压源和电流源，这通常对电路功能模块的影响很大。那么我们怎样能够得到一个与温度无关的恒定的电压或者电流值呢？我们假设电路中存在这样两个相同的物理量，这两个物理量具有相反的温度系数，将这两个物理量按照一定的权重相加，即可获得零温度系数的参考电压，如图 8.1 所示。

图 8.1 中，电压源 U_1 具有正温度系数 $\left(\dfrac{\partial U_1}{\partial T} > 0\right)$，而电压源 U_2 具有负温度系数 $\left(\dfrac{\partial U_2}{\partial T} < 0\right)$。我们选择两个权重值 α_1 和 α_2，满足 $\alpha_1 \dfrac{\partial U_1}{\partial T} + \alpha_2 \dfrac{\partial U_2}{\partial T} = 0$，则得到零温度系数的基准电压值 $U_{\text{ref}} = U_1 \alpha_1 + U_2 \alpha_2$。下面的任务就是怎样得到这两个具有相反温度系数的电压值 U_1 和 U_2。在半导体工艺中，双极型晶体管能够分别提供正、负温度系数的物理量，并且具有较高的可重复性，被广泛应用于带隙基准源的设计中。最近各种文献也提到过采用工作在

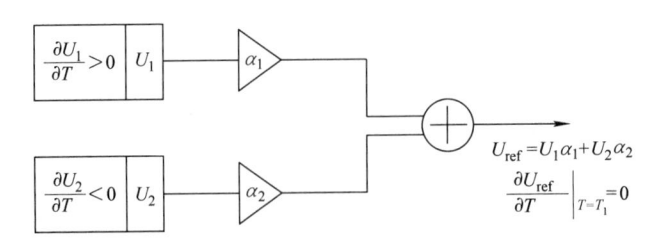

图 8.1 零温度系数带隙基准电压源基本原理图

亚阈值区的 MOS 晶体管也可以获得正、负温度系数,但是通常亚阈值区模型的准确度有待考察,并且现代标准 CMOS 工艺提供纵向 PNP 型双极型晶体管的模型,使得双极型晶体管仍然是带隙基准电压源的首选。

8.1.1.1 负温度系数电压 $\left(\dfrac{\partial U_2}{\partial T}<0\right)$

对于一个双极型晶体管来说,其集电极电流 I_c 与基极—发射极电压 U_{BE} 存在如下的关系:

$$I_c = I_s \exp(U_{BE}/U_T) \tag{8-1}$$

$$U_{BE} = U_T \ln(I_c/I_s) \tag{8-2}$$

式(8-1)和式(8-2)中,I_s 为晶体管的反向饱和电流;U_T 为热电压,$U_T = kT/q$,k 为玻尔兹曼常数,q 为电子电量。由式(8-2)对 U_{BE} 求导得:

$$\frac{\partial U_{BE}}{\partial T} = \frac{\partial U_T}{\partial T} \ln \frac{I_c}{I_s} - \frac{U_T}{I_s} \frac{\partial I_s}{\partial T} \tag{8-3}$$

由半导体物理理论可得:

$$I_s = b \cdot T^{4+m} \exp \frac{-E_g}{kT} \tag{8-4}$$

式(8-4)对温度求导数,并整理得:

$$\frac{U_T}{I_s} \frac{\partial I_s}{\partial T} = (4+m) \frac{U_T}{T} + \frac{E_g}{kT^2} U_T \tag{8-5}$$

联立式(8-3)和式(8-5),可得

$$\frac{\partial U_{BE}}{\partial T} = \frac{U_{BE} - (4+m)U_T - E_g/q}{T} \tag{8-6}$$

式(8-6)中,$m \approx 1.5$,当衬底材料为硅时 $E_g = 1.12\text{eV}$。当 $U_{BE} = 750\text{mV}$、$T = 300\text{K}$ 时,$\dfrac{\partial U_{BE}}{\partial T} = -1.5\text{mV/℃}$。

由式(8-6)可知,U_{BE} 电压的温度系数 $\dfrac{\partial U_{BE}}{\partial T}$ 本身与温度 T 相关,如果负温度系数是一个与温度无关的值,那么在进行温度补偿时就会出现误差,造成只能在一个温度点得到零温度系数的参考电压。

8.1.1.2 正温度系数电压 $\left(\dfrac{\partial U_1}{\partial T}>0\right)$

如果两个相同的双极型晶体管在不同的集电极电流偏置情况下,那么它们的基极—发射极电压的差值与绝对温度成正比，如图 8.2 所示。

如图 8.2 所示，两个尺寸相同的双极型晶体管 Q1 和 Q2，在不同的集电极电流 I_0 和 nI_0 的偏置下，忽略它们的基极电流，那么存在

$$\Delta U_{BE} = U_{BE1} - U_{BE2} = U_T \ln \frac{I_{c1}}{I_{s1}} - U_T \ln \frac{I_{c2}}{I_{s2}}$$

$$= U_T \ln \frac{nI}{I_{s1}} - U_T \ln \frac{I}{I_{s2}} \quad (8-7)$$

由图 8.2 可知，$I_{s1} = I_{s2} = I_s$，$I_{c1} = nI_{c2}$，则有

$$\Delta U_{BE} = U_T \ln \frac{nI}{I_s} - U_T \ln \frac{I}{I_s} = U_T \ln n = \frac{kT}{q} \ln n \quad (8-8)$$

式（8-8）对温度求导数可得

$$\frac{\partial \Delta U_{BE}}{\partial T} = \frac{k}{q} \ln n > 0 \quad (8-9)$$

由式（8-9）可以看出 ΔU_{BE} 具有正温度系数，而这种关系与温度 T 无关。

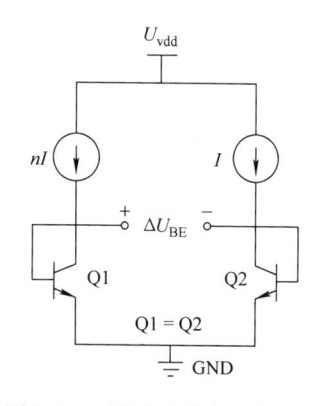

图 8.2　正温度系数电压电路图

8.1.1.3　零温度系数基准电压 $\left(\dfrac{\partial U_{REF}}{\partial T} = 0\right)$

利用以上两节得到的正、负温度系数的电压，可以得到一个与温度无关的基准电压 U_{REF}，如图 8.3 所示，可得

$$U_{REF} = \alpha_1 \frac{kT}{q} \ln n + \alpha_2 U_{BE} \quad (8-10)$$

下面说明如何选择 α_1 和 α_2，进而得到零温度系数电压 U_{REF}。在室温（300K），有负温度系数电压 $\dfrac{\partial U_{BE}}{\partial T} = -1.5 \text{mV/K}$，而正温度系数电压 $\dfrac{\partial \Delta U_{BE}}{\partial T} = \dfrac{k}{q} \ln n = 0.087 \ln n (\text{mV/K})$。式(8-11)对温度 T 求导数得

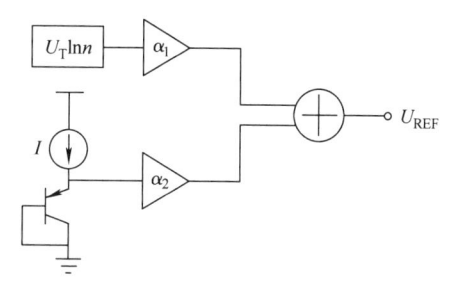

图 8.3　零温度系数基准电压产生原理

$$\frac{\partial U_{REF}}{\partial T} = \alpha_1 \frac{k}{q} \ln n + \alpha_2 \frac{\partial U_{BE}}{\partial T} \quad (8-11)$$

令式（8-11）为零，代入正、负温度系数电压值，并令 $\alpha_2 = 1$，可得

$$\alpha_1 \ln n = 17.2 \quad (8-12)$$

所以零温度系数基准电压为

$$U_{REF} \approx 17.2 \frac{kT}{q} + U_{BE} \approx 1.25 \text{V} \quad (8-13)$$

8.1.1.4　零温度系数基准源电路结构

从上节分析来看，零温度系数基准电压主要通过二极管基极—发射极电压 U_{BE} 和 $17.2 \dfrac{kT}{q}$ 相加获得，基本原理如图 8.3 所示。零温度系数基准电压产生电路如图 8.4 所示，假设图 8.4 中的电压 $U_1 = U_2$，那么对于左、右支路分别如式（8-14）和式（8-15）所示：

$$U_1 = U_{BE1} \quad (8-14)$$

$$U_2 = U_{BE2} + IR \tag{8-15}$$

有关系式

$$U_{BE1} = U_{BE2} + IR \tag{8-16}$$

有

$$IR = U_{BE1} - U_{BE2} = \frac{kT}{q}\ln n \tag{8-17}$$

联立式（8-15）和式（8-17）得到式（8-18）为

$$U_2 = U_{BE2} + \frac{kT}{q}\ln n \tag{8-18}$$

对照式（8-18）与式（8-13），可知这种电路方式可以获得零温度系数基准电压。问题是如何使得图 8.4 中电路两端电压相等，即 $U_1 = U_2$。

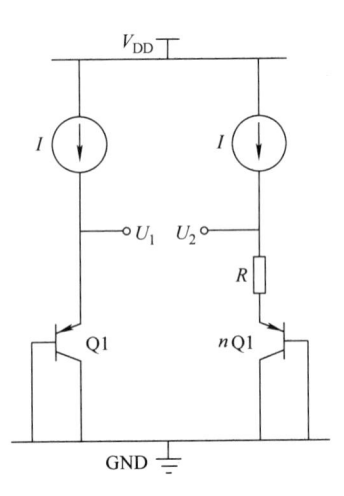

我们知道，理想的运算放大器在正常工作时，其输入的两端电压近似相等，那么可以产生以下两种电路，使得 $U_1 = U_2$，分别如图 8.5 和图 8.6 所示。

图 8.4 零温度系数基准电压产生基本电路图

完成这种相加的电路结构目前主要有两种方式，一种是通过运算放大器将两者进行相加，输出即为基准电压；另外一种是先产生与温度成正比（PTAT）的电流，通过电阻转换成电压，这个电压自然具有正温度系数，然后与二极管的基极—发射极电压 U_{BE} 相加获得。

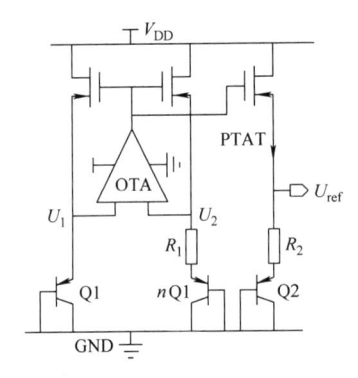

图 8.5 基准电压产生电路之一 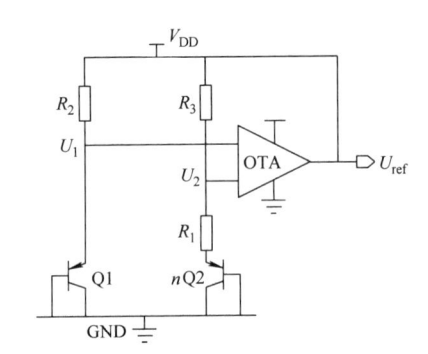　　图 8.6 基准电压产生电路之二

图 8.5 中，OTA（运算跨导放大器）的输入电压分别为 U_1 和 U_2，输出端 U_{ref} 驱动电阻 R_2 和 R_3，OTA 使得输入电压 U_1 和 U_2 近似相等，得出两侧双极型晶体管的基极—发射极的电压差为 $U_T\ln n$，由式（8-17）可得流过 R_1（右侧）的电流为

$$I_2 = \frac{U_T\ln n}{R_1} \tag{8-19}$$

得到输出基准电压 U_{ref} 为

$$U_{ref} = U_{BE,nQ1} + \frac{I_2}{R_1}(R_1 + R_3) = U_{BE,nQ1} + \left(1 + \frac{R_3}{R_1}\right)U_T\ln n \tag{8-20}$$

结合式（8-13）和式（8-20）可知，在室温 300K 时，可以得到零温度系数电压 $U_{ref} \approx 1.25\text{V}$。

图 8.6 是第二种基准电压的电路形式，这种电路的原理是先产生一种与温度成正比的电流，然后通过电阻转换成电压，最后再与双极型晶体管的 U_{BE} 相加获得基准电压。如图 8.6 所示，中间支路产生的电流仍然为式（8-19），这个电流与温度成正比，右侧镜像支路产生电流仍然为 PTAT 电流，这个电流流过电阻产生的电压形成与温度成正比（PTAT）的电压，最后因为双极型晶体管 Q2 的基极—发射极电压与绝对温度成反比（CTAT），所以将二者相加可以获得基准电压。

$$U_{ref} = U_{BE,Q2} + \frac{R_2}{R_1} U_T \ln n \tag{8-21}$$

结合式（8-13）和式（8-21）可知，当 $(\ln n) R_2/R_1 = 17.2$ 时，就可以获得零温度系数的基准电压。

图 8.7 是获得基准电压的第三种电路，这种电路的基本原理与第二种相似，不同之处在于，在节点 U_1 和 U_2 分别加入两个阻值相同的电阻（$R_3 = R_4 = R$），那么流过电阻的电流 $I_R = U_2/R_4 = U_{BE1}/R$，所以流过晶体管 M2 的电流 I_{M2} 为

$$I_{M2} = I_R + I_{R1} = \frac{U_{BE1}}{R} + \frac{U_T \ln n}{R_1} \tag{8-22}$$

如果 MOS 晶体管尺寸 $(W/L)_3 = (W/L)_2$，那么有 $I_{M3} = I_{M2}$，得到基准电压 U_{ref} 为

$$U_{ref} = I_{M3} R_2 = \left(\frac{U_{BE1}}{R} + \frac{U_T \ln n}{R_1} \right) R_2 \tag{8-23}$$

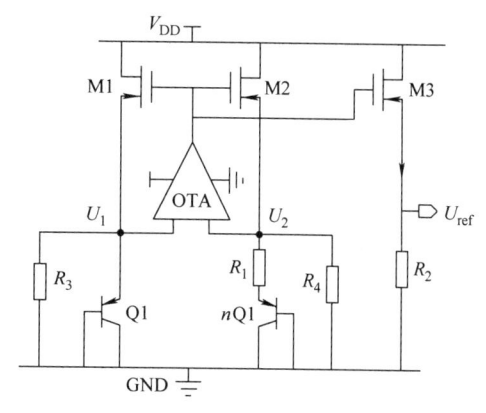

图 8.7 基准电压产生电路之三

由式（8-23）可知，通过这种结构得到的基准电压可以根据调节 R_2 的电阻值获得任意值。而前两种结构只能得到 1.25V 的基准电压值。

8.1.1.5 基准电压源的启动问题

图 8.6 所示的基准电压源电路，实际上存在两个工作点；一个是电路正常时的工作点；另一个是"零电流"工作点，也就是在电源上电的过程中，电路中所有的晶体管均无电流通过，而这种状态如无外界干扰将永远保持下去。这种情况就是电路存在的启动问题。

解决电路的启动问题，需要加入额外电路，使得存在启动问题的电路摆脱"零电流"工作状态进入正常工作模式，对启动电路的基本要求是当电源电压稳定后，待启动电路处于"零电流"工作状态时，启动电路给内部电路某一节点激励信号，迫使待启动电路摆脱"零电流"工作状态，而在待启动电路进入正常工作模式后，启动电路停止工作。启动电路如图 8.8 中的右侧部分。

图 8.8 中，当电源电压正常供电，而基准电路内部仍无电流时，也就是 MOS 晶体管 PM4 和 PM5 均无电流通过，节点 net1 的电压为零时，则 MOS 晶体管 PM3 导通，NM1 截止，节点 net3 的电压为 $U_{vdd} - 2U_{BE}$，进而使得 MOS 晶体管 NM2 导通，节点 net4 的电压较低，接近地电位，最后使得 MOS 晶体管 PM4 和 PM5 导通，节点 net1 的电压逐渐上升至大约 $2U_{BE}$，基准电路逐渐正常工作。而启动电路中的 MOS 晶体管 NM1 导通，而 PM3 截止，进而使得节点 net3 的电压逐渐下降，NM2 管逐渐截止。在基准电压源电路正常工作后，启动

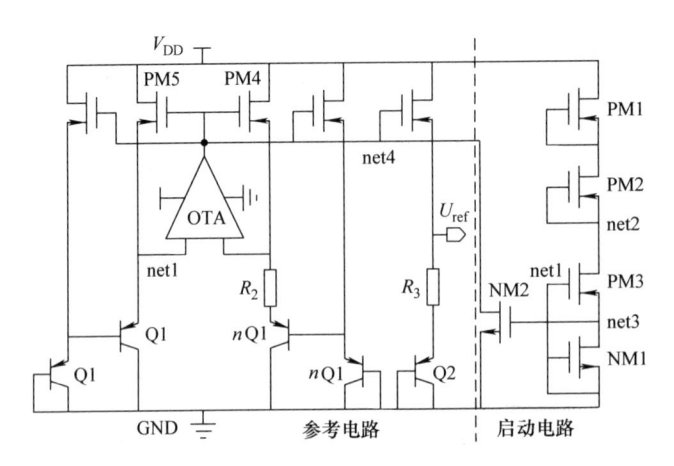

图 8.8 带启动电路的基准电压源电路图

电路的两条支路停止工作（NM2/PM3 截止）。

8.1.2 带隙基准源版图设计实例 ★★★

基于上一节中带隙基准源的学习基础，本节将采用 3.3V 电源电压的中芯国际 CMOS 1p6m CMOS 工艺，配合 Cadence Virtuoso 软件实现一款带隙基准源的电路和版图设计。

如图 8.9 所示，采用的带隙基准电压源主要分为 3 个部分，从左至右依次为电压偏置电路，带隙基准电压源主电路和启动电路。左侧的偏置电路为跨导放大器的尾电流源提供偏置电压。右侧启动电路的工作原理为：当电源电压为零时，PMOS 晶体管 PM9 的栅极为零电平，PM9 导通；当电源电压逐渐升高时，形成从电源到跨导放大器输入端的通路，跨导放大器具有输入共模直流电压，开始工作。同时该通路对 NMOS 晶体管 NM1 形成的 MOS 电容进行充电；当电源电压继续升高，PMOS 晶体管 PM8 导通，形成 PM8 经过电阻 R_5 的电流通路，PM9 的栅极电压逐渐升高，当 PM9 的过驱动电压绝对值大于漏源电压绝对值时，即 $|V_{gs} - V_{th}| > |V_{DS}|$ 时，PM9 截止。同时 MOS 电容充电完成，MOS 电容上的电压维持跨导放大器的输入共模电压，带隙基准源进入正常工作状态。

基于图 8.9 所示的电路图，规划带隙基准电压源电路的版图布局。先将带隙基准电压源各模块进行布局，粗略估计其版图大小以及摆放的位置，根据信号流走向，带隙基准源的模块摆放包含 BJT 晶体管阵列、电阻阵列和电容阵列、MOS 晶体管区域。带隙基准电压源布局如图 8.10 所示。

如图 8.10 所示，虚线框内为 MOS 晶体管区域布局结构图，从上至下依次为带隙基准电压源的启动电路、两级 OTA 电路和电流源电路。电源线和地线呈环状包围带隙基准源，方便与内部模块相连。下面主要介绍各模块的版图设计。

图 8.11 为电阻阵列的版图，虽然各个电阻所在电路的位置和功能不同，但一般选择同样的单位尺寸电阻，然后采用电阻串并联的形式得到。由于电路中电阻的重要性，加入保护环将电阻阵列围绕，降低其他电路噪声对其的影响，另外在电阻阵列边界加入 dummy 电阻以提高匹配程度。

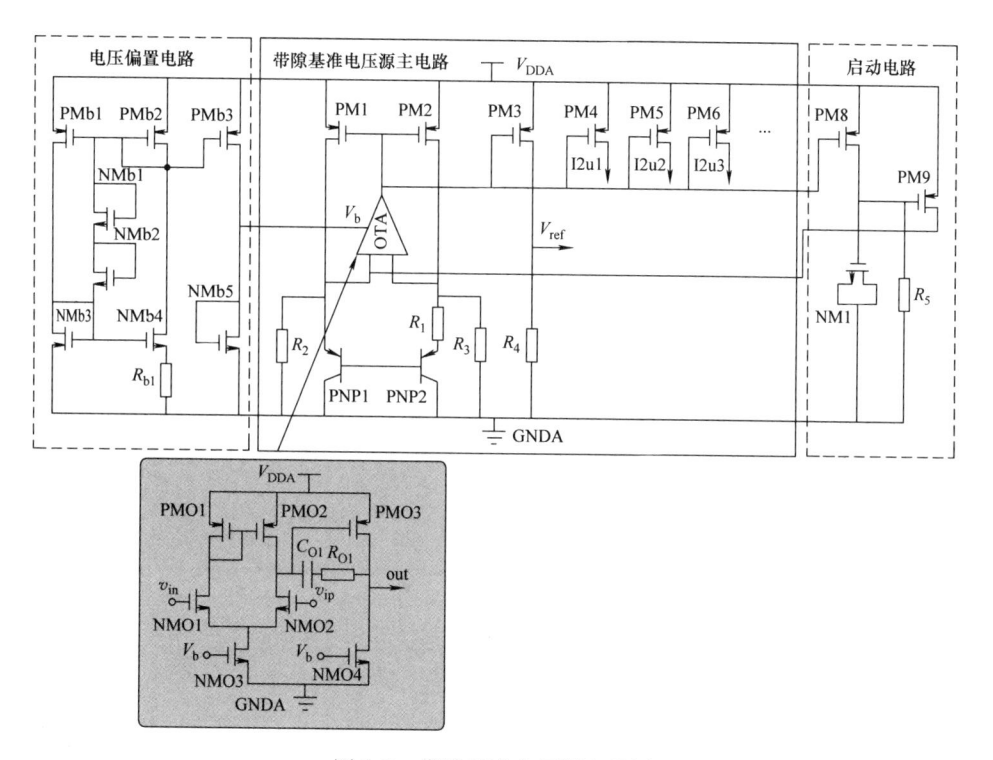

第 8 章　带隙基准源与低压差线性稳压器的版图设计

图 8.9　带隙基准电压源电路图

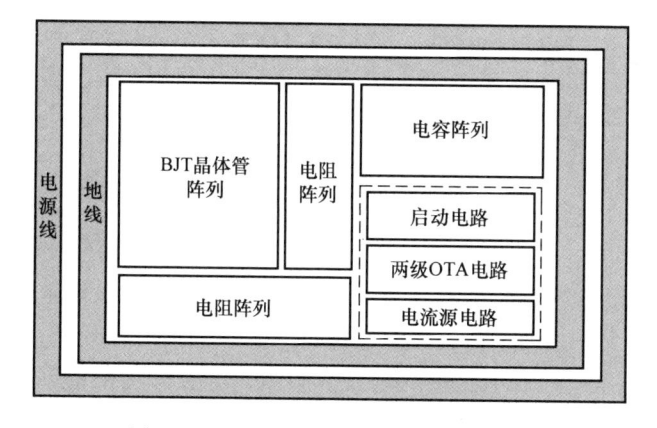

图 8.10　带隙基准电压源的版图布局图

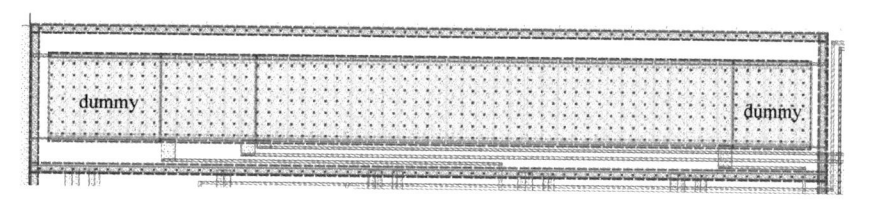

图 8.11　带隙基准电压源中的电阻阵列版图

图 8.12 为带隙基准电压源电路中的双极型晶体管（BJT）阵列版图，版图主要采用矩形阵列形式，必要情况下在周围采用 dummy 双极型晶体管进一步提高匹配程度，并同样采用保护环提高噪声性能。

图 8.12 带隙基准电压源电路中双极型晶体管阵列版图

图 8.13 为带隙基准电压源电路中的电容阵列版图，此版图位于带隙基准电压源的右上方，主要为内部两级运算放大器的补偿电容，同样采用阵列的形式完成。左上侧的电容为 dummy 电容。

图 8.14 为带隙基准电压源电路中的电流源版图，电流源主要讲究匹配程度，所以必须尽量靠近摆放，最好以排成一排的形式，并在左右两侧加入 dummy MOS 晶体管，以提高匹配程度。

图 8.15 为带隙基准电压源电路中的两级运算放大器的输入晶体管版图，为了降低外部噪声对差分晶体管对的影响，需要将其采用保护环进行隔离，将两个晶体管对放置的较近并且成轴对称布局来降低其失调电压；输入差分晶体管对两侧分别采用 dummy 晶体管来降低工艺误差带来的影响。

在各个模块版图完成的基础上，就可以进行整体版图的拼接，依据最初的布局原则，完成带隙基准电压源的版图如图 8.16 所示，整体呈矩形对称分布，主体版图四周环绕较宽的电源线和地线。到此就完成了带隙基准电压源的版图设计。

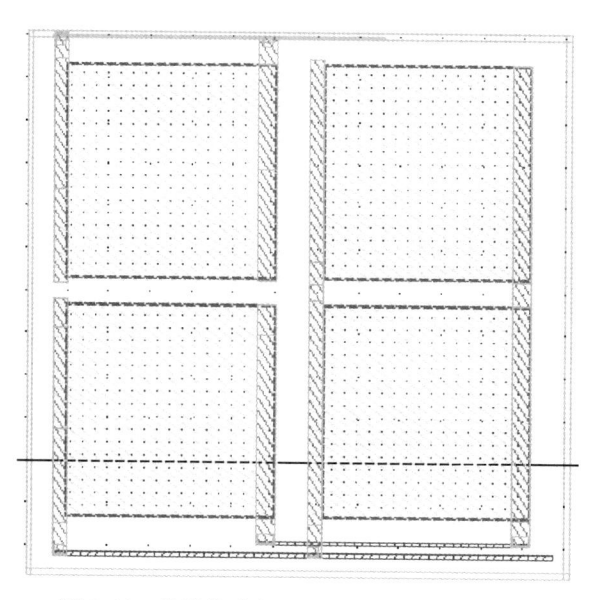

图 8.13 带隙基准电压源电路中电容阵列版图

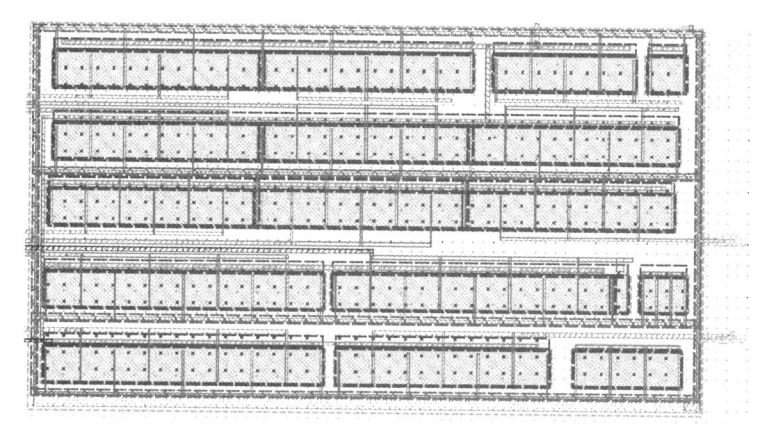

图 8.14 带隙基准电压源电路中电流源版图

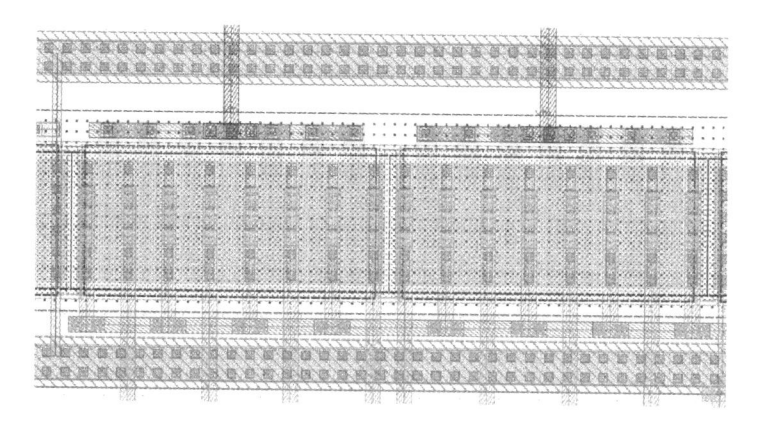

图 8.15 带隙基准电压源电路中的两级运算放大器的输入晶体管版图

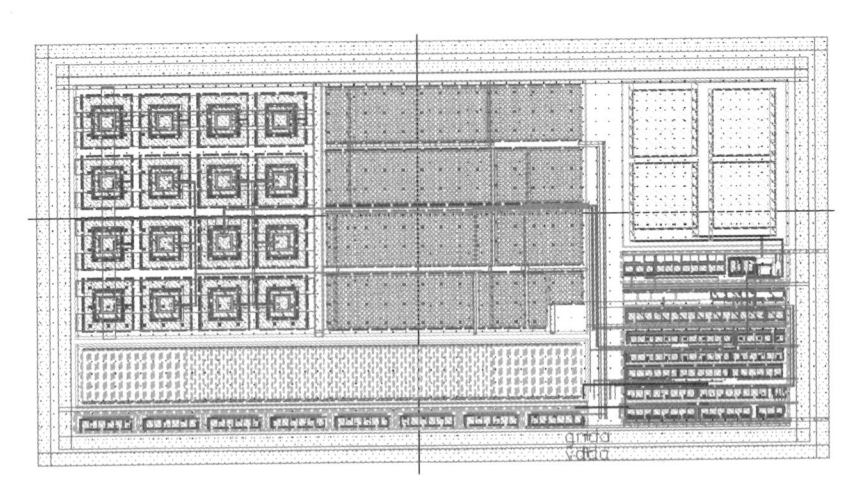

图 8.16 带隙基准电压源整体版图

8.2 低压差线性稳压器的版图设计

无论是便携式电子设备还是医疗电子设备,无论是直接使用交流电还是采用各种蓄电设备供电,电路工作中电路负载的不断变化,以及各种其他原因使得电源电压都在一个比较大的范围内波动,这对电路工作是非常不利的。尤其对高精度的测量、转换以及检测设备而言,常常要求供电电压稳定,并具有较低的噪声。为了满足上述要求,几乎所有的电子设备都采用了稳压器进行供电。由于低压差线性稳压器具有结构简单、成本低、噪声低等优点,在便携式电子设备中得到广泛应用。

8.2.1 低压差线性稳压器的基本原理 ★★★

低压差线性稳压器(Low-Dropout Voltage Regulator,LDO)作为基本供电模块,在模拟集成电路中具有非常重要的作用。电路输出负载变化、电源电压本身的波动对集成电路系统性能的影响非常大。因此 LDO 作为线性稳压器件,经常用于对性能要求较高的电子系统中。

LDO 是通过负反馈原理对输出电压进行调节的,它是在提供一定的输出电流能力的基础上,获得稳定直流输出电压的系统。在正常工作状态下,其输出电压与负载、输入电压变化量、温度等参量无关。LDO 的最小输入电压由调整晶体管的最小压降决定,通常为 150~300mV。

图 8.17 是一个 LDO 的输出电压和输入电压的关系曲线。图中横坐标为输入电压 0~3.3V,纵坐标为输出电压。从图 8.17 看到,当 LDO 的输入电压 U_{in} 小于某个值(例如 1.3V)时,输出电压为零;当输入电压 U_{in} 在某个区间(例如 1.3~1.8V)时,输出电压 U_{out} 随着 U_{in} 的增加而增加;而当输入电压 U_{in} 大于 2.1V,LDO 处于正常工作状态,输出电压稳定在 1.8V。

LDO 的基本结构如图 8.18 所示。其主要由以下几部分构成:带隙基准电压源、误差放大器、反馈电阻/相位补偿网络,以及调整晶体管。其中,误差放大器、反馈电阻网络、调整晶体管和相位补偿网络构成反馈环路稳定输出电压 U_{out}。

在 LDO 中,带隙基准电压源提供与温度、电源无关的参考电压源;误差放大器将参考电压源与反馈电阻网络输出反馈电压的差值进行放大,使得反馈电压与参考电压基本相等;相位补偿网络用于对整个反馈网络的相位进行补偿,使反馈网络稳定;而调整晶体管在误差放大器输出的控制下输出稳定电压,图 8.18 中调整晶体管可以是 PMOS 晶体管,也可以是 NMOS 晶体管或者 NPN 晶体管,在 CMOS 工艺中,通常选择 PMOS 晶体管。

图 8.18 所示的 LDO 的工作原理如下:当 LDO 系统上电后电路开始启动,带隙基准电压源中的启动电路开始工作,保证整个系统开始正常工作,带隙基准电压源输出一个与电源电压和温度等都无关的稳定的参考电压 U_{ref},而反馈电阻/相位补偿网络的 R_1 和 R_2 产生反馈电压 U_{fb},这两个电压分别输入误差放大器的输入端做比较,误差放大器将比较后的结果进行放大,控制调整晶体管的栅极,进而控制流经调整晶体管的电流,最后达到使 LDO 输出稳定的电压的目的。整个调整环路是一个稳定的负反馈系统,当输入电压 U_{out} 升高时,反馈电阻网络的输入 U_{fb} 也会随之升高,U_{fb} 与 U_{ref} 进行比较与放大,使得调整晶体管的栅极电压升高,进而使得调整晶体管的输出电流降低,最终使得输出电压 U_{out} 降低,使得 U_{out} 保持在一个稳定的值上。

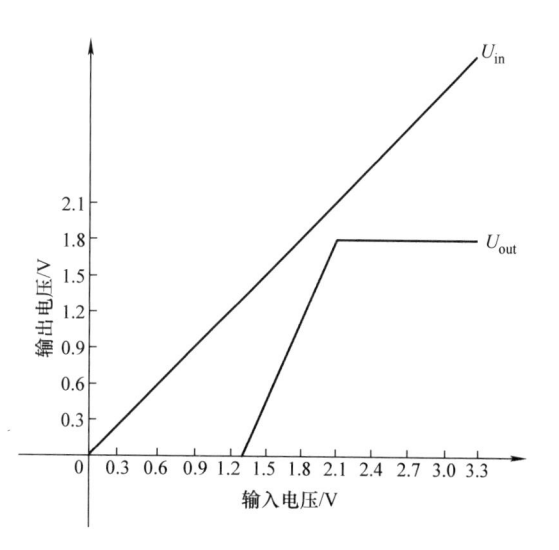

图 8.17 LDO 输出与输入电压曲线

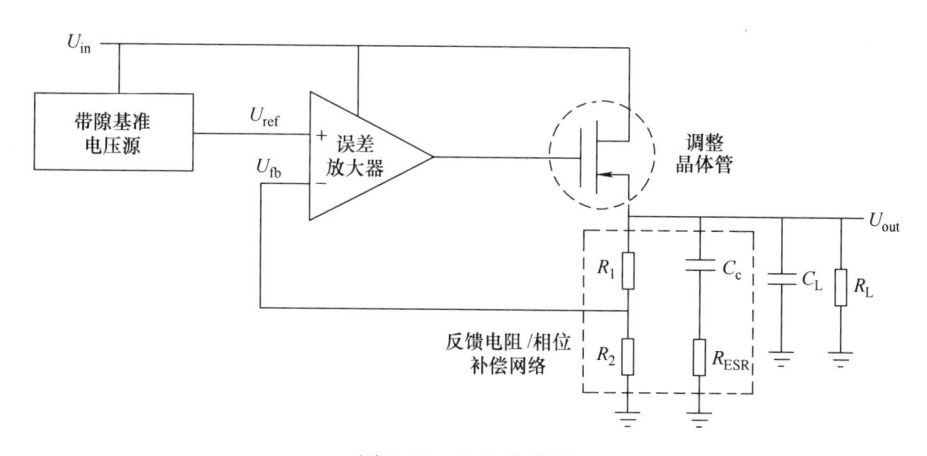

图 8.18 LDO 结构图

由图 8.18 可知,该 LDO 负反馈回路的闭环表达式为

$$U_{out} = \frac{A_{ol}}{1 + A_{ol}\beta} U_{ref} \tag{8-24}$$

式中,A_{ol} 为负反馈环路的开环增益;β 为环路的反馈系数,其表达式为

$$\beta = \frac{R_2}{R_1 + R_2} \tag{8-25}$$

在 $A_{ol}\beta \gg 1$ 的情况下,式(8-24)可以表达为

$$U_{out} \approx \frac{U_{ref}}{\beta} = \frac{R_1 + R_2}{R_2} U_{ref} \tag{8-26}$$

从式(8-25)和式(8-26)可以看出,LDO 的输出电压 U_{out} 只与带隙基准电压源的参考电压 U_{ref} 以及反馈电阻网络的阻值比例有关,而与 LDO 的输入电压 U_{in}、负载电流和温度等无关。因此,可以通过调节反馈电阻网络的阻值比例关系得到需要的输出电压。

8.2.2 低压差线性稳压器版图设计实例 ★★★

基于上一节中对低压差线性稳压器的学习基础,本节将采用 3.3V 电源电压的中芯国际 CMOS 1p6m 工艺,配合 Cadence Virtuoso 软件实现一款低压差线性稳压器的电路和版图设计。采用的低压差线性稳压器电路结构图如图 8.19 所示。

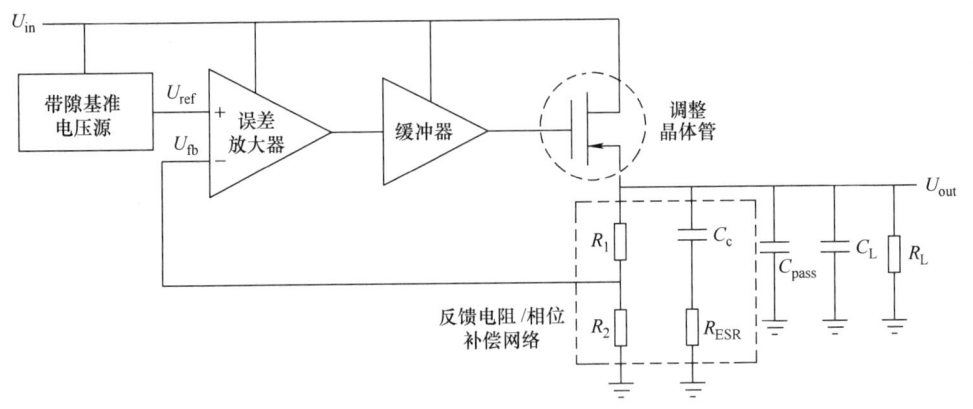

图 8.19 采用的 LDO 结构框图

如图 8.19 所示,采用的 LDO 主要分为 6 个部分,从左至右依次为带隙基准电压源、误差放大器、缓冲器、调整晶体管、反馈电阻/相位补偿网络。其中,带隙基准电压源产生基准电压和基准电流,误差放大器将参考电压与反馈电压的差值进行放大,电压缓冲器用于降低误差放大器的输出电阻,反馈和补偿网络用于电阻分压产生反馈电压以及频率补偿。电源电压 U_{in} 为 3.3V,输出端 U_{out} 产生 1.8V 调整电压并输出 36mA 的电流。

如图 8.20 所示,采用的 LDO 电路主要分为 4 个部分(此部分不包括带隙基准电压源电路,该电路在上一节已完整描述),从左至右依次为误差放大器、缓冲器、反馈电阻/相位补偿网络和调整晶体管。

由于 LDO 的电源抑制比、线性调整率和负载调整率等性能指标与运算放大器的增益相关,所以为了提高放大器的直流增益,选择了两级结构,如图 8.20 所示。其中,第一级采用简单的五管结构获得中等增益,第二级采用电流镜提供一定增益,同时提供较大的输出摆幅。图 8.20 所示 LDO 中的电阻 R_1 和 R_2 用于获得反馈电压,LDO 环路的频率补偿采用 C_c、R_c、C_o、R_{ESR} 和 MM16 实现,用于获得较好的相位特性。

基于图 8.20 所示电路图,规划低压差线性稳压器的版图布局。先将低压差线性稳压器的功能模块进行布局,粗略估计其版图大小以及摆放的位置,根据信号流走向,将低压差线

第 8 章 带隙基准源与低压差线性稳压器的版图设计

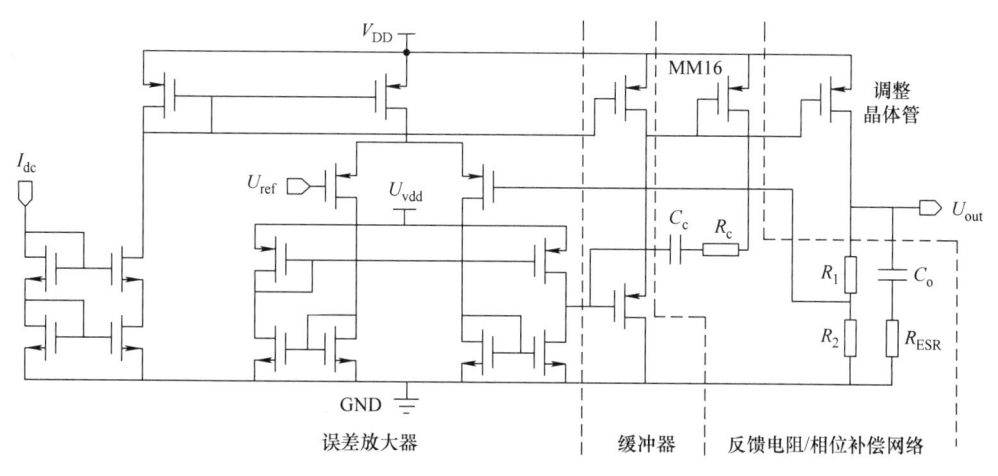

图 8.20 采用的 LDO 电路图

性稳压器的模块摆放分为上下两层，下层为调整 MOS 晶体管，上层从左至右依次为电容阵列、电阻阵列和 MOS 晶体管区域。电源线和地线分布在模块的两侧，方便与之相连。低压差线性稳压器的版图布局如图 8.21 所示。

图 8.22 为低压差线性稳压器 MOS 晶体管区域的布局图，总共分为四层。第一层为误差放大器（OTA）第一级输入差分晶体管以及电流源部分；第二层为输入电流镜和 OTA 第一级负载管和第二级输入晶体管；第三层为 OTA 第二级输出级以及缓冲器输入晶体管；第四层为 dummy MOS 晶体管区域，图 8.22 中没有示出。下面主要介绍各模块的版图设计。

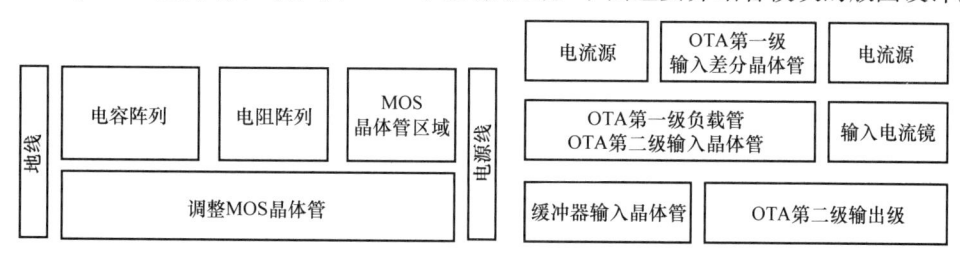

图 8.21　低压差线性稳压器版图布局　　图 8.22　低压差线性稳压器中 MOS 晶体管区域版图布局

图 8.23 为低压差线性稳压器中电容阵列版图，版图采用 2×3 阵列，阵列排布有助于器件的匹配，其中，左下角电容为 dummy 电容，其余 5 个为电路中实际用到的电容。电容阵列采用保护环围绕可降低外界噪声对其的影响。另外，如果面积允许，在实际用到电容的四周加入 dummy 电容可以进一步提高匹配程度。

图 8.24 为低压差线性稳压器电阻阵列版图，低压差线性稳压器中的电阻主要用在两处，一处为分压的反馈网络；另一处为零点跟踪。将两处材料相同的电阻归结在一起，并且其单条电阻尺寸相同有助于版图规划以及降低工艺误差。在电阻两侧加入 dummy 电阻也可进一步降低工艺误差对器件的影响。

图 8.25 为低压差线性稳压器中调整晶体管的版图，由于需要流过较大的电流，调整晶体管的尺寸非常大，所以将其单独进行布局，放在整体版图的下方。需要注意的是调整晶体管版图金属线的宽度，也就是电迁移问题，需要从工艺文件中查阅金属线以及接触孔能够承

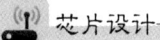

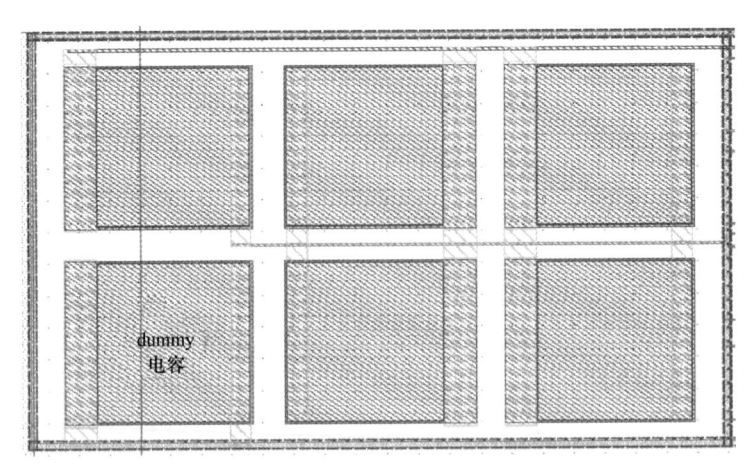

图 8.23　低压差线性稳压器电容阵列版图

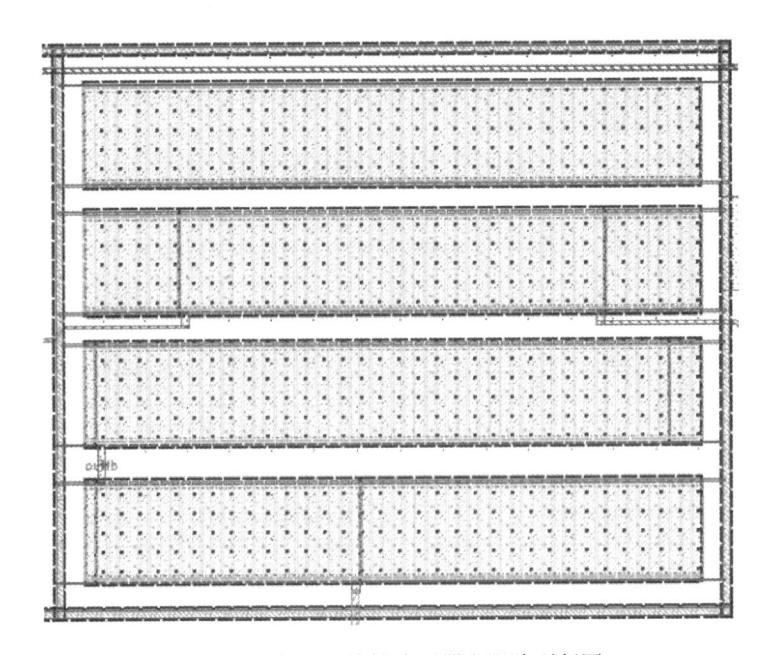

图 8.24　低压差线性稳压器电阻阵列版图

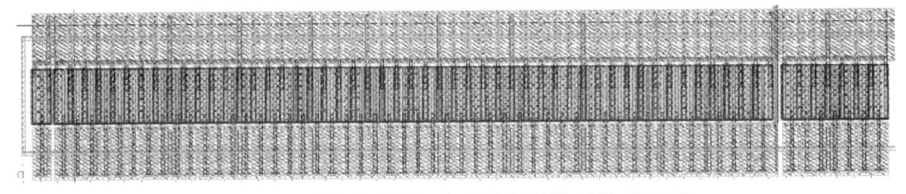

图 8.25　低压差线性稳压器中调整晶体管版图

受的最大电流密度,在设计时留出裕度即可。

另外,在特殊用途时还需要考虑有关静电放电(ESD)问题。这时需要根据晶圆厂提供的规则文件,将晶体管 pcell 打散,对晶体管的漏源面积、多晶硅覆盖尺寸等进行修改,使得晶体管版图满足 ESD 的条件,才能保证大面积晶体管在较大电流时的稳定工作状态。

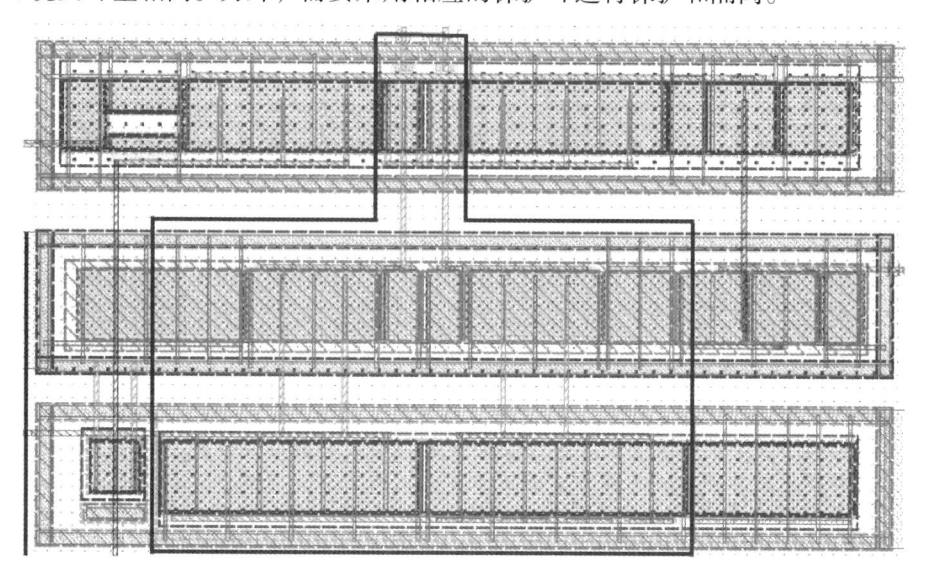

图 8.26 黑色框内为低压差线性稳压器中运算放大器版图，运算放大器是低压差线性稳压器中最重要的模块，版图设计非常重要。如图 8.26 所示，版图基本成轴对称，并且版图两侧的环境要尽量相同。另外，需要采用相应的保护环进行保护和隔离。

图 8.26　黑色框内为低压差线性稳压器中运算放大器版图

在各个模块版图完成的基础上，就可以进行整体版图的拼接，依据最初的布局原则，完成的低压差线性稳压器的版图如图 8.27 所示，整体呈矩形，版图两侧分布较宽的电源线和地线。到此就完成了低压差线性稳压器的版图设计。

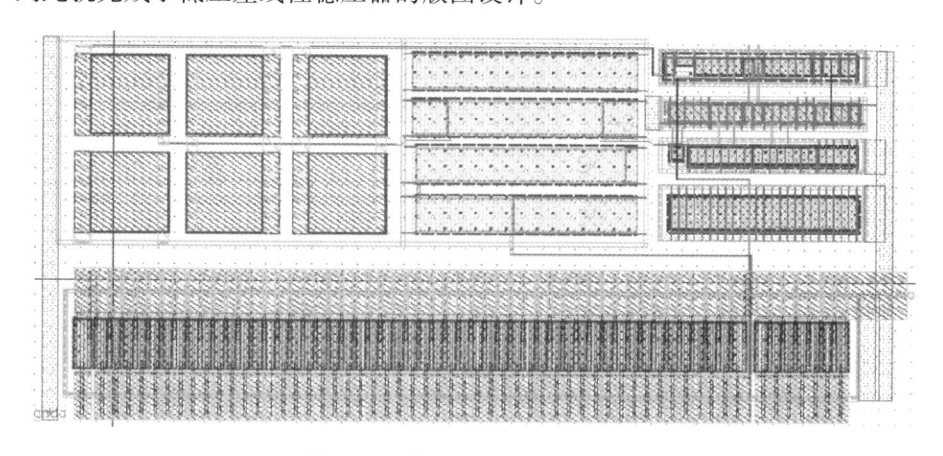

图 8.27　低压差线性稳压器版图

第 9 章

模—数转换器版图设计

自 20 世纪 90 年代以来，数字电路在许多领域中逐渐取代了模拟电路，成为集成电路中重要的一环。但模拟电路作为最为经典的电路设计形式，仍然在许多方面具有不可撼动的地位。模—数转换器就是其中的典型代表。模—数转换器通常用于传感器信号的采样以及数字化，其目的在于使得不同的电流或者电压信号可以在数字域进行处理。模—数转换器（Analog to Digital Converter，ADC）是一种将模拟信号转换为数字信号的电路单元。它的主要功能是将在时间和幅度上都连续的模拟信号转换为在时间和幅度上都离散的数字信号。如图 9.1 所示，转换过程首先

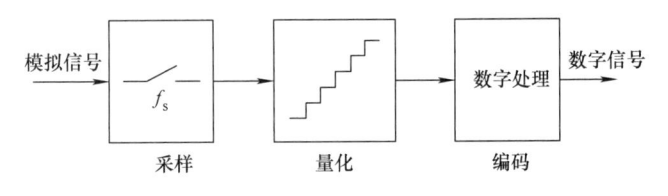

图 9.1 模—数转换器原理

是通过在均匀时间点上对输入信号进行采样操作完成模拟信号的时域离散化，然后送入后面的量化器和编码器，以实现模拟信号的数字化。

本章将着重介绍模—数转换器的基础概念和性能参数定义。作为混合信号电路的经典实现，模—数转换器版图的布局、布线是决定整体电路性能的关键因素。因此本章也将对快闪型模—数转换器、流水线模—数转换器、逐次逼近模—数转换器、Sigma-Delta 模—数转换器等主要模—数转换器版图进行分析讨论，作为进行模—数转换器设计的重要基础。

9.1 性能参数

模—数转换器的性能参数主要包括静态参数和动态参数两大类。静态参数表示的是模—数转换器输入—输出的直流特性。重要的静态参数有非线性误差和线性误差。其中非线性误差包括积分非线性误差和微分非线性误差，而线性误差包括失调误差和增益误差。动态参数反映模—数转换器以一定频率对交流输入小信号进行转换时的特性，它包括噪声、失真、建立时间误差等。

9.1.1 静态参数 ★★★

1. 微分与积分非线性

模—数转换器的最小分辨率可以用一个最低有效位（Least Significant Bit，LSB）来表示，它表示总的输入电压范围除以输出数字码字的总数。如果一个 12 位模—数转换器（总

共 4096 个码字）的输入电压范围是 4.096V，则该模—数转换器的 1 个 LSB 就等于 1mV。

模—数转换器中每个码字对应的宽度都应该是 1LSB，假若一个模—数转换器的传输函数曲线中码字对应的宽度不是 1LSB，我们则认为该码字存在微分非线性（Differential Nonlinearity，DNL），模—数转换器的微分非线性可写为

$$DNL = 码字宽度 - 1LSB \qquad (9-1)$$

在模—数转换器中，电阻或者电容的失配、比较器的失调，以及电阻的电压系数等一些因素都会造成模—数转换器的非线性，如图 9.2 所示。其中，由于该模—数转换器的输入有效转换电压受到比较器输入失调电压的影响，导致第五和第六个输入转换电压都是 2.50V。

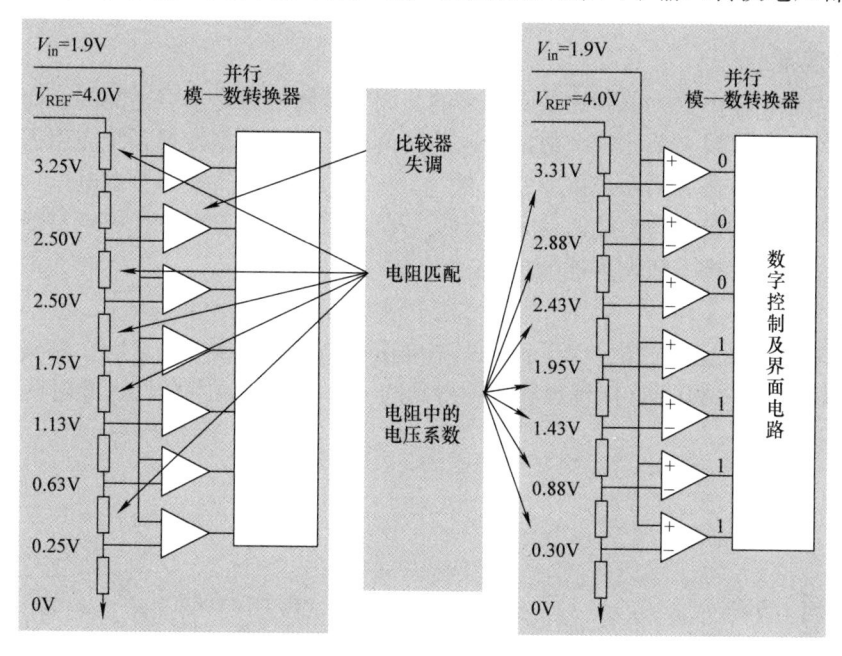

图 9.2　有限精度电阻造成的并行模—数转换器线性误差

当模—数转换器的相邻码字之间距离大于 1LSB 时，DNL 的值为正，否则 DNL 的值为负。如果一个码字不存在（DNL = -1LSB），模—数转换器则会出现"失码"的状况。

从数学的角度而言，积分非线性（Integral Nonlinearity，INL）可表示为 DNL 在指定范围内的积分。如果在最小输入电压与最大输入电压之间做一条直线，INL 则表示实际有限精度的传输特性与该直线的垂直距离。图 9.3 是图 9.2 中左边并行模—数转换器传输函数线性

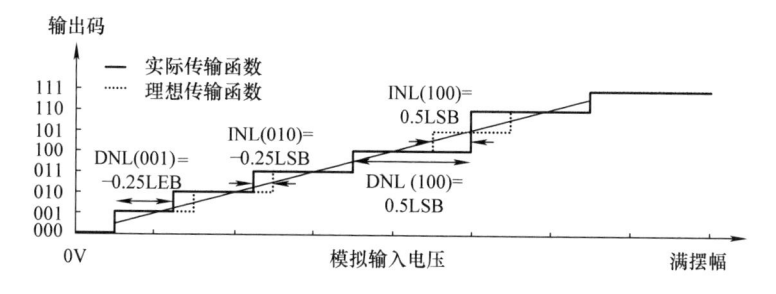

图 9.3　模—数转换器传输函数线性误差的说明

— 317 —

误差的示意图，而表9.1列出了图9.3中模—数转换器传输函数线性误差值。

$$\text{INL} = \sum_{x=1}^{\text{code}} \text{DNL}(x) \quad (9-2)$$

表9.1 图9.3中模—数转换器传输函数线性误差的计算

数字码	001	010	011	100	101	110
数字码宽度（LSB）	0.75	1	1.25	1.5	0	1.5
DNL（LSB）	-0.25	0	0.25	0.5	-1	0.5
INL	-0.25	-0.25	0	0.5	-0.5	0

2. 失调误差

输入放大器、输出放大器和比较器带来的失调电压和电流是不可避免的，而模—数转换器的基本单元都是由以上单元模块组成，因此失调误差也是数据转换系统应用需要考虑的参数之一，特别是在直流应用系统中非常重要。图9.4为模—数转换器失调电压示意图，模—数转换器失调电压的定义为当输入信号达到某一模拟值时，输出数字代码由最低处发生的变化，则这一信号值为模—数转换器的失调。

3. 增益误差

图9.5为增益误差示意图，为了消除失调电压对测量增益误差的影响，将实际得到的传输曲线的起始点平移到0，这样理想和实际得到的传输曲线起始点相同，此时两个曲线斜率的差为增益误差。

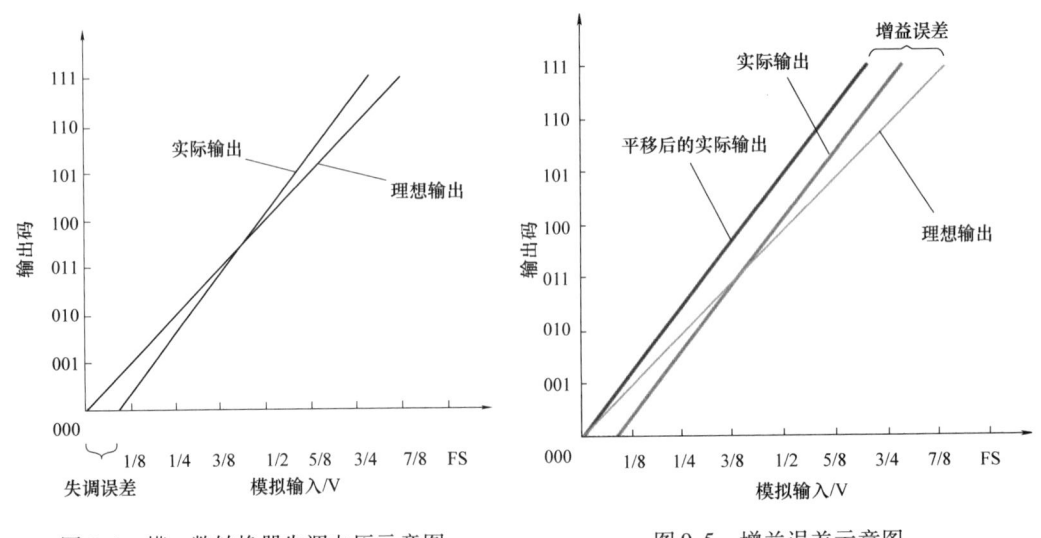

图9.4 模—数转换器失调电压示意图

图9.5 增益误差示意图

因为模—数转换器的失调误差、增益误差、积分非线性，以及微分非线性都是以直流输入电压衡量的，所以这些特性又称为模—数转换器的直流特性。

9.1.2 动态特性 ★★★

模—数转换器的动态特性与模—数转换器的转换速率，以及输入信号的频率和幅度有关，通常动态特性都在频域中衡量，模—数转换器的动态特性参数定义如图9.6所示，主要包括信噪比、信噪失真比、无杂散动态范围和总谐波失真四个方面。

1. 信噪比

信噪比（Signal-to-Noise Ratio，SNR）是在一定频带内基波信号的功率与总噪声功率的比值：

$$\text{SNR} = 10\log\frac{P_\text{s}}{P_\text{n}} \tag{9-3}$$

式中，P_s、P_n分别表示基波信号的功率和总噪声功率，总噪声功率既包括量化噪声，也包括模拟电路中引入的其他噪声，信噪比以分贝（dB）为单位。

正弦信号常被用来测量模—数转换器，一个幅值为$\Delta 2^{N-1}$的单频正弦信号的功率为

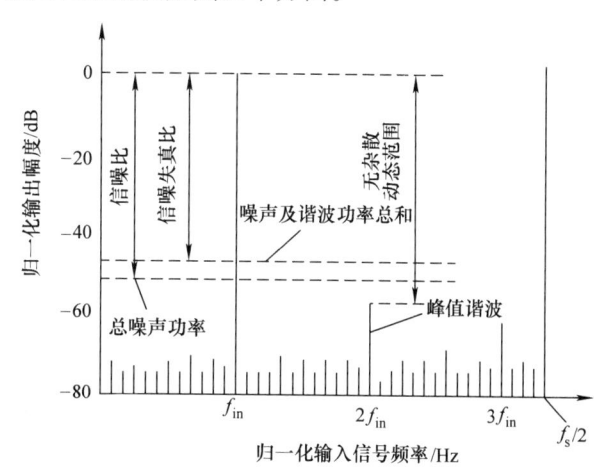

图9.6 模—数转换器的动态特性参数

$$P_\text{s} = \frac{(\Delta 2^{N-1})^2}{2} \tag{9-4}$$

当这个正弦信号经过一个理想的模—数转换器处理后，信噪比为

$$\text{SNR} = \frac{P_\text{s}}{P_\text{n}} = \frac{(\Delta 2^{N-1})^2/2}{\Delta^2/12} = 1.5 \times 2^{2N} \tag{9-5}$$

换算为分贝（dB）为

$$\text{SNR} = 10\log\frac{P_\text{s}}{P_\text{n}} = 6.02N + 1.76 \tag{9-6}$$

从式（9-6）可以看出，理想情况下，当模—数转换器的分辨率提高1位时，信噪比将提高约6dB。

2. 信噪失真比

信噪失真比（Signal-to-Noise-and-Distortion Ratio，SNDR）是在一定的频带内，基波信号功率与谐波、混叠谐波及总噪声功率之和的比值为

$$\text{SNDR} = 10\log\frac{P_\text{Signal}}{P_\text{Noise} + P_\text{Distortion}} \tag{9-7}$$

信噪失真比表征了模—数转换器由于各类噪声和谐波失真引起的性能下降。信噪失真比通常对应于正弦信号而言，它与输入信号的频率和幅度有关，信噪失真比的最大值一般出现在输入信号的幅度比满量程略小的地方。

3. 无杂散动态范围

无杂散动态范围（Spurious Free Dynamic Range，SFDR）是指在一定的频带内，信号功率与最大谐波或混叠谐波功率的比值（以dBc为单位表示）为

$$\text{SFDR(dBc)} = 10\log\frac{X_\text{sig}^2}{X_\text{spur}^2} \tag{9-8}$$

式中，X_sig、X_spur分别为基频信号和最大谐波或混叠谐波的方均根。通常，SFDR（dBc）与

信号幅度有关，当输入信号为满量程（Full Scale，FS）时，无杂散动态范围就以 dBFS 为单位，表示为

$$\text{SFDR}(\text{dBFS}) = 10\lg \frac{\left(\frac{\text{FS}}{2\sqrt{2}}\right)^2}{X_{\text{spur}}^2} \tag{9-9}$$

当无杂散动态范围分别以 dBc 和 dBFS 表示时，两个 SFDR 值之间的关系为

$$\text{SFDR}(\text{dBc}) = \text{SFDR}(\text{dBFS}) - 10\log \frac{\left(\frac{\text{FS}}{2\sqrt{2}}\right)^2}{X_{\text{sig}}^2} \tag{9-10}$$

无杂散动态范围代表着模—数转换器输出频谱中的最大谐波值，这对模—数转换器的动态特性影响较大，当无杂散动态范围变小到一定程度时，继续减小无杂散动态范围会使其他动态特性明显下降。

4. 总谐波失真

总谐波失真（Total Harmonic Distortion，THD）是在一定的频带内，总谐波失真功率与基波信号功率之比，表示为

$$\text{THD} = 10\log \frac{P_{\text{THD}}}{P_{\text{Signal}}} = 10\log\left(\sum_{k=2}^{\infty} X_k^2 / X_1^2\right) \tag{9-11}$$

式中，X_1 为基波信号的方均根；X_k 为 k 次谐波的方均根。通常在计算 THD 时，只会用到前 9 次谐波，在粗略计算时也可只取前 3 次谐波。总谐波失真反映了由于谐波失真引起的信噪失真比的恶化程度。

5. 有效位数

有效位数（Effective Number of Bit，ENOB）是由满量程输入信号实际测量的信噪失真比值计算得到的，数学表达为

$$\text{ENOB} = \frac{\text{SNDR} - 1.76}{6.02} \tag{9-12}$$

9.1.3 功耗指标 ★★★

在一些应用中，功耗和电流消耗是模—数转换器需要重点考虑的因素。在工业过程控制中，信息通常借助 4mA 和 20mA 之间的电流进行数据传输。有时这种电流不仅可以用于传递信息，而且还可作为电路的电流源。因此，控制电路需要消耗的电流被限制为 4mA。为了降低模—数转换器的功耗，我们需要诸如睡眠模式和掉电模式等不同的省电模式，它们的剩余功耗和恢复时间有所不同。

一些设备要求必须最小化其功耗，比如手持设备中由电池驱动的手机，或者具有高密度电池的电气设备，它们的总功率耗散会引起冷却问题。因此，功耗也是模—数转换器设计需要重点关注的设计参数。

9.1.4 抖动 ★★★

交流参数希望以等距离的时间步长捕获数据，而不幸的是，采样模拟输入电压的数字信号边沿会在时域上出现或左或右的偏移，这种现象称为孔径抖动。由于经常采用时钟信号捕

捉模拟输入信号,所以通常称孔径抖动为时钟抖动。当时钟信号发生抖动时,动态输入信号的电压值将会改变,从而捕获到错误的电压,如图9.7所示。

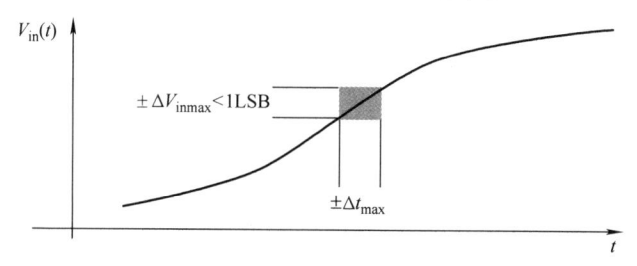

图9.7　由于时钟抖动造成模—数转换器的采样误差

假设输入信号是幅值为 A、频率为 f 的正弦信号,最大误差为 ε,计算过程如下:
抖动的表达式如式(9-13)所示:

$$\varepsilon = \frac{dV_{in}}{dt}\bigg|_{max} \Delta t = \frac{d[A\sin(2\pi ft)]}{dt} \cdot \Delta t = 2\pi f A \Delta t < 1LSB \quad (9-13)$$

如果模拟满量程范围是幅度的两倍,那么可以用 2^n LSB 代替 $2A$。因此,最大允许抖动 Δt_{max} 可表示为

$$\Delta t_{max} < \frac{1}{2^n \pi f} \quad (9-14)$$

随着分辨率和输入信号频率的增加,对抖动的要求也越来越高。假设在通信应用中,输入信号具有 $f=500$MHz 的频率,并且模—数转换器具有12位的分辨率,那么抖动必须小于155fs[⊖]。在工业应用中,信号频率通常小于100kHz,但是模—数转换器的分辨率通常达到16位以上。对于这种情况,孔径抖动必须要小于50ps[⊖]。

9.2　模—数转换器的结构及版图设计

不同应用对模—数转换器有着特殊的要求,不同架构的模—数转换器在速度、功耗、分辨率和复杂性上有着显著的差异。模—数转换器主要包括快闪型模—数转换器、流水式模—数转换器、逐次逼近型模—数转换器和Sigma-Delta模—数转换器四大类。图9.8给出这四类模—数转换器的性能概括。

9.2.1　快闪型模—数转换器（Flash ADC）★★★

快闪型模—数转换器是传统结构中模—数转换最快,也是最直接的实现形式。快闪型模—数转换器由参考电压产生网络(通常由电阻串分压组成)、比较器阵列和编码逻辑组成。图9.9为一个典型的快闪型模—数转换器结构。对于一个 n bit 的快闪型模—数转换器,需要 2^n 个相等的电阻串提供 2^n-1 个等间距为1个LSB的参考电压,2^n-1 个比较器将输入信号和参考电压同时进行比较,将比较产生的温度计码传输给编码模块,编码器根据比较器

⊖ 1fs = 10^{-15} s。

⊖ 1ps = 10^{-12} s。

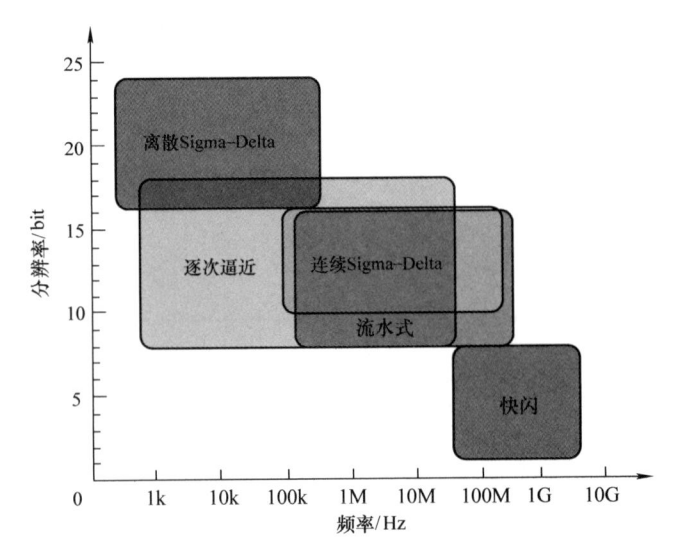

图9.8 不同架构的典型模—数转换器性能比较

输出产生二进制编码或者格雷码。因为快闪型模—数转换器的转换速度仅取决于比较器速度，所以这种结构的模—数转换器也是各类模—数转换器中转换速度最快的。

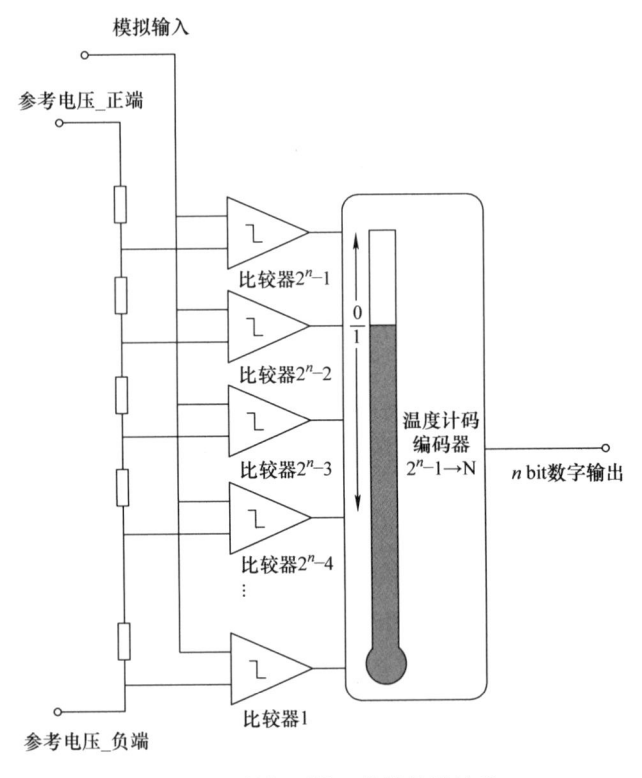

图9.9 快闪型模—数转换器结构

快闪型模—数转换器的主要缺点是比较器和电阻数量随着精度的增加呈指数增加，对于一个高精度设计指标，快闪型模—数转换器的功耗和面积将会变得无法接受。此外，当设计奈奎斯特采样率模—数转换器时，输入信号需要采样-保持放大器来保证比较器的输入信号不会随着输入实时变化，从而保证后级的转换和编码。而随着精度的增加，比较器数目的增加使得采样保持电路输入负载急剧增加，很大程度上降低了快闪型模—数转换器的速度优势。快闪型模—数转换器的另一个缺点是转换器的精度受各个独立电阻匹配和比较器输入失调电压的限制。因此，快闪型模—数转换器的精度通常不超过 8bit。

传统快闪型模—数转换器是一种全并行结构，需要 2^n-1 个预放大器/比较器实现 n 比特精度，大的输入电容严重限制快闪型模—数转换器的输入信号带宽。插值技术可以减小预放大器的个数，从而减小输入电容，优化输入信号带宽。基于电阻网络的插值技术是在两个放大器输出端之间串联两个电阻，产生由于放大器减少而丢失的过零点，来实现 n 比特数据转换。用于实现插值技术的电阻网络可以作为失调平均技术中的电阻网络。因此，快闪-插值结构是实现宽输入信号带宽 GSPS 快闪型模—数转换器最常用结构。一种快闪-插值结构模—数转换器的典型模拟前端电路如图 9.10 所示，四级预放大器阵列级联，前三级放大器输出都采用 2 倍电阻插值，第四级输出实现了 6bit 精度。由于采用插值技术将参考电压数目从 65 个降低到 11 个。

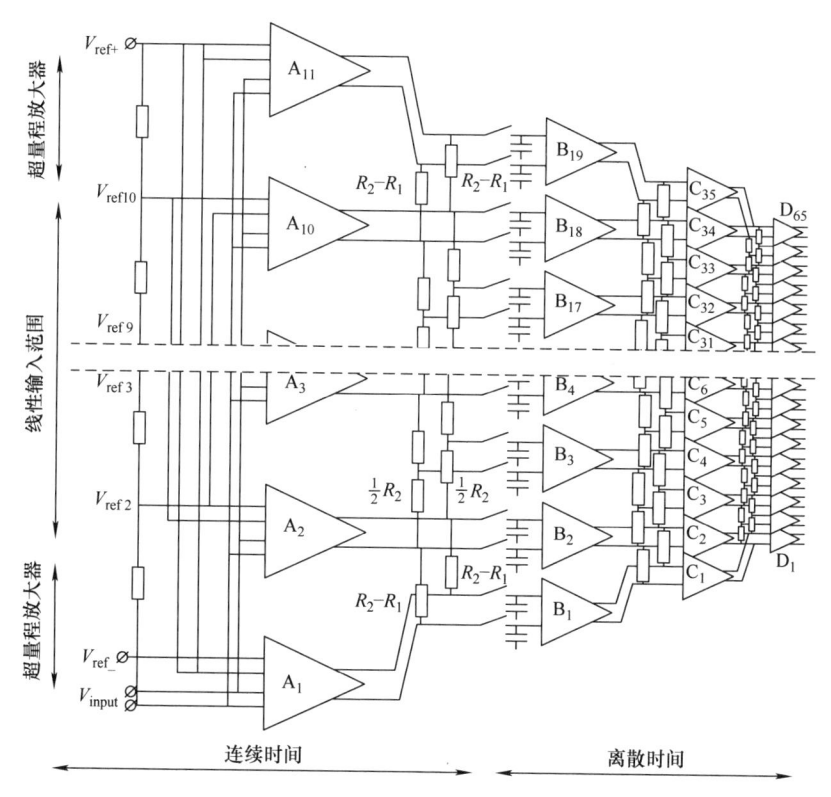

图 9.10 快闪-插值结构模—数转换器典型模拟前端电路

插值技术可以减少预放大器的数量和输入电容，但是比较器的数量与快闪结构一样。折叠技术可以减少比较器的数量。折叠-插值结构集两种技术优势，降低了输入电容、芯片面积和功耗，而且动态性能又很高。典型折叠-插值结构快闪型模—数转换器如图 9.11 所示，在折叠放大器输出采用电阻插值，插值系数为 4。在折叠级输出实现了 2bit 精度所需的过零点个数，插值之后实现了 6bit 精度对应的过零点个数。折叠-插值结构通过采用校准技术降低折叠-插值电路的非理想因素的影响，可以有效提高该结构的精度和速度。

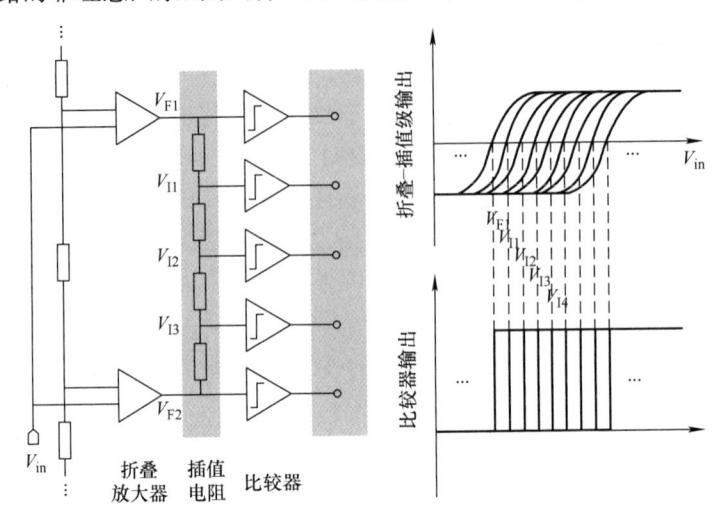

图 9.11 折叠-插值结构快闪型模—数转换器

由于快闪型模—数转换器具有高速的优势，但又受限于精度，目前主要应用于数据存储系统、高速数字示波器、宽带通信系统、雷达、医疗成像、高速数据采集系统等领域中。

9.2.2 快闪型模—数转换器版图设计 ★★★

一款成功的模—数转换器芯片必须具有良好的版图设计，尤其是高速的快闪型模—数转换器包括宽带宽的模拟电路和超高速的数字电路。良好的版图布局和版图设计技巧能够有效降低高速混合信号芯片内部数字信号与模拟信号之间的串扰，使得电路后仿真结果尽可能地接近前仿真结果。本小节以一个 6bit/500MHz 快闪型模—数转换器为例，具体分析整体模—数转换器的版图布局和布线设计。

如图 9.12 所示，高速信号从版图的下侧输入，模拟偏置产生电路布置在版图的左下角，时钟信号从版图的上侧自上而下输入，输出数字编码最终从右侧输出。这种布局方式充分实现了左下角模拟部分和右上角数字部分物理隔离，可以有效地实现模拟地和数字地的隔离，减小两个电压域之间的串扰。同时大信号的时钟信号远离输入模拟小信号，也减小了时钟信号和输入信号的耦合效应。

对应图 9.12 中的版图布局方案，具体的子模块布局如图 9.13 所示。模

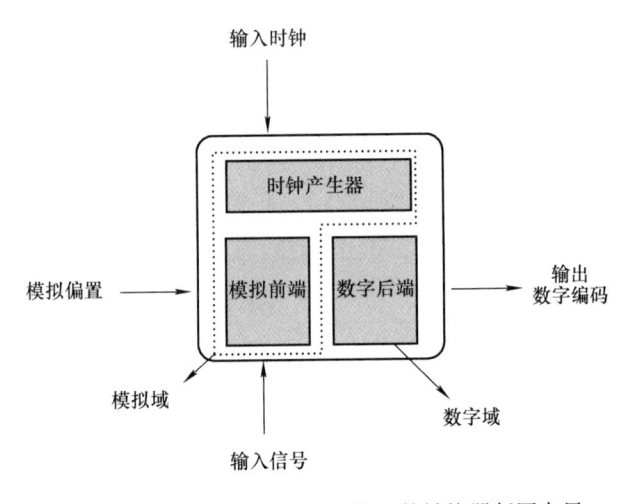

图 9.12 6bit/500MHz 快闪型模—数转换器版图布局

拟偏置电压或电流控制电路安排在整体版图的左下角，这个区域是易受干扰的模拟偏置电

路，应远离时钟生成电路与高速数字电路。差分电路技术是一种用来检测两个同一来源的特殊走线的信号之差的技术，该项技术可以有效消除差分信号上的共模干扰，得到清晰的数据信息。因此，高速时钟信号和输入信号分别从整体版图的顶部和底部以差分形式提供。为了消除耦合效应，高速数字编码应该从右边输出。处理输入信号的模拟前端电路（开环跟踪保持电路和4级预放大器）和数字后端电路（比较器、锁存器和数字编码电路）按照信号流向布局，有效降低模块间走线寄生的影响，进而提高模—数转换器的工作速度。数字后端电路中信号流向与时钟信号走线垂直，有效降低两者耦合效应。

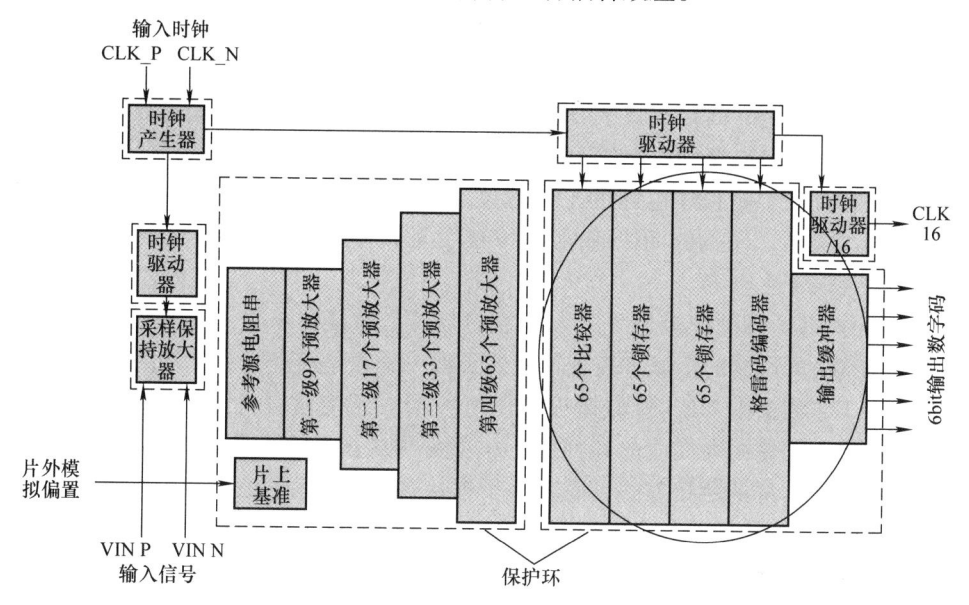

图 9.13　整体快闪型模—数转换器版图布局方案

时钟生成电路版图布局是关键，决定着模—数转换器的最高工作速度。因此，时钟产生电路位于芯片顶部，以便接收外部时钟信号，各个时钟驱动电路与相应的需要时钟的模块（采样保持放大器、数字后端和输出缓冲器）邻近布局布线，确保到达需要时钟的模块获得期望的时序。这样时钟生成电路版图布局使得时钟生成电路不仅能够差分接收外部时钟信号，还能够驱动版图中走线寄生负载和后续时钟驱动电路。时钟接收电路和时钟驱动电路的噪声隔离相互独立。模拟前端电路中采样保持放大器需要时序，与其他模拟电路分别采用单独的保护环隔离。数字后端电路和输出缓冲电路都需要时钟，它们都会产生数字噪声通过低阻衬底干扰模拟电路，也必须进行独立隔离。

完成整体版图布局后，电路版图布线技术仍然可以有效地降低工艺中非理想因素和高速混合信号电路中噪声干扰对整体电路性能的影响。有关电路版图设计的主要考虑以下几个方面。

虽然先进的 CMOS 工艺提供多层金属互连，但设计高速混合信号电路的版图时，仍要充分考虑许多与互连有关的效应。其中，互连的寄生电容和寄生电阻会影响电路的性能。其次，在高速混合信号电路设计中，寄生电容对整体模—数转换器性能影响非常明显，所以要采用各种版图技术减少寄生效应。

1）寄生电容可建模为平板电容，因此可以加大两个极板之间的距离，以减小寄生电容。金属层数越高，两个极板之间的距离越大，则寄生电容越小，因此远距离高速信号线应尽量采用高层金属以减小对寄生电容的影响。

2) 金属互连线的寄生电容中边缘电容占主要比例，因此应尽量减少和避免同一层金属相邻的两条信号线平行走线。采用不同层金属相邻信号线，或者加大信号线间距等方法，使得信号线间的寄生电容最小，减小信号之间的串扰。对噪声敏感的信号线尽量短些，减少与高速时钟信号或数字信号的平行布线。

3) 对于高速混合信号电路，有源区的寄生电容对电路的性能影响非常关键。这些电容可能在关键信号路径上，在完成版图之后，必须进行寄生参数提取再进行后仿真，以确保版图设计满足期望指标。在版图设计中采用"叉指"结构的 MOS 管版图来减小有源区寄生电容的影响。

4) 为了实现宽输入信号带宽的高速模—数转换器，减小模拟前端电路的寄生参数可以提高模拟输入信号带宽，而减小数字后端电路的寄生参数也可以有效提高数字后端电路的工作速度。在前端的差分电路和后端的 D 触发器与编码电路中，都存在着 MOS 管的漏极，该节点的寄生电容直接影响整体电路的工作速度。因此采用版图技术使得该点的寄生电容最小，除了采用"叉指"结构的 MOS 管版图以减小漏极有源区寄生电容之外，还应该注意与该节点相连的连线寄生电容。

一个小尺寸 MOS 管的栅极与一个大尺寸的金属 1 连接在一起，如图 9.14a 所示，在刻蚀金属 1 时，这个大尺寸的金属 1 表现得就像天线一样收集流经栅氧化物的电荷，使其电压升高。在这个工艺制造中 MOS 管的栅极电压可以增大到使栅氧化层击穿，并且不可恢复。若在实际设计中必须使用大尺寸的几何图形，就必须像图 9.14b 所示的那样，断开金属 1，采用金属 2 跳接。这样的跳接方式彻底减小了连接到 MOS 管栅氧化层上的金属 1 尺寸，因而把金属 1/栅的比率减小到了一个安全的数值，避免了天线效应。通常，在下层金属上的天线效应可以通过在其上层金属插入短的跳线来消除。

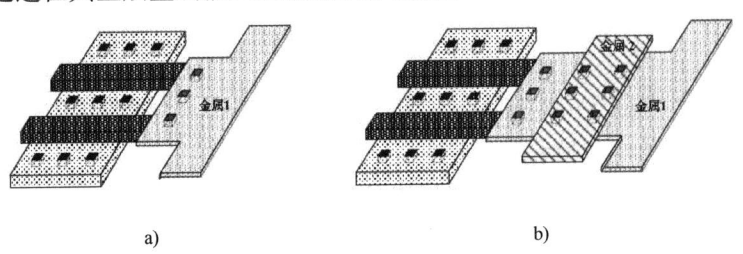

图 9.14 天线效应

a) 产生天线效应的连线　b) 切断金属 1，采用金属 2 进行跳接，消除天线效应

在绘制版图之前，设计者还必须清楚一条金属线能安全承载多大电流。制约金属线承载电流能力的因素主要包括金属的电迁移率、金属线寄生电阻引起的压降的最大值等。一条金属线所能承载的电流（I）等于金属线的宽度（W）乘以迁移阈值电流密度（J）。迁移阈值电流密度是电流流过金属线导致电路失效的极限值。通常，这个迁移阈值电流密度是$(1\rightarrow 2)\text{mA}/\mu\text{m}$。在版图设计过程中要充分考虑每层金属互连线的方块电阻。尽可能减少方块数，降低电压降。对于版图中数据信号走线，要在金属线承载的电流和引起的寄生效应之间取得折中。

模—数转换器版图中的电源线/地线的布局和连接涉及许多问题，寄生电阻的存在会产生直流和瞬态的压降。如图 9.15 所示，电源线/电线上的直流压降增大了第一个预放大器和第 n 个预放大器之间的增益失配，降低整体预放大器阵列性能。当数字电路开关时，将会出现很大的瞬态电流,这一瞬态电流将在电源线/地线的寄生电阻上产生瞬态压降。这个瞬态压降经由低电阻衬底将会干扰敏感电路的正常工作。

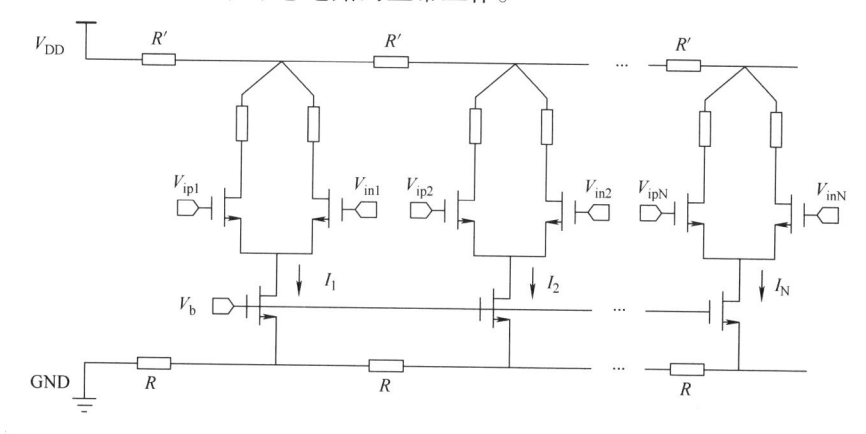

图 9.15　预放大器阵列中由于寄生电阻产生电压降

对于大电流的预放大器阵列,为了保证电路工作的可靠性,金属的电迁移率要求设定了最小电源线/地线宽度。为了减小寄生串联电阻并缓解金属的电迁移率的限制,可以增加电源线/地线宽度,或并联两层或多层金属线。根据整体版图优化布局,可以采用宽电源线/地线、多层高层金属构成的立体网格状电源线/地线,如图 9.16 所示,金属 4、5、6 叠加作为电路的电源线/地线,用来降低寄生电阻电压降。

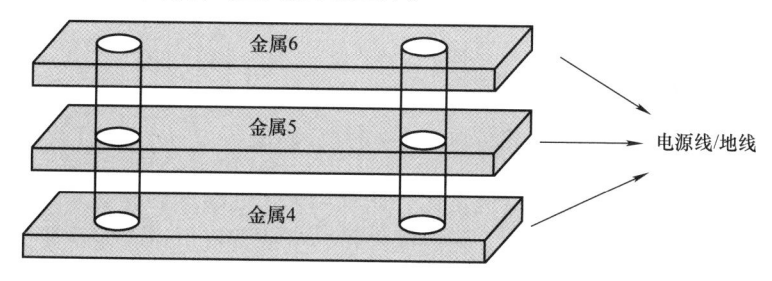

图 9.16　电源线/地线版图布局

在模—数转换器中,许多内部模块的偏置电压和偏置电流通常来源于一个带隙基准电路。这些基准电路在整个芯片上的分配将带来严重的问题。偏置电流的例子如图 9.17 所示,电流 I_{REF1}、I_{REF2} 由一个带隙基准电路提供,由于电流流经金属线不会产生变化,因此这些参考电流走线到邻近模块,并就地生成镜像电流,再对子模块形成电流偏置,这种方法可以有效减小电压偏置经过长走线引起的压降问题。

时钟分配方式如图 9.18 所示,要注意时钟接收电路与时钟驱动电路之间长金属线的寄生效应的影响。版图与电路迭代设计需要确保时钟驱动电路生成的时序正确。时钟分配版图主要考虑:

1)在内部电路模块,时钟信号与数据信号之间垂直布线以消除串扰。
2)采用树型时钟结构平衡到达电路延时,确保整体模—数转换器工作正常。

在模—数转换器芯片中,数字逻辑门的翻转变化会通过数字输出端与衬底之间的电容向衬底注入噪声,如图 9.19 所示,若有时钟跳变将在衬底和地之间产生电流脉冲干扰。干扰

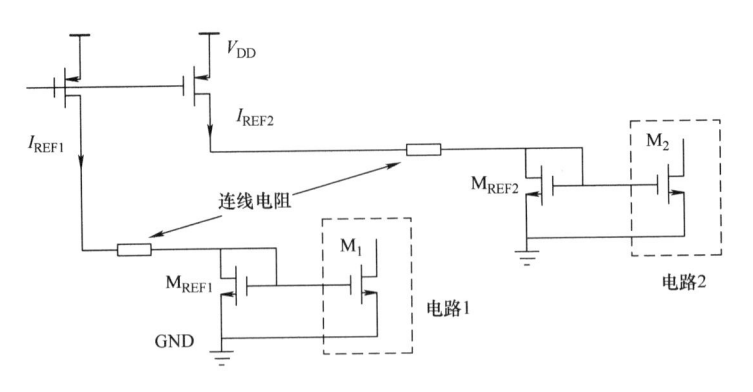

图 9.17 电流域分配偏置

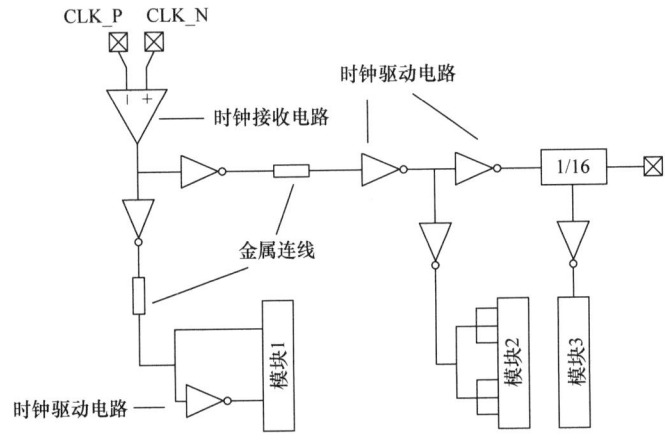

图 9.18 时钟分配示意图

信号的大小与引入噪声的器件的尺寸成正比，如果当大尺寸缓冲器驱动大的负载，噪声干扰会变成一个严重的问题。通过体效应，衬底噪声被转变成漏极电流，使得模拟电路的动态性能受到衬底噪声的影响。为了减小衬底噪声的影响，可以采取如下方法：

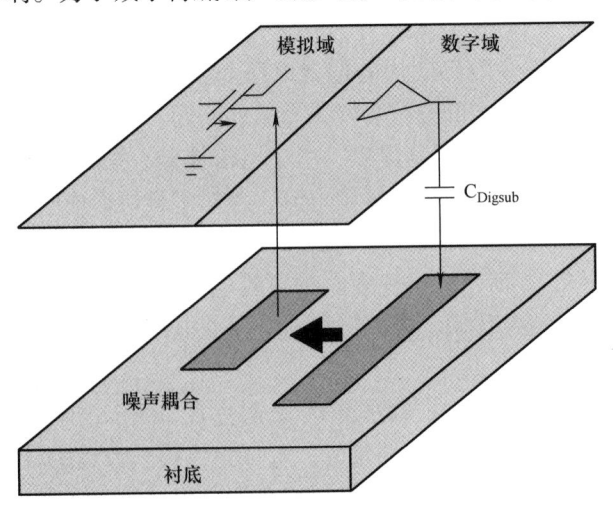

图 9.19 衬底耦合效应

1) 采用全差分电路,以降低模拟电路部分对共模噪声的敏感度。
2) 数字信号与时钟应该以互补形式分布,从而减小净耦合噪声。
3) 模拟和数字电路在芯片上集成较大的去耦电容。
4) 使得与衬底相连的键合线最短,进而键合线寄生自感最小。
5) 应用保护环隔离敏感模块和其他产生衬底噪声的电路。

上述方法中较大的去耦电容可以保持电源线与地线之间的电压稳定。版图设计中主要采用 NMOS 电容和 MIM 电容。NMOS 电容实际上是将大尺寸 NMOS 晶体管的源/漏相连,作为电容的一个端口,而栅极作为另一个端口来实现的。

9.2.3 流水线模—数转换器(Pipelined ADC)基础 ★★★

流水线模—数转换器是一种由若干级结构和功能相似的子电路组成、通过将量化过程以流水线方式处理而获得高速高精度的模—数转换电路,主要应用在数字机顶盒、数字接收机、中频与基带通信接收器、低功耗数据采集、医学成像、便携式仪表等领域中。精度范围一般在 10~16bit,工作频率通常在 10~500MHz 的范围内。

流水线模—数转换器是一种在子区结构的基础上,各级引入了采样保持放大电路,使各级可并行地对上一级得到的模拟余量进行处理的模—数转换结构。从转换过程来看,流水线模—数转换器的各级间采用串行处理的工作方式,每一级的输入都是上一级的输出,只有一级完成了工作后,下一级才能开始工作。但就每一步转换来看,在每一步转换中各级都在工作,没有一级在"休息",所以每级的工作方式又可看成是并行的。一个典型的流水线模—数转换器基本原理框图如图 9.20 所示。

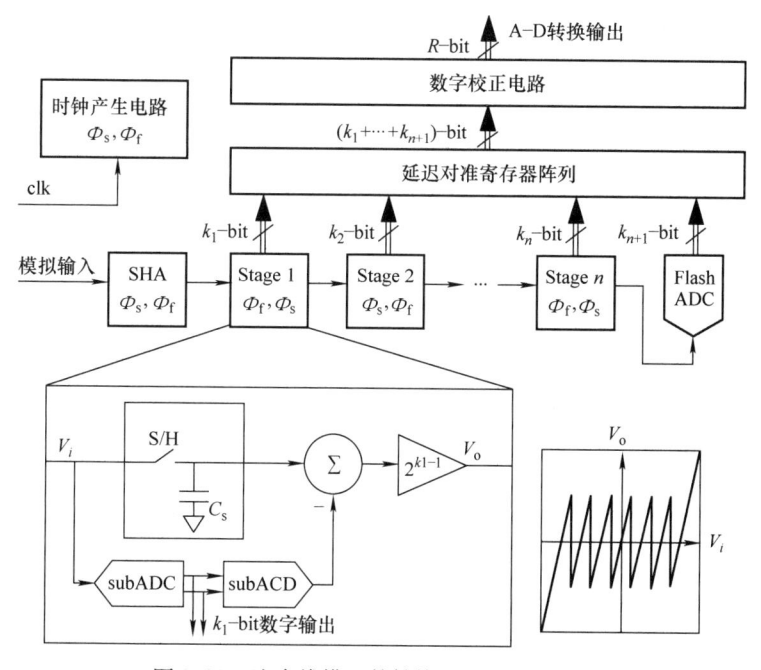

图 9.20 流水线模—数转换器基本原理框图

从图 9.20 中可见,典型的流水线模—数转换器由时钟产生电路、流水线转换结构、延时对准寄存器阵列和数字校正电路组成。其中流水线转换结构由输入采样保持电路（SHA）、减法放大电路（Multiplying DAC，MDAC）、快闪型模—数转换器（flash ADC）级联。

流水线模—数转换器中各子级（MDAC）的基本组成结构如图 9.21 所示，它由一个低精度模—数转换器和减法放大单元构成。MDAC 完成的功能包括采样保持、数—模转换、减法及放大运算。在数据转换过程中，每一级首先对输入到该级的模拟信号进行模—数转换并产生 $B_i + r_i$ 位的数字输出，然后将这个数字码通过数—模转换器（DAC）转换为模拟量，并与该级的输入相减得到余差。该余差再被放大 G_i 倍并被送入下一级 MDAC 进行同样的处理，其中，单级增益 G_i 可以表示为

$$G_i = 2^{B_i+1-r_i} \tag{9-15}$$

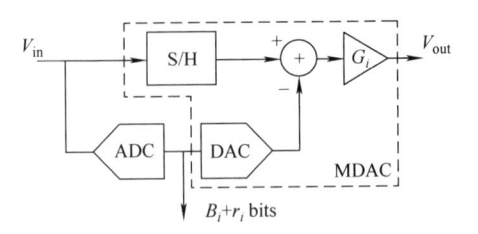

图 9.21 流水线模—数转换器中各子级 MDAC 的结构图

一个理想的 $B_i + r_i$ 位输出的 MDAC 传输函数可表示为

$$V_{\text{out},i} = G_i V_{\text{in},i} - D_i V_{\text{ref}} \tag{9-16}$$

式中，D_i 由每级中的低精度模—数转换器决定，其范围为 $D_i \in [-(2B_i-1), +(2B_i-1)]$。为了保证流水线模—数转换器正常工作，应选用两相不交叠时钟对其各级进行控制，使流水线模—数转换器中的前端采样保持电路和各级 MDAC 在采样相、放大相之间交替工作来完成转换。双相不交叠时钟由时钟电路产生，设两相不交叠时钟为 Φ_s、Φ_f，其中 Φ_s 控制前端采样保持电路和偶数级的 MDAC，Φ_f 控制奇数级 MDAC，当时钟 Φ_s 为高电平时，前端采样保持电路和偶数级 MDAC 处在采样相，奇数级 MDAC 处在放大相。这时，前端采样保持电路对输入的模拟信号进行采样，而偶数级 MDAC 则对奇数级 MDAC 放大输出的模拟余差进行采样。当时钟 Φ_f 为高电平时，前端采样保持电路和偶数级 MDAC 处在减法放大相，奇数级 MDAC 处在采样相。上述过程反复操作，输入信号就被各子级 MDAC 逐级串行处理，由于每级 MDAC 量化得到的数字并非同步出现，所以需要采用延迟同步单元来进行同步。在使用冗余位的结构中需要对每级得到的数字代码进行重建，这就是数字校正模块的作用，而不采用冗余位的结构就可以将同步后的数字代码直接输出[3]。

1. 采样保持电路

采样保持电路的作用是对输入模拟信号进行准确采样，并将采样结果保持，即对连续信号离散化。在传统结构流水线模—数转换器中，采样保持电路是整个模—数转换器最前端的模块，它的精度和速度决定了整个系统能够达到的最高性能。在 CMOS 技术中，最简单的采样保持电路是由一个开关和一个电容组成，如图 9.22 所示。

当 CK 为高电平时，开关闭合，此时输出跟随输入 V_{in} 变化；当 CK 为低电平时，开关断开，电容保持了开关断开时的电荷。以上结构虽然简单但存在两个很严重的非理想因素：MOS 管的沟道电荷注入和时钟馈通，这两种效应将很大程度上影响采样保持电路的精度。为了克服沟道电荷注入和时钟馈通给电路精度带来的影响，引入了底板采样技术，如图 9.23 所示。

在图 9.23 中，M_2 比 M_1 稍微提前关断，一般情况下这个提前量为几百 ps，M_2 关断时注入电容 C_H 的电荷量约为 $\Delta Q_2 \approx a_2 W L C_{\text{ox}}(\phi_H - V_{\text{tn}})$，此电荷基本与输入信号无关；然后 M_1 关断，由于此时电容 C_H 下极板悬空，M_1 的沟道电荷不会注入电容 C_H，因此 M_1 电荷注入

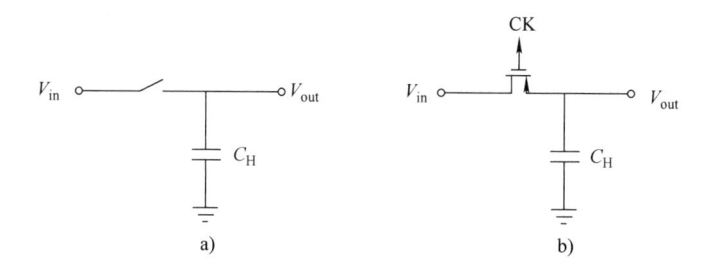

图 9.22 采样保持电路

a）采样保持原理图 b）采用 MOS 器件做采样保持开关

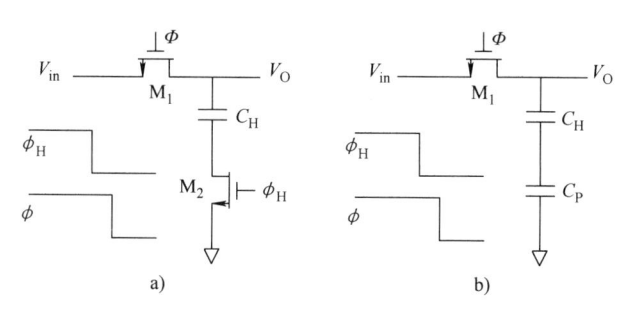

图 9.23 M_2 开启和关断时底板采样示意图

a）M_2 开启时底板采样示意图 b）M_2 关断时底板采样示意图

的非线性被消除。实际上 C_H 下极板并非悬空，而是有一个寄生电容的存在，如图 9.23b 所示，故 M_1 仍会在 C_H 上注入少量电荷，其值约为 $\Delta Q_1 \approx a_1 WLC_{ox}(\phi_H - V_{in} - V_{tn})$，是一个很小的量。实际采样保持电路中加入了运算放大器，利用高增益运放差分输入端近似虚地和电荷守恒原理进行底极板采样，可以达到更高的精度。该种采样保持电路分为电荷转移型和电容翻转型，图 9.24 为电荷转移型采样保持电路的工作原理图，其中 Φ_1 和 Φ_2 为两相不交叠时钟。

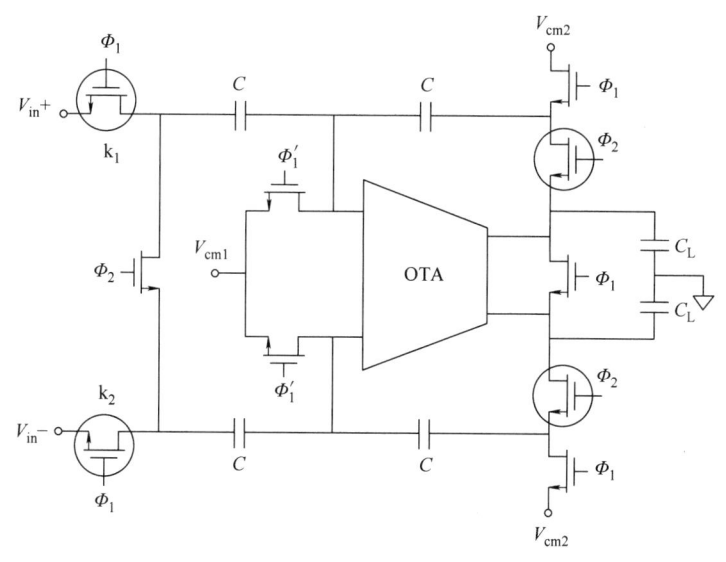

图 9.24 电荷转移型采样保持电路

电荷转移型采样保持电路在采样阶段跟踪输入信号值，在保持阶段仅将采样电容中电荷的差值部分传输到反馈电容，而输入共模电压仍留在采样电容中，所以该种结构能够接受大范围的输入共模信号，具有良好的共模抑制特性。电容翻转型采样保持电路如图9.25所示。

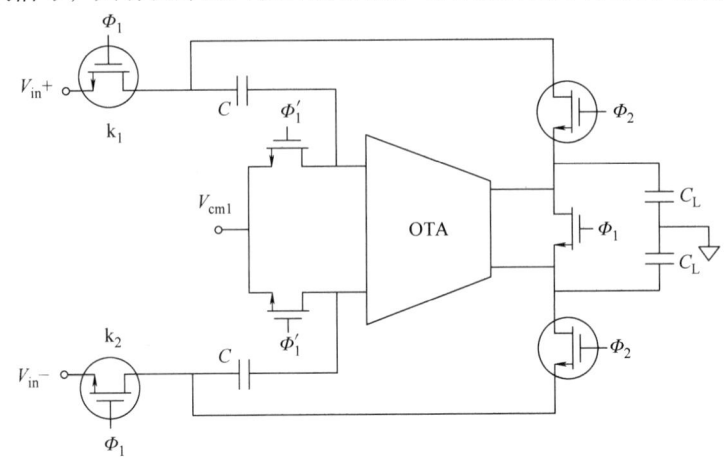

图9.25 电容翻转型采样保持电路

电容翻转型采样保持电路对信号进行采样后，在保持阶段直接将采样电容的一端翻转接到放大器输出，实现被采集信号的保持。以上两种采样保持电路相比较，如果不考虑放大器输入端寄生电容的影响，在保持阶段，电荷转移型结构的闭环反馈系数为0.5，电容翻转型结构的闭环反馈系数为1，因而在闭环单位增益带宽相同的情况下，电容翻转型结构具有更低的功耗。电容翻转型采样保持电路的缺点是共模输入范围较小，在低电压应用时会增加运算放大器的设计难度。

2. 减法放大电路

流水线模—数转换器中减法放大电路（MDAC）的主要功能是在级间实现模—数转换、采样保持、相减和增益放大。作为流水线模—数转换器中的核心电路，MDAC的性能对整体电路至关重要。MDAC电路的实现会带来多种误差，为了将误差降低到合理范围，目前通常使用带冗余位的MDAC结构，以1.5bit/级为例，其传输曲线如图9.26所示。

相应的单端电路图如图9.27所示，其中C_s为采样电容；C_f为反馈电容，且$C_s = C_f$，Φ_1和Φ_2为两相不交叠时钟，Φ_{1e}的下降沿超前于Φ_1，用于底板采样。

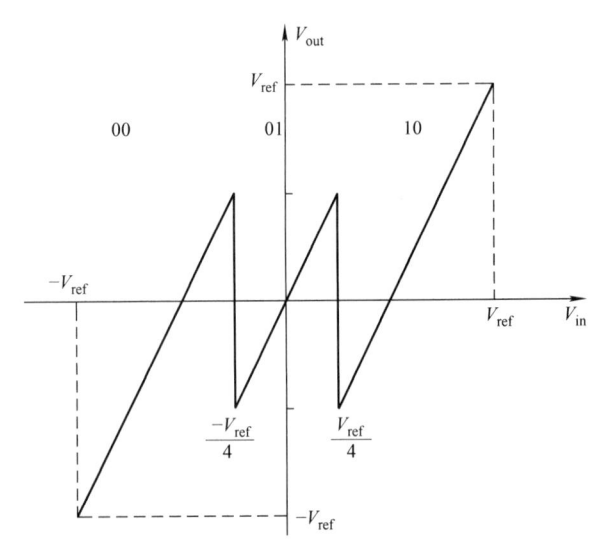

图9.26 1.5bit/级 MDAC 输入输出传输函数

当Φ_1为高电平时，前级输出信号被电容C_s和C_f采样，两电容上所存储的电荷为

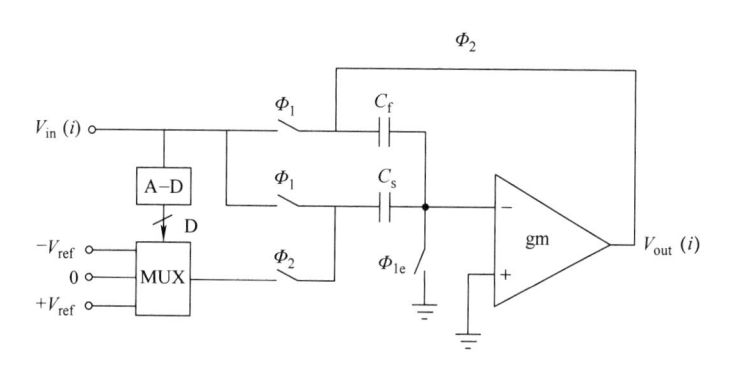

图 9.27 MDAC 模块结构

$$Q_1 = V_{in}(i)(C_s + C_f) \tag{9-17}$$

当 Φ_{1e} 变为低电平时，与电容顶极板相连的开关先断开，减小了沟道电荷注入效应（底板采样技术）；当 Φ_2 为高电平时，MDAC 电路进入放大相，C_f 的底板与运算放大器的输出端连接，而 C_s 的底板在子模—数转换器输出的控制下连接到 $+\frac{1}{2}V_{ref}$、0 或 $-\frac{1}{2}V_{ref}$。在理想情况下，假设 OTA 增益无穷大，其闭环工作时正、负输入端电平相等且为 0，则减法放大阶段两电容上存储的电荷为

$$Q_2 = V_{out}(i)C_f + DC_sV_{ref} \tag{9-18}$$

由于在采样阶段结束时和整个保持阶段，运算放大器的负输入端始终处于虚地，根据电荷守恒，有：

$$Q_1 = Q_2 \tag{9-19}$$

联立式（9-17）、式（9-18），得：

$$V_{out}(i) = V_{in}(i)\left(1 + \frac{C_s}{C_f}\right) - D\frac{C_s}{C_f}V_{ref} \tag{9-20}$$

其中 D 的取值为

$$D = \begin{cases} -1 & \text{子模—数转换器输出为 00} \\ 0 & \text{子模—数转换器输出为 01} \\ +1 & \text{子模—数转换器输出为 10} \end{cases} \tag{9-21}$$

由于 $C_s = C_f$，式（9-21）进一步简化为

$$V_{out}(i) = 2V_{in}(i) - DV_{ref} \tag{9-22}$$

式（9-22）为理想 1.5bit/级 MDAC 的传输函数解析表达式，以 $V_{in}(i)$ 为自变量，$V_{out}(i)$ 为函数绘制输入输出传输曲线如图 9.26 所示。上述开关电容 MDAC 结构是以 1.5bit/级为例，若流水线子级的有效转换位数 $B_i \geq 2$，其分析方法类似。

3. 比较器电路

在流水线 MDAC 模块中输出的数字代码都是经由比较器比较得来的。比较器的功能就是通过比较输入信号和参考信号的大小得到输出，图 9.28 是理想比较器的功能示意图，当输入信号小于比较信号时比较器输出为低电平 V_{OL}、当输入信号大于比较信号时比较器输出为高电平 V_{OH}。然而比较器并非理想，其存在着增益有限、速度有限和失调等非理想因素。首先，增益有限决定着比较器可以分辨的最小信号幅度，比较器增益越大代表能分辨的信号

幅度越小，比较精度越高；其次，有限的速度决定着其能否应用于高速的系统中。比较器的失调可以看作是输入信号与比较信号之间存在的工艺实现过程中引入的固定误差，其在一定程度上也决定着比较器的应用范围。

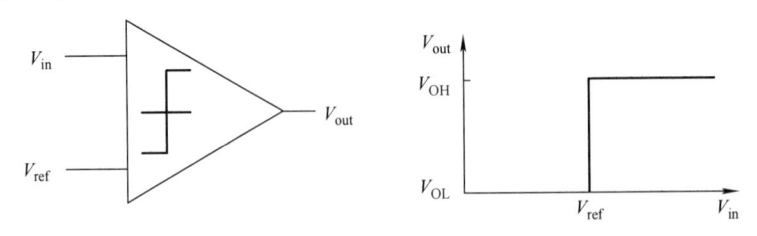

图 9.28 理想比较器的功能示意图

使用传统的运算放大器可以提供比较好的增益，但由于其速度有限，所以很少在高速应用中使用，目前比较常用的结构是使用放大器加锁存器的结构，其结构如图 9.29 所示。

首先来分析一下锁存器，锁存器的结构可以看作是两个反相器串联后首尾相连的环路，其电路模型如图 9.30 所示，图 9.31 是该电路的小信号模型。

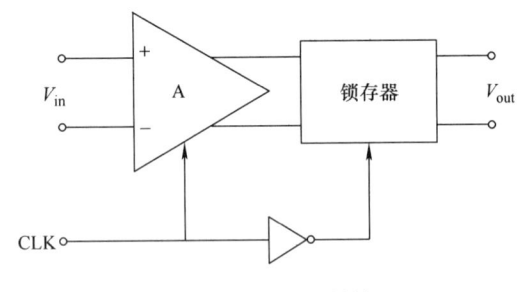

图 9.29 比较器结构

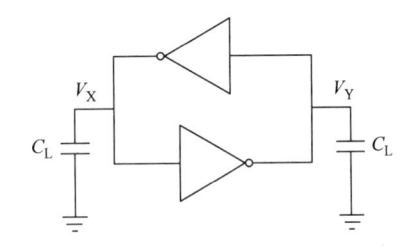

图 9.30 锁存器模型

由小信号模型得到：

$$g_m V_X + V_Y/r_o + dV_Y/dt \cdot C_L = 0 \tag{9-23}$$

$$g_m V_Y + V_X/r_o + dV_X/dt \cdot C_L = 0 \tag{9-24}$$

式中，g_m、r_o 分别为反相器的跨导和输出阻抗，式（9-23）、式（9-24）两边同乘 r_o，整理后得到：

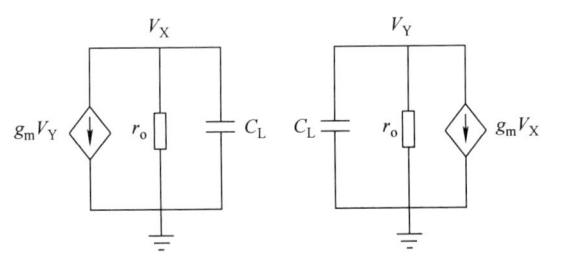

图 9.31 锁存器小信号模型

$$AV_X + V_Y = -dV_Y/dt \cdot \tau \tag{9-25}$$

$$AV_Y + V_X = -dV_X/dt \cdot \tau \tag{9-26}$$

式中，$A = g_m r_o$ 是反相器的增益，$\tau = r_o C_L$ 是反相器的时间常数，由式（9-25）、式（9-26）整理得到：

$$V_X - V_Y = -\frac{\tau}{A-1}\left(\frac{dV_X}{dt} - \frac{dV_Y}{dt}\right) \tag{9-27}$$

设 X、Y 两点电压差的初始值为 V_{XY0}，则可以得到：

$$V_X - V_Y = V_{XY0} \cdot e^{-\frac{t(A-1)}{\tau}} = V_{XY0} \cdot e^{-\frac{t}{\tau_{eff}}} \tag{9-28}$$

式中，τ_{eff} 为等效时间常数，假设反相器的增益 $A \gg 1$，则等效时间常数为

$$\tau_{\text{eff}} = \tau/(A-1) \approx C_L/g_m \tag{9-29}$$

等效时间常数越小，锁存器的速度越快，由式（9-29）得到的设计指导是：输出负载 C_L 应尽量小，反相器跨导 g_m 应尽量大。

尽管通过合理的设计，锁存器可以达到比较高的速度，但也存在着一些问题。首先由于锁存器的输入端存在较大的失调，这影响着比较器的精度；其次由于锁存器的输出是大信号，如果锁存器的输出变化引入到输入，会产生比较大的回踢（kick-back）噪声，kick-back 噪声不但影响比较器的精度，还对参考电压电路产生一定的干扰。为了解决以上两个问题，经常采用在比较器结构中的锁存器前增加预放大器，使得等效到输入端的失调和 kick-back 噪声有效地减小，从而提高比较器的精度。预放大器的增益和带宽要求由比较器的设计指标决定，在设计指标比较严格的应用中为了带宽的考虑，通常预放大器采用多级级联的方式，以达到高增益高带宽的目的。

4. 数字锁存及冗余校正电路

流水线模—数转换器的转换是逐级进行的，各级信号输出有时序差，所以需要对各级的数字输出进行延迟，使对应于同一个模拟量的数字输出码同步。对同一个模拟量而言，前级比后级多延迟半个时钟周期，这个可以通过数字延迟寄存器来实现。冗余位数字校正技术是一种利用冗余位信息，有效校正比较器不精确和运算放大器失调误差的技术。以每级两位流水线模—数转换器为例，理想传输函数曲线如图 9.32 中灰色部分所示，由于比较器失调等电路非理想因素的影响，实际传输函数为黑色曲线。当信号超出 V_R 时可能会发生失级误差，为了避免这一情况，引入冗余位数字校正算法，以保证模—数转换系统的线性。采用冗余校正后的传输函数如图 9.33 所示。

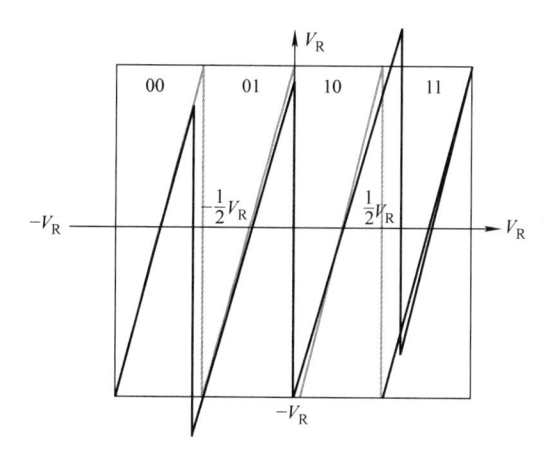

图 9.32　未采用冗余位的 2bit/子级传输函数

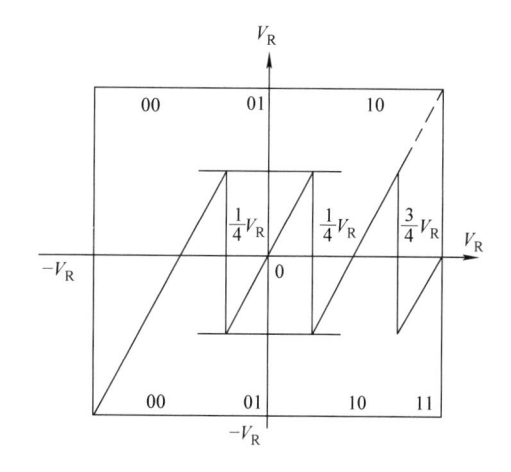

图 9.33　采用冗余校正后的 1.5bit/子级传输函数

采用冗余校正后，去掉了 $\frac{3}{4}V_R$ 处的比较电平，即去掉了 11 编码，使子模—数转换器只有 00、01、10 三种输出，从而各级编码在全加器中循环累加不会发生溢出导致失级，增加了电路的容错程度。

图 9.34 是数字校正电路的基本结构框图，将编码电路的输出作为数字校正单元的输入，通过时延电路处理实现各级的同步输出，进而经加法电路对最终结果进行累加完成校正。

编码电路输入 → 延迟电路 → 加法电路 → 输出缓冲 → A-D转换输出

图 9.34　数字校正电路基本结构框图

9.2.4　流水线模—数转换器版图设计 ★★★

流水线模—数转换器的工作频率要低于快闪型模—数转换器，因此在版图设计时的约束条件可以适当放松，但在快闪型模—数转换器设计中所讨论的原则仍然适用。本小节以一个 10bit/80MHz 流水线模—数转换器为例，分析整体版图布局和布线设计。在流水线模—数转换器版图设计中，主要考虑的因素包括以下方面：

1. 对称性

模—数转换器的主要模块，如传统结构中的采样保持模块，采样保持和减法放大共享模块等均采用全差分对称结构，抑制共模干扰。在版图设计上，尽量保持对称性，尽可能地使用"镜像复制"，将随机干扰转变成共模干扰。

2. 匹配性

主要是晶体管和电容的匹配，尤其是电容的匹配性。晶体管匹配性的设计是为了减小跨导放大器或比较器的失调，保持差分通道中 CMOS 开关的一致性等，因而，绘制运算放大器输入管，顶、底电流管，比较器输入管时尽量采取叉指画法。对于镜像电流偏置网络，也尽量采用较大的 W、L 值，镜像管尽量靠近，提高电流的匹配性。减法放大电路的增益倍数取决于其采样电容和反馈电容的匹配性，如果电容不匹配，会很大程度的影响模—数转换器的无杂散动态范围，因此，采样和反馈电容需要采用共质心画法，并在四周加虚拟器件保护（dummy）电容，如图 9.35 所示。

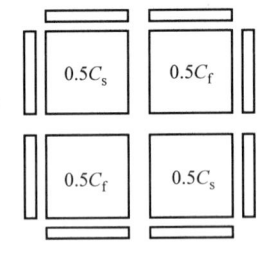

$0.5C_s$	$0.5C_f$
$0.5C_f$	$0.5C_s$

图 9.35　共质心对称布局的匹配电容

3. 干扰及衬底间串扰

模—数转换器是一个典型的数—模混合系统，数字和模拟电路都在同一个衬底上，为了避免干扰，采取的主要措施有：①数字和模拟电源由片外单独电源提供；②数字地和模拟地在片内严格分开，片外在测试印制电路板上单点短接；③为降低串扰，数字和模拟电路分开足够的距离，分别用 NPN（N-well-P，Tap-N—well）三层隔离环隔离，隔离环上接电源或地；④根据各个模拟单元的重要程度，决定其与数字部分间距的大小和次序；⑤尽量使得起始模块和目的模块靠近，保证较短的路径，减小线延迟；⑥模拟总线和数字总线尽量分开而不交叉混合；⑦每对全差分信号尽可能一起并排走线，并注意对输入全差分信号的隔离和保护；⑧为了保证高频性能，数字电路尽量采用最小尺寸，有源区尽量小。

4. 输入输出端口（I/O）布局

计算电路中最大峰值电流，以决定电源和地输入输出端口对数的选取，对耗电量大的模块，如采样保持和减法放大共享模块，首级采样保持，首级 MDAC 模块，应就近摆放电源供电 I/O。时钟电源和模拟电路电源分开供电，避免时钟通过电源对模拟电路模块产生干扰。数字电路部分输出 I/O 需要考虑其驱动能力，且数字部分随着采样频率的增大，动态功耗增大，选取 I/O 时应留有一定余量。

通过以上论述，10bit/80MHz 模—数转换器总体结构如图 9.36 所示，包括一级采样保持电路和十级子 MDAC 模块，其中由实线外框框住的部分为噪声较大的电路，包括时钟产生部分、各级时钟缓冲电路、数字校正电路，以上部分均用 NPN 三层隔离环与外界隔离，并与敏感电路保持一段距离。虚线外框框住部分为电压基准和部分电流偏置，对噪声及电源电压波动等较为敏感，也采用 NPN 三层隔离环与外界隔离，以达到降低干扰的效果。输入信号从左侧输入，10bit 数字输出码从版图下侧输出，信号自左向右，折向下方后又自右向左传输。模拟部分位于整体版图的上侧，数字部分位于下侧，有效的隔离二者之间的衬底耦合噪声。

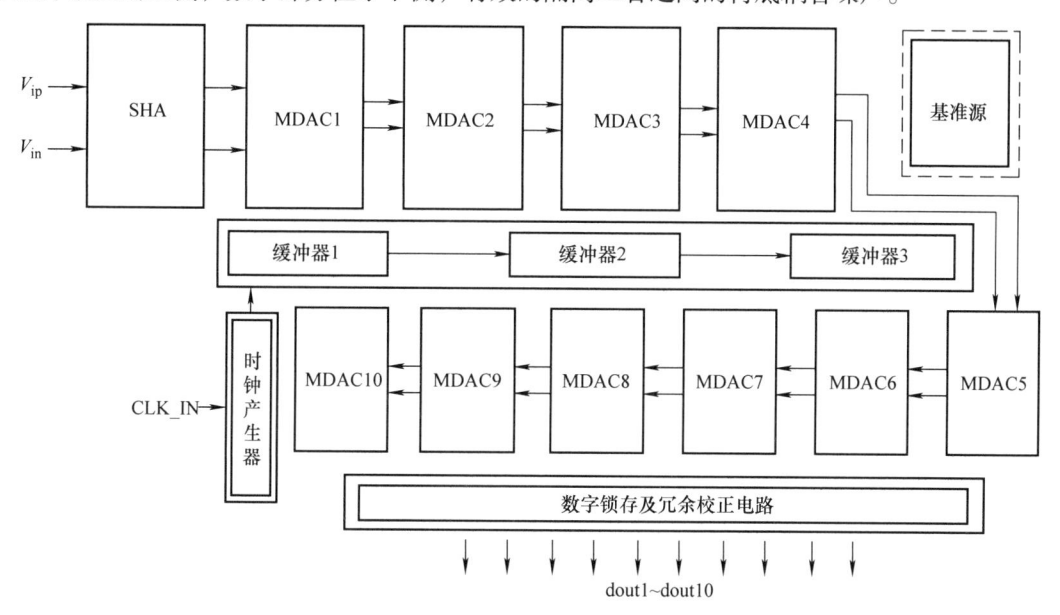

图 9.36　整体模—数转换器布局结构框图

9.2.5　逐次逼近模—数转换器（Successive Approximation ADC）★★★

逐次逼近模—数转换器是一种中等采样率［约 1～50MSPS，MSPS 是每秒百万次采样（Million Samples per Second）的缩写］、中等分辨率（10～18bit）的模—数转换器结构。因为其具有结构简单、功耗较低等优势，在传感器检测、工业控制领域中得到广泛应用。

逐次逼近型模—数转换器，其原理就是二进制搜索算法的应用，也就是用二差分法来逐次逼近所要转换的模拟输入。逐次逼近模—数转换器主要由时序控制模块、采样保持单元、数—模转换器（DAC）、比较器、逐次逼近寄存器（SAR）组成。其中，DAC 和比较器是逐次逼近模—数转换器最重要的两个模块，它们分别决定着逐次逼近模—数转换器的精度和速度。

逐次逼近模—数转换器的基本拓扑结构如图 9.37 所示，这是一个将模拟输入转换为 N bit 数字输出的逐次逼近型模—数转换器。在此结构中，首先采样保持单元（在采用电容阵列 SAR ADC 结构中，此单元可以并入 DAC 的电容阵列模块）将模拟输入信号 VIN 采样并保持，将其作为比较器单元的一个输入。此时，逐次逼近寄存器（SAR 单元）开始二进制搜索算法。首先置最高位（MSB）为 1，其他位都置为 0；并将 N bit 字串（100……0）加到 DAC 电容阵列，此时 DAC 输出模拟电压 $\frac{1}{2}V_{REF}$，其中 V_{REF} 是逐次逼近 ADC 的参考电压；然后将 DAC 转换来的模拟电压作为比较器另一端的输入，与输入信号 V_{IN} 进行比较。如果输入信号 V_{IN} 大于 $\frac{1}{2}V_{REF}$，比较器将会输出逻辑低电平，则最高位 MSB 保持 1 不变；如果输入信号 V_{IN} 小于 $\frac{1}{2}V_{REF}$，比较器将会输出逻辑高电平，则最高位 MSB 将会被置 0。确定最高位的码字后，保持最高位不变，再置次高位为 1，其他低位置为 0，并将该码字串加到 DAC 阵列，进而比较出次高位的码字。其他各低位依次重复下去，直到比较出最低位（LSB）的结果为止，至此得出输入信号 V_{IN} 所对应的数字码。

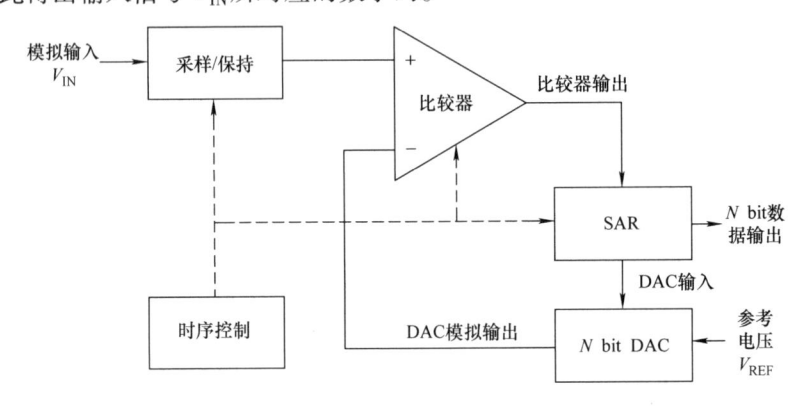

图 9.37　逐次逼近模—数转换器的基本拓扑结构

1. 数—模转换器（DAC）

分段电容电荷重分布型 DAC 是逐次逼近模—数转换器中最常用的结构，本小节以一个 10bit DAC 进行分析讨论。10 bit DAC 根据分段电容 C_d 分为低位电容和高位电容两个部分。根据不同位数的设计选择，可以将 10bit 电容相应地划分在两个部分中。如图 9.38 所示，10bit 电容低位电容为 4bit（左侧），高位电容为 6bit（右侧）。电容值呈二进制顺序增加。

图 9.38 中的 DAC 为满足轨至轨输入输出范围的单采样电容结构，其中 C_S 为采样信号电容。sw1~sw8 表示不同尺寸的开关，随着电容值的增加，开关尺寸也相应增加，保持较小的导通电阻。sw_sample 和 sw_vcm 分别为采样信号开关和共模信号采样开关，也具有较大的尺寸。

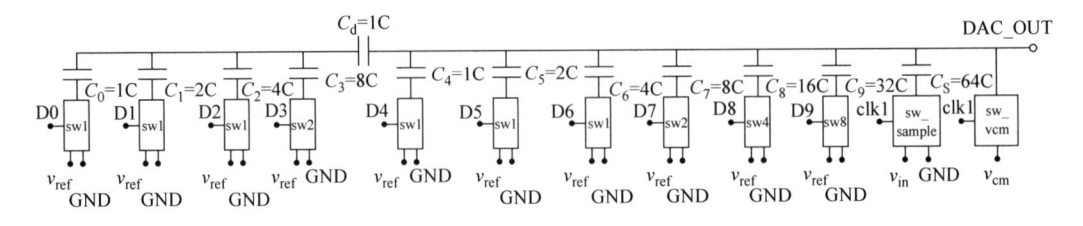

图 9.38　10bit 分段电容电荷重分布型 DAC 电路

在图 9.38 中，分段电容 C_d 为单位电容 1C，采样电容 C_S 为 64 个单位电容 64C，总等效电容为 128 个单位电容。该分段电容 DAC 由一个持续两个时钟周期的脉冲信号 clk1 进行采样，工作过程如下：在采样阶段，C_0~C_9 的开关接地，等待控制信号 D0~D9。开关 sw_sample 闭合，使采样电容 C_S 下极板与 v_{in} 相接，而 sw_vcm 闭合，使其上极板与共模电压 v_{cm}

相接，电荷存储在采样电容 C_S 上。脉冲信号 clk1 结束后，在保持阶段，开关 sw_vcm 断开，开关 sw_sample 接地，同时 $C_0 \sim C_9$ 的开关接地，此时的 DAC 输出电压为

$$V_x = \frac{Q_x}{C_t} = \frac{64C(v_{cm} - v_{in}) + v_{cm}(15C // 1C + 63C)}{15C // 1C + 127C} = -\frac{1024}{2047}v_{in} + v_{cm} \quad (9\text{-}30)$$

在电荷再分配阶段，先将第 10 位（即最高位）置 1，即通过开关 sw8 将 C_9 的下极板连接到 v_{ref}，如果 $v_{in} > 1/2 v_{ref}$，那么比较器输出为 1，保留第 10 位为 1，否则第 10 位清 0，依次类推，直到确定第 1 位输出为止。

最终该分段电容 DAC 的输出为

$$V_x = \frac{1024}{2047}\left(-v_{in} + \sum_{i=1}^{10} \frac{b_i}{2^{11-i}}v_{ref}\right) + v_{cm} \quad (9\text{-}31)$$

式中，b_i 是分段电容 DAC 第 i 位的值，为 0 或 1。由于逐次逼近模—数转换器需要逐个串行输出每位数字码，因此输出数字码流速率要远小于时钟频率。假设一个 10bit 逐次逼近模—数转换器的时钟频率为 10MHz，通常需要 2 个采样周期以及 10 个逼近周期，所以该逐次逼近模—数转换器的实际工作频率为 10MHz/12，近似为 833kHz。

2. 比较器

在逐次逼近模—数转换器中，比较器的延时很大程度上决定了整体模—数转换器的速度。而比较精度也决定了最终的输出精度。此外，在减小比较器延时、提高比较精度的同时，比较器的失调电压也是需要重点关注的因素。这是因为比较器的失调会直接反映到逐次逼近模—数转换器的输出端，造成低位或者高位输出失码的现象，恶化电路的直流性能。

图 9.39 是一种结合了输入失调存储和输出失调存储结合的比较器结构，主要包括三级预放大器和一级锁存器。三级预放大器可以提供足够的电压增益，用以克服锁存器直流失调电压的影响。

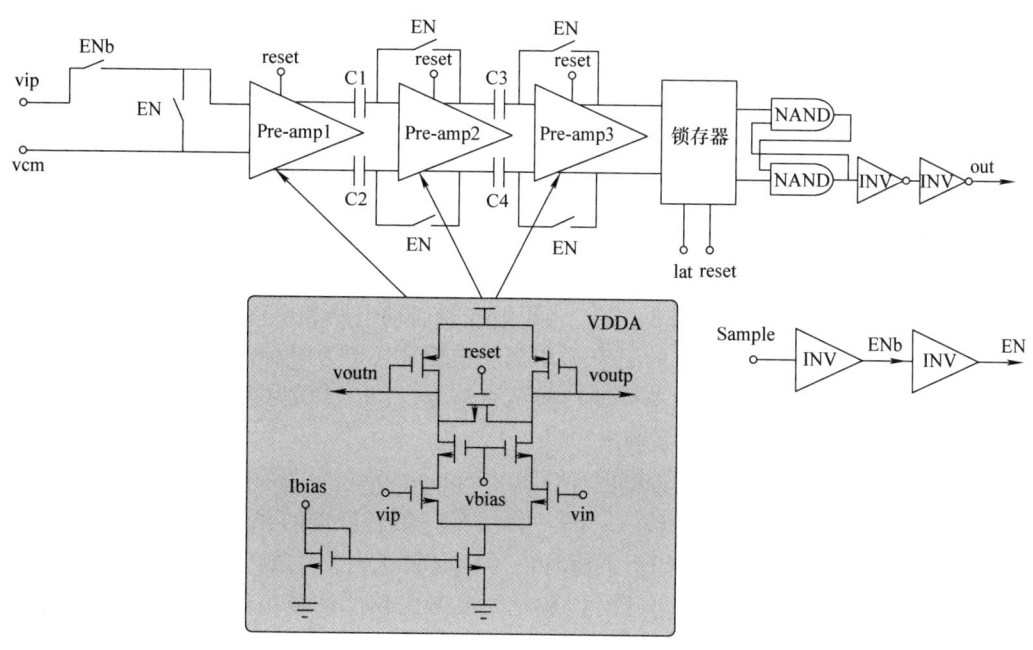

图 9.39 比较器框图及电路

3. 锁存器

锁存器电路如图 9.40 所示，其工作原理如下：当 lat 为低电平时，输入信号 in 和 ip 输入到锁存器中，此时锁存器的电源和地的开关都断开。同时，高电平 lat_1 使得 NM4、NM6 导通，而低电平 lat_2 使得反相器（PM4 和 NM4，PM6 和 NM7）将与非门输入端置为高电平，这时 RS 触发器呈保持状态，维持输出不变。而当 lat 为高电平时，输入端断开，锁存器电源和地的开关导通，锁存器进入正反馈状态，输出信号 outn 和 outp 迅速拉至电源或者地。这时，低电平 lat_1 使 NM5、NM8 关断，而高电平 lat_2 使 PM4、PM6 关断，NM4、NM7 导通，此时的与非门输入由反相器（PM3 和 NM3，PM5 和 NM6）的输出决定，因此 RS 触发器根据此时的输入而输出相应信号。

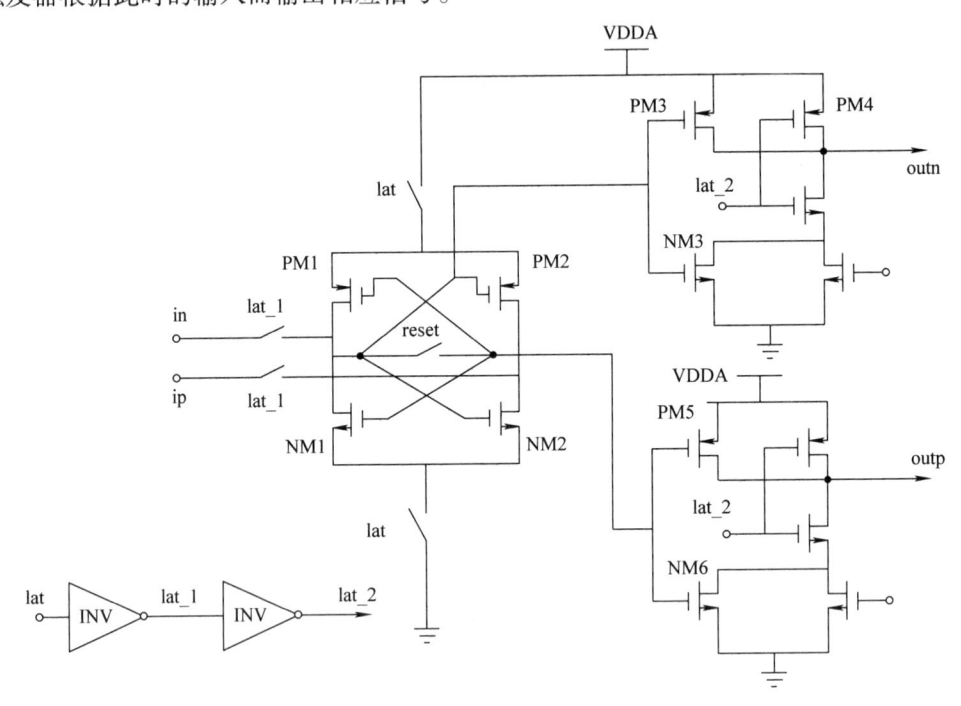

图 9.40 锁存器电路

4. 逐次逼近寄存器

逐次逼近寄存器（SAR）逻辑电路如图 9.41 所示。F0~F9 是由 JK 触发器组成的十位逐次逼近寄存器，控制电路包括 FS、GA、GB 组成的启动电路和由移位寄存器 FA~FL 组成的时序发生电路。T0~T9 是十位的三态输出门。电路中 CP 为时钟信号，EN 为启动信号，V_c 为比较器的输出信号，EOC 为单周期转换结束信号，D9~D0 为数—模转换器数字输入，b9~b0 为模—数转换器的并行数字输出。

图 9.42 为逐次逼近寄存器的控制时序，其中 Sample 为两周期采样信号，V_c 为比较器输出，D9~D0 为数—模转换器数字输入，b9~b0 为模—数转换器的并行数字输出，EOC 为单周期转换结束信号，其工作原理如下：所有信号以时钟上升沿为触发，当两周期采样结束后，D9 预置为 1；在第一个时钟上升沿到来时，根据比较器的输出进行判别，如比较器输出为 0，则保持 1 不变。如比较器输出为 1，则将 D9 清 0。同理，在第 2 个时钟上升沿到来时，D8 预置为 1，再根据比较器输出进行判决，依次类推，直到确定 D0 为止。在 EOC 信

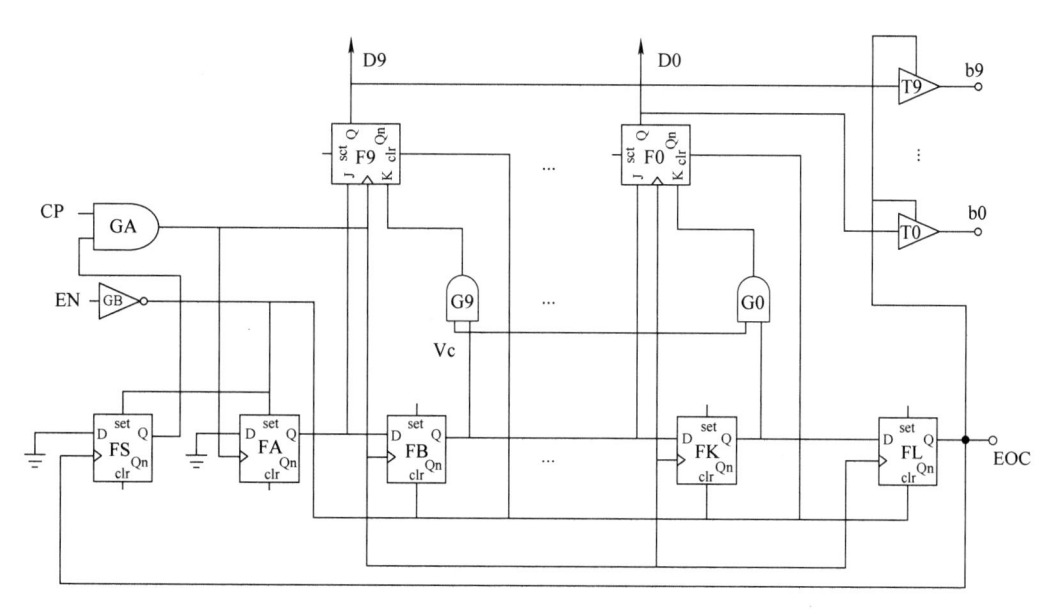

图 9.41　逐次逼近寄存器电路

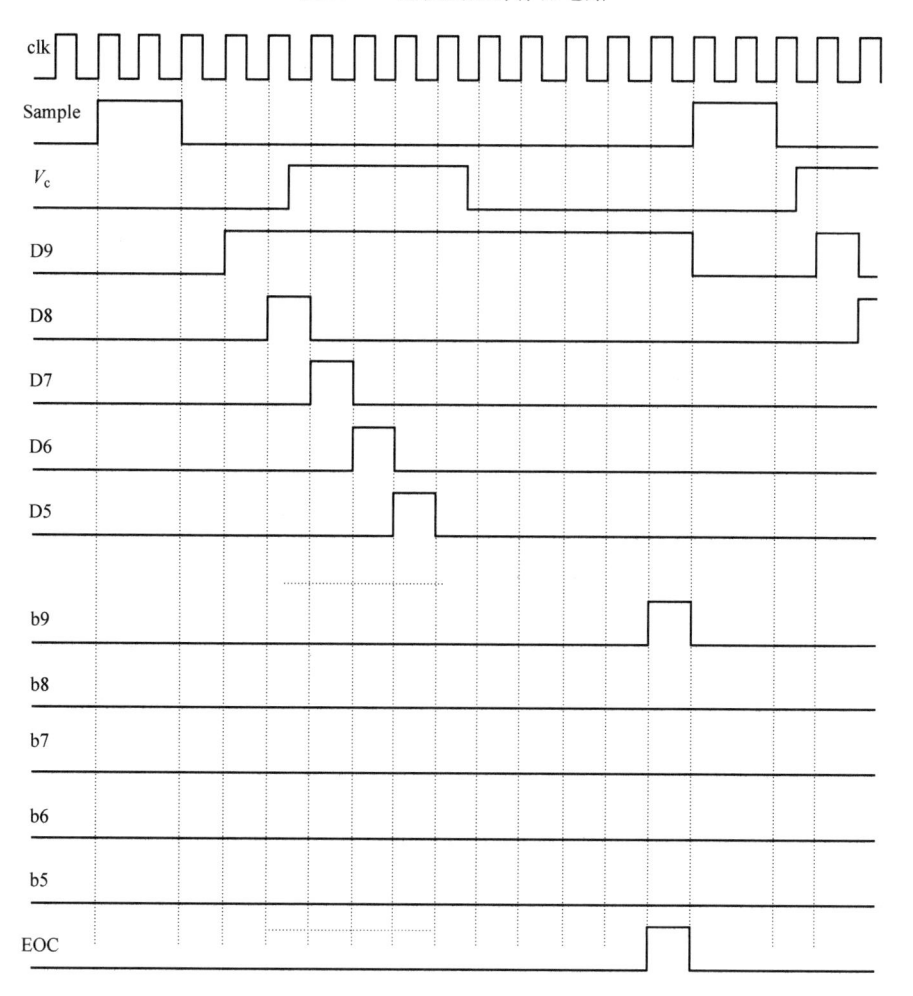

图 9.42　逐次逼近寄存器控制时序

号产生时，此时的D9～D0即作为b9～b0输出。

9.2.6　逐次逼近模—数转换器版图设计　★★★

在逐次逼近模—数转换器中模拟部分主要包括DAC和比较器，它们的精度也是整体逐次逼近模—数转换器精度得以实现的关键因素。所以在版图设计时应该着重进行考虑。

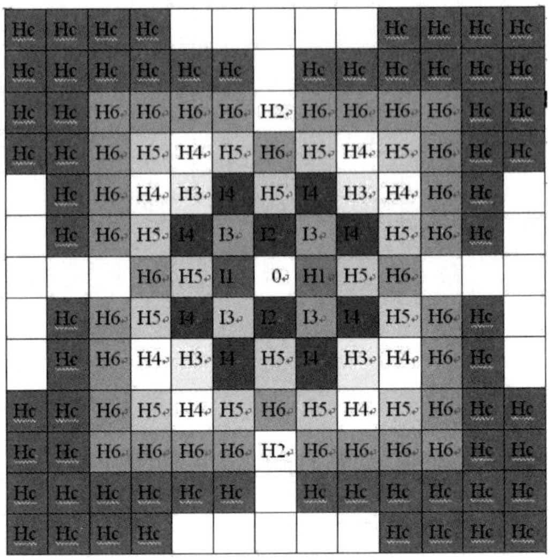

电容DAC对逐次逼近模—数转换器性能的影响主要体现在电容匹配精度与抑制干扰两个方面。通常可以通过单位电容阵列共质心的版图布局来改善电容匹配精度。构成每个电容的单位电容围绕共同的中心点对称放置，这样就减小了氧化层梯度对电容匹配精度的影响。此外，增加冗余单位电容，使分段电容阵列中的每个电容周围的蚀刻环境相同，也增加了电容的匹配精度。分段电容DAC输出模拟信号，较容易受数字信号、电源噪声等的干扰，版图设计时应将电容阵列包裹在接地的保护环内。开关阵列布置在电容阵列的下侧，各对称电容呈对称走线。图9.38中10bit电容阵列版图布局如图9.43所示，H1～H6为高位C4～C9电容，I1～I4

图9.43　电容阵列版图布局示意图

为低位C0～C3电容，0为分段电容，Hc为采样电容。在Hc电容的外侧还应该包括一圈接地的虚拟电容，以保证内部单位电容刻蚀的均一性。与各个开关的走线通常需要穿过这个巨大的电容阵列，走线长度较长，走线上的寄生电容会一定程度影响转换精度，因此在走线时尽量对称缩短走线距离，与开关就近进行连接。

而比较器的版图布局走线应该考虑下列因素。为了减少增益损失，提高直流性能，应该尽量避免失调。敏感模拟输入电压应与数字信号分离以避免失真。在宽带设计时同样应尽量避免走线的寄生电容。

首先，输入级差分对管应该采用插指布局法。晶体管的连接会导致在源极和漏极之间产生较大的寄生电容。应该减少差分对管上的孔和金属走线。图9.44显示了一个版图的例子。

1）采用PMOS差分对的共模节点为低阻，所以走线中的电压梯度很低。版图布局时应该保证差分对共模节点走线的对称性（例如放在中间）。如果在差分对管的顶部和底部采用N阱连接，就可以达到更好的匹配。

2）输入晶体管2和3是采用插指法，可达到最佳匹配。减少接孔数量可能对减少寄生电容有益，但另一方面，如果接孔数量太少，由此产生的接触电阻会比较大。

3）版图中，在差分对管的两侧增加了虚拟的晶体管，以避免刻蚀过程中出现的晶体管边缘不匹配。

4）输出应该用最短的路径连接到比较器下一级。

整体逐次逼近模—数转换器的版图布局如图9.45所示。

逐次逼近模—数转换器的版图布局主要分为模拟域和数字域两大部分，分别位于版图的

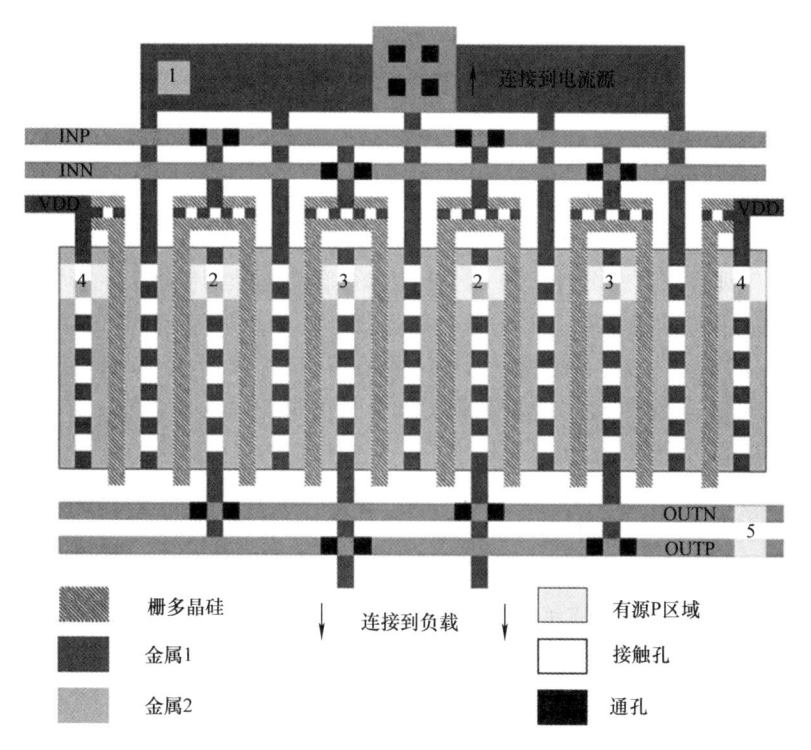

图 9.44　输入级差分对的版图布局

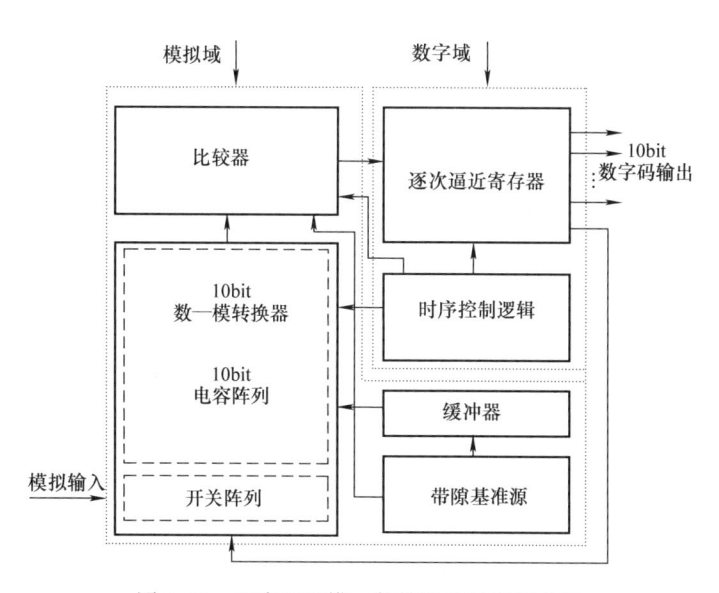

图 9.45　逐次逼近模—数转换器的版图布局

左半部分（还包括右下侧部分）和右上侧。其中模拟域包括 10bit 数—模转换器、比较器、带隙基准源和缓冲器。数字域包括时序控制逻辑和逐次逼近寄存器。这样布局可以清晰地划分模拟电源域和数字电源域，在两个电源域之间分别用各自的电源线和地线包裹，减少之间的串扰。模拟输入信号从左侧输入，数字码从右上角输出。整体信号遵循自下而上，从左至右的原则。

10bit 数—模转换器中的 10bit 电容阵列占据较大面积，采用共质心进行摆放，开关阵列位于电容阵列下侧，有利于纵向布线。10bit 数—模转换器输出信号向上进入比较器，再由比较器输出至逐次逼近寄存器。由于这个过程中传输的是模拟小信号，所以尽量减短走线距离，用宽、短金属线进行连接。

带隙基准源和缓冲器主要是为 10bit 数—模转换器和比较器提供参考电压、偏置电流。由于偏置电流不会受到连线上电压降的影响，所以可以走较长的距离才进入到比较器中。而缓冲器输出的参考电压则是作为逐次逼近模—数转换器的量化电压使用，所以必须就近进行输入。

时序控制逻辑和逐次逼近寄存器输出的都是数字信号，即使走较长的布线，只要将线上的电压降控制在合理范围内，满足高、低电平阈值的要求，就不会出现错误信号，因此在走线长度的要求上可以适当放松。主要是注意和模拟布线进行垂直布线，并使用不同的金属层，以减小数字大信号对模拟小信号的影响。

9.2.7 Sigma-delta 模—数转换器 ★★★

对于传统的奈奎斯特采样频率模—数转换器，元器件的失配程度决定了模—数转换器所能达到的精度。随着集成电路尺寸逐渐减小，元器件的匹配误差逐渐增大，MOS 晶体管的二阶效应越加显著，高精度的奈奎斯特采样频率模—数转换器的设计越来越具有挑战性。在奈奎斯特采样频率模—数转换器中，由于抗混叠过渡带很窄，使得抗混叠滤波器的电路变得很复杂。为了避免这些问题，过采样技术用于模—数转换器的设计中。首先，在过采样条件下，信号的采样频率很高，使得抗混叠滤波器过渡带的要求大为降低，一般 1 阶或 2 阶的模拟滤波器就可以满足要求。此外，在设计高精度奈奎斯特采样频率模—数转换器时，由于对元器件之间匹配的精度要求很高，需要使用复杂的激光修调技术，而在采用过采样技术后，对元器件匹配的要求同样大为降低。

相对于奈奎斯特采样频率模—数转换器，过采样 Sigma-delta 模—数转换器采用过采样（Oversampling）和噪声整形（Noise Shaping）技术将热噪声平铺至整个采样频谱内，并将信号带宽内的量化噪声推向高频，然后再采用数字降采样滤波器滤除量化噪声，进而达到高精度。Sigma-delta 模—数转换器的结构如图 9.46 所示。

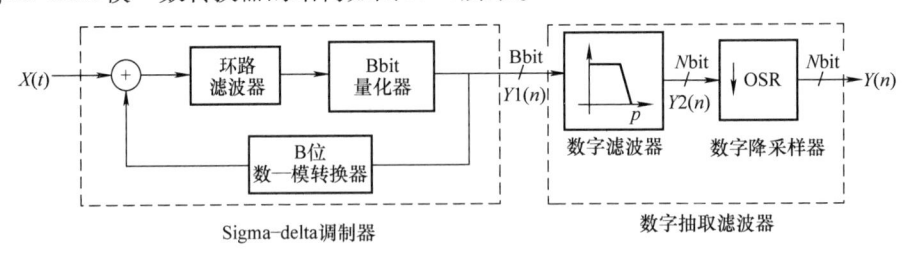

图 9.46 Sigma-delta 模—数转换器结构图

由图 9.46 可知，Sigma-delta 模—数转换器由 Sigma-delta 调制器和数字抽取滤波器构成。其中，Sigma-delta 调制器主要由环路滤波器、Bbit 量化器和相应的数—模转换器构成；而数字抽取滤波器由数字滤波器和数字降采样器构成。Sigma-delta 调制器主要完成信号的过采样和量化噪声的整形，数字滤波器将高频的量化噪声滤除并降采样至模—数转换器频率输出。

9.2.7.1 过采样

在奈奎斯特采样频率模—数转换器中,为了防止其他信号混叠到信号带宽内,通常采样频率应大于信号带宽的 2 倍。如果模—数转换器的采样频率远超奈奎斯特频率,由于量化误差均匀分布在整个采样频率范围内,信号带宽范围内的噪声功率就会降低。如上所述,模—数转换器的整个量化噪声功率在其信号带宽范围内可以表示为式(9-32)。

$$\sigma_{N,q}^2 = \frac{1}{f_s} \int_{-f_s/2}^{f_s/2} \frac{V_{LSB}^2}{12} df = \frac{V_{LSB}^2}{12} \tag{9-32}$$

一种直观的方法是可拓宽带宽来提高精度,也就是使得模—数转换器的采样频率远高于奈奎斯特频率来获得,如式(9-33)所示。

$$\sigma_{O,q}^2 = \frac{1}{f_s} \int_{-f_b}^{f_b} \frac{V_{LSB}^2}{12} df = \frac{V_{LSB}^2}{12} \left(\frac{2f_b}{f_s} \right) \tag{9-33}$$

从式(9-33)可知,当采样频率 f_s 远大于奈奎斯特频率($2f_b$)时,信号带宽内的量化噪声功率就会按照($f_s/2f_b$)比例下降,其中采样频率与奈奎斯特频率的比率定义为过采样比,如式(9-34)所示,则式(9-33)可以表示为式(9-35)。采用过采样技术,带宽内量化噪声功率可以降低 OSR 倍。

$$OSR = f_s/(2f_b) \tag{9-34}$$

$$\sigma_{O,q}^2 = \frac{1}{f_s} \int_{-f_b}^{f_b} \frac{V_{LSB}^2}{12} df = \frac{V_{LSB}^2}{12} \left(\frac{2f_b}{f_s} \right) = \frac{V_{LSB}^2}{12 OSR} = \frac{\sigma_{N,q}^2}{OSR} \tag{9-35}$$

图 9.47 为采用过采样技术,模—数转换器在采样频率内的量化噪声功率频谱示意图。

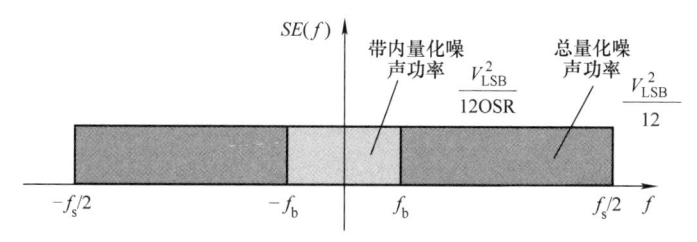

图 9.47 过采样模—数转换器量化噪声功率示意图

由式(9-35)可知,只考虑量化噪声情况下,对比奈奎斯特采样频率模—数转换器,过采样模—数转换器能达到的理想信噪比(SNR)如式(9-36)所示,对数表达式如式(9-37)所示。

$$SNR = P_{signal}/P_{noise} = (FS/2\sqrt{2})^2/(V_{LSB}^2/12) = 3 \times 2^{2N}/2 \tag{9-36}$$

$$SNR_{dB} = 10\lg(P_{signal}/P_{noise}) = 6.02 + 1.76 + 10\lg(OSR) \tag{9-37}$$

由式(9-37)可知,由于采用了过采样技术,模—数转换器的有效精度可以得到有效的提升,过采样比 OSR 每提升一倍,模—数转换器的理想信噪比大约提高 3dB,有效位数大约提高 0.5bit。

过采样技术还可以有效降低抗混叠滤波器过渡带的要求。抗混叠滤波器的主要作用是滤除信号带外通过采样过程混叠到信号带内的镜像信号。由于过采样的采样频率远高于奈奎斯特频率,所以其采样后的镜像信号距离带内信号很远,所以过采样模—数转换器的抗混叠滤波器过渡带就可以比较宽,如图 9.48 所示。

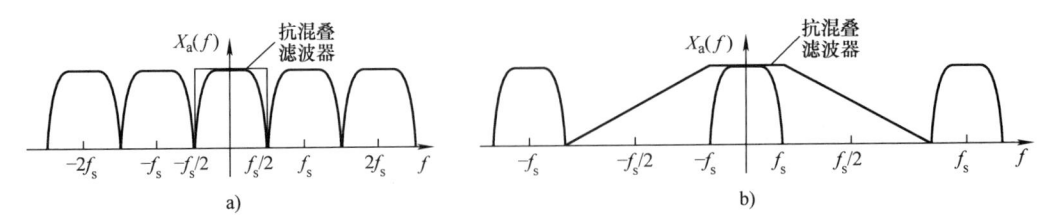

图 9.48 抗混叠滤波器的要求

a) 奈奎斯特采样模—数转换器 b) 过采样模—数转换器

图 9.48a 为奈奎斯特采样模—数转换器的抗混叠滤波器要求，图 9.48b 为过采样模—数转换器的抗混叠滤波器的要求。通常要求模—数转换器的抗混叠滤波器的过渡带为 $f_{\text{tb,n}} = f_s - 2f_b$，由于奈奎斯特采样模—数转换器的奈奎斯特频率 $2f_b$ 与采样频率 f_s 非常接近，所以造成其滤波器的过渡带非常陡峭。而过采样模—数转换器的采样频率 f_s 远大于奈奎斯特频率，所以其抗混叠滤波器的过渡带要求就低很多，比较容易实现。

过采样技术不仅可以有效地提高模—数转换器的有效精度，还可以极大的降低抗混叠滤波器过渡带的要求，降低抗混叠滤波器设计的复杂度。但是，在一定的采样频率下，增大过采样是以降低信号有效带宽为代价的，并且由于工艺和功耗等限制，其采样频率也不可能无限制的增大。通常情况下，过采样技术结合噪声整形技术可以得到更低的带内噪声功率，达到更高的有效精度。

9.2.7.2 噪声整形

虽然采用过采样技术可以通过提高采样频率来提高模—数转换器的精度，但是过高的采样频率对数字信号的处理和存储造成了极大的浪费，所以单纯依靠提高采样率的方法来提高转换精度并不现实。因此，过采样率一般配合噪声整形共同实现模—数转换器精度的提升。过采样技术的基本思想是将频谱展宽，从而"稀释"带内的噪声。而噪声整形技术是将信号带宽内的噪声推到带外的高频部分。

噪声整形技术是一种调制技术，将量化噪声以高通滤波的形式推向信号带宽以外。调制器中高通滤波器的阶数越高、过采样率越大，信号带宽内的噪声功率就越小。为了说明 Sigma-delta 调制器噪声整形的基本原理，首先给出调制器的线性模型如图 9.49 所示，其传输函数如式（9-38）所示。

$$Y(z) = \frac{A(z)}{1 + A(z)B(z)} X + \frac{1}{1 + A(z)B(z)} \varepsilon_Q(z) = \text{STF}(z) \cdot X(z) + \text{NTF}(z)\varepsilon_Q(z) \quad (9\text{-}38)$$

式中，STF 称为信号传递函数（Signal Transfer Function），NTF 称为噪声传输函数（Noise Transfer Function），$X(z)$ 为输入信号，$\varepsilon_Q(z)$ 为量化噪声。通常情况下，令关系式 $B(z) = 1$，将关系式 $A(z)$ 转换成积分形式式的传输函数，如图 9.50 所示。

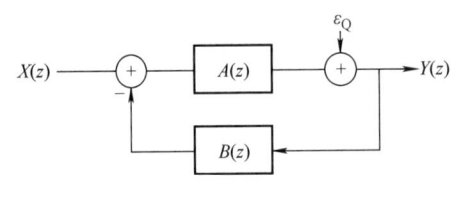

图 9.49 Sigma-delta 调制器线性模型

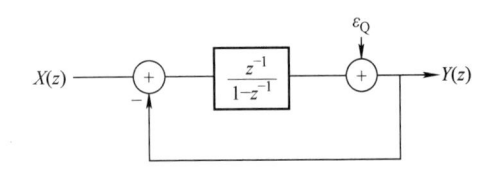

图 9.50 转换后的 1 阶 Sigma-delta 调制器模型

图 9.50 为 Sigma-delta 调制器 1 阶线性模型,其中 $A(z) = \dfrac{z^{-1}}{1-z^{-1}}$ 为积分器,将其代入式 (9-38) 并整理得到式 (9-39)。

$$Y(z) = z^{-1}X(z) + (1-z^{-1})\varepsilon_Q(z) = \text{STF}(z)X(z) + \text{NTF}(z)\varepsilon_Q(z) \quad (9\text{-}39)$$

式中,$\text{STF}(z) = z^{-1}$,$\text{NTF}(z) = 1 - z^{-1}$。可以看出,对于 1 阶 Sigma-delta 调制器的传输函数,输入信号 $X(z)$ 仅仅有一个时钟周期的延迟,而量化噪声 $\varepsilon_Q(z)$ 得到了 $\text{NTF}(z) = 1 - z^{-1}$ 的调制。

假设 $E(n)$ 为量化噪声,1 阶 Sigma-delta 调制相邻两次采样的量化误差之差如式 (9-40) 所示。

$$E_1(z) = E(z) - E(z)z^{-1} = E(z)(1-z^{-1}) \quad (9\text{-}40)$$

式中,$E(z)$ 为本次采样的量化误差,z^{-1} 为离散域单位延迟。而二阶和三阶 Sigma-delta 调制的相邻两次的量化误差之差分别如式 (9-41) 和式 (9-42) 所示。

$$E_2(z) = E(z) - 2E(z)z^{-1} + E(z)z^{-2} = E(z)(1-z^{-1})^2 \quad (9\text{-}41)$$

$$E_3(z) = E(z) - 3E(z)z^{-1} + 3E(z)z^{-2} - E(z)z^{-3} = E(z)(1-z^{-1})^3 \quad (9\text{-}42)$$

同理,可以归纳得出 L 阶 Sigma-delta 调制的相邻两次的量化误差之差如式 (9-43) 所示。

$$E_L(z) = C_L^0 E(z) - C_L^1 E(z)z^{-1} + \cdots + (-1)^{(L-1)} C_L^{L-1} E(z)z^{-(L-1)} +$$
$$(-1)^L C_L^L E(z)z^{-L} = E(z)(1-z^{-1})^L \quad (9\text{-}43)$$

从连续域上分析调制器的 NTF,可得相邻两次采样的量化误差之差为式 (9-44)。

$$\text{NTF}(\omega) = 1 - e^{-j\omega T} = 2je^{-j\omega T/2}\dfrac{e^{j\omega T/2} - e^{-j\omega T/2}}{2j} = 2je^{-j\omega T/2}\sin(\omega T/2) \quad (9\text{-}44)$$

可以看出,被视为白噪声的量化噪声,其噪声能量被函数 $\sin^2(\omega T/2)$ 所整形,将量化噪声向高频处推,在低频处呈现较为明显的衰减,如图 9.51 所示。

对整形后的带内量化噪声能量进行分析,可得带宽内的量化噪声总功率,如式 (9-45) 所示,

$$V_n^2 = \varepsilon_Q^2 \int_0^{f_B} 4\sin^2(\pi fT)\mathrm{d}f$$
$$\approx \varepsilon_Q^2 \dfrac{4\pi^2}{3} f_B^3 T^2 \quad (9\text{-}45)$$

量化噪声的总能量可以表示为式 (9-46) 所示。

$$V_{n,Q}^2 = \varepsilon_Q^2 \dfrac{f_s}{2} \quad (9\text{-}46)$$

图 9.51 1 阶噪声整形效果图

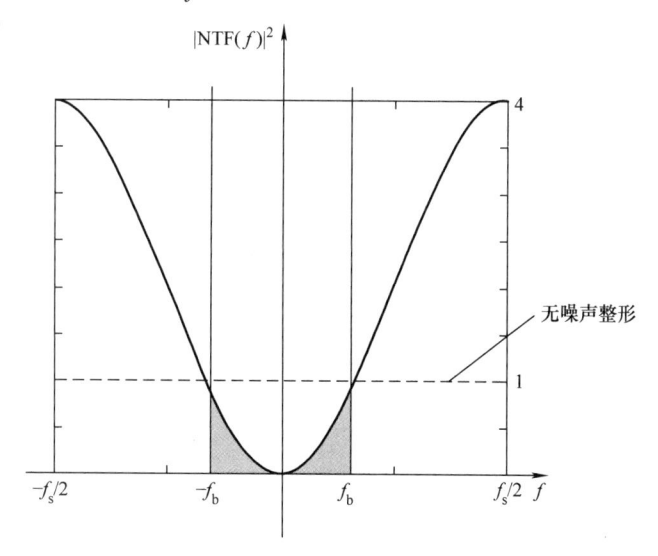

将式 (9-46) 代入式 (9-45),可得带宽内的量化噪声总功率 V_n^2,如式 (9-47) 所示。

$$V_n^2 = V_{n,Q}^2 \dfrac{\pi^2}{3}\left(\dfrac{f_B}{f_s/2}\right)^3 = V_{n,Q}^2 \dfrac{\pi^2}{3}\dfrac{1}{\text{OSR}^3} \quad (9\text{-}47)$$

那么，对于 B 位量化器的 1 阶 Sigma-delta 调制器，其理想信噪比 SNR 满足关系式（9-48）所示。

$$\text{SNR} = 10\lg\frac{P_s}{P_n} = (6.02B + 1.76) - 5.17 + 9.03\log_2(\text{OSR}) \quad (9\text{-}48)$$

可见，对于 1 阶 Sigma-delta 调制器来说，过采样每增加 1 倍，其信噪比提升 9.03dB，约为 1.5bit 的有效位数。

对于 B 位量化器的 L 阶 Sigma-delta 调制器，其噪声传输函数 NTF 为式（9-49），其连续域上的 NTF 如式（9-50）所示。

$$\text{NTF}(z) = (1 - z^{-1})^L \quad (9\text{-}49)$$

$$|\text{NTF}(\omega)|^2 = |1 - e^{-j\omega T}|^{2L} = 2^{2L}\sin^{2L}(\omega T/2) \quad (9\text{-}50)$$

当 Sigma-delta 调制器的过采样率 OSR 很高时，可以认为 $\omega T \ll 1$，噪声传输函数 NTF 在信号带宽范围内量化噪声功率为式（9-51）所示。

$$P_Q = \int_{-f_b}^{f_b} \frac{\Delta^2}{12f_s}|\text{NTF}(f)|^2 df \approx \frac{\Delta^2}{12} \cdot \frac{\pi^{2L}}{(2L+1)\text{OSR}^{(2L+1)}} \quad (9\text{-}51)$$

由式（9-51）的信号带宽范围内的量化噪声功率和信号功率可得过采样率 OSR、L 阶和 B 位量化器的位数，只考虑量化噪声的 Sigma-delta 调制器的理想信噪比 SNR 如式（9-52）所示，对数形式如式（9-53）所示。

$$\text{SNR} = \frac{P_S}{P_Q} = 3 \times 2^{2N-1}\frac{2L+1}{\pi^{2L}}\text{OSR}^{2L+1} \quad (9\text{-}52)$$

$$\text{SNR}_{dB} = 10\log_{10}\frac{P_S}{P_Q} = 6.02B + 1.76 + 10\log_{10}\left(\frac{2L+1}{\pi^{2L}}\text{OSR}^{2L+1}\right) \quad (9\text{-}53)$$

由式（9-53）可知，L 阶噪声整形结合过采样技术 OSR，可使 Sigma-delta 调制器的有效位数在 OSR 每提高一倍时提高（L+0.5）bit，相对于只采用过采样技术的 0.5bit 有很大的提升。

我们把 Sigma-delta 调制器的模型结构推广到一般形式，如图 9.52 所示。

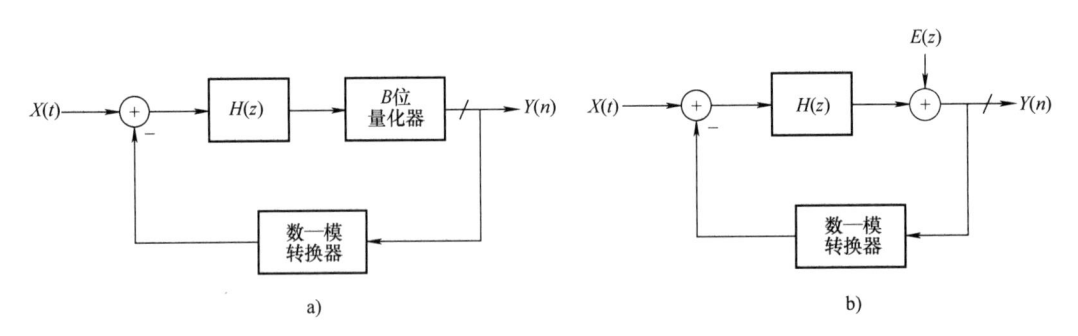

图 9.52 Sigma-delta 调制器模型的一般形式
a) Sigma-delta 调制器的模型 b) Sigma-delta 调制器量化噪声线性模型

图 9.52a 为离散时间 Sigma-delta 调制器模型，图 9.52b 中 $X(t)$、$Y(n)$、$H(z)$ 和 $E(z)$ 分别表示输入信号、输出信号、环路滤波器传输函数和量化噪声。

图 9.52b 为离散时间 Sigma-delta 调制器量化噪声线性模型，其负反馈形式的传输函数可以推导为式（9-54）和式（9-55）。

$$[X(z) - Y(z)]H(z) + E(z) = Y(z) \quad (9\text{-}54)$$

$$Y(z) = \frac{H(z)}{1+H(z)}X(z) + \frac{1}{1+H(z)}E(z) \quad (9\text{-}55)$$

将式（9-54）与式（9-39）进行对比可以得到 STF 和 NTF 的一般形式，分别如式（9-56）和式（9-57）所示。

$$\text{STF}(z) = \frac{H(z)}{1+H(z)} \quad (9\text{-}56)$$

$$\text{NTF}(z) = \frac{1}{1+H(z)} \quad (9\text{-}57)$$

如果环路滤波器 $H(z)$ 为低通函数，则在信号带宽内的低频段增益较大，而高频段增益很小，那么 STF(f) 和 NTF(f) 随频率的变化曲线如图 9.53 所示。从图 9.53 可以看出，STF(f) 在整个频带近似为恒定增益 1，即对输入信号无任何影响。而 NTF(f) 在整个频带展现出高通特性，在信号带宽范围内的噪声具有抑制作用，系统的信噪比将有较大的提升。这种噪声抑制能力越强，系统信噪比的提升越明显。

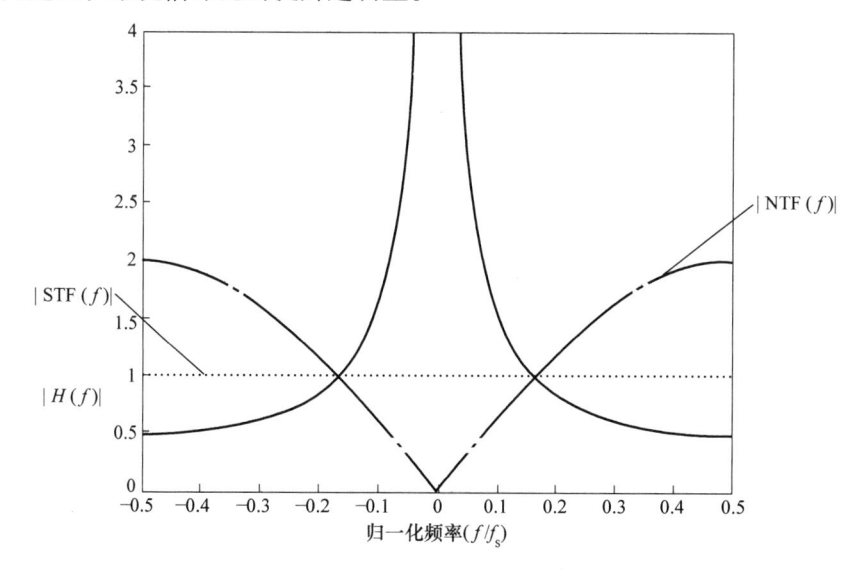

图 9.53　1 阶 Sigma-delta 调制器的 $H(f)$、STF(f) 和 NTF(f) 随频率变化曲线

9.2.7.3　数字抽取滤波器

数字抽取滤波器是 Sigma-delta 模—数转换器中重要的组成部分，它主要完成信号基带外噪声的滤除，并将输出数据降采样至奈奎斯特频率输出。Sigma-delta 调制器决定了 Sigma-delta 模—数转换器的性能，而数字抽取滤波器在一定程度上决定了整个 Sigma-delta 模—数转换器的功耗和面积。

数字抽取滤波器可以采用有限冲击响应滤波器（Finite Impulse Response，FIR）或者无限冲击响应滤波器（Infinite Impulse Response，IIR）实现。与 IIR 滤波器相比，FIR 滤波器可以获得严格的线性相位，保证过采样数据经过数字抽取后相位无失真，并且 FIR 是全零点型滤波器，无条件稳定，滤波器系数具有良好的量化性质，不会因为滤波器的舍入而产生极限环现象,而 IIR 滤波器只能逼近线性相位。在数字音频范围内,通常要求线性相位。通常数字抽取滤波器采用 FIR 滤波器实现。

在进行滤波器设计时,需要确定其设计指标。一般滤波器的设计指标是以幅频响应的允许误差来表征。以低通数字滤波器为例,图 9.54 给出了数字滤波器的幅频特性要求,其中直流增益 $H(0)$ 归一化为 1,A_p 为通带纹波(passband ripple),A_s 是阻带衰减(stopband attenuation),f_p 为通带截止频率,f_s 为阻带截止频率。

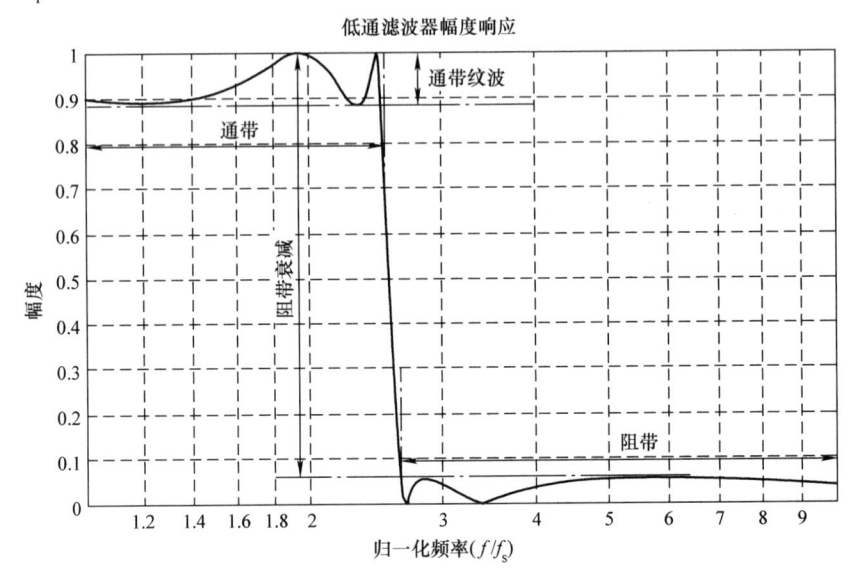

图 9.54 实际低通滤波器的幅频特性

数字抽取滤波器通常采用多级级联的方式实现。如果采用单级方式实现,将会使该滤波器的阶数过高,功耗和面积非常大,硬件上无法实现。通常采用多级 FIR 结构来实现,可以减小滤波器的阶数,同时也减小滤波器系数的长度,从而减小滤波器的功耗和面积。梳状滤波器由于不需要乘法器,是一类最简单的线性相位 FIR 滤波器。通常一般采用梳状滤波器作为抽取滤波器的第一级,并实现大多数的降采样率;由于梳状滤波器在通带存在一定的幅度衰减,需要补偿滤波器进行一定的补偿;最后为半带滤波器,它以其一半系数为零而得名,用于得到非常陡峭的过渡带。级联实现的数字抽取滤波器示意图如图 9.55 所示。

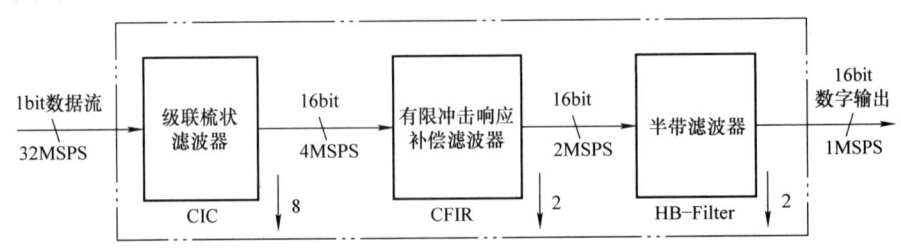

图 9.55 级联实现的数字抽取滤波器示意图

9.2.7.4 低阶 Sigma-delta 调制器结构

1. 1 阶 Sigma-delta 调制器结构

图 9.56 给出了 1 阶 Sigma-delta 调制器的结构,其中环路滤波器采用 1 阶积分器来实现。

1 阶 Sigma-delta 调制器的信号传输函数 STF 和噪声传递函数 NTF 如式（9-58）和式（9-59）所示。

$$\text{STF}(z) = \frac{H(z)}{1 + H(z)} = z^{-1} \tag{9-58}$$

$$\text{NTF}(z) = \frac{1}{1 + H(z)} = 1 - z^{-1} \tag{9-59}$$

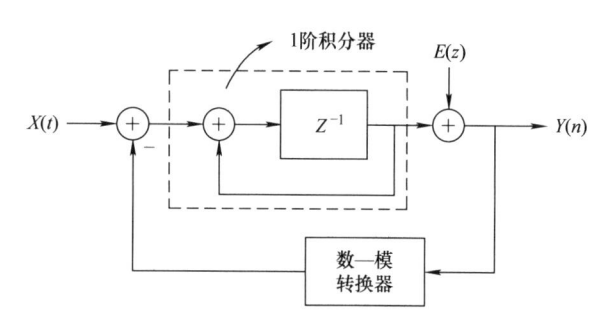

图 9.56　1 阶 Sigma-delta 调制器结构

如式（9-58）和式（9-59）可知，对于信号只是经过了一个周期延时，而对于噪声则经过一阶噪声整形。令 $z = e^{j2\pi f/f_s}$，得出 STF 和 NTF 的连续域表达式如式（9-60）和式（9-61）。其 NTF 的幅度频率响应如图 9.57 所示。

$$\text{NTF}(f) = |1 - e^{-j2\pi f/f_s}| = 2\sin(\pi f/f_s) \tag{9-60}$$

$$\text{STF}(f) = |e^{-j2\pi f/f_s}| = 1 \tag{9-61}$$

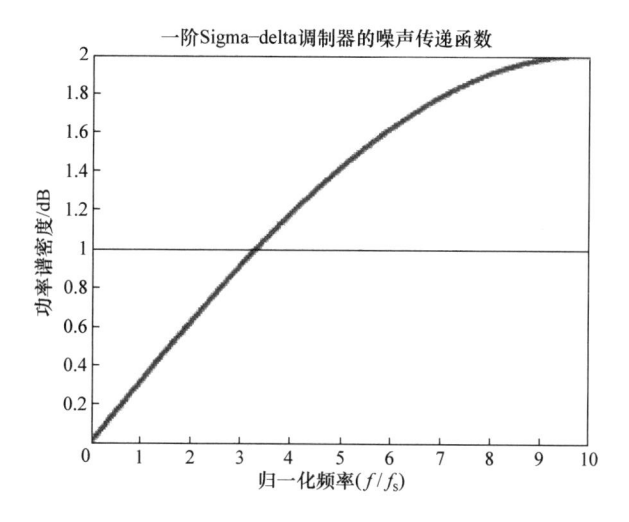

图 9.57　1 阶 Sigma-delta 调制器的 NTF 幅度频率响应

根据式（9-51）可以得出 1 阶 Sigma-delta 调制器的带宽内的量化噪声功率和理想信噪比公式分别如式（9-62）和式（9-63）所示。

$$P_n = \int_{-f_b}^{f_b} \frac{\Delta^2}{12} \times \frac{1}{f_s} |\text{NTF}(z)|^2 df = \int_{-f_b}^{f_b} \frac{\Delta^2}{12} \times \frac{1}{f_s} [2\sin(\pi f/f_s)]^2 df = \frac{\Delta^2 \pi^2}{36} \frac{1}{\text{OSR}^3} \tag{9-62}$$

$$\text{SNR}|_{\max} = 10\lg \frac{P_s}{P_n} = 10\lg\left(\frac{3}{2} 2^{2N}\right) + 10\lg\left[\frac{3}{\pi^2}(\text{OSR})^3\right]$$
$$= 6.02N + 1.75 - 5.17 + 30\lg(\text{OSR}) \tag{9-63}$$

如式（9-63）所示，对于 1 阶 Sigma-delta 调制器，过采样比 OSR 每增加 1 倍，信噪比大约提高 9dB。相对于没有噪声整形，调制器的信噪比得到了有效的提高。

图 9.58 为 1 阶 Sigma-delta 调制器的电路实现，1 阶 Sigma-delta 调制器由采样电路、积分器、量化器和 1 位反馈数—模转换器（DAC）构成。

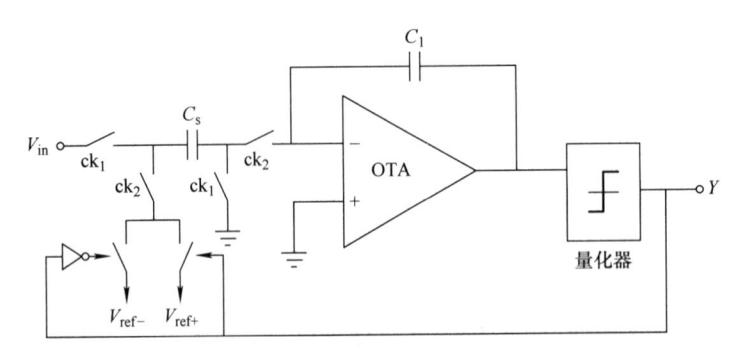

图 9.58　1 阶 Sigma-delta 调制器电路实现

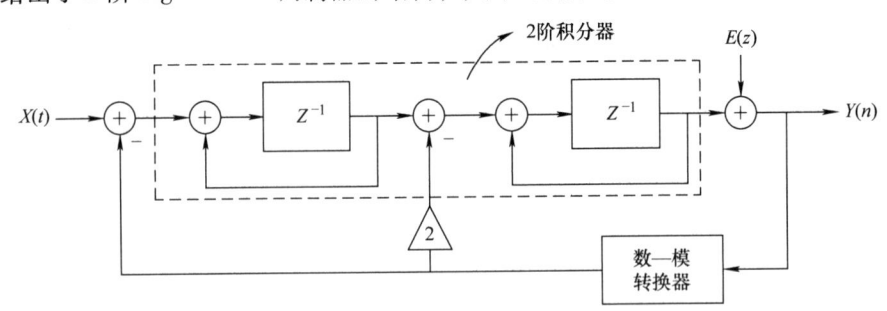

2. 2 阶 Sigma-delta 调制器结构

增加 Sigma-delta 调制器噪声传输函数的阶数可以更加有效降低信号带宽内的量化噪声。图 9.59 给出了 2 阶 Sigma-delta 调制器的结构，其中环路滤波器采用 2 阶积分器来实现。

图 9.59　2 阶 Sigma-delta 调制器结构

2 阶 Sigma-delta 调制器的信号传递函数 STF 和噪声传输函数 NTF 如式（9-64）和式（9-65）所示。

$$\text{STF}(z) = \frac{H^2(z)}{1 + 2H(z) + H^2(z)} = z^{-2} \tag{9-64}$$

$$\text{NTF}(z) = \frac{1}{1 + 2H(z) + H^2(z)} = (1 - z^{-1})^2 \tag{9-65}$$

如式（9-64）和式（9-65）可知，对于信号只是经过了两个周期延时，而对于噪声经过了两阶噪声整形。令 $z = e^{j2\pi f/f_s}$，得出 STF 和 NTF 的连续域表达式如式（9-66）和式（9-67）。其 NTF 的幅度频率响应如图 9.60 所示。

$$\text{STF}(f) = |e^{-j2\pi f/f_s}|^2 = 1 \tag{9-66}$$

$$\text{NTF}(f) = |1 - e^{-j2\pi f/f_s}|^2 = [2\sin(\pi f/f_s)]^2 \tag{9-67}$$

此时，2 阶 Sigma-delta 调制器的理想信噪比如式（9-68）所示。

$$\text{SNR}|_{\max} = 10\lg\frac{P_s}{P_n} = 6.02N + 1.75 - 12.9 + 50\lg(\text{OSR}) \tag{9-68}$$

如式（9-68）所示，对于 2 阶 Sigma-delta 调制器，过采样比 OSR 每增加 1 倍，信噪比

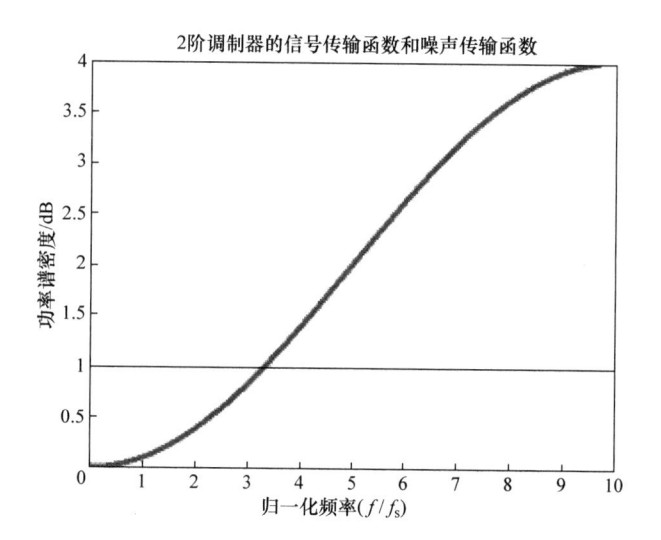

图 9.60　2 阶 Sigma-delta 调制器 STF 和 NTF 幅度频率响应

大约提高 15dB。相对于 1 阶噪声整形，调制器的信噪比得到了有效的提高。

图 9.61 为 2 阶 Sigma-delta 调制器的电路实现，2 阶 Sigma-delta 调制器由采样电路、两级积分器、量化器和 1bit DAC 构成。

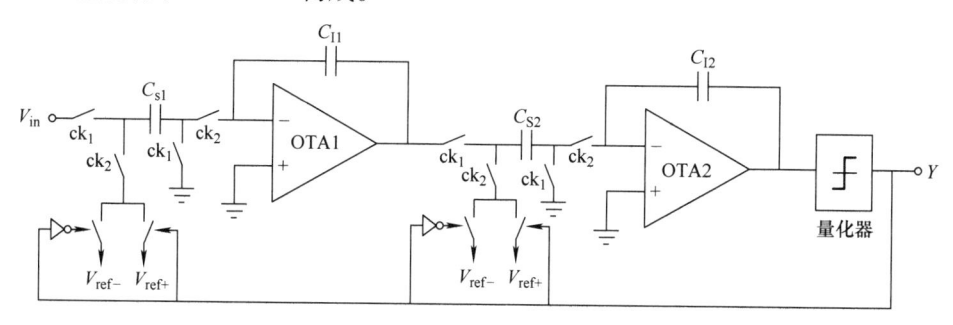

图 9.61　2 阶 Sigma-delta 调制器电路实现

当噪声传输函数进一步增加时，Sigma-delta 调制器的信号带宽范围内的量化噪声功率可以降低，性能可以进一步改进和提高，通常其噪声传输函数 NTF 可以表示为式（9-69）所示，信号带宽内的量化噪声功率和理想信噪比如式（9-70）和式（9-71）所示。

$$\text{NTF}(z) = (1 - z^{-1})^L \tag{9-69}$$

$$P_Q = \int_{-f_b}^{f_b} \frac{\Delta^2}{12 f_s} |\text{NTF}(f)|^2 df \approx \frac{\Delta^2}{12} \cdot \frac{\pi^{2L}}{(2L+1)\text{OSR}^{(2L+1)}} \tag{9-70}$$

$$\text{SNR}_{\text{dB}} = 10\lg\frac{P_S}{P_Q} = 6.02N + 1.76 + 10\lg\left(\frac{2L+1}{\pi^{2L}}\text{OSR}^{2L+1}\right) \tag{9-71}$$

9.2.7.5　单环高阶 Sigma-delta 调制器结构

单环高阶 Sigma-delta 调制器的所有积分器都在同一个反馈环路内，如图 9.62 所示。单环高阶调制器的优点在于可以达到很高的信噪比，电路结构简单，对积分器和量化器等电路的非理想特性不敏感。而缺点同样很明显，由于所有积分器在同一个环路内，当阶数较高时，级联积分器传输函数的高频段增益明显增大，导致整个系统不稳定。

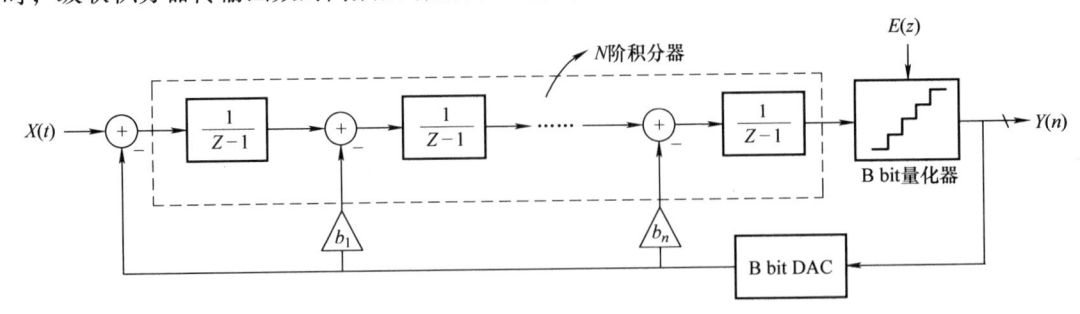

图 9.62 单环高阶 Sigma-delta 调制器示意图

由前面描述可知，Sigma-delta 调制器的传输函数可以分成两个函数来描述：信号传输函数 STF 和噪声传输函数 NTF。通常将 Sigma-delta 调制器分成两个部分：环路滤波器（线性部分）和量化器（非线性部分），单端输出可以表示为两个输入的线性组合，如图 9.63 所示，公式如式（9-72）和式（9-73）所示。

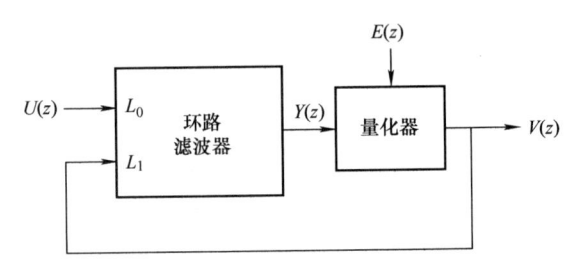

图 9.63 Sigma-delta 调制器通用结构

$$Y(z) = L_0(z)U(z) + L_1(z)V(z) \tag{9-72}$$
$$V(z) = Y(z) + E(z) \tag{9-73}$$

由式（9-72）和式（9-73）可以得出输出 $V(z)$ 的表达式为式（9-74），其中 STF 和 NTF 如式（9-75）所示。

$$V(z) = \text{STF}(z)U(z) + \text{NTF}(z)E(z) \tag{9-74}$$

$$\text{NTF}(z) = \frac{1}{1 - L_1(z)}, \quad \text{STF}(z) = \frac{L_0(z)}{1 - L_1(z)} \tag{9-75}$$

针对不同调制器的结构，环路滤波器的 $L_0(z)$ 和 $L_1(z)$ 可以表示为不同参数的系统函数。随着 Sigma-delta 调制器的阶数不断提高，$L_0(z)$ 和 $L_1(z)$ 的表达式也会变得越来越复杂。$L_1(z)$ 在信号带宽内有很高的增益，对调制器的量化噪声有足够的衰减。由于 NTF 决定了调制器的噪声抑制能力和系统稳定性，所以在一般情况下，对 Sigma-delta 调制器的设计都从 NTF 的设计开始。

为了得到一个高阶稳定的 Sigma-delta 调制器，需要选择合适的极点位置，使得系统的传输函数为式（9-76）所示。

$$\text{NTF}(z) = \frac{(1 - z^{-1})^L}{D(z)} \tag{9-76}$$

以下给出两种常用的高阶 Sigma-delta 调制器的基本原理。

1. 级联谐振器前馈结构（Cascade of Resonator Feed Forward，CRFF）

图 9.64 为 CRFF 结构调制器结构图，图中每个积分器的输出经过加权求和后，输出到量化器的输入端。这种调制器只有前级积分器处理信号，或者当存在一个从输入到量化器的直接通路时，所有积分器都不处理输入信号，只处理量化噪声，这样直接降低了积分器的输

出摆幅。CRFF 结构调制器满足关系式（9-77）和式（9-78）。

$$L_0(z) = -L_1(z) = \frac{a_1}{z-1} + \frac{a_2}{(z-1)^2} + \frac{a_3}{(z-1)^3} + \cdots + \frac{a_n}{(z-1)^n} \tag{9-77}$$

$$STF(z) = 1 - NTF(z) \tag{9-78}$$

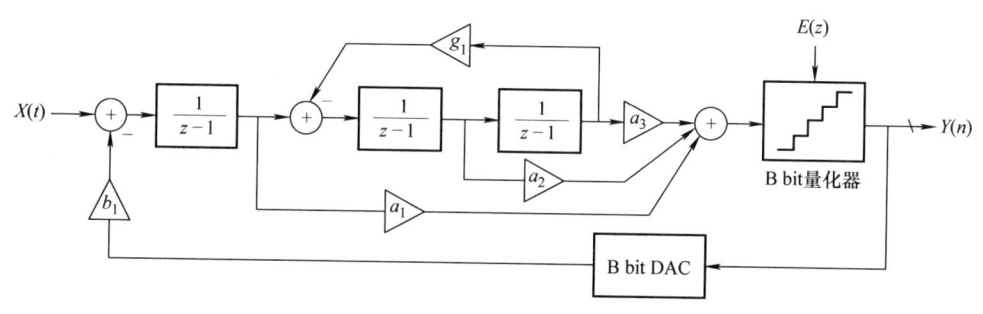

图 9.64　CRFF 结构调制器结构图

图 9.64 中，如不包括 g_1 的负反馈回路，$L_1(z)$ 的极点被限制在直流点 DC，由于 $L_1(z)$ 的极点为 NTF 的零点，NTF 的所有零点均在直流点 DC。加入 g_1 的负反馈回路后，调制器的传输函数形成谐振器，将极点沿单位圆移出直流点，将 NTF 的零点从直流点移到信号带宽范围内，这样可以更好地抑制信号带宽范围内的量化噪声，得到更好的调制器性能。

2. 级联谐振器反馈结构（Cascade of Resonator FeedBack，CRFB）

图 9.65 为 CRFB 结构 Sigma-delta 调制器结构图，图中每个积分器的输入端都有输出端的负反馈进行差分运算。这种调制器满足式（9-79）和式（9-80）。

$$L_0(z) = \frac{b_1}{(z-1)^n} \tag{9-79}$$

$$-L_1(z) = \frac{a_1}{z-1} + \frac{a_2}{(z-1)^2} + \frac{a_3}{(z-1)^3} + \cdots + \frac{a_n}{(z-1)^n} \tag{9-80}$$

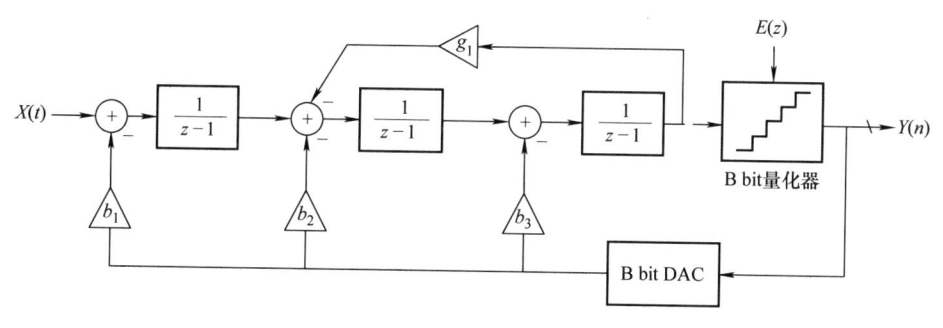

图 9.65　CRFB 结构 Sigma-delta 调制器结构图

图 9.65 中，如不包括 g_1 的负反馈回路，NTF 的所有零点均在直流点 DC。NTF 决定 $L_1(z)$ 的同时也决定了 STF。假设 NTF 的形式为式（9-81），那么 STF 为式（9-82）。

$$NTF(z) = \frac{(z-1)^n}{D(z)} \tag{9-81}$$

$$STF(z) = NTF(z)L_0(z) = \frac{b_1}{D(z)} \tag{9-82}$$

加入 g_1 的负反馈回路后，调制器的传输函数形成谐振器，谐振器的传输函数为式（9-83），将极点沿单位圆移出直流点，将 NTF 的零点从直流点移到信号带宽范围内，最终抑制信号带宽范围内的量化噪声。

$$R(z) = \frac{z}{z^2 - (2-g)z + 1} \tag{9-83}$$

CRFF 和 CRFB 结构的调制器，如果选择合适的反馈系数和前馈系数，可以得到基本相等的噪声传输函数 NTF。但是两种结构的信号传输函数 STF 却不相同。在 CRFF 结构调制器中，由于信号通过第一个积分器后直接前馈到输出端，所以信号传输函数 STF 为一阶函数滤波器特性；而在 CRFB 结构中，信号经过所有 L 个积分器才达到输出端，其 STF 为 L 阶函数滤波特性。

9.2.7.6 级联高阶 Sigma-delta 调制器结构

由于单环高阶 Sigma-delta 调制器的结构较为复杂，无法采用线性系统进行分析，其系统的稳定性也需要做特殊的考虑，所以就产生了新的高阶 Sigma-delta 调制器结构。该结构采用多级低阶调制器级联的方式，每级只包含 1 阶或者 2 阶等低阶积分器，采用前一级的量化噪声作为后级调制器的输入，然后采用输出噪声抵消逻辑将所有前级的量化噪声抵消掉，最终只剩下输入信号和经过噪声整形的最后一级量化噪声，这种 Sigma-delta 调制器称为多级级联噪声整形（Multi-stAge noise SHaping）调制器，简称 MASH 结构调制器。图 9.66 为一种 MASH 2-1 级联结构调制器结构图。

图 9.66 所示的 MASH 2-1 级联调制器实际上可以达到 3 阶噪声整形能力。第一、第二级调制器的输出分别如式（9-84）和式（9-85）所示。

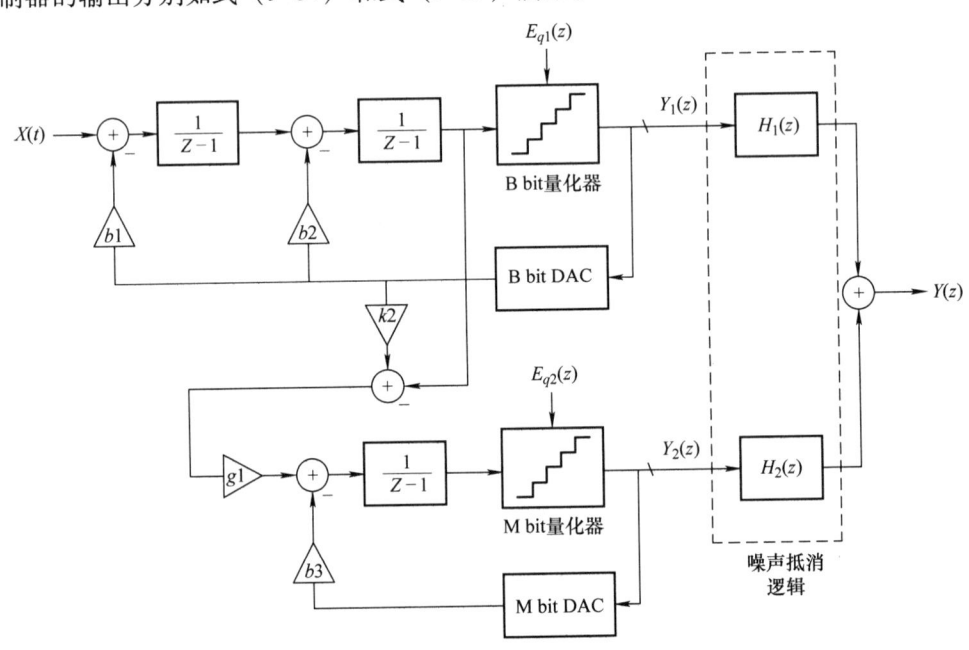

图 9.66 一种 MASH 2-1 级联结构调制器结构图

$$Y_1(z) = z^{-2}X(z) + (1 - z^{-1})^2 Q_1(z) \tag{9-84}$$

$$Y_2(z) = z^{-1}g_1 Q_1(z) + (1 - z^{-1})Q_2(z) \tag{9-85}$$

式中，$X(z)$ 为输入信号；$Q_1(z)$ 为第一级调制器的量化噪声；$Q_2(z)$ 为第二级调制器的量化噪声。另外，系数 k_2 为输出到下一级的权重系数，可以通过仿真得到一个比较优化的值，g_1 为第一级的量化噪声输出到下一级的缩放系数，也可以通过仿真得到较为优化的值。两级调制器的输出 $Y_1(z)$ 和 $Y_2(z)$ 通过噪声抵消逻辑电路 $H_1(z)$ 和 $H_2(z)$，将第一级调制器的量化噪声抵消，使得最终输出 $Y_1(z)$ 只包含第二级调制器的量化噪声，并实现 3 阶噪声整形函数，如式（9-86）所示。其中，噪声抵消逻辑为式（9-87）和式（9-88）。

$$Y(z) = Y_1(z)H_1(z) + Y_2(z)H_2(z) \tag{9-86}$$

$$H_1(z) = z^{-1} \tag{9-87}$$

$$H_2(z) = \frac{1}{g_1}(1 - z^{-1})^2 \tag{9-88}$$

结合式（9-84）～式（9-88），可得 MASH 2-1 级联调制器的传输函数为式（9-89）所示。

$$Y(z) = z^{-3}X(z) + \frac{1}{g_1}(1 - z^{-1})^3 Q_2(z) \tag{9-89}$$

如式（9-89）所示，MASH 2-1 级联 Sigma-delta 调制器将第一级的量化噪声完全消除，并将第二级的量化噪声进行 3 阶噪声整形处理，并且每一级的调制器都为 2 阶以下的低阶结构，不用考虑调制器的稳定性问题。

由于式（9-84）～式（9-88）是在模拟域完成的运算，而式（9-89）是在数字域完成的。两个不同的域在运算时的实现完全不同，模拟域的实现在开关电容结构中是电容值的比值，这取决于集成电路工艺的匹配精度，存在一定的误差。而数字域的实现是移位和加法运算，无误差存在。模拟域和数字域或多或少地存在一定的误差，这种误差导致的失配会使得前级的量化噪声不能被完全抵消，造成量化噪声泄漏到输出，最终使得输出信号的质量下降。为了降低这种失配误差的产生，通常这种级联结构的调制器在 CMOS 工艺中采用电容匹配精度较高的开关电容结构实现。另外，在电路级可以通过增大电容面积和积分器的增益带宽积来降低这种失配的产生。

9.2.7.7 多位量化 Sigma-delta 调制器结构

由 Sigma-delta 调制器理想信噪比公式可以得出，调制器的信噪比与过采样比（OSR）、调制器阶数（L）和量化器位数（B）有关。提高调制器的信噪比，需要提高 OSR、L 或者 B。提高 OSR 意味着在信号带宽一定的条件下需要提高采样频率，当信号带宽达到 MHz 数量级时，只提高时钟的采样频率，一方面电路功耗会急剧的增加；另一方面由于工艺条件限制而无法实现。由于 Sigma-delta 调制器是一个非线性的负反馈闭环系统，当调制器阶数 L 大于 2 会造成系统不稳定，使量化器过载进而使得调制器的性能急速下降。较为合适的方式是通过提高量化器的位数 N 来提高调制器的性能，而且提高量化器位数 B 会使高阶调制器的稳定性增强，量化器的稳定输入范围增大。另外，采用多位量化器使得输出台阶增多会降低信号带宽内的量化噪声和杂波强度。图 9.67 为 3 阶 Sigma-delta 调制器量化位数 B 和峰值信噪比（PSNR）的关系。

然而调制器如果采用多位量化器，那么在反馈回路中就会用到多位数—模转换器（DAC），而 DAC 的精度对调制器的影响很大。以一阶调制器多位量化器为例，$X(z)$ 为输入信号，$E_Q(z)$ 为多位量化器的量化噪声，$E_D(z)$ 为反馈 DAC 的非线性误差引入的噪声，传输函数为式（9-90）所示。

$$Y(z) = z^{-1}X(z) + (1 - z^{-1})E_Q(z) - z^{-1}E_D(z) \qquad (9-90)$$

由上式可以看出，由多位 DAC 产生的非线性误差并没有像量化噪声那样受到反馈环路的调制作用，因此整个调制器的精度受限于多位反馈 DAC 的精度。

为了解决多位 DAC 的非线性问题，工程师们提出了许多 DAC 的线性化技术和方法，其中比较实用的是数据加权平均（Data Weighted Averaging，DWA）算法。此算法是使每一个数据（Element）用到的次数基本相同，将各个数据的差值进行平均，基本原理是使用一个单元指针用来定位多位 DAC 中的电容单元，每一次转换后把单元指针定位到本次使用单元序列的结尾，因此在下一次选取序列时是按照单元序列的摆放顺序继续选取的。图 9.68 为 3 位的 DAC 的选择顺序，横向数字代表电容的编号（共 7 个），纵向二进制码代表每次选择电容的个数（共 5 次），每行的阴影区域则代表被选取的电容编号。

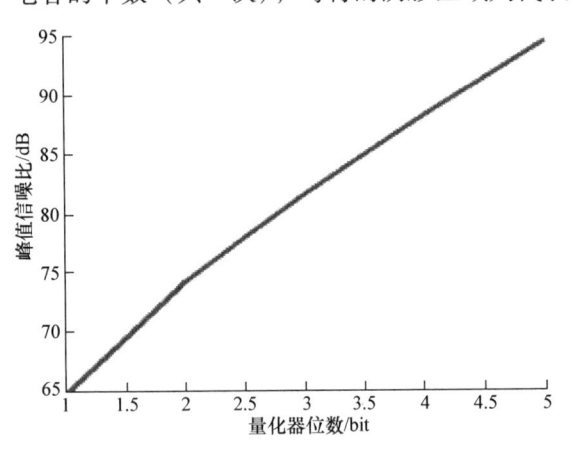

图 9.67　3 阶 Sigma-delta 调制器的量化器位数 B 与峰值信噪比（PSNR）的关系

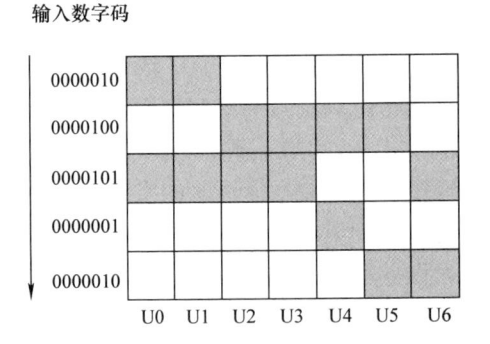

图 9.68　DWA 算法基本原理图

9.2.8　Sigma-delta 调制器版图设计　★★★

由于 Sigma-delta 调制器采用了过采样和噪声整形技术来获得高精度的输出，降低了对元器件匹配性的要求。同时，又因为 Sigma-delta 调制器通常处理低频信号，没有高速信号线的问题。所以在版图设计时，相对于其他几类模—数转换器而言，约束要宽松一些。此外，数字滤波器版图通常采用数字后端技术进行实现，不属于模拟版图技术范畴。本小节以一款 14bit/50kHz 的二阶级联谐振器前馈结构 Sigma-delta 调制器作为讨论对象，分析其版图布局的基本架构。其基本电路如图 9.69 所示，包括两级积分器、量化器和开关控制逻辑三部分。其中积分器由跨导放大器（OTA）和采样、积分电容阵列组成，其中的电容阵列占据最大面积。

根据电容信号自左向右传输的原则，Sigma-delta 调制器的基本版图布局如图 9.70 所示。

模拟信号自左侧输入，数字码自右侧输出。版图自左向右分别为第一级积分器、第二级积分器、量化器。因为 Sigma-delta 调制器为全差分结构，所以将有源晶体管组成的积分器和量化器电路布置在中轴线，无源电容阵列分布在晶体管的两侧，形成对称布局。积分器和积分器之间、积分器和量化器之间传输模拟小信号，所以保持粗而短的金属线进行连接，

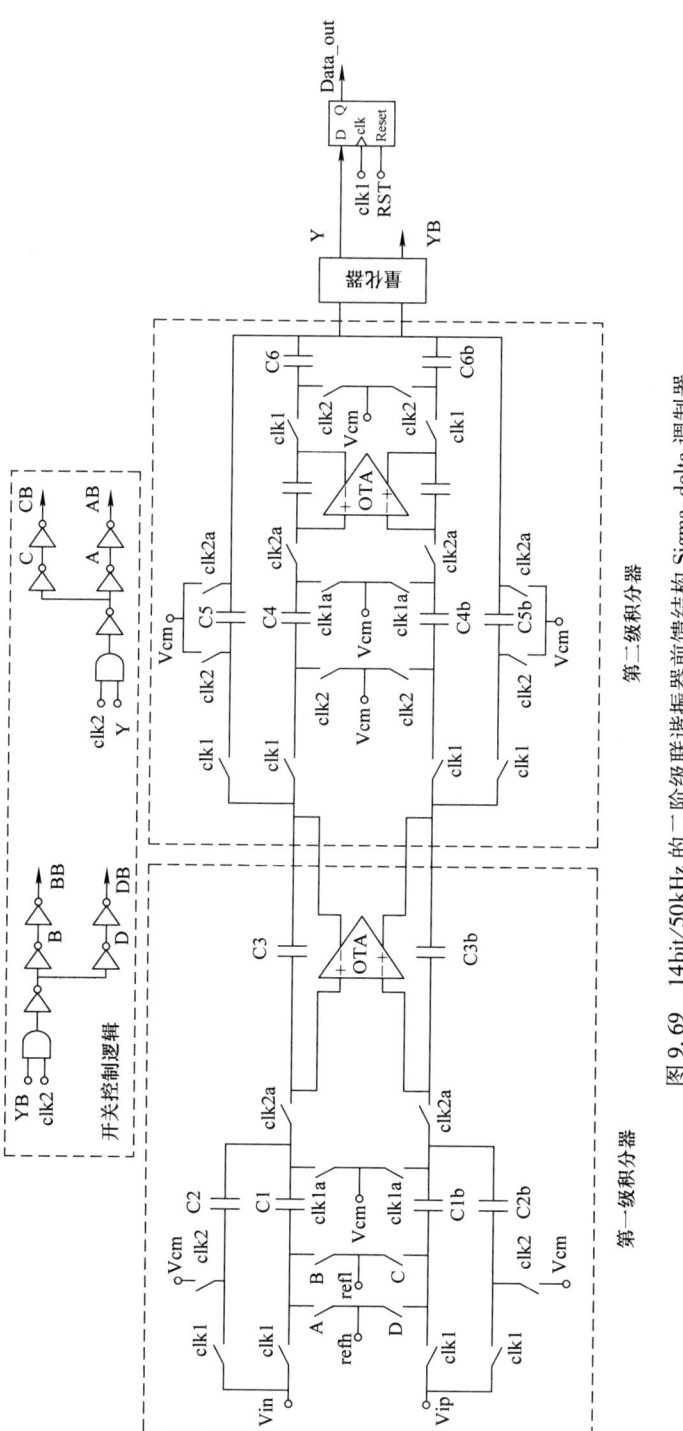

图 9.69 14bit/50kHz 的二阶级联谐振器前馈结构 Sigma-delta 调制器

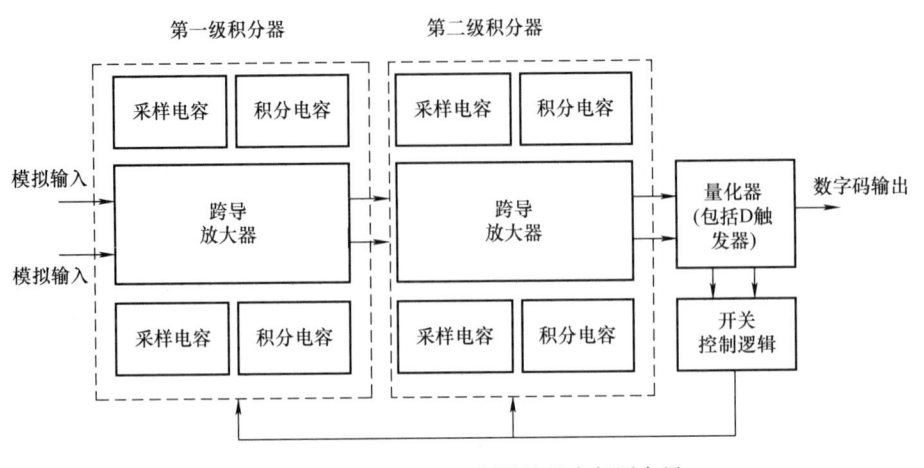

图 9.70 Sigma-delta 调制器的基本版图布局

减小信号失真。量化器输出信号就近输入开关控制逻辑中,此时开关控制逻辑的输入和输出信号都为数字信号,只要布线上的电压降满足高逻辑电平和低逻辑电平允许的范围内即可。最终开关控制逻辑的输出经过较长走线,返回到两级积分器中,完成对采样、积分开关的时序控制。

相比于其他模—数转换器结构,Sigma-delta 调制器的信号流向和反馈(前馈)走向更为清晰,因此我们可以沿着信号走向进行布局,既保证了信号完整性,又使得版图与电路图形成对应关系,有利于在验证中有效地定位 LVS 错误,提高版图设计效率。

9.2.9 两步式单斜率模—数转换器 ★★★

两步式单斜率模—数转换器是将两步式和单斜率结合起来的一种结构,它保留了单斜率模—数转换器结构简单的优点,但同时具有更大的信号带宽。两步式单斜率模—数转换器的分辨率一般在 10~14bit 之间,采样率一般在 50~200kSPS。在传感器领域中,两步式单斜率模—数转换器一般作为列级模—数转换器使用。

两步式单斜率模—数转换器根据对粗量化结果的处理方式可以分为存储式结构和非存储式结构,图 9.71 为存储式两步式单斜率模—数转换器基本结构图,主要包括采样保持电路、粗斜坡发生器、细斜坡发生器、比较器、锁存器、计数器,以及时序控制等模块。其中,粗斜坡发生器、细斜坡发生器,以及比较器是最重要的模块,直接影响两步式单斜率模—数转换器的静态特性和动态特性。

两步式单斜率模—数转换器的工作原理是将整个量化过程分为粗量化和细量化,一共包含了四个阶段,采样保持阶段、粗量化阶段、细量化阶段和数据输出阶段。

采样保持阶段:采样保持电路对模拟输入信号 V_{in} 进行采样,并在整个量化过程中进行保持。在时序控制模块下,M-bit 计数器和 N-bit 计数器进行复位操作,保证粗量化和细量化计数器的起始点。

粗量化阶段:开关 S_C、S_H 导通,S_F 断开。M-bit 计数器从 000,…,000 开始计数,粗斜坡发生器根据 M-bit 计数器的数字码产生一系列台阶电压,两个相邻台阶的电压差为 ΔV_C。随着计数器的值不断增加,粗斜坡发生器的输出电压 V_{Ramp_C} 不断增大,当粗斜坡电压

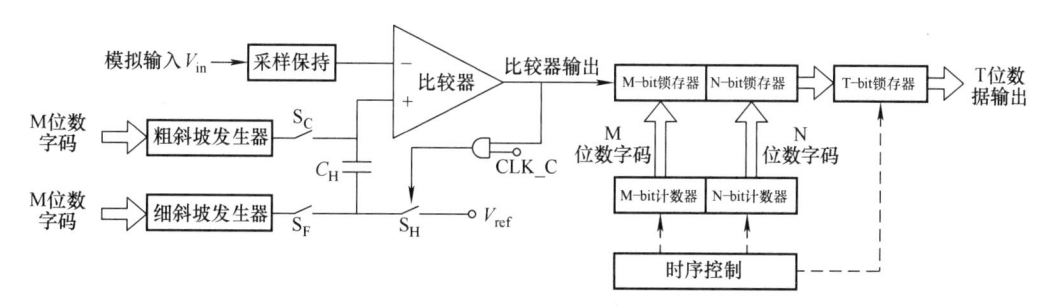

图 9.71 存储式两步式单斜率模—数转换器的基本结构

V_{Ramp_C}大于输入信号V_{in}时，比较器发生翻转，该翻转信号被 M-bit 锁存器检测到并锁存住此时 M-bit 计数器的值。开关S_H在逻辑门控制下断开，此时，存储电容C_H上的电压为

$$V_{C_H} = (m+1)\Delta V_C - V_{ref} \qquad (9\text{-}91)$$

其中，m为粗量化的结果。开关S_H断开后，存储电容C_H下极板没有电流通路，因此，存储电容C_H一直保存为粗量化的结果。

细量化阶段：开关S_C断开，S_F导通。N-bit 计数器从 000，…，000 开始计数，细斜坡发生器根据 N-bit 计数器的数字码产生一系列台阶电压，两个相邻台阶的电压差为ΔV_F。由于存储电容C_H保存了粗量化的结果，因此，在细量化阶段，比较器同向输入端的电压为

$$V_+ = (m+1)\Delta V_C - V_{ref} + V_{Ramp\_F} \qquad (9\text{-}92)$$

其中，V_{Ramp_F}为细斜坡发生器输出电压。随着 N-bit 计数器的计数不断增加，V_{Ramp_F}不断增加，当比较器的同向输入端电压V_+大于输入信号V_{in}时，比较器再一次发生翻转，N-bit 锁存器锁存住此时 N-bit 计数器的值n，即为细量化的结果。

数据输出阶段：粗量化和细量化完成后，在时序控制信号的控制下，T-bit 锁存器锁存住粗量化的结果m和细量化的结果n，并输出 T 位的数字码作为模拟输入信号V_{in}的量化结果，其中，m作为高 M 位数字码，n作为低 N 位数字码。

图 9.72 说明了在整个量化过程中，粗斜坡信号V_{Ramp_C}与细斜坡信号V_{Ramp_F}与输入信号V_{in}之间的关系。

9.2.9.1 采样保持电路

与流水线模—数转换器类似，两步式单斜率模—数转换器中的采样保持电路的作用是对输入信号V_{in}进行采样，并在量化的过程中保持不变。图 9.73 为最基本的采样保持电路结构，由一个开关和一个采样电容组成。当开关闭合时，电路进入采样态，输入信号V_{in}经过开关对采样电容进行充电，存储电容保存住输入信号的电压。当开关断开时，电路进入保持态，存储电容上的电压保持不变。

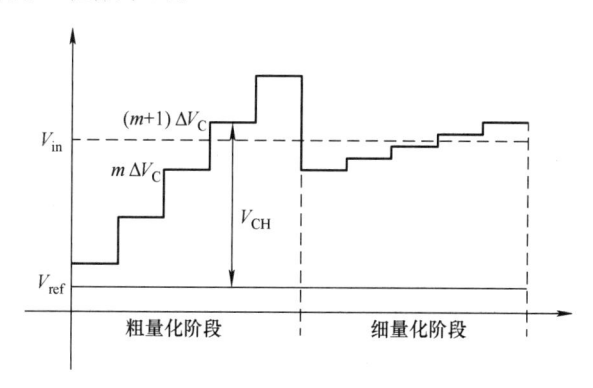

图 9.72 粗、细斜坡信号与输入信号关系示意图

基本采样保持电路虽然结构简单，但是存在着开关导通电阻、电荷注入与输入信号有关的问题，这会引入巨大的谐波失真，恶化整个采样保持电路的信噪比。以单开关采样保持电

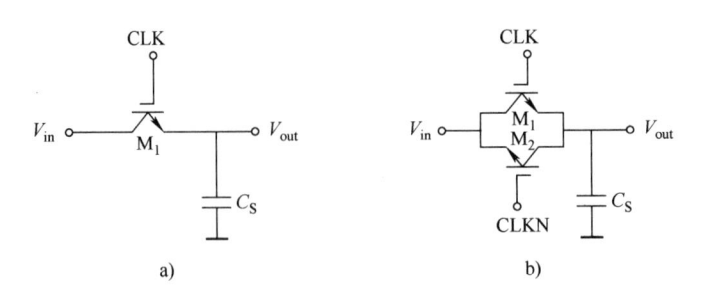

图 9.73 基本采样保持电路结构

a) 单开关采样保持电路　b) 双开关采样保持电路

路为例，当 CLK 为高电平时，M_1 导通且工作在线性区，其导通电流为

$$I_d = \mu_n C_{ox} \left[(V_{GS} - V_{TH}) V_{DS} - \frac{1}{2} V_{DS}^2 \right] \tag{9-93}$$

当 $V_{DS} \ll V_{GS} - V_{TH}$ 时，I_d 为

$$I_d \approx \mu_n C_{ox} (V_{GS} - V_{TH}) V_{DS} \tag{9-94}$$

则开关管的导通电阻为

$$R_{on} = \frac{V_{DS}}{I_d} = \frac{1}{\mu_n C_{ox} (V_{GS} - V_{TH})} = \frac{1}{\mu_n C_{ox} (V_{DD} - V_{in} - V_{TH})} \tag{9-95}$$

可以发现，随着输入信号 V_{in} 的变化，开关的导通电阻 R_{on} 也会发生变化，这会导致采样保持电路对不同输入信号的响应是不同的，从而引入较大的谐波失真。电路从采样态到保持态切换的过程中，开关管关断时，开关管的沟道电荷有一部分会注入采样电容上，也称为电荷注入问题，其注入的电荷量为

$$Q = \delta W L C_{ox} (V_{GS} - V_{TH}) \tag{9-96}$$

其中，δ 为电荷的注入效率，与开关管两端的输入阻抗有关。由于电荷注入导致的采样电容 C_S 产生的电压跳变为

$$\Delta V = \frac{Q}{C_S} = \frac{\delta W L C_{ox} (V_{GS} - V_{TH})}{C_S} = \frac{\delta W L C_{ox} (V_{DD} - V_{in} - V_{TH})}{C_S} \tag{9-97}$$

值得注意的是，NMOS 的沟道电荷为电子，在开关切换的过程中，会在采样电容上产生一个负跳变，而 PMOS 的沟道电荷为空穴，在开关切换的过程中，会在采样电容上产生一个正跳变。可以发现，该电压跳变的大小与输入信号的大小有关，这会引入较大的非线性问题。减小电荷注入的方法主要有减小开关管的尺寸、增大采样电容、增加 dummy 管，以及采用差分结构。

为了解决开关导通电阻、电荷注入与输入信号有关的问题，可以采用下极板采样的电荷翻转型开关电容电路，其结构如图 9.74 所示，由运算放大器、栅压自举开关，采样电容以及若干开关组成。

该电路的工作状态分开采样态和保持态。在采样态时，开关 S_1、S_2 闭合，S_3 断开，输入信号 V_{in} 经过栅压自举开关对采样电容 C_S 进行充放电，采样电容 C_S 两端的电压差为

$$\Delta V_{C_S} = V_{in} - V_{ref} \tag{9-98}$$

而运算放大器处于单位负反馈中，此时，输出电压为

$$V_{out} = V_{ref} \tag{9-99}$$

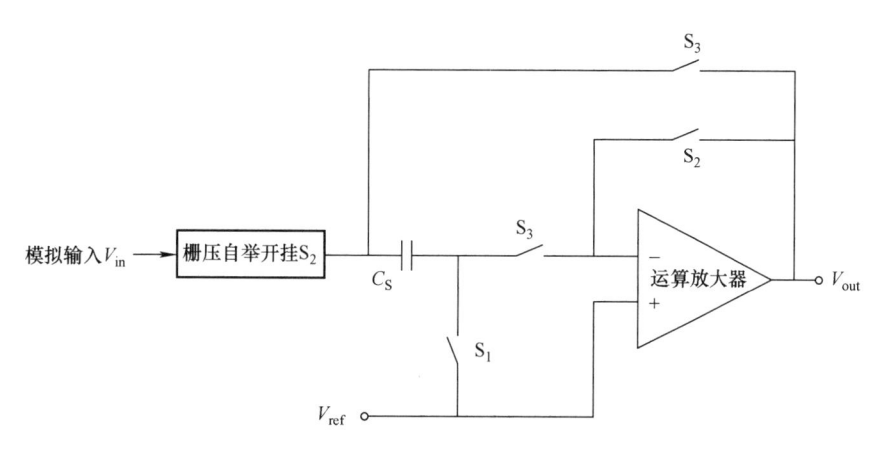

图 9.74 采样保持电路结构图

在保持态时，开关 S_3 闭合，S_1、S_2 断开，采样电容 C_S 跨接在运算放大器的两端，由于采样电容 C_S 下极板没有电流通路，在翻转过程中保持电荷守恒，此时，输出端的电压为

$$V_{\text{out}} = V_{\text{in}} \tag{9-100}$$

在采样态和保持态切换的过程中，开关 S_1 先断开后，S_2 再断开，这是由于 S_1 断开后，采样电容 C_S 下极板已经没有电流通路，可以防止栅压自举开关 S_2 的电荷直接注入采样电容 C_S。S_1、S_2、S_3 时序图如图 9.75 所示。

需要注意的是，开关 S_1 的电荷仍然会注入采样电容 C_S，其注入量为

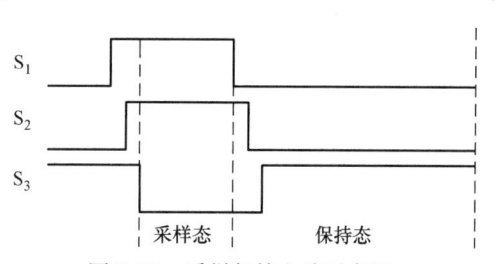

图 9.75 采样保持电路时序图

$$Q = \delta(WL)_1 C_{\text{ox}}(V_{\text{DD}} - V_{\text{ref}} - V_{\text{TH}}) \tag{9-101}$$

该电荷量引起的电压跳变为

$$V_{\text{os1}} = \frac{\delta(WL)_1 C_{\text{ox}}(V_{\text{DD}} - V_{\text{ref}} - V_{\text{TH}})}{C_S} \tag{9-102}$$

可以发现，该电压跳变与输入信号无关，与电源电压、基准电压，以及采样电容的大小有关，因此，开关 S_1 的电荷注入并不会带来谐波失真的问题，而是一个固定的失调电压。

考虑到工艺的偏差时，运算放大器也具有一定的等效输入失调电压 V_{os2}，图 9.76 为运算放大器失调电压示意图。在采样态时，采样电容 C_S 并不与运算放大器直接连接，运算放大器的失调电压不影响对输入信号 V_{in} 的采样，此时，输出端的电压为

$$V_{\text{out}} = V_{\text{ref}} + V_{\text{os2}} \tag{9-103}$$

在保持态时，采样电容 C_S 保持电荷守恒，输出端的电压为

$$V_{\text{out}} = \Delta V_{C_S} + V_{\text{ref}} + V_{\text{os2}} = V_{\text{in}} + V_{\text{os2}} \tag{9-104}$$

可以发现，运算放大器的失调电压直接叠加在输入信号上。

通过以上的分析，在实际应用中，考虑到开关的电荷注入和运算放大器的失调电压时，在保持态，采样保持电路的输出电压为

$$V_{\text{out}} = V_{\text{in}} + V_{\text{os1}} + V_{\text{os2}} \tag{9-105}$$

V_{os1} 和 V_{os2} 都是与输入信号无关的量，因此，不会降低采样保持电路的信噪比。

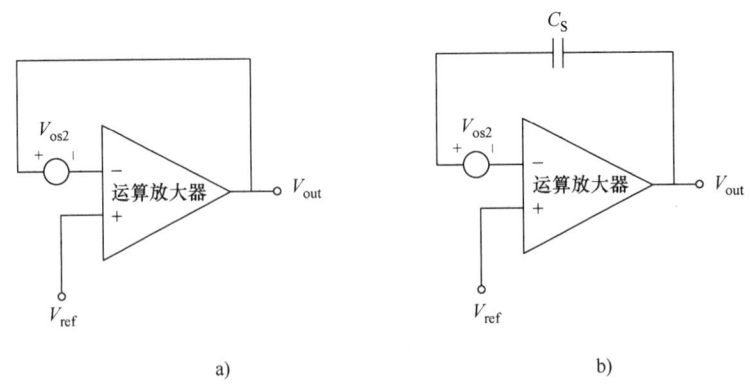

图 9.76 失调电压示意图
a) 采样态 b) 保持态

采样保持电路作为整个模—数转换器的输入端，需要具有较高的信噪比以满足应用的要求，而采样电路的信噪比很大程度上取决于采样电容的大小。采样电容值太小，则不能很好地抑制电路中的噪声；采样电容值太大又限制了采样保持电路的工作速度，因此，采样电容大小的选取就显得至关重要。对于采样保持电路来说，在采样态时，栅压自举开关和采样电容 C_S 可以等价为一阶 RC 电路，如图 9.77 所示，而一阶 RC 电路上的噪声源主要来自于电阻的热噪声 $\overline{V_{noise}}$，其大小为

$$\overline{V_{noise}} = \sqrt{4kTR_{on}} \tag{9-106}$$

式中，k 为玻尔兹曼常数；T 表示温度。电阻的热噪声属于白噪声的一种，在频谱图上均匀分布。

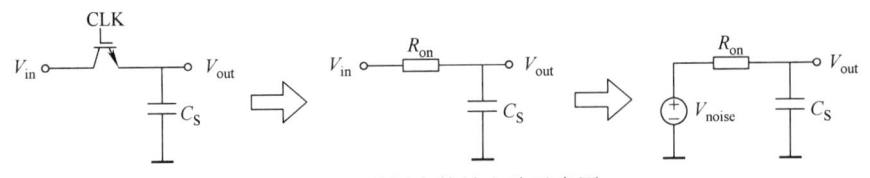

图 9.77 采样态等效电路示意图

对于一阶 RC 电路来说，其信号传递函数为

$$A = \frac{V_{out}}{V_{in}} = \frac{1}{1+j\dfrac{\omega}{\omega_0}} \tag{9-107}$$

式中，ω_0 为一阶 RC 电路的左半平面的极点，其大小为 $\dfrac{1}{R_{on}C_S}$。而该传递函数的幅值为

$$|A| = \frac{\omega_0}{\sqrt{\omega_0^2 + \omega^2}} \tag{9-108}$$

在一阶 RC 电路中，电阻的热噪声会直接传递到输出端上，在输出端上的噪声功率为

$$\overline{V_{out,noise}}^2 = \int_0^{+\infty} \overline{V_{noise}}^2 |A|^2 df = \int_0^{+\infty} 4kTR_{on} \frac{\omega_0^2}{\omega_0^2 + \omega^2} df = \frac{kT}{C_S} \tag{9-109}$$

可以发现，电路中的噪声源虽然来自于电阻，但在输出端所看到噪声功率并不受电阻阻

值的影响，而是取决于电容的大小。

在模—数转换器中，量化完成后数字码对应的模拟量与输入信号总是存在着一定的偏差，也称为量化误差，其大小在 $[-\text{LSB}/2，+\text{LSB}/2]$ 上均匀分布。对于任意一个输入信号而言，每个量化误差出现的概率都为 $1/\text{LSB}$，因此，模数转换器总的量化噪声功率为

$$P = \int_{-\frac{\text{LSB}}{2}}^{+\frac{\text{LSB}}{2}} x^2 \frac{1}{\text{LSB}} \text{d}x = \frac{\text{LSB}^2}{12} \tag{9-110}$$

在采样保持电路中，应该保证电路的噪声功率小于模—数转换器的量化噪声功率，因此，

$$\frac{kT}{C_\text{S}} \leqslant \frac{\text{LSB}^2}{12} \tag{9-111}$$

即，应该保证采样电容的取值满足

$$C_\text{S} \geqslant \frac{12kT}{\text{LSB}^2} \tag{9-112}$$

对于单管开关和互补开关而言，其导通电阻与输入信号的幅度有关，这会引入谐波失真的问题。为了解决导通电阻与输入信号有关的问题，可以采用栅压自举开关的结构，其结构如图9.78所示，主要由电荷泵和栅压开关组成，电荷泵能够提供一个 $2V_{\text{DD}}$ 电压给 M_3 管，使得 M_3 管有足够的栅极电压能够导通，避免了使用 PMOS 晶体管时，存在漏极电位比衬底电位高，造成电荷泄漏的问题。

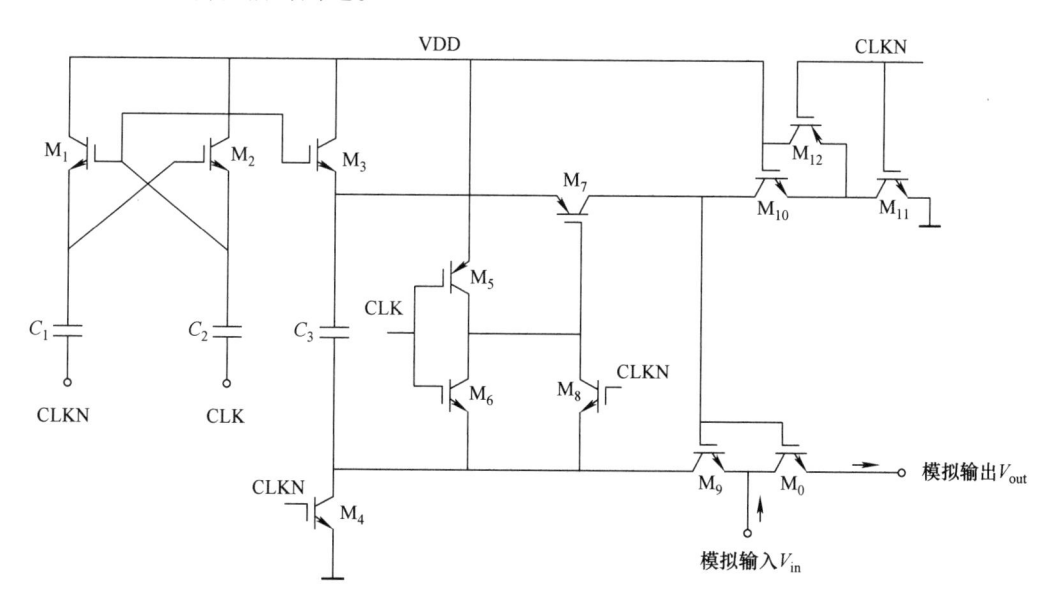

图 9.78 栅压自举开关电路图

当 CLK 为低电平时，M_{11} 导通，经过 M_{10}、M_{11} 管，开关管 M_0 的栅极电位被拉到 0 电位，开关关断。同时，M_3、M_4 管导通，电源和地对电容 C_3 进行充电，此时，电容两端的电压差为

$$V_{C_3} = V_{\text{DD}} \tag{9-113}$$

当 CLK 为高电平时，M_3、M_4 关断，电容 C_3 不再进行充放电。M_{10}、M_{11} 关断，M_7、M_9

导通，电容 C_3 被跨接在开关管 M_0 栅源之间，此时，M_0 栅源之间的电压差为

$$V_{GS0} = V_{in} + V_{DD} - V_{in} = V_{DD} \tag{9-114}$$

可以发现，此时开关管导通的栅源电压与输入信号无关，而与电源电压有关。此时，开关管的导通电阻为

$$R_{on} = \frac{1}{\mu_n C_{ox} \left(\frac{W}{L}\right)_0 [V_{DD} - V_{TH}]} \tag{9-115}$$

值得注意的是，当考虑 MOS 管衬底偏置效应的影响时，开关管的阈值电压 V_{TH} 会发生变化，进而导致开关管的导通电阻 R_{on} 产生变化。为了进一步降低衬偏效应，可通过采用动态偏置衬底的方式降低阈值电压 V_{TH} 的变化。即在开关导通时，开关管的衬底接输入信号端，而在开关断开时，衬底接地。该方式需要额外消耗额外的面积，也对工艺提出一定的要求。

在采样保持电路处于采样态时，电路可以等价为一阶 RC 电路。而在时域中，输出信号与输入信号的关系为

$$V_{out} = V_{in}(1 - e^{-\frac{t}{\tau}}) = V_{in}(1 - e^{-\frac{t}{R_{on}C_S}}) \tag{9-116}$$

可以发现，导通电阻的大小影响着输出信号的建立精度和速度。对于一个 N-bit 的模—数转换器，采样保持电路信号的建立精度不能超过 LSB/2，即

$$1 - e^{-\frac{t}{R_{on}C_S}} \geq 1 - \frac{LSB}{2V_{FS}} = 1 - \frac{1}{2^{N+1}} \tag{9-117}$$

当采样的时间为 T_S 时，导通电阻 R_{on} 大小的取值为

$$R_{on} \leq \frac{T_S}{\ln 2^{N+1} C_S} \tag{9-118}$$

式中，C_S 为采样电容的大小，在前文中已经讨论过其影响着电路噪声的大小。结合式（9-115）和式（9-118）可得，开关管 M_0 的宽长比为

$$\frac{W}{L} \geq \frac{\ln 2^{N+1} C_S}{T_S \mu_n C_{ox}(V_{DD} - V_{TH})} \tag{9-119}$$

采样保持电路在采样态时，其信号的建立精度和建立速度受电阻 R_{on} 和采样电容 C_S 的影响，而在保持态时，信号的建立精度和速度受运算放大器性能的影响。运算放大器的低频增益影响采样保持电路信号的建立精度，也称为静态误差，而运算放大器的带宽影响着信号建立的速度，也称为动态误差。

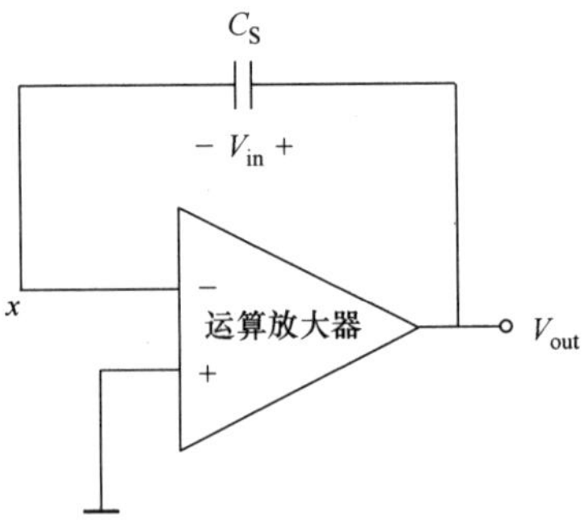

图 9.79 为保持态时电路结构图，从图中可以看出，输出信号与输入信号之间的关系为

$$\begin{cases} V_{out} - V_x = V_{in} \\ V_{out} = -AV_x \end{cases} \tag{9-120}$$

图 9.79　保持态电路结构图

经过化简，可得

$$V_{out} = V_{in}\frac{A}{1+A} \tag{9-121}$$

当运算放大器为单极点系统时，其 -3dB 带宽为 ω_0，运算放大器的频率响应关系为

$$A = A_0 \frac{1}{1 + \mathrm{j}\dfrac{\omega}{\omega_0}} \qquad (9\text{-}122)$$

则输出信号与输入信号的表达式可进一步写为

$$V_{\text{out}} = V_{\text{in}} \frac{A_0 \dfrac{1}{1 + \mathrm{j}\dfrac{\omega}{\omega_0}}}{1 + A_0 \dfrac{1}{1 + \mathrm{j}\dfrac{\omega}{\omega_0}}} = V_{\text{in}} \frac{A_0}{1 + A_0} \frac{1}{1 + \mathrm{j}\dfrac{\omega}{(1 + A_0)\omega_0}} \qquad (9\text{-}123)$$

式中，$\dfrac{A_0}{1 + A_0}$ 为静态误差；$\dfrac{1}{1 + \mathrm{j}\dfrac{\omega}{(1 + A_0)\omega_0}}$ 为动态误差。

当考虑静态误差时，从 N-bit 的模—数转换器应用的角度来说，要求采样保持电路的静态误差不能超过 LSB/2，即

$$\frac{A_0}{1 + A_0} \geq 1 - \frac{\text{LSB}}{2V_{\text{FS}}} = 1 - \frac{1}{2^{N+1}} \qquad (9\text{-}124)$$

则运算放大器的低频增益为

$$A_0 \geq 2^{N+1} - 1 \qquad (9\text{-}125)$$

当考虑动态误差时，从时域的角度分析，输出信号与输入信号之间的关系为

$$V_{\text{out}} = V_{\text{in}} \frac{A_0}{1 + A_0}(1 - \mathrm{e}^{-(1 + A_0)\omega_0 t}) \qquad (9\text{-}126)$$

从采样态到保持态切换的过程中，要求采样保持电路的输出信号在 T_H 的时间内完成建立，信号建立的精度需要达到 LSB/2，则有

$$1 - \mathrm{e}^{-(1 + A_0)\omega_0 T_\text{H}} \geq 1 - \frac{1}{2^{N+1}} \qquad (9\text{-}127)$$

则有：

$$(1 + A_0)\omega_0 \geq \frac{\ln 2^{N+1}}{T_\text{H}} \qquad (9\text{-}128)$$

对于运算放大器而言，其单位增益带宽积 GWB 为

$$\text{GBW} = \frac{(1 + A_0)\omega_0}{2\pi} \geq \frac{\ln 2^{N+1}}{2\pi T_\text{H}} \qquad (9\text{-}129)$$

综上所述，要满足 N-bit 模—数转换器的应用要求，运算放大器的低频增益不能低于 $2^{N+1} - 1$，而单位增益带宽积 GBW 最小为 $\dfrac{\ln 2^{N+1}}{2\pi T_\text{H}}$，其中 T_H 为保持态开始到信号建立完成总的时间。

9.2.9.2 粗、细斜坡发生器

两步式单斜率模—数转换器的量化过程分为了粗量化和细量化两个阶段，例如，一个 T-bit 的两步式单斜率模—数转换器，可以分为 N-bit 粗量化和 M-bit 细量化，其中，

$$T = N + M \qquad (9\text{-}130)$$

采用不同的量化方案影响量化总的时钟周期数。这也意味着，在两步式单斜率模—数转换器

中,需要一个 N-bit 的粗斜坡发生器和一个 M-bit 的细斜坡发生器。

斜坡发生器的功能是产生台阶式的基准电压,提供给比较器与输入信号进行比较,是两步式单斜率模—数转换器的核心,其微分非线性和积分非线性会直接反映在模—数转换器的量化曲线中。斜坡发生器的本质也是一个数—模转换器,典型的斜坡发生器分为电流舵型斜坡发生器、电荷型斜坡发生器以及电阻分压型斜坡发生器,不同类型的斜坡发生器在功耗、面积以及性能等方面有着各自的优势。

电阻型斜坡发生器结合了电流舵型和电荷型的优点,具有面积小、功耗低等特点,其结构如图 9.80 所示,主要由两个箝位运算放大器、电阻阵列、输出缓冲运算放大器,以及控制单元组成,其中,电阻阵列的结构如图 9.81 所示,由电阻和开关组成,而控制单元一般由计数器和译码器所构成。

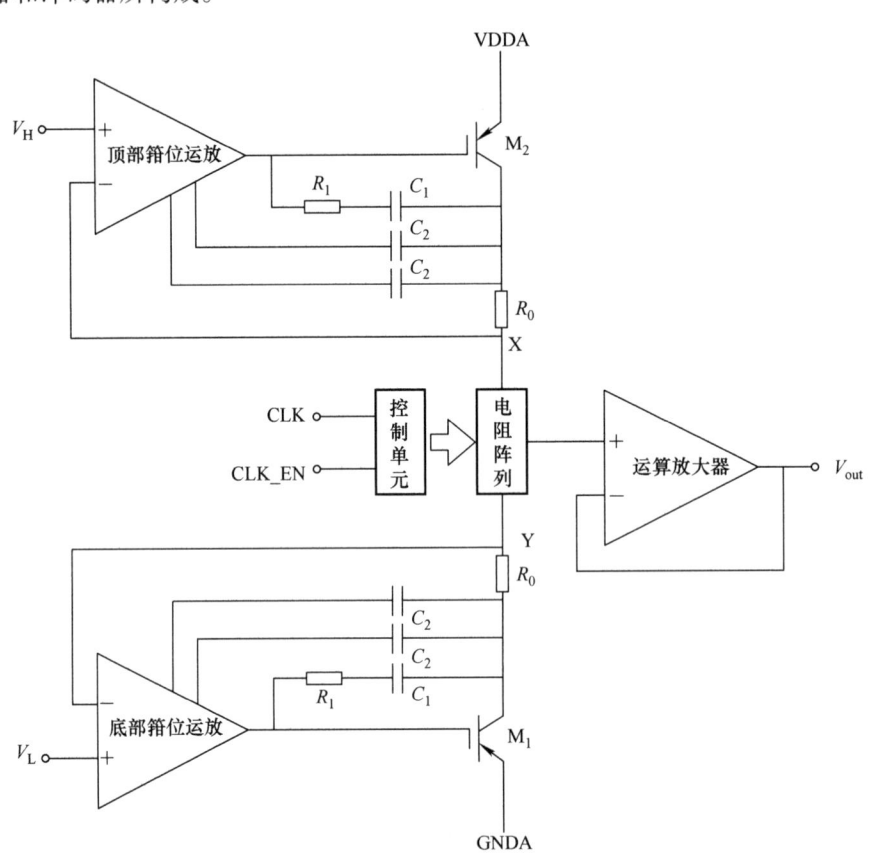

图 9.80 电阻型斜坡发生器结构图

在箝位运算放大器的箝位作用下,电阻阵列上下两端的电压,即 X 点和 Y 点的电压为

$$\begin{cases} V_X = V_H \\ V_Y = V_L \end{cases} \tag{9-131}$$

则电阻阵列两端的电压差为

$$\Delta V_R = V_H - V_L \tag{9-132}$$

该电压差被电阻阵列中的电阻进行分压。对于 N-bit 的斜坡发生器而言,电阻阵列中电阻的

个数为2^N个，因此，每个单位电阻上的电压为

$$V_{R0} = \frac{V_H - V_L}{2^N} \quad (9\text{-}133)$$

在控制单元的作用下，开关阵列$S_0 \cdots S_{2^N}$依次导通，此时，输出端的电压为

$$V_{out}(i) = V_L + i\frac{V_H - V_L}{2^N} (i = 1, 2, \cdots, 2^n) \quad (9\text{-}134)$$

随着控制单元计数器的计数，i逐渐增大，斜坡发生器会产生台阶输出电压，输出信号的范围在$V_L \sim V_H$之间。

在控制单元的作用下，输出信号不断变化，在这一过程中，输出信号的建立速度主要受到电阻阵列输出阻抗和输出缓冲运算放大器带宽的影响。当不考虑输出缓冲运算放大器对建立速度的影响时，在斜坡发生器中，电阻阵列输出阻抗由上、下环路输出阻抗和单位电阻R_0所决定。

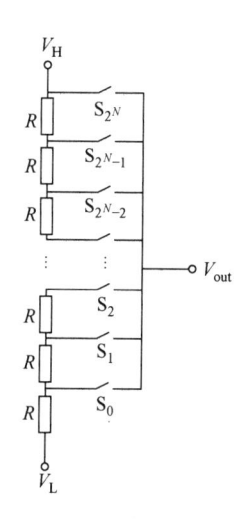

图9.81 电阻阵列结构图

对上、下环路的输出阻抗进行分析，图9.82为上、下环路结构，研究输出阻抗的方法一般是在输出端加一个电压大小为V_X的电压源，其输入电流为I_X，则输出阻抗R_{out}的大小为V_X与I_X的比值。从图9.82a可以发现，下环路小信号关系式为

$$\begin{cases} g_{m1}AV_X + \dfrac{V_1}{r_{o1}} = \dfrac{V_X - V_1}{R_0} \\ I_X = \dfrac{V_X - V_1}{R_0} \end{cases} \quad (9\text{-}135)$$

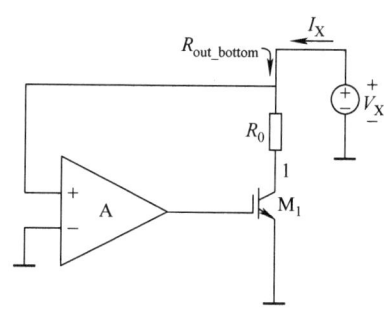

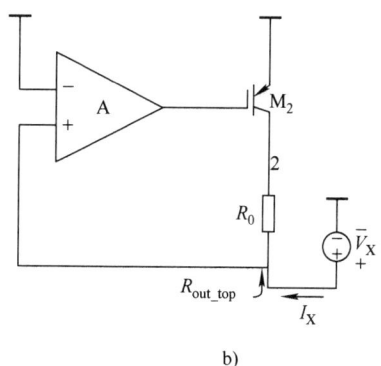

图9.82 环路阻抗示意图
a）下环路输出阻抗 b）上环路输出阻抗

则下环路的输出阻抗为

$$R_{out\_bottom} = \frac{V_X}{I_X} = \frac{(R_0 + r_{o1})R_0}{R_0 + g_{m1}r_{o1}R_0A} = \frac{R_0 + r_{o1}}{1 + g_{m1}r_{o1}A} \quad (9\text{-}136)$$

在实际中，单位电阻R_0远远小于晶体管的沟道电阻r_{o1}，因此，式（9-136）又可化简为

$$R_{out\_bottom} \approx \frac{r_{o1}}{1 + g_{m1}r_{o1}A} \approx \frac{1}{\dfrac{1}{r_{o1}} + g_{m1}A} \approx \frac{1}{g_{m1}A} \quad (9\text{-}137)$$

式中，A 为箝位运算放大器的低频增益。同理可得，上环路的输出阻抗为

$$R_{\text{out\_top}} \approx \frac{1}{g_{\text{m2}}A} \tag{9-138}$$

可以发现，箝位运放不仅起到了箝位电压的作用，同时也将 M_1 和 M_2 的等效输出阻抗降低了 $1/A$ 倍，因此，可以认为斜坡发生器上、下环路的等效输出阻抗为零，对电阻阵列输出阻抗的大小基本没有影响。

在前文的讨论中，上、下环路的输出阻抗基本为零，因此，在对电阻阵列进行阻抗分析时，上、下两端可以认为是虚地点，如图 9.83 所示，随着开关 $S_1 \cdots S_{2^n}$ 不停地切换，其输出阻抗也是在不停地变化。当开关 S_i 导通时，电阻阵列的输出阻抗为

$$R_{\text{out}} = R_{\text{out1}} // R_{\text{out2}} = \frac{(2^n - i)i}{2^n} R_0 \tag{9-139}$$

可以发现，当 i 为 2^{n-1} 时，电阻阵列的输出阻抗最大，其最大值为

$$R_{\text{out}} = 2^{n-2} R_0 \tag{9-140}$$

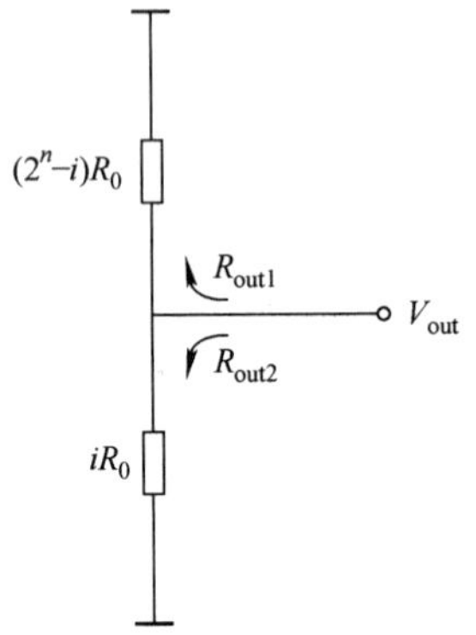

图 9.83　电 0 阻阵列输出阻抗示意图

单位电阻 R_0 的取值越大，则电阻阵列的输出阻抗 R_{out} 越大，太大的等效输出阻抗会严重降低斜坡发生器输出信号的建立速度；而阻值太小的单位电阻会增加单位电阻之间的失配，因此，在满足信号建立速度的条件下，应该尽可能增大电阻的面积，以增加电阻阵列中电阻之间的匹配性。

为了研究斜坡发生器信号的建立速度，需要讨论单位电阻 R_0 对信号建立速度的影响。在信号建立的过程中，主要有大信号建立过程和指数逼近过程，大信号建立的过程中，其建立速度与电阻阵列中的支路电流 I_R 有关，而指数逼近过程与电阻阵列的输出阻抗 R_{out}、缓冲运算放大器输入管寄生电容 C_{in} 构成一个极点 ω_1 有关。对于主时钟周期为 T_{clk} 的两步式单斜率模—数转换器而言，斜坡发生器的信号需要在 $T_{\text{clk}}/2$ 内建立完成，如图 9.84 所示，要求大信号在 $3T_{\text{clk}}/20$ 内建立完成，而在 $7T_{\text{clk}}/20$ 的时间内完成指数逼近的过程。

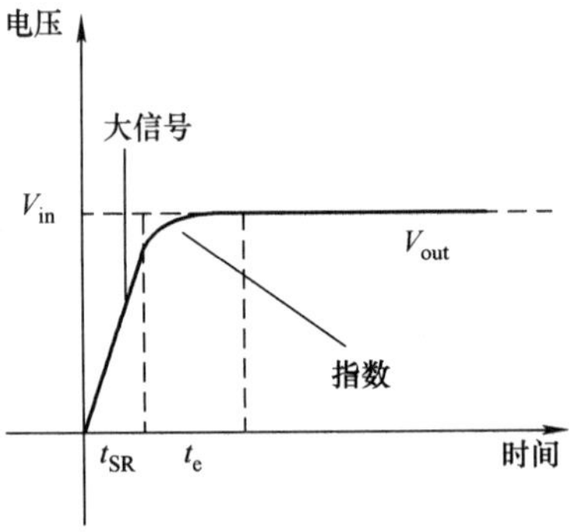

N-bit 的斜坡发生器在开关切换的过程中，输出电压的变化量为

$$\Delta V_{\text{out}} = \frac{V_{\text{H}} - V_{\text{L}}}{2^n} \tag{9-141}$$

图 9.84　信号建立过程示意图

当缓冲运算放大器输入管的寄生电容为 C_{in} 时，则大信号建立过程中压摆率的表达式为

$$SR = \frac{\Delta V_{\text{out}}}{\frac{3}{10} \frac{T_{\text{clk}}}{2}} = \frac{\frac{V_{\text{H}} - V_{\text{L}}}{2^n}}{\frac{3}{10} \frac{T_{\text{clk}}}{2}} = \frac{\frac{V_{\text{H}} - V_{\text{L}}}{2^n R_0}}{C_{\text{in}}} \tag{9-142}$$

因此，单位电阻 R_0 大小的取值为

$$R_{0,1} = \frac{3T_{\text{clk}}}{20C_{\text{in}}} \tag{9-143}$$

在大信号建立的过程中,主时钟周期 T_{clk} 和缓冲运算放大器输入寄生电容 C_{in} 影响着单位电阻 R_0 的大小,T_{clk} 越小,C_{in} 越大,则单位电阻 R_0 的取值越小。

在指数逼近过程中,电阻阵列输出阻抗 R_{out} 与缓冲运算放大器输入管寄生电容 C_{in} 构成一个极点 ω_1,其大小为

$$\omega_1 = \frac{1}{R_{\text{out}}C_{\text{in}}} \tag{9-144}$$

开关在切换的过程中,输出信号 V_{out} 对阶跃信号 V_{in} 的时域响应为

$$V_{\text{out}} = V_{\text{in}}(1 - e^{-\omega_1 t}) \tag{9-145}$$

为了在 $7T_{\text{clk}}/20$ 的时间内完成信号的建立过程,其建立精度误差需要小于 LSB/2,则

$$1 - e^{-\omega_1 \frac{7}{10} \frac{T_{\text{clk}}}{2}} = 1 - \frac{1}{2^{n+1}} \tag{9-146}$$

则极点 ω_1 的取值为

$$\omega_1 = \frac{20\ln 2^{n+1}}{7T_{\text{clk}}} \tag{9-147}$$

由式(9-144)和式(9-147)可得,电阻阵列输出阻抗 R_{out} 的大小为

$$R_{\text{out}} = \frac{7T_{\text{clk}}}{20\ln 2^{n+1} \cdot C_{\text{in}}} \tag{9-148}$$

在分析电阻阵列输出阻抗时,可以发现,R_{out} 的大小跟开关的导通情况有关,最大值为 $2^{n-2}R_0$,则单位电阻 R_0 的大小为

$$R_{0,2} = \frac{7T_{\text{clk}}}{2^{n-2} \cdot 20\ln 2^{n+1} \cdot C_{\text{in}}} \tag{9-149}$$

综上所述,斜坡发生器输出信号的建立,不仅需要满足大信号的建立过程,也需要满足指数逼近的过程,因此,单位电阻 R_0 的取值为

$$R_0 = \min\{R_{0,1}, R_{0,2}\} \tag{9-150}$$

在图 9.80 电阻分压式的斜坡发生器中,电阻阵列上下两端的电压,即 X 点和 Y 点的电压被上、下两端的箝位运放所箝位,考虑到箝位运算放大器的增益有限,V_X 和 V_Y 与理想值会有一定的偏差。图 9.85 为上、下环路等效电路结构图,对该电路进行小信号分析,其关系式为

$$\frac{0 - V_1}{R_1} = \frac{V_1 - V_2}{R_0} = g_{\text{m1}}A(V_1 - V_{\text{ref}}) + \frac{V_2}{r_{\text{o1}}} \tag{9-151}$$

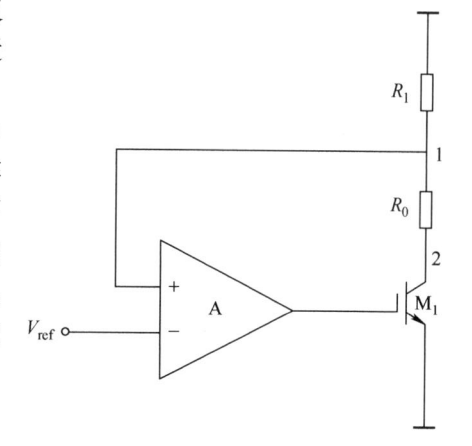

图 9.85 上、下环路等价电路结构图

经过化简,可以得到 V_1 与 V_{ref} 之间的关系为

$$V_1 = V_{\text{ref}} \frac{g_{\text{m1}}R_1 A \cdot r_{\text{o1}}}{g_{\text{m1}}R_1 A \cdot r_{\text{o1}} + R_0 + R_1 + r_{\text{o1}}} = V_{\text{ref}} \frac{g_{\text{m1}}R_1 A}{g_{\text{m1}}R_1 A + 1 + \frac{R_0 + R_1}{r_{\text{o1}}}} \tag{9-152}$$

在实际应用中，r_{o1}一般远远大于$R_0 + R_1$的值，R_0为单位电阻的取值，R_1为2^n个单位电阻的串联，其大小一般为十几 kΩ，而晶体管的小信号沟道电阻r_{o1}一般在几十 kΩ 范围，因此，V_1与V_{ref}之间的关系可进一步化简为

$$V_1 = V_{ref} \frac{g_{m1} R_1 A}{g_{m1} R_1 A + 2} \tag{9-153}$$

晶体管M_1作为功率管，其流过的电流大，跨导g_{m1}也大，因此$g_{m1}R_1$一般大于1，考虑最差的情况时，$g_{m1}R_1$为1，则有：

$$V_1 = V_{ref} \frac{A}{A + 2} \tag{9-154}$$

为了满足 T-bit 两步式单斜率模—数转换器的应用要求，V_1与V_{ref}之间的偏差不能超过 LSB/2，则箝位运算放大器的增益为

$$\frac{A}{A + 2} \geq 1 - \frac{1}{2^{n+1}} \tag{9-155}$$

对于 12-bit 的模—数转换器而言，要求箝位运算放大器的低频增益最少为84dB。

分辨率较低的模—数转换器并不要求箝位运放具有很高的增益，而分辨率升高时，要求箝位运放的增益增加。例如，对于 12-bit 的两步式单斜率模—数转换器而言，要求箝位运放的增益大于84dB。常见的运算放大器结构中，单极折叠共源共栅结构的增益一般在60dB 左右，要达到80dB 以上的增益，可以采用增益自举技术对折叠共源共栅结构进一步改进，但是其子运放和主运放之间的稳定性设计较为复杂，因此，通常可以采用更为简单的两级运算放大器结构。图 9.86 和图 9.87 分别为粗斜坡发生器的顶部箝位运算放大器和底部箝位运算放大器电路图，其中第一级为折叠共源共栅结构，第二级为 Class-AB 输出级结构。顶部箝位运算放大器的箝位电压较高，因此采用 NMOS 作为放大器的输入管，而底部运算放大器的箝位电压较低，因此采用 PMOS 作为放大器的输入管，以保证运算放大器的共模输出范围满足要求。

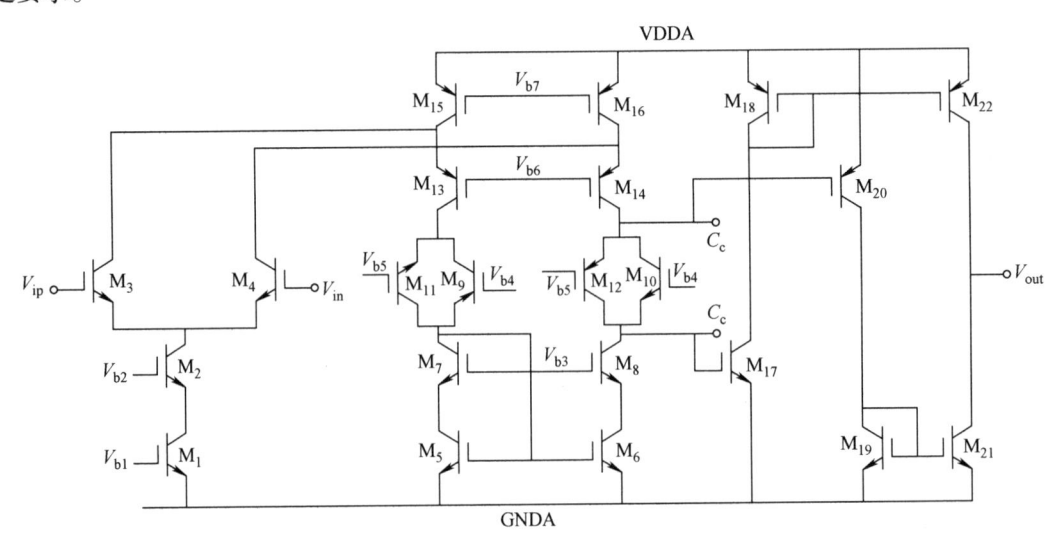

图 9.86　粗斜坡发生器顶部箝位运算放大器电路图

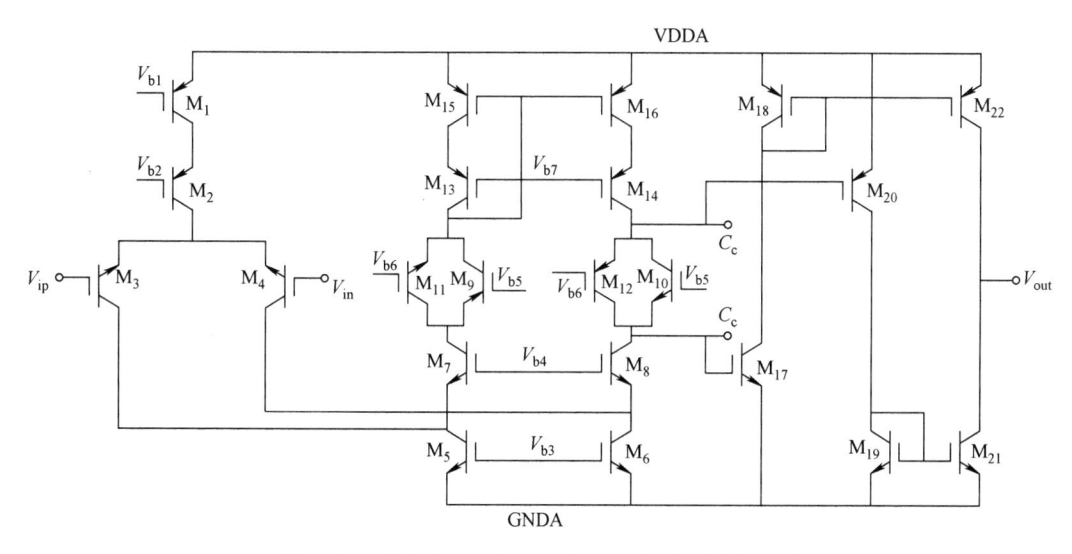

图9.87 粗斜坡发生器底部箝位运算放大器电路图

在斜坡发生器开关阵列切换的过程中，由于时钟馈通的影响，会对环路产生一个阶跃信号激励，阶跃信号包含了所有的频率分量，需要对上、下环路的稳定性进行考虑。箝位运算放大器采用的是两级运放结构，其与功率管组成一个三级的运算放大器结构，如图9.88所示，C_1' 和 C_2' 分别为补偿电容 C_1 和 C_2 的等效电容，第二级为同向放大结构，有利于环路的稳定，而补偿的方式采用的是嵌套补偿。

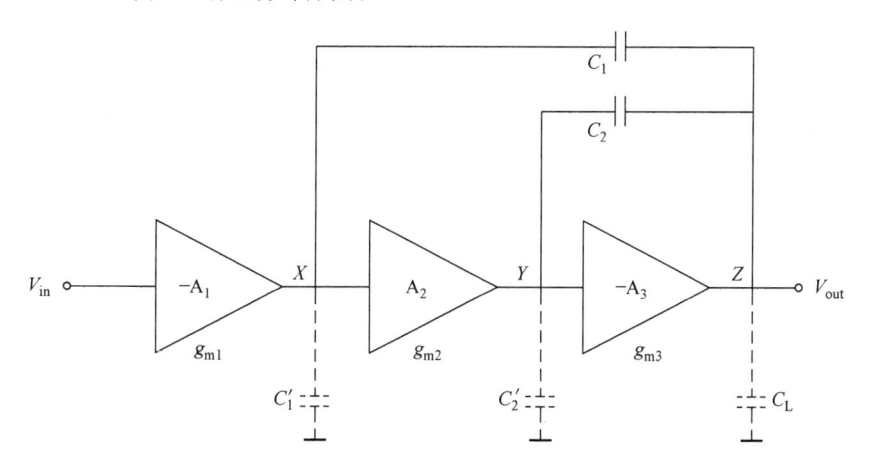

图9.88 三级运算放大器等效结构图

从图9.88可以看出，根据密勒等效定理，可以得到 X 点和 Y 点的等效电容 C_1' 和 C_2' 为

$$C_1' = [1-(-A_2A_3)]C_1 = (1+A_2A_3)C_1$$
$$C_2' = [1-(-A_3)]C_2 = (1+A_3)C_2 \tag{9-156}$$

可以发现，假设当第二级运算放大器也做一个反向放大时，等效电容 C_1' 就应该变为

$$C_1' = (1-A_2A_3)C_1 \tag{9-157}$$

由于 A_2 和 A_3 一定是大于 1 的，这也导致了 C_1' 变为负阻抗器件。而负阻抗的器件会不断吸收电路中的能量，从而导致该环路变为不稳定的系统。因此，第二级运算放大器需要做一个同

向放大的处理。在箝位运算放大器的设计中，第二级可以通过电流镜镜像的方式对信号进行同向放大。

与两级运算放大器的密勒补偿方法类似，三级运算放大器采用的也是密勒补偿，该系统一共包含了三个极点，主极点的位置在第一级运放的输出节点，即 X 点，其大小为

$$\omega_1 = \frac{1}{R_{out1}C_1'} = \frac{1}{2\pi \cdot R_{out1}(1+A_2A_3)C_1} \tag{9-158}$$

式中，R_{out1} 为第一级运算放大器开环时的输出阻抗。则系统的单位增益带宽积为

$$\text{GBW} = A_1A_2A_3\omega_1 \approx \frac{g_{m1}}{2\pi \cdot C_1} \tag{9-159}$$

式中，g_{m1} 为第一级运算放大器输入管的跨导。次极点和第三极点分别位于第二级和第三级运算放大器的输出节点，即 Y 点和 Z 点，通过反馈的方式，运算放大器的输出阻抗被减小了 (1+A) 倍，则 Y 点和 Z 点的输出阻抗为

$$R_Y = \frac{R_{out2}}{(1+A_2A_3)} \approx \frac{1}{g_{m2}A_3}$$

$$R_Z = \frac{R_{out3}}{(1+A_3)} \approx \frac{1}{g_{m3}} \tag{9-160}$$

式中，R_{out2} 和 R_{out3} 分别为第二级和第三级运算放大器开环时的输出阻抗。则次极点和第三极点的大小为

$$\omega_2 = \frac{1}{2\pi \cdot R_Y C_2'} \approx \frac{g_{m2}}{2\pi \cdot C_2}$$

$$\omega_3 = \frac{1}{2\pi \cdot R_Z C_L} \approx \frac{g_{m3}}{2\pi \cdot C_L} \tag{9-161}$$

式中，g_{m2} 和 g_{m3} 分别为第二级和第三级运算放大器输入管的跨导。为了保证环路具有一定的稳定性，相位裕度为 63°~73°，一般将次极点 ω_2 的位置设计为单位增益带宽积的 4 倍，而第三极点 ω_3 的位置设计为单位增益带宽积的 8 倍，即

$$\omega_3 = 2\omega_2 = 8\text{GBW} \tag{9-162}$$

在该条件下，频率为 GBW 的输入信号经过该系统时，其总的相移为

$$\angle\theta = 90° + \arctan\frac{\text{GBW}}{\omega_2} + \arctan\frac{\text{GBW}}{\omega_3} = 111° \tag{9-163}$$

这意味着该系统的相位裕度为 180° − 111° = 69°。

输出缓冲器可以增加斜坡发生器带负载的能力，但会对斜坡信号的建立速度造成一定的影响。在前文分析斜坡信号的建立速度时，只考虑了电阻阵列中单位电阻 R_0，而忽略了输出缓冲器的影响。从图 9.80 电阻分压式斜坡发生器结构图中可以看出，电阻阵列与输出缓冲器构成了一个双极点系统，如图 9.89 所示，ω_1 为电阻阵列的极点，ω_2 为输出缓冲运算放大器的极点，该双极点系统的传递函数为

$$H(z) = \frac{1}{1+j\dfrac{\omega}{\omega_1}} \cdot \frac{1}{1+j\dfrac{\omega}{\omega_2}} \tag{9-164}$$

当 $\omega_1 = \omega_2$ 时，系统具有更快的响应速度和更优的阻尼特性，同时也能更好地分摊电阻阵列和输出缓冲器的设计难度。在 $\omega_1 = \omega_2$ 的条件下，系统的传递函数为

$$H(z) = \left(\cfrac{1}{1+\mathrm{j}\cfrac{\omega}{\omega_{1,2}}}\right)^2 \tag{9-165}$$

该系统对输入信号的幅值响应为

$$|H(z)| = \frac{\omega_{1,2}^2}{\omega_{1,2}^2 + \omega^2} \tag{9-166}$$

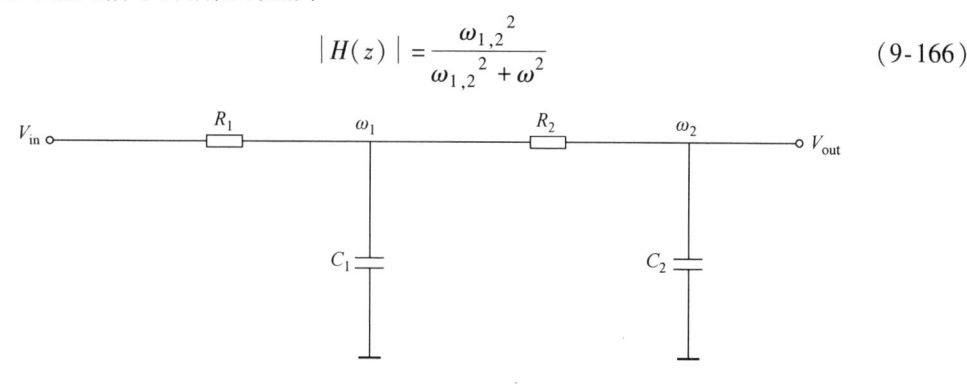

图 9.89 二阶 RC 电路示意图

对于主时钟周期为 T_{clk},分辨率为 N-bit 的斜坡发生器而言,要求斜坡发生器在 $\dfrac{T_{\mathrm{clk}}}{2}$ 完成信号的建立,其建立精度误差不能超过 LSB/2。对于单极点系统而言,输出信号与输入信号的时域关系式为

$$V_{\mathrm{out}} = V_{\mathrm{in}}(1 - \mathrm{e}^{-\omega_0 t}) \tag{9-167}$$

式中,ω_0 为单极点系统的主极点。输出信号需要满足一定的建立精度和速度要求,则有

$$1 - \mathrm{e}^{-\omega_0 \frac{T_{\mathrm{clk}}}{2}} = 1 - \frac{1}{2^{n+1}} \tag{9-168}$$

则 ω_0 最小的取值为

$$\omega_0 = \frac{2(n+1)\ln 2}{T_{\mathrm{clk}}} \tag{9-169}$$

为了使双极点系统输出信号的建立速度达到单极点系统的建立速度,要求双极点系统的 −3dB 带宽等于单极点系统的 −3dB 带宽。因此,ω_0 应该也为双极点系统的 −3dB 带宽,将 ω_0 代入到式 (9-166) 中,可得:

$$|H(\omega_0)| = \frac{\omega_{1,2}^2}{\omega_{1,2}^2 + \omega_0^2} = \frac{\sqrt{2}}{2} \tag{9-170}$$

则 $\omega_{1,2}$ 与 ω_0 之间的关系为

$$\omega_{1,2} = \frac{\omega_0}{\sqrt{\sqrt{2}-1}} = \frac{2(n+1)\ln 2}{\sqrt{\sqrt{2}-1} \cdot T_{\mathrm{clk}}} \tag{9-171}$$

式中,n 为斜坡发生器的分辨率;T_{clk} 为斜坡发生器主时钟周期,由此可以得到电阻阵列的主极点大小和输出缓冲器的信号带宽。在前文讨论电阻阵列中单位电阻 R_0 的取值时,暂时忽略了输出缓冲器的影响,因此,式 (9-150) 还应该结合式 (9-171) 加以修正。

从斜坡发生器结构图 9.80 可以看出,输出缓冲器采用的是单位负反馈形式。负反馈会改变运算放大器的输出阻抗,因此,式 (9-171) 推导的主极点并不是输出缓冲器开环时的 −3dB 带宽。要根据闭环性能指标推导出开环运算放大器的性能指标,需要对输出缓冲器闭环环路特性进行分析，其结构图如图 9.90 所示。

从图 9.90 可以发现，输出信号 V_{out} 与 V_{in} 的关系表达式为

$$A(V_{in} - V_{out}) = V_{out} \quad (9\text{-}172)$$

则单位负反馈输出缓冲器的传递函数为

$$H(z) = \frac{A}{1+A} = \frac{A_0 \dfrac{1}{1+j\dfrac{\omega}{\omega_0}}}{1+A_0 \dfrac{1}{1+j\dfrac{\omega}{\omega_0}}} = \frac{A_0}{1+A_0} \cdot \frac{1}{1+j\dfrac{\omega}{(1+A_0)\omega_0}}$$

(9-173)

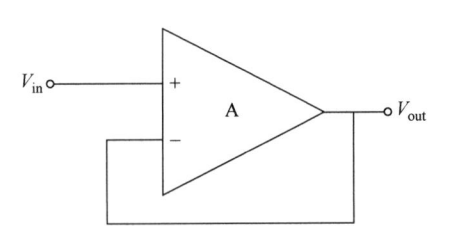

图 9.90 单位负反馈输出缓冲器结构图

式中，A_0 为运算放大器开环时的低频增益；ω_0 为运算放大器开环时的主极点，即 −3dB 带宽。对于 N-bit 的斜坡发生器而言，输出信号的静态误差不超过 LSB/2，因此

$$\frac{A_0}{1+A_0} \geq 1 - \frac{1}{2^{n+1}} \quad (9\text{-}174)$$

由此，可以得到输出缓冲器开环时的低频增益为

$$A_0 \geq 2^{n+1} - 1 \quad (9\text{-}175)$$

从式（9-173）可以看出，当运算放大器接到单位负反馈时，其闭环带宽不再是运算放大器开环带宽，而是运算放大器的单位增益带宽积 GBW，结合式（9-171），可以得到运算放大器开环单位增益带宽积 GBW 为

$$GBW = (1+A_0)\omega_0 = \frac{2(n+1)\ln 2}{\sqrt{\sqrt{2}-1} \cdot T_{clk}} \quad (9\text{-}176)$$

由此，在设计输出缓冲运算放大器时，实际上并不关注其开环时 −3dB 带宽的大小，而只考虑运算放大器的低频增益以及单位增益带宽积 GBW。

在分析上、下环路的稳定性时，g_{m3} 需要足够大才能将第三极点推得足够远，以获得更好的相位裕度。但在实际中，图 9.80 中 M_1 管和 M_2 管并不一定有足够大的支路电流以获得足够大的跨导，其支路电流与斜坡发生器输出信号范围与电阻阵列 R_0 的大小有关。例如，对于一个量化范围为 1.3~3V，量化精度为 12bit 的两步式单斜率模—数转换器而言，当粗量化的位数为 6bit，细量化的位数为 6bit 时，其粗斜坡发生器的一个台阶电压 ΔC 为 26.5625mV，而细斜坡发生器一个台阶电压 ΔF 只有 415μV。

对于粗斜坡发生器，其台阶电压差值 ΔC 为 26.5625mV，当电阻阵列中单位电阻 R_0 为 250Ω 时，电阻阵列的支路电流大约为 106μA，意味着图 9.79 中 M_1 管和 M_2 管的漏源电流 I_{ds} 为 106μA，能够提供足够大的跨导以获得较好的稳定性。而细斜坡发生器的台阶电压差值 ΔF 只有 415μV，当电阻阵列中单位电阻 R_0 为 250Ω 时，支路电流大约为 1.6μA，这也导致 M_1 管和 M_2 管的漏源电流 I_{ds} 只有 1.6μA，因此 M_1 管和 M_2 管并没有足够大的跨导以满足稳定性的要求，需要对 M_1 管和 M_2 管进行电流补偿。

电流补偿最简单的方法是在功率管的漏端增加一条到电源或地的通路，如图 9.91 所示，功率管 M_1 的漏源电流为

$$I_{ds} = I_R + I_0 \qquad (9\text{-}177)$$

式中，I_0 为补偿电流；I_R 为电阻阵列的支路电流。补偿电流 I_0 并不影响到电阻阵列支路电流 I_R 的大小，也不影响斜坡发生器台阶差值电压的大小，但是能有效地提高功率管 M_1 的跨导，获得很好的环路稳定性。

在实际设计中，可以将补偿电流的支路与箝位运放相结合，能够有效地减小补偿支路设计的复杂度，图 9.92 为进行电流补偿的细斜坡发生器结构图，对于 NMOS 晶体管 M_1，需要增加到电源的通路，而对于 PMOS 晶体管 M_2，需要增加到地的通路。

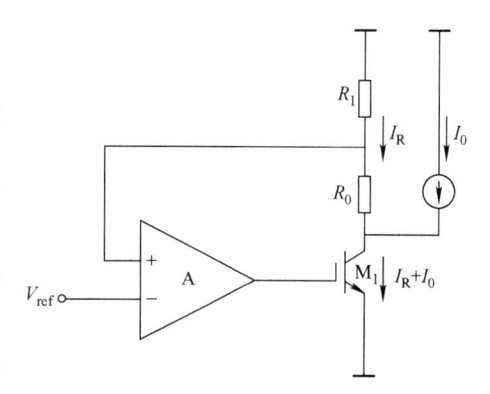

图 9.91 电流补偿方法示意图

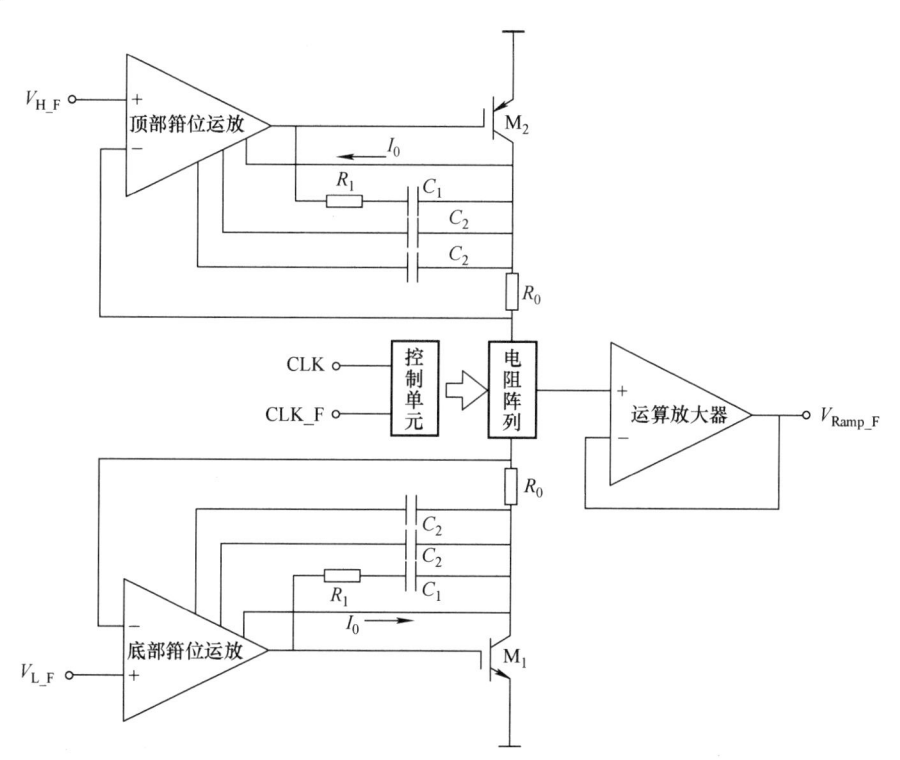

图 9.92 细斜坡发生器结构图

图 9.93 和图 9.94 分别为顶部箝位运算放大器和底部箝位运算放大器结构图，相比于不用进行电流补偿的箝位运算放大器，进行电流补偿的箝位运算放大器仅仅只增加了 M_{23} 和 M_{24} 两个晶体管，组成共源共栅电流镜即可。另外，由于细斜坡发生器的输出信号范围只有 ΔC，因此，顶部箝位运算放大器与底部箝位运算放大器采用同类型的输入管。

9.2.9.3 比较器

在两步式单斜率模—数转换器的设计中，比较器的作用是将基准电压与输入信号相比，并输出比较的结果，该结果被锁存器检测到，将输入信号的量化结果锁存住。在一个工作周

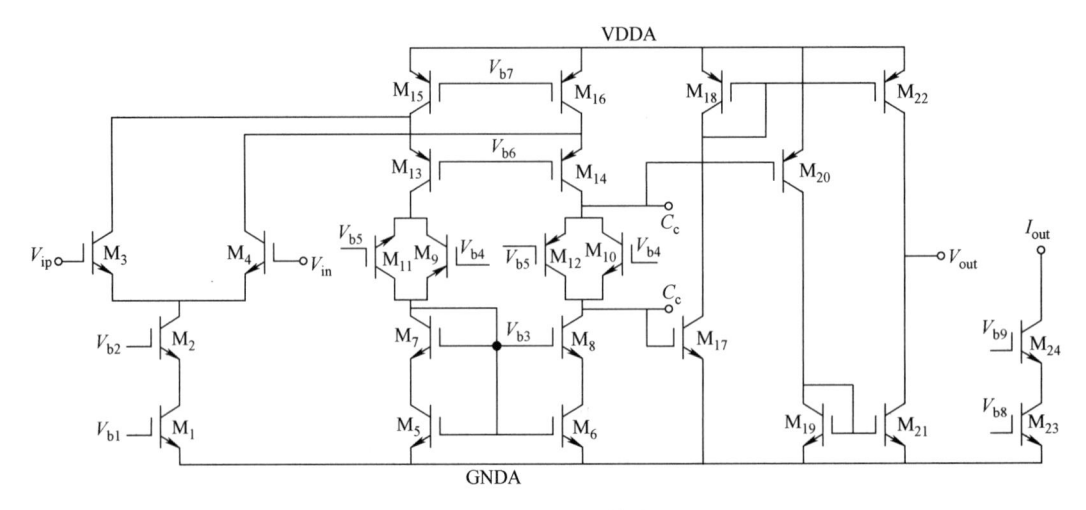

图 9.93 顶部箝位运算放大器

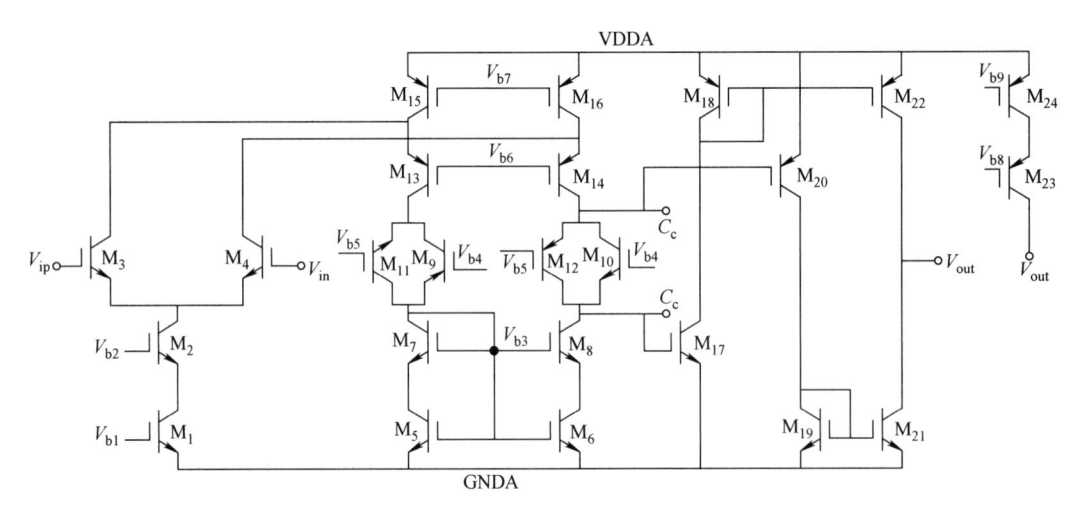

图 9.94 底部箝位运算放大器

期内,半个时钟周期用于斜坡信号的建立,而后半个时钟周期用于比较器的比较,因此,比较器的工作速度需要满足时钟频率的要求。

比较器的类型主要包括连续时间型和离散时间型,连续时间型比较器需要消耗较大的静态功耗。而离散时间型比较器只有在比较过程中存在动态电流,而比较完成后,其静态电流很低,正因为这一特点,离散时间型比较器受到广泛的应用。

在两步式单斜率的结构中,量化过程包括了粗量化和细量化两个阶段。例如,一个 T-bit 的两步式单斜率模—数转化器,其粗量化为 M-bit,细量化为 N-bit 时,粗量化的 LSB 为 $V_{FS}/2^M$,而细量化的 LSB 为 $V_{FS}/2^T$。同时,粗斜坡电压与细斜坡电压的信号通路是一致的,因此,要求比较器在半个时钟周期内能够比较出差值电压为 $V_{FS}/2^{T+1}$ 的输入信号的大小。离散时间型比较器的核心是动态锁存器,但是动态锁存器的失调电压较大,需要增加预放大级以减小比较器的失调电压。图 9.95 为比较器的结构图,包含了两级预放大器、动态锁存器以及输出缓冲级。比较器一共存在四个输入端,两个同向输出端 V_{ip1-1} 和 V_{ip1-2},两个反向

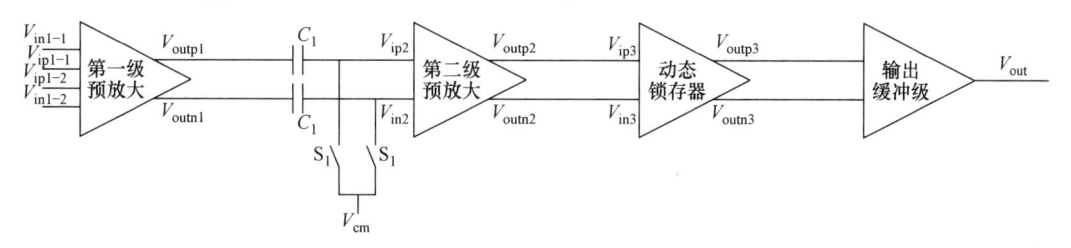

输入端 V_{in1-1} 和 V_{in1-2}。其中，V_{in1-1} 为输入信号 V_{in} 端；V_{ip1-1} 为粗斜坡信号端 V_{ramp_c}；V_{ip1-2} 为细斜坡信号端 V_{ramp_f}；V_{in1-2} 为基准电压信号端 V_{ref}。

图 9.95 比较器结构图

在模—数转换器采样阶段，开关 S_1 导通，同时比较器的四个输入端短路，比较器的净输入量为 0，存储电容 C_1 存储第一级预放大级的失调电压。

在模—数转换器粗量化阶段，开关 S_2 断开，V_{in1-1} 接输入信号端 V_{in}，V_{ip1-1} 接粗斜坡信号端 V_{ramp_c}，V_{ip1-2} 和 V_{in1-2} 短接到基准电压信号端 V_{ref}。在这个阶段，比较器的净输入量为

$$\Delta V_{in} = (V_{ramp\_c} - V_{in}) + (V_{ref} - V_{ref}) = V_{ramp\_c} - V_{in} \tag{9-178}$$

粗斜坡信号与输入信号进行比较，当粗斜坡信号大于输入信号时，比较器发生翻转。

在模—数转换器细量化阶段，V_{ip1-2} 和 V_{in1-2} 不再短接，V_{ip1-2} 为细斜坡信号端 V_{ramp_f}，V_{in1-2} 还是基准电压信号端 V_{ref}，此时，比较器的净输入量为

$$\Delta V_{in} = [(m+1)\Delta_c - V_{in}] + (V_{ramp\_f} - V_{ref}) = (m+1)\Delta_c + V_{ramp\_f} - V_{in} - V_{ref} \tag{9-179}$$

式中，m 为粗量化的结果。

图 9.96 为在整个量化过程中，比较器净输入量示意图。在这一过程中，比较器一共发生了两次翻转。

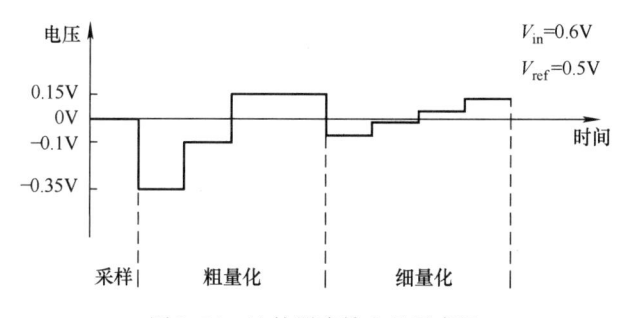

图 9.96 比较器净输入量示意图

比较器通过采用两级预放大器可以有效地抑制动态比较器回踢噪声对输入信号的影响，也可以降低动态锁存器的失调电压。从图 9.95 比较器的结构图可以看出，比较器的等效输入失调电压为

$$V_{OS} = \sqrt{(V_{OS1})^2 + \left(\frac{V_{OS2}}{A_1}\right)^2 + \left(\frac{V_{OS3}}{A_1 A_2}\right)^2} \tag{9-180}$$

式中，V_{OS1}、V_{OS2}、V_{OS3} 分别为第一级预放大器、第二级预放大器和动态锁存器的等效输入失调电压。A_1、A_2 分别为第一级预放大器和第二级预放大器的低频增益。可以发现，第二级

预放大器和动态锁存器的失调电压会受到预放大器增益的抑制,但是第一级预放大器的失调电压会直接等效到比较器输入端中,因此,在第一级预放大器的输出端中加入失调存储电容 C_1,进一步降低比较器的等效输入失调电压。

图 9.97 为比较器输入级结构图,第一级预放大器采用的是两对差分输入管的折叠结构,以获得更大的输入摆幅,第二级预放大器采用的是 PMOS 输入管,以满足第一级预放大器输出共模电压较低的要求。

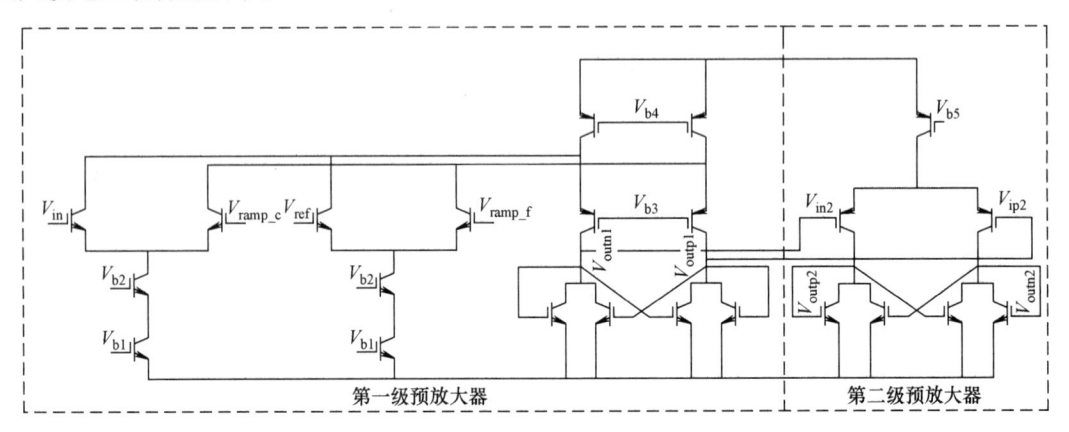

图 9.97 比较器输入级结构图

预放大器的主要作用是降低动态锁存器的等效输入失调电压,在栅长为 0.18μm 的 CMOS 工艺中,动态锁存器的等效输入失调电压 V_{OS3} 一般在 10mV 左右。为了满足量化范围为 1.7V,量化精度为 12-bit 的模—数转换器的应用需求,要求比较器的等效输入失调电压小于 LSB/2,因此,输入级的低频增益为

$$A_1 A_2 = \frac{V_{OS3}}{\frac{1.7}{2^{13}}} \approx 50 \approx 34 \text{dB} \tag{9-181}$$

除了考虑输入级的低频增益,还应该考虑输入级的信号带宽。带宽太小,则信号的建立速度太慢,从而降低比较器的速度;而带宽太大,则前级预放大器的输出噪声会急剧增加。输入级可以采用两级的预放大器结构,在带宽的设计中,可以将第一级预放大器的主极点 ω_1 设计为第二级预放大器主极点 ω_2 的四倍,即第一级的 -3dB 带宽是第二级的四倍,则第一级预放大器的输出噪声会受到第二级预放大器带宽的抑制。而第二级预放大器的等效输入噪声,又会因为第一级预放大器的增益而降低,从而降低比较器的等效输入噪声。在该条件下,比较器输入级的传递函数为

$$H(z) = |A_1 A_2| \cdot \frac{1}{1 + j\frac{\omega}{\omega_1}} \cdot \frac{1}{1 + j\frac{\omega}{\omega_2}} = |A_1 A_2| \cdot \frac{1}{1 + j\frac{\omega}{4\omega_2}} \cdot \frac{1}{1 + j\frac{\omega}{\omega_2}} \tag{9-182}$$

其幅频响应为

$$|H(z)| = |A_1 A_2| \cdot \frac{4\omega_2}{\sqrt{(4\omega_2)^2 + \omega^2}} \cdot \frac{\omega_2}{\sqrt{\omega_2^2 + \omega^2}} \tag{9-183}$$

假设存在一个频率为 ω_0 的输入信号,使得幅频响应的值为 $\frac{|A_1 A_2|}{\sqrt{2}}$,则有:

$$|H(\omega_0)| = |A_1 A_2| \cdot \frac{4\omega_2}{\sqrt{(4\omega_2)^2 + \omega_0^2}} \cdot \frac{\omega_2}{\sqrt{\omega_2^2 + \omega_0^2}} = \frac{|A_1 A_2|}{\sqrt{2}} \qquad (9\text{-}184)$$

通过化简，可以得到 ω_0 与 ω_2 的关系为

$$\omega_0 = \omega_2 \sqrt{\sqrt{16 + (0.85)^2} - 0.85} \approx 1.79\omega_2 \qquad (9\text{-}185)$$

当 ω_0 为 $2/T_{\text{clk}}$ 时，T_{clk} 为模—数转换器主时钟周期，则第一级和第二级预放大器的 -3dB 带宽分别为

$$f_{-3\text{dB},1} = \frac{\omega_1}{2\pi} = \frac{4\omega_2}{2\pi} = \frac{4\omega_0}{2\pi \times 1.79} = \frac{4}{1.79\pi \cdot T_{\text{clk}}}$$

$$f_{-3\text{dB},2} = \frac{\omega_2}{2\pi} = \frac{\omega_2}{2\pi} = \frac{\omega_0}{2\pi \times 1.79} = \frac{1}{1.79\pi \cdot T_{\text{clk}}} \qquad (9\text{-}186)$$

值得注意的是，对于主极点为 ω_0 的单极点系统，当响应时间只有 $\dfrac{T_{\text{clk}}}{2}$ 时，输出信号与输入信号的关系为

$$V_{\text{out}} = A_0 V_{\text{in}} (1 - e^{-\omega_0 t}) = A_0 V_{\text{in}} (1 - e^{-\frac{2}{T_{\text{clk}}} \cdot \frac{T_{\text{clk}}}{2}}) = 0.63 A_0 V_{\text{in}} \qquad (9\text{-}187)$$

可以理解为，由于预放大器的带宽较小，在有限的响应时间内，预放大器的增益实际上变为 0.63 倍，因此，需要将比较器输入级的增益式（9-181）进一步修正为

$$A_1 A_2 = \frac{50}{0.63} \approx 80 \qquad (9\text{-}188)$$

为了避免设计一个增益高、带宽大的预放大器，可以将第二级预放大器的增益设计为第一级增益的四倍，即第一级预放大器的增益为 4.5，而第二级预放大器的增益为 18。

比较器的核心是动态锁存器，其结构如图 9.98 所示，在主时钟 CLK 的控制下，动态锁存器处于复位阶段或者是比较阶段。当 CLK 处于低电平时，动态锁存器处于复位阶段，M_{10} 和 M_{11} 导通，输出 V_{outp} 和 V_{outn} 被拉到 VDD。当 CLK 为高电平时，动态锁存器处于比较阶段，M_1 导通，当 V_{in} 大于 V_{ip} 时，M_2 的支路电流大于 M_3 的支路电流，因此，X 点的电压下降得比 Y 点快，M_4 先导通，此时 V_{outp} 与 V_{outn} 形成电压差 $-\Delta V$，该电压差被锁存器进一步放大，最终，V_{outp} 输出逻辑低电平，V_{outn} 输出逻辑高电平。

动态锁存器的核心结构是两个首尾相接的反相器组成，如图 9.99 所示，该结构组成了一个正反馈的系统。理论上，在无限长的时间内，动态锁存器具有无穷大的放大倍数。可以理解为，动态锁存器实际上是用时间换取放大倍数。

假设在 $t=0$ 时刻，电路的初始转态为

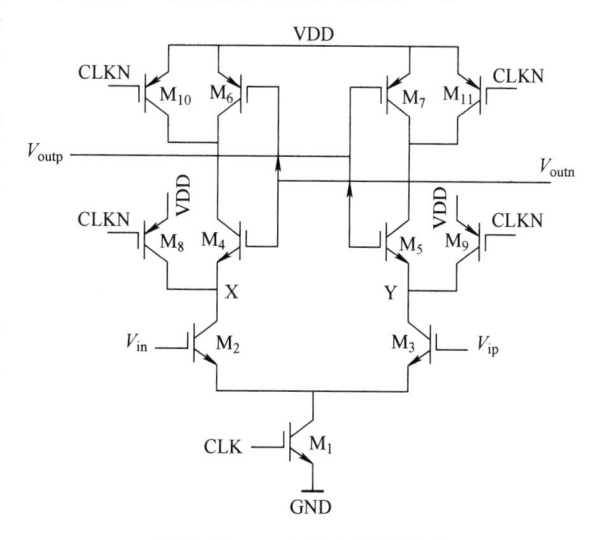

图 9.98 动态锁存器结构图

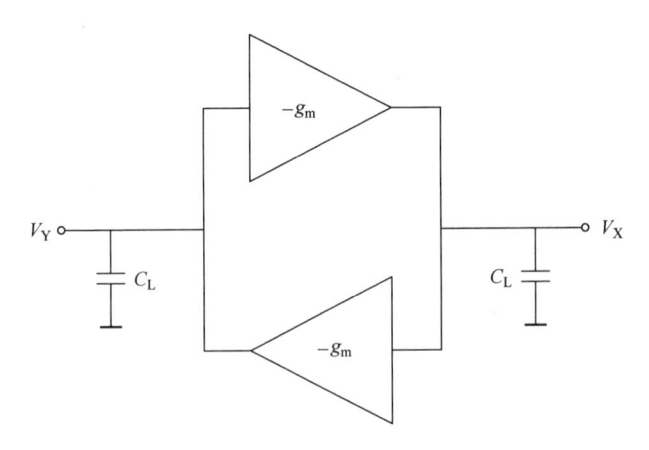

图 9.99 动态锁存器结构图

$$V_{in0} = V_X(t_0) - V_Y(t_0) \tag{9-189}$$

在 $t>0$ 的任意时刻，动态锁存器对 V_X 和 V_Y 之间的差值进行放大。对电路进行分析，可以得到：

$$\begin{cases} \dfrac{dV_X(t)}{dt} = \dfrac{-g_m V_Y(t)}{C_L} \\ \dfrac{dV_Y(t)}{dt} = \dfrac{-g_m V_X(t)}{C_L} \end{cases} \tag{9-190}$$

求解该微分方程，可以得到：

$$V_X(t) - V_Y(t) = k e^{\frac{g_m t}{C_L}} \tag{9-191}$$

结合式 (9-189)，可以得到动态锁存器的放大倍数为

$$A_V = \frac{V_X(t) - V_Y(t)}{V_X(t_0) - V_Y(t_0)} = e^{\frac{g_m t}{C_L}} = e^{\frac{t}{\tau}} \tag{9-192}$$

可以发现，随着时间的增长，动态锁存器的放大倍数呈现出指数级增长。同时，电路的初始状态也会影响输出端差值达到电源电压所需要的时间。

在不同的应用场景下，动态锁存器放大倍数的要求也有所不同。在两步式单斜率模—数转换器的应用中，虽然比较器存在过驱动的情况，但也要求能够在 $T_{clk}/2$ 的时间内，其能够比较出差值电压为 LSB/2 的输入信号的大小，则动态锁存器的放大倍数应为

$$A_V = e^{\frac{T_{clk}}{2\tau}} = \frac{VDD}{\dfrac{V_{FS}}{2^{T+1}}} \tag{9-193}$$

式中，T 为模—数转换器的量化精度；V_{FS} 为模—数转换器的量化范围；VDD 为电源电压。例如，对于量化范围为 1.7V，电源电压为 3.3V，量化精度为 12-bit 的两步式单斜率模—数转换器而言，在时钟频率为 20MHz 的条件下，动态锁存器的时间常数为

$$\tau = \frac{T_{clk}}{2\ln\dfrac{2^{T+1} \cdot VDD}{V_{FS}}} \approx 1.3 \times 10^{-9} \text{s} \tag{9-194}$$

当负载电容 C_L 为 1.3pF 时，则要求反相器的跨导至少为

第 9 章 模—数转换器版图设计

$$g_m = \frac{C_L}{\tau} = 0.1\text{mS} \tag{9-195}$$

在前文的分析中，动态锁存器有复位阶段和比较阶段。在复位阶段，两个输出端都为高电平，需要加以处理，避免后级电路逻辑混乱。同时，输出缓冲器可以提高比较器的驱动能力，避免动态锁存器直接驱动，增加动态锁存器的负载电容，降低比较器的比较速度。

输出缓冲器的功能是在复位阶段，保存住上一次比较器的输出结果；而在比较阶段，正常输出本次比较的结果，表 9.2 为输出缓冲器的功能真值表，其中，V_{outp} 和 V_{outn} 分别为动态锁存器的同向输出端和反向输出端，Q^n 为输出缓冲器的输出。

表 9.2 输出缓冲器真值表

V_{outp}	V_{outn}	Q^n	状态
0	0	1	不定态
0	1	0	置 0
1	0	1	置 1
1	1	Q^{n-1}	保持

从表中可以看出，在比较阶段，当动态锁存器的比较结果为高时，即 V_{outp} 为 1，V_{outn} 为 0 时，输出缓冲器的输出 Q^n 为 1。当动态锁存器的比较结果为低时，即 V_{outp} 为 0，V_{outn} 为 1 时，输出缓冲器的输出 Q^n 为 0。在复位阶段，动态锁存器两个输出端都为高电平，即 V_{outp} 为 1，V_{outn} 为 1 时，输出缓冲器锁存住上一次的比较结果 Q^{n-1}。

因此，可以采用两个与非门构成的 SR 锁存器作为比较器的输出缓冲器，其电路结构如图 9.100 所示。其中 S 端为动态锁存器的 V_{outp} 端，R 端为动态锁存器的 V_{outn} 端，Q 端为输出缓冲器的输出端 Q^n。

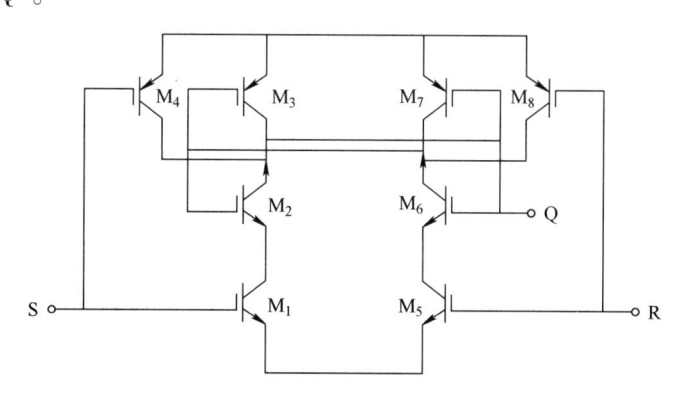

图 9.100 输出缓冲器结构图

9.2.9.4 两步式单斜率模—数转换器结构优化

之前介绍了两步式单斜率模—数转换器的基本结构和原理，其基本结构如图 9.101 所示，C_P 为存储电容 C_H 上级板的寄生电容。本节将对传统存储式两步式单斜率模—数转换器的非理想特性进行分析，并提出改进型的两步式单斜率模—数转换器的结构以及对非理想特性进行优化的方案。

两步式单斜率模—数转换器将整个量化过程分为了粗量化和细量化两个过程，其关键点

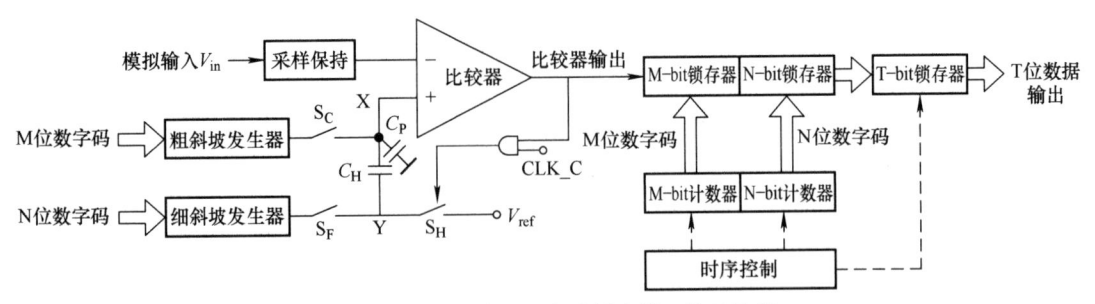

图 9.101 存储式两步式单斜率模—数转换器

在于粗量化和细量化的衔接是否合适，这决定了输入信号 V_in 剩余量是否能够在细量化过程中进行正确的量化。传统的存储式两步式单斜率模—数转换器存在开关电荷注入以及存储电容 C_H 电荷泄漏的问题。

在粗量化完成时，比较器发生翻转，通过逻辑门的控制，开关 S_H 断开，此时开关 S_H 的沟道电荷会注入到存储电容 C_H，造成 C_H 两端的电压差发生改变，其注入的电荷量为

$$Q = (WL)_{S_\text{H}} C_\text{ox} [\text{VDD} - V_\text{ref} - V_\text{TH}] \tag{9-196}$$

注入电荷量引起 C_H 两端电压差的改变量为

$$\Delta V_{C_\text{H}} = \frac{Q}{C_\text{H}} = \frac{(WL)_{S_\text{H}} C_\text{ox} [\text{VDD} - V_\text{ref} - V_\text{TH}]}{C_\text{H}} \tag{9-197}$$

该变化量可能是正的，也可能是负的，取决于开关 S_H 的类型。由于电荷注入的问题，存储电容 C_H 并不能准确无误地保存粗量化的结果，其偏差量为 ΔV_{C_H}，这也意味着细斜坡信号发生了上移或者下移，破坏了粗量化和细量化之间的衔接。细斜坡信号发生上移或者下移，在量化曲线上会出现量化死区，从而出现失码的情况，恶化整个模—数转化器的信噪比，如图 9.102 所示。

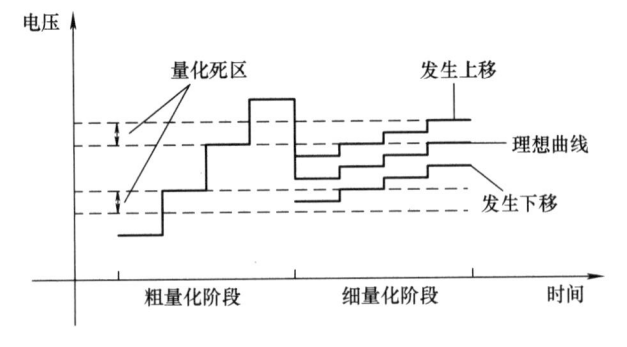

图 9.102 电荷注入影响示意图

在细量化过程中，由于寄生电容 C_P 的存在，且 X 点的电压会发生改变，因此，寄生电容 C_P 的电荷量也会发生改变。同时，X 点在细量化时并没有电流通路，寄生电容 C_P 上的电荷只能来自于存储电容 C_H，从而造成存储电容 C_H 发生电荷泄漏的问题。对于粗量化为 M-bit，量化范围为 V_FS，量化精度为 T-bit 的两步式单斜率模—数转换器而言，寄生电容 C_P 的电荷在细量化过程中的改变量为

$$\Delta Q_{C_\text{P}} = \left(\frac{V_\text{FS}}{2^M}\right) C_\text{P} \tag{9-198}$$

该电荷量来自于存储电容 C_H，造成存储电容 C_H 电压差的变化量为

$$\Delta V_{C_\text{H}} = \frac{\Delta Q_{C_\text{P}}}{C_\text{H}} = \frac{\left(\frac{V_\text{FS}}{2^M}\right) C_\text{P}}{C_\text{H}} \tag{9-199}$$

为了满足模—数转换器具有一定的信噪比，要求 ΔV_{C_H} 必须小于 LSB/2，即

$$\Delta V_{C_H} \leqslant \frac{V_{FS}}{2^{T+1}} \tag{9-200}$$

结合式（9-199）和式（9-200）可以得到寄生电容 C_P 和存储电容 C_H 的关系为

$$C_H \geqslant 2^{T-M+1} C_P \tag{9-201}$$

可以发现，存储电容 C_H 的取值不能太小，当 T 为 12，M 为 6 时，存储电容 C_H 至少为寄生电容 C_P 的 128 倍。太大的存储电容 C_H，会降低粗斜坡信号的建立速度，也不利于在传感器中小列宽的集成。另外，存储电容 C_H 越大，在版图绘制中产生的寄生电容 C_P 也会越大，造成整个设计不收敛的问题。图 9.103 为细斜坡信号的示意图，存储电容 C_H 发生电荷泄漏后，会导致细斜坡信号的斜率降低，产生量化死区，更严重的情况下，比较器在细量化阶段不发生翻转。

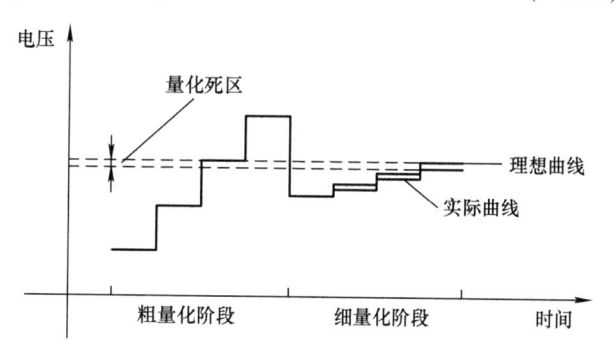

图 9.103 电荷注入影响示意图

为了解决存储电容电荷泄漏和开关电荷注入带来的模—数转换器信噪比下降的问题，可以采用改进后的两步式单斜率模—数转换器结构，其结构如图 9.104 所示。该结构采用四端输入的比较器取代传统的两端输入比较器，使得粗量化信号通路与细量化信号通路分开。存储电容 C_H 下极板接地，避免了在细量化过程中，存储电容 C_H 上极板电压发生改变，从而导致存储电容发生电荷泄漏的问题。另外，在电路中引入一个 M-bit DAC。该 DAC 能够根据粗量化结果调整输出电压，该输出电压参与到细量化比较过程中，对电荷注入、失调电压等非理想因素进行补偿，以提高模—数转换器的信噪比。数字处理模块包括了加法器、减法器和锁存器模块，为了防止出现量化死区的问题，在细量化阶段额外加入一位的量化冗余，通过加法器和减法器对量化结果进行修调。

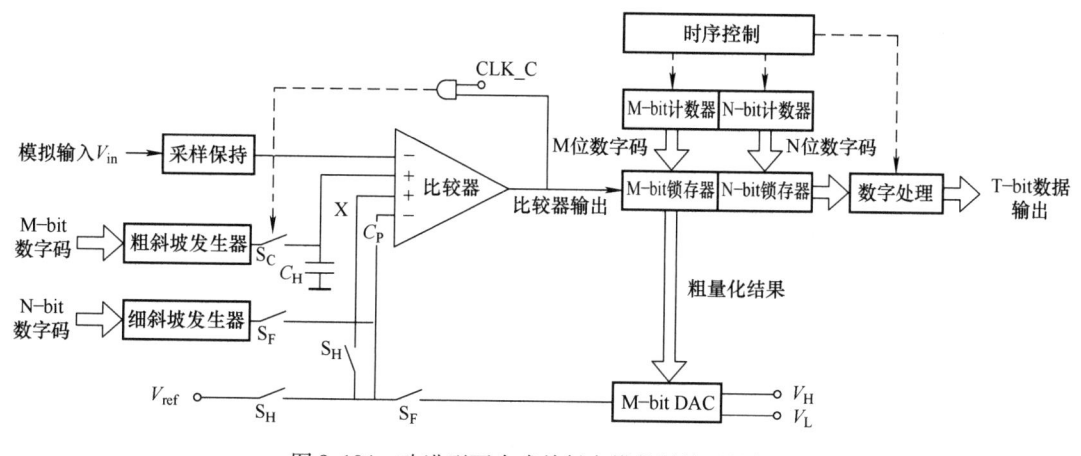

图 9.104 改进型两步式单斜率模数转换器结构图

与传统的两步式单斜率模—数转换器相比,改进后结构的量化原理没有太大的变化,包括了采样、粗量化、细量化和数据输出四个阶段。在不同的阶段,比较器前端电路的连接情况也是不同的,如图9.105所示。

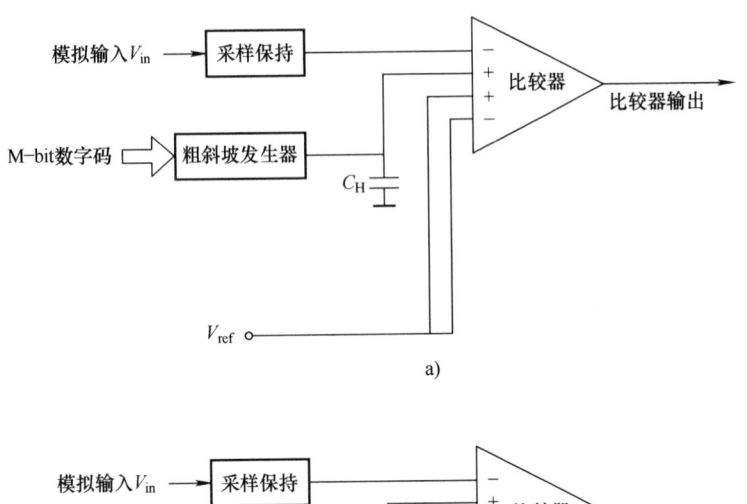

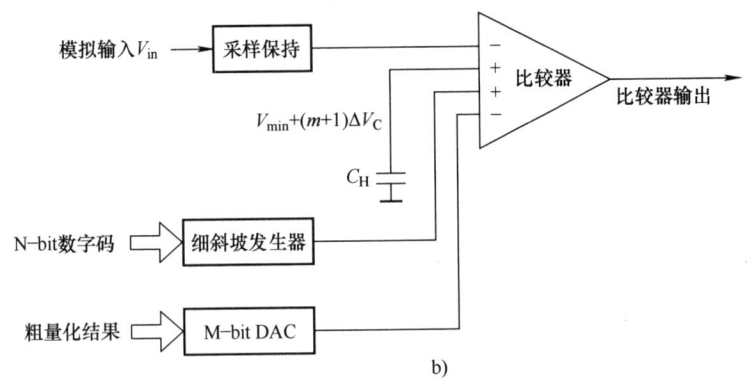

图 9.105 比较器前端电路连接示意图
a) 粗量化阶段 b) 细量化阶段

对于量化范围在 $V_{min} \sim V_{max}$ 的 T-bit 两步式单斜率模—数转换器而言,其量化原理如下:

在采样阶段,采样保持电路对输入信号 V_{in} 进行采样,比较器的四个输入端在内部进行短接,失调存储电容锁存第一级预放大器的失调电压。同时,在时序电路的控制下,M-bit 计数器和 N-bit 计数器进行复位,以保证计数器的计数起点。

在细量化阶段,开关 S_C、S_H 导通,S_F 断开,比较器前端连接关系如图9.105a所示。M-bit 计数器开始计数,粗斜坡发生器根据 M-bit 计数器的值 i 产生粗斜坡电压 V_{ramp_c},在这一阶段,比较器的净输入为

$$V_{in\_com} = V_{ramp\_c} - V_{in} + V_{ref} - V_{ref} = V_{ramp\_c} - V_{in} \tag{9-202}$$

随着计数器的值逐渐增大,V_{ramp_c} 电压逐渐增大,当 V_{ramp_c} 大于 V_{in} 时,比较器发生翻转。该翻转信号被锁存器检测到,M-bit 锁存器锁存此时 M-bit 计数器的值作为粗量化的结果。同时,在逻辑模块的控制下,开关 S_C 断开,存储电容 C_H 保存粗斜坡的电压值,存储电容 C_H 的电压为

$$V_{C_H} = V_{min} + (m+1)\Delta V_C \tag{9-203}$$

式中，m 为粗量化结果；ΔV_C 为粗斜坡信号相邻台阶的电压差。

在细量化阶段，开关 S_C 保持断开的状态，S_H 断开，S_F 导通，比较器前端连接关系如图 9.105b 所示。N-bit 计数器开始计数，细斜坡发生开始产生细斜坡电压 V_{ramp_f}，在这一阶段，比较器的净输入为

$$V_{in\_com} = V_{C_H} - V_{in} + V_{ramp\_f} - V_{dac} \qquad (9\text{-}204)$$
$$= V_{ramp\_f} + V_{min} + (m+1)\Delta V_C - V_{in} - V_{ref} - V_{os}$$

式中，V_{os} 为 DAC 输出的补偿电压，假设不考虑电路的非理想特性时，即 V_{os} 为 0，且细斜坡输出信号的范围为

$$V_{ramp\_f} = V_{ref} - \Delta V_C + i\Delta V_F \qquad (9\text{-}205)$$

式中，ΔV_F 为细斜坡信号相邻台阶之间的电压差。则比较器的净输入可以化简为

$$V_{in\_com} = V_{min} + m\Delta V_C + i\Delta V_F - V_{in} \qquad (9\text{-}206)$$

可以发现，虽然粗斜坡信号与细斜坡信号的信号通路不一致，但是通过存储电容 C_H 和四端比较器，细斜坡信号在粗量化的结果上，与输入信号 V_{in} 进行比较，从而完成粗量化和细量化两个过程的衔接。随着 N-bit 计数器的计数 i 不断增加，比较器的净输入量不断增大，当净输入量大于 0 时，比较器输出从低电平翻转为高电平。该翻转信号被 N-bit 锁存器检测到并锁存，此时细量化计数器的值就作为细量化的结果。

在数据输出阶段，时序电路通过控制数字处理模块中 T-bit 的锁存器，使其锁存粗量化和细量化的结果并进行输出和保持，其中，粗量化的结果作为量化结果的高位，细量化的结果作为量化结果的低位。直到下次的量化完成后，T-bit 锁存器才会再次进行锁存和输出。

图 9.106 为整个量化过程中，输入信号 V_{in}、粗斜坡电压 V_{ramp_c}、细斜坡电压 V_{ramp_f} 以及存储电容电压 V_{C_H} 之间的关系示意图。

模—数转换器的工作需要在一定的时序控制下，图 9.107 为两步式单斜率模—数转换器工作时序图，CLK_S 为采样保持电路使能信号，高电平时，采样保持电路对输入信号进行采样。低电平时，采样保持电路处于保持态。CLK_C 为粗量化使能端，控制粗量化计数器的计数。CLK_RES_C 为粗量化复位信号，对粗量化计数器进行复位操作。CLK_F 为细量化使能端，控制细量化计数器的计数。CLK_RES_F 为细量化复位信号，对细量化计数器进行复位操作。CLK_DATAENOUT 为模—数转换器数据输出使能信号，高电平时，模—数转换器输出量化结果。

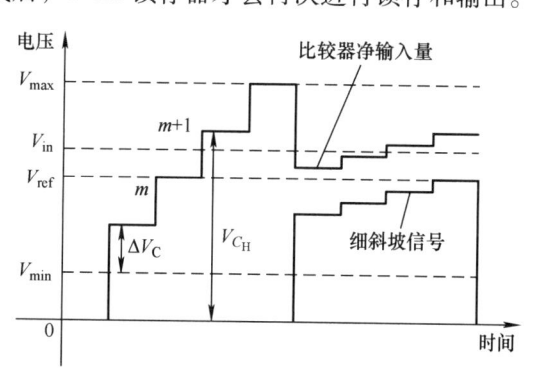

图 9.106 不同电压之间关系示意图

两步式单斜率模—数转换器设计的核心是保证粗量化和细量化的正确衔接，以保证模—数转换器具有较好的静态特性和动态特性。本小节主要对电路中存储电容电荷泄漏、粗斜坡信号失调、细斜坡信号失调以及开关电荷注入等非理想因素进行分析，并提出优化方案。

存储电容电荷泄漏问题是由于在传统结构两步式单斜率模—数转换器中，存储电容 C_H 上极板电压在细量化过程中发生变化，导致存储电容 C_H 中的电荷转移到寄生电容中，发生电荷泄漏。在改进之后的两步式单斜率模—数转换器中，粗量化和细量化的信号通路分开，

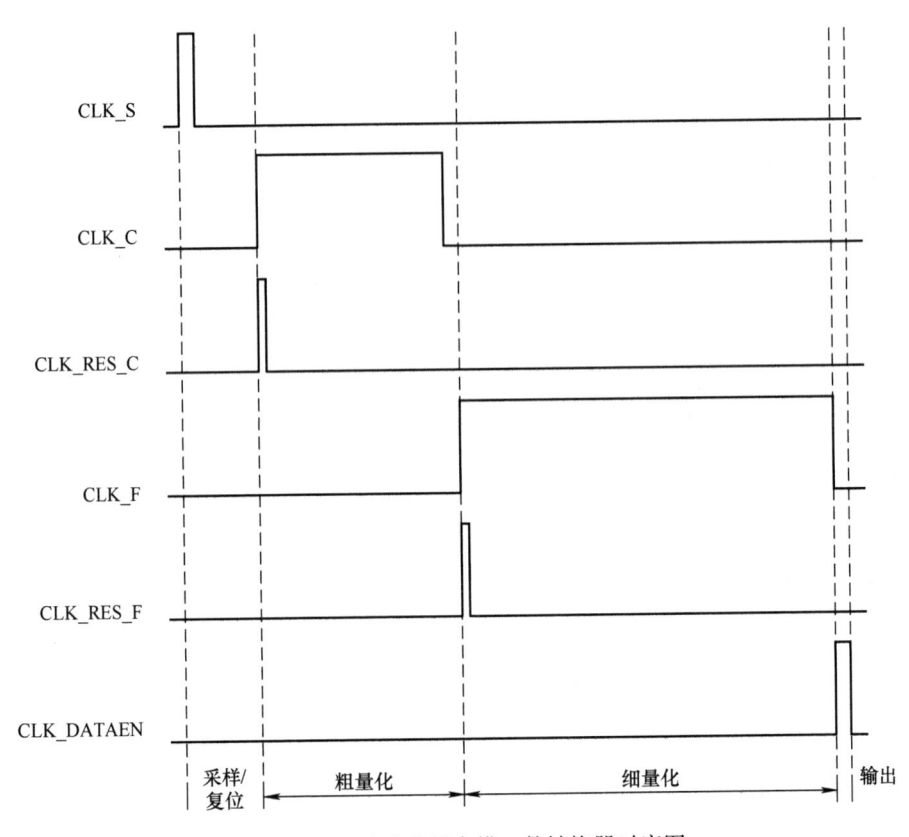

图 9.107 两步式单斜率模—数转换器时序图

避免了细量化过程中存储电容 C_H 上极板电压发生变化,从而保证在整个量化过程中,存储电容 C_H 能很好地保存粗量化的结果。同时,也避免了存储电容 C_H 使用较大的电容值,可以减小粗斜坡发生器的负载电容,有效提高粗斜坡信号的建立速度。

(1) 粗斜坡信号失调电压

粗斜坡发生器的输出信号范围是通过顶部和底部两个箝位运算放大器所确定的,实际上由于工艺的偏差,箝位运算放大器具有一定的失调电压 $V_{os,c}$,该失调电压会直接反映到粗斜坡信号上,导致粗斜坡信号发生偏差,其表达式为

$$V_{ramp\_c} = V_{ramp\_c,ideal} + V_{os,c} \tag{9-207}$$

当粗斜坡发生器具有一定失调电压时,粗斜坡信号的台阶值会偏离理想值,从而产生量化死区。为了防止出现量化死区的问题,在细量化的过程中可以加入一位量化冗余,即细量化的位数不再是 N,而是 $N+1$ 位。虽然加入了一位量化冗余,但不意味着细斜坡信号的 LSB 发生改变,而是将细斜坡信号的输出范围扩大一倍,变为 $2\Delta V_C$。加入冗余位后,不仅能够很好地解决量化死区的问题,也能够在一定程度上解决粗斜坡信号失调的问题。

图 9.108 为一个 4-bit 的两步式单斜率模—数转换器量化示意图,其中粗量化为 2-bit,细量化为 (2+1) - bit。左边曲线为粗斜坡信号没有失调电压时示意图,右边曲线为粗斜坡信号存在失调电压以及加入 1-bit 的冗余位。

从图 9.108 可以看出,当粗斜坡信号没有失调电压时,输入信号 V_{in} 粗量化的结果为 10,细量化的结果 00,因此,输入信号 V_{in} 在理想条件下的量化结果为 10_00。当粗斜坡信号具

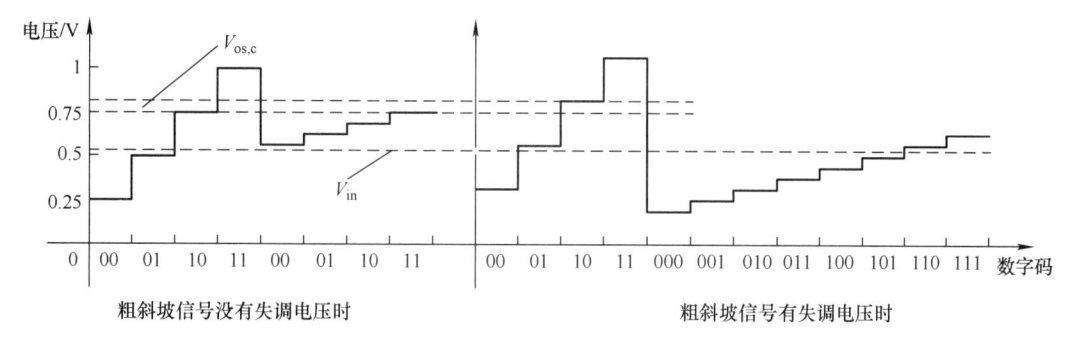

图 9.108 粗斜坡信号失调电压校准示意图

有失调电压 $V_{os,c}$，且在细量化过程中加入 1-bit 量化冗余后，输入信号 V_{in} 粗量化的结果为 01，细量化的结果为 110。需要注意的是，加入冗余位后，粗细量化的结果不能直接输出，需要进一步处理，其处理方法如图 9.109 所示，将细量化结果的最高位与粗量化的结果相加后，再将结果减去 2^{N-1}，得到最后的正确的量化结果。经过处理后，可以发现即使粗斜坡信号有失调电压，但是输入信号 V_{in} 的量化结果仍然为 10_00，与没有失调电压时的量化结果一致。

粗量化结果		C_1	C_0	
细量化结果	+	F_2	F_1	F_0
		D_3 D_2	D_1	D_0
	−	0 0	1	0
		T_3 T_2	T_1	T_0

图 9.109 量化结果数字处理算法示意图

加入冗余位后，粗细量化结果不能直接作为最终的量化结果，需要采用加法器和减法器进行处理，这也是改进后的两步式单斜率模—数转换器结构中的数字处理模块中包含了加法器和减法器的原因。

(2) 细斜坡信号失调电压以及开关电荷注入问题

与粗斜坡信号类型一样，在实际过程中，细斜坡信号也具有一定的失调电压 $V_{os,f}$，其影响与开关电荷注入类似。

从图 9.104 中可以发现，在粗量化完成后，开关 S_C 断开，此时，其沟道电荷有一部分会进入到存储电容 C_H 中，引起 C_H 两端电压差的变化。开关 S_C 断开的一瞬间，其注入 C_H 的电荷量为

$$Q = \delta(WL)_{S_C} C_{ox} [VDD - V_{min} - (m+1)\Delta V_C - V_{TH}] \tag{9-208}$$

式中，δ 为比例系数。则 C_H 两端电压差的变化量为

$$\Delta V_{C_H} = \frac{Q}{C_H} = \frac{\delta(WL)_{S_C} C_{ox} [VDD - V_{min} - (m+1)V_C - V_{TH}]}{C_H}$$

$$= \frac{\delta(WL)_{S_C} C_{ox} [VDD - V_{min} - m\Delta V_C - V_{TH}]}{C_H} - \frac{\delta(WL)_{S_C} C_{ox} m V_C}{C_H}$$

$$\tag{9-209}$$

可以发现，虽然 ΔV_{C_H} 的大小与粗量化的结果 m 有关，但是其前半部分可以认为是一个固定的失调电压 V_{os,S_C}，后半部分是随粗量化结果线性变化的量 $\Delta V_{os,S_C}$。将式 (9-209) 两端对 m 求导，可以得到：

$$\Delta V_{os,S_C} = \frac{d\Delta V_{C_H}}{dm} = -\frac{\delta(WL)_{S_C} C_{ox} V_C}{C_H} \tag{9-210}$$

可以发现，ΔV_{C_H} 与粗量化的结果有关，但是其变化量与粗量化结果无关，即与输入信号的大小无关。C_H 两端电压差的变化量可以化简为

$$V_{C_H} = V_{os,S_C} + mV_{os,S_C} \tag{9-211}$$

将细斜坡信号失调电压一起考虑，则总的失调电压为

$$V_{os} = V_{os,f} + V_{os,S_C} + m\Delta V_{os,S_C} \tag{9-212}$$

通过以上的分析，细斜坡信号失调电压以及开关电荷注入引起的失调电压可以采用一个 DAC 在细量化过程进行补偿，如图 9.104 所示，其数字输入码为粗量化的结果 m，这也意味着，该 DAC 的分辨率与粗量化的位数 M 保持一致。

引入 M-bit 的 DAC 进行电压补偿后，同时考虑细斜坡信号失调电压以及开关电荷的影响时，在细量化过程中，比较器的净输入量为

$$V_{in\_com} = (m+1)\Delta V_C - V_{in} + V_{ramp\_f} - V_{dac} + V_{os,f} + V_{os,S_C} + m\Delta V_{os,S_C} \tag{9-213}$$

对于量化范围在 $V_{L,dac} \sim V_{H,dac}$ 之间的 M-bit DAC，其输出信号 V_{dac} 与输入数字码 m 之间的关系为

$$V_{dac} = V_{L,dac} + m\Delta V_{dac} \tag{9-214}$$

式中，ΔV_{dac} 为 DAC 的一个 LSB。因此，比较器的净输入可化简为

$$V_{in\_com} = (m+1)\Delta V_C - V_{in} + V_{ramp\_f} - V_{L,dac} + m \cdot \Delta V_{dac} + V_{os,f} + V_{os,S_C} + mV_{os,S_C} \tag{9-215}$$

当 $V_{L,dac}$ 的值为 $V_{ref} + V_{os,f} + V_{os,S_C}$，且 ΔV_{dac} 为 $\Delta V_{os,S_C}$ 时，比较器的净输入量为

$$V_{in\_com} = (m+1)\Delta V_C - V_{in} + V_{ramp\_f} - V_{ref} \tag{9-216}$$

可以发现，DAC 能够对细斜坡信号失调电压 $V_{os,f}$ 以及开关电荷注入引起的存储电容电压跳变 ΔV_{C_H} 进行电压补偿，以保证粗量化与细量化两个过程的衔接。

假设 $V_{os,f}$、V_{os,S_C} 以及 $\Delta V_{os,S_C}$ 是已知的，则可以得到 DAC 的量化范围为

$$V_{L,dac} = V_{ref} + V_{os,f} + V_{os,S_C}$$
$$V_{H,dac} = V_{ref} + V_{os,f} + V_{os,S_C} + 2^M \Delta V_{os,S_C} \tag{9-217}$$

式中，V_{ref} 为已知大小的基准电压，其会影响细斜坡信号的设计。实际上，失调电压的产生是由于工艺偏差所带来的，从而导致 $V_{L,dac}$ 和 $V_{H,dac}$ 的电压值很难确定。一般而言，可以通过提供一定的电压范围进行选择。该电压范围可以是在 $[V_{ref} - 1/2\Delta V_C, V_{ref} + 1/2\Delta V_C]$ 之间，并采用 n 位二进制数字码 SIN_BOTTOM<$n-1:0$> 对 $V_{L,dac}$ 的选择进行控制。采用 n 位二进制数字码 SIN_TOP<$n-1:0$> 对 $V_{H,dac}$ 的选择进行控制，则 $V_{L,dac}$ 和 $V_{H,dac}$ 的电压值如何确定问题则转换成了两组二进制数字码的取值问题。图 9.110 和图 9.111 分别为 SIN_BOTTOM<$n:0$> 和 SIN_TOP<$n:0$> 两组二进制数字码确定流程。

9.2.10 两步式单斜率模—数转换器版图设计 ★★★

参考图 9.104 中的结构，本节以一个 12bit 100kSPS 两步式单斜率模—数转换器作为实例，介绍两步式单斜率模—数转换器的版图设计。12bit 100kSPS 两步式单斜率模—数转换器的设计基于 0.18μm CMOS 混合信号工艺，该两步式单斜率模—数转换器分为粗量化 6bit，细量化 7bit，其中 1bit 为量化冗余，主时钟频率为 20MHz。整体结构包括采样保持电路、粗斜坡发生器、细斜坡发生器以及比较器等模块。

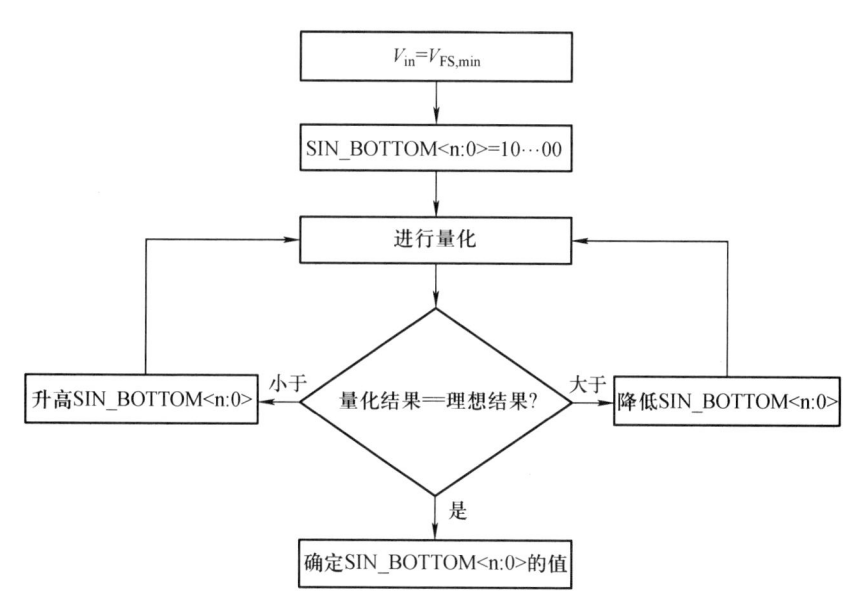

图 9.110　SIN_BOTTOM < n：0 > 确定流程

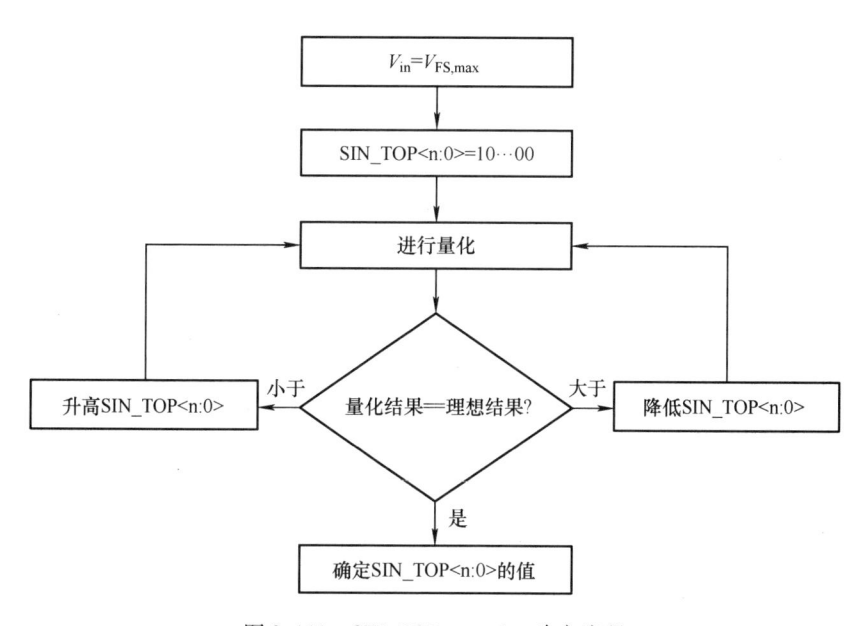

图 9.111　SIN_TOP < n：0 > 确定流程

在两步式单斜率模—数转换器中，模拟部分主要包括采样保持电路、比较器、粗斜坡发生器以及细斜坡发生器，每个模块的信号走向应该尽量远离数字信号。

整体 12bit 100kSPS 两步式单斜率模—数转换器版图布局如图 9.112 所示。

两步式单斜率模—数转换器的版图布局主要分为模拟域和数字域两部分，模拟域位于版图左下部分，而数字域位于版图右上部分。模拟信号输入端从下侧输入，数字码从版图上侧输出，整体版图信号自下而上的原则。

整体版图中，粗斜坡发生器和细斜坡发生器面积最大，位于版图左侧。粗斜坡发生器的

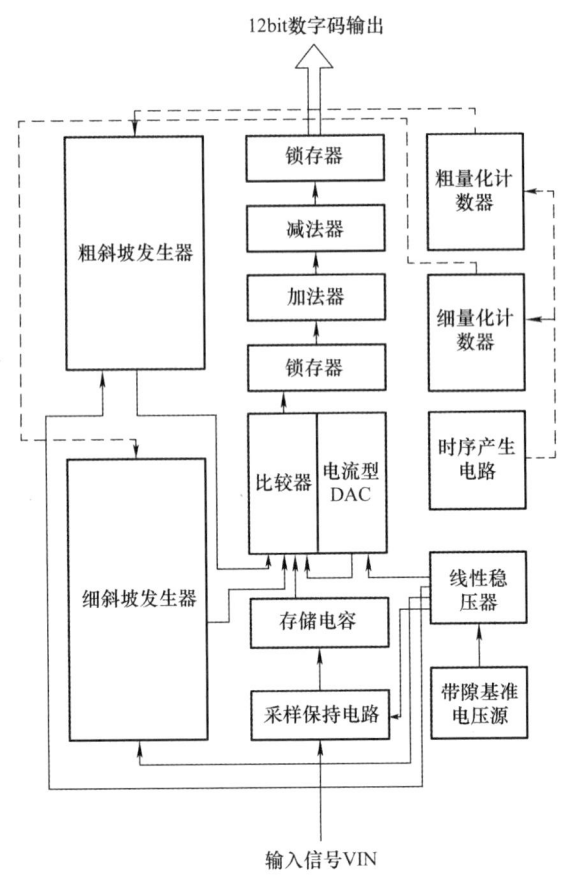

图 9.112　12bit 100kSPS 两步式单斜率模—数转换器的版图布局

LSB 较大，因此可以离比较器较远，同时，引入冗余位的设计可以降低粗斜坡信号失调电压。细斜坡发生器距离比较器较近，有利于减小版图中对细斜坡信号的干扰。

带隙基准电压源为线性稳压器提供稳定的基准电压，两者紧挨一起，减小了基准电压的干扰。线性稳压器为其他模拟模块提供所需的基准电压，虽然走线较长，基准电压会产生一定的压降，但该压降可等效为每个模块的失调电压。在进行电路设计的过程中，已经对每个模块的失调电压进行分析及校准，因此，基准电压的走线压降的影响较低。同时，带隙基准电压源为每个模块提供基准电流，基准电流即使走线较长，对电流的大小影响也较小。

时序产生电路负责控制粗量化计数器以及细量化计数器的工作，同时计数器驱动斜坡发生器。计数器产生的是数字信号，因此，即使走线较长，只要信号在走线上的压降不超过高、低电平的阈值要求，也能保证整个模—数转换器的正常工作。

在整体版图布局布线中，应该要注意数字信号线远离模拟信号走线，防止数字信号发生翻转时，其对模拟信号的干扰。

采样保持电路主要由栅压自举开关、运算放大器以及延时电路组成，为了保证输入信号从下往上的走向，栅压自举开关置于整体版图的中间位置，延迟单元以及互补开关置于左右两侧，减少时序控制信号走线的距离，最上方为运算放大器版图，运算放大器版图整体关于中心轴对称，以保证器件之间的匹配性，采样保持电路的输出信号从正中心上方输出。其版

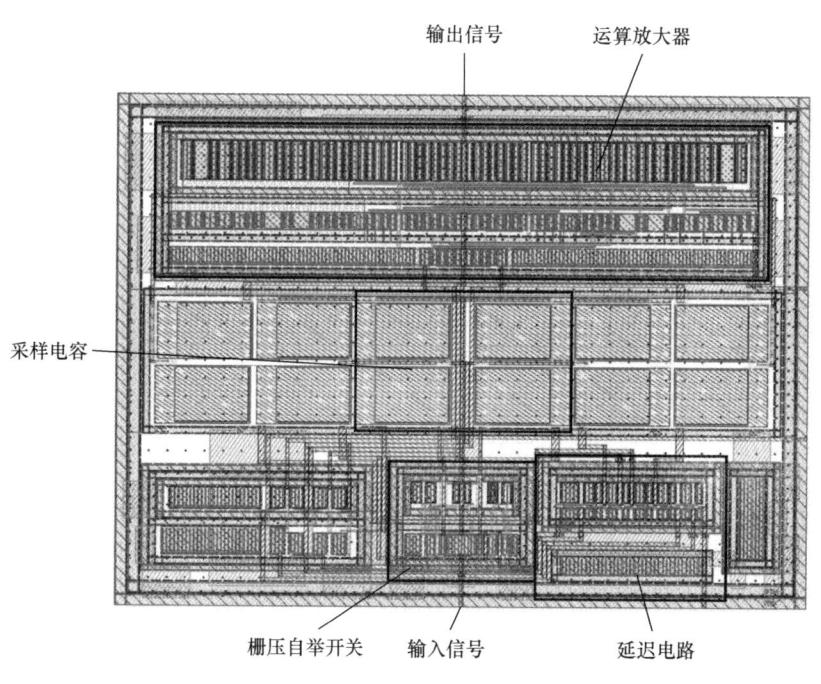

图如图 9.113 所示。

图 9.113 采样保持电路版图

比较器主要由两级预放大器、动态锁存器以及输出驱动级构成,比较器的性能会对整个 TS-SS ADC 产生直接影响,因此在设计比较器版图时,应该严格保证整体版图关于中心轴左右对称,其整体版图如图 9.114 所示,从下往上依次是第一级预放大器、第二级预放大器、动态比较器以及输出驱动级,信号走向从下往上。

粗斜坡发生器和细斜坡发生器的电路结构类似,主要由顶部箝位运放、底部箝位运放、电阻阵列、输出缓冲器以及译码器组成,在整体版图布局中,应该尽量保证粗斜坡发生器和细斜坡发生器版图宽度一致,但由于细斜坡发生器的位数比粗斜坡发生器高一位,因此细斜坡发生器的电阻阵列以及译码器的面积会比粗斜坡发生器的大一倍。

在译码器电路中,基本单元由数字逻辑门和 D 触发器组成,其基本单元版图如图 9.115 所示,左端为数字逻辑门单元,右端为 D 触发器。随着量化位数的升高,译码器基本单元也会随之增加,在基本单元版图设计过程中,应该尽可能地减少单个面积的大小。

在电阻阵列当中,电阻之间的匹配度会影响到斜坡信号的线性度,为了保证电阻之间的匹配,在设计过程中,电阻的方向性和间距应保持一致,在满足设计规则的同时,尽可能减小电阻之间的间距,保证在制造过程中电阻率偏差较小。电阻之间的连线采用低层金属层,扩大连线金属的宽度,减小寄生电阻的产生。整体版图如图 9.116 所示,下方为电阻阵列,上方为互补开关。

粗斜坡发生器整体版图如图 9.117 所示,两个箝位运放分别版图下方的左右两端,中间为输出缓冲运算放大器,输出信号从下方中间输出,补偿电容和补偿电阻位于运放上端。电阻阵列位于正中心位置,译码器位于最上方。在设计过程中,应该注意译码器单元与电阻阵

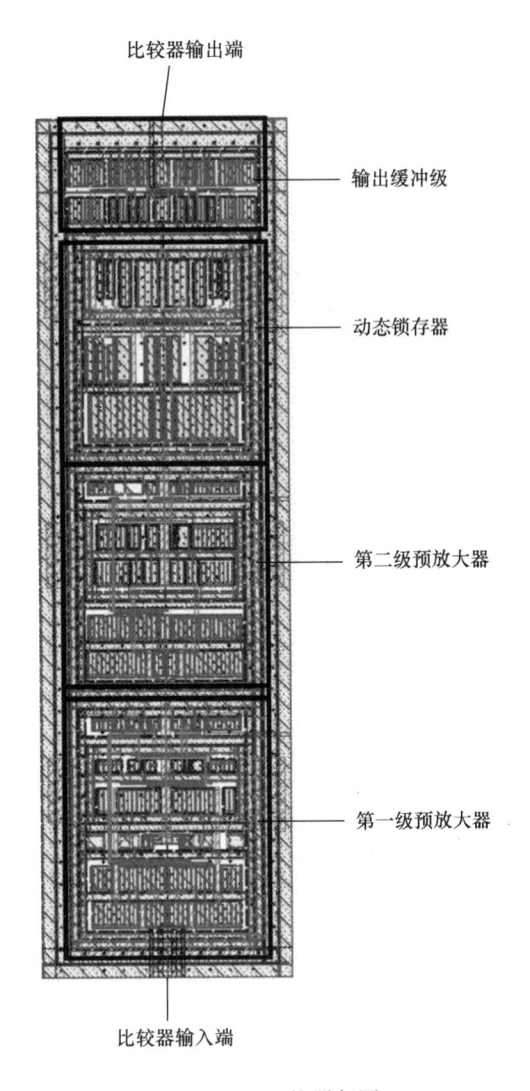

图 9.114 比较器版图

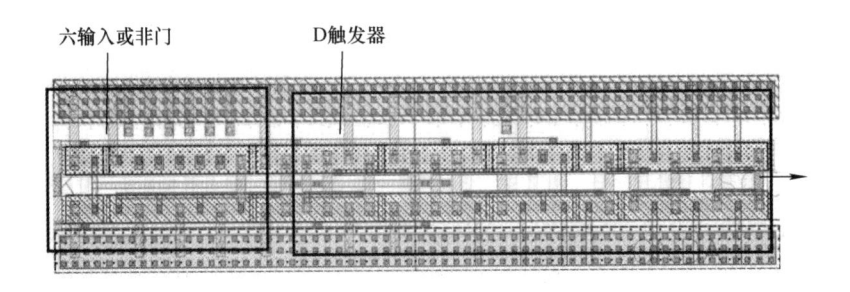

图 9.115 译码器基本单元版图

列之间的隔离,减小时钟馈通等高频信号对斜坡发生器的影响。

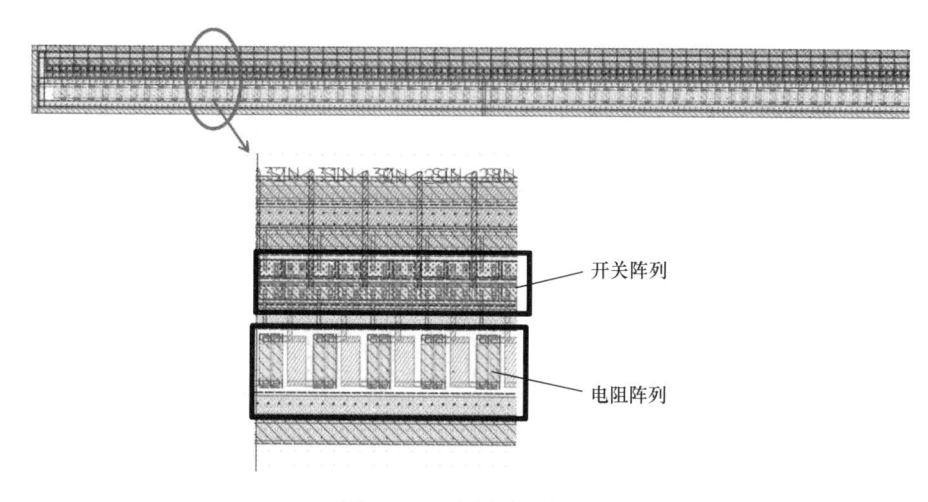

图 9.116 电阻阵列版图

开关阵列

电阻阵列

译码阵列

电阻阵列

顶部箝位运放　　输出缓冲运放　　底部箝位运放

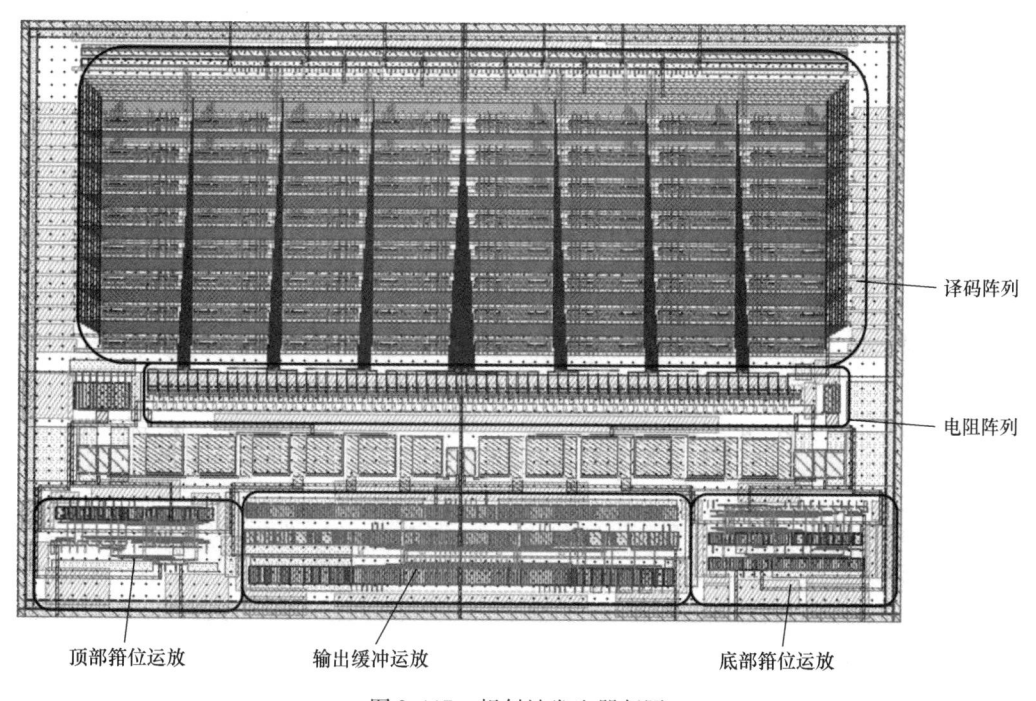

图 9.117 粗斜坡发生器版图

与粗斜坡发生器类似,细斜坡发生器整体版图如图 9.118 所示,顶部箝位运放位于左下角,底部箝位运放位于右下角,中间为输出缓冲运算放大器,电阻阵列位于译码器下端。由于细斜坡发生器为 7-bit,因此,译码阵列的高度会比粗斜坡发生器译码阵列高一倍。输出信号从下方中间输出。

整体两步式单斜率模—数转换器版图如图 9.119 所示,整体布局上将模拟模块和数字模块分开布局,防止数字高频信号对模拟信号的影响,优化了关键信号路径,以减小噪声耦合和信号失真,确保整体版图的可靠性。

图 9.118　细斜坡发生器版图

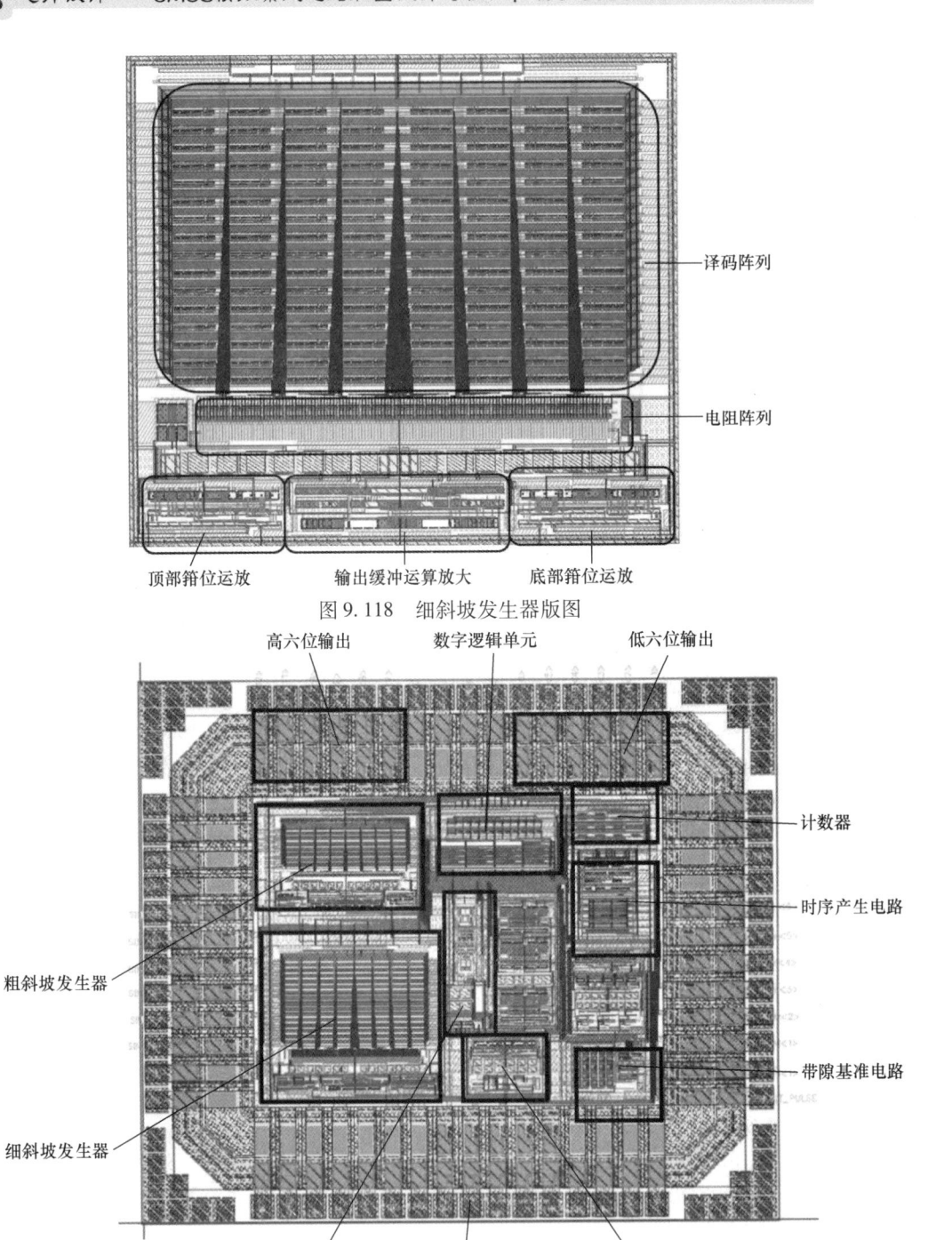

图 9.119　两步式单斜率模—数转换器整体版图

9.3　混合信号集成电路版图设计

随着集成电路规模的快速增大，目前已经几乎不存在单独的模拟集成电路。例如高精度运算放大器、模—数转换器等，都具有不同规模的数字校正电路与之配合。由于模拟电路和数字电路都集成在同一块硅衬底上。而硅衬底自身具有的电阻值非常小，数字电路工作在高频率下，电源和地之间频繁开断所产生的噪声会通过低阻衬底传递给模拟电路。与数字电路用大信号的电源和地表示逻辑"1"和"0"不同，模拟电路信号幅度小、工作频率低，很容易受到数字信号、噪声的串扰。因此在混合信号集成电路版图设计中需要从布局、布线、电源（地）分布、电路结构等方面进行细致考虑。同时还必须加入多种保护、屏蔽策略，对敏感的模拟节点进行隔离，降低数字耦合噪声的影响。

根据自顶向下的版图规划原则，混合信号集成电路版图的设计优先级如图9.120所示。从系统层次-器件层次-互连层次，优先级依次递减。但在实际设计过程中，图中的优先级并不是一成不变的。工程师在底层布线、布置保护环时，可能会发现版图布局不合理的问题，这时候就需要回到系统层次进行调整。所以图9.120中的流程本质上是一个自顶向下规划，自底向上优化、调整反复迭代的过程。

在设计混合信号集成电路时，电路布局策略应当优先进行规划。首先将模拟和数字两大部分分开。模拟输入（输出）和数字输出尽可能分布在芯片的两侧，拉开距离。数字电路和模拟电路分别具有一套电源、地环。对于数字电路，再按工作频率的高低和功能进行划分。同样地，模拟电路根据信号流向、幅度大小和工作频率也进行划分。整体布局规划如图9.121所示。整体布局思路是将大信号的数字输出、具有最大串扰的高速数字电路尽可能地远离易受干扰的小摆幅、低速模拟模块。同时将模拟输入和数字输出尽可能分隔开布置。

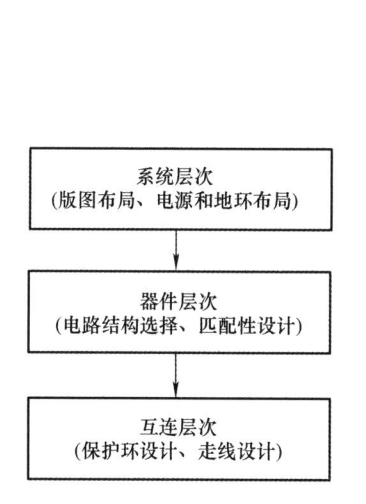

图 9.120　混合信号集成电路版图的设计优先级

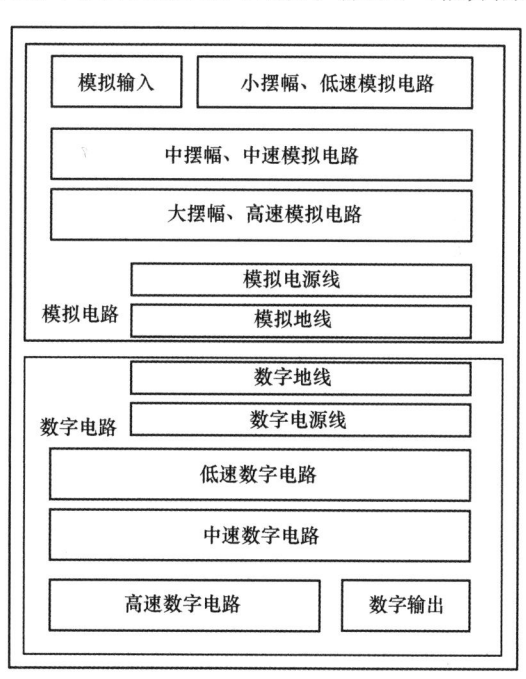

图 9.121　混合信号集成电路整体布局规划

低阻硅衬底在一定程度上对于模拟电路和数字电路实际上是一条通路。数字电路都是基于逻辑门进行设计，在工作时会形成短暂的从电源到地的通路，产生很大的瞬态电流。这些电流在衬底的低阻节点上会产生很大的电压尖峰。小信号模拟电路对这些电压尖峰干扰信号十分敏感，很容易受到干扰。此外，数字电路工作时短暂的信号通路，也会把电源上的噪声传递到数字地平面。如果没有做好数字地和模拟地的隔离，数字电源上的噪声也会通过地平面影响模拟电路。因此在设计数字电源（地）和模拟电源（地）环时，应遵循以下几点原则：

1）数字电路和模拟电路各有一套独立的电源环、地环，彼此之间没有信号通路。

2）尽可能增加电源和地环的线宽，减小总的金属连线电阻，从而减小模拟电路与电源、地的连线电阻，降低连线电阻引起的电压尖峰。

3）模拟电源（地）、数字电源（地）分别采用各自的输入/输出单元（Input/Output Cell）输出至片外，最终在片外将模拟地和数字地相连，如图9.122所示。

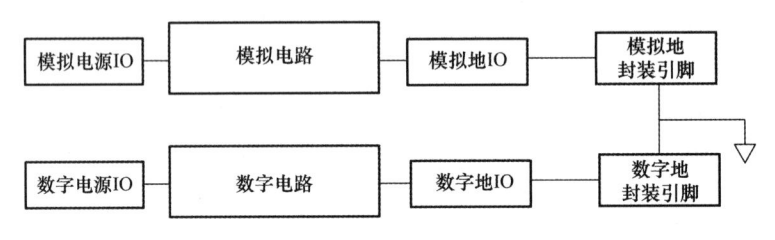

图 9.122 独立的电源和地

在混合信号版图中还应该适度设计保护环进行隔离。数字电路和模拟电路都具有各自独立的保护环。再将 NMOS 的保护环连接到地，PMOS 的保护环连接到电源上。还可以采用深 N 阱工艺，将晶体管置于深 N 阱中，这样具有更好的隔离效果。

对于平行的信号线，它们之间存在一些耦合电容。这些耦合电容会使两个信号发生串扰，因此可以在信号线之间加入地线进行屏蔽，降低信号之间的干扰，如图9.123所示。

图 9.123 在不同信号之间加入地线进行屏蔽

其他互连信号线的设计还需要考虑以下原则：

1）模拟电路布线时应减小电流传输路线的长度，减小线上的电压降（IR Drop）。

2）在金属线换层时，应该大量地使用接触孔，减小接触电阻。

3）应避免使用电阻率较大的多晶硅作为电流信号的互连线。

4）多晶硅只能用于连接高阻栅节点间的连线，这些节点实际上并不传输电流。

第 10 章

标准输入输出单元库版图设计

在片上系统（SoC）和超大规模集成电路（VLSI）设计流程中，单元库都被作为简化设计流程、优化设计参数的重要工具使用。单元库包括标准逻辑单元库和标准输入输出单元库，前者是数字流程不可缺少的一环；后者作为宏观到微观的桥梁，不仅需要兼顾芯片之间互连的电学指标兼容，同时需要满足内部向外驱动能力、外部向内传输功能，以及整体抗静电放电能力（ESD）等诸多要求。一套优秀的标准输入输出单元库不仅可以满足芯片基本的电学参数要求，同时兼具面积小、功能多、适应性强等诸多优点。本章首先概括性介绍标准输入输出单元库的基本知识、性能指标和基本电路结构，之后介绍一套应用于数—模混合的标准输入输出单元库设计方法。

10.1 标准输入输出单元库概述

标准输入输出单元库是沟通宏观（芯片外部封装）到微观（芯片内部电路）的桥梁。在宏观领域，设计者需要关注焊盘（PAD）开口尺寸等物理参数，以及标准输入输出单元库抗静电放电能力（ESD）的大小；在微观领域，设计者需要关注标准输入输出单元芯片的输入高低电平（U_{ih}、U_{il}）、输出高低电平（U_{oh}、U_{ol}）等电学参数，以及标准单元库横向和纵向的单元基本长度（pitch）等物理信息。

标准输入输出单元库按照使用环境划分可分为模拟标准输入输出单元库和数字标准输入输出单元库；按照功能划分可分为信号输入输出单元（输入单元、输出单元、双向单元）、电源地单元（输入输出电源、内核电源、模拟电源）、连接单元（填充单元 filler、角落单元 corner）、特殊单元（电源切断单元等）；按照使用条件划分可分为线性型（liner 或 in line）和交错型（stagger）。上述内容在后续章节中都有所讲述。

10.1.1 标准输入输出单元库基本性能参数 ★★★

标准输入输出单元库的性能参数包含物理参数和电学参数两个大的方面。下面分别给出一些有代表性的标准输入输出单元库的性能参数并加以详解。

1. 焊盘开口（pad opening）

焊盘开口不同于焊盘尺寸，因为其体现的是焊盘上方对于钝化层的掩膜尺寸，在每个边上比金属一般小 5μm 左右。焊盘没有开口是不能够作为外部电学连接进行使用的，因为如果没有对于钝化层的掩膜，在焊盘金属上方会有一层致密的金属钝化层，无法对其进行任何形式的封装操作。焊盘开口也决定了后续封装操作时金丝的最大直径。例如，开口为65μm的焊盘进行 PGA 封装时优选使用直径25μm 左右的金丝，经验公式为焊盘开口 = 2.5 × 金丝直径（PGA 封装时金球为2倍金丝直径）。过小的焊盘开口无法进行封装，所以在进行标准输入输出单元库设计的前期，需要和封装厂商沟通现行常用的封装方式及对于焊盘开口的尺寸要求。

2. 单元基本宽度（pitch）

单元基本宽度在一般情况下是整个标准输入输出单元库通用的，即一套标准输入输出单元库中的每个单元具有同样的横向和纵向尺寸（宽度和高度）。该特点的存在主要是基于两个原因：首先，基于自动封装的考量：自动封装的存在条件是任意相邻的两个焊盘中心距离具有同样的尺寸，这就要求在单元库设计的时候，每个单元具有同样的横向尺寸。其次，基于数字后端流程的考量：后端流程在设计过程中，会面临两个问题，第一是两个单元的拼接，没有同样纵向尺寸的两个单元无法精确拼接。第二是单元自动布置，没有同样横向尺寸的两个单元无法使用同样一个偏移量（offset）进行描述。基于如上考量，单元基本宽度在一般情况下是整个标准输入输出单元库通用的，特殊情况下会存在有非正常单元基本宽度的出现，设计者需要另行考虑。单元基本宽度决定了单元库的基本物理性能，过大的单元基本宽度是对于流片面积的浪费；而过小的单元基本宽度则会影响正常版图的布局，从而间接影响到标准输入输出单元库的基本电学参数。

3. 输入高/低电平（U_{ih}、U_{il}）

输入高/低电平的限定条件是根据产品级及接口的相关限定而来。就芯片来说，标准输入输出单元库体现了芯片基本的 DC 和 AC 参数，对于产品级的相应电学参数要求就成为针对标准输入输出单元库的电学参数要求。因此标准输入输出单元库的设计需要满足 JEDEC 相关的设计规范（并非业界强制要求，但是为了互连需要一般会要求满足），interface standard 和 standard logic divice 相关标准是需要在设计前进行考虑的，其值大小依赖于具体接口标准（常见的接口标准有 CMOS、TTL 等）。一般来说，芯片产品输入高/低电平的值只和标准输入输出单元库中输入单元的设计有关，而且其设计需依赖工艺的稳定及多次流片的实际测试验证。

4. 输出高/低电平（U_{oh}、U_{ol}）

输出高/低电平的要求与输入相类似，与输入高/低电平要求的不同点在于：输出高低电平的大小一般只和标准输入输出单元库中输出单元的设计有关，并且会对输出驱动能力有一定的要求，其设计需依赖工艺的稳定及多次流片的实际测试验证。

5. 输出驱动能力（I_{oh}）

输出驱动能力与输出单元最后一级缓冲器的设计尺寸有关，需要注意的是，在标准输入输出单元库中一般会设计多个输出驱动能力的单元以满足不同的输出需要，常见的输出电流有 2mA、4mA、8mA、16mA、24mA、32mA 等多种。

10.1.2 标准输入输出单元库分类 ★★★

如前所述，标准输入输出单元库按照应用环境划分可分为模拟标准输入输出单元库和数字标准输入输出单元库；按照功能划分可分为信号输入输出单元（输入单元、输出单元、双向单元）、电源地单元（输入输出电源、内核电源、模拟电源）、连接单元（填充单元filler、角落单元 corner)、特殊单元（电源切断单元等）；按照使用方式划分可分为线性型（liner 或 in line）和交错型（stagger）。本章以应用环境及使用方式为出发点，介绍基本的单元库分类。

1. 数字标准输入输出单元库

数字电路的设计随着栅氧厚度逐步减小，工艺尺寸逐步减小而获得了更高的集成度和更低的功耗，但是过薄的栅氧化层也对数字电路的可靠性提出了更高的要求。为了解决上述矛盾，业界在进行数字电路设计的时候，一般是使用双电源的方式：由电位较高的外围电压（也称为 IO 电压）给外围厚氧工艺的电路结构供电；由电位较低的核心电压（也叫作 Core 电压）给内核薄氧工艺的电路结构供电（结构如图 10.1 所示）。这也就要求数字输入输出单元库拥有高低电压转换（level shifter）、多电源环等特点。

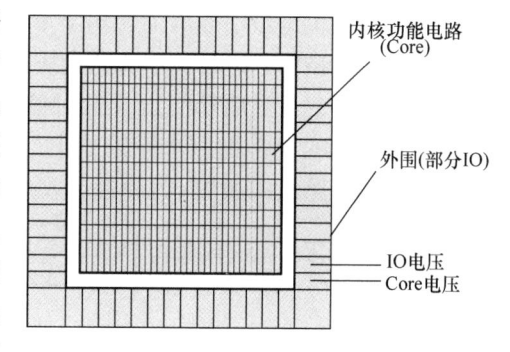

图 10.1 数字电路双电源结构

2. 模拟标准输入输出单元库

模拟标准输入输出单元库不同于数字标准输入输出单元库，这是因为模拟版图相比于数字版图更关注器件寄生，且不会对于输入输出有驱动能力要求（模拟版图一般都从芯片参数分解开始考虑驱动能力的设计）。所以，模拟标准输入输出单元库一般比数字标准输入输出单元库使用器件更少，更偏向于使用寄生更少的二极管（diode）进行设计。

3. 线性型和交错型单元库

线性型和交错型是两类主要的输入输出单元库版图设计大类。两者针对不同的内核尺寸应用可达到最大化的版图面积优化。通常芯片版图面积可能由两方面来决定，其一为内核电路的版图面积；其二为外围输入输出电路的面积（其核心为引脚数目）。第一种情况一般业界称之为 core-limited；第二种情况一般业界称之为 pad-limited。在 core-limited 的版图结构中，一般使用线性型输入输出单元库；而在 pad-limited 的版图结构中，一般使用交错型输入输出单元库。这是因为交错型相比于线性型的同样单元，其横向尺寸（宽度）一般约为其一半，而纵向尺寸（高度）一般约为其两倍。这就确保了在相同的宽度下，交错型的排列方式可容纳的输入输出单元数量比线性型可增加一倍。两者之间的关系如图 10.2 所示。

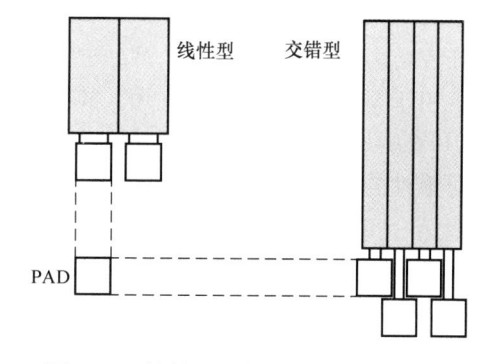

图 10.2 线性型和交错型单元库的关系

10.2 输入输出单元库基本电路结构

一个完整的输入输出单元库按照功能划分可分为信号输入输出单元(inout)，包含输入单元、输出单元、双向单元，电源地单元（输入输出电源、内核电源、模拟电源），连接单元（填充单元 filler、角落单元 corner），特殊单元（电源切断单元等）。其中最基本的单元为输入输出单元、电源单元、电源切断单元。下面章节按照功能，分模块进行电路结构说明。

10.2.1 数字双向模块基本电路结构 ★★★

数字双向模块是数字标准输入输出单元库的最基本单元之一，其涵盖了输入模块及输出模块等基本电路结构，进行简单分割即可得到数字输入单元及数字输出单元的电路结构。所以在一般情况下，最大驱动能力（针对输出模块）的数字双向模块尺寸是制约数字输入输出单元库单元基本宽度的关键因素，因此首先进行数字双向模块的介绍。一个简略数字双向单元模块基本电路结构如图 10.3 所示。

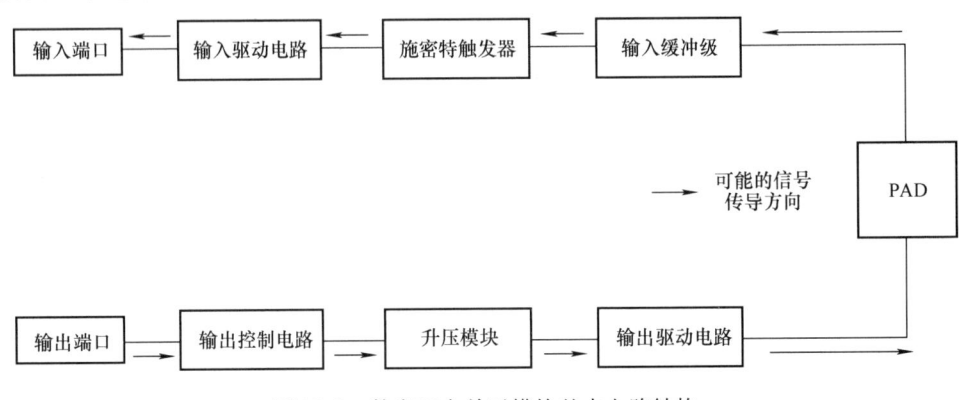

图 10.3 数字双向单元模块基本电路结构

1. 输入缓冲级

输入缓冲级的基本电路结构如图 10.4 所示，其中，M4 的栅端始终接 $U_{vdd\text{-}IO}$ 电平，当 PAD 端输入 0V 的信号时，M1、M2、M4 导通，A 端为高电平；而当输入为 2.5V 信号时，由于 M4 具有阈值损失作用，M2 与 M3 的栅电压约为 $U_{vdd\text{-}IO}$ 减去 Vth_n。当输入上浮到 5V 电压，由于 M4 具有阈值损失作用，M2 与 M3 的栅电压依旧约为 $U_{vdd\text{-}IO}$ 减去 Vth_n，这就保证了图 10.4 所示输入缓冲级可在工作电压 2.5V 以上兼容 5V 工作电压，而不会引起内部电路栅氧可靠性的问题。M1 晶体管影响输入缓冲级的输入高低电平，通过调节 M1 的宽长比，可仿真结合实际测试得到需要的输入高低电平的值。

R1 电阻是抗 ESD 结构的一部分，其阻值约为 200Ω 左右，在 PAD 到 R1 电阻之间可根据工艺特征和代工厂（FAB 或 Foundry）提供的设计手册选取合适的抗静电单元来预防静电放电的发生。

2. 施密特触发器

施密特触发器（Schmitt trigger）不同于普通门电路，其拥有两个阈值电压。在信号由低电平上升到高电平的过程中，使得输出发生改变的输入电压称为正向阈值电压，反之，则为负向阈值电压。这种双阈值的现象被称作迟滞现象，说明施密特触发器具有记忆性。所以从本质上来说，施密特触发器是一种双稳态多谐振荡器。输入单元内部的施密特触发器具有抗干扰及波形整形的作用，不仅可以利用其双阈值防止输入端噪声进入芯片内部，而且可以对输入波形进行整形，使得波形更加陡峭。施密特触发器电路结构如图 10.5 所示。

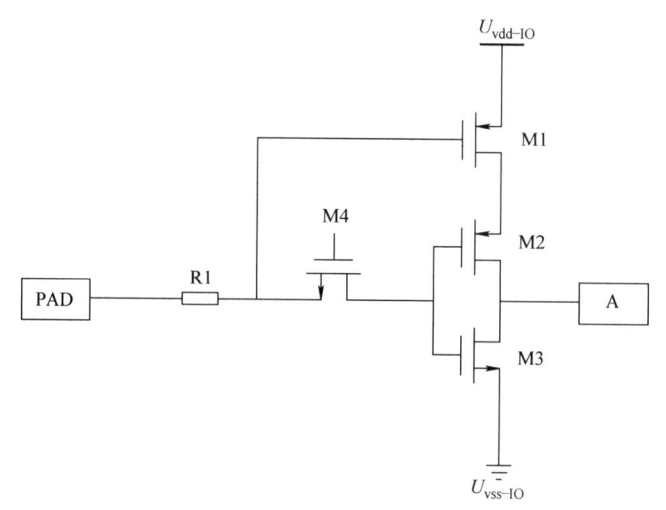

图 10.4　输入缓冲级电路结构

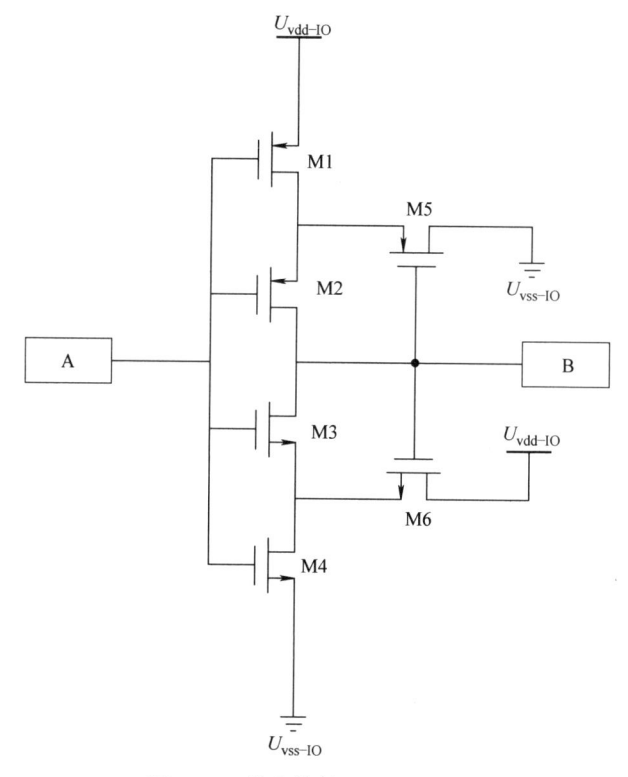

图 10.5　施密特触发器电路结构

3. 输入驱动电路

输入驱动电路的作用是使得输入单元能够对于内部单元有足够的驱动能力。一般情况下，认为仿真中输入驱动电路可在工作频率或者更高频率下可驱动 0.5pF 负载，输出并无功能缺失则认为输入驱动电路设计无隐患（0.5pF 是一个经验值，具体仿真中如果增加负载的大小需依赖具体工艺和连接器件类型）。同时，输入驱动电路也可将输入的 $U_{\text{vdd-IO}}$ 变更为内环使用的 $U_{\text{vdd-core}}$。输入驱动电路的电路结构如图 10.6 所示。

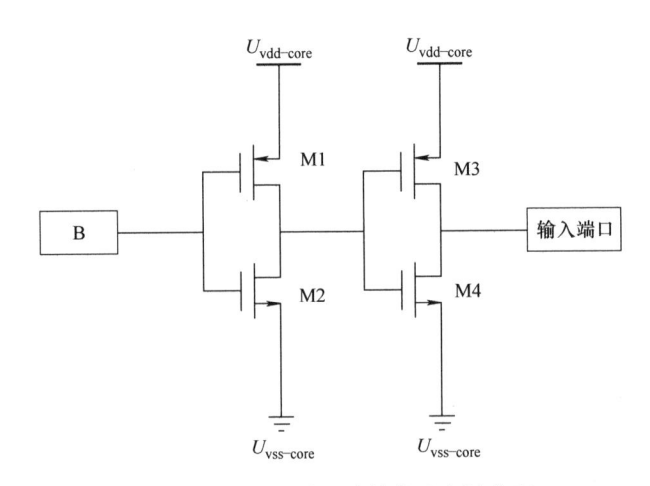

图 10.6　输入驱动电路结构及电源分配

4. 输出控制电路

由于双向单元模块同时具有输入与输出的功能，为了避免 PAD 位置处的功能冲突，一般会给输入输出模块单独配置使能端进行信号选通。而输出相比于输入部分，晶体管数目多而且尺寸大，长期导通工作对于芯片功耗的影响极大，所以一般将使能端加于输出部分。常见的输出控制电路有逻辑门选通与传输门选通。本节介绍常见逻辑门选通方式，其电路结构如图 10.7 所示。通过逻辑门选通方式，可将输出单元分解为输出上拉模块（输出端为 C）及输出下拉模块（输出端为 D），这样的分解是为最后一级驱动器使用低功耗结构而进行输入上拉和下拉拆分使用的。输出上拉模块输出 C 及输出下拉模块输出 D 的真值表见表 10.1。

表 10.1　输出控制电路真值表

输出使能（OEN）	输出端口	C	D
1	1	1	0
1	0	1	0
0	1	1	1
0	0	0	0

通过真值表可看出，本章节提供的输出控制电路为低有效，在输出使能端为 0 时，C 端口与 D 端口随输出端口值变化而变化；在输出使能端为 1 时，C 端口被强制置 1，而 D 端口被强制置 0。

5. 升压模块

在标准输入输出单元库中使用的升压模块一般使用的是被称作电平移位（level shifter）的结构。该结构的作用是在 IO 电源电压域（$U_{\text{vdd-IO}}$）及 core 电源电压域（$U_{\text{vdd-core}}$）之间完成信号的逻辑传递，同时完成电路器件由内核的薄栅氧器件到外围 IO 的厚栅氧器件的改变，从而提高外围电路的耐压性。一个标准的四管电平移位电路结构如图 10.8 所示。

6. 输出驱动电路

对于数字标准输入输出单元库来说，输出驱动电路通常包括两个部分。首先是芯片工作状态下用来驱动外部负载的驱动管；其次是为了提高抗 ESD 水平而增加的抗 ESD 器件。两者的共同点是均采用厚栅氧器件进行设计，并且两者的尺寸均很大。出于对工艺一致性及

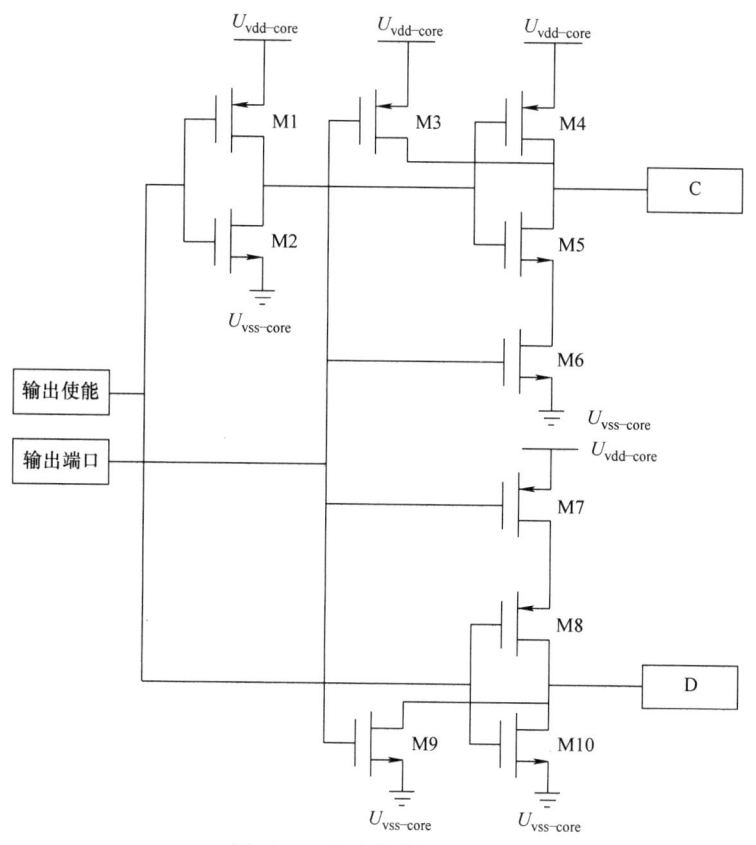

图 10.7　输出控制电路结构

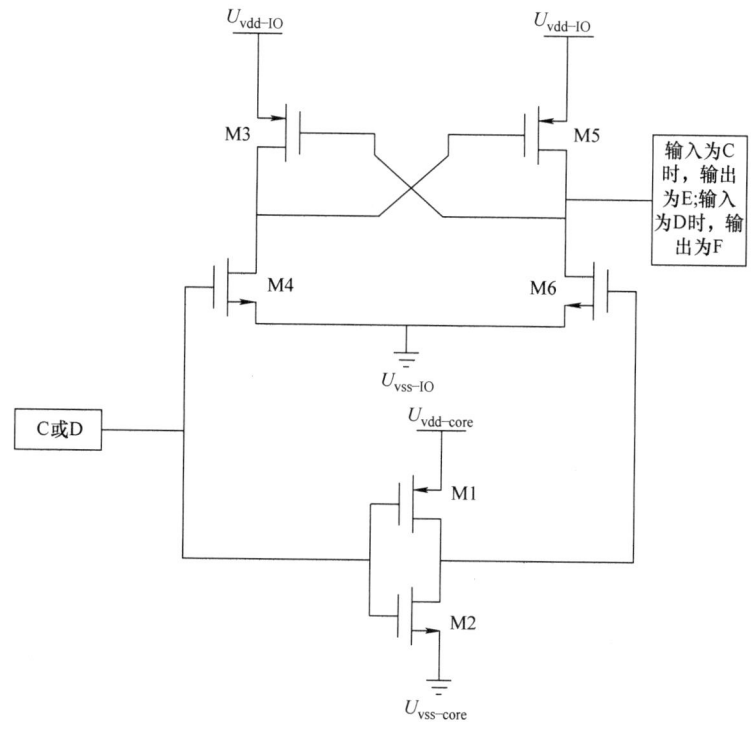

图 10.8　标准四管电平移位电路结构

dummy 器件利用的考虑，数字电路一般使用 MOS 管进行抗静电单元的设计，具体的设计规则需要参考各个代工厂提供的静电设计手册或者版图设计注意事项。在图 10.9 中给出了输出驱动电路中的基本电路结构，其中 R1 及 R2 的增加主要是为了 MOS 管的开启一致性考量，这有助于提高整个芯片的抗静电等级。

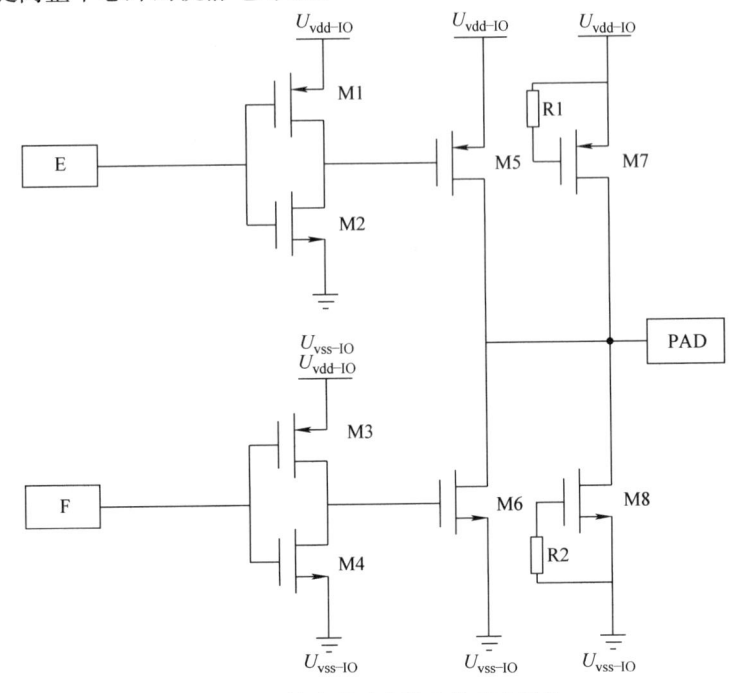

图 10.9 输出驱动电路中的基本结构

10.2.2 模拟输入输出模块基本电路结构 ★★★

模拟输入输出模块不同于其在数字电路中的应用。由于电路特点及原理的限制，模拟电路易受噪声影响，寄生效应对其影响很大。因此，对于模拟输入端口，常采用二极管进行保护（现有常见模拟模块抗静电保护单元还有 SCR，即晶闸管），就是利用二极管的寄生效应很小，同时具有电压箝位的作用（设二极管导通电压为 0.7V，图 10.10 中电路会将 PAD 电位箝位到 $U_{vss-IO} - 0.7V$ 到 $U_{vdd-IO} + 0.7V$ 之间）这一特点。图 10.10 中左侧为模拟输入单元，右侧为模拟输出单元，两者的区别主要在于电阻 R1，由于模拟电路一般具有高输入电阻（输入一般为栅极），所以在输入进行两级保护并增加电阻 R1 并不会影响电路的电学参数。而模拟输出有可能为电流输出或者电压输出，如果在输出端增加电阻，势必会影响芯片的正常工作，所以在输出端只用双二极管进行保护。当然，根据特殊的使用环境，模拟输入与模拟输出交换其使用位置也是可以的。在这一点上，具体电路设计问题需要具体分析。出于设计便利的考虑，有时候模拟输入输出单元会使用数字输入输出单元的抗静电保护结构，本章 10.3.2 节实例中就使用了该设计方式。

10.2.3 电源与地模块基本电路结构 ★★★

电源与地模块承载着为内核功能电路和外围 IO 供电，以及对于电源到地这一电流通路进行 ESD 电流泄放的任务。在业界数字后端设计过程中，为了减小 IR-Drop，每 5~10 个信

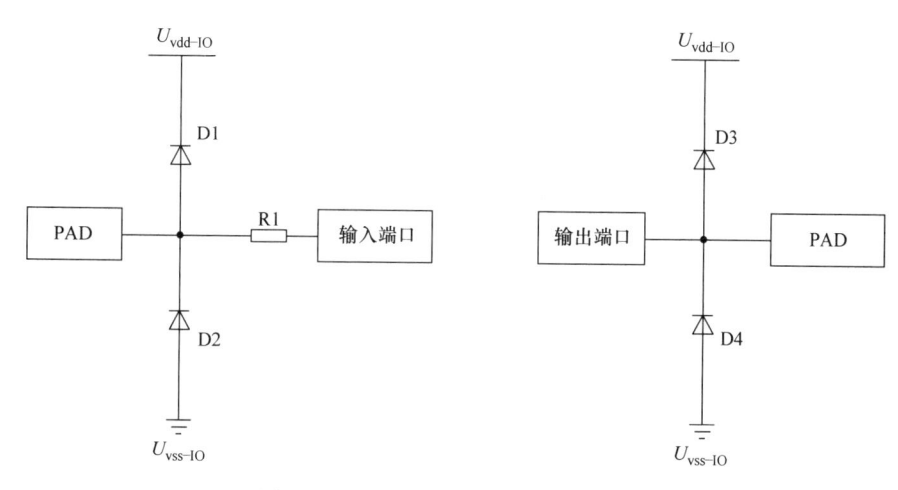

图 10.10　模拟输入输出模块电路结构

号输入输出单元需要有一组电源为其供电，足见对于标准输入输出单元库来讲，电源与地模块设计的重要性。而对于电源与地模块版图来说，其结构并不复杂，在电源单元及地单元模块版图中，主要组成被称为 Power-clamp 的电流泄放单元。该单元可以由多种器件组成，典型的 Power-clamp 有二极管（diode）、大尺寸 NMOS 管（big-FET）、栅接地 NMOS 管（GGMOS）、晶闸管（SCR）等。

本节介绍的标准输入输出单元库设计采用的是一种常见的大尺寸 MOS 管的 Power-clamp。电路原理图如图 10.11 所示。其电路工作原理如下：当电路处于正常工作状态，晶体管 M1 栅电位为电容 C1 电压，即 U_{vdd-IO}。经反相器，M3 栅电压为 U_{vss-IO}，最后一级 NMOS 处于关断状态。也就是说在电路正常工作状态，该 Power-clamp 并不工作，只会产生微小的漏电流。而当 U_{vdd-IO} 上存在静电放电高压（数百伏到数万伏），由于电容和电阻组成的延时单元，导致 M1 栅位置电压依旧为 U_{vdd-IO}，而 M1 电源电压则远超过该电压，满足 M1 导通条件下，M1 导通，并将 M3 栅电压迅速上拉，直至晶体管 M3 导通为止。晶体管 M3 为一个宽长比极大的厚栅氧 MOS 晶体管，随着它的导通，迅速将电源上的电荷传输到地上，外围 IO 电源上的电压随之迅速下降。而当 M1 不满足导通条件时，Power-clamp 恢复正常工作状态，M3 关闭，避免工作状态漏电流的产生。该电路设计的核心为 R1 与 C1 值的选取，一般常见 RC 延时为 50~100ns。

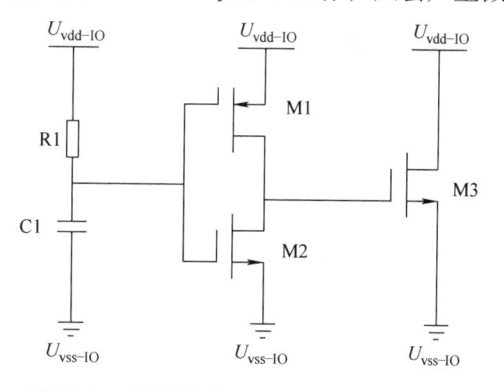

图 10.11　频率触发 Power-clamp 电路原理图

10.2.4　切断单元与连接单元 ★★★

切断单元（split cell）与连接单元（filler&corner）是标准输入输出单元库中两类基本的版图单元，它们的作用只是作为电源连接及电源分断使用，并不影响整体芯片的外部参数。连接单元为多层金属的跳线连接，而切断单元则是为了防止混合信号电路中数字信号的快速翻转引起的噪声影响到模拟电源而引入的。电源切断单元一般由一级或者多级二极管组成，级数越多，屏蔽效果越好，不过相应地，对 ESD 等级的影响也就越大，所以在设计时一般会进行折衷。图 10.12 为一种电源切断单元的电路原理图。

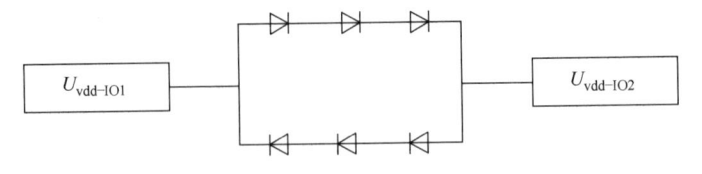

图 10.12　电源切断单元电路原理图

10.3　输入输出单元库版图设计

基于上述章节的学习，本节将设计一款交错型数字输入输出单元库和一款交错型模拟输入输出单元。由于数字输入输出单元的内部单元数目较多，对于面积要求较大，在本章首先进行数字输入输出单元的版图设计，而后按照数字输入输出单元的版图进行模拟输入输出单元的设计。其中，数字交错式双向输入输出单元的电路结构如图 10.3 所示，模拟交错式双向输入输出单元的结构则根据数字交错式输入输出单元版图结构简化而来，其结构为直通结构，抗 ESD 单元使用的器件为 MOS 管（结构见图 10.9）。

10.3.1　数字输入输出单元版图设计 ★★★

基于 10.2 节中对于数字标准输入输出电路的原理分析，本节将采用 CMOS 1p10m 工艺，配合 Virtuoso 软件设计一款数字交错式双向输入输出单元。

由于标准输入输出单元库的设计要求纵向和横向尺寸（pitch）具有一致性。所以在设计之初可以先将每个模块所需要的晶体管进行粗略的摆放，以估算电路面积，再进行相应的布局。值得注意的是，在实际使用中，一个应用于混合信号芯片设计的标准输入输出单元库中面积最大的单元一般是驱动能力最大的数字输入输出单元（本节中设计的数字输入输出单元的最大驱动能力为 8mA）。所以在面积估算确定横向或者纵向尺寸（pitch）的时候需以其作为最大约束。

在版图布局时应该注意需要隔离低压逻辑区域（包括前文所述输出控制电路、升压模块等电路，又称 predriver），以及高压区域（包括驱动电路和 ESD 保护单元，postdriver），该设计要点可以有效避免噪声，以及闩锁（latch-up）的传导或者发生，最终的版图布局如图 10.13 所示。

当单元作为输入使用时（芯片外部到芯片内部）输入信号自底向上进行传输，焊盘位于最下方，而上方为标准输入输出电路的 postdriver，然后向上为 predriver。下面具体介绍各个模块电路的版图设计。

进行 ESD 防护电路的相关设计，需要特殊设计在输入输出单元中使用的 postdriver 大尺寸 MOS 管（big fet），这种类型的 MOS 管一般表现为非对称结构。在某些代工厂的 PDK 中，可以自由调节 S/D（源 source 或者漏 drain），但是大多数代工厂提供的 PDK 中，S/D 只能对称调节。所以在进行 ESD 结构设计前首先要进行相关模块的设计。本章节首先介绍一种较

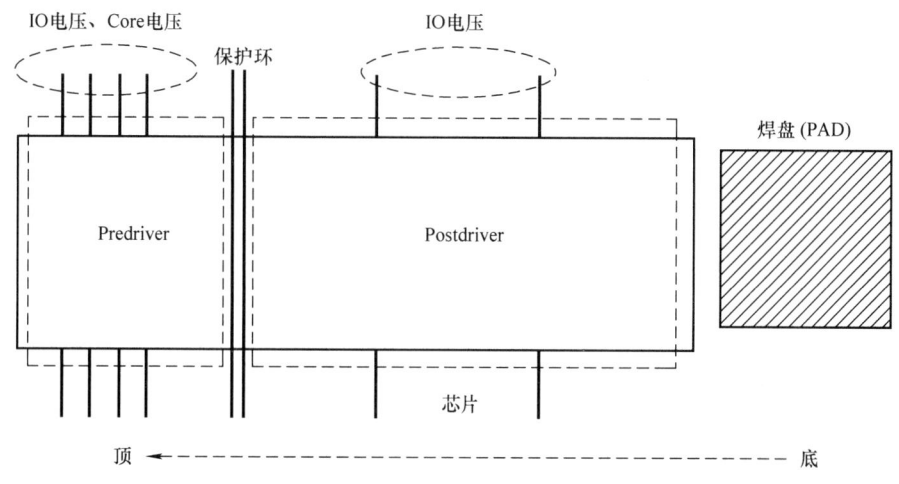

图 10.13 芯片版图布局

为简单快捷的方法进行该类模块的设计，需要注意的是，在本章出现的参数均为示例使用，并非真正工艺参数，如进行某特定工艺条件下输入输出单元库的设计需要该工艺条件下的 Design rule 文件中 ESD、latch-up 及 EM 部分章节支撑，如果质疑参数并非最优（事实上，代工厂给出的设计参数都多少会留下一定裕度），可自行设计 test pattern 进行研究或者向工艺提供者进行技术咨询。

下面进行数字输入输出单元的版图设计：

（1）首先新建一个单元，命名为 PB8_ESD_P_f1，并插入一个该工艺下的高压器件［快捷键 i］。

（2）将其参数分别设置为 length = 400nm，finger width = 26um，fingers = 1，S/D to gate = 500nm，完成后的晶体管如图 10.14 所示。

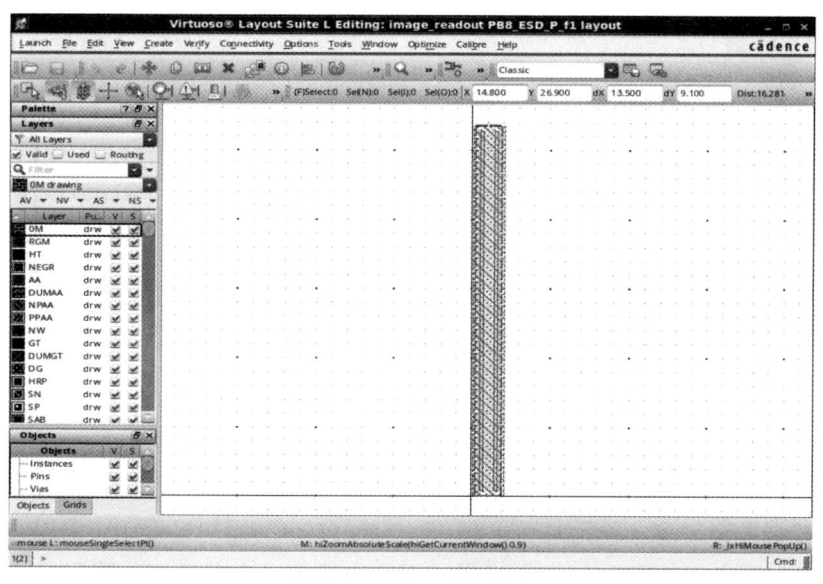

图 10.14 插入高压器件

（3）将 MOS 管的原点移动到左下方。使用菜单中 Edit-Quick Align，先用鼠标单击晶体管左下角（见图 10.15），形成光单后，再单击原点完成操作。由于下一个步骤会进行 PDK 的破坏操作且过程不可逆（可以重新生成单元但是 PDK 中的参数不能保存），需要在此步骤前仔细检查以上操作，核实版图中的晶体管参数是否正确。打平 PDK 操作如图 10.16 和图 10.17 所示。

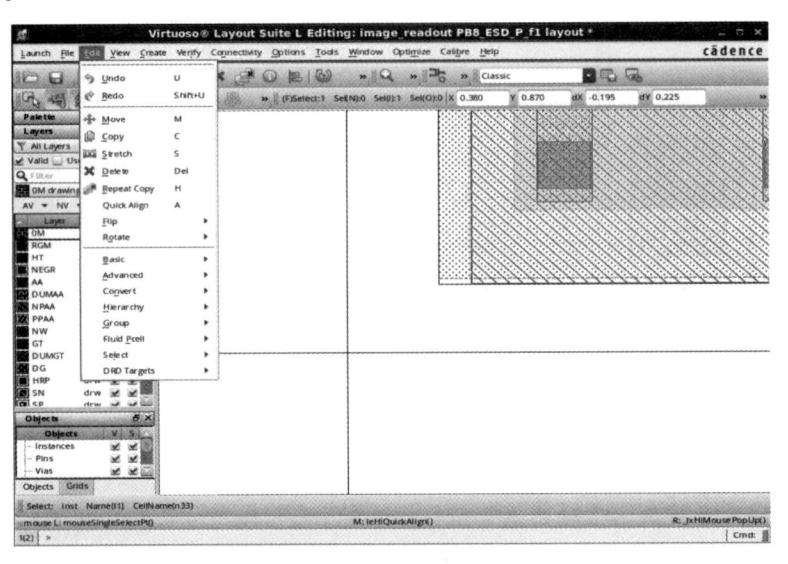

图 10.15　调整晶体管参数

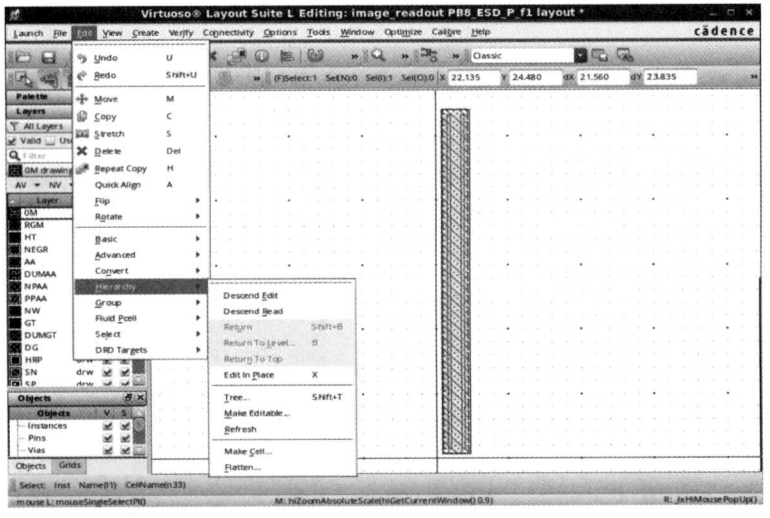

图 10.16　打平 PDK 操作 I

确认完成后，用鼠标选择晶体管，并在菜单中进行操作 *Edit- Hierarchy- Flatten*，在弹出的弹窗中选择 display levels 和 Pcells。这样就将晶体管拆分为了单独的层图形。

（4）由于标准输入输出单元库 post driver 的 big fet 中的漏端接 PAD，需要通孔到栅之间保持一个较大的距离（代工厂会在 ESD 设计规则中给出一个参考值，单元库的设计中可以参考该值，也可结合实验适当加以优化处理）。本章采用的值为 2.5μm，该值可用 ruler 进行标记快捷键 [k]。标记拉伸位置如图 10.18 所示。

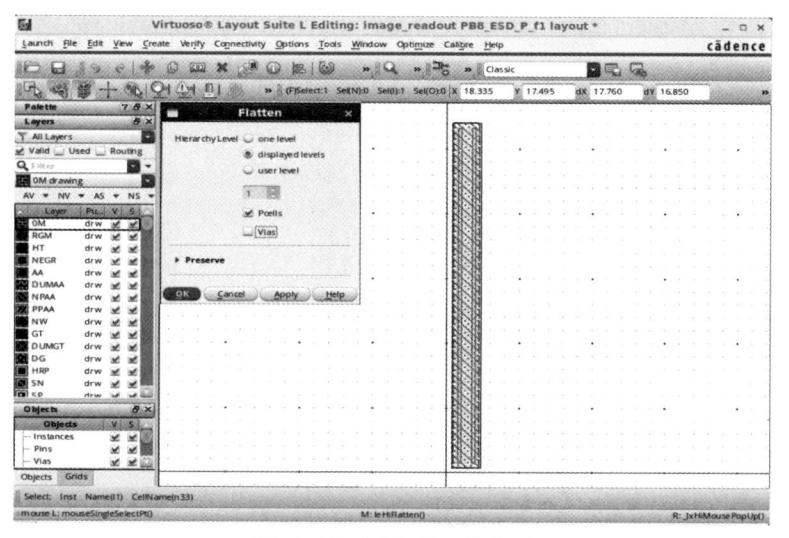

图 10.17 打平 PDK 操作 Ⅱ

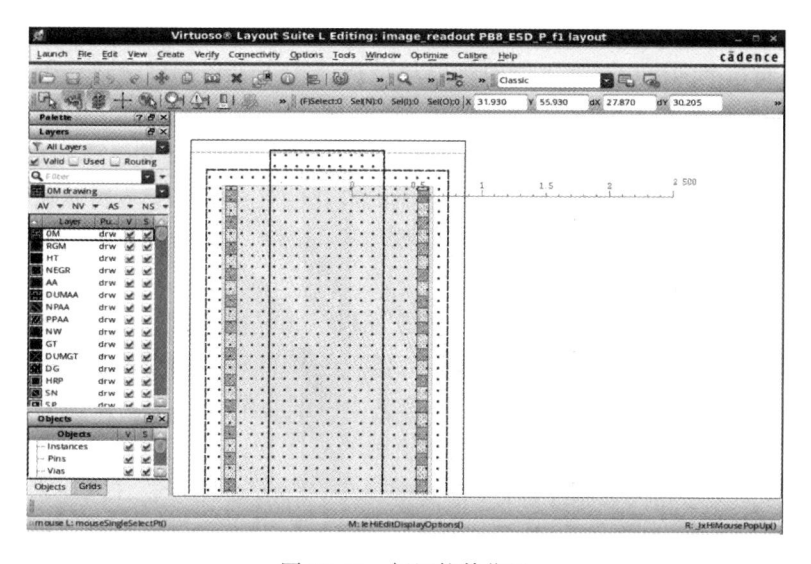

图 10.18 标记拉伸位置

(5) 选中图中的 CT 层、NW 层、SP 层、M1 层，使用 Virtuoso 的拉伸功能快捷键 [s]，将其移动到标记位置，如果在移动过程中存在部分区域并未按照预想移动的情况，可以使用 Virtuoso 的拉伸和移动快捷键 [s] 和快捷键 [m] 进行细微调整，使之满足要求，如图 10.19 所示。

(6) 通过上述操作，可以得到一个 S/D 非对称的 bigfet 局部，还需要进行 salicide block 和 ESD 注入等两层的添加。需要注意的是两层的添加会很大程度影响最后的抗静电等级，推荐使用代工厂提供的工艺参数进行设计。如需优化，可使用自己设计的 test pattern 进行测试。

salicide 是指待工艺进行到完成栅刻蚀及源漏注入以后，以溅射的方式在 POLY 上淀积一层金属层（一般为 Ti、Co 或 Ni），然后进行一次快速升温退火处理，使多晶硅表面和淀

— 411 —

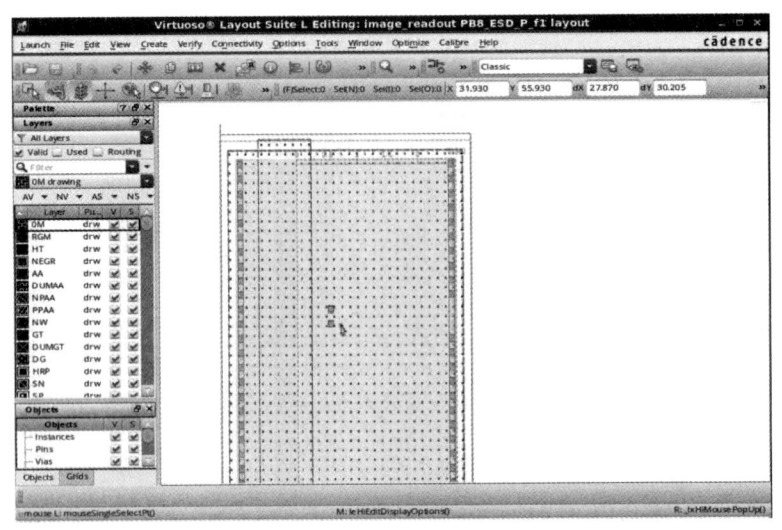

图 10.19　拉伸及细微调节

积的金属发生反应，形成的金属硅化物。由于可以根据退火温度设定，使得其他绝缘层（Nitride 或 Oxide）上的淀积金属不能跟绝缘层反应产生不希望的硅化物，因此这是一种自对准的工艺过程。生成金属硅化物之后再用一种选择性强的湿法刻蚀（$NH_4OH/H_2O_2/H_2O$ 或 H_2SO_4/H_2O_2 的混合液）清除不需要的金属淀积层，留下栅极及其他需要做硅化物的 salicide。另外，还可以经过多次煺火形成更低阻值的硅化物连接。由于金属硅化物的目的是降低接触电阻，所以在希望提高阻值的场合可以使用 salicide 的 block 来阻止 salicide 的生成，从而达到增大电阻的目的。

ESD 注入工艺（ESD implant process）是指因 LDD（轻掺杂漏，Lightly Doped Drain）的引入造成在 S 和 D 两端之间的沟道区域存在尖端，当 MOS 管应用于输出级的时候，该结构易被 ESD 破坏。为了避免该种情况的发生，工艺上一般在同一个工艺条件下制作两种类型的晶体管，一种是具有 LDD 结构的芯片内部使用的晶体管；另外一种是在标准输入输出单元库中使用的类似早期长沟道晶体管，在 Virtuoso 中，一般通过 ESD 注入层来实现这两种器件的区分。

在本章节首先添加 salicide blockage，在 LSW 窗口中选中 SAB 层，选择矩形工具快捷键［r］在 drain 端整体覆盖 salicide blockage，而后使用 chop 功能快捷键［c］来实现 SAB 层上的挖孔。需要注意的是务必不要在 CT（Contact）上方覆盖 SAB 层，因为会影响 CT 的电连接特性。而具体 SAB 覆盖 GT（Ploy）的宽度和 SAB 到 CT 的距离在设计规则文件中均有描述，在设计规则检查（DRC）也会有相应规则约束。SAB 层相关处理如图 10.20 所示。

ESD 注入层一般都会要求覆盖整个 bigfet 区域，所以在后续步骤中整体实现。

（7）保存设计好的单元为 PB8_ESD_p_f1。在 library 下新建 cellview 名为 PB8_ESD_p_f8，调用设计好的 PB8_ ESD_ p_ f1 快捷键［i］放置于原点处，首先通过复制快捷键［c］，并点选 CT 孔的右侧边缘，而后开启复制的 option［c 之后 F3 开启］中的 sideways（sideways：左右镜像，rotate：旋转，upside down：上下翻转），使得图像翻转，得到镜像后的结果，将其对准 CT 孔左侧边缘确认。这样就得到了一个原版图的镜像版图，多次重复就可得到一个多指版图，本文采用 8 指结构加以实现。完成后的 8 指版图如图 10.21 所示。

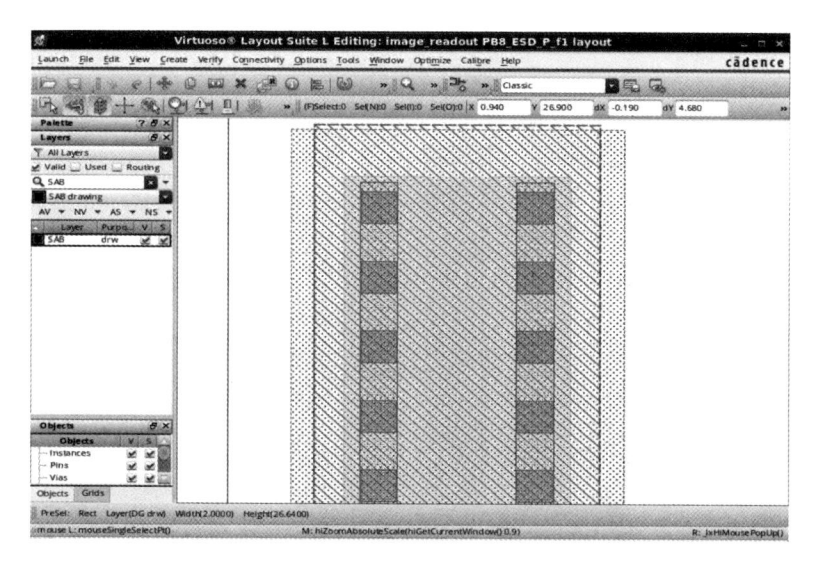

图 10.20　SAB 层相关处理

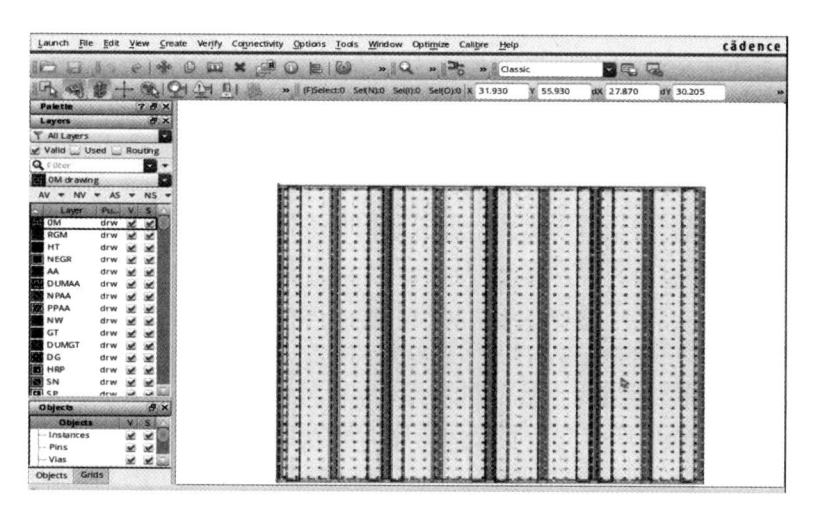

图 10.21　bigfet 的形成

（8）在上述步骤完成之后，就可以在上方覆盖 ESD 注入层，添加方法类似于前面 SAB 层的添加，首先在 LSW 中选择 ESD 层，而后使用矩形工具快捷键［r］覆盖整个区域即可。

（9）完成 bigfet 的设计之后进行数字功能区域的布置，在已布局规划好的 core 电源、core 地、IO 电源、IO 地区域内分别按照电路图放置器件，并进行连接。本单元设计基本思路是使用 M1 进行电源环内部连线，如晶体管到电源和地的连接及同一个电源环内部连线。使用 M2 进行电源环之间的晶体管连线，如长距离的连线或跨电源域的连线等。关于数字功能区域的规划部分请参照图 10.22 进行。

连线的具体方法为单击路径形式（path）快捷键［p］，弹出创建路径对话框（如对话框并未出现则可单击 F3 进行设置），这时可在 "Width" 栏中修改路径宽度，同时将 "Snap Mode" 中修改为 diagonal 模式，就可以使路径实现 45°角走线（需注意使用 path 方式的走线很可能有 off-grid 问题，该问题需要使用 chop 功能将鼠标无法移动到的格点拐点位置去除或

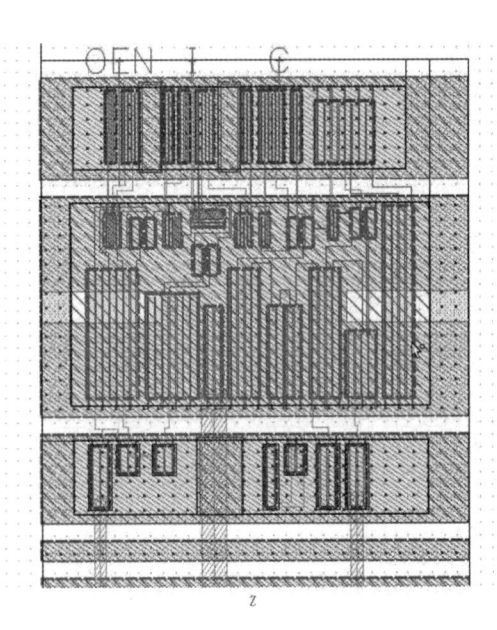

图 10.22 数字功能区域规划

者使用 polygon 功能添加拐点的格点），路径形式 path 界面如图 10.23 所示。

进行布线时也可以采用创建矩形式快捷键［r］进行连线，然后再采用拉伸命令快捷键［s］实现。

需要特殊注意的是，在进行焊盘到内部的连线时，要注意由焊盘直接引入的金属宽度最好在 50μm 以上；并且为了避免尖端放电，在开槽区域需要进行倒角处理，倒角的大小根据开槽宽度而有所不同，本节的倒角一律采用 2μm 大小处理。倒角的处理效果请参照图 10.24 所示。

（10）对电路版图完成连线后，需要对电路的输入输出进行标识。鼠标左键在 LSW 对话框中单击 M1_TXT，表示选择一层金属的标识层，然后单击快捷键［1］，如图 10.25 所示。鼠标左键单击相应的版图层即可；其他端口标识也应选择相应金属层的标识层进行标识。

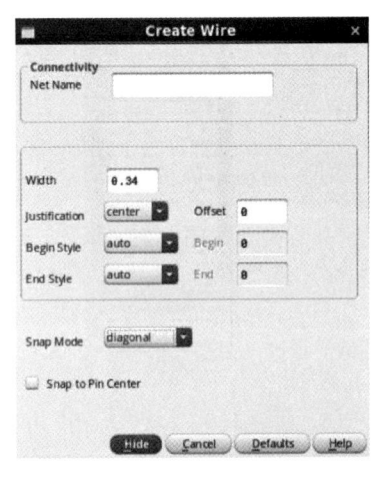

图 10.23 创建路径形式连线对话框

上述步骤完成之后的版图如图 10.26 所示。

（11）完成底层单元的走线之后，接下来进行上层的走线布局，首先创建一个 cellview，取名为 PB8_border，按照版图规划进行 M3 及以上横向金属连接，需要注意的是 IO 电源和 IO 地上的电阻值会极大影响 ESD 泄放通路，所以需要尽可能宽的金属连接和尽可能多的孔，但是由于电流的集边效应（电流分布不均匀，电流会在金属边缘传输），要求孔距离金属边缘要略远一些。

而横向连接在版图方面主要需要考虑两个问题：①slot 开槽方式；②边孔连接方式。其中 slot 是指大面积金属的开槽，其主要是为了避免由于金属和介质热膨胀系数不同，在加工过程中，金属受热膨胀而造成芯片损坏的现象；同时，适当的开槽位置和方式也会很大程度减小电流集边效应对于芯片的影响，使得芯片可以承受更大的静电电流。而边孔连接方式则

第 10 章　标准输入输出单元库版图设计

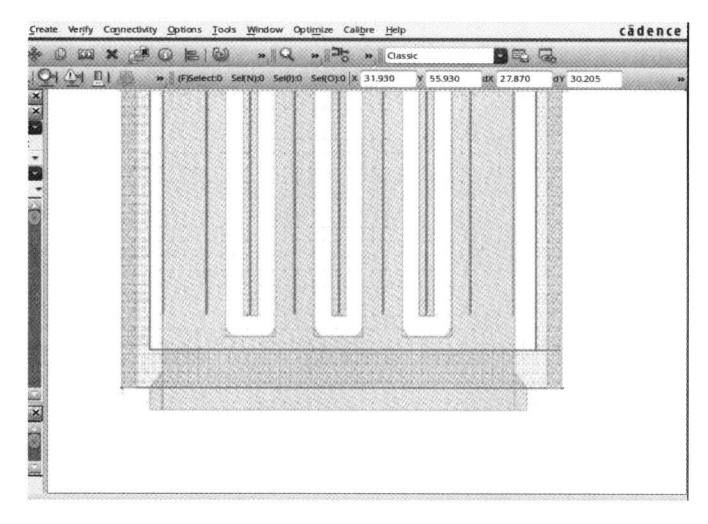

图 10.24　输入金属的宽度和倒角

是因为标准输入输出单元只是芯片中的一小部分，它们需要彼此连接才能实现特定的输入输出组合，边孔连接则是连接过程中必须考虑的 DRC 的规则之一。

常见的 slot 开槽方式有两种：边缘开槽型和中央开槽型，如图 10.27 所示。边缘开槽型的优点在于更容易拼接，拼接之后 DRC 出现错误的概率很低，但缺点在于如果需要开槽的区域很长，则为了开槽优化而进行的手动操作要更多、更复杂。中央开槽型的优点在于更易操作，而缺点在于其拼接适应性更差，如果没有 filler，则进行 IO 环的手动拼接在 chip-top 层面进行的手动操作更多。本章节中的横向电源环连接采用了边缘开槽的方式。

常见的边缘孔连接方式也有两种：边缘孔型和中央孔型，如图 10.28 所示。其中边缘放孔

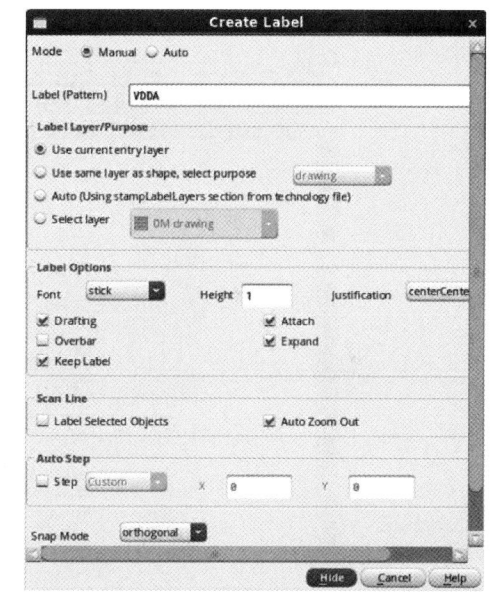

图 10.25　创建标识对话框

需要孔对于单元的边缘对称（孔的一半属于下个单元），否则就会在 DRC 时出现违反设计规则的情况，而中央放孔，则需要注意孔到金属边缘要大于孔最小间距的一半。本章节采用的是中央放孔的方式。而完成后的上层电源环连接 PB8_border 如图 10.29 所示。

（12）在各个模块版图完成的基础上，就可以进行整体数字双向版图的拼接，依据最初的布局原则，完成数字双向电路的版图如图 10.30 所示，整体呈对称的矩形状，主体版图顶端按照电源环分布宽的电源线和地线。到此就完成了数字双向版图设计。

（13）在这里说明一下，由于输入输出单元库的功能性，除了单个单元必须要满足 DRC、LVS、天线等规则外，为保证单元的正常使用，还需要满足两两拼接之后无上述设计规则违反，这就体现了检查流程中拼接检查的重要性。

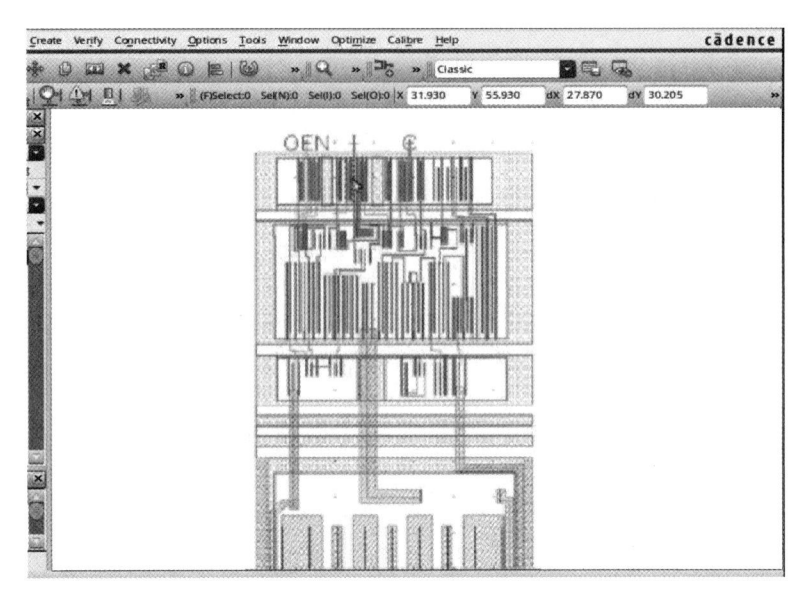

图 10.26 完成的数字输入输出单元版图 M1、M2 连线

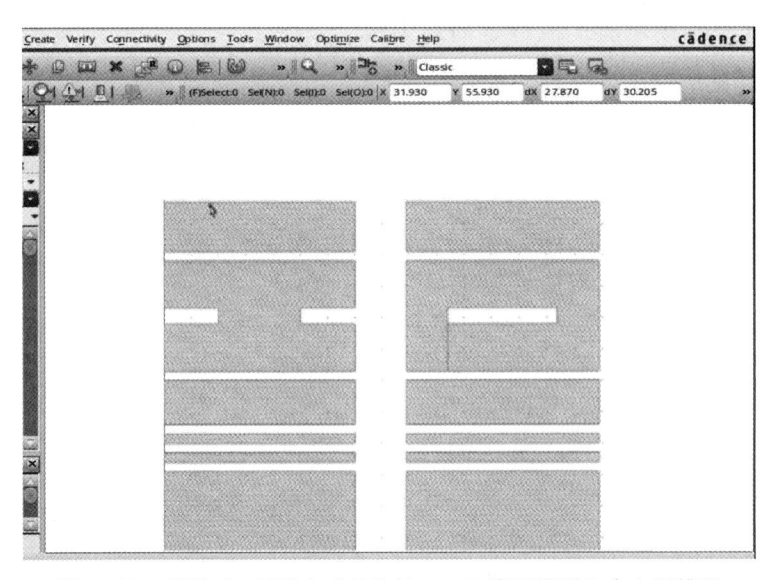

图 10.27 两种 slot 开槽方式的比较——边缘开槽型和中央开槽型

10.3.2 模拟输入输出单元的制作 ★★★

模拟输入输出单元，一般为焊盘（或被叫作压点）通过宽金属被引入芯片内部，通过在金属线两端增加器件对于 ESD 电流进行泄放处理。常见的预防器件有二极管（Diode）、MOS 管等，电源箝位（Power Clamp）及晶闸管（SCR）也可被应用于模拟电路 ESD 的预防，不过复杂器件及结构的引入需要对于寄生引入的未知路径进行仔细研究，否则会给芯片带来意料之外的损害。

本节模拟单元设计采用与数字单元类似的抗 ESD 结构来代替二极管（结构见图 10.9），具体做法是利用上节设计的 PB8_ESD_p_f8 单元。因此下面的步骤是将 PB8_ESD_p_f8 单元

第 10 章 标准输入输出单元库版图设计

图 10.28 两种边孔方式的比较——边缘孔型和中央孔型

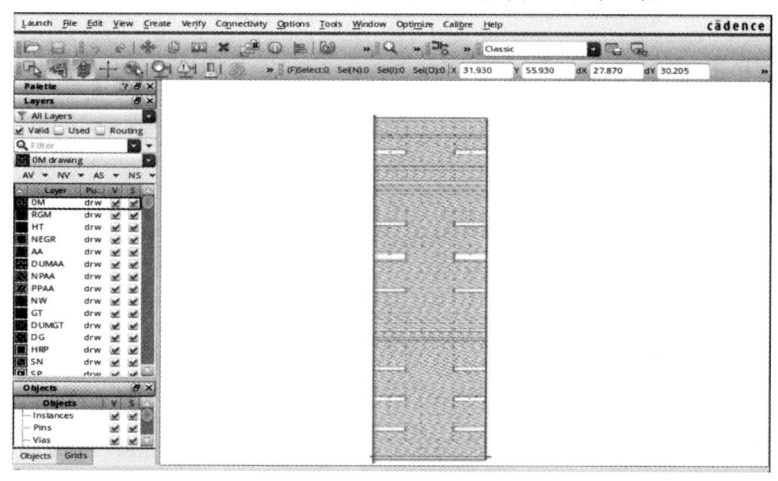

图 10.29 PB8_border 版图

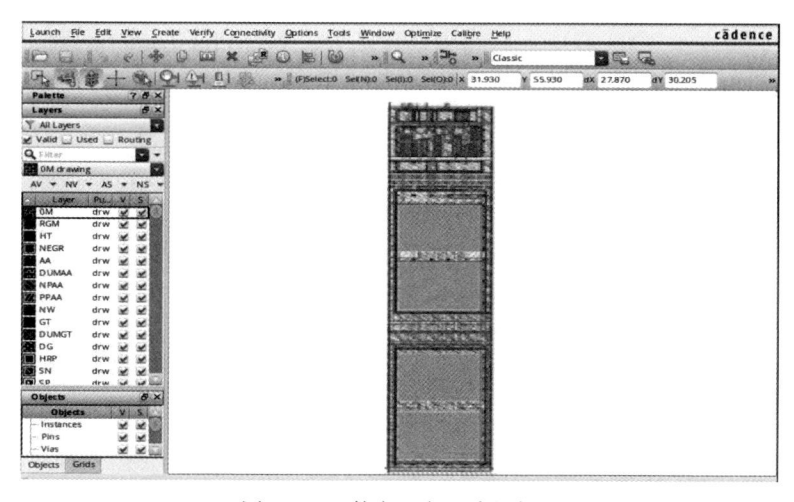

图 10.30 数字双向电路的版图

设计完成后的后续流程。因为横向和纵向的 pitch 都相等（同工艺库），也可以利用数字输入输出单元进行简单修改，可以节约大量工作量。

（1）按照数字输入输出单元的尺寸绘制底层电源环（M1 及以下）。参考 10.3.1 节操作（1）~操作（8）。

（2）将 PB8_ESD_p_f8 放置在合适的电源环内部。参考 10.3.1 节操作（9）。

（3）进行输入金属连线，本节思路为使用 M2 进行焊盘（PAD）到芯片内部的连线，使用 M3 及以上进行横向电源环连线。当然，如果遇到需要输出的电流过大的情况，需要根据电流密度进行金属的拓宽，在面积有限的前提下，可以考虑使用多层金属进行电流的引入。完成的连线版图如图 10.31 所示。

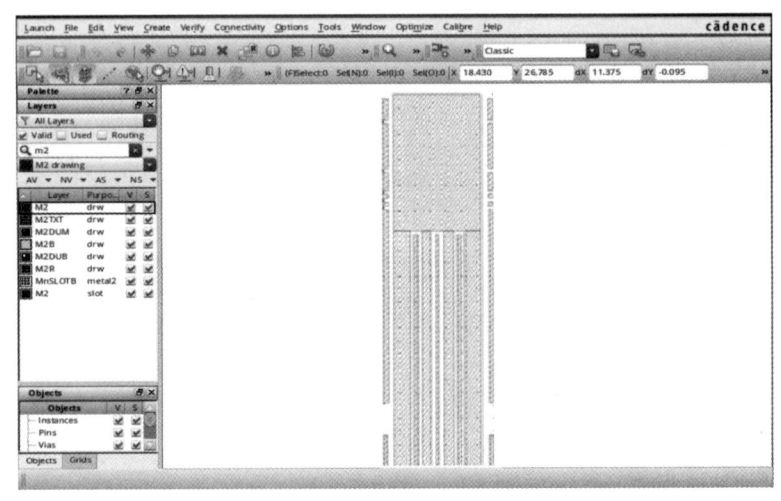

图 10.31 模拟输入输出单元到内部连线局部

（4）需要特别注意的是，在进行焊盘到内部的连线时，要注意由焊盘直接引入的金属宽度最好在 50μm 以上，并且在开槽区域需要进行倒角处理，倒角的大小根据开槽宽度而有所不同，本章节的倒角一律采用 2μm 大小处理。

（5）上层金属连线（M3 及以上）可以使用图 10.29 的 PB8_border 结构。

LVS 检查、DRC，以及拼接 LVS 检查、拼接 DRC 等可以参考 10.3.1 节操作（11）的内容来进行。

10.3.3 焊盘（PAD）的制作 ★★★

在数字双向输入输出版图及模拟输入输出版图绘制完成之后，还需要进行焊盘的制作。交错型（stagger）输入输出单元中的焊盘分为 long 和 short 两类，通过交错的分布完成信号的引出。焊盘虽然并不复杂，但是作为连接芯片内部与外部系统中的一环，极易犯错，所以在本节讲解一下焊盘的原理和基本制作方法。

焊盘是利用多层金属从顶层（MT）到底层（M1）堆叠而成，而为了防止封装（Bonding）的时候应力对于焊盘本身的破坏，采用通孔交错布局的方式。需要注意的是，在顶层上方，芯片会被一层厚金属钝化层所覆盖（为了防止金属氧化造成的电学连接性能下降），而被覆盖的区域是无法封装及进行探针测试（Probe testing）的。所以在 Virtuoso 中，为了使得顶层金属裸露在外面便于进行封装和测试，一般会有特定的层进行标记。本工艺条件下该层名称叫作 PA（Passivation blockage）。

本章制作一个尺寸为 50μm×50μm 的焊盘，其步骤如下：

（1）在 LSW 窗口下选择 M1 层。

（2）使用矩形工具快捷键［r］制作一个 50μm×50μm 的正方形。在 LSW 窗口中不断更改金属层，直到所有的金属层均制作完毕。使用标尺找到正方形的中心（标尺调到 45°斜线模式，并在正方形相邻两个端点向对角线进行连线，交点即是中心）。

（3）在中心错层放置通孔如图 10.32 所示。需要注意的是在焊盘使用的孔，一般要略大于在逻辑电路中的孔，并在设计规则 Design rule 中有专门的设计规则进行规范。

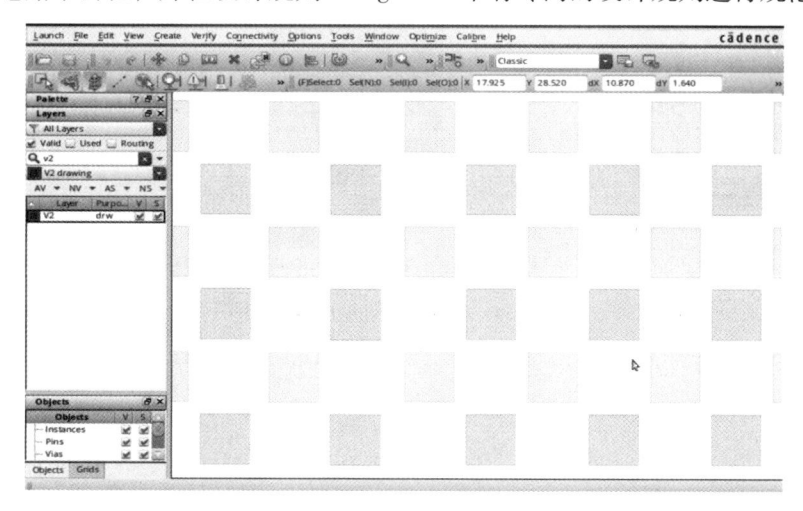

图 10.32　通孔交错形式

（4）在完成的焊盘上部加上 PA 层，增加方法与金属的增加方法类似。注意 PA 区域一般会小于金属覆盖的区域。一个完成的金属焊盘如图 10.33 所示。其中中间深色部分为 PA 层所覆盖区域。

图 10.33　完成的焊盘示意图

(5) 交错型结构的 long 与 short 焊盘的区别在于焊盘与单元的连接方式。需要注意连线最小保持 50μm 左右的宽度（如不够可采用多层连线并联实现），而焊盘之间的最小距离（经验值）为 5μm 左右，太小的焊盘间距会在封装时因金属应力造成失效。

一个完成的 long 与 short 结构（IO 与焊盘）拼接图如图 10.34 所示。

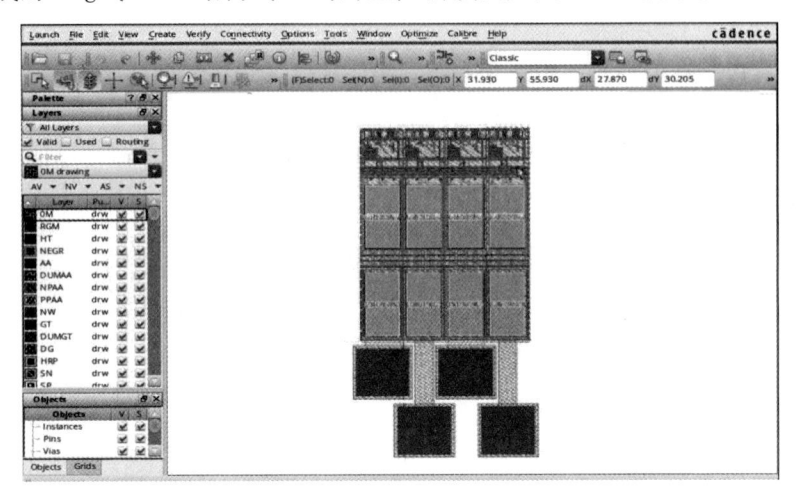

图 10.34　IO 与焊盘的拼接示意图

第 11 章

Calibre LVS常见错误解析

作为主要的版图验证工具，Siemens EDA Calibre 为设计者提供了便捷的 LVS 定位和说明。设计者可以根据 Calibre 中 LVS 的错误提示，快速地完成版图错误修正。但 Calibre LVS 中的很多错误提示都是基于标准的 LVS 验证规则，提示的错误点较为生硬，且当设计规模增大时，许多错误都是由一个主要错误附带产生的。因此，在解读时仍然需要设计者具有一定的工程经验，才能在纷繁的错误中进行精准定位，有效地解决版图与电路图中的不一致性问题。

在 LVS 中，常见的错误类型分为误连接、短路、断路、违反工艺原理、漏标、元器件参数错误等。各类错误的本质也并不相同。本章将针对这些主要错误类型，在相应提示信息分析的基础上，对设计实例进行解析。

11.1 LVS 错误对话框（RVE 对话框）

当设计者完成 LVS 验证之后，电路图和版图中的不一致错误都会出现在 LVS 错误对话框中，如图 11.1 所示。

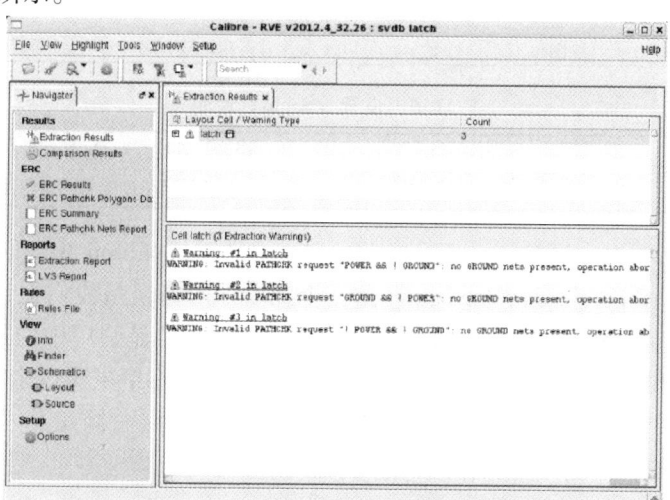

图 11.1 LVS 错误对话框

在左侧的导航栏（Navigator）分别加载了 LVS 结果（Results）、电气规则检查（ERC）、LVS 文本报告（Reports）、规则文件（Rules）、视图信息（View）和设置（Setup）。用鼠标单击左侧的各个子选项，在右侧就会出现相应的提示信息。表 11.1～表 11.6 分别对导航栏

— 421 —

中的各个子选项进行说明。

表 11.1　LVS 结果（Results）说明

子选项	说明
Extraction Results	提取结果的版图信息，主要是全局电源和地的信息
Comparison Results	电路图和版图的比较结果，是设计者进行 LVS 纠错的主要信息来源

表 11.2　电气规则检查（ERC）说明

子选项	说明
ERC Results	电气规则检查的结果
ERC Pathchk Polygons Database	电气规则检查路径中的多边形检查结果
ERC Summary	电气规则检查的文本总结
ERC Pathchk Nets Reports	电气规则检查网络的文本文件

表 11.3　LVS 文本报告（Reports）说明

子选项	说明
Extraction Report	对应于 Extraction Results，以文本形式显示提取结果。内容与 Extraction Results 中显示相同
LVS Report	LVS 的结果报告，包括提取的器件种类、数目、节点数和具体的错误信息

表 11.4　规则文件（Rules）说明

子选项	说明
Rules File	由晶圆厂提供的进行 LVS 的规则文件，包括了各类器件层的信息、层与层的运算规则

表 11.5　视图信息（View）说明

子选项	说明
Info	可以在 Info 中查询版图、网表以及错误的各类相关信息
Finder	可以利用该选项在版图和电路图网表中查询器件、节点以及层信息
Schematics	分为 Layout 和 Source 两个子项，分别表示从版图和电路图中提取的网表。这两个网表以图形方式进行显示，可以使设计者直观地观测各个子电路和器件的连接关系

表 11.6　设置（Setup）说明

子选项	说明
Options	包括了 session、DRC browser、DFM browser 等子项，用于设置 LVS 输出信息、数据格式等内容

在以上各个选项中，设计者主要关注 Results 中的 Comparison Results、ERC 中的 ERC Results 和 ERC Pathchk Polygons Database。这三个选项中的错误是我们在设计中必须要修正的。但由于 ERC Pathchk Polygons Database 中的错误涉及各个晶圆厂中的规则，在很多设计中该选项出现的错误可以通过和晶圆厂沟通而解决，所以本章中主要讨论的是前两类错误的定位和修改方法。

1. Results 中的 Comparison Results

在每次 LVS 检查后弹出的 RVE 窗口中，单击导航栏中的 Comparison Results，就可以在右侧信息栏上侧查看本次 LVS 检查的 cell 名称、错误个数、连线数目、器件数目以及端口数目，下侧是详细的 LVS 报告，如图 11.2 所示。图 11.2 中显示的例子，LVS 检查的 cell 为 latch，总共出现了 6 个错误。

单击 cell 名称前的"加号"，可以展开具体的错误信息，如图 11.3 所示。从图 11.3 中

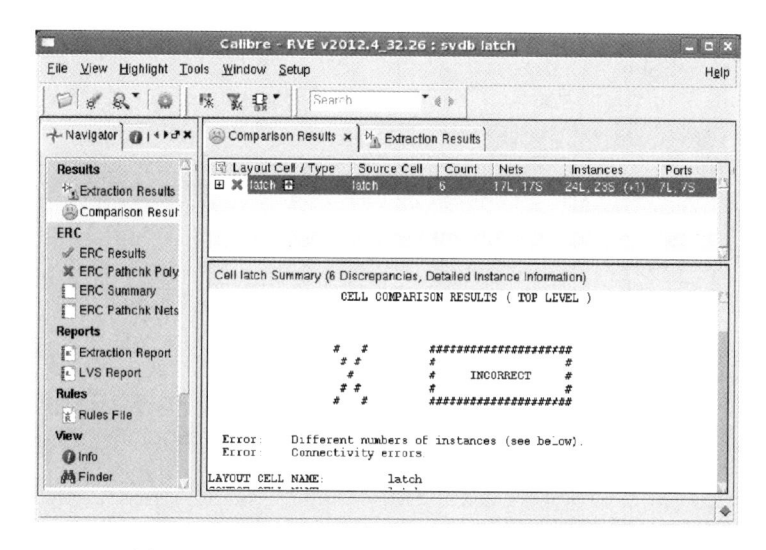

第 11 章　Calibre LVS 常见错误解析

图 11.2　RVE 窗口中的 Comparison Results 子选项

可以看到错误信息分为两部分，一部分为"Discrepancies"；另一部分为"Detailed Instance Information"。

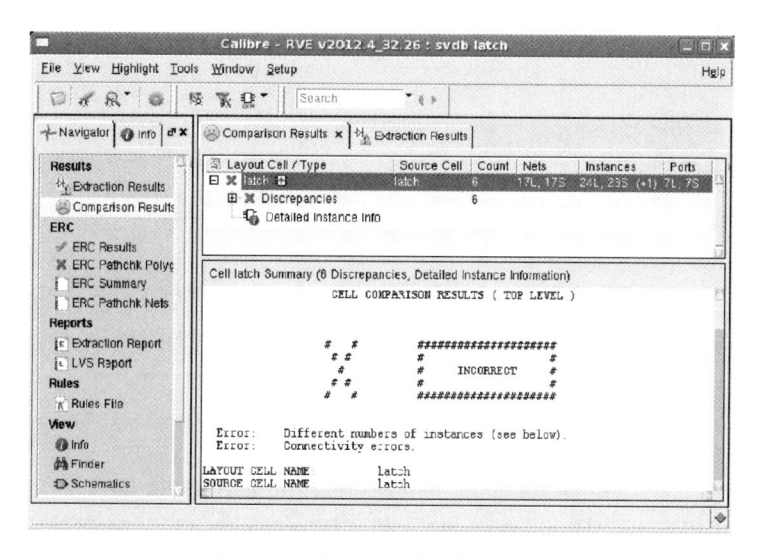

图 11.3　展开后显示的错误信息

继续单击"Discrepancies"前的加号，展开后如图 11.4 所示。从图 11.4 中可以看到该例子中出现了 3 个错误连线"Incorrect Nets"和 3 个错误元件"Incorrect Instance"。

同样展开"Incorrect Nets"，如图 11.5 所示。我们主要从右侧的信息栏中获取错误信息。选择子错误"Discrepancy #1"，右下信息栏左侧"LAYOUT NAME"列中显示的是版图中提取的信息，右侧"SOURCE NAME"列中显示的是电路图提取的信息。从图中提示信息可以看到，在版图中，"IN"这条连线连接到器件 X40/M0 和 X35/M0 的栅极，同时也连接到器件 X38/M0 和 X28/M0 的栅极；而在电路图中却没有这两条连线，这说明出现了误连接的错误。设计者可以在信息栏中双击高亮的线名或者坐标，在版图中定位相应的连线，便于

— 423 —

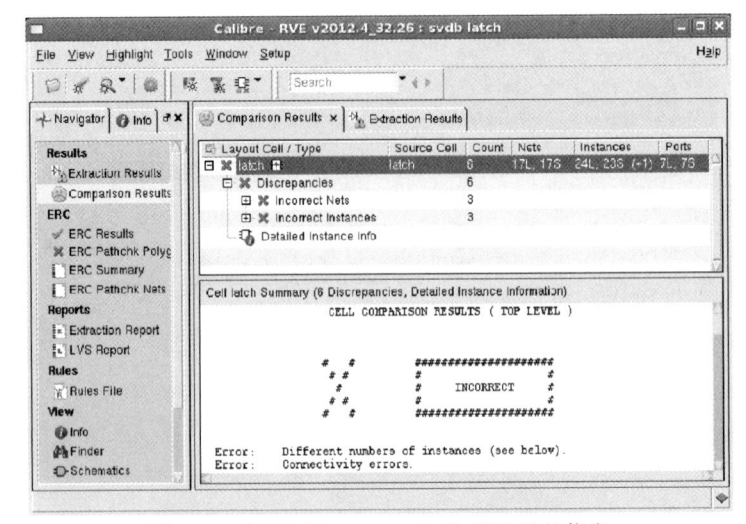

图 11.4 展开 "Discrepancies" 后显示的信息

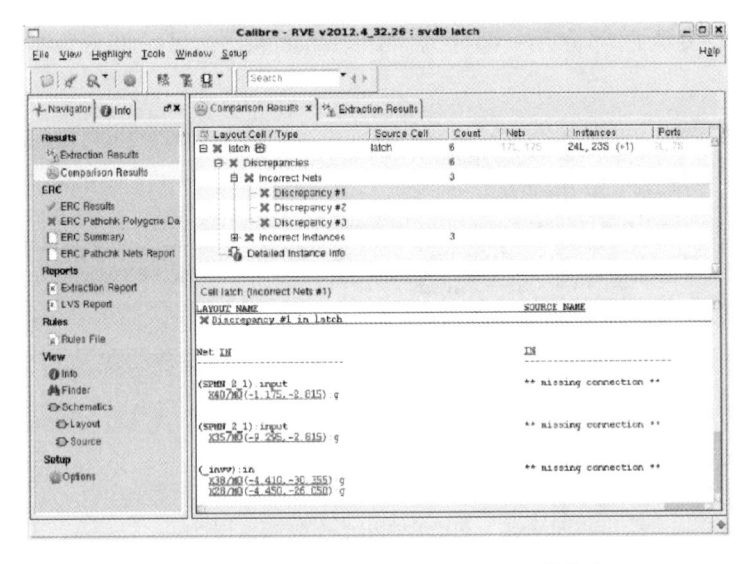

图 11.5 展开 "Incorrect Nets" 后显示的信息

进行修改。同样可以展开 "Discrepancy #2" 和 "Discrepancy #3"，来查看具体的连线错误。

展开 "Incorrect Instances"，如图 11.6 所示。再选择 "Discrepancy #4" 子错误，可以在右下侧信息栏中看到在版图中存在一个 X27/M0 的模型名为 P18 的 PMOS 晶体管，而在电路图中却没有这个晶体管。由于电路图都通过了前仿真验证，不会出现错误。所以该错误就应该解读为：原来电路图中的晶体管在版图中出现了误连接现象，也就是晶体管的漏极、栅极或者源极的端口连接不正确，所以在版图提取时产生了一个新的晶体管，无法与电路图中的晶体管相对应。同样可以展开 "Discrepancy #5" 和 "Discrepancy #6"，来查看其他两个元件错误。设计者可以在信息栏中双击高亮的元件名，从而在版图中定位这个元件，便于查找相应的错误。

从 "Discrepancies" 中虽然我们可以读出很详细的错误信息，但在实际中许多错误信息都是指向一个错误。换句话说，可能也就是一个简单的错误，产生了其他附加的错误。所以

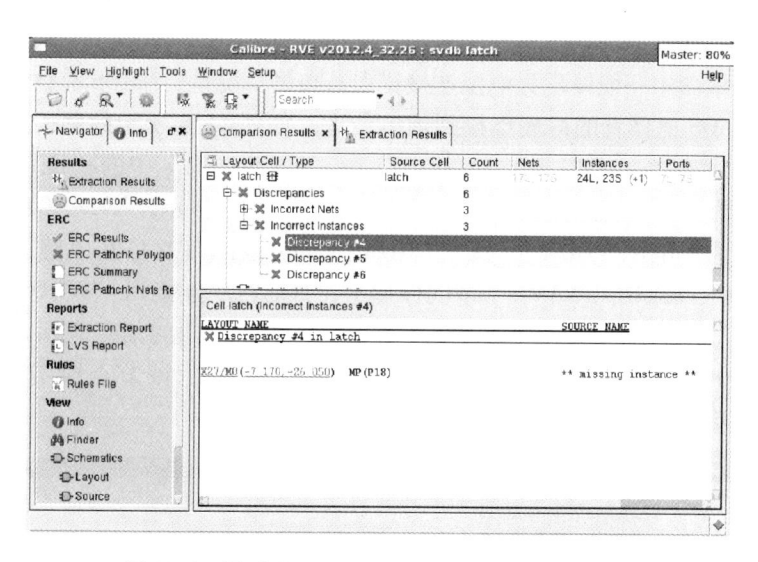

第 11 章 Calibre LVS常见错误解析

图 11.6 展开"Incorrect Instances"后显示的信息

这时候，通过查看"Detailed Instance Info"中的信息，更有助于我们快速地修正这些错误。

展开"Detailed Instance Info"后，如图 11.7 所示。从下侧的信息栏中可以看出，在版图中，晶体管 X45/M0 和 X47/M0 的栅极、反相器"invv"的输入和逻辑门"SPMN_2_1"的输入都连接到"IN"上；而在电路中晶体管 MNM13 和 MPM13 的栅极、反相器"invv"的输入和逻辑门"SPMN_2_1"的输入都连接到"ctrl_b"上（**IN**表示该端口在版图中的连接，也就是错误连接）。所以从以上信息可以解读出，在该版图中实际上只出现了一个错误，就是将"IN"这条走线和"ctrl_b"相连了。而原本这两条连线应该是两条独立的走线。我们只需要找到这两条线的相交点，将其断开，就可以解决 LVS 错误。

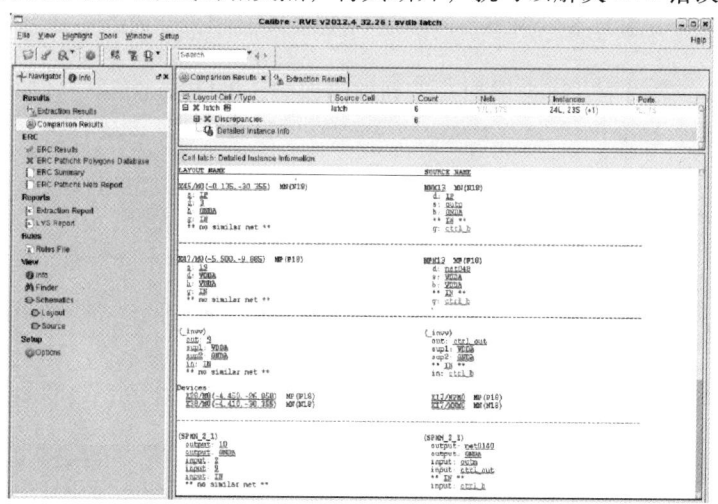

图 11.7 展开"Detailed Instance Info"后显示的错误信息

这个例子说明，虽然在"Discrepancies"选项中可以查看详细的错误信息，但由于这些纷繁的错误信息可能是相关的，是由同一个错误引起的。所以我们从"Detailed Instance Info"信息中解读错误，是一种更为有效的分析方法。

2. ERC 中的 ERC Results

ERC 错误在版图中一般体现为电位连接错误。典型情况是，NMOS 晶体管的衬底连接到电源上，或是 PMOS 晶体管的衬底连接到地电位上。如图 11.8 所示的例子中，此时错误为"NMOS 晶体管的衬底连接到电源上"。从"Comparison Results"中的"Detailed Instance Info"可以发现明显的错误信息。在"LAYOUT NAME"列中显示，X42/M0 和 X43/M0 晶体管的衬底都连接到了电源 VDDA 上（**GNDA**部分表示该端口在电路图中是连接到地 GNDA 上）；而在"SOURCE NAME"中同样显示，目前衬底连接到**VDDA**上，而这时正确的连接应该是连接在 GNDA 上。注："**×××**"内的信息表示对比方的连接状况，如在"LAYOUT NAME"列中，"**×××**"就表示该节点或走线在"SOURCE NAME"中的连接信息，反之亦然。

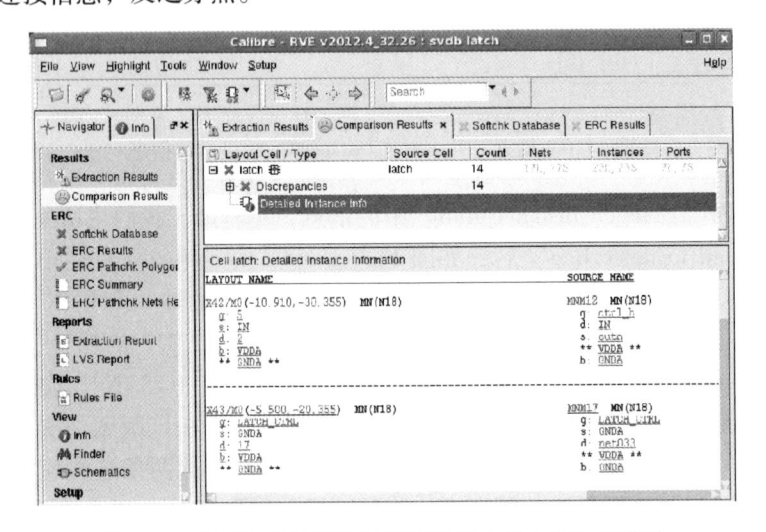

图 11.8 NMOS 晶体管的衬底连接到电源上产生的错误

同时，在 ERC 选项中，还会增加一系列软错误"Softchk Database"，如图 11.9 所示。展

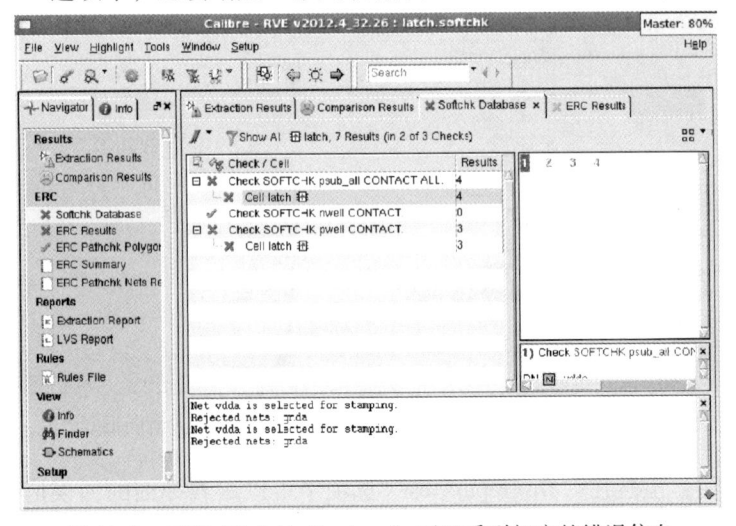

图 11.9 展开"Softchk Database"可以看到相应的错误信息

开"Softchk Database"可以看到相应的错误信息。只要修正了相应错误，这些软错误也会得到修正。需要注意的是，当版图中加入一些 dummy 器件填充密度时，有可能会产生电位的误连接，就会产生软错误。但这时并没有"Comparison Results"的错误，所以在查看 RVE 窗口时需要特别留心 ERC 中的结果。

11.2 误连接

误连接是版图绘制过程中最容易出现的一类错误。在没有使用 schematic-driven 技术时，凭人工对照电路图来绘制版图，经常会将一些连线和端口连接到错误的走线上。最为常见的一种情况是，不同端口进行金属走线时，忽略了更换金属层，而出现连接错误的情况。一个例子如图 11.10 所示。从版图提取信息中看出，X42/M0、X45/M0 和 X47/M0 的栅极连接到一条名为"2"的走线上，但是电路图中并没有这条走线；而从电路图提取信息中看出，MNM12、MNM13 和 MPM13 的栅极应该是连接到 ctrl_b 上，而这三个端口在版图中连接到了"outn"上。因此我们可以判断，版图中"2"走线实际上就应该是"outn"走线，只是此时与"ctrl_b"短接了在一起。双击"2"走线，可以在版图中高亮此走线。寻找"outn"和"ctrl_b"可能交叉的位置，进而修改错误。

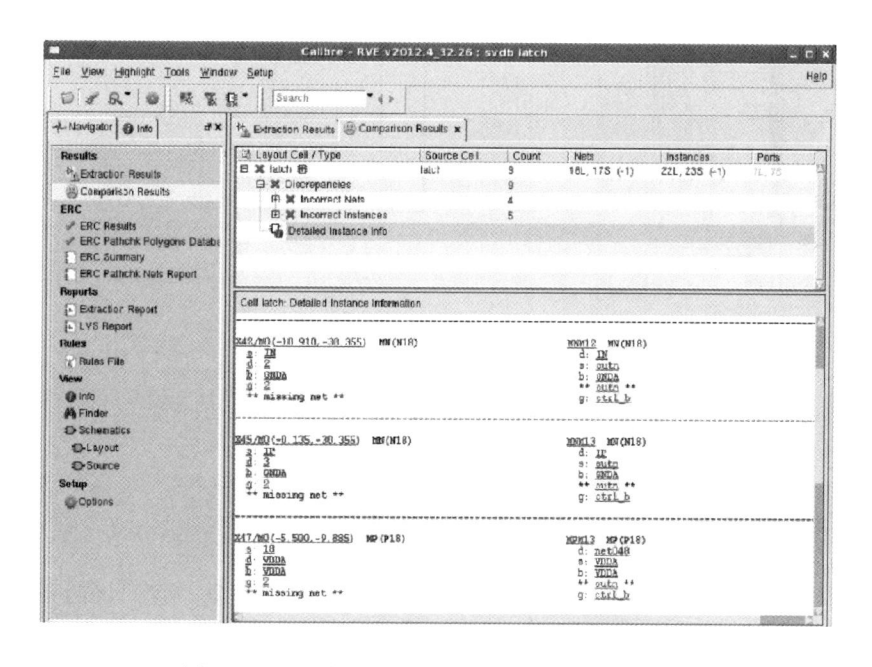

图 11.10 一种忽略更换金属层产生的误连接错误

错误交叉点如图 11.11 所示，纵向二层金属线与横向二层金属线相交，造成连接错误。解决方法是将纵向二层金属线截断，采用一层金属线跨过横向二层金属线进行桥接。修改后的版图连线如图 11.12 所示。

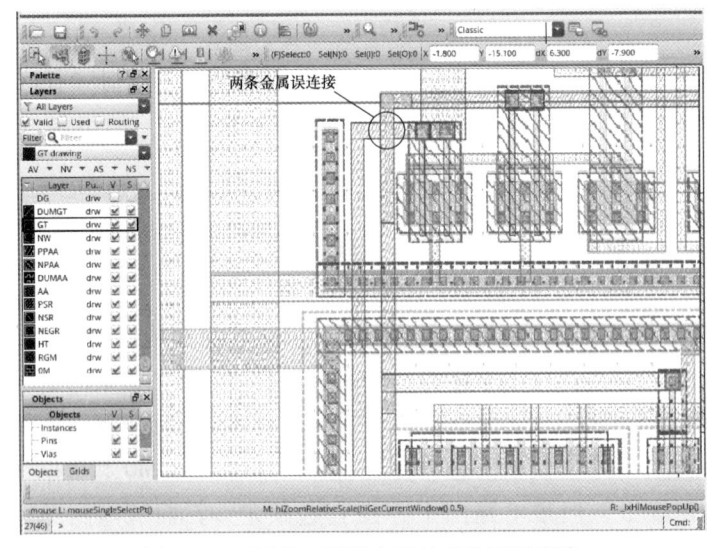

图 11.11 两条金属线交叉处产生了误连接

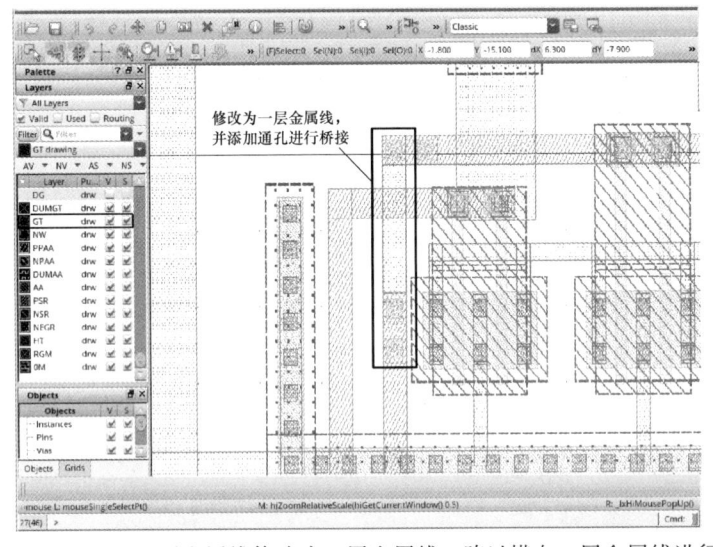

图 11.12 将纵向二层金属线修改为一层金属线，跨过横向二层金属线进行桥接

11.3 短路

在本章中，版图中的"短路"错误特指电源和地的短路现象。我们将两条走线的短路错误归为误连接错误。在版图绘制中，短路错误通常发生在同时穿过电源线和地线的布线过程中。尤其是在布置电源线和地线网格时，交叉走线极易造成电源和地的短路。一个短路错误如图 11.13 所示，从版图提取信息中看出，只有一条电源"VDDA"的走线。而在电路图提取信息中，则存在电源"VDDA"和地"GNDA"两条走线。由此判断，在版图绘制过程中，设计者将电源和地进行了连接。双击版图提取信息中的"VDDA"，可以在版图中高亮所有的电源线和地线，从中寻找交叉走线，将其断开或修改为在其他层金属线进行连接，即可纠正短路错误。

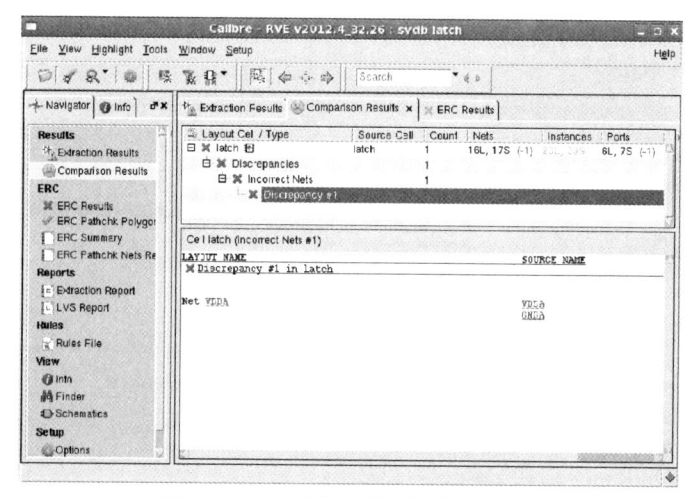

第 11 章　Calibre LVS常见错误解析

图 11.13　一个短路错误的提示信息

11.4　断路

断路也是版图绘制中常见的一类错误。主要表现在多条走线需要相连时，其中一条漏连，而出现断路的情况。一个断路错误的提示信息如图 11.14 所示。从版图提取信息中看出，这时存在两条走线"2"和"17"。而在电路图提取信息中可以看到只存在一条走线"outn"。由此可以得到结论，版图中的走线"2"和"17"应该连接在一起，共同构成电路图中的走线"outn"。修改方法也就是将走线"2"和"17"进行连接。

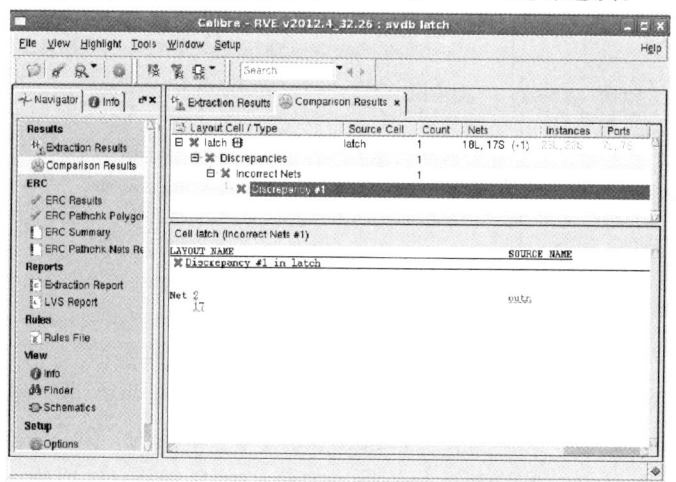

图 11.14　一个断路错误的提示信息

11.5　违反工艺原理

违反工艺原理的错误主要有三类：NMOS 晶体管衬底采用 N 注入、PMOS 晶体管衬底采用 P 注入，以及 PMOS 晶体管没有包裹在 N 阱中。前两类错误同时也会产生 ERC 错误，较为容易进行分辨。一个"PMOS 晶体管没有包裹在 N 阱中"的 LVS 错误信息如图 11.15 所示。在

"Discrepancies"中分别出现了走线（Incorrect Nets）以及元件（Incorrect Instances）的错误。

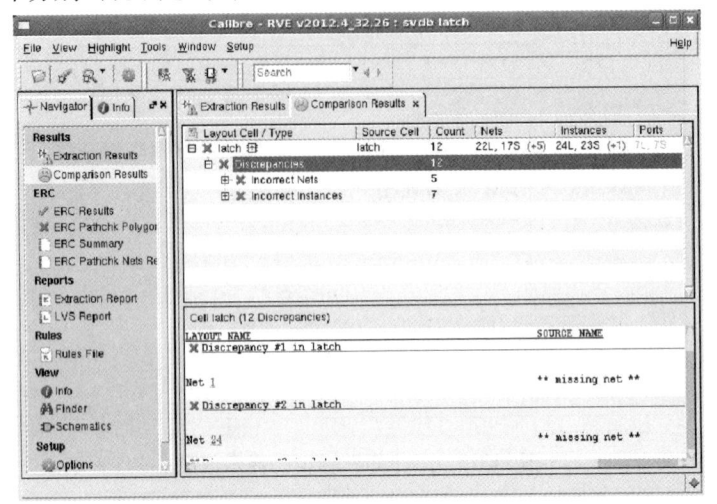

图 11.15 "PMOS 晶体管没有包裹在 N 阱中"产生了走线和元件两类错误

展开"Incorrect Nets"中的错误信息，如图 11.16 所示，可以看到版图中出现了多条走线，如走线"1"，而在电路图中却没有这些走线。

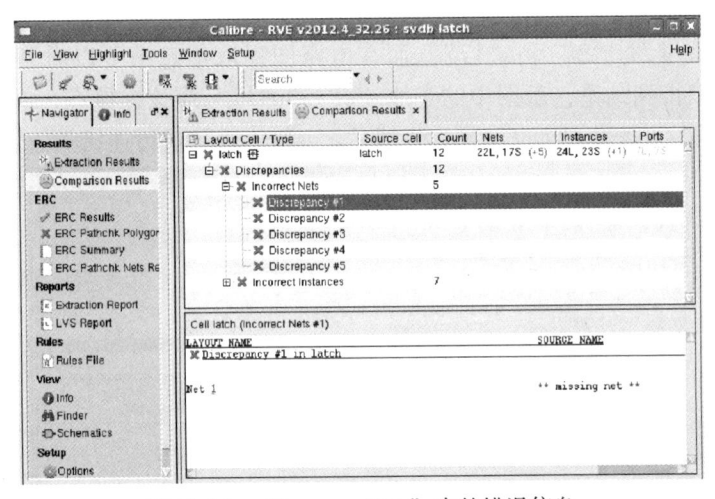

图 11.16 "Incorrect Nets"中的错误信息

继续展开"Incorrect Instances"的错误信息，主要包括两大类，第一类错误信息如图 11.17 所示，在版图中 X29/M0 晶体管的衬底现在为一条名为"26"的走线，而这条走线在电路图中本应该连接到"VDDA"上。第二类错误信息如图 11.18 所示，版图中的 X33/M0 和 X21/M0 晶体管，在电路图中并没有对应的晶体管。这实际上是由于版图中这两个 PMOS 晶体管没有包裹在 N 阱中，与电路图中的 PMOS 晶体管无法对应造成的。

双击 X33/M0 和 X21/M0 晶体管，回到版图视图窗口，通过观察，可以发现 PMOS 晶体管外围缺少 N 阱，如图 11.19 所示。

修改方法为在版图窗口中选择 N 阱层（"NW"），绘制一个矩形，将 PMOS 晶体管包裹在其中，如图 11.20 所示。

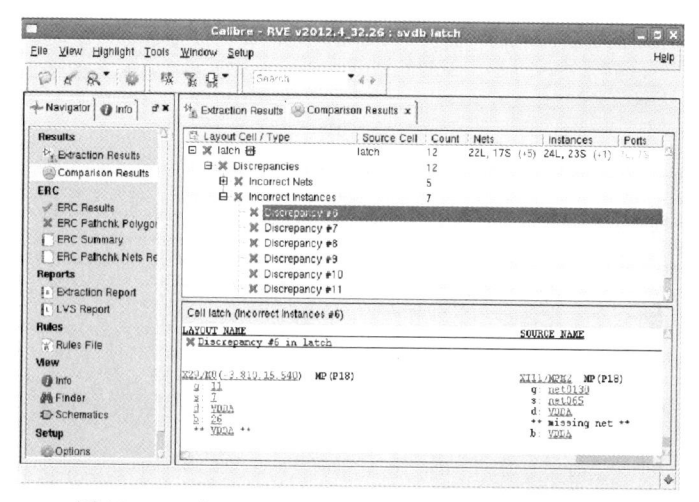

第 11 章 Calibre LVS 常见错误解析

图 11.17 "Incorrect Instances" 中的第一类错误信息

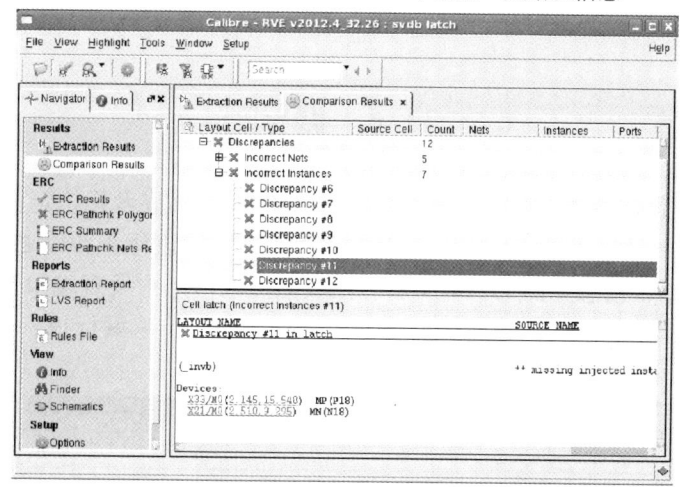

图 11.18 "Incorrect Instances" 中的第二类错误信息

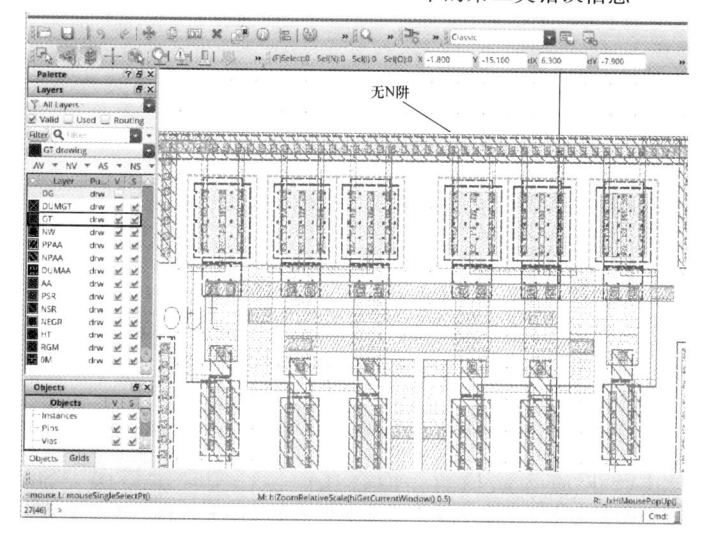

图 11.19 PMOS 晶体管外围缺少 N 阱

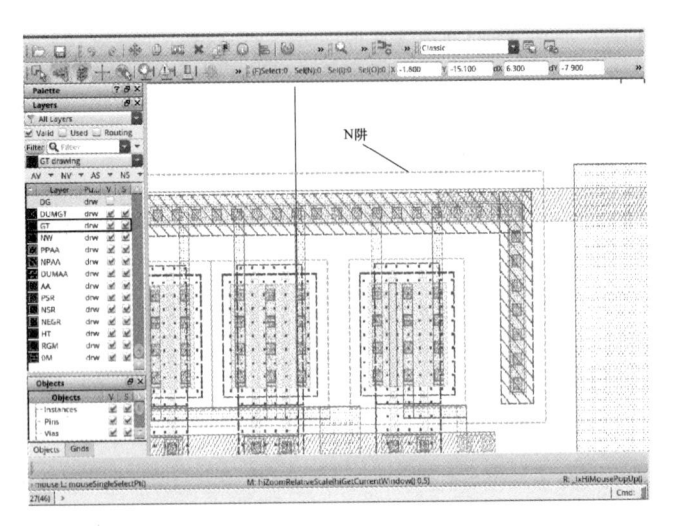

图 11.20　绘制 N 阱将 PMOS 晶体管包裹在其中

11.6　漏标

漏标指的是在版图绘制过程中遗漏了端口标识"label",或者标识定位的"十字叉"没有加载在走线上,或者标识没有选用专门的标识层(导致该标识没有被 LVS 规则识别出来)。一种漏标的错误信息如图 11.21 所示。在版图提取信息中发现端口遗失,而在电路图提取信息中则存在端口"IN"。这时就需要回到版图中查看,遗漏标识、"十字叉"位置错位和标识层错误都可能出现这个错误信息。

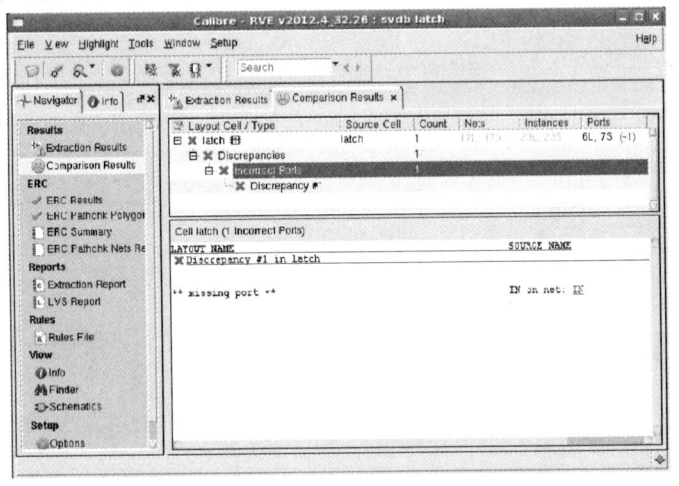

图 11.21　一种漏标的错误信息

在漏标错误中,比较严重的一类错误是遗漏了电源和地的标识。这时在 Calibre 界面单击"Run LVS"时,LVS 检查无法执行,而会在信息栏中提示错误"Supply error detected. ABORT ON SUPPLY ERROR is specified-aborting",如图 11.22 所示。这表示该版图的电源系统出现了错误。这其实是因为 LVS 无法提取电源标识,而造成版图中无电源所产生的错误。

第 11 章　Calibre LVS常见错误解析

需要注意的是，在一些电源和地短路的情况中，也会出现该类错误信息提示。

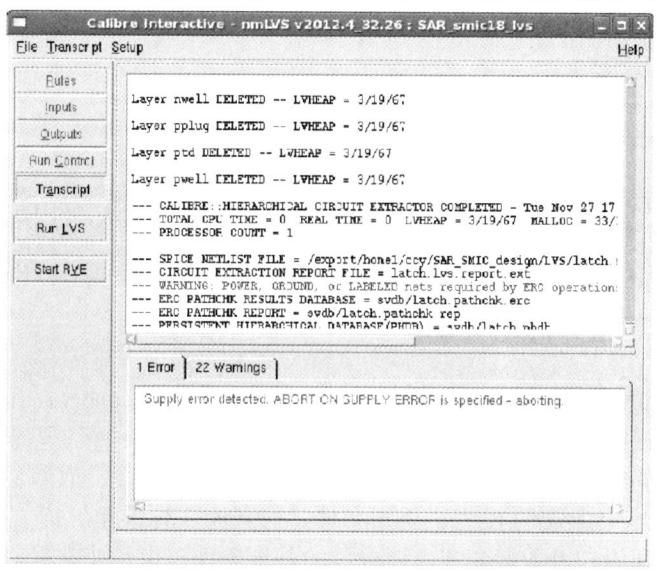

图 11.22　漏标电源和地标识导致 LVS 检查无法执行

11.7　元件参数错误

元件参数错误是 LVS 检查中比较简单的一类错误，也较为容易分辨。该错误信息只会出现在"Discrepancies"中，体现为"Property Error"，如图 11.23 所示，版图中提取的 NMOS 晶体管 L 值为 0.2u，而在电路图中提取的 L 值为 0.18u。这时只需要在版图窗口中定位该晶体管，将其 L 值修改为与电路图中的尺寸一致即可。需要注意的是，修改完晶体管的尺寸，各个端口之间的连线位置也会发生变化，设计者也必须进行相应的连线修改，避免产生其他错误。

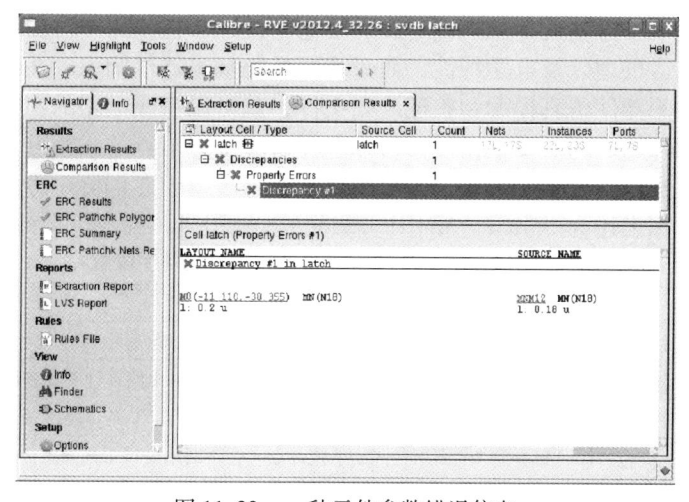

图 11.23　一种元件参数错误信息

第 12 章

工艺设计工具包 (PDK)

工艺设计工具包（Process Design Kit，PDK）是晶圆厂（Foundry）开发出的用于集成电路设计的工艺文件及规则平台。不同的晶圆厂针对每一代、每一个工艺节点都会开发自己独立的工艺设计工具包套件，表征集成电路器件功能和性能的变化，以满足不同客户的设计需求。一套完整的 PDK 包括器件模型、规则文件、仿真库、标准单元库、使用说明文档等诸多内容。工艺设计工具包开发是集成电路设计的基础条件，也是非常重要的一环。本章主要分析工艺设计工具包中各组件的基本内容和功能。

12.1 PDK 概述

工艺设计工具包概念最早由 Cadence 公司提出并基于 Skill 语言开发，配合其模拟集成电路设计平台 Virtuoso 进行使用，之后逐渐成为业界的器件模型库标准。工艺设计工具包的建立和演进极大地推动了集成电路设计的进程。工艺设计工具包由各个晶圆厂根据不同的工艺节点进行定制化开发，如中芯国际集成电路制造有限公司的 SMIC CMOS $0.18\mu m$ 1p6m PDK、台湾积体电路制造股份有限公司的 TSMC CMOS 130nm 1p8m PDK、上海华虹宏力半导体制造有限公司 HHGRACE CMOS 95nm 1p5m PDK 等。工艺设计工具包反映了晶圆厂对应工艺节点中器件的物理、电学特征，是集成电路设计工程师进行设计和物理验证的基础，也是产品成败的关键因素。工艺设计工具包的出现使电路设计工程师无须再去细致了解底层半导体器件的结构、输运机理以及电学特性，而只需要具备基本器件知识，在设计中通过调用工艺设计工具包提供的器件仿真模型和验证规则文件，就可以完成电路的功能和性能设计。

设计者在项目开始之初需要根据设计目标选择对应工艺节点的工艺设计工具包，一般来说从名称中可以初步得到该工艺设计工具包的基本信息。以中芯国际一个 $0.13\mu m$ 工艺设计工具包为例，其名称表述为 SMIC13_MMRF_1233_V2.6_2014，各字段解释见表 12.1。

表 12.1 中芯国际 $0.13\mu m$ 工艺设计工具包各字段解释

字段	信息含义
SMIC13	该工艺设计工具包是由中芯国际开发的用于 $0.13\mu m$ 工艺节点设计的平台
MMRF	该工艺设计工具包是用于混合信号（Mixed-Signal）和射频（RF）电路设计的工艺设计工具包
1233	该工艺设计工具包中的晶体管分为两类，即标准电源电压为 1.2V 和 3.3V 的两类晶体管
V2.6	工艺设计工具包的开发版本号，晶圆厂在同一工艺节点上会不断地进行工艺升级，修改工艺文件以提高芯片生产良率
2014	工艺设计工具包的开发年份

第 12 章　工艺设计工具包（PDK）

此外，在先进工艺节点中，同一工艺设计工具包中还会包含多层金属工艺，以供设计者进行选择开发，这些信息也反映在工艺设计工具包的名称中。如通常所说的 SMIC 0.13μm Mixed-Signal/RF 1p8m PDK，其中的"1p8m"表示该工艺为单层多晶硅（poly），8 层金属（metal）。同时该工艺中还包含了 SMIC 0.13μm Mixed-Signa/RF 1p4m、SMIC 0.13μm Mixed-Signa/RF 1p5m、SMIC 0.13μm Mixed-Signa/RF 1p6m、SMIC 0.13μm Mixed-Signa/RF 1p7m 的 PDK，分别表示顶层金属为第 4 层、第 5 层、第 6 层和第 7 层金属层。因为更多的金属层意味着在制造时会生产更多的掩膜板（mask），而掩膜板是晶圆制造成本的主要构成之一。因此设计者会根据布线需求，选择具有最少金属层的工艺设计工具包。

工艺设计工具包作为晶圆厂和设计者之间的桥梁，包含了丰富的模型信息和设计规则，其内容主要包括输入输出单元库（IO lib）、模拟 PDK 文件包和逻辑 PDK 文件包三大类。此外还会包括一些晶圆厂提供的 IP 设计库，这里不做具体讨论。一个先进工艺设计工具包通常包含上万个文件。工艺设计工具包开发需要晶圆厂多个部门协作共同完成，再由设计服务部门进行汇总验证整理，最后才能发布提供给客户。

以一个典型的 0.13μm 工艺库为例，其主要内容细分如图 12.1 所示。IO lib 主要是为设计者提供芯片外围输入输出单元（Input/Output Cell，IO）的工艺信息以及规则文件。模拟 PDK 文件包（XX_13_PDK_v4_2015）是工艺设计工具包的核心部分，它提供了模拟、数字和射频电路设计所需的器件模型、库文件、验证规则，以及环境文件等。逻辑 PDK 文件包（XX_13_LG_LIST_2015）主要用于数字电路设计，其中包含了数字标准单元的 GDS 文件、网表，以及端口时序库等。

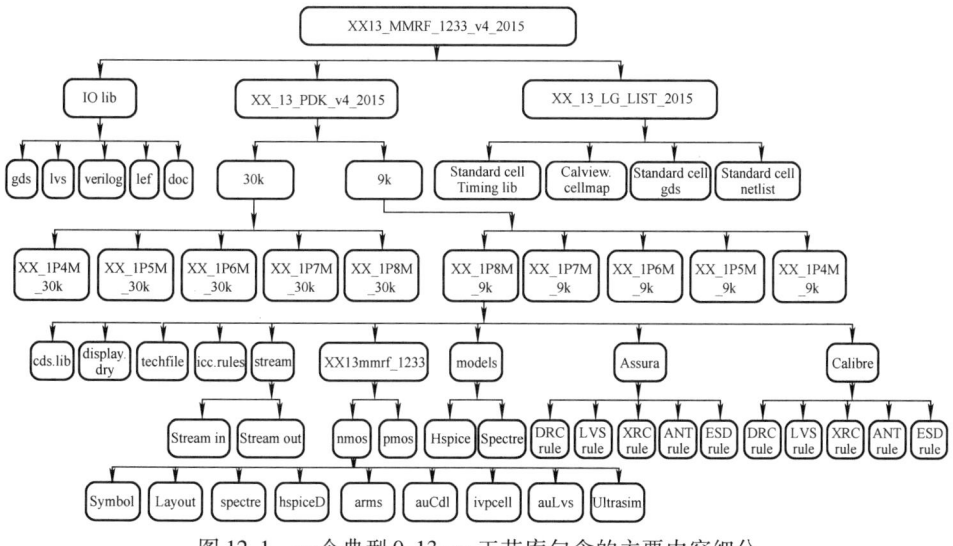

图 12.1　一个典型 0.13μm 工艺库包含的主要内容细分

在工艺设计工具包开发之初，晶圆厂需要向开发部门提供器件工艺的详细信息，包括相关设计规则、版图层次信息、模型等，开发者以这些信息作为输入，开发相应的平台。工艺设计工具包的开发主要有两种方式：一种是完全利用 Skill 语言，通过程序编程开发；另一种方式是基于 Cadence 提供的 PDK 开发工具 PAS 进行开发。Skill 语言开发方式相对于 PAS 的开发流程需要对 PDK 构成和 Skill 语言有更深的理解，代码易于修正，方便后期维护升级，但入门门槛较高。PAS 软件则提供了一种更加简洁的图形开发方式，有利于晶圆厂开发人员快速上手操作,也是目前主流的工艺设计工具包开发流程。

12.2 输入输出单元库

输入输出单元库中包含 gds、lvs、verilog、lef 和 doc 共 5 个文件夹。各文件夹中的内容说明见表 12.2。

表 12.2 输入输出单元库内容及说明

文件夹	说 明
gds	具有不同顶层金属的 IO;例如在 1p6m 工艺中,该文件夹可能包含 1p3m、1p4m、1p5m 和 1p6m 四种 IO 的 gds 文件;gds 文件需要通过 Cadence Virtuoso 中 CIW 窗口操作导入,才能产生相应的 layout 版图文件
lvs	包含××.sp 文件。该 sp 文件包含了所有模拟、数字 IO 的网表文件,用于 IO 单元版图进行 LVS 验证使用
verilog	以 verilog 代码描述了数字 IO 的逻辑信息
lef	包含多个××.lef 文件,对应具有不同顶层金属的 IO。××.lef 文件包含了每个 IO 中各个层的形状以及几何图形信息
doc	IO 的使用文档,包括模拟和数字 IO 的列表,以及基本应用原则、各个 IO 的端口以及逻辑信息、详细应用规则以及 ESD 注意事项

需要注意的是晶圆厂提供的工艺设计工具包中并没有包含 IO 的电路图(schematic),所以在进行 IO 拼接时需要提前将所需的 IO 网表导入到 Virtuoso 中,形成 schematic 形式,同时生成可调用的 symbol,最后再与 gds 文件导入的 layout 合并为一个方便调用的 IO 设计库。这样在后期进行 LVS 验证时可以大幅度提高设计效率。

以下以 smic18mmrf 为例,简要介绍导入网表的方法。导入操作是在 Cadence CIW 窗口中,选择 *File*→*import*→*Spice*,打开 Virtuoso Spice In 进行导入。图形界面中分为"Input""Output""Schematic Generation""Device Map""Overwrite Cells"和"Analog Schematic Generation"六个选项卡,如图 12.2 所示。

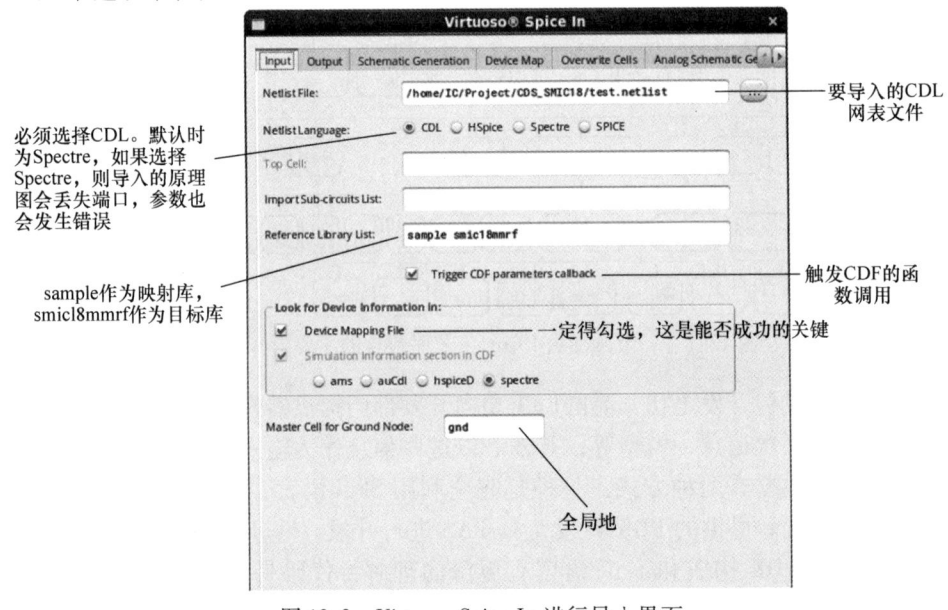

图 12.2 Virtuoso Spice In 进行导入界面

第 12 章 工艺设计工具包(PDK)

在导入操作开始前,首先要在导入库的 cds.lib 中添加 Cadence 自带的 sample,作为中间映射库使用。

(1) Input 选项卡

Top cell:如果是一个标准单元库,不需要输入 topcell 名称,否则可以指定 topcell 名称。

Import Sub-circuits lis:如果是一个层次化的网表,需要转换 A 以及 A 层次以下的网表,则输入 A 即可,否则可不填。

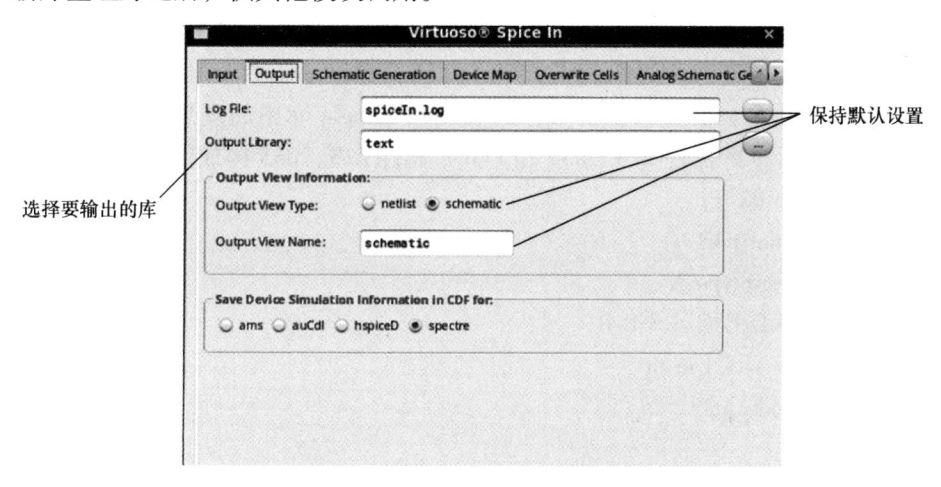

(2) Output 选项卡

Output 选项卡基本设置如图 12.3 所示。

Output Library:转成原理图放置的库名,如果是新名字会建立一个新的库。这里建议用一个新库去转换,后期整理好之后再和其他的电路放在一起。如果是一个标准单元库,也要做一个新库整理好之后,供其他模块调用。

图 12.3 Output 选项卡基本设置

(3) Schematic Generation

Schematic Generation 选项卡设置如图 12.4 所示。

Sheet Symbol:指定电路图的大小和页码,默认是空,则说明电路图转换为一页,否则会产生多页。

Maximum Number of Rows:指定每页电路图的最大列数,仅用于多页的情况。必须是 1~1024 之间的整数值,1024 是默认值。

Font Height:pin、wire、instance 的字体高度。必须是 0.0375~0.125 之间的值,wire 和 instance 的字体高度使用设定值,pin label 是设定值 75% 的高度。

Component Density:器件密度。必须是 0~100 之间的整数值。默认是 0——最密集。

Pin Placement:Pin 位置放置规则设定。可以选择 Left and Right Sides;可以选择 All Sides;可以选择一个规则文件统一设定。

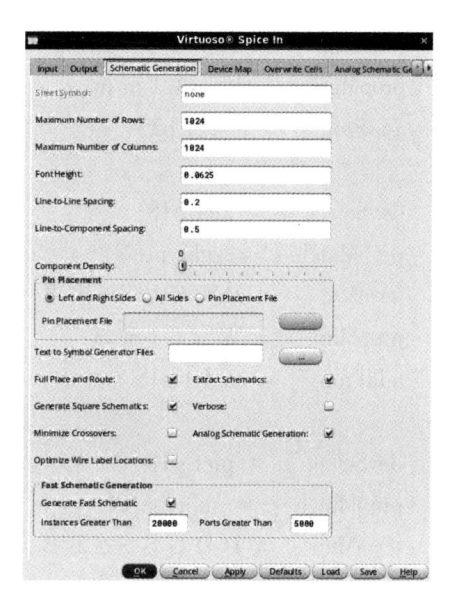

图 12.4 Schematic Generation 选项卡设置

Text to Symbol Generator Files：用 text 设置文件产生各个 symbol，可以参考 tsg 文档。

Full Place and Route：勾选是设定将所有的连接都用 wire 连接上，适合简单的电路图，不用人工整理；不勾选是表示不需要 wire 连接，而是用短线和 netname 表示连接即可，适合复杂的电路图，方便后期人工整理。默认是勾选。

Generate Square Schematics：勾选是设定转化的原理图是方形的；不勾选是表示不需要方形，生成的长方形不需要调整。默认是勾选。

Minimize Crossovers：勾选是设定转化原理图中 net 的交叉点最小。

Optimize Wire Label Location：勾选是优化 wire 上面的标识的位置。

Extract Schematics：勾选是报告转换原理图中的 error 和 warning。

Verbose：勾选是报告转换过程中的详细信息。

Analog Schematic Generation：勾选是表示转换成模拟电路图。默认是生成数字电路图。

（4）Device Map

Device Map 是转换最为关键的设置。Device Map 提供了 netlist 器件模型、连接关系到 schematic 中的映射关系。而且该映射关系需要调用 sample 库中的理想器件模型作为媒介。以中芯国际库中的 NMOS 器件 n18、n33 和 PMOS 器件 p18、p33 构成的 IO 为例，编写 MOS 晶体管的 Device Map 如下：

```
devSelect ：= nfet n33
propMatch ：= subtype N
termMap ：= D D G G S S B B
propMap ：= W w L l m m
addProp ：= model n33


devSelect ：= pfet p33
propMatch ：= subtype P
termMap ：= D D G G S S B B
propMap ：= W w L l m m
addProp ：= model p33


devSelect ：= nfet n18
propMatch ：= subtype N1
termMap ：= D D G G S S B B
propMap ：= W w L l m m
addProp ：= model n18


devSelect ：= pfet p18
propMatch ：= subtype P1
termMap ：= D D G G S S B B
propMap ：= W w L l m m
addProp ：= model p18
```

同时需要将工艺设计工具包提供的电路网表中的器件模型进行相应修改。比如将标准的 n33 模型名修改为 Device Map 中的 N；n18 模型名修改为 Device Map 中的 N1；p33 模型名修改为 Device Map 中的 P；p18 模型名修改为 Device Map 中的 P1。该操作的目的就是将模型与 propMatch 中的模型名相对应，具体网表如下：

.SUBCKT test GNDA IN OUT VDD
*.PININFO GNDA：I IN：I VDD：I OUT：O
MPM15 net2 IN VDD VDD p18 W=4u L=350n m=1   //p18 改成 P1
MNM18 net2 IN GNDA GNDA n18 W=2u L=350n m=1   //n18 改成 N1
MM0 OUT net2 GNDA GNDA n33 W=4u L=350n m=1   //n33 改成 N
MM1 OUT net2 VDD VDD p33 W=80u L=350n m=5   //p33 改成 P
.ENDS

Overwrite cells 和 Analog schematic generation 选项卡都选择默认设置即可。

在 doc 文件夹中主要存放 IO 的使用说明文档。这些文档对 IO 使用有一些总则性的说明。比如在 IO 单元不够时，建议使用电源和地 IO 进行填充，比使用填充单元 filler 进行填充具有更好的静电保护特性。当外加电压大于内部核心电路电压时候，应该使用相应的 IO 组合。文档中最重要的内容是对使用的 IO 组合进行了推荐，设计者必须使用这些 IO 组合才能使得芯片具有完整的信号输入和输出，同时具有较好的可靠性和 ESD 性能。

此外，还有一些设计的优化技巧。比如在混合信号集成电路中，为了隔离数字域和模拟域，需要在 IO 上加入由二极管组成的隔离单元。同时为了进一步减小噪声，还要设计者加入金属条连接隔离单元和其中一个电源域的 IO，其原则如下：

1）将金属片连接至电源更高的一侧 IO；
2）将金属片连接至具有更多 IO 单元的 IO；
3）因为模拟域具有更低的噪声，因此将金属片连接至模拟 IO 上。这三条规则的重要性依次递减，使用时如符合第一条，则遵守第一条准则。如第一条准则不符合时，则依据第二条执行，以此类推进行使用。

12.3 模拟 PDK 文件包

模拟 PDK 文件包是工艺设计工具包的最为重要的部分，设计者在电路、版图设计中所需的器件模型、库文件、验证规则，以及环境文件等都来自这个文件夹。本节以图 12.1 中模拟 PDK 文件包 XX_13_PDK_v4_2015 为示例，自上而下逐一介绍各文件夹及其内容的含义。

XX_13_PDK_v4_2015 模拟 PDK 文件包目录下首先分为 30k 和 9k 两个子目录，分别表示顶层金属为 30k（3μm）的厚金属层和 9k（0.9μm）的普通金属层工艺。同时为了满足不同的设计需求，30k 和 9k 两种不同的顶层金属工艺又分别包括了顶层金属为第 4 层金属、第 5 层金属、第 6 层金属、第 7 层金属和第 8 层金属（XX_1P4M_30k~XX_1P8M_30k，XX_1P4M_9k~XX_1P8M_9k）共 5 种设计工艺。下面以 XX_1P8M_9k 为例介绍 9k 普通厚度金属层、顶层为第 8 层金属工艺中包含的内容（30k 厚度金属层工艺以及 9k 普通厚度金属层中的不同顶层金属工艺也包含了类似的内容）。各子文件、文件夹内容及注释见表 12.3。

表 12.3　模拟 PDK 文件包

文件/文件夹	注　　释
cds.lib	定义了 Cadence Virtuoso 中包含的库及其路径
display.drf	定义了晶体管、电阻、电容等所有元器件中版图层次的显示颜色，必须复制过来放置于 Virtuoso 的启动目录下
techfile	定义了版图中各个层次的属性、层次号以及图形等信息
icc.rules	用于 Synopsys 公司自动布局布线工具 IC Compiler 的设计规则
stream	该文件夹包含 strminMap 和 strmoutMap 两个文件，分别包含了在 CIW 窗口导入（导出）GDS II 文件时版图各个层次属性和层次号的信息
XXmmrf_1233	包含了设计所需所有元器件（MOS 管、晶体管、二极管、电阻、电容）的符号、版图，以及仿真、验证模型
models	包含了在 Virtuoso 和 Hspice 仿真中所调用的工艺库
Assura	分为 DRC、LVS 和 XRC 三个文件夹，分别包含了使用 Assura 软件进行 DRC、LVS 规则验证，以及进行寄生参数反提所调用的规则文件
Calibre	分为 DRC、LVS 和 XRC 三个文件夹，分别包含了使用 Calibre 软件进行 DRC、LVS 规则验证，以及进行寄生参数反提所调用的规则文件

　　XXmmrf_1233 文件夹是整个工艺设计工具包的核心，设计者所需要的所有器件符号、版图和仿真模型都放置于该目录下。通常一个器件都包含可用的符号（Symbol）、版图（Layout），以及仿真、验证需要的模型（spectre、hspiceD、arms、auCdl、ivpcell、auLvs、Ultrasim）等，以满足不同设计、仿真工具的需求。Model 文件夹通常包含了 Hspice 和 Spectre 两个子文件夹。两个子文件夹中分别包含了用于 hspice 和 spectre 仿真时所调用的库文件。对于 0.13μm 工艺，Hspice 中采用的是 Level49 模型，spectre 中采用的 BSIM3V3 模型，二者包含的晶体管参数基本相同。在使用 Hspice（Fsim、nanosim、Hsim 等）进行仿真时，调用的主文件后缀名为 .lib。.lib 文件实际是一个主文件，它还包含了多个 .mdl 文件，这些 .mdl 文件分别对 MOS 晶体管、二极管、晶体管以及电阻的详细参数进行定义，从而调用仿真器中的 SPICE 模型。因此仿真库核心的部分实际上是各个器件对应的 .mdl 文件。

　　.mdl 文件详细描述了所有器件的模型名、器件参数（总体参数、阈值电压参数、迁移率参数、亚阈值电流参数、输出电阻参数、栅致漏极降低、栅电流参数、噪声参数、温度效应参数、电容参数，以及应力参数）。比如 NMOS 晶体管，.mdl 文件可能列举了十余种类型，包括普通 NMOS、本征 NMOS、高阈值 NMOS 和低阈值 NMOS 等。

　　在模拟集成电路设计中，设计工程师主要关注 .mdl 文件中的几个关键参数，见表 12.4。

表 12.4　.mdl 文件中的关键参数

参数	参数名称	注　　释
总体参数	LMIN	最小的 L 尺寸，单位为 m
	LMAX	最大的 L 尺寸，单位为 m
	WMIN	最小的 W 尺寸，单位为 m
	WMAX	最大的 W 尺寸，单位为 m
	TOX	单位氧化层厚度，可以通过该参数计算单位氧化层电容值
阈值电压参数	VTH0′	阈值电压，单位为 V
迁移率参数	U0	迁移率，单位为 $m^2/(V \cdot s)$

　　Calibre（assura）文件夹细分为 DRC、LVS、XRC、ANT、ESD 五个文件夹，分别包含了使用 Calibre 软件进行 DRC、LVS 规则验证、寄生参数反提、天线规则检查，以及静电放

电规则检查所调用的规则文件。有些工艺还包括 Synopsys 公司 Hercules 工具的规则文件。对于不同顶层金属厚度、多顶层金属工艺，这些规则中都会存在一些开关选项，在设计时需要相应的调整。比如：

OPTION：Define TOP Metal. The value can be 8，7，6，5，4

#Define Topmetal X

语句中的 X 就可以根据选择工艺的顶层金属为哪层，设置为 4~8 中对应的值。通常这些选项还包括了是否进行电气规则检查、是否对线电阻进行计算、设置对哪种电容进行检查、选择 memory 中的晶体管类型等。

天线效应指的是当一个 MOS 晶体管的栅极与一根完整的同层且较长（面积较大）的金属线相连时，该金属线会像一根"天线"一样收集电离子，使其电位升高，在制造工艺中，这个 MOS 管的栅电压可能增大到使栅氧化层击穿，造成断路。对应不同的顶层金属，每个工具也具有不同的天线规则文件，在设计时根据需要进行选择。出现天线检查错误时，直接的解决方法就是在版图中进行换层操作，即将长金属线切断，通过通孔跳至另一层金属完成电气连接。

12.4 逻辑 PDK 文件包

本节同样以图 12.1 中逻辑 PDK 文件包 XX_13_LG_LIST_2015 为示例进行介绍。逻辑 PDK 文件包中的内容主要用于进行数字电路设计，其文件或文件夹内容注释见表 12.5。

表 12.5 逻辑 PDK 文件包内容及注释

文件名/文件夹	注释
Standard cell Timing lib	文件夹中包含多个工艺角时序文件，每个文件都涵盖了所有标准单元（逻辑门）端口的时序信息
Calview. cellmap	用于 Calibre 反提时对应的器件端口说明
Standard cell gds	标准单元（逻辑门）的版图文件，需要在 Virtuoso 的 CIW 窗口中通过 Stream in 操作进行导入
Standard cell netlist	标准单元（逻辑门）的网表文件

Standard cell Timing lib 文件还包含有多个工艺角下的时序库文件，这些时序库文件主要在数字电路综合的阶段，设计者进行时序约束和仿真时使用。

与 IO 的情况类似，各个晶圆厂提供的标准单元电路都只提供了网表形式，而没有提供相应的电路图（Schematic）。因此如果需要调用标准单元进行电路设计，也可以采用与 IO 网表导入的方式，先生成标准单元的电路图和 symbol。这样既方便了电路图调用，也方便进行 LVS 的验证操作。由于 Standard cell netlist 包含了数百个标准单元的网表，所以在导入时可选择将所需要的单元网表单独保存成一个个网表文件，分别进行导入。

12.5 工艺设计工具包开发简述

利用 Skill 语言和使用 Cadence 公司的 PDK Automation System（PAS）软件开发工艺设计工具包是目前主流的两种研发方式。随着模拟、混合信号集成电路设计的要求不断提高，电路设计中使用到的器件的种类变得越来越多。日趋复杂的电路设计对工艺设计工具包所包含的参数和功能的要求也更趋向完善和复杂，相比于代码的编写和开发，PAS 工具所包含的图形化编辑工具 Graphical Technology Editor（GTE）提供了以图形化界面的编辑方式对工艺设计工具包进行优化开发的方法。利用这种直观的图形化定义方式，可以对工艺设计工具包进行方便快捷的编辑与排错工作，极大地缩短了研发周期。

PAS 能够整合 GTE 当中所包含的参数化单元（Pcell）、器件描述格式（Component Description Format，CDF）、参数回调函数（Callback）及 DFII 设计数据，生成器件符号（版图）、规则文件（DRC/LVS/XRC rule）、工艺文件（techfile）、显示文件（display.drf）等，完成对工艺设计工具包的编译和创建。其中，设计人员可以利用 GTE 实现对 Pcell 的图形化定义、编辑等工作，并且可以将这些信息以文档的形式保存起来。PAS 的工艺设计工具包开发流程如图 12.5 所示。

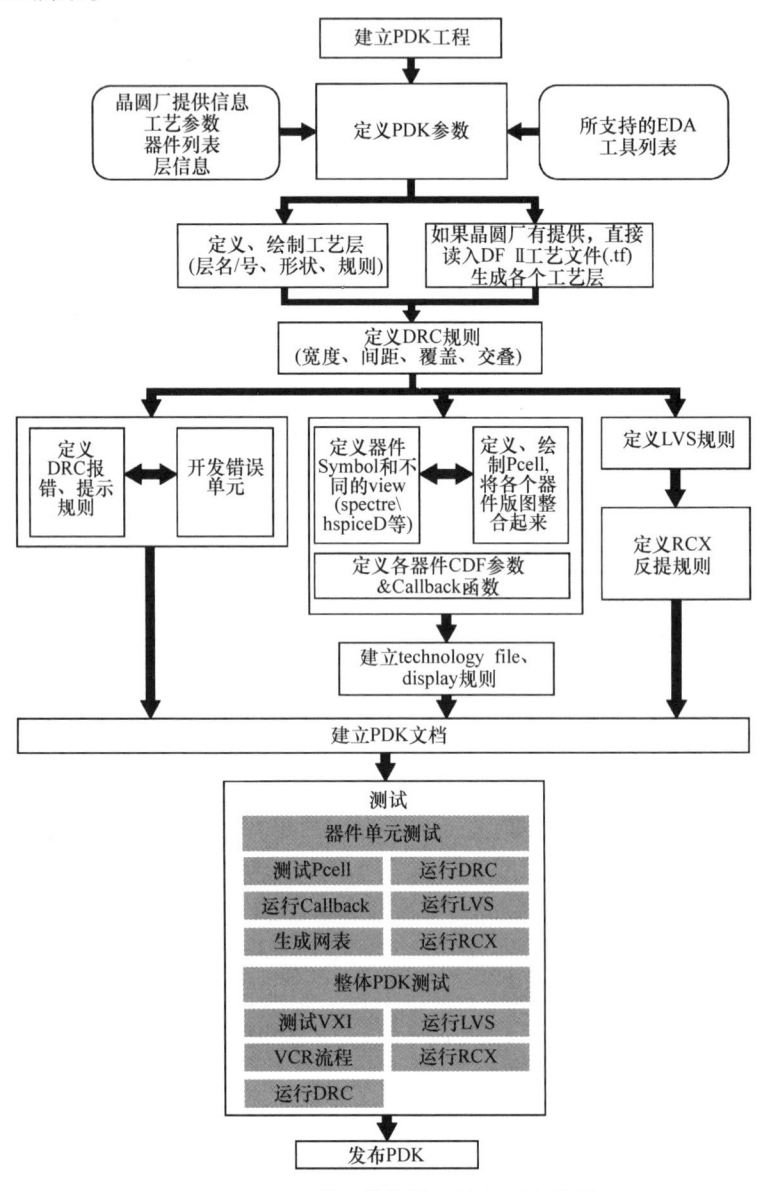

图 12.5 PAS 的工艺设计工具包开发流程

其中，定义 DRC 报错、提示规则，以及开发错误单元主要是从反面对 DRC 的规则进行说明和验证。

参 考 文 献

[1] SAKURAI T, MATSUZAWA A, DOUSEKI T. Fully-depleted SOI CMOS circuits and technology for ultralow-power applications [M]. Dordrecht: Springer, 2006.
[2] FOSSUM J G, TRIVEDI P. Fundamentals of ultra-thin-body MOSFETs and FinFETs [M]. Cambridge: Cambridge University Press, 2013.
[3] SABRY M N, OMRAN H, DESSOUKY M. Systematic design and optmization of operational transconductance amplifier using gm/ID design methodology [J]. Microelectronics Journal, 2018, 75: 87-96.
[4] SAINT C, SAINT J. IC mask design-essential loyout techniques [M]. New York: McGraw-Hill, 2002.
[5] SAINT C, SAINT J. IC layout basics: a practical guide [M]. New York: McGraw-Hill, 2004.